Heidelberger Taschenbücher Band 70 a

W. Doerr

Spezielle pathologische Anatomie II

Mundhöhle
Kopfspeicheldrüsen
Gebiß
Magen-Darm-Trakt, Leber
Gallenwege
Bauchspeicheldrüse
Inselapparat

Mit 41 Abbildungen

Springer-Verlag Berlin Heidelberg GmbH 1970

WILHELM DOERR

o. Professor der Allgemeinen Pathologie und pathologischen Anatomie, Dr. med.
Pathologisches Institut der Universität Heidelberg

ISBN 978-3-662-37743-7   ISBN 978-3-662-38561-6 (eBook)
DOI 10.1007/978-3-662-38561-6

Das Werk ist urheberrechtlich geschützt. Die dadurch begründeten Rechte, insbesondere die der Übersetzung, des Nachdruckes, der Entnahme von Abbildungen, der Funksendung, der Wiedergabe auf photomechanischem oder ähnlichem Wege und der Speicherung in Datenverarbeitungsanlagen bleiben, auch bei nur auszugsweiser Verwertung, vorbehalten.

Bei Vervielfältigungen für gewerbliche Zwecke ist gemäß § 54 UrhG eine Vergütung an den Verlag zu zahlen, deren Höhe mit dem Verlag zu vereinbaren ist.

© by Springer-Verlag Berlin Heidelberg 1970.
Ursprünglich erschienen bei Springer-Verlag Berlin Heidelberg New York 1970.
Library of Congress Catalog Card Number 65-26982. — Die Wiedergabe von Gebrauchsnamen, Handelsnamen, Warenbezeichnungen usw. in diesem Werk berechtigt auch ohne besondere Kennzeichnung nicht zu der Annahme, daß solche Namen im Sinne der Warenzeichen- und Markenschutz-Gesetzgebung als frei zu betrachten wären und daher von jedermann benutzt werden dürften. — Titel-Nr. 7598.

Vorwort

Bald nachdem das Manuskript meiner Wintervorlesung 1969/70 — spezielle pathologische Anatomie II — in die Herstellung gegeben wurde, zeigte sich, daß das Volumen die Broschur sprengen würde. Es blieb mir *nolens* nichts anderes zu tun, als dem Vorschlag des Verlages, Bd. 70 der Reihe „Heidelberger Taschenbücher" zu teilen, zuzustimmen. Ich bitte den Leser, nicht zu erschrecken. Es wird nichts anderes geboten, als ich seit Jahren vorgetragen habe, ergänzt durch einige Diagramme und Tabellen. Jene gehören, als Wandkarten gearbeitet, zum stummen Schmuck unseres Auditorium.

Ausschließlich also aus äußeren Gründen berichtet Bd. 70a über den ersten Teil meiner Vorlesung „spezielle pathologische Anatomie II". Ein Wintersemester ist bei uns um 5 Vorlesungswochen länger als ein Sommersemester. Bei einer Vorlesung mit je 5 Wochenstunden kann es folglich nicht ausbleiben, daß die Menge des Dargebotenen größer ist.

Wie man das Pensum der Pathologie gliedern will, ob man von pathologischer Anatomie I, II, III spricht, oder welche Bezeichnung man sonst wählt, ist belanglos. *Wie* freilich die inneren *Sinnzusammenhänge* didaktisch und in welcher Aufeinanderfolge die Tatsachen herausgearbeitet werden, ist nicht ganz gleichgültig. *Seit jeher schien uns folgende Sequenz die natürlichste:* Herz, Gefäße, blutbereitende Organe, Atemwege, Lungen, Nieren, Harnwege, Verdauungskanal, große (Verdauungs-)Drüsen, Drüsen mit Innerer Sekretion, Geschlechtsorgane, Bewegungsapparat und Nervensystem.

Wir setzen von jetzt an folgende Zäsuren:
spezielle pathologische Anatomie I = Herz und Gefäße, Atemwege und Lungen, Nieren und Harnwege;
spezielle pathologische Anatomie II = Verdauungswege(Mundhöhlebis Mastdarm, einschließlich Hernienlehre), Verdauungsdrüsen(Leber,Gallenwege, Bauchspeicheldrüse), Inselapparat;
spezielle pathologische Anatomie III = Drüsen mit Innerer Sekretion, Geschlechtsorgane (einschließlich Brustdrüse und Schwangerschaft), Bewegungsapparat, Nervensystem.

Unser Taschenbuch „Spezielle pathologische Anatomie I" entspricht Bd. 69, das Taschenbuch „Spezielle pathologische Anatomie II" Bd. 70a, das Taschenbuch „Spezielle pathologische Anatomie III" Bd. 70b der Reihe „Heidelberger Taschenbücher".

Das Taschenbuch Bd. 69 enthält unsere Vorlesung „spezielle pathologische Anatomie I", die Taschenbücher Bd. 70a und Bd. 70b enthalten gemeinsam unsere Vorlesung „spezielle pathologische Anatomie II". Wenn wir für Bd. 70b jetzt erstmals die Bezeichnung „spezielle pathologische Anatomie III" gewählt haben, so ausschließlich aus Gründen der leichteren Verständigung. Der Suchende wird sich so schneller einprägen, wo welche Tatsachen zu finden sind.

Weniger an Substanz zu bringen, konnte ich mich zu keiner Zeit entschließen. Wo soll sich auch ein Lernender *hinlänglich* informieren können, welche morphologischen Befunde mit welchen klinischen Tatsachen korrelieren? Ist es nicht so, daß man froh sein muß, eine „Materialsammlung" zu besitzen und bequem verfügbar zu haben?

Entia non sunt multiplicanda praeter necessitatem: Man muß die Dinge nicht komplizierter machen, als sie sind! Wer sich als Arzt im Bereiche klinischer Medizin bewegt, wird ständig straucheln, hat er keine gediegene Vorstellung von den *Möglichkeiten* der Differentialdiagnose. Es gibt keinen interessanteren Beruf als den des Pathologen: Wer sich in der von MORGAGNI (1761) begründeten und von C. V. ROKITANSKY (1844) zu voller Blüte gebrachten Kunst übt, klinische und patho-anatomische Befunde einander gegenüber zu stellen, empfindet bei der Analyse eines jeden einzelnen Falles — immer erneut — den sehr eigenartigen Reiz der kritischen Situation: Hätte man etwas tun können, das Leben des Verstorbenen zu verlängern? Wo ist der pathogenetische Ictus zu suchen? Welches waren die Bedingungen in der Konvergenz der Krankheitsursachen?

Wer sich nicht täglich und mit ganzer Kraft um die patho-anatomische Diagnostik bemüht, wird ewig „außen vor" d. h. in der Vorhalle bleiben; er wird auch keinen wirklich Zugang zur pathologischen Physiologie, VIRCHOWs wahrer Theorie der Medizin, finden.

Die Zahl meiner Helfer war auch diesmal nicht klein. Ich habe meinen Oberärzten, den Herren Priv. Doz. Dr. Dr. BLEYL, WANKE und WEGENER für Rat und Urteil, den Oberpräparatoren G. BERG und P. SCHUBACH sowie den Graphikern H. BACHER und F. HEINRICH für die Erarbeitung von Belegpräparaten, der Akademischen Rätin Frau Dr. URSULA MÜLLER und Frau E. WYRWAS für die Register, der langjährig erfahrenen Sekretärin Frau HANNELORE GRIMMEL, jetzt Oxford, für alle Schreib- und Ordnungsarbeiten herzlich zu danken. Mein besonderer Dank gilt auch diesmal Herrn Dr. phil. HEINZ GÖTZE und den Herren seines Springer-Verlages.

Heidelberg, den 1. Mai 1970　　　　　　　　　　　　　　　　WILHELM DOERR

Inhaltsverzeichnis

Vorbemerkungen. 1

A. Pathologische Anatomie der Organe des Verdauungskanales

I. Mundhöhle und Rachen. 3
   1. Entwicklungsgeschichte und normal-anatomische Prämissen 3
   2. Leichenerscheinungen. 8
   3. Mißbildungen. 8
      a) Lippenspalte 8
      b) Kieferspalte 9
      c) Gaumenspalte. 9
      d) Schräge Gesichtsspalte 9
      e) Quere Gesichtsspalte 10
      f) Sonstige Mißbildungen 10
   4. Stoffwechselstörungen. 10
      a) Senile Atrophie 10
      b) Pigmentierungen. 10
      c) Amyloidtumoren 11
      d) Makrulie 12
   5. Entzündliche Erkrankungen der Mundhöhle. 12
      a) Einteilung nach der Lokalisation 12
      b) Einteilung nach der Verlaufsgeschwindigkeit 12
      c) Einteilung nach der anatomischen Beschaffenheit des Exsudates 12
      d) Einteilung nach den Ursachen 13
         aa) Mikrobielle Ursachen 13
         bb) Chemische und toxische Ursachen einer Stomatitis . . 13
         cc) Allergische Pathogenese 13
      e) Einteilung nach den nosologischen Entitäten 13
         aa) Akut-fieberhafte Infektion 13
         bb) Änderungen der Darmflora 13
         cc) „Aphthen" (Stomatitis apththosa) 13
         dd) Herpes simplex recidivans 15
         ee) Möller-Huntersche Glossitis 17
         ff) Masern 17
         gg) Melkersson-Rosenthal-Syndrom. 17
         hh) Bestimmt charakterisierbare, ätiologisch unklare Veränderungen der Zungenschleimhaut 18
            1. Lingua plicata 18
            2. Lingua geographica 18
            3. Lingua villosa nigra 18
            4. Lingua rhombica mediana Brocq-Pautrier. 19

ii)	Veränderungen der Mundschleimhaut mit dem Leitsymptom „Geschwürsbildung"	19
	1. Idiopathische Mundfäule	19
	2. Skorbut	19
	3. Noma (Wasserkrebs, Cancer aquaticus)	19
	4. Schwermetallvergiftungen	20
	5. Stomatitis phlegmonosa	20
	6. Stomatitis oidiomycotica	20
jj)	Spezifische Entzündungen	21
	1. Tuberkulose	21
	2. Syphilis	21
	3. Lymphogranulomatose	22
	4. Lepra	22
	5. Aktinomykose	22
	6. Sklerom	23
	7. Sonstiges	23

6. Beziehungen zwischen Mundhöhle und körperlichem (gesundheitlichem) Allgemeinzustand ... 23
7. Geschwülste der Mundhöhle ... 25
   a) Geschwulstige Prozesse ... 25
      aa) Leukoplakie ... 25
      bb) Erythroplasie Queyrat ... 26
      cc) Makrocheilie ... 27
      dd) Makroglossie ... 27
      ee) Zystöse Degeneration der Zungenpapillen ... 27
      ff) Granuloma teleangiectaticum ... 27
      gg) Zysten der Mundhöhle ... 28
   b) Einfache Bindesubstanzgeschwülste ... 29
   c) Kompliziert gebaute Bindesubstanzgeschwülste ... 29
   d) Epitheliale Geschwülste ... 30
      aa) Papillome ... 30
      bb) Adenome ... 30
      cc) Struma baseos linguae ... 31
      dd) Basaliome, Cylindrome ... 31
      ee) Carcinome ... 32
         1. Lippenkrebs ... 32
         2. Zungenkrebs ... 33
         3. Krebs der Wangenschleimhaut ... 33
         4. Krebs des Zahnfleisches ... 33
         5. Krebs des Mundbodens ... 33
         6. Gaumenkrebs ... 34
8. Zähne und Zahnhalteapparat ... 34
   a) Normale Entwicklung, Histologie, Anatomie ... 34
   b) Mißbildungen ... 40
      aa) Dysmorphien I. Ordnung: Störungen der Anlage ... 40
      bb) Dysmorphien II. Ordnung: Störungen der Differenzierung ... 41

cc) Dysmorphien III. Ordnung: Störungen des Wachstums ... 41
dd) Dysmorphien IV. Ordnung: Exogene Verstümmelung fertiger Zähne ... 41
c) Bißanomalien ... 41
d) Ernährungsstörungen ... 42
  aa) Rachitis ... 42
  bb) Tetanie ... 42
  cc) Sonstige Störungen der inneren Sekretion ... 42
  dd) Osteogenesis imperfecta ... 43
  ee) Zahnkaries ... 43
  ff) Regeneration, Implantation ... 50
e) Geschwülste des Odonton ... 51
  aa) Geschwulstartige Bildungen ... 51
    1. Schmelztropfen (Emailloide, Adamantome) ... 51
    2. Zementikel ... 51
    3. Dentikel ... 51
    4. Dentalexostosen ... 51
    5. Dentalhyperostosen ... 51
    6. Wurzelhautgranulome ... 52
  bb) Zystische Bildungen ... 52
    1. Follikelzysten ... 52
    2. Wurzelzysten ... 52
  cc) Echte Geschwülste ... 53
    1. Odontom ... 53
    2. Zementom ... 53
    3. Adamantinom ... 53
  dd) Epulis ... 54

9. Mundspeicheldrüsen ... 56
  a) Normale Anatomie, Histologie sowie Bemerkungen zur Histophysiologie ... 56
  b) Mißbildungen ... 59
  c) Sekretionsanomalien ... 59
  d) Ernährungsstörungen ... 60
  e) Entzündliche Erkrankungen ... 61
    aa) Hodogenese ... 61
    bb) Bestimmt-charakterisierbare Formen der Sialadenitis und Sialangitis ... 61
      1. Postoperative Sialadenitis ... 61
      2. Sialadenitis als Begleitentzündung ... 62
      3. Küttner-Tumoren ... 62
      4. Parotitis epidemica ... 63
      5. Zytomegalie ... 64
      6. Sonstige Virus-Sialadenitiden ... 65
      7. Sjögren-Syndrom ... 65
      8. Heerfordt-Syndrom ... 66
      9. Mikulicz-Syndrom ... 66

		10. Spezifische Entzündungen im konventionellen Sinne (Tuberkulose, Lues, Aktinomykose)	66

- f) Speichelsteine 66
- g) Geschwülste der Speicheldrüsen 67
  - aa) Bindesubstanztumoren 67
    1. Chondrome 67
    2. Angiome 67
    3. Fibrome, Neurofibrome, Sarkome 68
  - bb) Epitheliale Tumoren 68
    1. Adenome 68
    2. Cystadenolymphome 68
    3. Sogenannte Mischtumoren: Pleomorphe Adenome . 68
    4. Mucoepidermoidtumoren. 69
    5. Cylindrome 69
    6. Carcinome 69
- 10. Rachenorgane 70
  - a) Normale Anatomie und Entwicklungsgeschichte 70
  - b) Kreislaufstörungen 74
  - c) Entzündliche Erkrankungen 75
    - aa) Akute katarrhalische Entzündung 75
    - bb) Pseudomembranöse Entzündung 75
      1. Verbrennung und Verätzung 75
      2. Mikrobielle Infektionen 75
      3. Rachendiphtherie 76
      4. Angina Plaut-Vincenti 78
    - cc) Phlegmonöse Entzündung und Abszeßbildung 80
      1. Angina phlegmonosa 80
      2. Angina follicularis abscedens 80
      3. Angina gangraenosa s. phagedaenica 81
      4. Retropharyngealabszeß 81
    - dd) Chronische Entzündungen 81
    - ee) Spezifische Entzündungen 82
      1. Tuberkulose 82
      2. Lues 82
      3. Tularämie 82
      4. Typhus abdominalis 83
      5. Sonstiges 83
  - d) Geschwülste und geschwulstähnliche Prozesse 83
    - aa) Gutartige Geschwülste 83
      1. Nicht-epitheliale Tumoren 83
      2. Epitheliale Tumoren 83
      3. Mischgeschwülste 84
    - bb) Bösartige Geschwülste 84
  - e) Decubitalgeschwüre der Pharynxschleimhaut 87
  - f) Pathologie des pharyngo-oesophagealen Grenzbereiches . 87
- II. Speiseröhre 89
  1. Entwicklungsgeschichte und normale Anatomie 89
  2. Leichenerscheinungen 91

3. Mißbildungen 91
   4. Ernährungsstörungen 94
   5. Kreislaufstörungen 94
   6. Entzündliche Erkrankungen 95
   7. Geschwulstartige Prozesse und Geschwülste .. 96
   8. Störungen des Lumens und der Kontinuität ... 98
      a) Stenosen 98
      b) Dilatation (Ektasie) und Divertikelbildung .. 98
   9. Fremdkörper 100
III. Magen 101
   1. Anatomische Vorbemerkungen 101
   2. Bemerkungen zum Gastrinproblem 105
   3. Leichenveränderungen 110
   4. Mißbildungen 111
   5. Stoffwechselstörungen der Magenwand 111
   6. Kreislaufstörungen 112
      a) Stauungshyperämie 112
      b) Blutungen 112
   7. Entzündliche Erkrankungen 115
      a) Katarrhalische Entzündungen 115
         aa) Akute katarrhalische Gastritis 115
         bb) Chronische katarrhalische Gastritis . 115
      b) Pseudomembranöse Entzündung 118
      c) Eitrig-abszedierende und phlegmonöse Entzündung ... 118
      d) Spezifische Entzündungen 118
         aa) Tuberkulose 118
         bb) Syphilis 119
         cc) Typhus abdominalis 119
         dd) Aktinomykose 119
         ee) Sonstiges 119
   8. Verhalten des Magens bei Vergiftungen 120
      a) Gifte, welche verätzen durch Wasserentzug und Koagulation 120
      b) Gifte, welche verätzen durch Erweichung, Verquellung, also durch Kolliquation 120
      c) Besondere Vergiftungsfälle 121
         aa) Schwefelsäure 121
         bb) Sublimat 121
         cc) Cyancalium 121
   9. Magengeschwürskrankheit 121
      a) Vorbemerkungen 121
      b) Pathogenese 122
         aa) Gefäßtheorie 122
         bb) Peptische Theorie 123
         cc) Entzündliche (Gastritis-)Theorie .. 124
      c) Pathologische Anatomie des Ulcus 124
      d) Das Ulcus als Krankheit 128
      e) Experimentelle Ulcerosis ventriculi ... 130

10. Geschwülste des Magens ... 131
   a) Nicht-epitheliale Tumoren ... 131
   b) Epitheliale Tumoren ... 132
11. Stenosen und Dilatationen des Magens ... 135

IV. Darm ... 137
1. Vorbemerkungen zur Anatomie, Histologie und Physiologie des Darmes ... 137
2. Mißbildungen des Darmes ... 141
   a) Atresia ani s. recti connata simplex ... 143
   b) Atresia ani complicata cum communicationibus ... 145
   c) Atresia ani (s. recti) mit äußeren Fistelbildungen ... 145
3. Lageveränderungen des Darmes (Hernienlehre) ... 147
4. Invagination, Intussuszeption, Prolapsus ... 153
5. Volvulus ... 155
6. Erworbene Veränderungen des Darmlumens ... 156
   a) Stenosen und Atresien ... 156
      aa) Obturationen ... 156
      bb) Strikturen ... 156
      cc) Kompressionen ... 156
   b) Erweiterungen ... 157
      Umschriebene Erweiterungen ... 157
      1. Divertikel des Duodenum ... 157
      2. Divertikel des Dünndarmes ... 157
      3. Divertikel des Dickdarmes ... 157
      Diffuse Erweiterungen ... 158
      1. Altersatrophie ... 158
      2. Erweiterungen oberhalb von Stenosen ... 158
      3. Darmlähmung ... 158
7. Kreislaufstörungen ... 158
   a) Aktiv-kongestive Hyperämie ... 158
   b) Passive Hyperämie (Stauung) ... 158
   c) Ödem der Darmwand ... 159
   d) Thrombose und Embolie der Mesenterialarterien ... 159
   e) Allgemeine Bemerkungen über Darmblutungen ... 160
   f) Pigmentierungen der Darmschleimhaut ... 161
8. Entzündliche Erkrankungen ... 161
   Einteilung der entzündlichen Darmwandveränderungen nach dem patho-anatomischen Bilde ... 162
   a) Katarrhalische Entzündung ... 162
      aa) Akuter Katarrh ... 162
      bb) Chronischer Katarrh ... 162
         1. Enteritis follicularis ... 163
         2. Enteritis cystica superficialis oder Enteritis cystica profunda ... 163
         3. Colica mucosa ... 163
         4. Pneumatosis cystoides intestini ... 163
   b) Fibrinös-pseudomembranöse Entzündung ... 164
   c) Eitrige Entzündung ... 165

d) Hämorrhagisch-nekrotisierende Entzündung 165
e) Sogenannte spezifische Entzündungen 165
  aa) Tuberkulose 165
  bb) Syphilis 166
  cc) Aktinomykose 167
  dd) Listeria monocytogenes, Pasteurella tularensis 167
Einteilung der entzündlichen Erkrankungen des Darmrohres
nach den nosologischen Entitäten 167
  a) Biorheutisch gebundene Entzündungsformen 167
    aa) Jejunitis epithelialis necroticans Adam-Froboese . . 167
    bb) Seniles Megacolon mit sterkoraler Entzündung . . . 167
  b) Einteilung nach dem klinisch-anatomischen Phänomen . 168
    aa) Cholera asiatica 168
    bb) Typhus abdominalis und Paratyphus 170
    cc) Ruhr 175
      1. Bakterienruhr 175
      2. Amoebenruhr 178
    dd) Colitis fibrinosa 180
    ee) Colitis chronica ulcerosa gravis 180
  c) Einteilung nach der anatomischen Lokalisation der entzündlichen Prozesse 182
    aa) Jejunitis necroticans; Enteritis gravis; akute hämorrhagisch-nekrotisierende Enteritis; Darmbrand . . . 182
    bb) Ileitis terminalis 183
    cc) Bauhinite oedémateuse aiguë 184
    dd) Appendicitis 185
    ee) Sigmoiditis infiltrativa 188
    ff) Proktitis 189
  d) Schwierig klassifizierbare Darmwandläsionen 190
    aa) Sprue 190
      1. Tropische Sprue 190
      2. Einheimische Sprue 191
    bb) Whipplesche Krankheit 192
    cc) Idiopathische Steatorrhoe 192
    dd) Allgemeine Bemerkungen zum Absorptionssyndrom . 193
  9. Geschwülste des Darmrohres 195
    a) Nicht-epitheliale Neoplasien 195
    b) Epitheliale Neoplasien 196
  10. Bemerkungen zur pathologischen Anatomie besonderer
    Darmabschnitte 201
    a) Zwölffingerdarm 201
    b) Coecum und Processus vermiformis 202
    c) Mastdarm 203
V. Pathologie des Peritoneum 204
  1. Bauchwassersucht 205
  2. Haematoperitoneum = Haemaskos 206
  3. Cholaskos 207
  4. Entzündliche Erkrankungen des Bauchfelles = Peritonitis . 207

　　　　a) Trauma 207
　　　　b) Übergreifen aus der Nachbarschaft 207
　　　　c) Haematogen-metastatische Peritonitis 208
　　5. Besondere Formen entzündlicher Peritonealerkrankungen . 209
　　　　a) Tuberkulose 209
　　　　　　aa) Peritonitis tuberculosa 209
　　　　　　bb) Tuberculosis peritonealis 209
　　　　b) Pseudotuberkulose 209
　　　　c) Typhus abdominalis, Aktinomykose, Listeriose 209
　　　　d) Fremdkörperperitonitis 209
　　　　e) Anhang 210
　　6. Geschwülste des Bauchfelles 210
　　　　a) Geschwulstähnliche Bildungen 210
　　　　b) Echte Geschwülste 210
　　　　c) Sekundäre Geschwülste 211

VI. Parasiten des Verdauungskanales 212
　　1. Protozoen 212
　　2. Metazoen 213
　　　　a) Vermes (Würmer) 213
　　　　b) Arthropoden 216

B. Große Drüsen

I. Leber 218
　　1. Entwicklungsgeschichte, normale Anatomie, Histologie . . . 218
　　2. Leichenveränderungen 224
　　3. Veränderungen der Form, Mißbildungen 224
　　4. Kreislaufstörungen 225
　　　　a) Akute Hyperämie 225
　　　　b) Passive Hyperämie 225
　　　　　　aa) Kardiale Stauung 225
　　　　　　bb) Intermediäre Leberstauung 226
　　　　　　cc) Veränderungen an den Lebervenen 227
　　　　c) Zirkulationsstörungen seitens der Pfortader 227
　　　　　　aa) Ursachen eines Pfortaderverschlusses 227
　　　　　　bb) Lokalisation (und Formen) des Pfortaderverschlusses 228
　　　　　　cc) Folgen des Pfortaderverschlusses 228
　　　　d) Zirkulationsstörungen von Seiten der Arteria hepatica . 229
　　　　　　aa) Ursachen des Arterienverschlusses 229
　　　　　　bb) Lokalisation (Formen) des Arterienverschlusses . . . 229
　　　　　　cc) Folgen des Arterienverschlusses 229
　　　　e) Leberblutungen 230
　　　　　　aa) Hämorrhagische Diathese 230
　　　　　　bb) Trauma 230
　　　　　　cc) Eklampsie 230
　　　　f) Anämische Zustände der Leber 232
　　　　g) Ödem der Leber 232

5. Stoffwechselstörungen der Leber 233
  a) Sogen. Eiweißdegenerationen 233
    aa) Trübe Schwellung 233
    bb) Hyalin- oder albumintropfige Degeneration 233
    cc) Hydropisch-vakuoläre Degeneration 234
    dd) Amyloidose 234
  b) Fettablagerungen 234
  c) Glykogenablagerungen 235
  d) Abnorme Pigmentierungen der Leber 236
  e) Einfache Atrophie 236
  f) Akute gelbe oder rote, genuine Leberatrophie 237
    aa) Genuine Leberdystrophie im engeren Sinne 237
    bb) Seltenere Form der Leberdystrophie 238
    cc) Besondere Vergiftungsfälle mit Leberschädigung . . 238
6. Entzündliche Erkrankungen der Leber 241
  a) Akute diffuse interstitielle Hepatitis 241
    aa) Problemgeschichte 241
    bb) Ätiologie der Virushepatitis 243
    cc) Pathologische Anatomie der Virushepatitis 245
  b) Hepatitis durch Virusbefall gänzlich anderer nosologischer Zuordnung 249
    aa) Gelbfieber 249
    bb) Infektiöse Mononukleose 251
  c) Hepatitis durch Leptospiren-Infekte 251
    aa) Icterus infectiosus Weil 251
    bb) Leberschäden bei sonstigen Leptospirosen 253
  d) Eitrige Hepatitis 256
  e) Sonstige (unspezifische) Formen der Hepatitis 258
    aa) Hepatitis als Mitreaktion 258
    bb) Arzneimittelhepatopathien vom Hepatitis-Typus . . 259
  f) Spezifische Hepatitis (im konventionellen Sinne) 259
    aa) Tuberkulose 259
    bb) Morbus Besnier-Boeck-Schaumann 261
    cc) Pasteurellose 261
    dd) Listeriose 261
    ee) Salmonellosen 261
    ff) Brucellosen 262
    gg) Lues 262
    hh) Sonstiges 263
    ii) „Hepatitis" bei Hämatopathien 264
7. Lebercirrhose (Formen, Ursachen, formale Pathogenese, Krankheitsablauf) 264
8. Geschwülste der Leber 275
  a) Gutartige Geschwülste 275
    aa) Kavernöses Haemangiom 275
    bb) Adenome 276
      1. Leberzelladenome 276
      2. Gallengangsadenome 276

cc) Lebercysten 276
　　1. Einfache Retentionszysten 276
　　2. Solitäre dysontogenetische große Zysten 277
　　3. Cystenleber 277
b) Bösartige Tumoren 277
　aa) Primäre Sarkome 277
　bb) Carcinome 277
　　1. Leberepithelkrebs 277
　　2. Gallengangskrebs 278
c) Geschwulstähnliche Veränderungen 280
　aa) Lymphatische Leukämie 280
　bb) Myeloische Leukämie 280
　cc) Osteomyelofibrose 280
d) Parasitäre Erkrankungen der Leber 280
　aa) Echinococcus 280
　bb) Pentastoma denticulatum 282
　cc) Amoebiasis 282
　dd) Coccidium oviforme 282

II. Gallengänge und Gallenblase 282
　1. Orthische Prämissen 282
　2. Mißbildungen der Gallenwege 284
　3. Entzündliche Erkrankungen von Gallenwegen und Gallenblase 284
　　a) Einfache katarrhalische Entzündung 284
　　b) Pseudomembranöse, diphtherische, eitrig-exulcerative, nekrotisierend-brandige Entzündung 285
　　c) Stippchengallenblase 285
　　d) Spezifische Entzündungen 285
　4. Geschwülste der Gallenblase und der großen Gallengänge . . 286
　　a) Papillome 286
　　b) Adenome, Fibroadenome 286
　　c) Tuberöse Fibrome und diffuse Fibromatose 286
　　d) Carcinome 286
　　e) Sarkome 286

III. Bauchspeicheldrüse 288
　1. Bemerkungen zur normalen Morphologie und Histophysiologie 288
　2. Leichenerscheinungen 299
　3. Mißbildungen 299
　4. Allgemeine pathologische Anatomie des Pankreas 300
　5. Entzündliche Erkrankungen des Pankreas 305
　6. Fibrozystische Pankreaserkrankung 318
　7. Pankreassteine 324
　8. Geschwülste des exkretorischen Pankreas 325
　　a) Nicht-epitheliale Geschwülste 325
　　b) Epitheliale Geschwülste 325

c) Anhang: Cysten 328
d) Sekundäre Geschwülste des Pankreas 328
9. Pathologische Anatomie des Inselapparates 329
a) Entdeckungsgeschichte der Langerhansschen Inseln und des Insulinmangeldiabetes 329
b) Pathologie des Diabetes mellitus 333
c) Geschwülste der Langerhansschen Inseln 336
aa) Adenome 336
bb) Carcinome 339

Schlußbemerkungen 340

Sachverzeichnis 341

Vorbemerkungen

Wer sich durch die beiden ersten Bände unserer Reihe bis zu diesem Punkte durchgearbeitet hat, möge, bevor er den Faden wieder aufnimmt, einen Augenblick der bereits mehrfach so bezeichneten *Situationskritik* widmen. Wenn er das folgende Diagramm prüfend betrachtet, erkennt er die Eckpfeiler, welche das Gebäude unserer Arbeit tragen. Ärztlicher Alltag, Forschung und Lehre. Diese Aufgaben erfüllen das Leben des Pathologen, — gleich dem des Arztes im Verband der klinischen Fächer.

Die Spezielle pathologische Anatomie *dient* der Klinik, sie unterstützt die Urteilsfindung im Felde der Gerichtsbarkeit, sie nützt der sozialen Medizin, sie weiß sich der anthropologischen Medizin grundsätzlich verpflichtet. Unser Diagramm ist zwischen zwei Motti gestellt, das KREHLsche Erbe und den GOETHEschen Auftrag.

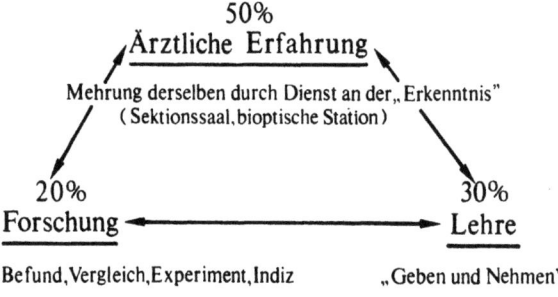

Fühlt sich der Pathologe als Arzt, gehört er ganz und gar der diagnostischen und gutachtlichen Tagesarbeit. Ist er vorzüglich Forscher und Lehrer, verschieben sich die quantitativen Relationen. Die angegebenen Prozentwerte entsprechen der Übung am Heidelberger Institut. Es gibt Fachgenossen, denen die Tätigkeit in der Forschung — anteilig — mehr bedeuten mag. Für *uns* gilt der Satz: „Die Wissenschaft muß nützlich sein" (BACO DE VERULAM). Die Impulse für die wissenschaftliche Arbeit erwachsen uns aus der Erfahrung des Alltags als Obduzent, als Diagnostiker und als Gutachter. Die Beteiligung am Unterricht ist für den Pathologen unerläßlich. Nur im Geben und Nehmen, d. h. im Austausch von Meinung und Wissen, und zwar mit Studenten und Ärzten, klärt sich das „Chaos dunkler Reminiszenzen" (KREHL). Was nicht im Scheidewasser des akademischen Unterrichtes Bestand hatte, sollte auch keinen bleibenden Niederschlag im Umkreis der Fragestellungen der wissenschaftlichen Arbeit finden. Der Unterricht des Pathologen ist nur insoweit erfolgreich, als er von einer lebenslangen Erfahrung getragen wird. Wer mit einer Aussage nicht eine sehr persönliche Anschauung zu verbinden weiß, wird Hirn und Herz des Lernenden nie anrühren!

Die vorangestellten Motti — (1.) „Sind wir Ärzte, ist der kranke Mensch alles" (KREHL) und (2.) „Natur und Kunst sind zu groß, um auf Zwecke auszugehen und haben's auch nicht nötig, denn Beziehungen gibt's überall und Bezüge sind das Leben" (GOETHE) — stellen keinen Widerspruch dar. Sie geben nur die dem Pathologen *wesensgemäße* alternierende Einstellung wieder. Hilfeleistung und Anschauung, Zweckgebundenheit und Zweckfreiheit sind Kern und Frucht seiner Bemühungen.

A. Pathologische Anatomie der Organe des Verdauungskanales

I. Mundhöhle und Rachen

1. Entwicklungsgeschichte und normal-anatomische Prämissen

Die Entwicklungsgeschichte des Kopfdarmes hängt eng mit der des Gesichtes zusammen. Letztere ist einigermaßen kompliziert. Wir betreiben die Vertiefung der vor dem Physikum erworbenen entwicklungsgeschichtlichen Kenntnisse nur insoweit, als sie die Voraussetzung für das unabdingbare Verständnis der formalen Genese der Entwicklungsstörungen sind.

Die Entwicklung des Keimlings im engeren Sinne muß im Zusammenhang mit der des Nutritionsapparates verstanden werden. Störungen des letzteren müssen mit folgenschweren Konsequenzen für den Embryonalkörper einhergehen. Es ist zweckmäßig, sich mit der *allgemeinen* Terminologie vertraut zu machen, welche die einzelnen Phasen im Fortgang der Entwicklung zu erfassen bestrebt ist.

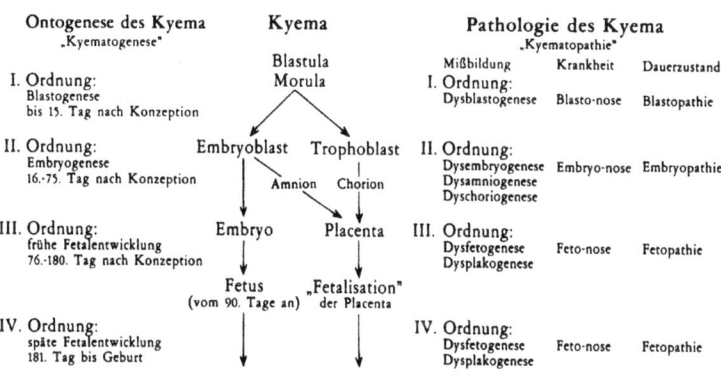

Abb. 1. Schaubild über die Zusammengehörigkeit der Orthologie und der Pathologie des Kyema. Unter „Kyema" versteht man den Keimling in seiner Gesamtheit, d. h. den Fruchtkörper einschließlich des Nutritionsapparates

Die „Pathologie des Kyema", eigentlich „Kyematopathologie", wird schlechthin als „Kyematopathie" bezeichnet. Es wäre korrekt, in *den* Fällen, in denen „Kyematopathie" als Oberbegriff gemeint ist, von „Kyematopathie im weiteren Sinne" zu sprechen. Eine solche Formulierung ist umständlich. Sie zu verwenden ist daher im allgemeinen nicht möglich. „Kyematopathie i. w. S." muß aber gedanklich von einer „Pathie des Kyema" als einem Spät-, Folge- und Dauerzustand getrennt werden.

Die Pathologie der Pränatalzeit ist mit dem Ballast einer begrifflichen Unordnung beschwert, der nicht nur eine Verständigung, sondern auch den Fortschritt der wissenschaftlichen Bemühungen beeinträchtigt. Es ist daher unerläßlich, daß man sich mit den Daten des Diagrammes „Ontogenese und Pathologie des Kyema" vertraut macht.

Die Entwicklung der Verdauungsorgane wird in den ersten Lebenswochen entscheidend vorangetrieben. Den frühembryonalen Keimling nennt man *Embyonalschild*. Der Schild liegt dort, wo Amnion und Dottersack zusammenstoßen. Der Embryonalschild bildet also den Boden der Amnion- und zugleich das Dach der Dottersackhöhle. *Der Keimschild besteht zunächst nur aus Epithelien:* Einer geschichteten Ektodermanlage auf der amniotischen und einer einschichtigen Entodermanlage auf der Dottersackseite. Das Mesoderm fehlt zunächst der jungen *Keimscheibe* vollständig. Die Keimscheibe ist vorerst kreisrund, wird dann oval und zeigt nach der Amnionhöhle zu eine Vorbuckelung. Jene entsteht durch das Wachstum des ektodermalen Epitheles. Die Keimscheibe gleicht nunmehr einer ventral geöffneten Schüssel. Während dieser Vorgänge kommt es zu einer Verschiebung der Grenzen zwischen Ektoderm und Amnionepithel nach ventral. Durch die Herausmodellierung des Körpers des Keimlings resultiert eine schnürringähnliche Konfiguration. Diese bezeichnet die Anlage des späteren Hautnabels.

Die Entwicklung des Darmrohres erfolgt von der Entodermseite des Keimlings aus. Ein eigentliches Darmrohr ist zunächst noch nicht vorhanden. Es findet sich in diesen frühen Stadien lediglich eine Darm*rinne*. Während des Fortschreitens des Wachstumes wird die Darmrinne im Sinne einer kranialen und einer kaudalen Bucht nach vorn und hinten ausgestülpt: Kraniale und kaudale Darmbucht: Vorder- und Hinterdarm: Kopf- und Schwanzdarm! Lediglich der mittlere Darmabschnitt (Mitteldarm) ist noch breit geöffnet. Die Regionen der Übergänge zwischen Kopf- und Schwanzdarm einerseits und Mitteldarm andererseits werden vordere und hintere *Darmpforte* genannt. Vordere und hintere Darmbucht enden jeweils blind. Etwa in der dritten Embryonalwoche entsteht eine deutlichere Abfaltung des Keimlings. Dadurch wird die *Mundbucht* gebildet sowie die *Afterbucht*. Erst nachträglich entstehen auch seitliche Grenzfalten. Dadurch wird der Unterschied zwischen embryonaler und extraembryonaler Darmanlage besonders deutlich. Das Zylinderepithel der eigentlichen Darmwand ist sichtbar abgesetzt vom Plattenepithel der Dotterblase. Unter dem Darmnabel versteht man den Übergang zwischen eigentlichem Darm und Dotterblasenstiel. Spätestens am Ende des ersten Embryonalmonates wird der Dotterblasenstiel vom Darm abgeschnürt. Bleibt die Trennung aus, resultiert das Diverticulum ilei. Erst jetzt ist der Darm vollständig geschlossen. Im Grunde der Mundbucht liegt eine Membran. Sie entsteht dadurch, daß das ektodermale Epithel der Mundbucht auf das entodermale Epithel der kranialen Darmbucht zu liegen kommt. Man nennt diese Membran die primäre Rachenhaut oder die Membrana buccopharyngica. Zum besseren Verständnis der Zusammenhänge sei das Diagramm auf dieser Seite gebracht (Abb. 2).

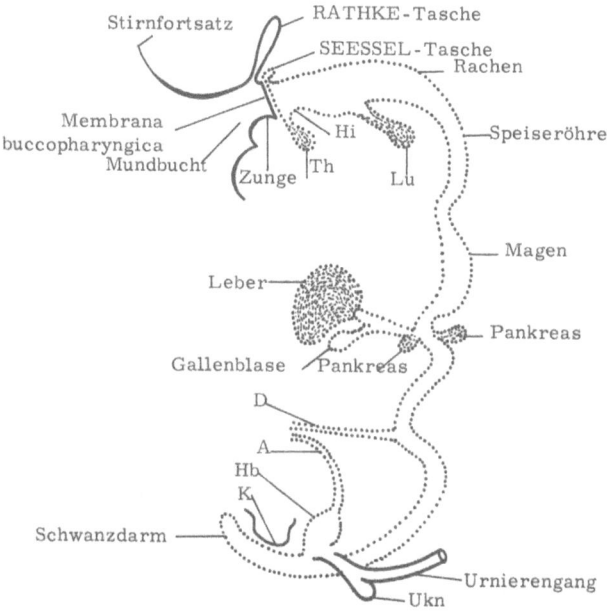

Abb. 2. A = Allantois; D = Dottersackstiel; Hb = Harnblase; Hi = Hinterzungenepithel; K = Kloakenmembran; Th = Thyreoidea; Ukn = Ureterknospe. — [Nach BOENIG, Leipzig: 1944 (verändert)]

Im Grunde der Afterbucht entsteht durch „Tuchfühlung" wiederum des ektodermalen Epitheles mit der entodermogenen Epithelplatte eine Membran, die *Kloakenmembran*. Die vordere Öffnung der Mundbucht ist der *primäre Mundspalt*. Er wird eingerahmt oben von dem Stirnwulst, beiderseits von den Ober- und Unterkieferfortsätzen des ersten Kiemenbogens. Die primäre Rachenmembran beginnt bereits in der dritten Embryonalwoche einzureißen. Die aus der Mundbucht und dem kranialen Anteil des Vorderarmes entstehende Höhle ist die *primäre Mundhöhle*. Zeitlich unmittelbar vor dem Verschwinden der Rachenmembran stülpt sich das Ektoderm der dorsalen Wand der Mundbucht dicht vor dem oberen Rande der Rachenmembran in Richtung nach der Gehirnanlage aus: Rathkesche Tasche. Unmittelbar hinter der Rachenmembran entsteht eine einigermaßen parallel orientierte entodermogene Tasche: Seesselsche Tasche. Erstere hat etwas mit der späteren Entwicklung der Hypophyse, letztere mit dem Ausbau des Waldeyerschen Rachenringes zu tun.

Der am weitesten kranial gelegene Teil des Vorderdarmes wird zum *Kiemendarm*. Noch während des ersten Embryonalmonates entstehen hier jederseits 5 entodermale *Schlundtaschen* und 5 korrespondierende ektodermale *Kiemenfurchen*. An ihren Berührungsstellen entstehen die *Membranae obturantes branchiales*. Das Gewebe — jeweils in kaudokranialer Richtung gesehen — zwischen den Kiemenfurchen bildet die *Kiemenbögen*.

Kaudal vom Kiemendarm verengert sich der Vorderdarm zur Anlage von Oesophagus, Magen, Duodenum, von wo aus die Leber- und Pankreasanlage durch Sprossung inszeniert werden.

Der nachfolgende *Mitteldarm* bildet die primäre *Nabelschleife*. Diese steigt zum Nabel ab, biegt dann dorsalwärts um und steigt zur hinteren Bauchwand an. Aus dem absteigenden Teil der Darmanlage wird das Jejunum und ein Teil des Ileum, aus dem aufsteigenden Teil der Rest des Ileum, das Coecum mit dem Wurmfortsatz, das Colon ascendens und transversum.

In den *Enddarm* münden kaudal der *Wolffsche Gang* und der *Urachus*. Dadurch entsteht die *Kloake*. Zeitlich später kommt es zu einer frontalen Untergliederung derart, daß ventral Harnblase, Urnierengänge, Urachus, primäre Harnröhre und Sinus urogenitalis, dorsal das Rektum zu liegen kommen. Aus dem Enddarm entstehen weiter Colon descendens und Sigma. Es gehen daher aus dem Enddarm hervor: Absteigender Dickdarm, Mastdarm, Harnblase und tributäre Einrichtungen. Am weitesten kaudal liegt der *Schwanzdarm*, und zwar im Bereiche der Rumpfschwanzknospe. Jene bleibt nur bis zum dritten Embryonalmonat erhalten. Ende des zweiten Embryonalmonates reißt die Kloakenmembran ein.

Die *Entwicklung des Gesichtes* wird im wesentlichen von der der Nase, des Mundes und der Augen bestimmt. *Ober- und Unterkieferfortsätze bilden beiderseits den ersten Kiemenbogen*. Kaudal von ihm liegt die erste Kiemenfurche. Ober- und Unterkieferfortsätze jederseits wachsen einander entgegen. Die beiden Unterkieferfortsätze verschmelzen miteinander, die beiden Oberkieferfortsätze erreichen einander nicht. Hier schiebt sich von oben her der Stirnfortsatz heran. Er besteht aus 4 Teilen, zwei medialen und zwei lateralen Abschnitten. Die beiden medialen sind länger, sie sind zunächst durch einen Einschnitt, die sogen. *Nasenfurche*, voneinander getrennt. Die beiden medialen Stirnfortsätze verschmelzen jedoch bald miteinander. *Störungen* dieses Vorganges zeitigen konnatale Narben, mediane Einziehungen, sogenannte Dermoide etc. mitten auf dem Rücken der Nase! Zwischen medialen und lateralen Stirnfortsätzen liegt jederseits die *Riechgrube*. Aus den vereinigten medialen Stirnfortsätzen entwickelt sich die Nasenscheidewand, der Zwischenkiefer und das Philtrum (Philtrum = Zwischenkieferlippe). Der sogen. innere Nasenfortsatz (= Zwischenkiefer) vereinigt sich durch den Processus globularis mit dem Oberkieferfortsatz jeder Seite. Ober-, Unter- und Zwischenkiefer bilden die zugehörigen Alveolarfortsätze sowie Ober-, Unterlippen und Wangen. Der Zwischenkiefer trägt die 4 oberen Schneidezähne (= Os incisivum). Er ist bei Tieren besonders erhalten, beim Menschen jedoch mit dem Oberkieferfortsatz innig verwachsen (GOETHE, 1784). Der dorsale Teil des ersten Kiemenbogens bildet die nach innen gerichteten plattenartigen Fortsätze *(Gaumenplatten)*, welche einander entgegenwachsen und sich mit dem unteren Rande des Septum narium vereinigen sowie an den Zwischenkiefer anlegen. So kommt es, daß der obere Teil der primären Mundhöhle der definitiven Nasenhöhle zugeschlagen wird (die Pars respiratoria der Nase entstammt der primären Mundhöhle!).

Zwischen dem lateralen kürzeren Stirnfortsatz und dem Oberkieferfortsatz bleibt die *Augen-Nasen-Rinne* erhalten. Bereits bei 15 mm langen Embryonen löst sich das Epithel vom Boden der Rinne ab und bildet einen soliden Epithelstrang, den *Ductus nasolacrimalis*.

Das Epithel der primären Mundhöhle ist teils ektodermaler, teils entodermaler Herkunft. Die Grenze zwischen diesen beiden Keimblattbezirken wird durch die primäre Rachenmembran gebildet. Ihr entspricht später eine Ebene, deren unterer Abschnitt hinter dem Unterkiefer und deren oberer Abschnitt an den Choanen gelegen ist. Das Epithel im Vestibulum und im vorderen Cavum oris, in der Nasenhöhle, an Zungenspitze und Zungenkörper ist ektodermaler Herkunft. Ektodermal sind Speicheldrüsen, Zahnschmelz und Adenohypophyse. Dagegen sind die hinteren Zungenabschnitte und die Schilddrüse entodermaler Herkunft.

Die *Zunge* entsteht auf dem Boden der primären Mundhöhle. Unmittelbar hinter der Vereinigungsstelle der beiden Mandibularbogen entwickelt sich bei 2 mm langen Embryonen der mittlere Zungenwulst: Tuberculum mediale sive impar. Die Hauptmasse der Zunge wird aus den seitlichen Zungenwülsten bereitgestellt. Diese entstehen durch Zellvermehrung an den der Mundhöhle zugewandten Flächen der Unterkieferfortsätze. Die seitlichen Zungenwülste reichen weiter nach der Zungenspitze zu als das Tuberculum impar. Seitliche Zungenwülste und mittlerer Zungenwulst verschmelzen miteinander. An der fertigen Zunge reicht dieses Gebiet bis zu einer Linie unmittelbar vor und parallel der Reihe der Papillae vallatae. Die Papillae vallatae selbst und das Foramen caecum sind bereits entodermaler Herkunft, gehören also zum Kopf- oder Kiemendarm. Dieser dorsale Zungenabschnitt wird aus den ventralen Anteilen des zweiten bis vierten Kiemenbogens jederseits gebildet. Die Zunge ist also ein relativ kompliziert zusammengesetztes Organ. Es besteht aus drei Hauptteilen:

(a) dem mittleren Zungenwulst,
(b) den seitlichen Zungenwülsten } = 1. Kiemenbogen

(c) dem hinteren Zungenabschnitt   = 2., 3. und 4. Kiemenbogen

Weil am Zungenaufbau 4 Kiemenbogen beteiligt sind, ist auch die nervale Versorgung eine vierfache: (a) Nervus lingualis aus dem Trigeminus, (b) Chorda tympani aus dem Facialis, (c) Rami linguales aus dem Glossopharyngicus und (d) Plexus pharyngeus aus dem Nervus vagus.

Die Zungenpapillen treten zuerst gegen Ende des zweiten Embryonalmonates auf. Die Geschmacksknospen entstehen durch Induktion seitens der Nerven; sie treten sowohl im Gebiete der ekto- als der entodermogenen Anlage in Erscheinung.

Die *Mundschleimhaut* nennt man eine „*cutane Schleimhaut*". Sie zeigt also eine mäßige Keratinisierung, eine leidlich gute Glykogenbildung, daher eine positive Schillersche Jodprobe, welche im Bereiche der Krebsfährtensuche eine gewisse Rolle spielt! Die Mundschleimhaut ist an Lippen und Wangen glatt. Beim Neugeborenen besteht durch eine stärkere Papillenbildung im

Gebiet der „Saumgegend" eine natürliche Rauhigkeit. Die „Saumgegend" findet sich am inneren Lippenrand, am mittleren Wangenabschnitt, nämlich im Bereiche der sogen. Verwachsungsgebiete zwischen Lippen und Wangen. Beim Erwachsenen kommen Papillen ausschließlich an der Zunge vor. Nur die Papillae filiformes zeigen eine Verhornung. Die Papillae fungiformes sind arm an elastischen Fasern. Die Papillae circumvallatae tragen in ihrem Epithel auch Geschmacksknospen. Die Papillae foliatae, welche an den Zungenrändern liegen, führen ebenfalls Geschmacksknospen. Tunica propria und Submucosa sind nicht deutlich voneinander getrennt.

Die Mundhöhle verfügt bekanntlich über eine stattliche *Garnitur von Drüsen,* deren histologischen Bau und Topographie der Pathologe kennen muß, weil verhältnismäßig häufig pathologische Veränderungen an diesen Drüsen spielen. Wir unterscheiden folgende Drüsen:

a) *Reine Schleimdrüsen.* Sie liegen an der Vorderfläche des weichen Gaumens, am harten Gaumen, an der Zungenwurzel und den Zungenrändern.
b) *Gemischte Drüsen.* Sie liegen an Lippen, Wangenschleimhaut und der Unterfläche der Zungenspitze. Zu letzteren gehört die Blandin-Nuhnsche Drüse.
c) *Rein seröse Drüsen.* Sie liegen im Gebiet des Zungenkörpers, in der Umgebung der Papillae circumvallatae und foliatae.
d) *Freie Talgdrüsen.* Diese finden sich an der Wangen- und Lippenschleimhaut.

Von den echten Drüsen trennt man konventionell die Balgdrüsen ab, welche der Zungenwurzel ihr höckriges Aussehen geben. Es handelt sich nicht um echte Drüsen, sondern um Epithelkrypten, die von lymphatischem Gewebe eingehüllt sind. Die Gesamtheit dieser lymphoepithelialen Einrichtungen nennt man Zungentonsille.

2. Leichenerscheinungen

Die Totenstarre der Kiefer erzeugt Impressionskonturen vor allem an den seitlichen Zungenrändern. Im übrigen ist die Mundschleimhaut, — namentlich dann, wenn der Mund des Verstorbenen offen gestanden hatte — in der Regel ausgetrocknet, rissig, schmutzig-farben, steif. Die Mundschleimhaut ist vielfach dadurch verunreinigt, daß bei dem Transport des Leichnames saurer Mageninhalt aufgestiegen ist. Bei Leichen, welche in der warmen Jahreszeit einen oder mehrere Tage im Freien gelegen hatten, ist die Mundhöhle von Fliegenmaden besiedelt.

3. Mißbildungen

Eine wichtige Rolle im Formenkreis der Entwicklungsstörungen spielen die *Spaltbildungen.* Es seien einige genannt:

a) Lippenspalte

Cheiloschisis (schizo = ich spalte); Hasenscharte = Labium leporinum. Das mit der Entwicklung des Zwischenkiefers vom Stirnfortsatz herabgestiegene Philtrum verwächst nicht mit den seitlichen, von den Oberkieferfortsätzen ausgehenden Lippenstücken. Es kann daher eine beidseitige Lippenspalte, natürlich auch nur eine solche auf einer Seite, entstehen. Ausnahmsweise findet sich die Spalte in der Mitte. Dann handelt es sich um die Folge der mangelhaften Vereinigung der beiden medialen Nasenfortsätze. Die Hasenscharte findet sich häufiger links als rechts. Es kommen alle Übergänge zwischen einem leichten Einkniff (Colobom) und ganz durchgehender Spaltbildung (Fissur) vor. Die Ursachen sind im Einzelfalle schwierig ausfindig zu machen. Früher dachte man ernstlich daran, daß Lippenspalten durch amniogene Strangbildung hervorgerufen würden. Erblichkeit ist in einigen Fällen sicher erwiesen. Die überwiegende Anzahl der Spaltbildungen dürfte exogen bedingt sein (Störung der Plazentation, Sauerstoffmangel, Virusinfekt, Intoxikation). Die Kombination der Hasenscharte mit anderen „Stigmen" ist häufig. Hasenscharte sowie Kiefer-, Gaumenspalten, Hirnbrüche, Polydaktylie, Hexadaktylie, Duplikation des weiblichen Genitalschlauches, Pedes vari und valgi können kombiniert auftreten. Hasenscharten können aber auch in utero bereits mit einer zarten Narbe tadellos — spontan — ausheilen!

b) Kieferspalte

Gnathoschisis. Die Spalte liegt im Alveolarfortsatz des Oberkiefers und zwar zwischen dem äußeren Schneidezahn und dem Eckzahn.

c) Gaumenspalte

Palatoschisis. Im Falle des Vorliegens einer Gaumenspalte erreicht die Gaumenplatte nicht den Anschluß an das vom mittleren Nasenfortsatz gebildete Septum. Die Gaumenspalte liegt lateral, entweder ein- oder doppelseitig. Wenn die Gaumenspalte doppelseitig auftritt, dann ragt der mittlere Nasenfortsatz mit dem Zwischenkiefer allein, wie ein Rüssel, von kranial nach kaudal herunter. Dadurch entsteht eine große „Rachenhöhle", man spricht vom „Wolfsrachen" = Rictus lupinus. Der „Rüssel" trägt zwei Zähne, mediane obere Schneidezähne. Im übrigen finden sich häufig Zahnmißbildungen. Beim eigentlichen Wolfsrachen handelt es sich also um eine kombinierte Spaltbildung: *Cheilognathopalatoschisis*. Die Spaltung kann auch auf den weichen Gaumen und die Uvula übergreifen. Im Falle des Vorliegens einer medianen (!) Gaumenspalte liegt ein Defekt des mittleren, septumbildenden Nasenfortsatzes vor.

d) Schräge Gesichtsspalte

Meloschisis. Es handelt sich um die Folge des mangelhaften Schlusses zwischen lateralem Nasen- und Oberkieferfortsatz, etwa im Sinne der Anordnung des Tränen-Nasenkanales. Bei einer Verlängerung der Spaltbildung zwischen Oberkiefer- und medialem Nasenfortsatz wird die Mundhöhle erreicht. Jetzt liegt die „eigentliche" Meloschisis vor. Man spricht gern von Prosoposchisis („Gesichtsspalte"); sie reicht vom Mund zum Auge.

e) Quere Gesichtsspalte

Sie liegt zwischen Ober- und Unterkieferfortsatz und führt zur Ausbildung einer horizontalen Wangenspalte: Es liegt das vor, was man „Großmaul" (im anatomischen Sinne), nämlich eine *Fissura buccalis connata* vom Mund zum Ohr, nennen kann.

f) Sonstige Mißbildungen

Nicht ganz selten finden sich Hemmungsmißbildungen einzelner Fortsätze: Aprosopie, Acheilie, Agnathie, Mikrognathie etc. Je kleiner die Unterkieferfortsätze werden, um so näher rücken die Ohren zueinander. Schließlich kommt es zur Verschmelzung der Ohren. Man spricht von *Synotie*. Cyklopie ist eine Synophthalmie, d. h. eine Verschmelzung der beiden Augen (Augäpfel), welche freilich meistens noch als mehr oder weniger getrennt gewesene Anlagen erkennbar bleiben. Im Falle der Cyklopie findet sich statt einer Nase eine rüsselförmige Hautfalte, welche oberhalb (stirnwärts) des Auges steht. Gleichzeitig besteht oft eine Arhinencephalie. — Schließlich finden sich auch *Überschußbildungen:* Makrocheilie, Makroglossie, Prognathie. Ob die Lingua plicata scrotalis d. h. die scrotalhautähnliche Faltung der Zungenschleimhaut eine Mißbildung, Ausdruck einer fehlerhaften Gewebekomposition oder eine erworbene Anomalie darstellt, ist unentschieden. Tatsächlich existieren konstitutionelle Faltenanomalien der Zungenschleimhaut derart, daß neben einer medialen Furche des Zungenrückens seitlich und quergestellte Falten stationär und definitiv eingebaut sein können. — Sonstige Gewebemißbildungen: Im Gebiet der Raphe finden sich bei Neugeborenen häufig weißliche Epithelperlen. Atypische Epithelsprossen werden nicht selten im Gebiete des Foramen caecum gesehen; knorpelige Skelettreste sind an der Zungenspitze darstellbar.

4. Stoffwechselstörungen

a) Senile Atrophie

Schwund der Muskulatur, Glättung der Schleimhautoberfläche, Fettgewebseinlagerungen in den Bereich der Unterschleimhaut. Klassischer Vertreter der senilen Atrophie ist die Lingua glabra senilis. Es kommt dabei auch zum Verlust der sogen. Zungentonsille. Eine Atrophie der Zungenschleimhaut entwickelt sich in besonderem Maße nach Erkrankung der Kerngebiete der die Zunge versorgenden Nerven. Atrophisierende Prozesse finden sich bei perniciöser Anämie. Bei A-Avitaminose resultiert eine eigenartige Trockenheit der Mundschleimhaut mit Versiegen des Speichelflusses. Gleichartige Veränderungen können nach Röntgenbestrahlung des Mundhöhlen-Kopf-Bereiches auftreten. Man spricht von Xerostomie (Xerostoma = Trockenmaul).

b) Pigmentierungen

THOMAS ADDISON (1793—1860), Guy's Hospital London, beschrieb im Rahmen des nach ihm benannten Symptomenkomplexes die bräunliche, braune, gelegentlich metallisch-schwarze, fleckige Verfärbung der Schleimhaut der Wangen sowie der Innenseite der Lippen. Es handelt sich um die Einlagerung von Melanin sowohl in die basalen Epithelgruppen als auch in die Histiozyten des subepithelialen Schleimhautbindegewebes. — Daneben existieren eigenständige Melanoplakien. Ihre Pathogenese ist dunkel. — Schließlich spielen exogene Pigmentierungen im Bereiche der Mundhöhle keine geringe Rolle: Es handelt sich z. B. um den *Bleisaum*. Hier liegt eine 1—2 mm breite, graubläulich schimmernde, stumpf glänzende, streifenförmige Linie am Rand des Zahnfleisches, die Hälse der Schneidezähne umfassend, bei Bleiintoxikation und gleichzeitig bestehender Alveolarpyorrhoe. Seltener sind entsprechende Verfärbungen bei Bleivergiftung im Bereiche des sonstigen Zahnfleisches etwa gar mit Übergreifen auf die Wangenschleimhaut. Der Bleisaum tritt unabhängig von Art und Ort der Bleiaufnahme und zwar infolge der Ausscheidung von Bleisulfid an den Stellen der Mundhöhle auf, wo durch Fäulnis H_2S zur Verfügung steht. Der Bleisaum liegt im Inneren von Schleimhaut oder Unterschleimhaut und ist nicht abwischbar. Die Körnchen des sulfidischen Bleies sind im Protoplasma der Epithelien, Histiozyten und Capillarendothelzellen gespeichert. Gelegentlich ist die Entscheidung, ob ein Bleisaum vorliegt oder nicht, nicht ganz leicht. Denn auch bei einfacher Alveolarpyorrhoe kann eine leicht schmutzige bis bläuliche Verfärbung des Zahnfleischrandes auftreten. Die Verfärbung im Falle der Alveolarpyorrhoe verschwindet jedoch leicht bei Anwendung eines mäßigen Spateldruckes. — Entsprechend dem *Bleisaum* existieren ein *Wismutsaum*, ein *Quecksilbersaum* (der mehr bläulich getönt ist), ein *Antimonsaum* und ein *Arsensaum* (von überwiegend rot-violettem Farbcharakter). Im Falle des Vorliegens einer *Argyrie* imponiert eine blaue Schleimhautfärbung.

c) Amyloidtumoren

Kleine geschwulstähnliche teigig-feste Knoten; selten. Die Amyloidtumoren besitzen keine besondere Bedeutung. Ihr Auftreten ist theoretisch interessant. Sie werden in fallender Häufigkeit gefunden an Rachen, Tonsillen, Gaumenbögen, Zunge, hartem Gaumen, Wangenschleimhaut, Zahnfleisch, Lippen und Uvula! Histologisch handelt es sich um die Ablagerung kongophiler Massen im subepithelialen autochthonen Bindegewebe. Amyloidtumoren sind keine echten Geschwülste. Es liegt ein örtlicher „Irrtum" des Gewebestoffwechsels vor.

Praktisch bedeutsamer ist die seltene *Paramyloidose* der Mundschleimhaut, insbesondere der Zunge. Jede Makroglossie, jede Zunahme der Konsistenz der Zunge, jede vergrößerte Zunge mit Impressionskonturen der Backenzahnreihen ist darauf verdächtig, daß eine allgemeine Paramyloidose zugrunde liegt. Man muß unbedingt suchen und ausschließen ein plasmazellulares Myelom. Niedervoltage im Ekg sowie eine eigenartige bräunliche Pigmentation der Haut des Fußrückens (selbstverständlich auch ohne stattgehabte sommerliche Insolation) sind Indizien *für* eine Paramyloidose (oder Paraproteinose).

Sehr zahlreiche regressive Veränderungen der Schleimhaut der Mundhöhle, häufig durch sekundär entstandene entzündliche Prozesse überlagert, sind die Folge einer komplexen Avitaminose.

d) Makrulie

Es handelt sich um eine eigenartige Vergrößerung des Zahnfleisches. Man spricht gerne von Gingivitis hyperplastica. Die typische Makrulie wird bei Epileptikern nach Medikation von Hydantoin, aber auch nach Encephalitis, bei Idiotie, bei Neurofibromatose, bei Bourneville-Pringle-Syndrom, gefunden. — Zentropil = Diphenylhydantoin erzeugt nicht nur eine hyperplastische Gingivitis im engeren Sinne, sondern eine Verbreiterung des knöchernen Paradentium, also des interdentalen Spaltraumes und zwar durch horizontale und vertikale Knochenatrophie. Ursache der Atrophie ist die Einlagerung plasmatischer Ergüsse. Jene erzeugen einen sklerosierenden Gewebeumbau.

5. Entzündliche Erkrankungen der Mundhöhle

Entzündliche Erkrankungen kann man nach verschiedenen Gesichtspunkten einteilen, nach der Lokalisation, der Verlaufsgeschwindigkeit, der anatomischen Qualität des Exsudates, den Krankheitsursachen und den „nosologischen Entitäten".

a) Einteilung nach der Lokalisation

Man spricht vernünftigerweise von Stomatitis, Cheilitis, Gingivitis, Glossitis etc.

b) Einteilung nach der Verlaufsgeschwindigkeit

Ephemer, perakut, akut, subakut, subchronisch und chronisch.

c) Einteilung nach der anatomischen Beschaffenheit des Exsudates

1. *Katarrhalisch-desquamative Entzündung:* Belag (bei akuter Allgemeininfektion, z. B. Scharlach: Himbeerzunge; Typhus abdominalis: Pökelzunge; Dysbakterie: Aureomycinrachen). Bewährt ist in derartigen Fällen die Untersuchung von Abstrichen der Zungenschleimhaut. Finden sich in Ausstrichpräparaten Sargdeckelkristalle (Ammonium-Magnesiumphosphat, hat man an das Vorliegen einer Urämie zu denken.
2. *Vesikulär-pustulöse Entzündung:* Derartige Veränderungen treten symptomatisch nach Verbrennung, Verätzung, bakterieller Infektion, aber auch eigenständig auf. „Eigenständige" mit Bläschenbildung einhergehende Entzündungen der Mundschleimhaut bezeichnet man als aphthöse Prozesse. Die Bläschen selbst nennt man „Aphthen" (von aphthai = Schwämmchen; HIPPOKRATES). *Klinisch* spricht man gern von infektiösen, habituellen und mechanischen Aphthen. Bläschen treten immer an den Stellen auf, wo das Epithel in besonders dicker Lage angesiedelt ist.
3. *Pseudomembranöse Entzündung:* Fibrinös-exsudative Entzündungen finden sich nach mechanischer, chemischer, thermischer Reizung und nach mikrobieller Infektion (z. B. bei Diphtherie, Pocken etc.).

4. *Erosiv-exulcerative Entzündung:* Derartige Veränderungen werden im Gefolge einer Mangelernährung (bei und nach Avitaminose), als Stomatitis mercurialis (Quecksilbervergiftung), nach Infektion im Sinne einer Fusospirochaetose (Noma, Cancer aquaticus) beobachtet.

d) Einteilung nach den Ursachen

aa) Mikrobielle Ursachen

Viruserkrankungen: Masern, Herpes simplex, Maul- und Klauenseuche etc.
Bakterielle Erkrankungen: Erysipel, Furunkulose, pyogene Allgemeininfektion.
Pilzerkrankungen: Soor, Blastomykose, Sporotrichose, Trichophytie etc.

bb) Chemische und toxische Ursachen einer Stomatitis

Hier sind in erster Linie Schädigungen durch zahnärztliche Kunststoffe zu nennen, erst in zweiter Linie die sehr viel selteneren Vergiftungen durch Wismut, Quecksilber etc.

cc) Allergische Pathogenese

Es seien nur zwei Beispiele genannt: Die Unverträglichkeit bestimmter Lippenstifte sowie die allergisch-hyperergische Reaktion durch „Cotton-roll" (Watte-Tamponade etc.).

e) Einteilung nach den nosologischen Entitäten

aa) Unter dem Bilde einer akut-fieberhaften Infektion

Es sei auf die relativ häufigen Komplikationen bei erschwertem Durchbruch der Weisheitszähne hingewiesen: Starke Schwellung und Rötung der Schleimhaut der Mundhöhle, fleckige schleierartige Fibrinbeläge, vermehrter Speichelfluß, Kieferklemme, subfebrile Temperaturen, mehr oder weniger imposantes kollaterales Ödem!

bb) Entzündliche Alterationen der Mundhöhlenschleimhaut bei Änderungen der Darmflora

Hier ist in erster Linie die Dysbakterie nach lang anhaltender, schlecht kontrollierter Antibiotikum-Medikation zu nennen. Es resultieren sogen. Dysvitaminosen. In ihrer Reihe spielt die Ariboflavinose eine entscheidende Rolle. Vor allem die Zungenschleimhaut ist verändert: Grobe, papuläre, borkige Verdickung des Reliefs, dreieckiges Feld schmutzig-farbener Beläge am Zungengrund! Die Spitze des Dreieckes zeigt nach ventral, die Basis liegt über der dorsalen Begrenzung des Zungengrundes. Gewöhnlich findet sich eine starke Pilzbesiedelung.

cc) „Aphthen" (Stomatitis aphthosa)

Bei *Kleinkindern*, vielfach ohne erkennbare Ursachen. Die Bednarschen Aphthen (ALOIS BEDNAR Wien, 1816—1888) sind mechanisch bedingt. Es handelt sich um die Folgen des offenbar früher üblich gewesenen Auswischens der Mundhöhle von Säuglingen nach stattgehabter Stillung. Die

Bednarschen Aphthen (Bläschen) liegen im Bereiche der seitlichen dorsalen Mundhöhle, etwa den Druckpunkten der Hamuli hamati pterygoidei gegenüber. Bednarsche Aphthen kommen heute kaum mehr zu Beobachtung.

Dagegen finden sich aphthöse Veränderungen der Mundschleimhaut bei Kleinkindern, vollständig unabhängig von einer Maul- und Klauen-Seuche, etwa während des ersten Lebenshalbjahres, vergesellschaftet mit Paronychien. Es wird erörtert, ob es sich um die Folge einer Herpes-Virus-Infektion handeln könnte.

Maul- und Klauenseuche. Stomatitis aphthosa epizootica, Stomatitis epidemica vesiculosa. Vorkommen in erster Linie bei Rind und Schwein, dann bei allen kleineren Wiederkäuern, schließlich auch bei Hund und Katze. Die Erkrankung der Wildtiere ist seltener. Schafe, Ziegen und Schweine erkranken fast nur an den Klauen. Die Maul- und Klauenseuche beim Menschen ist selten. Bemerkungen zum Krankheitsbild beim Tier: Die Inkubation beim Rind dauert 3—6, beim Schwein 1—2 Tage. An der Stelle der Virusinokulation kann ein kleiner erosiver, bläschenförmiger Primärherd entstehen. Von hier aus kommt es zu einer hämatogenen Generalisation. Es kommt zu einer Schwellung und Rötung der Körperdecke an den für die Entwicklung eines Exanthemes disponierten Stellen. Schlußendlich können größere Blasen entstehen, deren Inhalt ein seröses Exsudat führt. Nach Zerreißung der Blasendecke bleiben schmerzhafte Erosionen zurück. Derartige Prozesse im Maul erschweren die Nahrungsaufnahme. Häufig bestehen Durchfälle, bei Kühen wird eine parenchymatöse Mastitis auffällig. Dadurch wird die Milch „verdorben". Der Mensch ist fast immer resistent gegen das Virus der Maul- und Klauenseuche. Er ist jedoch wahrscheinlich, unbewußt und unbemerkt, der stärkste Virusträger. BIRCHER, Pathologisches Institut Bern, hat im Selbstversuch (1869) dadurch, daß er den Speichel einer kranken Kuh in die eigene Mundschleimhaut einmassierte, bewiesen, daß die Übertragung vom Tier auf den Menschen möglich ist! Das Experiment ist durch EDWIN KLEBS bestätigt worden. BIRCHER erkrankte typisch. Beim Menschen entwickeln sich: Stomatitis, generalisiertes Exanthem, Conjunctivitis, Balanoposthitis, schließlich eine Urethritis, häufig eine Nagelbettentzündung, nicht ganz selten hohes Fieber mit Gelenkschwellung, aber auch Magen-Darm-Erscheinungen, Orchitis und Nephritis! — Die Übertragung vom erkrankten Menschen auf das Rind ist im Jahre 1893 nachgewiesen worden. Aufklärung der Pathogenese durch die Arbeiten der Forschungsanstalt auf (der Insel) Riems (bei Greifswald). Das Virus wurde 1898 entdeckt, es ist bis 20 μ groß, es tritt in verschiedenen Typen auf. Diese können immunologisch voneinander getrennt werden. Die elektronenmikroskopische Untersuchung des MKS-Virus zeigt, daß das Nucleocapsid aus 42 Capsomeren besteht. Die Nukleinsäure des MKS-Virus entspricht dem Ribosetypus. Das Virus siedelt sich in den mittleren Schichten des Epitheles sogen. cutaner Schleimhäute und im Bereiche unbehaarter Abschnitte der Epidermis an. Das Virus vermehrt sich dort sehr schnell. Bereits nach 18—24 Stunden beginnt die hämatogene Virus-Propagation. Die Phase der Generalisation dauert 2—3 Tage. Nun siedelt sich das Virus besonders an den Prädilektionsorten an. Es gibt maligne MKS-Züge, bei denen eine höhere Mortalitätsrate bei den Rindern beobachtet wird (gewöhnlich nur 2—3 %, äußerst selten bis 60 %!). Die malignen Formen der MKS gehen mit Herz- und Skelettmuskelveränderungen einher. Die experimentelle Reproduktion der MKS ist besonders bei Saugmäusen gelungen. Die Vorgänge der Immunisierung können durch den Nachweis fluoreszierender Antikörper auch im Inneren der Herzmuskelfasern sichtbar gemacht werden. Eine spezifische Therapie der Maul- und Klauenseuche ist nicht bekannt. In der Veterinärmedizin spielt die Impfung eine große Rolle. — Neben der Maul- und Klauenseuche gibt es eine *„vesikuläre Stomatitis"*, welche durch ein eigenes Virus hervorgerufen wird. Dieses ist stäbchenförmig, etwa 180 $\mu\mu$ lang, im Besitze eines Durchmessers von 50—60 $\mu\mu$. Auch dieses Virus ist serologisch nicht einheitlich. Auch hier ist eine spezifische Therapie nicht bekannt.

Hulusi Behçetsche Krankheit. Es handelt sich um eine eigenartige Erkrankung, die mit aphthösen Veränderungen der Mundschleimhaut, exulcerativen Prozessen der Genitalschleimhäute und einer Hypopion-Iritis einhergeht. Der Prozeß manifestiert sich als septisch-allergische Erkrankung; Gelenkerscheinungen, Endarteriitis obliterans, Magen-Darm-Blutungen, selten eine Meningoencephalitis komplizieren das Bild. Es liegt eine Virusinfektion zugrunde (BEHÇET: Determatologische Wochenschrift, *105*, 1152, *1937*). — Die Prognose ist wenig günstig, viele Patienten sterben unter dem Bilde einer Viruspneumonie.

Aphthoid FEYRTER-POSPISCHILL. Es handelt sich um eine „zweite Krankheit", welche auf dem Boden von Keuchhusten, Masern, Scharlach überwiegend bei männlichen Säuglingen und Kleinkindern entsteht. Sie äußert sich durch das Auftreten dickwandiger Blasen mit zentraler Delle und peripherischer Rötung. Im Fortgang der Veränderungen resultieren mörtelspritzerähnliche Einlagerungen in die erkrankte Schleimhaut, vielfach mit krustöser Umwandlung der Effloreszenzen. Das sogen. Aphthoid wird auch als „vagantes" bezeichnet. Die Aphthen schießen über Nacht auf, stehen gruppiert, sind reiskorngroß, selten fingernagelgroß. An der äußeren Haut können im Gefolge der Blasenbildungen satte Geschwüre entstehen. Infolge sekundärer Infektion kommt es zu regionärer Lymphadenitis. Das Allgemeinbefinden ist erheblich gestört. In den seltenen Todesfällen fanden sich geschwürige Prozesse am Kehlkopf. Es scheint, daß es sich um eine besondere Herpes-Virus-Infektion handelt (H. SCHUERMANN: Krankheiten der Mundschleimhaut und der Lippen. München und Berlin: Urban & Schwarzenberg, 2. Auflage, S. 97 und 98, *1958*).

Habituelle Aphthen. Man bezeichnet die bei habituellen Aphthen auftretenden entzündlichen Erkrankungen der Mundhöhle als Stomatitis necroticans neurotica chronica. Dieser Terminus spiegelt die „pathogenetische Hilflosigkeit" wider.

dd) Herpes simplex recidivans

Der Prozeß ist bei Neugeborenen und Säuglingen selten, tritt er auf, verläuft er nicht ganz selten tödlich. Die Krankheit befällt mehr Männer als Frauen, überwiegend im dritten Lebensjahrzehnt. Der Herpes simplex stellt beim Erwachsenen eine fast stets harmlose Krankheit dar, die nur dadurch unangenehm wird, daß sie sehr oft rezidiviert, viele Menschen Jahre, manche Jahrzehnte lang begleitet. Das Leiden manifestiert sich durch das scheinbar plötzliche Auftreten gruppierter Bläschen und einen schubweisen Krankheitsablauf. Gelegentlich entstehen anstelle von Bläschen papulöse Erscheinungen. Örtlich besteht ein Hitze- und Spannungsgefühl, gelegentlich ein starker Juckreiz. Die Bläschen sind anfangs klar, wandeln sich jedoch bald in Pusteln mit getrübtem Inhalt um. Nicht ganz selten führen die Bläschen einen blutig verfärbten Inhalt. Regionäre Lymphknoten können geschwollen und schmerzhaft sein. Herpes simplex-Epidemien sind bekannt. Der Herpes simplex recidivans bevorzugt gelegentlich bestimmte Prädilektionsorte, welche er alternierend befällt. Örtliches Trauma, Status menstrualis, Sonnenbestrahlung, psychische Alterationen sind pathoplastisch bedeutsam. Es liegt eine echte Viruserkrankung vor, die gewöhnlich einen hohen Antikörpertiter hervorruft. Selten ist die Elephantiasis metherpetica, welche Lippen, Wangenschleimhaut und Zunge betrifft. Vom virologischen Standpunkt aus könnte man den Herpes hominis von einem Herpes simiae, der Affenvariante des Herpes, unterscheiden. Die Viren bilden eine „Herpes-Gruppe". Zu ihr gehört auch das Pseudorabiesvirus und manches andere. GRÜTER (Ophthalmologe, Marburg, 1912) hat die Ätiologie des menschlichen Herpes geklärt: Er erzeugte durch Übertragung von Bläscheninhalt auf das Auge des Kaninchens eine charakteristische Keratitis dendritica. Er konnte das Virus durch Tierpassagen weiterführen. Heute kann das Virus auf der Chorioallantoismembran von Hühnerembryonen oder in Zellkulturen bequem gezüchtet werden. Der „Herpes" ist unerhört verbreitet. Seltenere Komplikationen sind eine Meningoencephalitis. Das Wort „Herpes" (grch.) bedeutet soviel wie „kriechend". — Wegen der Wichtigkeit der durch das Herpes-Virus hervorgerufenen organär gebundenen Erkrankungen (Erkrankungsgruppen) sei eine Tabelle der wesentlichen klinischen Manifestationen der Herpes-simplex-Infektion (R. SIEGERT: Die Herpes-Gruppe; in R. HAAS und O. VIVELL: Virus- und Rickettsieninfektionen des Menschen, München: J. F. LEHMANN, 1965, S. 672) angefügt:

Lokalisation	Krankheitsbild
Haut	Herpes simplex (primär und rezidivierend)
	Ekzema herpeticum (primär)
	Traumatischer Herpes (primär, selten rezidivierend)
Schleimhaut	Gingivostomatitis (primär)
	Vulvovaginitis (primär, häufig rezidivierend)
	Herpes progenitalis (primär, häufig rezidivierend)
Auge	Keratoconjunctivitis (primär und rezidivierend)
ZNS	Meningoencephalitis (primär, selten rezidivierend)
Generalisierte Erscheinungen	Herpessepsis (primär)

ee) Möller-Huntersche Glossitis

JULIUS OTTO LUDWIG MÖLLER, *1819—1887, Königsberg;* JOHN HUNTER, *1728—1793, London:* Nach SIEGMUND handelt es sich in erster Linie um einen chronisch-atrophisierenden Prozeß. Erst nachträglich kann eine milde Form einer chronisch-entparenchymisierenden Entzündung hinzutreten. Die Möller-Huntersche Glossitis wird vornehmlich bei megalocytären Anämien, also bei der Perniciosa, sodann in allen Formen und Fällen sogenannter Sprue beobachtet. Ein markantes Initialsymptom ist die Rötung der Papillenspitzen. Es entstehen glatte sulzige aphthenähnliche Effloreszenzen. Gelegentlich kommt es zur Ausbildung von Epithel-Exkoriationen. Dadurch entstehen vielfach symmetrische feuerrote Schleimhautflecke. Die Zunge wird schmerzhaft, vor allem gegen die Einwirkung milder Säuren (Fruchtsäuren, Brennen nach Obstgenuß etc.). Schlußendlich wird die Zunge im ganzen kleiner als sie ursprünglich gewesen ist. Beseitigung des Grundleidens zeitigt Normalisierung der Schleimhautverhältnisse. Komplexe B-Avitaminosen spielen mit hinein. Die Möller-Huntersche Glossitis ist häufig (durchaus nicht immer) vergesellschaftet mit dem, was man „faule Ecke", einen entzündeten Mundwinkel (Perlèche) nennt.

Cave: Die „Faulecke" ist ein polyätiologisches Syndrom.

ff) Masern

Die Inkubationszeit beträgt bekanntlich 10 Tage. Die Masern beginnen sodann mit dem katarrhalischen Stadium. Es dauert 4 Tage; zwei Tage vor Ausbruch des exanthematischen Studiums entstehen im Bereiche der Mundschleimhaut die Koplikschen Flecke. Es handelt sich um kalkspritzerartige, also weiße Flecke, welche etwa stecknadelkopfgroß, von einem roten Hof umgeben und an der Wangenschleimhaut, den unteren Backzähnen gegenüber, lokalisiert sind. Einen Tag vor Ausbruch des Exanthemes entsteht ein *Enanthem.* Hierbei handelt es sich um zackige, unregelmäßige Flecken und Streifen sowohl auf der Wangen- als auf der Gaumenschleimhaut. Das Enanthem ist durch eine starke Hyperämie der Flecke gekennzeichnet; es beginnt im allgemeinen am weichen Gaumen und greift allmählich auf Zäpfchen, Tonsillen und Wangenschleimhaut über. Histologisch liegt im wesentlichen eine Follikelschwellung zugrunde. Das Erythem (Enanthem) fühlt sich sammetartig an. Die Koplikschen Flecken werden nicht in jedem Masern-Fall beobachtet (Auftreten angeblich in 70—90 % der Fälle). Die „Kopliks" treten stets multipel, in Gruppen von je 15—20 Stücken, auf. Sie bestehen etwa 2—6 Tage lang. Dann heilen sie spurlos ab. Histologisch handelt es sich um oberflächliche Nekrosen, welche mit Fibrin und Zelldetritus durchsetzt sind (HENRY KOPLIK, 1858—1927, New York).

gg) Melkersson-Rosenthal-Syndrom

Es handelt sich um einen eigenartigen Symptomenkomplex, der zuerst von MELKERSSON (1928) beschrieben, sodann durch ROSENTHAL (1931) ergänzt wurde. Es handelt sich um die Koinzidenz von rezidivierender Facialislähmung mit Gesichtsschwellung (gelegentlich einseitig und rüsselförmig), entzündlicher Makrocheilie, Cheilitis und Glossitis granulomatosa, Anginen und Gelenkbeschwerden. In einigen Verlaufsformen überwiegen die neurologischen

Symptome (Polyneuroradikulitis). Eine Facialisparese kann allen anderen Erscheinungen um Jahre vorausgehen. Männer erkranken weniger oft als Frauen. Jugendliche Frauen überwiegen quantitativ deutlich. Im allgemeinen ist die Gesichtsschwellung, insbesondere die Anschwellung der Oberlippe, das „Leitsymptom". Neurologische Befunde werden in etwa 50 % aller Fälle erhoben. Im peripheren Blutbild ist eine Lymphocytose nachweisbar. Histologisch imponieren tuberkuloide und sarkoide Granulome, welche eine außerordentliche Ähnlichkeit mit den Veränderungen bei Morbus Besnier-Boeck-Schaumann haben können. Die Abgrenzung zwischen Melkersson-Rosenthal-Mikulicz-Syndrom und Morbus Boeck kann sehr große Schwierigkeiten bereiten.

hh) Bestimmt-charakterisierbare, ätiologisch unklare Veränderungen der Zungenschleimhaut

1. Lingua plicata

Es handelt sich um eine eigenartige Faltung der Schleimhaut der Zungenoberfläche. Die Furchen (Falten) haben eine gewisse Ähnlichkeit mit Hirnwindungen, mit Rippen von Blumenblättern, Fächern und Netzwerken. Die Veränderung betrifft die Schleimhaut, die Unterschleimhaut und die Muskulatur. Lingua plicata und Lingua scrotalis sind angeblich dasselbe. Die Lingua plicata wird häufiger bei Männern, überwiegend im 2. und 3. Lebensjahrzehnt, beobachtet. Die Lingua plicata besitzt den Charakter eines „degenerativen Stigma" und wird häufiger bei Hilfsschülern, Psychopathen, Epileptikern, Schizophrenen, mongoloiden Idioten und Kretins beobachtet. Es soll ein einfach dominanter Erbgang zugrunde liegen. Die klinische Bedeutung der Lingua plicata liegt darin, daß sie Gelegenheit bietet für das Angehen sekundärer Infektionen.

2. Lingua geographica

Sie wird auch bezeichnet als Exfoliatio areata linguae. Der Prozeß beginnt mit einer pfennigstückgroßen, leidlich scharf abgegrenzten Papel von weißer oder gelber Farbe, welche auf dem Zungenrücken erblüht. Von hier aus erfolgt ein exzentrisches (konzentrisches) Wachstum derart, daß jeweils innerhalb einiger Stunden ein zentraler „Belag", eine Art von Pseudomembran, abgestoßen wird. Derartige Herde tragen nach Desquamation der Beläge ein tiefrot farbenes Zentrum. Es schließt sich peripherisch ein etwa 3 mm breiter graugelber Rand an. Auch dieser wächst ex centro in peripheriam. So entstehen eigenartige guirlandenförmige Veränderungen. Es können mehrere derartige „Kokarden" nebeneinander liegen. Histologisch finden sich Capillarektasien und ein starkes Ödem. In der Umgebung der Gefäße liegen entzündliche Infiltrate. Jene sind durch Lymphocyten, Plasmazellen, Monocyten und Mastzellen zusammengesetzt. Die elastischen Fasern des erkrankten Standortes gehen zugrunde. Die eigentliche Ursache der Affektion ist unbekannt. Es werden Beziehungen zur exsudativen Diathese diskutiert.

3. Lingua villosa nigra

Die Veränderungen werden auch als „schwarze Haarzunge", Nigrities linguae, bezeichnet. Die schwarze Haarzunge findet sich überwiegend bei

Menschen jenseits der Lebenswende, bei Männern häufiger als bei Frauen. Befallen ist der Zungenrücken. Die Papillae filiformes sind enorm verlängert, zipfelig ausgezogen, hyperkeratotisch und schmutzig-farben imprägniert. Die „Haare" haben eine Länge, wenn es hoch kommt, von bis 2 cm! Die „Streichrichtung" der Villi ist nach dem Munde orientiert. Die „schwarze" Haarzunge kann auch blau, grün, gelblich, rötlich sein. Die Veränderungen scheinen einigermaßen plötzlich aufzutreten. Sie bestehen jahrelang, um dann spurlos zu verschwinden. Im Rahmen der ätiologischen Erwägungen spielt die Annahme des Vorliegens chemischer Reize, des Fehlens von Nikotinsäureamid, oder aber bestimmter mikrobieller Infektionen, die größte Rolle.

4. Lingua rhombica mediana Brocq-Pautrier
Auf dem Zungenrücken, etwa im mittleren Drittel, findet sich ein keilartiger Fleck. Seine Farbe ist graurot, grauweiß, gelegentlich „leukoplakisch", die Oberfläche lackartig d. h. glatt, die Abgrenzung ist scharf. Der Fleck kann eleviert sein, aber auch unter dem Niveau der Schleimhaut der Umgebung liegen. BROCQ und PAUTRIER haben das eigenartige Bild 1914 zuerst beschrieben. Histologisch findet sich eine Hyperplasie des Epitheles mit einer strotzenden Hyperämie der subepithelialen Lymph- und Blutkapillaren. Es finden sich auch kleine Blutungen sowie histiozytäre und plasmazellulare Infiltrate. Differentialdiagnostisch muß ein Angiom ausgeschlossen werden. Es ist wahrscheinlich, daß diese „Glossitis" im Grunde nichts anderes als ein „fissurales Angiom" darstellt.

*ii) Veränderungen der Mundschleimhaut mit dem Leitsymptom
„Geschwürsbildung"*

1. Idiopathische Mundfäule
Stomakace. Auftreten endemisch in Kinderspitälern zur Zeit der Dentition oder, wenn bei Erwachsenen, dann in Arbeitshäusern, Gefangenenlagern etc. Ursächlich bedeutsam sind Mangelernährung, Avitaminose, akzidentelle Kokkeninfekte etc.

2. Skorbut
Starke Blutungen vor allem im Zahnfleisch; die interdentalen Papillen quellen auf, werden blaurot, zerfallen zundrig. In schweren Fällen zerfällt das Zahnfleisch zu einem schmutzig-farbenen, braungrünen, stinkenden, abwischbaren Brei. Nach Ablösung liegt der Kieferknochen frei, die Zähne können ausfallen.

3. Noma (Wasserkrebs, Cancer aquaticus; „Cancer" bedeutet althochdeutsch soviel wie „Schanker", also „Geschwür").
Auftreten vorwiegend bei Kindern, seltener bei Erwachsenen, komplexe Ätiologie. Der Prozeß beginnt als ödematöse Schwellung der Schleimhaut der Mundwinkel. Es entsteht ein Infiltrat von blauschwarzer Farbe. Dieses trocknet ein, wird brandig und zerfällt. Der Prozeß greift auf die tiefen Schichten der Wange über, kann zur Perforation führen und schreitet schnell voran. Ursächlich kommt folgendes in Frage: Schlechter Allgemeinzustand, alimentäre Dystrophie; Avitaminose, vor allem Vitamin C-Mangel; mikrobielle Infektion im Sinne einer Fusospirochaetose. — In der Mundhöhle kommen

verschiedene Spirochaeten vor: (a) Spirochaeten der Buccalis-Gruppe, (b) Spirochaeten der Dentium-Gruppe und (c) die Leptospirengruppe. Bei Noma und Angina Plaut-Vincenti werden Spirochaeten vom Buccalis-Typus gemeinsam mit dem Bacterium fusiforme (Fusobacterium Plaut-Vincenti) gefunden. Bei letzterem handelt es sich um streng anaerob wachsende, unbewegliche, spindelförmige Stäbchen, welche gramnegativ sind, eine oder zwei leichte Krümmungen besitzen und im Methylenblau-Präparat mehrere kleine vakuolenartige Einschlüsse erkennen lassen. Ganz sicher ist die kausale Bedeutung der Fusospirochaetose für die Noma nicht.

4. *Schwermetallvergiftungen*
Hg, Bi, Pb, As, Cu, P; Beispiel:
Quecksilbervergiftung: Stomatitis mercurialis. Es entsteht zunächst der bereits erwähnte Quecksilbersaum. Er hat eine mehr graue Farbe als ein Bleisaum. Zahnfleisch, Zungenschleimhaut und Wangenschleimhaut sind blaurot, Gaumen, Rachen und Uvula kupferrot verfärbt: Lackrachen. Es entsteht ein starkes Gefühl des Brennens der Mundhöhlenschleimhaut mit „Metallgeschmack" und „Stumpfwerden" der Zähne. Starke Auflockerung des Zahnfleisches, bei Zahnprothesen Entwicklung einer hochgradigen Mundfäule mit schwärzlicher Verfärbung. Vorübergehend besteht ein starker Speichelfluß: Ptyalismus mercurialis. Über kurz oder lang entwickeln sich auf dem Rücken der Zunge und an Zungenrändern Bläschen, welche geschwürig zerfallen. Schließlich können Perialveolarabszesse und Kiefernekrosen entstehen.

5. *Stomatitis phlegmonosa*
Man unterscheidet eine Cheilitis und eine Glossitis phlegmonosa. Beide können nach Verletzungen durch Getreidegrannen oder Fischgräten, im Ablauf eines Erysipels oder bei einer anderweitigen kollateralen Entzündung entstehen. Es resultiert die Gefahr der Entwicklung eines Glottisödemes! Schließlich kann eine Mundbodenphlegmone zu absteigender Infektion (Mediastinitis!) führen. Verschleppte Tonsillarabszesse, Granatstecksplitterverletzungen des Retropharyngealraumes etc. können ursächlich bestimmend sein.

6. *Stomatitis oidiomycotica*
Erreger: Oidium albicans, Monilia candida, Soorpilz („Soor" von mittelhochdeutsch „söhren", englisch: „to be sorry", wund sein). Der Soorpilz besitzt eine starke Glykogenophilie. Wahrscheinlich deshalb seine Vorliebe für Schleimhautepithelien, welche Glykogen führen. Die Schleimhaut der Zunge, der sogenannten Kieferleisten, seltener die Übergangshaut der Lippen, ist bedeckt durch weißgelbe, zunächst abwischbare, später fest haftende Flecken. Schließlich entstehen Membranen von einer Stärke von mehreren mm. Die Monilien dringen zwischen und in die Epithelien ein. Dadurch können Soorgeschwürchen entstehen. Die Soormembranen bestehen aus massenhaft angesiedelten, doppelt konturierten, glashellen, fein gegliederten Mycelfäden. Schlußendlich können eine Cheilitis oder Glossitis granulomatosa resultieren. Bevorzugt befallen sind Diabetiker. Bei weiterer Minderung der Resistenz kann es zur Generalisation (Pilzsepsis) kommen. Gelegentlich steigt der Soor der Mundhöhle in geschlossenen Membranen zum Magendarmkanal ab. *Heute* werden Pilzbefallskrankheiten der Mundhöhle sehr viel häufiger als

früher gesehen. Es handelt sich um unerwünschte Folgezustände nach antibiotischer und cytostatischer Medikation. Eine Candidiasis granulomatosa entwickelt sich gern auf dem Boden einer Erkrankung des hämatopoietischen Apparates, bei Tumorkachexie und Lymphogranulomatose.

jj) Spezifische Entzündungen

1. Tuberkulose

Die Tuberkulose der Mundhöhle entsteht selten primär, gewöhnlich postprimär. Eine primäre Infektion könnte über eine Zahnhalskaries zustande kommen. Man muß dann den Nachweis eines regionären tuberkulös-verkästen Lymphknotens (Mundboden, Unterkieferwinkel) verlangen. Die postprimäre Infektion erfolgt gewöhnlich durch das Tuberkelbakterien führende Sputum (bei Lungentuberkulose). An den Stellen kleinster Verletzungen (Zahnbiß etc.) kommt es zur Inokulation der Tbb. Dort entstehen kleine Konfluenztuberkel, aus welchen sich Geschwüre entwickeln. Die Geschwürsränder sind unregelmäßig gestaltet, unterminiert, überhängend, wie ausgefressen. Das angrenzende Schleimhautepithel ist papillär verdickt, von blauweißer Farbe, hyperkeratotisch. Bevorzugt sind die seitlichen Ränder sowie die vorderen Partien der Zunge, weniger die Wangenschleimhaut. Jeweils im Geschwürsgrund können perlschnurartig angeordnete kleinste Tuberkel in Erscheinung treten. Im Inneren der Zunge finden sich auch größere Tuberkel (Tuberkulome). Diese können nachträglich verkäsen und verflüssigt werden. So kann ein kalter Abszeß mit fistulösem Durchbruch entstehen. — Von der Gesichtshaut aus kann auf dem Wege einer Tuberculosis luposa cutis ein Schleimhautlupus — lymphogen — inszeniert werden. Neben papillomähnlichen hyperkeratotischen Erhabenheiten können blasse Ulcera und uncharakteristische kleine Höcker, schließlich deformierende Narben gebildet werden. Auf dem Boden derartiger Schleimhautumbauten entsteht nicht selten ein *Lupuscarcinom.*

2. Syphilis

Der *syphilitische Primäraffekt* (Ulcus durum) tritt als Sklerose, flache Erhabenheit (Papel) oder ausgestanztes Geschwür an den Lippen, den Mundwinkeln, den Gaumenmandeln und der Zungenspitze auf. Man hat beobachtet, daß nicht selten dort, wo ein Primäraffekt gelegen war, ein Carcinom entsteht. Dieses soll besonders bösartig sein. Die *Sekundärerscheinungen* manifestieren sich im Bereiche der Mundhöhlenschleimhaut als Erytheme. Es handelt sich entweder um umschriebene oder diffuse, mehr oder weniger derb infiltrierte Flecke von unterschiedlicher, gelegentlich blauroter, vielfach opaker Farbe. Zuweilen treten Papeln oder breite Condylome auf. Man spricht von Plaques muqueuses oder Plaques opalines. Das Epithel ist verdickt, getrübt, gelblich oder bläulich getönt. Die Konsistenz ist sammetartig. Gelegentlich bilden sich im Bereiche dieser Plaques kleine Geschwürchen. Tieferreichende Geschwüre sind selten. Die *tertiäre Lues* manifestiert sich durch die Entwicklung von Gummen. Diese liegen in der Tiefe der Muskulatur, etwa des Zungenkörpers, weniger (wie die Tuberkulose) in der Submukosa. Prädilektionsorte für die Entwicklung der Gummen sind Zungenrücken und harter Gaumen. Die Gummen treten gelegentlich multipel auf und erreichen etwa

Taubeneigröße. Im Falle einer sekundären Infektion zerfallen die Gummen und hinterlassen tiefe, trichterförmige Geschwüre, deren Ränder schmierig belegt und gelegentlich unterminiert sind. Im Geschwürsgrund finden sich gelbe speckige Nekrosen. Gummen zeitigen perforative Zerstörungen besonders des Gaumens, gelegentlich der Zunge. Zwischen den Gummen können einige Gewebsbrücken erhalten bleiben. Die früher weit verbreitet gewesene Jod-Kalium-Medikation (angeblich zur Verflüssigung entzündlicher Infiltrate und Schwielen) war von Lochdefektbildungen auf luischer Grundlage gefolgt. Oberflächliche Geschwüre hinterlassen weiße und flache Narben. Die Lues III kann zu einem völligen Schwund der lymphoepithelialen Einrichtungen des Zungengrundes führen. Es resultiert das Bild der *Lingua glabra*. Unter dem glatten, weil verstrichenen, Epithel des hinteren Zungenrückens finden sich dann keine lymphatischen Einlagerungen, sondern diffus ausgebreitete kollagenfaserige Narben. Die *angeborene Syphilis* geht mit Ausbildung der Parrotschen Narben, Rhagaden (Oberlippe, Philtrumgegend, Mundwinkel), aber auch mit Erythembildung und seichten Erosionen einher. — *Cave:* Eine holzharte Konsistenz der Zunge ist stets darauf verdächtig, daß eine Lues III anamnestisch eine Rolle spielt.

3. Lymphogranulomatose

Über ihre nosologische Stellung wurde in Band I (Allgemeine Pathologie, sogenannte spezifische Entzündungen), über ihre unterschiedlichen Manifestationsformen in Band II (Pathologische Anatomie der Lymphknoten etc.) berichtet. Die Lymphogranulomatose der Mundhöhle nimmt gewöhnlich ihren Ausgang vom lymphoepithelialen Parenchym. Nach S. GRAEFF kann man im Bereiche von Mund- und Rachenhöhle Äquivalente sogenannter Primäraffekte nachweisen. Die Diagnose ist schwierig. Lymphogranulomatöse Infiltrate sind entweder „raumfordernd", also geschwulstähnlich, oder sie neigen zur Exulceration. Gelegentlich kommt es zur Ausbildung derber narbiger Infiltratplatten.

4. Lepra

Sie findet sich in ihrer tuberösen Form im Bereiche der Schleimhaut der Mundhöhle ähnlich wie sonst unter der äußeren Körperdecke. Die Lepra baut ein tuberkuloides Granulationsgewebe auf, folgt dem Verlaufe kleiner ortsständiger Nerven, zeitigt Geschwüre mit Sekundärinfektion, difformierende Narben und breitet sich in Richtung Nase und Kehlkopf aus. Es sei an die sogenannten Virchow-Zellen, Pseudoxanthomzellen, erinnert, welche das Mycobacterium leprae oft in großer Menge tragen (vgl. „Allgemeine Pathologie", S. 118).

5. Aktinomykose

Die Infektion durch die Sporen des Strahlenpilzes erfolgt angeblich überwiegend durch „Vermittlung" von Fremdkörpern (Einspießung von Getreidegrannen, Gerstenspelzen, Strohhalmen, Gräsern etc.), freilich nur dann, wenn durch eine „Schrittmacherinfektion" durch sauerstoffzehrende Bakterien anaerobe Verhältnisse geschaffen worden sind. Als Infektionsort kommen Zahnfleisch, Zunge, Wangenschleimhaut, Mundboden, wohl auch besonders kariöse Zähne in Frage. Die aktinomykotische Infektion kann auch über Oesophaguswand, Magen- und Darmschleimhaut erfolgen. Die Diagnose steht und fällt mit dem Nachweis der Pilzdrusen. In jedem Falle entsteht eine derbe entzündliche Infiltration mit labyrinthärer Fistelbildung. Die Fistelkanäle führen einen schmierig-rahmigen Eiter von unterschiedlicher Farbe. Feinste körnige Einlagerungen entsprechen oft den Drusen. Jene lassen sich leicht in Quetschpräparaten nachweisen. In der Umgebung der Fisteln findet sich ein großzelliges Granulationsgewebe, welches stets große Mengen von Pseudoxanthomzellen führt. Beim Menschen ist die sogenannte primäre tumorähnliche aktinomykotische Osteomyelitis des Kiefers — im Gegensatz zum Tier, besonders den Wiederkäuern — seltener. Die Aktinomykose des Mundbodens kann überführen in die cervicobuccale Form, welche eine absteigende Tendenz, also Fähigkeit und Neigung besitzt, auf das Mediastinum überzugreifen. In jedem Falle wird die Unterkieferregion häufiger als die des Oberkiefers befallen. Die Ausbreitung der Aktinomykose erfolgt so gut wie gar nicht lymphogen, dagegen ganz vorwiegend in der Kontinuität, gelegentlich hämatogen! Die regionären Lymphknoten sind zwar angeschwollen, gewöhnlich indolent, jedoch nicht durch Entwicklung eines spezifischen Granulationsgewebes alteriert. Aktinomykotische Veränderungen der Zunge können mit gummöser Infiltratplatte und Carcinom verwechselt werden!

6. Sklerom
Das Sklerom — eigentlich Rhinosklerom — manifestiert sich im Bereiche der Mundhöhle durch Entwicklung flächenhaft ausgebreiteter, flach erhabener, unaufhaltsam voranschreitender Infiltratplatten. Das Granulationsgewebe ist reich an Plasmazellen, Russellschen Körperchen, verpufften Capillarendothelien und Pseudoxanthomzellen. Jene werden im gegebenen Zusammenhang Mikulicz-Zellen genannt. Die Infektion durch Klebsiella rhinoscleromatis, einem gramnegativen Kapselbazillus, ist eine Schmutz- und Schmierinfektion. Einzelheiten (vgl. „Allgemeine Pathologie" S. 153). Die Prognose des Skleromleidens ist stets ernst!

7. Sonstiges
Ich nenne in fallender Häufigkeit — bezüglich der Affektion der Mundhöhle — Granuloma gangraenescens („Spez. path. Anatomie I", S. 198), Wegenersche Granulomatose („Spez. path. Anatomie I", S. 198), Typhus abdominalis („Allgemeine Pathologie", S. 142), seltenere Pilzbefallskrankheiten (z. B. Sporotrichose, Blastomykosen etc.) und den Rotz („Allgemeine Pathologie", S. 153).

6. Beziehungen zwischen Mundhöhle und körperlichem (gesundheitlichem) Allgemeinzustand

Bekanntlich läßt sich der Arzt bei jeder sorgfältigen Untersuchung eines Kranken die Zunge zeigen. Er prüft Form, Farbe, Belag, wenn nicht Motilitätsstörungen, fibrilläres Zucken oder eine Deviation von der Bewegungsrichtung. Die Bedingungen, unter welchen Beläge der Zunge entstehen, sind nicht immer geklärt. Die „fuliginösen Beläge" der alten Ärzte hatten einst eine außerordentliche Beachtung gefunden. Der diagnostische Wert ist umstritten.

Jeder „verdorbene" Magen geht mit der Entwicklung eines Zungenbelags (über Nacht) einher. Die mikroskopische Untersuchung zeigt im allgemeinen fädig-körnige Eiweißgerinnsel, desquamierte Epithelien, einige Pilzkolonien, sogenannte Speichelkörperchen, gelegentlich einige Leukocyten. Es können sich mineralisch-kristalline Beimengungen finden. Ursachen und Bedingungen sowie Formen, Bedeutung, also diagnostische Wertigkeit der sogenannten Zungenbeläge sind bis jetzt nicht genügend erforscht. Man darf aber so viel sagen: Die Mundhöhle kann als „Schauplatz" von Resorption und Ausscheidung aufgefaßt werden. Veränderungen an anderen Organen sind daher bis zu einem gewissen Grade imstande, charakteristische Alterationen der Mundschleimhaut nach sich zu ziehen. Im folgenden sei eine kurze, naturgemäß unvollständige, *Zusammenstellung* gegeben:

Magen-Darm-Leiden:
   Mal-adsorption

Erkrankungen des hämato-
poetischen Apparates:
   Leukämie
   Agranulocytose
   Panmyelopathie
   Reticulosen

Paraproteinosen:
   Paramyloidose

Tumorkachexie

Urämie

⎫
⎪
⎪
⎪
⎬ Beläge,
⎪ Entzündung,
⎪ Änderung der Mundflora
⎪ Mundgeruch!
⎭

Akutes Abdomen   Fleckige „Hyperpigmentation"

ZNS-Affektionen:
   Epilepsie (Hydantoin)

Schwangerschaft

⎫
⎬ Makrulie
⎭ („Gingivitis" hyperplastica)

Paramyloidose:
   multiples plasmazellulares Myelom   Makroglossie

Darmpolyposis:
   Peutz-Jeghers-Syndrom

Morbus Addison

⎫
⎬ melanotische
⎭ Pigmentation

7. Geschwülste der Mundhöhle

(Zähne und Zahnhalteapparat ausgenommen)

a) Geschwulstähnliche Prozesse

ad) Leukoplakie

Die Kenntnis der Leukoplakie reicht über 100 Jahre zurück: WALLACE hat 1839 den makroskopischen Befund treffend beschrieben: „Als wäre mit Höllenstein darüber gefahren ... worden", — nämlich über die Schleimhaut bestimmter Bereiche der Mundhöhle. Es handelt sich also um eine „Weißflekkenkrankheit". Sie geht in der Regel damit einher, daß leidlich abgegrenzte flach erhabene, graue oder grauweißliche Flecke oder Platten zu sehen sind. Diese sind gelegentlich, keinesfalles immer, von einem roten Hof umgeben. Die Farbänderung d. h. der graue oder grauweißliche Farbton, kommt dadurch zustande, daß infolge Verdickung des Epitheles die durchscheinende Farbe des in den Capillaren des subepithelialen Bindegewebes gelegenen Blutes verdeckt wird. Der Terminus Leukoplakie geht auf SCHWIMMER (1877) zurück. Früher hat man als Synonyme gebraucht: Maculae albicantes oris, Tylosis, Keratosis, Ichthyosis mucosae etc.

Die Leukoplakie steht auf der Grenze zwischen chronisch-hyperplastischer Entzündung, Metaplasie und Geschwulstbildung. Die Veränderungen haben eine große praktische Wichtigkeit. Sie können als fakultative Praecancerose gelten. Es werden verschiedene Formen der Leukoplakien unterschieden (ROTTER und LAPP, 1960; FASSKE und MORGENROTH, 1964):

Leukoplakie I: Es handelt sich um eine einfache umschriebene Epithelhyperplasie ohne nennenswerte Oberflächenverhornung. Die Schichtung der Epithelien ist regelrecht, im Stratum basale finden sich mehr Mitosen als sonst. Die Zellen der Basalschicht verfügen über zahlreiche Mitochondrien, woraus auf eine besondere Stoffwechselaktivität geschlossen wird. Die Begrenzung nach dem Bindegewebe zu ist in Ordnung. Im Stratum spinosum ist Glykogen reichlich vorhanden. Die Schillersche Jodprobe (Krebsfährtensuche) ist „mahagonibraun", also positiv.

Leukoplakie II: Hier liegt eine echte Hyperkeratose vor. Es soll eine Veränderung der Epitheldifferenzierung zugrunde liegen. Es findet sich so etwas wie ein Stratum granulosum. Die Schillersche Jodprobe ist negativ. Die Hornlamellen der Schleimhautoberfläche enthalten kein Glykogen.

Leukoplakie III: Hier ist eine stärkere Wachstumstendenz unverkennbar. Die basale Zellschicht ist akanthotisch ausgezogen. Das Stratum granulosum ist verbreitert und führt Keratohyalinkörnchen. Die Basalzellen sind „erigiert", einigermaßen senkrecht, radiär, auf die Epithelbindegewebsgrenze orientiert. Diese Leukoplakie überragt das Niveau der benachbarten Mundschleimhaut beträchtlich. Auch in diesem Falle ist die Schillersche Jodprobe negativ, denn die Hornlamellen sind kohlehydratfrei.

Leukoplakie IV: Hier ist die Epithelschichtung in Unordnung geraten. Es finden sich sehr zahlreiche Mitosen, große und kleine, dicke und dünne, gut und schlecht anfärbbare Epithelien, vor allem im Stratum spinosum, nebeneinander! Die Abgrenzung gegenüber dem Stroma ist noch einigermaßen gewahrt. Im Bindegewebe ist eine mäßig starke entzündliche Reaktion erkennbar. Es handelt sich um rundzellige Infiltrate in der Umgebung der kleinen subepithelial etablierten Blutgefäße. Die Oberfläche der Leukoplakie IV zeigt das Bild einer Keratose oder Parakeratose. Man kann von „praecanceröser" Epithelveränderung sprechen. In welchem Prozentsatz eine Leukoplakie tatsächlich maligen entartet, ist nicht ganz einfach festzustellen. Die sogenannte Malignisierungsrate dürfte zwischen 14 und (maximal) 20 % liegen!

Früher galt als Faustregel „Leukoplakie = Syphilis + Rauchen", später „Leukoplakie = Rauchen + rezidiviertes mechanisches Trauma (z. B. durch kariösen Zahnstummel oder Zahnprothese)". *Heute:* Die Syphilis ist selten geworden, die Zähne sind saniert, Leukoplakie und Rauchen sind geblieben. Zweifellos entstehen Leukoplakien in der Folge einer chronischen Reizeinwirkung. Die Reize selbst können ganz verschiedener Natur sein. In unserer „Allgemeinen Pathologie" (S. 194) hatten wir von der fakultativ-cancerogenen Reizwirkung der Betelnuß berichtet. Es ist schwierig, im Einzelfall die Bedingungen der Pathogenese zu klären. Die Gefahr der Malignisierung wird am besten durch histologische Untersuchung eines durch Probeausschneidung entnommenen Schleimhautstückes beurteilt. Selbstverständlich leistet (in der Hand des Erfahrenen) die diagnostische Exfoliativ-Cytologie Gutes. Die Übertragung der in der Gynäkologie überaus bewährten Schillerschen Jodprobe in die diagnostische Stomatologie hat Besonderheiten. Diese muß man kennen, um nicht zu voreiligen Schlüssen zu gelangen.

Bemerkungen zur Schillerschen Jodprobe bei der Carcinomsuche: SCHILLER, Zbl. Gyn. 1929. Der abartige Zellstoffwechsel der Krebse ist nicht imstande, Kohlenhydrate zu polymerisieren, d. h. Glykogen zu bilden. Daher sind etwa 78 % der Plattenepithelcarcinome z. B. der Portio vaginalis uteri glykogenfrei. In der Mundhöhle liegen die Verhältnisse komplizierter (vgl. Seite 25). Normalerweise ist die Alveolarmukosa Jod-positiv. Die Gingiva propria ist Jod-negativ. Die Zellen der basalen Epithelreihen, die sogenannten Epithelioblasten, bilden niemals Glykogen. Glykogen tritt immer erst in den mittleren und oberen Epithellagen auf. Aber auch in einer etwa vorhandenen superficiellen Hornschicht findet sich kein Glykogen. Die größten Glykogenmengen werden im mittleren Drittel der Epithelgarnitur der Wangenschleimhaut abgelagert. Chronisch-entzündliche Alterationen können zum Auftreten von Glykogen in sonst glykogenfreien Abschnitten der Gingiva propria führen. Interessant ist weiter, daß die Carcinome der Gingiva propria häufig glykogenpositiv sind. Eigenartigerweise kann auch in Carcinomen von Diabetikern Glykogen polymerisiert werden! Die Schillersche Jodprobe im Rahmen der Stomatologie gehört also in die Hand des Erfahrenen!

bb) Erythroplasie Queyrat (vgl. „Allgemeine Pathologie", S. 55, 212)

Es handelt sich um eine Praecancerose von höherem „Gefahrenwert". Es liegt das vor, was man „Rotfleckenkrankheit" nennen könnte. Die Alterationen betreffen die Übergangshaut der Lippen, das Lippenrot, die Saumgegend, Zungenspitze, Zungenränder, sowie die Molarlinie der Wangenschleimhaut. Die Erythroplasie ist ungleich seltener als die Leukoplakie. Bei der Erythroplasie liegt eine ausgemachte Dyskeratose vor. Es handelt sich also darum, daß im Bereiche des Stratum spinosum eine intrazellulare Ödembildung (Status spongiosus) aufscheint, welche durch Einlagerung eigenartiger PAS-positiver korpuskulärer Gebilde ausgezeichnet ist (corps ronds, grains, boules).

cc) Makrocheilie

Sie entsteht auf angeborener Grundlage, kann entweder zu einer Hypertrophie aller Lippenabschnitte oder zu einer mehr knotigen Vergrößerung mit Verhärtung führen. Histologisch findet sich stets eine Vermehrung und Erweiterung der Lymphgefäße. Die Oberlippe kann Rüsselform, die Unterlippe Kaffeekannen-Schnabelform annehmen. Manchmal findet sich ein schnauzenartiges Aussehen des Mundes. Durch traumatische Einflüsse kann es zu Blutungen in die Lymphräume, dann zu sekundären resorptiv-entzündlichen Veränderungen kommen. Gelegentlich findet sich neben einer Vermehrung und Erweiterung der Lymphbahnen eine solche auch der kleinsten Blutgefäße. Man könnte dann sprechen von Haemolymphangioma mixtum.

dd) Makroglossie

Es handelt sich um eine partielle oder allgemeine Vergrößerung der Zunge derart, daß diese aus dem Munde herausragt. Man spricht dann von *Prolapsus linguae* oder Glossocele. Angeblich sind konnatale Fälle beobachtet, bei denen die Zungenspitze bis auf die Brust reichte. Die übergroße heraushängende Zunge ist trocken, rissig, borkig. Durch den Druck der aus dem Munde herausstehenden Zunge werden obere und untere Zahnreihe in eine angenähert horizontale Richtung „evertiert". Das angeborene Leiden steigert sich bald nach der Geburt in Wachstumsschüben. Mikroskopisch findet sich im allgemeinen ein Lymphangiom, seltener ein Haemangiom. Im Falle der haemangiomatoiden Dysplasie zeigt die riesenhaft vergrößerte Zunge eine blauschwarze Farbe. — Seltener beruht eine Makroglossie auf dem Geschehen einer *Holoblastose* d. h. dem Vorgange einer geschwulstartigen Vergrößerung aller Gewebe einer Zunge unter Wahrung der natürlichen quantitativen Relationen. — Auch bei Akromegalie kann eine Makroglossie auftreten. Selten ist die Vergrößerung der Zunge durch Entwicklung eines Rankenneuromes (Neurofibromes) des Zungenkörpers.

ee) Zystöse Degeneration der Zungenpapillen

Es handelt sich um eine zystische, nahezu variköse Erweiterung der Papillae fungiformes. Die Zungenoberfläche ist dann von je etwa mohnkorngroßen, blauweißlich gefärbten, tautropfenähnlichen Körnchen, Pünktchen und Bläschen bedeckt und durchsetzt. Die mikroskopische Untersuchung klärt die Situation sofort. Die eigentlichen Ursachen sind unbekannt. In der Differentialdiagnose muß man sogenannte Varizen der Zungenwurzel abtrennen. Im Bereiche der Wangenschleimhaut kommen kleine Lymphangiektasien zur Beobachtung: Varices lymphatiques.

ff) Granuloma teleangiectaticum

Dieses, vielfach Granuloma pediculatum genannt, gehört zu den „spezifischen Entzündungen" (vgl. „Allgemeine Pathologie", S. 157), imponiert jedoch wie eine Geschwulst. Es handelt sich um polypöse, gestielte, im allgemeinen nicht mehr als kirschkerngroße, pilzförmige Exkreszenzen, welche teils solitär, teils multipel, an Zungenspitze, Zungenrändern, Lippenrot und Wangenschleimhaut vorkommen. Die Farbe ist dunkelblaurot, die Oberfläche leicht blutend, erodiert und von einem Fibrinschorf bedeckt. Mikroskopisch handelt es sich um gebündelte, pannusähnlich angeordnete, in den Lumina jeweils erweiterte, strotzend hyperämische Capillaren. Man könnte von einem haemangiomatoiden Granulom-ähnlichen Polypen sprechen. Als Ursache hat eine Streptokokkeninfektion — wahrscheinlich — zu gelten.

gg) Zysten der Mundhöhle
(ausgenommen der Zahnanlage und der Speicheldrüsen)

Ranula. Der Name rührt her von der oberflächlichen Ähnlichkeit mit der Kehlblase eines Frosches; Ranula = Fröschleingeschwulst. Die etwas eigenartige Dysplasie liegt am Mundboden, unter der Zunge, in der Nähe des Frenulum. Eine Ranula kann bis mandarinengroß sein. Sie tritt gewöhnlich nur einseitig auf. Die über der Ranula gelegene Schleimhaut ist angespannt und transparent. Ranulae sind gekammert, ihr Inhalt ist unterschiedlich eiweißreich, manchmal gallertig, dann auch gelblich verfärbt, seltener bräunlich oder sanguinolent. Die Ranulae der Mundhöhle entstehen aus:
den Bochdalekschen Schläuchen des hinteren Zungenabschnittes. Diese embryonalen Epithelrelikte, welche etwas mit dem Kiemendarm zu tun haben, finden sich in der hinteren Unterzungengegend; die Ranula entsteht aus der *Glandula sublingualis*, und zwar entweder aus dem System der Ausführungsgänge (Ductus Rivini) oder aus den zystös umgewandelten Drüsenendstücken. Gelegentlich führt eine derartige Ranula zur Entwicklung eines submentalen Fortsatzes mit Perforation des Mundbodens. Das Blasengebilde tritt dann bis unter die Haut an Hals und Kinn!
Die Ranula entsteht durch Verlegung des Hauptganges der *Blandin-Nuhnschen Drüse.* Die Ranula ist dann durch Flimmerepithel ausgekleidet. Die Histogenese im einzelnen ist dunkel.
Zysten des eigentlichen Zungengrundes. Derartige Gebilde gehen im allgemeinen vom Foramen caecum aus. Sie können bis zum Zungenbein reichen. Es bestehen histogenetische Beziehungen zum Ductus thyreoglossus. Diese Zungengrundzysten sind durch Flimmerepithel ausgekleidet.
Dermoid- und Epidermiszysten. Diese finden sich meist solitär, median, gelegentlich fissural. Dermoidzysten können hühnereigroß werden; ihr Inhalt entspricht dem eines Atheromes; häufig findet sich eine weißliche talgige Masse. Die innere Oberfläche dieser Zysten wird durch geschichtetes Plattenepithel vom Typus einer Epidermis repräsentiert. Die in der äußeren Zirkumferenz der Epitheltapete gelegenen Bindegewebsanteile nennt man „Balg" (genauer: „Zystenbalg"). Nicht ganz selten zeigen derartige Zysten eine topische Beziehung zu den Zungenbeinhörnern!
Kiemengangszysten. Es handelt sich um Halszysten. Sie können sich zum Mundboden empordrängen. Auf eine branchiogene Herkunft verdächtig sind alle diejenigen Zysten und zystösen Kanäle, welche durch geschichtetes, nicht verhornendes Plattenepithel ausgekleidet sind und bei denen lymphatisches Gewebe reichlich verfügbar ist. Gelegentlich hat man den Eindruck, als ob es sich um die Imitation des lymphoepithelialen Blastemes des Waldeyerschen Schlundringes handeln würde.

Parasitäre Zysten. Es handelt sich um die *Finnen* von *Taenia echinococcus* und *Taenia solium.* Ihr Vorkommen im Bereiche der Mundhöhle ist beim Menschen selten.

b) Einfache Bindesubstanzgeschwülste

Hierher gehören Fibrome, Lipome, Myxome, Chondrome und Osteome. Zu den „nicht-epithelialen" Geschwülsten gehören natürlich auch Neurinome und Neurofibrome. Schließlich sei das seltene Myoblastenmyom (Abrikosoff-Tumor) genannt. Auf die besondere Bedeutung der Lymphangiome und Haemangiome war hingewiesen worden. Ist die Diagnose „*Myxom*" gesichert, ist Vorsicht angezeigt. Myxoblastome neigen zum Rezidivieren. Sie wachsen Schritt für Schritt, unaufhaltsam, begleiten einen Menschen jahre- und jahrzehntelang, entarten schlußendlich im Sinne der Ausbildung eines myxoplastischen Sarkomes. — Die Abrikossoff-Tumoren werden von FEYRTER „granuläres Neurom" genannt. Die onkologische Stellung ist nicht geklärt. Es handelt sich wahrscheinlich um großzellige Speicherungsgeschwülste. Sie haben keine Beziehung zum Rhabdomyom. Die Substanzen, welche in den polygonalen, großen, dichtgefügten Zellen unter Ausbildung einer sehr distinkten Granula gespeichert werden, verhalten sich im Sinne FEYRTERs cyaneochrom. Die Cyaneochromie wird bekanntlich am besten durch die Methylviolett-Weinsteinsäure-Einschlußfärberei (!) sichtbar gemacht. Es handelt sich um den Nachweis von Acetalphosphatiden. Die Beziehungen zum Nervensystem sind nur mehr lockere. Vielleicht, daß die kleine Speicherungsgeschwulst, welche als lokaler Irrtum des Gewebestoffwechsels verstanden werden darf, von einer lockerbindegewebigen Scheide eines ortsständigen kleinen peripheren Nerven ausgeht? — Der Tumor ist völlig harmlos, er neigt nicht zum Rezidivieren.

c) Kompliziert gebaute Bindesubstanzgeschwülste

Es handelt sich um die Gruppe der *Sarkome* der Mundhöhle. Sie sind sehr viel seltener als die Carcinome. Auf 20 Carcinome der Mundhöhle kommen etwa 3, höchstens 5 Sarkome. Sie liegen entweder unter der Schleimhautoberfläche, z. B. im Inneren der Zunge, oder sind tuberös d. h. prominierend, raumfordernd, angelegt. Es handelt sich gewöhnlich um Rund- und Spindelzellsarkome, gelegentlich um Reticulumzellsarkome. Ausnahmsweise kommt ein malignes Melanom (melanocytoplastisches Sarkom) der Mundhöhle zur Beobachtung. Maligne Endotheliome repräsentieren einen eigenen Typus. Die Diagnose ist schwierig. Die Geschwülste sind nicht hoch-maligen, eher semimaligne. Sie neigen zum Rezidivieren, wachsen unaufhaltsam, Schritt für Schritt, dringen in die Tiefe der Halseingeweide vor und führen in des Lebens letzter Phase zur Metastasierung. — Selbstverständlich wird die Mundhöhle durch skeletogene Sarkome oder sarkomähnliche Wucherungen, Riesenzellgeschwülste, braune Tumoren etc. affiziert. Es sei auch an dieser Stelle ein Hinweis zum Problem der sogenannten *Epulis* gestattet. Einzelheiten vgl. S. 54.

Unter Epulis versteht man eine kleine Geschwulst, welche im Regelfall eine topische Bindung an ein Zahnfach besitzt. Der Name geht auf R. VIR-

CHOW zurück und leitet sich her von „oylis", was soviel bedeutet wie „Wange". Eine „Epulis" ist daher, genau genommen, eine kleine Geschwulst, welche „auf der Wange" sitzt. Wenn man, im übertragenen Sinne, für „Wange" Alveolarkamm setzt, versteht man die Namensgebung. Es gibt viele Typen sogenannter Epuliden. Nicht alle sind harmlos, wohl aber die meisten.

d) Epitheliale Geschwülste

aa) Papillome

Fibroepitheliale Papillome haben einen korallenstockförmigen Bau; sie können dendritisch verzweigt und polypös gestaltet, sie können aber auch flach-erhaben, breitbasig differenziert sein. In letzterem Falle imponieren sie als „Warzen". Jene können makroskopisch krebsähnlich aussehen. Die Papillome bestehen aus einer breiten, vielfach gewundenen Plattenepithellage mit deutlicher Tendenz zur Verhornung; die Abgrenzung zum Bindegewebe ist scharf. Das Stroma ist gut vaskularisiert und im allgemeinen lymphocytär und plasmazellular infiltriert. In der Basalzellenschicht finden sich stets einige Mitosen. Papillome der Mundhöhle finden sich vor allem an den Lippen, an Zungenspitze und -rändern, im Bereiche der Mundhöhlenseite des vorderen Gaumenbogens, gelegentlich an der Uvula. Papillome sind gutartig, neigen jedoch zum Rezidivieren. Sie können primär multipel auftreten. Sie sind im allgemeinen klein, kaum über haselnußgroß. Die mittlere Epithelschicht ist reich an Glykogen. In der Saumregion der Lippen- und Wangenschleimhaut werden auch fissurale papillomatöse Naevi beobachtet. Während Papillome im allgemeinen als „Reizgeschwülste" aufgefaßt werden können, neuerdings die Virusätiologie ernstlich erörtert wird, dürften die fissuralen Neubildungen auf dem Boden einer „fehlerhaften Gewebekomposition", also einer Störung der Entwicklung, entstanden sein. An der Wangenschleimhaut kommt — ausnahmsweise — das Keratoakanthom (Molluscum pseudocarcinomatosum) zur Beobachtung. Diese „Papillome" zeigen im Zentrum ihrer Erhabenheit eine mit Hornmassen angefüllte trichterförmige Einsenkung. Die histologische Abgrenzung gegen ein Stachelzellcarcinom kann schwierig sein. Das Keratoakanthom (im eigentlichen Sinne) heilt spontan! Gerade deshalb ist seine Kenntnis und die Abgrenzung gegenüber einem Carcinom von großer praktischer Wichtigkeit.

bb) Adenome

Es handelt sich um kleine, glasig-transparente Geschwülste, welche eine kolloide Umwandlung ihrer Epithelien erkennen lassen. Die Adenome der Mundhöhle nehmen ihren Ausgang von kleinen ubiquitären Speicheldrüsen. Im Zusammenhang mit diesen gut ausgereiften Geschwülstchen kann, auch traumatisch induziert, ein *Speichelgranulom* entstehen. Speichelgranulome sind geschwulstähnliche epitheliogene Wucherungen, bei denen die entzündliche Komponente überwiegt. Die Mehrzahl der Speichelgranulome hat mit einer echten Adenombildung nichts zu tun. Man nimmt an, daß die Verödung eines kleinen Speichelganges zur Sekretretention führt. Dadurch kommt es zur Ruptur der Epithellage, zum Austritt von Speichel in das Bindegewebe der

Umgebung. Dadurch entsteht ein Fremdkörperreiz. Jener löst die Entwicklung eines an Riesenzellen reichen Granulationsgewebes aus. Speichelgranulome finden sich gern an der Unterlippe. Die Kenntnis dieser kleinen Gewebewucherungen ist vor allem aus differentialdiagnostischen Gründen wichtig.

cc) *Struma baseos linguae*

Sie kommt nur selten vor. Das Zungengrundadenom findet sich angeblich meistens bei Frauen. Es handelt sich entweder um eine ektopische akzessorische Schilddrüse oder um die Ausbildung einer Schilddrüse bei Aplasie der orthotopen Thyreoidea. Es handelt sich um einen gewöhnlich mehr als walnußgroßen, gut abgegrenzten Knoten in der Gegend des Foramen caecum oder im Verlaufe des Ductus thyreoglossus. Der mikroskopische Bau ist durchaus dem einer gewöhnlichen Schilddrüse vergleichbar. Es finden sich also Follikel, welche regelmäßig und gleichmäßig durch Epithelien abgegrenzt sind. Die Basalmembranen sind intakt. Im Interstitium können Lymphocyten, auch herdförmig, eingestreut sein. Die endokrine Funktion der Zungengrundstruma (des Zungengrundadenomes) ist erwiesen. Es sind Fälle von Myxödem bekannt, entstanden nach Exstirpation der Zungengrundstruma bei Hypoplasie der orthotopen Schilddrüse. Ganz selten findet sich eine Struma im Bereiche der Zungenspitze.

dd) *Basaliome, Cylindrome*

Diese beiden Neubildungen sind nicht identisch, besitzen jedoch starke feingewebliche Ähnlichkeiten. Unter einem *Basaliom* versteht man eine epitheliale Neubildung, welche aus Zellen aufgebaut ist, welche wie Basalzellen aussehen. „Basalzellen" kann man natürlich nur dann erwarten, wenn geschichtete Epithelverbände vorliegen. Basaliome der äußeren Körperdecke sind als Ulcus rodens bekannt. Basaliome der Schleimhäute wachsen entweder vorwiegend geschlossen, also solide, gelegentlich auch „adenoid". Die soliden Basaliome bestehen aus breiten, dichtgefügten Epithelguirlanden, bei denen jeweils die Zellreihe der äußeren Zirkumferenz aus den eigentlichen „Basalzellen" aufgebaut ist. Das angrenzende Stroma verrät eine starke Neigung zu hyaliner Imprägnation. Die Basalzellen sind völlig regelmäßig und gleichmäßig differenziert. Die Geschwülstchen sind häufig fissural gebunden, hängen formalgenetisch mit Störungen der geweblichen Ausreifung zusammen. Sie können multipel auftreten, die Schleimhaut unterbrechen, vorwölben, nachträglich geschwürig zerfallen, eine starke Ausbreitungstendenz in der Kontinuität offenbaren. Basaliome, welche nicht vollständig im Gesunden ausgeschnitten werden, rezidivieren! Adenoide Basaliome zeigen drüsenähnliche Formationen. Es ist wahrscheinlich, daß dieser Basaliomtyp dadurch entsteht, daß die in den zentralen Abschnitten einst solide gewesener Epithelguirlanden angesiedelten Epithelverbände zugrunde gehen, verflüssigt und resorbiert werden. Es bleiben dann Epithelstränge zurück, welche jeweils nur aus wenigen Epithelschichten aufgebaut sind. Die Lumina dieser Tubuli führen eine schwach eiweißhaltige eosinophile „kolloidale" Flüssigkeit. — Die *Cylindrome* der eigentlichen Mundhöhle sind selten. Sie nehmen ihren Ausgang von den kleinen, disseminiert zur Entwicklung gelangten Speicheldrüsen. Cylindrome offenbaren eine stärkere gewebliche Aggressivität als Basaliome. Es bestehen starke histologische Übereinstimmungen mit dem „adenoiden Basaliom". Man hat die Cylindrome auch „adenomatoide Basaliome" genannt. Die Tendenz zur Hohlraumbildung ist unverkennbar. Man kann sich vorstellen, etwa anhand einer Wachsplattenmodellrekonstruktion, daß die drüsigen Lumina eine zylindrische Gestalt besitzen. Der Inhalt dieser Zylinder besteht aus homogenen eiweißreichen Massen. Die Basalmembranen sind verbreitert. Die Interstitien neigen zur Hyalinose. Auch Zylindrome neigen zum Rezidivieren; sie weiden große Schleimhautflächen ab.

ee) Carcinome

Krebse der Mundhöhle machen 5—7 % aller Krebsgeschwülste des Menschen aus. Die therapeutischen Möglichkeiten sind nicht allzu groß; Mundhöhlenkrebse, die erst einmal klinisch manifest geworden sind, sind prognostisch nicht als günstig einzuschätzen. Sogenannte Fünfjahresheilungen gelingen höchstens in 30 % der Mundhöhlenkrebse! Deshalb ist die Kenntnis der Möglichkeiten der sogenannten Frühdiagnostik wichtig. Die stomatologische Cancerologie arbeitet daher gerne cytologisch, cytotopochemisch, histologisch, histotopochemisch, selbstverständlich stomatoskopisch (durch Auflichtmikroskopie). Auf die Möglichkeiten der Schillerschen Jodprobe hatten wir hingewiesen. — Krebse der Mundhöhle sind ganz überwiegend Plattenepithelcarcinome. Es handelt sich vorwiegend um Pflasterzellenkrebse mit Verhornung (sogenannte Stachelzellenkrebse). Anepidermoidale Plattenepithelkrebse, d. h. solche ohne nennenswerte Neigung zur Verhornung, sind ungleich seltener; sie haben starke histologische Ähnlichkeiten mit einem Basaliom. Basaliome und Cylindrome sind im biologischen Sinne keine echten Carcinome. Basaliom und Cylindrom haben als semimaligne, das eigentliche Carcinom jedoch als hochmaligne zu gelten!

Man kann die Carcinome der Mundhöhle nach ihrer Lokalisation folgendermaßen einteilen:

1. Lippenkrebs

Vorkommen mehr an der Unterlippe; es handelt sich so gut wie immer um ein exulceriertes Plattenepithelcarcinom mit beträchtlicher Verhornung; das Ulcus ist trocken, seine Ränder sind brüchig. Der Lippenkrebs wächst schnell. Es entstehen frühzeitig Metastasen in den regionären d. h. retromandibulären sowie tiefen cervico-nuchalen Lymphknoten. Nicht ganz selten entstehen symmetrische Carcinome an Unter- und Oberlippe. Es handelt sich entweder darum, daß das Unterlippencarcinom zuerst vorhanden war und der Krebs der Oberlippe durch Inokulations-Absiedelung gesetzt wurde; oder es liegt eine periorale lymphogene Propagation vor. Lippenkrebse manifestieren sich auf dreifache Weise:
als *kleines flaches Knötchen* an der Grenze zwischen Lippenrot und äußerer Haut, zwischen Mittellinie und Mundwinkel. Dieser Tumor wächst mehr in der Fläche als nach der Tiefe zu. In seiner Umgebung findet sich eine beträchtliche entzündliche Reaktion. Lippenkrebse treten sodann als *tiefe derbe Infiltratknoten* auf. Die Lippe ist dann prall gespannt. Der Tumor zeigt eine zentrale Verhornung mit konsekutivem Zerfall. Die dritte Form des Lippenkrebses ist das *papillomatöse warzenförmige Carcinom*. Seine histologische Differentialdiagnose gegenüber einfachen Papillomen, atypischen Leukoplakien und gegenüber dem Keratoakanthom kann schwierig sein.

2. Zungenkrebs

Es handelt sich um die häufigste Geschwulstbildung der Zunge. Es liegt so gut wie immer ein verhornender Plattenepithelkrebs vor. In einigen Promillen (aller Fälle) handelt es sich um Adenocarcinome, welche ihren Ausgang von der Blandin-Nuhnschen Drüse nehmen. Der Zungenkrebs beginnt als kleine knorpelartig harte Erhabenheit, gelegentlich unter dem Bilde weißlicher warziger Exkreszenzen. Der Zungenkrebs kann sich auch durch Rhagaden, seichte Geschwürsbildung, gelegentlich als hartnäckige Bläschenkrankheit manifestieren. Ist erst eine deutlichere Geschwürsbildung entstanden, macht die Diagnose keine Mühe. Die Geschwürsränder sind derb, der Grund ist fest, auf Druck lassen sich komedonenartige Pfröpfe auspressen. Zungenkrebse haben eine Entwicklungsgeschwindigkeit von etwa 1 ½ Jahren. Sie wachsen also relativ schnell, sind schmerzhaft, schließlich qualvoll und erzeugen, kommt keine rechtzeitige Hilfe, ausgedehnte Zerstörungen. Die Metastasen betreffen die regionären Lymphknoten, seltener die Speicheldrüsen, ganz selten entstehen Fernmetastasen. Auch umgekehrt sind Carcinommetastasen in der Zunge bekannt, wenn auch äußerst selten: E. KAUFMANN beschrieb den Fall einer jungen Frau, welche an einem Carcinom der Portio vaginalis uteri litt; jenes wurde operativ entfernt; nach Jahr und Tag fand sich eine lymphogene Propagation zunächst lumbal-paraaortal, sodann über den Ductus thoracicus, die tiefen Halslymphbahnen bis hinauf in die Zungenspitze!

3. Krebs der Wangenschleimhaut

Er tritt als flächenhaft ausgebreitetes, gefeldertes, mit harten Rändern ausgestattetes Geschwür in Erscheinung. Er nimmt seinen Ausgang nicht ganz selten von einer Leukoplakie! Krebse der Wangenschleimhaut entstehen gern an den Schleimhautfalten vor dem aufsteigenden bzw. über dem horizontalen Unterkieferast. Die „Backentaschen" sind für chronische Reizeinwirkungen besonders geeignet. Auf die cancerogene Leistung des Kauens der Betelnuß war hingewiesen worden. Besonders auf den Philippinen war es sehr beliebt, „Buyo" d. h. ein Gemisch aus Betelnuß, Leim und Tabak, zu kauen. „Buyo" kann als Vorläufer des Kaugummis aufgefaßt werden. Krebse der „Backentaschen" sind so gut wie immer Plattenepithelcarcinome mit betonter Verhornung.

4. Krebs des Zahnfleisches

Diese Krebsform ist seltener, flach, höckrig, wächst verhältnismäßig langsam und neigt dann zu seichter Geschwürsbildung. Verhornende Plattenepithelcarcinome wachsen Schritt für Schritt, unaufhaltsam, brechen jeden Widerstand, eröffnen die Zahnalveolen, werfen die Zähne aus ihren Fächern und dringen in die Spongiosa der Kieferknochen ein. Eine Kieferresektion ist unvermeidlich.

5. Krebs des Mundbodens

Auch dieser Tumor ist gewöhnlich ein Plattenepithelkrebs; manchmal finden sich Zylinderepithelkrebse, selbst mit Flimmerepithelien. Diese scheinen genetische Beziehungen zu den Ausführungsgängen der Speicheldrüsen zu besitzen. Carcinome der Mundhöhle neigen zu jauchigem Zerfall!

6. Gaumenkrebs

Es handelt sich um flach erhabene, derbe, frühzeitig exulcerierende, dann in der Fläche ausgebreitete Plattenepithelkrebse. Diese neigen zu beträchtlicher Verhornung. Gerade am Gaumen kann die Differentialdiagnose einige Schwierigkeiten bereiten. Spezifisch-entzündliche Prozesse können zu reaktiven Epithelatypien führen. Die Tuberkulose zeitigt pittoreske Epithelproliferate. Die Lues III setzt schwere Zerstörungen besonders am harten Gaumen. Die Leukokeratosis nicotinica palati findet sich besonders bei Zigaretten- und Pfeifenrauchern. Sie geht unter Ausbildung weißlicher flacher Knötchen mit diskreter zentraler Rötung einher. Es handelt sich um eine besondere Form der Leukoplakie. Die Leukokeratosis ist durch eine besondere Akanthosis d. h. zapfenförmige Ausziehung der Epithelschichten nach dem Stroma zu, ausgezeichnet. Das Schleimhautbindegewebe der weiteren Umgebung ist sehr erheblich lymphocytär infiltriert. Derartige Veränderungen finden sich angeblich vor allem auch bei Trägern von Zahnprothesen. Es scheint, daß die metaplastischen Umbauten des Schleimhauteptheles ihren Ausgang vielfach von den Ausführungsgängen kleiner ortsständiger Speicheldrüsen nehmen! Die stomatologische Klinik kennt den Begriff des *„Prothesenrandtumors"*. Im Randgebiet von Zahnprothesen finden sich nicht selten atypische Epithelwucherungen mit Hyperkeratose und Epithelproliferaten. Ein echtes „Prothesencarcinom" gilt jedoch als vergleichsweise selten.

50 % aller Mundhöhlencarcinome finden sich an Unterlippe und Zungenspitze; 10 % an der Wange, an Mundboden, Gaumen und Gingiva. Am seltensten sind die Carcinome der Oberlippe und der Oberkiefergingiva (im eigentlichen Sinne). Die quantitative Relation der Mundhöhlencarcinome zwischen Männern und Frauen beträgt 9 : 1. Das Durchschnittsalter der Träger von Mundhöhlenkrebsen liegt im 7. Lebensjahrzehnt.

Literaturhinweise zur Pathologie der Mundhöhle: H. SCHUERMANN: Krankheiten der Mundschleimhaut und der Lippen, München und Berlin: Urban & Schwarzenberg 1958; E. FASSKE und K. MORGENROTH: Pathologische Histologie der Mundhöhle, Leipzig: S. Hirzel 1964; G. SEIFERT: Mundhöhle, Mundspeicheldrüsen, Tonsillen und Rachen, in: W. DOERR und E. UEHLINGER „Spezielle pathologische Anatomie", Bd. 1, Berlin-Heidelberg-New York: Springer 1966.

8. Zähne und Zahnhalteapparat

a) Normale Entwicklung, Histologie, Anatomie

Die die primitive Mundöffnung umgebenden Ränder zeigen ursprünglich keine Trennung in Lippen- und Kieferregion. Sie bestehen aus embryonalem Bindegewebe, welches von ektodermalem Epithel überkleidet ist. Frühestens bei Embryonen von *10 mm* größter Länge entsteht an den einander zugekehrten Rändern eine Furche, die *Zahnfurche.* Aus dem Grunde der Furche gehen zwei solide Epithelleisten hervor, eine äußere und eine innere, welche sich in das Mesoderm einsenken. In der Oberkieferanlage wachsen die Leisten auf-, in der Unterkieferanlage abwärts. Die äußere Leiste steht senkrecht, sie trennt die Lippen- von der Kieferanlage. Man nennt sie *Lippen- oder Vorhofleiste.*

Indem diese Leiste zentral rarefiziert wird, entsteht aus ihr der *Sulcus labialis*. Die innere Leiste wächst schräg, und zwar in einem Winkel von 45 Grad nach dem Inneren zu. Es handelt sich um die *Zahnleiste*. Decidui und bleibende Zähne entstehen in der gleichen Weise (Abb. 3). Es werden so viele Zahnanlagen gebildet, wie später Zähne entstehen sollen. Im Anfang des dritten Entwick-

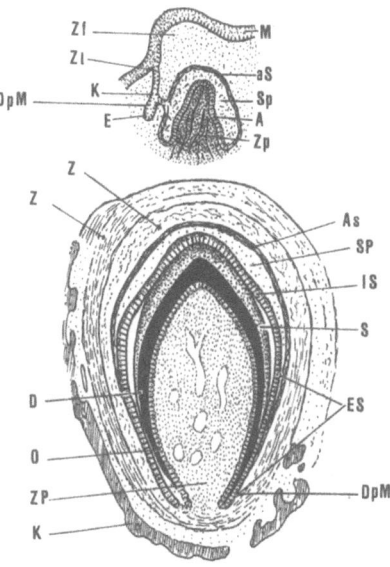

Abb. 3. *Oberes Bild*. Schema der frühen Zahnentwicklung (6 Monate alter Keimling); A = Ameloblasten (innere Schmelzepithellage); aS = äußere Schmelzepithellage; DpM = Débris paradentaires Malassez; E = Ersatzleiste der hinteren Schmelzanlage für den Ersatzzahn; K = Kolbenhals; M = Mundhöhlenepithel; Sp = Schmelzpulpa; Zl = Zahnleiste; Zf = Zahnfleisch; Zp = Zahnpapille. *Unteres Bild*. Schnitt durch den Milchzahn eines Neugeborenen. As = äußere Schmelzepithellage; D = Dentin; DpM = Débris paradentaires Malassez; ES = Epithelscheide (v. BRUNN); IS = Innere Schmelzepithellage; K = Kieferknochen; O = Odontoblasten; S = Schmelz; SP = Schmelzpulpa; Z = Zahnsäckchen; ZP = Zahnpapille mit Gefäßen. In Anlehnung an eine Federzeichnung von EDUARD KAUFMANN; verändert.

lungsmonates entstehen an der äußeren Fläche der Zahnleiste kolbige Anschwellungen. Diese dehnen sich später nach der lingualen Seite zu aus. Es handelt sich um die *Schmelz- oder Zahnknospen*. Daraus entstehen die *Schmelzorgane*. Diese nennt man „Abgüsse". Das Schmelzorgan gilt als Gußform für die Hartsubstanz des zugehörigen Zahnes. Das vom Schmelzorgan umfaßte embryonale Bindegewebe vermehrt sich lebhaft und bildet die *Zahnpapille*. Diese stellt den mesodermalen Anteil des späteren Zahnes dar. Die die Zahnanlage umgebenden Bindegewebszellen vermehren sich und bilden einen mesodermalen Mantel. Er wird als *Zahnsäckchen* bezeichnet. Am Schmelzorgan kann man eine äußere und eine innere *Schmelzepithelschicht* unterscheiden. Das innere Schmelzepithel stellt die Amelo-, Adamanto- oder Ganoblasten bereit. Zwischen äußerem und innerem Schmelzepithel liegt die *Schmelzpulpa*. Sie führt eine kolloidartige Masse und enthält ein epitheliales Reticulum. Zwischen innerer Schmelzepithelschicht und Schmelzpulpa liegt eine dichtgedrängte Zellschicht, die intermediäre Epithelschicht. Bei der zunehmenden Vergrößerung der Zahnanlage wächst der der nachmaligen Zahnwurzel entsprechende Abschnitt des Schmelzorganes als *epitheliale Wurzelscheide* (VON BRUNN) in die Tiefe. Dort liegen innere und äußere Schmelzepithelschicht dicht beieinander. — Relikte der später verschwindenden v. Brunnschen Epithelscheide bleiben als Débris épithéliaux paradentaires MALASSEZ zurück. Die ganze Zahnanlage schnürt sich immer mehr von der Zahnleiste ab. Sie bleibt jedoch noch einige Zeit durch den *Kolbenhals* mit ihr verbunden. Später verschwinden Zahnleiste und Kolbenhals; es bleiben aber auch hier Epithelreste (Débris) zurück. Sie lassen noch lange Zeit eigentümliche geschichtete Formationen erkennen, welche eine gewisse Ähnlichkeit mit Hassallschen Körperchen besitzen! Die Entwicklung der Hartgebilde der Milchzähne beginnt am Ende des 5. Monates und zwar an der Oberfläche der Zahnpapille. Hier wandeln sich die dem inneren Schmelzepithel anliegenden Pulpazellen (Zellen der Papille) zu hohen zylindrischen Gebilden, den *Odontoblasten*, um. Jene liegen in Form einer dichten Membran *(Membrana eboris)* und bilden das Dentin *(Substantia eburnea)*. Das von den Odontoblasten gebildete Dentin ruht der Zahnpapille als Dentinkappe = Dentinscherbe auf. Das Dentin wächst dadurch, daß die Odontoblasten auf ihrer dentinwärts gerichteten Oberfläche stets neues Dentin anbilden. Die unter den Ondontoblasten liegenden Bindegewebsteile formieren die eigentliche *Zahnpulpa*. Erst nachdem die Dentinbildung eingesetzt hat, beginnt die Entwicklung des Schmelzes! Sie erfolgt durch Umwandlung des inneren Schmelzepitheles in *Schmelzprismen*. Die Umwandlung des Schmelzepitheles in Schmelzprismen erfolgt lediglich im Bereiche der Zahnkrone, nicht an der Wurzelscheide. Dort fehlt ja auch die Schmelzpulpa. Letztere ist angeblich für die Schmelzbildung essentiell. Die einmal gebildeten Schmelzprismen hängen fest miteinander zusammen und bilden auf diese Weise die *Schmelzscherbe*. Dentin- und Schmelzscherbe bilden eine *Zahnscherbe*. Aus der Schmelzpulpa und der äußeren Schmelzepithelreihe entsteht wahrscheinlich das *Schmelzoberhäutchen (Cuticula dentis Nasmyth)*. Nach H. SCHULE (Das Schmelzoberhäutchen, Stuttgart 1962) entsteht die Nasmythsche Membran unter Mitwirkung der Speichelbenetzung. Im Gegensatz zur Zahnkrone wird die Zahnwurzel erst nach der Geburt geliefert. Die von Brunnsche Wurzelscheide induziert aus der radikulären Papille Odontoblasten. So kommt es zur Bildung des Dentines im Bereiche der Zahnwurzel. Die epitheliale Wurzelscheide (die ja später nach und nach verschwindet) endigt mit der Ausbildung des *Foramen apicale dentis*. In der Umgebung des jungen Zahnes findet sich das *Zahnsäckchen*. Dieses umhüllt die gesamte Zahnanlage. Es läßt später eine innere lockere und eine äußere straffe Gewebelage erkennen. Aus dem Material des Zahnsäckchens wird das *Zahnzement* (Substantia ossea) gebildet. Zahnzement ist eine besondere Form eines Faserknochens. Das Zement liegt der Zahnwurzel, also dem Dentin der Wurzel sowie etwaigen Relikten der v. Brunnschen epithelialen Wurzelscheide, äußerlich auf.

Der *Durchbruch* der *Milchzähne (Dentes decidui),* — es handelt sich um 8 Schneide-, 4 Eck- und 8 Backenzähne —, erfolgt mit Ausbildung der Zahnwurzeln. Dadurch werden die Zähne in die Höhe geschoben. Sie durchstoßen den Rest des jeweiligen Schmelzorganes und erzeugen eine Druckatrophie des darüber gelegenen Zahnfleisches. Zuerst brechen im Alter von 6—8 Monaten die unteren medianen Schneidezähne durch. Mit dem Ende des zweiten Lebensjahres ist der Durchbruch des Milchgebisses einigermaßen vollendet. Die Anlage für die bleibenden Zähne erfolgt wiederum von der Zahnleiste aus. Im dritten intrauterinen Entwicklungsmonat entsteht, weiter nach lingual, jeweils ein *sekundärer Schmelzkeim.* Diesen Teil der Zahnleiste nennt man *Ersatzleiste.* Die sekundären Schmelzkeime liegen anfangs im Inneren der Alveole des Milchzahnes, erst später erhalten sie eine eigene Alveole. Der bleibende Zahn liegt gleichsam unter dem allenfalls zugehörigen Milchzahn, jedoch durch eine Alveolenwand von dessen Wurzel getrennt. Man unterscheidet Ersatz- und Zuwachszähne. Beim Zahnwechsel wird die trennende Alveolenwand, später auch die Wurzel des Milchzahnes, durch den Druck des nachdrängenden bleibenden Zahnes unter Auftreten von Osteoklasten und Riesenzellen resorbiert. Die Resorption erstreckt sich bis zum Schmelz des Milchzahnes. Die Wurzelspitze kann durch Osteoklasten völlig abgetrennt werden. Sie verfällt erst zeitlich später einer Resorption. Die Milchzähne werden so lange hinausgedrängt, bis sie wirklich ausfallen. Bekanntlich kann der Durchbruch der Weisheitszähne schwierig sein und mit entzündlichen Erscheinungen einhergehen. Der Durchbruch der Weisheitszähne kann aber auch völlig ausbleiben. Ausnahmsweise kann sich der Zahnwechsel in der Jugend mehrmals (zwei- bis sechsmal), im Alter einmal (Dentitio tertia) wiederholen. Eine einwandfreie Dentitio tertia soll bis jetzt nicht sicher beobachtet sein.

Der eigentliche Zahn zerfällt in einen freien Teil, die *Krone,* in den vom Zahnfleisch umfaßten, etwas eingeschnürten *Hals* und in eine *Wurzel,* welche selbst mehrteilig sein kann. Die Zähne sind sowohl entwicklungsgeschichtlich wie auch vergleichend-anatomisch Einrichtungen der Mundschleimhaut. Die beiden Bauelemente der Schleimhaut, Epithel und Stratum proprium, beteiligen sich am Aufbau auch des Zahnes. Der Kieferknochen, der den Zahn später trägt, entsteht im Zusammenhang mit der Zahnentwicklung. Die Belegknochen der Mundregion des Kopfes sind die Sockel der Zähne. Am Säugetiergebiß darf als eigentlicher Zahnträger der Processus alveolaris gelten. Er ist gleichsam ein Hilfsorgan für den Zahn. Der Processus alveolaris entsteht und vergeht mit den zugehörigen Zähnen!

Das Dentin ist eine Abart des Knochens, vergleichend-anatomisch gesprochen, die ältere Art des Wirbeltierknochens. Wie gewöhnlicher Knochen, so besteht auch das Dentin aus sehr feinen kollagenen Fasern, welche in eine Kittsubstanz (Grundsubstanz) eingelagert sind. Letztere enthält Kalk in molekularer Bindung. Genau wie der phylogenetisch jüngere Knochen, so zeigt auch das Dentin nach künstlicher Entkalkung keine eigentliche Änderung seiner Feinstruktur. Das Dentin ist von den Dentinkanälchen durchzogen. Sie verlaufen radiär im Zahn und entsprechen im Prinzip den Knochenkanälchen. Die zu den jeweiligen Dentinkanälchen gehörigen Zellen liegen jedoch außerhalb des Dentines, diesem indessen an und bilden zugleich die äußere Schicht der Zahnpulpa. Es handelt sich also um die Lage der Odontoblasten. Ein nach Art des Dentines gebauter Knochen findet sich (definitiv) bei Fischen (Ganoidfischen). Ihre dünnen Knochenplatten führen keine Knochenkörperchen (Knochenzellen); diese liegen vielmehr außerhalb. Bei den Selachiern, welche noch keinen Knochen besitzen, kommt Dentin bereits in Zähnen und Schuppen vor. Letztere gleichen in ihrem Bau den Zähnen (= Placoidschuppen). Die Fibrillen des Dentins verlaufen einigermaßen quer zu den Dentinkanälchen. Sie laufen also parallel zur Grenzfläche zwischen Pulpa und Dentin. Die Dentinfibrillen verlaufen daher auf einem Kegelmantel, und zwar in sehr steil gezogenen Spiralen. Die Dentinfibrillen bauen, nicht immer deutlich erkennbar, Lamellen auf. Die Dentinfibrillen liegen in den radiär zur Pulpa orientierten *Dentinkanälchen* (= Dentinröhrchen). Die Dentinkanälchen legen auf ihrem Wege regelmäßige S-förmige Biegungen zurück und geben „gefiederte" Seitenäste ab. Die Dentinkanälchen gabeln sich in der äußersten Dentinzone jeweils in ein System einer feinen Verästelung. Der Kalkgehalt des Dentines ist am höchsten in den unter dem Schmelz gelegenen ältesten Lamellen und am niedrigsten im Bereiche der Wurzelspitze. Im Inneren eines Dentinkanälchens liegt je eine Zahnfaser d. h. je ein Fortsatz eines Odontoblasten. Zwischen Zahnfaser und Wand eines Dentinkanälchens ist ein Abscheidungsprodukt der Odontoblasten, eine homogene Membran, eine Art von Grenzhäutchen, die Neumannsche Scheide, nachweisbar. Durch die Dentinröhrchen tritt aus der Pulpa auch Nutritionsmaterial in das Dentin ein und versorgt Zahnbein sowie Zahnschmelz. Aber auch von außen her, durch das Zement hindurch, scheint Dentin (freilich nur der Zahnwurzel) ernährt werden zu können. Selbst nach einer zahnärztlichen Wurzelfüllung (durch Zahnplombe) bleibt das Dentin erhalten. Es wird, genügendes Kauen vorausgesetzt, offenbar ausreichend durchsaftet. Die Flüssigkeit, welche in der Umgebung der Odontoblastenfortsätze im Inneren der Dentinkanälchen, also im Bereiche der Neumannschen Scheiden, nachgewiesen werden kann, nennt man *Dentinliquor* (SPRETER VON KREUDENSTEIN). Dentin ist sehr schmerzempfindlich. Man kann dies leicht am Zahnhals durch Berührung mit kalten Gegenständen deutlich machen. Auch beim Ausbohren der Pulpahöhle zum Zwecke der Vorbereitung einer sogenannten Plombierung treten mehr oder weniger intensive Schmerzsensationen seitens des Dentines auf. Angeblich sind Neurofibrillen im Inneren der Dentinkanälchen gefunden worden?! Wahrscheinlich leiten die Dentinfasern als solche den Schmerz in Richtung Pulpahöhle. Diese ist reich mit Nervenendigungen besetzt. Die Schmelz-Dentin-Grenze gilt als besonders empfindlich.

Jeweils in der Nähe der Zahnbeinoberfläche finden sich unverkalkte Stellen, welche im Schnittbild als schwarze Bezirke erscheinen. Im Kronenanteil sind sie von kugeligen Flächen begrenzt und werden dort *Interglobularräume* genannt. Es handelt sich um kalkfreies Dentin. Im Wurzelgebiet findet sich dicht unter der Zement-Dentin-Grenze eine schmale Zone kleinerer Kalklücken, die *Tomessche Körnerschicht*.

Das erste Dentin, welches bei der Zahnentwicklung gebildet wird, ist nicht verkalkt (Praedentin). Das kalkhaltige Dentin entsteht auf dem Boden des Praedentines durch Aufscheinen von Kalkkugeln, welche nachträglich miteinander verschmelzen. Nach Abschluß der Zahnbildung ist die Pulpahöhle weit. Im Fortgang des Lebens kommt es zu neuer Dentinbildung; man spricht von *sekundärem Dentin*. Es findet sich häufig in Gestalt kugeliger Bildungen (Dentikel). Die Dentikel engen die Pulpahöhle ein. Dentikel (= Sekundärdentin) besitzen häufig eine bräunliche Farbe. Sie geben beim Auftreten einer Zahnkaries einen gewissen Schutz für die Zahnpulpa. Man spricht daher gerne von „Schutzdentin". Ob das Auftreten des irregulären Dentines einfach als Alterungsvorgang oder aber als Folge eines besonders kräftigen Kauens aufgefaßt werden darf, erscheint ungewiß. In höherem Lebensalter werden die Dentinkanälchen totaliter verkalkt. Das Dentin erhält dadurch eine eigenartige durchsichtige Beschaffenheit: *transparentes Dentin*. Je älter ein Mensch wird, um so dicker wird sein Zahnbein. Um so enger ist dann die zugehörige Pulpahöhle.

Der Zahnschmelz bildet einen besonders gehärteten Überzug der Zahnkrone. *Der Schmelz ist so hart wie Quarz und gibt mit Stahl Funken!* An organischer Substanz enthält der Zahnschmelz beim Neugeborenen 5 %, beim Erwachsenen 2—3 %. Er ist die härteste Substanz des tierischen Körpers. Die histologisch-technische Darstellung des Zahnschmelzes ist nicht einfach, weil nach Entkalkung kein organisches Baumuster zurück bleibt. Die Schmelzprismen sind so lang wie der Zahnschmelz dick ist. Die Schmelzprismen sind zopfförmig miteinander verflochten. Weil die Schmelzprismen bündelweise eine jeweils gleiche Ausbiegung besitzen, reflektiert jeweils das eine Bündel auf Längsschliffen das Licht anders als ein folgendes Bündel. Dadurch entsteht (auf Zahnschliffen) eine Schmelzzeichnung, welche einem Damastmuster nicht unähnlich ist. Man spricht von den Schregerschen Streifen. Daneben existieren andere Linien, die Retziusschen Streifen. Letztere entstehen dadurch, daß die einzelnen nebeneinander etablierten Schmelzprismen unterschiedlich stark mineralisiert sein können. Die Dentinkanälchen setzen sich jeweils eine kleine Strecke weit in den Zahnschmelz fort und endigen dort durch kolbige Auftreibungen.

Unter dem *Paradentium* versteht man die Gesamtheit der in der unmittelbaren Umgebung des Zahnes sowie zwischen zwei benachbarten Zähnen gelegenen Einrichtungen. Der Begriff „Paradentium" geht auf WIESNER und WESKI zurück. Zu den paradentalen Einrichtungen gehören nicht nur Alveolarknochen und Zahnzement, sondern auch die *Wurzelhaut* (= Periosteum alveolare = Periodontium). Dieses Periost im Inneren des Alveolarfaches gilt in besonderem Maße der Befestigung des Zahnes. Im Dienste der Zahnhalterung stehen außerdem das Zahnfleisch sowie die in diesem etablierten Bindegewebsfasern. Die Ringfasern umgreifen zirkulär den Zahnhals, die interdentalen Fasern durchziehen quer das zwischen den Zähnen gelegene Zahnfleisch. Es ist offenbar wesentlich, daß das Zahnfleisch einen guten Turgor und mit seinem Ringband eine gute Spannung behält, um den Zahnhals genügend fest zu umschließen. Das Zahnfleisch ist mit einem Epithelsaum am Schmelzhäutchen innig verwachsen. Wenn sich das Epithel von der Zahnoberfläche löst, entsteht eine Zahnfleischtasche. Zieht sich das Zahnfleisch weiter zurück und erweitern sich die Taschen durch Epithelwucherung, resultiert leicht eine chronische Entzündung der Wurzelhaut mit Abbau der Alveolenränder. Die Gesamtheit dieser und vergleichbarer Veränderungen nennt man *Paradentose*. *Der Zahn hängt in seiner Alveole*. Die kollagenen Fibrillen des Periodentium wirken wie Zugseile! Sie sind fest in den Alveolarknochen eingemauert. Im übrigen wirken Lymphspalten und Capillaren der „Wurzelhaut" (Periosteum alveolare) hydraulisch wie ein Flüssigkeitskissen! Bei kurzdauernder dynamischer Belastung, etwa durch den Kauakt, ist der Zahnhalteapparat vollständig elastisch. Bei länger anhaltendem Druck bleibt eine kleine Nachwirkung zurück. Diese kommt erst allmählich zum Ausgleich. Wahrscheinlich wurde durch die länger anhaltende Druckbelastung das Blut aus den Gefäßen des Periodontium ausgepreßt. Bei einer Periodontitis kommt es zur Hyperämie und zur Anhebung des Zahnes. Eine ausreichende funktionelle Beanspruchung ist für die Erhaltung der „Tüchtigkeit" des Zahnhalteapparates unentbehrlich. Das Periodontium der Milchzähne ist weicher als das der bleibenden Zähne. Das Periodont ist beim Erwachsenen 0,25 mm stark. Die Implantation extrahierter Zähne gelingt. Der eigentliche Zahn stirbt dann allerdings ab. Das Anwachsen erfolgt über die lebende Wurzelhaut. Sollte diese fehlen, resultiert eine knöcherne Einscheidung mit Umbau der Zahnwurzel.

In der frühen Zahnentwicklung spielen hormonelle Mechanismen keine entscheidende Rolle. Dagegen sind *Induktionsvorgänge* wichtig. Diese kommen in Gang, sobald das Mundhöhlenektoderm mit dem Mesoderm des Chondrokranium in Kontakt gerät. Wird ein Axolotl-Schmelzorgan auf eine Tritonlarve übertragen, so erzeugt das Schmelzorgan einen Zahn! Dieser besteht aus Axolotl-Schmelz und einer Triton-Pulpa. Das Mesenchym induziert aus dem Epithel den Zahnschmelz. *Explantate* von Säugetierzahnkeimen lassen *in vitro* Zähne, z. B. Molarzähne, selbst mit Kauhöckern, entstehen, obwohl diese Zahngebilde niemals gekaut hatten. Elektronenmikroskopisch zeigt sich, daß die Odontoblastenfortsätze aus Fibrillen bestehen. Diese splittern sich auf und dringen in seitlich ausladende Verästelungen der Dentinröhrchen ein. Die Ränder dieser Fibrillen sind von einer Art Myelinmantel umgeben. Die organischen Dentinbestandteile machen 19 bis 21 % aus. Davon entfallen 18 % auf Kollagen, 0,2 % auf einen Proteinrest, weitere 0,2 % auf Mucopolysaccharide. Der Kalk liegt in kristalliner Form als Hydroxylapatit vor. Autoradiographische Untersuchungen zeigen, daß ein gewisser, wenn auch quantitativ bescheidener Stoffumsatz im Bereiche der Schregerschen Streifen abläuft.

b) Mißbildungen

Die Einteilung der Mißbildungen der Zähne als Organ (= Odonton) kann nach L. ASCHOFF unter formal-genetischen Gesichtspunkten folgendermaßen vorgenommen werden:

aa) Dysmorphien I. Ordnung: Störungen der Anlage

Hierher gehören: *Aplasie (Agenesie):* Total, erbgebunden, kombiniert mit anderen Ektodermdefekten (z. B. Mangel von Haaren und Schweißdrüsen). Gelegentlich nur einzelne Zähne oder Zahngruppen betreffend. Am meisten bekannt ist das isolierte Fehlen der Weisheitszähne (Dentes serotini).

Hypodontosis, gelegentlich vergesellschaftet mit mangelhafter Behaarung der Körperdecke (Hypotrichosis).

Dentinogenesis imperfecta: Dominant vererbbare Obliteration der Wurzelkanäle. Lebende Odontoblastenfortsätze im Inneren des Dentines fehlen. Das Dentin zeigt daher auf Schliff und Schnitt eine eigenartige Opaleszenz.
Dysostosis cleidocranialis (Scheuthauer-Marie-Sainton-Syndrom). Es handelt sich um das Zusammentreffen heteroleger charakteristischer Fehlbildungen: Mehr oder weniger vollständige Aplasie der Schlüsselbeine, einseitig oder doppelseitig; die Schultern lassen sich daher auf der Brust „zusammenklappen"; Offenbleiben die Fontanellen und Nähte am Hirnschädel; Hypoplasie des Oberkiefers, Milchzahnpersistenz, Fehlstellung und Überzahl von Zähnen; Mikro-Odontie, Anomalien der Zahn-Okklusion. Es treten hinzu eine unvollkommene Aplasie der Symphyse, eine Coxa vara, Arachnodaktylie, Kleinwuchs mit Lordose der Lendenwirbelsäule oder Kyphoskoliose, Exophthalmus und starkes Schielen. Die Zahnveränderungen sind 1925 durch HESSE erarbeitet worden.

Überschußbildungen, Verdoppelung der Zahnreihe, Anlage von Zähnen an falscher Stelle (z. B. Orbita, Oberkieferhöhle etc.).

bb) Dysmorphien II. Ordnung: Störungen der Differenzierung

Verschmelzung zweier Zähne (Dentes confusi);
Dens in dente (es steckt die Anlage eines Zahnes in der eines anderen Zahnes!);
Schmelzperlen;
Abnorme Wurzelformationen, sehr häufig (z. B. Verdoppelung der Wurzelkanäle; Schwierigkeit der konservierenden Zahnwurzelbehandlung; Gefahr: Restpulpitis!).

cc) Dysmorphien III. Ordnung: Störungen des Wachstumes

Hypoplasie, prämature Dentition, aber auch Retention!
Tonnen(-Hutchinson-)- und Zapfenzähne.

dd) Dysmorphien IV. Ordnung: Exogene Verstümmelung
fertiger Zähne

c) Bißanomalien

Es müssen verschiedene Möglichkeiten auseinander gehalten werden: Vor- und Rückwärtsstehen eines Kiefers = *mandibulare und maxillare Prostase und Opisthostase;*
Vor- und Rückwärtslagerung des Alveolarfortsatzes = *alveolare Prognathie oder Opisthognathie;*
Vor- und Rückwärtslagerung der Zähne = *dentale Prognathie und Opisthognathie.*

Das Vorspringen des Kiefers nennt man *Progenie,* nämlich des Kinnes.
Bißfehler beruhen auf dem fehlerhaften Verhältnis zweier Zahnbögen zueinander. Es gibt *drei* grundsätzliche Möglichkeiten:
1. *Bißfehler in sagittaler Richtung:* Maxillare und mandibulare Prognathie = Kopfbiß oder Zangenbiß. Der Zangenbiß ist normal, bei der deutschen Bevölkerung jedoch selten; die Vorderzähne treffen dabei wie die Kneifschneiden einer Zange aufeinander: „Labidodontie". Normalerweise über-

wiegt bei der deutschen Bevölkerung der Vor- oder Scherenbiß („Psalidodontie"). Unter dem Scherenbiß versteht man die Tatsache, daß die vorderen Zähne wie die Blätter einer Schere aneinander vorbeischneiden.
2. *Bißfehler in frontaler Richtung* = Kreuzbiß, einseitiger oder beiderseitiger Außenbiß.
3. *Bißfehler in vertikaler Richtung* = es handelt sich um den „offenen" Biß („Hiatodontie"). Die Schneidezähne von Ober- und Unterkiefer kommen gar nicht erst miteinander in Berührung geschweige denn in Überschneidung.

d) Ernährungsstörungen

aa) Rachitis

Der Durchbruch der Zähne ist erschwert; die Differenzierungsstörung der Schmelzepithelien zeitigt eine Störung der Entwicklung der Schmelzscherbe. Der Zahnschmelz kann bei Rachitis infolge mangelhafter Verkalkung sekundär zusammenbrechen oder auch weiß-fleckig unterbrochen sein. Bei ausgesprochener Rachitis sind auch die Dentinfäserchen abnorm gefältet und abgeknickt. Die Grundsubstanz des Dentines ist nicht oder mangelhaft verkalkt. Eine gleichzeitige Rachitis der Kiefer kann erhebliche Störungen der Zahnstellung bedingen. So kann das Mittelstück des Unterkiefers gegen die Seitenstücke abgeknickt sein, wodurch der Raum für die Entwicklung der Schneidezähne zu eng wird. Der Unterkiefer bleibt dann gegenüber dem Oberkiefer zurück. Die hinteren Zähne werden schräg lingualwärts verdrängt, so daß die jeweils äußere Kronenseite der unteren Zahnreihe die jeweils innere Kronenseite der oberen Zahnreihe berührt!

bb) Tetanie

In Fällen des Hyperparathyreoidismus verkalkt die Zahnwurzel nicht. *Cave:* In Fällen des primären und sekundären Hyperparathyreoidismus kann die Lamina dura des Alveolenfaches des knöchernen Kiefers fehlen. Man versteht unter „Lamina dura" die Compacta des zur Alveole gehörigen Kieferknochens. Infolge frühkindlicher tetanischer Anfälle kann der laterale Incisivus fehlen. Zustände der Schmelzhypoplasie erklären sich formal aus einer Abplattung der Adamantoblasten. Gelegentlich findet sich gleichzeitig eine Verdickung des Zementes. Bemerkenswert ist die bei rezidivierend-tetanischen Zuständen immer wieder nachweisbare schlechte Vaskularisation des Periodontium.

cc) Sonstige Störungen der inneren Sekretion

Ganz allgemein kann man sagen, daß bei Störungen der inneren Sekretion Gebißanomalien häufiger als bei Gesunden vorkommen. Die Zusammenhänge sind indirekte: Störungen der inneren Sekretion und Zahn(Gebiß-)Anomalien sollen Ausdruck eines übergeordneten Leidens (Erbleidens?) sein. *Kastration* zeitigt häufig eine Degeneration der Odontoblasten. Es resultiert eine Nekrotisierung des Dentines. Unregelmäßige Kalksalzeinlagerung gilt als Folgezustand. An den Alveolarkämmen kommt es zur Ablagerung osteoider Substanzen.

Sexualdimorphismus: Bei männlichen Kastraten wachsen die Praemolaren bicuspisch, bei weiblichen Kastraten wachsen die Praemolaren monocuspisch nach (nach stattgehabter experimenteller Entfernung), haben also jeweils die Form des anderen Geschlechtes!

Epinephrektomie und Vitamin-C-Mangelzustände erzeugen vorzeitige Kalksalzabscheidungen im Praedentin. Die Veränderungen sind merkwürdigerweise ganz ähnlich wie diejenigen nach Parathyreoidektomie.

Die *experimentelle Prüfung der Bedeutung der Hypophyse* für die Ernährung des Odonton kann am Nagezahn der Ratte vorgenommen werden: Die künstliche Hypophysektomie zeitigt eine starke Verzögerung des Zahndurchbruches.

Störungen, gleich welcher Art, von Epithelkörperchen, Schilddrüse, Thymus und Hypophyse rufen gern Schmelzhypoplasien und damit *Schmelzerosionen* hervor. Es handelt sich um schmale seichte bandförmige Defekte, in deren Bereich das Dentin frei liegt. Hierdurch ist die Gefahr für den Erwerb einer Karies gegeben.

dd) Osteogenesis imperfecta

K. H. BAUER hat als erster darauf aufmerksam gemacht, daß ein systematisierter Mesenchymschaden zugrunde liegt. Pulpa, Odontoblasten und deren Derivate sind stark verändert, während die ektodermale Komponente (Schmelzepithel, Schmelzpulpa, Epithelscheide) intakt ist. Die Kalksalzabscheidung ist nicht gestört. Die Anordnung der Dentinfibrillen und die Organisation der Dentinröhrchen ist in Unordnung. Damit scheint es zusammenzuhängen, daß die Abrasio der Zähne an den Kontaktflächen stärker als sonst ist. Die Osteogenesis imperfecta geht mit abnormer Knochenbrüchigkeit (Fragilitas ossium) einher. Man spricht von Osteopsathyrosis. Die Kranken bleiben im Wachstum, oft beträchtlich, zurück; das Skelett zeigt groteske Difformitäten infolge der Unzahl stattgehabter Frakturen. Es können einige hundert Knochenbrüche entstehen, welche freilich jeweils schnell ausheilen. Charakteristisch für den allgemeinen Mesenchymschaden ist eine bläuliche Transparenz der Skleren des Auges. Die Kenntnis des eigenartigen Krankheitsbildes geht unter anderem auf JOHANN FRIEDRICH MARTIN LOBSTEIN (Straßburg, 1833) zurück. Das Krankheitsbild ist nicht einheitlich. Einzelheiten vgl. „Spez. path. Anat. III".

ee) Zahnkaries

Die Zahnkaries, Zahnfäule, ist die häufigste und wichtigste Erkrankung der Zähne und eine der häufigsten menschlichen Erkrankungen überhaupt. Es handelt sich um eine von außen nach innen fortschreitende Zerstörung von Zahnschmelz und Dentin. Zunächst kommt es zur Entkalkung und Erweichung, dann zu Auflösung und Zerfall. Wahrscheinlich handelt es sich um einen kombinierten chemisch-bakteriellen Prozeß, der auf dem Boden einer besonderen Disposition eine mehr oder weniger schwerwiegende pathologische Leistung verrichtet. Die kariöse Zerstörung der Zahngewebe wird demnach besonders durch zwei Faktoren verursacht: Es handelt sich einmal um die Wirkung proteolytischer Fermente, welche von Mikroben geliefert, freigesetzt und zur Verfügung gestellt werden. Es handelt sich zum anderen um die

Wirkung von Säuren, welche imstande sind, die anorganischen Bestandteile der Hartgewebe aufzulösen.

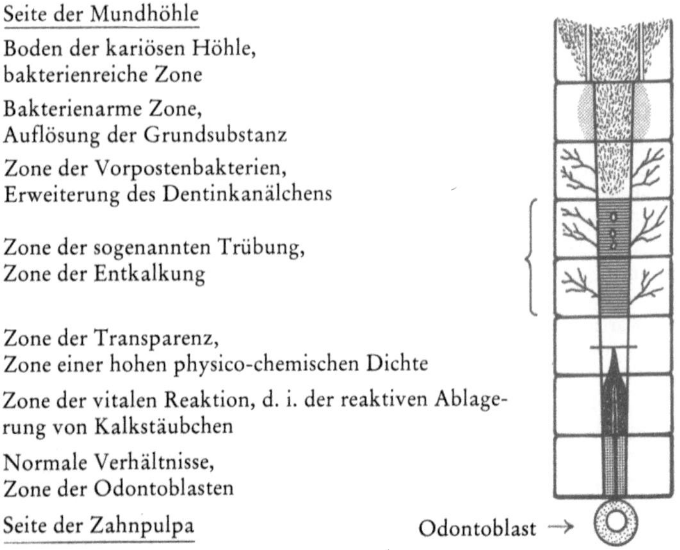

Seite der Mundhöhle
Boden der kariösen Höhle, bakterienreiche Zone
Bakterienarme Zone, Auflösung der Grundsubstanz
Zone der Vorpostenbakterien, Erweiterung des Dentinkanälchens

Zone der sogenannten Trübung, Zone der Entkalkung

Zone der Transparenz, Zone einer hohen physico-chemischen Dichte
Zone der vitalen Reaktion, d. i. der reaktiven Ablagerung von Kalkstäubchen
Normale Verhältnisse, Zone der Odontoblasten

Seite der Zahnpulpa   Odontoblast →

Abb. 4. Schema des Ablaufes kariöser Prozesse, dargestellt an einem einzigen Dentinkanälchen (nach O. MÜLLER: Patho-Histologie der Zähne, Basel: Benno Schwabe 1948, S. 29); verändert

Die *Entkalkung* wird *erstens* durch enzymatisch entstandene Milchsäure (welche aus den Kohlehydraten der Nahrung gebildet wird), *zweitens* durch Essigsäure (welche aus der bakteriell bedingten sauren Gärung der Nahrung stammt) und *drittens* durch Buttersäure (welche ihrerseits durch die Tätigkeit von Strepto-, Staphylokokken etc. freigesetzt wird) „gesteuert". Die so entstandenen Milch-, Essig- und Buttersäuren entkalken und erweichen sowohl Zahnschmelz als Dentin. Die völlige Auflösung des Dentines aber ist die Folge einer besonderen mikrobiellen Tätigkeit (Abb. 4). Derartige Bakterien nennt man die „*Zahnbeinlöser*". Sie verrichten ihre eigentliche pathologische Leistung durch peptonisierende und tryptische Fermente; sie wachsen aerob, also nur an Oberflächen oder gut zugänglichen Höhlen. Daneben spielen natürlich auch Anaerobier eine bedeutende Rolle. Diese sollen aber lediglich in den Dentinröhrchen pulpawärts wandern können. Es handelt sich im wesentlichen um „entkalkende" Streptokokken. Jene haben mit der völligen Auflösung des Zahnes unmittelbar weniger, sondern nurmehr vorbereitend zu tun. Die Karies beginnt am sonst so stabilen Schmelzoberhäutchen (in unserem *Schema* Abb. 4, ist die Cuticularmembran bereits zerstört; der Prozeß würde im Bilde oben — „Boden der kariösen Höhle" — beginnen). Das Schmelzoberhäutchen wird von Säuren aufgeweicht und Bakterien durchdrungen. Es wird vom Zahnschmelz abgehoben. Dann wird das Gefüge der Schmelzprismen gelockert, alsdann laufen die beiden Stadien von Entkalkung (= Erweichung und Auflösung) ab. Auch mechanische Läsionen können den Schmelz zerstören und dadurch Angriffspunkte schaffen. Brüske mechanische Zahnreinigung (durch Zahnbürste mit Kunststoffborsten!) kann zu einem Defekt des Schmelzes führen. Derartiges findet man bei Rechtshändern im Bereiche der beiden linken, bei Linkshändern im Bereiche der beiden rechten Zahnreihen. Je weicher der Schmelz, um so schneller wird das Zahnbein angegriffen. Bläulich-weiße, mäßig verkalkte Zähne sowie Milchzähne sind weniger resistent als geblich getönte und bleibende Zähne. Erschöpfung der allgemeinen körperlichen Resistenz, die Wachstumsperiode junger Menschen, mehrfach stattgehabte Schwangerschaften in zeitlich dichter Folge sowie die Perioden der Laktation fördern die Entstehung der Zahnkaries nicht unerheblich. Eine Karies läßt sich auch experimentell an extrahierten Zähnen erzielen: Die Zähne werden in einem Gemisch aus Speichel, Brotkrumen und Fleischmehl im Brutofen bei 37 Grad inkubiert. Dabei entstehen Veränderungen, welche von außen in Richtung Pulpahöhle die Hartsubstanzen perforieren, und die man histologisch mit den in unserem Schema repräsentierten Vorgängen vergleichen kann. Diese künstlich gesetzten Veränderungen stimmen mit den spontan entstandenen natürlich-kariösen Zerstörungen weitgehend überein. Auch an re- und transplantierten Zähnen ist ähnliches beobachtet.

Die grob-sichtbaren Anfänge der Karies bestehen in einer Ausbildung opaker, weißer, gelber oder bräunlicher Flecke. Die *Prädilektionsstellen* sind: die Furchen der Kronen der Backenzähne; die Aproximalflächen, die Zahnhälse unmittelbar unterhalb der Schmelzgrenze; schließlich — bei stärkerer Ausdehnung des Prozesses — die unterminierten Ränder des Zahnschmelzes. Die *Zahnhalskaries* findet sich bei Angehörigen des Bäcker- und Konditorhandwerkes häufiger. Es scheint, daß die Sedimentation von Mehlstaub und pulverisiertem Zucker im Bereiche der Zahnhälse eine Karies vor allem an den freien lingualen und labialen Flächen entstehen läßt. Eine zirkuläre Zahnhalskaries der oberen Milchschneidezähne scheint für das Angehen einer tuberkulösen Infektion (Skrophulose; vgl. „Allgemeine Pathologie", S. 117, 118) bedeutsam. Es wird erörtert, ob die Karies tatsächlich die Ursache einer Skrophulose sei oder aber deren Folge. Man könnte sich vorstellen, daß die exsudative Diathese skrophulöser Kinder und die mit dieser vergesellschafter Rachitis den Schrittmacher für das Angehen der Karies abgibt.

Wenn der kariöse Prozeß bis zur Zahnpulpa vorgedrungen ist, spricht man von *perforierender Karies*. Es entsteht dann eine schmerzhafte entweder partielle oder allgemeine Pulpitis. Es kann zunächst zu einer serösen Entzündung des lockeren Bindegewebes der Pulpahöhle, dann aber zu einer Vereiterung, Verjauchung, Nekrotisierung, Sequestration etc. kommen. Wenn die Entzündung von der Pulpahöhle über den Wurzelkanal in das Paradentium vordringt, entsteht die sehr schmerzhafte *Periodontitis*. Hierbei handelt es sich um eine *Periostitis alveolaris*.

Eine Periodontitis kann aber auch vom Alveolarrand aus entstehen, etwa von einer Zahnfleischtasche. Man muß also unterscheiden zwischen einer *Periodontitis apicalis und marginalis*. Nach dem Vorschlag von HÄUPL sei es korrekter, statt von Periodontitis von *Paradentitis* zu sprechen: Paradentitis apicalis und marginalis, acuta oder chronica. Eine ausgedehnte Paradentitis kann zur Totalnekrose eines Zahnes führen.

Die Zahnkaries kommt auch im Tierreich vor. Sie ist wahrscheinlich eine der ältesten Erkrankungen von mit Zähnen ausgestatteten Lebewesen auf unserem Planeten. Fossile Zähne zeigen grundsätzlich gleichartige kariöse Veränderungen wie der heutige Mensch und rezente Wirbeltiere. W. J. SCHMIDT und A. KEIL haben kariöse Zähne von insectivoren Säugern aus dem Tertiär (aus der Gegend von Halle/Saale) histologisch und polarisationsoptisch untersucht. Danach erscheint es erlaubt anzunehmen, daß es kariöse oder aber mit einer Karies im Prinzip vergleichbare Prozesse „schon immer" gegeben hat (SCHMIDT und KEIL: Die gesunden und die erkrankten Zahngewebe des Menschen und der Wirbeltiere im Polarisationsmikroskop. München: C. Hanser 1958). Man kann die Zahnkaries nicht als Infektionskrankheit bezeichnen, obwohl die Entstehung der Karies *auch* an die Mitwirkung von Mikroben gebunden ist. Die Karies entsteht aus dem Zusammenspiel von Entkalkung und Proteolyse. Für die Entstehung der Schmelzkaries scheinen die Säurebildner die Hauptrolle, für die der Dentinkaries die sogenannten Proteolyten wichtig zu sein. Die Entkalkung verläuft optimal bei einer Wasserstoffionenkonzentration von etwas unter 5,0 pH. Zu den *Säurebildnern* gehören: *Streptococcus mutans, Streptococcus odontolyticus, Lactobacillus acidophilus, Hefen* und *Mikrococcen*. Zu den *Proteolyten* gehören *Clostridium histolyticum, Clostridium Welchii Typus A,* der *Bacillus subtilis,* angeblich auch der *Bacillus anthracis*. Für die formale Pathogenese wichtig ist vor allem die durch die Clostridien gebildete Kollagenase. Letztere ist für die Auflösung der organischen Grundsubstanz des Zahnbeines von besonderer Bedeutung. Als eine Voraussetzung für die Entwicklung der Karies kann die Ausbildung von „Belägen" an der Zahnoberfläche gelten, welche reich an Kohlenhydraten sind. Sogenannter Zahnstein fördert ebenfalls das Angehen der Karies. Es scheint, daß die Karies auf der ganzen Welt quantitativ stark zugenommen hat. Es wird angenommen, daß diese Entwicklung mit dem Genuß klebriger, zuckerhaltiger Nahrung und der Abkehr des Menschen von einer „natürlichen Ernährung" zusammenhängt. Aufgrund sorgfältiger statistischer Untersuchungen an Schulkindern in Oslo ist die Aussage erlaubt, daß während des zweiten Weltkrieges der Kariesbefall auf 25 % absank, heute wiederum bei 75—80 % liegt! Wohlstandsernährung scheint das Angehen der Karies zu erleichtern.

Unter einer *Alveolarpyorrhoe* versteht man eine chronisch-eitrige Entzündung im Paradentium, genauer: in den durch Retraktion des Zahnfleisches in der Umgebung der Zahnhälse entstandenen Taschen. In den Eiterausstrichen finden sich Mundamoeben, Spirochaeten, fusiforme Stäbchen und Enterokokken. Atrophisierende Prozesse des Zahnfleisches (in der Umgebung der Zahnhälse) fördern die Entstehung von *Zahnstein*. Es scheint, daß erblich bedingte Reaktionsweisen und Regulationen im Bereiche der terminalen Strombahn der Zahnfleischpapillen eine dispositionelle Rolle spielen. Bei Diabetikern entsteht besonders leicht die folgenschwere Alveolarpyorrhoe.

Die chronisch-eitrige Entzündung in den Zahnfleischtaschen zirkulär um die Zahnhälse zerstört durch Entwicklung eines zellreichen Granulationsgewebes sämtliche Halte-Vorrichtungen und Befestigungsmittel der Zähne, einschließlich der knöchernen Alveolarkämme und -Wände. Die Zähne werden gelockert und emporgedrängt. Knochen und Zahnzement werden durch osteoklastische Prozesse zum Schwund gebracht. Die Gesamtheit dieser Veränderungen kann man als *Paradentose* bezeichnen.

WESKI versteht unter Paradentose den Schwund von Weich- und Knochengewebe in der Umgebung der selbst nicht eigentlich erkrankten Zähne. Die Alveolarpyorrhoe ist keine Conditio sine qua non; es gibt auch eine Paradentose ohne nennenswerte begleitende Entzündung!

Von einer Paradentitis ausgehend kann es zur Entwicklung einer *Parulis* kommen. Unter Parulis versteht man einen subperiostalen Abszeß. Gewöhnlich sind die Zusammenhänge folgende: Die eitrige Entzündung gelangt aus den erkrankten paradentalen Räumen entweder in die Spongiosa der Kiefer und von hier aus unter das (äußere) Periost. Oder aber die eitrige Entzündung bahnt sich ihren Weg, ausgehend von einer Paradentitis apicalis, — direkt, traversierend — unter das Kieferperiost. Das den Alveolarfortsatz bedeckende Zahnfleisch erkrankt entzündlich mit — starke Schwellung und Rötung. Unter „Parulis" versteht man die *„dicke Backe"*. Der subperiostale Abszeß kann das Zahnfleisch perforieren. Es entsteht das *„Zahngeschwür"* (der Laien). Gewöhnlich resultiert sehr bald ein monströses entzündliches Ödem der Weichgewebe der Wange. Aus diesem Grunde kommt es zur Ausbildung der „dicken Backe". Selten entsteht eine Perforation mit Eiterentleerung nach außen; manchmal in Richtung Mundboden. Der Eiter ist eingedickt, von grüner Farbe und stinkend. Gewöhnlich lassen die Schmerzen dann nach, wenn die Eiterhöhle perforiert ist. Die Perforationsrichtung ist zunächst belanglos. Wird der kranke Zahn oder die erkrankte Zahnwurzel entfernt, kann der Prozeß abheilen. Bleibt die Wurzel zurück, eitert der Prozeß weiter. Es entsteht dann häufig die berüchtigte *Zahnfistel*. Jene führt entweder in unmittelbarer Nachbarschaft des erkrankten Zahnes in die Mundhöhle. Es entsteht dann eine innere Zahnfleischfistel. Oder aber die Eiterung ergreift nicht nur die Weichteile der Wange sondern bricht am Kinn vielleicht auch vor oder hinter dem Ohr nach außen durch. Man spricht von äußerer Zahnfistel. Die Periodontitis apicalis der oberen Zähne 5, 6 und 7 ruft nicht selten ein Empyem der Oberkieferhöhle hervor. Die Wurzeln der genannten Zähne sind oft nur von der Schleimhaut der Sinus maxillares bedeckt. Ganz selten sind Perforationen sogenannter Wurzelhautabszesse in Richtung Orbita, Nase oder Flügelgaumengrube. Eine chronische Periodontitis kann auch eine ossifizierende Periostitis hervorrufen und unterhalten. Die chronische Entzündung des Zahnwurzelbereiches läßt in sehr vielen Fällen *Wurzelgranulome* entstehen. Sollte eine perforierende Zahnkaries die Pulpa freigelegt haben, entstehen *Pulpapolypen*, *Pulpagranulome*, seltener *Gingivapolypen*, zuweilen *Wurzelhautpolypen*.

Bemerkungen zur Terminologie. „oylis" bedeutet „Wange"; „Epulis" bezeichnet eine Geschwulst oder einen geschwulstähnlichen Prozeß, der „auf der Wange", gemeint ist „auf dem Zahnfleisch" sitzt. Unter „Parulis" wird eine Anschwellung d. h. eine Verdickung verstanden, welche „neben der Wange", gemeint ist „ausgehend von der Zahnfleischregion" lokalisiert ist. „Katulis" (H. TRIADAN) bezeichnet eine Verdickung, welche „vom Zahnfleisch heruntertropft". Gemeint sind die pseudopolypösen Verdickungen der Interdentalpapillen bei Gingivitis hyperplastica. *Cave:* Epulis, Parulis, Katulis!

Bedeutung der Karies für den übrigen Organismus: a) *Aspiration* gangränöser Bröckel in obere Luftwege und Lungen; auf diese Weise soll angeblich eine Lungengangrän entstehen können.
b) Die Zahnkaries kann eine *Fokaltoxikose* verursachen. Eine Periodontitis ruft dann gewöhnlich und zunächst eine entzündliche Vergrößerung der regionären Halslymphknoten hervor. Unter Umständen entstehen septische Prozesse. PÄSSLER (Hamburg) sprach von „*septischer Diathese*" (1909). In der sogenannten vorantibiotischen Ära kamen Fälle von „oraler Sepsis", genauer: „odontogener Sepsis" gar nicht selten zur Obduktion. — Es entspricht einer alten ärztlichen Erfahrung, daß, wer kariöse Zähne hat, auch im reiferen Erwachsenenalter zum Erwerb von Anginen neigt. Im Zusammenhang mit diesen resultieren rheumatiforme Erkrankungen.
c) Nach *Extraktion* eines Zahnes bei bestehender Periodontitis oder Parulis kann eine akute odontogene Sepsis entstehen. Ausgehend von einer Kieferosteomyelitis entwickelt sich eine Mundbodenphlegmone, sodann eine Thrombophlebitis sowohl der tiefen wie auch der Gesichtsvenen. Die eitrige Entzündung breitet sich in der Kontinuität der Gewebespalten aus. Eine Thrombophlebitis des Plexus venosus pterygoideus leitet die Entzündung auf dem Wege über die Fissura orbitalis inferior in die Augenhöhle, von dort durch die Fissura orbitalis superior z. B. durch Vermittlung der Vena meningoophthalmica in das Endokranium. Es kann eine Thrombophlebitis des Sinus cavernosus oder ein umschriebener Abszeß am Temporalhirnpol entstehen. Schlußendlich entwickelt sich eine eitrige Meningitis oder Cortico-Encephalitis.
d) Kariöse Zähne können als *Schrittmacher* für das Angehen einer tuberculobakteriellen oder einer Infektion durch Actinomyces (bovis oder hominis) wichtig werden.
e) Die Zahnkaries gilt schließlich auch als disponierendes Moment für die Entwicklung der sogen. *Phosphornekrose* der Kiefer (vorwiegend des Unterkiefers). Sie stellt eine besondere Form einer Ostitis dar. Es handelt sich um eine Gewerbekrankheit. Sie entsteht infolge Einatmung der Dämpfe von gelbem Phosphor. Dabei können größere Teile eines Kiefers, besonders Unterkiefers, gelegentlich der ganze Unterkiefer, absterben. Die Phosphornekrose kommt am Oberkiefer nur ausnahmsweise zur Beobachtung. Wichtig ist, daß die entzündlichen Prozesse oft erst nach jahrelanger Latenz klinisch in Erscheinung treten. Man kann zwei Stadien unterscheiden: (1) eine ossifizierende Ostitis und Periostitis infolge unmittelbarer Phosphoreinwirkung, (2) eine *eitrig-nekrotisierende Ostitis und Osteomyelitis* als Folge einer sekundären Infektion durch pyogene Kokken. — Die chronisch-ossifizierende Entzündung beginnt dort, wo das Periost freigelegt, also an den Stellen, wo eine Zahnkaries (Zahnhalskaries) eine marginale Paradentitis hervorgerufen hatte. Es entwickelt sich eine flächenhafte Sklerosierung des benachbarten Kieferknochens (des Alveolarkammes des Unterkiefers, seltener Oberkiefers), und es kommt zur Ausbildung eines dicken sklerotischen Osteophyten. Nach mehrjähriger Latenz kann es erneut und zwar durch Vermittlung eines benachbarten kariösen Prozesses zur Infektion mit Eitererregern kommen. Der Eiter liegt entweder zwischen Periost und Osteophyt oder zwischen dem Osteophyten und dem Knochen selbst. In letzterem Falle stirbt der Knochen ab. Es entsteht eine „*Totenlade*", repräsentiert durch den Osteophyten. Der absterbende Knochen ist bimsstein- oder tuffstein-

ähnlich rarefiziert, wie ein Filigranwerk umgewandelt, von zahllosen Kanälchen „wurmstichig" perforiert, Gruben und Einbrüchen zerstört. Sollten größere Teile des Periostes erhalten bleiben, resultiert gelegentlich eine erstaunlich vollständige Knochenregeneration. Deshalb, weil die Regeneration nicht an allen Stellen des Kieferknochens gleich stark ist, entstehen eigenartige Difformitäten. Man hat gelegentlich den Eindruck, daß der Unterkiefer in einer Rinne oder Schiene zu sitzen scheint. Derartiges entsteht immer dann, wenn die Regeneration an den beiden unteren Rändern der Unterkiefer stärker als an den oberen gewesen ist. Phosphornekrosen können grundsätzlich auch an anderen Skelettteilen auftreten. Lediglich wegen der Zahnkaries sind die Kieferknochen am meisten exponiert (und wohl auch disponiert!).

f) *Zahnstein:* Tartarus dentium besteht aus phosphor- und kohlensaurem Kalk, eingedicktem Schleim, Epithel- und Speiseresten, Leptothrixfäden etc. und findet sich mit Vorliebe auf der lingualen Seite der Schneidezähne, mehr im Unter- als im Oberkiefer. Der Zahnstein ist zunächst weich, von weißlicher Farbe, dann härter, schließlich steinhart, dann von grünlicher oder braunschwarzer Farbe. Die Anwesenheit des Zahnsteines fördert die Vertiefung etwa vorhanden gewesener Zahnfleischtaschen und damit die Ausdehnung der Alveolarpyorrhoe.

Ergänzende Bemerkungen zum Kapitel „Karies". Die nosologische Stellung der Karies ist ungeklärt. Es handelt sich um einen Prozeß, der sowohl die Züge einer „Ernährungsstörung" als auch einer „perforativen Entzündung" trägt. Alle Kulturstaaten lassen sich eine *Kariesprophylaxe* angelegen sein. Wenn schon nicht dem Zugriff entmineralisierend wirksamer Bestandteile des chemischen Panorama unseres zivilisierten Lebens (Speisezettel etc.) gesteuert werden kann, möchte man wenigstens die Hartsubstanzen „festigen", d. h. widerstandsfähiger machen. Derartiges wird z. B. durch die *Fluorprophylaxe* angestrebt. Es handelt sich um die Beigabe von Fluorsalzen zum Trinkwasser. Fluorsalze besitzen eine Reizwirkung auf die Odontoblasten. Man hofft, auf diese Weise die Bildung und Erhaltung eines möglichst vollwertigen Dentines erreichen zu können.

Die *Histogenese der Karies ist elektronenmikroskopisch* durchgearbeitet. Dabei zeigt sich eine erhebliche Störung des „Ordnungsgefüges" der kristallinen Grundsubstanz von Schmelz und Dentin. Die *„Ataxie" der Kristallite* tritt zuerst da auf, wo die Vorpostenbakterien hingelangen. In kariösem Dentin können rhomboedrische Kristallite aufscheinen, welche man *„Karieskristalle"* genannt hat. Elektronenbeugungsdiagramme machen es wahrscheinlich, daß es sich um Gebilde handelt, welche aus „Whitlockite" ($Ca_3(PO_4)_2$) bestehen.

Man frägt sich *heute* unwillkürlich, wie das Schicksal unbehandelter kariöser Zähne in früheren Jahrhunderten gewesen sein mag. Wenn alles gut ging, wurde der von Eiter umspülte Zahn (totale Paradentitis) sequestriert. Das leere Alveolenfach konnte zugranulieren und der Selbstreinigung entgegengeführt werden. Der Alveolarkamm der Kiefer atrophisierte. Im Falle einer Komplikation brach der kariöse Zahn ab, und es blieben Stummel zurück. Eine Karies des Zementes, der ja aus Faserknochen besteht, folgt den Sharpeyschen Fasern genauso, wie dies im Dentin mit bezug auf die Dentinkanälchen der Fall war. Wurzelstümpfe werden naturgemäß ebenfalls das Opfer der Karies. Das Ausmaß *dieser* Karies hängt ab von dem Vorhandensein von Wurzelkanälen, von deren Zustand d. h. davon, ob Stenosen vorhanden sind, natürlich auch von der Wandbeschaffenheit der Kanälchen. Zahnstümpfe, deren Wurzelkanäle besonders eng sind, erkranken weniger stark. Eine solche Wurzelkaries nimmt einen mehr chronischen Verkauf. Die chronische Karies unterscheidet sich vor allem dadurch von einer akuten bis subakuten Form, daß Retentionen von Speiseresten oder nekrotischem Detritus kaum zustande kommen. Dadurch fehlt der chronischen Karies die „Spannung", die Pathodynamik, welche die akute Karies so qualvoll und aggressiv gestaltet.

ff) Regeneration, Implantation

Nach traumatischer Lockerung besonders jugendlicher Zähne kann durch Neubildung von Zement eine vollständige Befestigung wieder zustande kommen. Auch nach stärkerer Dislokation der Zähne können ernährende Gefäße der Pulpa erhalten bleiben oder doch relativ schnell neu gebildet werden. Dadurch kann angeblich sogar die Osteoblastenschicht funktionsfähig bleiben. Bei vollständig entfernt gewesenen und reimplantierten Zähnen liegt das Problem ein klein wenig anders: *Der reimplantierte Zahn als solcher stirbt nach und nach ab.* Das Alveolarperiost kann jedoch neues Zement bilden und bis zum Dentin vordringen. Dadurch wird der tote Zahn gut fixiert. Das periostale Gewebe dringt auch in die Wurzelkanäle ein und baut dort Schritt für Schritt neuen Knochen an. Wurde jedoch der reimplantierte Zahn stärker traumatisch erschüttert, so resultiert erfahrungsgemäß über kurz oder lang eine weitergehende Zerstörung der Zahnwurzel durch das periostogene Granulationsgewebe. Der reimplantierte Zahn kann dann zum zweiten Mal ausfallen. Die Implantation bereits toter Zähne führt zu grundsätzlich gleichen Ergebnissen. Sollte die Pulpa, etwa artefiziell, zerstört worden sein, wächst Bindegewebe ein, welches nachträglich verkalkt. Dieses an die Stelle der zerstörten Pulpa getretene, sekundär verkalkte Bindegewebe wird nach und nach in Faserknochen, also einen zementähnlichen Knochen, umgewandelt. Alles in allem: Eine eigentliche Regeneration eines Zahnes ist nicht möglich. Das „Zahnorgan" — Odonton — ist ein sehr kompliziert zusammengesetztes Gebilde, welches eine durch bestimmte gewebliche Abhängigkeiten definierte funktionelle Einheit darstellt. Wenn es gelänge, die Débris paradentaires épithéliaux Malassez regeneratorisch zu stimulieren, könnte eine Dentitio tertia unter Umständen erzwungen werden. Freilich: Die Chance, daß eine blastomatöse Dysplasie entstünde, also ein geschwulstwertiger Keim zur Entfaltung gebracht würde, wäre mindestens genau so groß. So wenig es gelingt, den Diabetes mellitus dadurch zu heilen, daß eine gezielte Regeneration der β-Zellen der Langerhansschen Inseln induziert wird, genau so wenig ist es möglich, zerstörte Zähne durch Entfaltung der Matrixreserve zu substituieren.

e) Geschwülste des Odonton

aa) Geschwulstartige Bildungen

1. Schmelztropfen (Emailloide, Adamantome)

Es handelt sich um konnatale, aus Dentin mit Schmelzüberzug bestehende Gebilde, welche an der Grenze von Schmelz und Zement, also im Bereiche des Zahnhalses, auftreten. Die Bildungen sind eher klein, stecknadelkopfgroß, perlmuttfarben, mattglänzend, hart. Emailloide entstehen entweder in der Folge sogenannter Schmelzepitheldivertikel, also als Folge von Aussackungen einer Schmelzepithelschicht, oder durch eine primäre Ameloblastenwucherung.

2. Zementikel

Es liegt eine umschriebene Verdickung des Zementes vor. Kleine Neubildungen dieser Art sind nicht autochthon; es handelt sich wohl ebenfalls um das Produkt einer fehlerhaften Gewebekomposition. Es werden Beziehungen zur Ostitis fibrosa erörtert.

3. Dentikel

Hierbei liegen kugelige, im allgemeinen sehr kleine, gelegentlich konzentrisch geschichtete Dentinbildungen im Inneren der Pulpahöhle vor. Es werden folgende Typen unterschieden:

Ersatzdentin: Anbildung von Dentinperlen durch die Odontoblasten der Pulpa an den Stellen, an denen von außen her Breite und Dichte des normalen Dentines z. B. durch eine chronische Karies oder die Vorgänge der seneszenten Abrasio, in Frage gestellt sind. Dentikel im Sinne des Ersatzdentines nennt man irreguläres Dentin. Als Histologe hat man den Eindruck, als ob die Anbildung von Ersatzdentin den Verlust des normalen Dentines kompensieren sollte. Durch das Ersatzdentin kann die Pulpahöhle nach und nach gänzlich zugebaut werden, ein Befund, den man bei älteren Menschen nicht ganz selten erheben kann.

Geschwulstige Mißbildungen, welche wie Dentikel aussehen: Dabei liegt ein histologisch interessantes Phänomen vor: Das Bindegewebe der Pulpa wird im Sinne einer Metaplasie zu Osteoblasten (!) umgewandelt und bildet einen dentinähnlichen, kugelschollen-, schalenförmigen Knochen.

Es gibt *Dentikel im Bereiche echter Geschwülste des Odonton z. B. in Odontomen.* Vgl. S. 53.

4. Dentalexostosen

Es handelt sich um einigermaßen umschriebene Verdickungen des Zementes von Osteomcharakter. Es liegt jedoch keine echte Geschwulst, sondern eine örtliche Überschußbildung des Gewebes vor. Der Unterschied zwischen einem „Zementikel" und einer Dentalexostose ist der, daß ersterer topisch besser definiert ist.

5. Dentalhyperostosen

Hier liegt eine die Zahnwurzel nahezu allseits umgreifende, diffuse Verdickung des Zementes vor. Es handelt sich um einen reaktiv-hyperplastischen Prozeß. Seine Bedeutung besteht darin, daß das spezifische Dentin erdrückt und der Zahn gleichsam in situ mortifiziert wird.

6. Wurzelhautgranulome

Es handelt sich um sehr häufige, meist an der Wurzelspitze fest haftende, fleischige, polypöse Gebilde von etwa Kirschkerngröße. Sie nehmen ihren Ausgang vom Bindegewebe des Periosteum alveolare. Wurzelhautgranulome werden entzündlich induziert. Man unterscheidet epithellose, epithelhaltige und zystisch-umgewandelte Granulome. Histologisch liegt ein Granulationsgewebe mit zahlreiche Capillaren und gewucherten Endothelsprossen vor. Im Interstitium reichlich Lymphocyten, Plasmazellen, Russellsche Körperchen, Hämosiderinpigment und Makrophagen. Vielfach werden Cholesterinester-Nadeln und Fremdkörperriesenzellen gefunden. Bakterien sind reichlich vorhanden. Die Herkunft der Epithelien, falls Epithelverbände vorhanden sind, wird von der v. Brunnschen Epithelscheide abgeleitet. Zystös umgewandelte Wurzelhautgranulome haben echte histogenetische Beziehungen zu den radikulären Zysten (s. unten). Die Granulome der Zahnwurzeln haben eine zentrale Stellung im Bereiche der Lehre von der *Fokalinfektion*. Nicht alle Granulome sind aktiv. Klinisch besteht die Schwierigkeit, aktiv-streuende und stumme Granulome voneinander zu unterscheiden. Sanierung der Zahnwurzeln bringt im Falle des Vorliegens einer Fokaltoxikose in etwa 26 % aller Beobachtungen eine echte Hilfe.

bb) Zystische Bildungen

1. Follikelzysten

Follikuläre Zahnzysten finden sich *mehr* im Unterkiefer; sie entstehen aus einem Zahnsäckchen nebst Inhalt. Genau genommen liegt eine zystisch entartete Zahnanlage (= Follikel) vor. Manche Follikelzysten des Odonton entstehen aus den Relikten der Epithelscheide. Follikuläre Zahnzysten werden gelegentlich auch im Gaumen, in der Oberkieferhöhle und der Orbita nachgewiesen. Sie treten gegen Ende des Zahnwechsels in Erscheinung. Follikelzysten sind durch Plattenepithel, seltener Zylinderepithel ausgekleidet. Sie führen einen serös-schleimigen oder serös-sanguinolenten Inhalt. Nicht ganz selten finden sich im Inneren größerer Follikelzysten Zähne, gelegentlich sehr zahlreiche, häufig jedoch nur Zahnrudimente. Die Literatur kennt Beispiele, bei denen hunderte, angeblich selbst tausende von Zahnrudimenten im Inneren derartiger Zysten gefunden wurden.

2. Wurzelzysten

Es handelt sich um zystische Zahnwurzelgranulome, sogenannte radikuläre Zysten im Bereiche der durch eine apikale Paradentitis hervorgerufenen Gewebewucherung. Die sogenannten Wurzelzysten bilden kleine Säckchen, welche jeweils eine Art von Zystenhals tragen. In den Hälsen steckt der kranke Zahn. Seine Wurzel reicht also in das Innere der Sacklichtung. Die Zystenwand besteht aus einer äußeren fibrösen, einer mittleren zell- und gefäßreichen und einer inneren epithelialen Schicht. Die extraepithelialen Formationen nennt man Zystenbalg. Vereinzelt imponiert eine radikuläre Zyste wie ein „Polykystome en miniature". In diesen Fällen liegt eine periodontale Zyste vor, die überwiegend im Oberkiefer lokalisiert ist. Radikuläre Zysten können eine schleimige oder siruparige Masse enthalten. Diese ist stets reich an abgestoßenen Epithelien und Cholesterinkristallen.

cc) Echte Geschwülste

1. Odontom

Odontoma dentinosum. Man unterscheidet weiche und harte Odontome. Sie haben einen bunten histologischen Aufbau. Das eigentliche Geschwulstparenchym besteht aus Dentin. Jenes kann in Form sogenannter Dentikel vorliegen. Es können auch Anteile des Zementes, wohl auch des Kieferknochens, einbezogen sein. Die bindegewebige Komponente ist für die Konsistenz entscheidend. Odontome entstehen aus heterotopen oder gespaltenen Zahnanlagen. Sie finden sich vorwiegend im Bereiche der Weisheitszähne der Unterkiefer. Odontome erzeugen eine lokale Destruktion und neigen zum Rezidivieren. Histologisch bemerkenswert ist die stereotype Tendenz zur Ausbildung sogenannter Dentikel. Diese können in großer Anzahl vorliegen. Odontome sind Geschwülste von Mißbildungscharakter.

2. Zementom

Odontoma zementosum. Das Geschwulstparenchym besteht aus Zement. Es handelt sich um osteomähnliche Neubildungen, welche aus Faserknochen aufgebaut sind. Die histologische Definition echter Zementome ist nicht einfach. Es gilt, Zementome von zirkumskripten Dentalexostosen und diffusen Dentalhyperostosen abzugrenzen. Die Unterscheidung von den Zementikeln macht natürlich keine Schwierigkeiten. Eigentliche Odontome sind semimaligne; durch die Rezidivneigung klinisch von einigem Gewicht; Zementome dagegen sind so gut wie immer harmlos.

3. Adamantinom

Odontoma adamantinum, adamantinosum. Ein Adamantinom kann man bezeichnen als Epithelioma adamantinum. Es liegt ein multilokuläres Kystom vor. Die ältere Pathologenschule sprach von „Adamantinoma polycysticum". Adamantinome finden sich *fast ausschließlich im Unterkiefer*. Die gekammerten Neubildungen bestehen überwiegend aus glattwandigen Zystenhöhlen, sodann auch aus soliden Tumormassen. Der befallene Kiefer kann sehr stark, angeblich auf Kindskopfgröße, aufgetrieben sein. Der Krankheitsverlauf ist enorm chronisch. Adamantinome sind an sich gutartig, zeigen jedoch histogenetische Beziehungen zu den „Basaliomen". Solide gebaute Adamantinome liegen bevorzugt am Unterkieferwinkel. Sie entstehen entweder durch eingesenkte Epithelien der Anlage der Mundschleimhaut oder durch ein überschüssiges Schmelzorgan oder durch die an den Zahnhälsen disseminiert etablierten Débris paradentaires épithéliaux Malassez. Die histologische Situation ist bemerkenswert: Der areolär angeordnete Tumor ist jeweils nach außen hin durch hochzylindrische Zellen abgegrenzt. Es handelt sich um Äquivalente der inneren Schmelzepithelschicht. Es folgt dann nach den zentralen Parenchymlagen der Geschwulst zu eine Schicht polygonaler Epithelien. Endlich findet sich so etwas wie ein epitheliales Reticulum, also eine Schmelzpulpa. In den Maschen zwischen den netzförmig verbundenen Epithelzellen liegen kolloidale Tröpfchen, Ansammlungen von Lipoiden und Glykogen. Adamantimone neigen zum Rezidivieren. Die Adamantinome des Kiefers stimmen mit vergleichbaren Geschwülsten des Hypophysenvorderlappens oder des Hypophysenganges überein (SCHUERMANN, PFLUGER und NORRENBROCK). Diese histologischen Übereinstimmungen sind leicht verständlich, ist doch die Matrix die gleiche: Zahnanlage einerseits, Elemente der Rathkeschen Tasche andererseits leiten sich her vom ektodermalen Epithel! Die Geschwülste des Hypophysenganges sowie des Hypophysenvorderlappens, welche wie Adamantinome gebaut sind, gehören in den Formenkreis sogenannter *Kraniopharyngeome (Erdheim-Tumoren)*. Adamantinome können zylindromatöse Strukturen bieten. Adamantinome sind unterschiedlich reich an Blutgefäßen. Man spricht von einem angiomatösen Typus eines Adamantinomes. Diejenigen Adamantinome, welche die stärkste gewebliche Aggressivität besitzen, nennt man plexiforme. Sie bestehen aus breiten, guirlandenförmig gewundenen Epithelsträngen. Metastasierung ist, gerade bei dieser Form, beschrieben. Eine echte krebsige Entartung d. h. eine stärkere Verwilderung des Gewebebildes, wird leider immer wieder einmal beobachtet. Eine bestimmte Abart des Adamantinomes wird als *Acantho-Ameloblastom* bezeichnet. Acantho-Ameloblastome zeigen eine besondere Rezidivanfälligkeit. Radikaloperation ist angezeigt. Metastasierende Ameloblastome zeigen eine verhältnismäßig späte, fast ausschließlich die Lungen betreffende Krankheitsabsiedelung. Schließlich sei das *Melano-Ameloblastom* angefügt. Es handelt sich um eine bei Kleinkindern auftretende pigmentierte, graubläulich oder schwärzlich aussehende Geschwulst, welche vorwiegend im Oberkiefer, doppelt so oft bei Mädchen als bei Jungen, vorkommt. Das melanotische Ameloblastom leitet sich mit Sicherheit von der Zahnanlage her, obwohl es Melaninpigment führt. Der Tumor wurde früher als Melanocarcinom bezeichnet. Es hat sich jedoch herausgestellt, daß er einwandfrei gutartig ist! Die Neigung zur Melaninproduktion kann als Ausdruck der pigmentbildenden Potenz des ektodermogenen Epithelgewebes verstanden werden.

dd) Epulis

Auf die Ableitung des Namens und die Gegenüberstellung von Epulis, Parulis und Katulis war auf S. 47 hingewiesen worden. Man kann nicht über Geschwülste des Odonton berichten, ohne der Epulis zu gedenken. Genau genommen ist der Begriff „Epulis" nicht notwendigerweise mit der Pathologie des Zahnes (immanent) verknüpft. In praxi jedoch gibt es keine Epulis ohne Zahn (Zahnfach, Alveolenfach, Zahnwurzelrest, Zahnanlage). AXHAUSEN: *Ohne Zahnalveole keine Epulis!* Diese Formulierung ist ein wenig zu einfach, trifft jedoch im allgemeinen die Situation korrekt. *Die* Epulis sollte bezeichnet werden als *Epulis gigantocellularis sarcomatodes*. Es liegt eine kleine Riesenzellgeschwulst vor, welche einen *sarkomähnlichen* Bau hat. Sie ist harmlos. Sie hat wesensmäßig mit einem Sarkom nichts zu tun. Es ist fraglich, ob die Epulis gigantocellularis als echte Geschwulst verstanden werden darf. Die Epulis wächst meist am äußeren Rand einer Zahnalveole; die Schneidezähne sind bevorzugt; der Unterkiefer ist etwas häufiger befallen als der Oberkiefer. In typischen Fällen handelt es sich um eine langsam wachsende, breitbasige, glatte, rundliche, dem Periost fest aufsitzende, erbs- bis haselnußgroße, seltener größere Geschwulst. Ausnahmsweise ist der kleine Tumor gestielt. Die Konsistenz ist im allgemeinen weich. Die Farbe der Epulis ist infolge des Blutreichtumes blaurot, vielfach rostbraun. Dann ist es zur Ablagerung von Haemosiderinpigment gekommen. Die typische Epulis nimmt ihren Ausgang vom Periosteum alveolare. Mikroskopisch ist sie besonders reich an Riesenzellen. Diese werden als *Myeloplaxen* bezeichnet. Es handelt sich um verpuffte Capillarendothelsprossen. Die Myeloplaxen stehen histogenetisch den *Osteoklasten* nahe. Man hat daher die Riesenzellepulis auch als *benignes Osteoklastom* bezeichnet. Weil die Riesenzellepulis aus dem Alveolenfach emporsteigt und im Besitze osteoklastärer Zellen ist, wird die jeweilige Zahnwurzel rarefiziert, der Zahn schließlich im ganzen aus seinem Fach hinausgeworfen. Die Entwicklungsgeschwindigkeiten sind verschieden: Die „junge" Epulis ist besonders reich an hyperämischen Capillaren; deshalb ist die Gelegenheit für kleine Blutungen groß. Werden Epuliden älter, nimmt die Konsistenz zu; dann ist reichlich Hämosiderin abgelagert. „Gealterte" Epuliden sind an Capillaren und Zellen ärmer, an kollagenen Fibrillen reicher. Die Epulis gigantocellularis hat eine verblüffende Ähnlichkeit mit einem *„braunen Tumor"*. Tatsächlich wird diskutiert, ob es sich um eine besondere Form einer *Ostitis fibrosa localisata* handeln könnte. Wahrscheinlich gibt es Übergänge, zwischen der banalen Riesenzellepulis und einer *„Enulis"*, welche sich, wie der Name sagt, nach innen zu, also nach der Spongiosa des Kieferknochens hin entwickelt. Die „Enulis" würde eine an die Kieferknochen wesensmäßig gebundene gutartige Riesenzellengeschwulst darstellen, die wohl in den Formenkreis der „braunen Tumoren" zu rechnen sein dürfte.

Der Begriff „Epulis" ist nicht definiert. Die Bezeichnung ist eine phänomenologische. Der Terminus Epulis bedarf der Ergänzung durch ein erläuterndes Adjektiv. So verstanden wäre neben die Epulis gigantocellularis sarcomatodes eine Epulis sarcomatosa zu stellen. Hierbei würde es sich um ein Sarkom des Zahnfleisches handeln, welches unter dem Phänotypus der Epulis einhergeht. Ganz entsprechend könnte man von einer Epulis fibromatosa, angiomatosa, chondromatosa, osteomatosa etc. reden. Die Stomatologie kennt außerdem den Begriff der Epulis granulomatosa. Hierbei liegt eine umschriebene entzündlich-granulomatöse Hyperplasie vor.

Alles in allem: *Es sind zu unterscheiden Epulis, Enulis, Parulis, Katulis.* Und man sollte sich einprägen, daß der Terminus „Enulis" einer adjektivierenden Interpretation bedarf: Epulis gigantocellularis sarcomatodes; Epulis sarcomatosa, fibromatosa, angiomatosa etc.; Epulis granulomatosa.

Die „banale" Riesenzellepulis ist absolut gutartig. Sie bedarf der operativen Entfernung. Wird nicht interveniert, geht der zugehörige Zahn verloren.

Literaturhinweise zum Kapitel Pathologie der Zähne und des Zahnhalteapparates: K. HÄUPL und H. RIEDEL, in: W. DOERR und E. UEHLINGER „Spezielle pathologische Anatomie", Bd. I, Berlin-Heidelberg-New York: Springer 1966; klassische Darstellung: H. SIEGMUND und R. WEBER: Pathologische Histologie der Mundhöhle. Leipzig: S. Hirzel 1926.

9. Mundspeicheldrüsen
a) Normale Anatomie, Histologie sowie Bemerkungen zur Histophysiologie

Die Mundspeicheldrüsen sind verhältnismäßig stark ausgebreitete organäre Einrichtungen. Sie werden repräsentiert durch die sogenannten großen Drüsen, diese sind: *Glandula parotis, Glandula sublingualis, Glandula submaxillaris;* es finden sich außerdem zahlreiche kleine und allerkleinste Drüsen; die größte Drüse von den kleinen Speicheldrüsen ist die *Blandin-Nuhnsche Drüse* unter der Zungenspitze. Die allerkleinsten Speicheldrüsen kommen gleichsam ubiquitär in der Mundhöhle vor. Im weitesten Sinne kann auch die Tränendrüse zum System der Speicheldrüsen gerechnet werden. Über die Bauchspeicheldrüse, vgl. S. 288. *Die großen Mundspeicheldrüsen werden bei 6 Wochen alten menschlichen Embryonen angelegt.* Alle Kopfspeicheldrüsen entstehen aus dem Ektoderm, also dem Wandbelag der ektodermalen Mundbucht. Die Bauchspeicheldrüse dagegen, welche histologisch den Mundspeicheldrüsen ähnlich strukturiert ist, entsteht bekanntlich aus dem „Leberfeld" des Mitteldarmes und ist daher entodermaler Abstammung. Alle Speicheldrüsen bestehen, histologisch betrachtet, aus Drüsenendstücken und Gängen. Die Parotis ist 20—30 g schwer und liegt im wesentlichen in der Fossa retromandibularis. Zwischen der Bindegewebskapsel der Parotis und der Flügelgaumengrube besteht, nämlich unmittelbar hinter dem Collum mandibulae, eine kommunikative Lücke: *Invarasche Lücke.* Diese ist wichtig, weil sich hier entzündliche Prozesse nach der Regio pterygomaxillaris ausbreiten können. Der große Ausführungsgang der Parotis heißt Ductus parotideus: *Ductus stenonianus.* Er mündet gegenüber dem zweiten oberen Backenzahn in die Mundhöhle. Der Ductus ist 5—6 cm lang. Die Parotis ist reich an Fettgewebe, führt eine Bindegewebskapsel und ist im Besitze von 7—22 mehr oder weniger kleinen Lymphknoten. Die *Glandula submandibularis* ist 10—15 g schwer, sie liegt in einer Grube zwischen Unterkiefer, M. biventer mandibulae und M. stylohyoideus. Die Glandula submandibularis umgreift hakenförmig den hinteren Rand des M. mylohyoideus. Auch hier ist der Ausführungsgang, Ductus submandibularis: Ductus Whartonianus, 5—6 cm lang. Die lichte Weite dieses Kanales ist größer als die des Ausführungsganges der Parotis. Dagegen soll die Mündung enger sein. Der terminale Abschnitt des Ductus submandibularis ist ampullär erweitert. Es gibt hier zahlreiche Anomalien. — Die *Glandula sublingualis* ist 5 g schwer und mißt 4 : 3 : 2 cm. Sie liegt auf dem M. mylohyoideus. Der Ductus sublingualis kann in unmittelbarer Nähe des Ductus submandibularis auf der Papilla salivatoria münden. — Die kleinen sogenannten schleimhautnahen Mundspeicheldrüsen sind im wesentlichen folgendermaßen angeordnet: Die Blandin-Nuhnsche Drüse wird als Glandula apicis linguae bezeichnet und liegt jederseits an der Unterfläche der Zungenspitze. Am Zungengrund liegen sowohl seröse als auch muköse Drüsen. Die werden als „Spüldrüsen" bezeichnet. Auch am oberen Pol der Gaumenmandeln finden sich Spüldrüsen, deren Sekret offenbar die Aufgabe hat, die Krypten der Tonsillen zu reinigen. Im Vestibulum des Mundes liegen die Glandulae labiales, seitlich die Glandulae buccales, am Gaumen finden sich die vorwiegend mukösen Glandulae palatinae, an den Gaumenbögen die Glandulae retromolares. *Alle* Speicheldrüsen sind „bilateral synergisch" d. h. parasympathisch und adrenergisch innerviert.

Die Speicheldrüsen können, alles in allem als alveolo-tubuläre Drüsen bezeichnet werden. Das System ihrer Gänge ist kompliziert und von Fall zu Fall ein wenig unterschiedlich differenziert. Die Parotis ist eine rein seröse, überwiegend alveolär gebaute Drüse. Ihr großer Ausführungsgang trägt ein zweischichtiges, von Becherzellen untermischtes Zylinderepithel. Die Sekretröhrchen (Streifenstücke) gehen in Schaltstücke mit niederem (plattem) Epithel über. Die Glandula sublingualis gilt als überwiegend muköse Drüse. Sie führt einige seröse Endstückkomplexe mit sogenannten Gianuzzischen Halbmonden. Die Glandula sublingualis hat keine Sekretröhrchen und keine Schaltstücke. Die Glandula submaxillaris (submandibularis) ist überwiegend serös differenziert. Ihr Bau stimmt in groben Zügen mit dem der Parotis überein.

Die *Epithelien* der serösen Drüsenendstücke zeigen eine ungemein charakteristische *polare Differenzierung*. Man kann, von der Lichtung der Drüsen-Alveole zur Basis der Epithelzelle gesehen, man kann also von innen nach außen betrachtet, folgende Hauptschichten unterscheiden: 1. *Zone der Sekretgranula*, 2. *Zone des Zellkernes* und 3. *Zone des Ergastoplasma*. Das Ergastoplasma besteht aus filamentären Einrichtungen des sogenannten endoplasmatischen Reticulum. Die membranösen Plasmaorganellen sind von pyroninophilen Ribonukleoproteingranula, den Ribosomen, dicht besetzt. Im gewöhnlichen Haematoxylin-Eosin-Präparat imponiert die Zone des Ergastoplasma durch einen bläulichen Farbton. Hier liegt ein „Aminosäurepool". Die hier synthetisierten Vorstufen der Proenzymgranula werden unter tätiger Mitwirkung der Oxydoreduktionsorte an den nächstnachbarlich etablierten Mitochondrien synthetisiert. Von hier aus ist es nur ein kleiner Schritt zu den Golgi-Einrichtungen, welche im Grenzgebiet zwischen den Zonen 1 und 2 angesiedelt sind. In der Zone der Sekretgranula werden corpusculäre Gebilde abgelagert, welche als Proenzymgranula bezeichnet werden und gleichsam darauf warten, auf einen pharmakodynamischen Reiz hin stofflich abgestimmt, „hergerichtet", gleichsam „abgeschmeckt" und dann im Zuge der Extrusionsphase „sezerniert" zu werden. Die Drüsenendstücke können sich in einer Ruhe- d. h. Stapelphase und einer Sekretionsphase befinden. Je nachdem werden reichlich Proenzymgranula nachgewiesen werden können oder nicht. Die Epithelien der Endstücke der mucinösen Drüsen sind bei weitem nicht derart differenziert. Im Prinzip jedoch liegt ein für alle Speicheldrüsen durchgehender Bauplan vor. Die Epithelien bilden die in die Proenzymgranula eingebauten Verdauungsfermente selbst. Sie sind auf die Zuführung der für die Zusammensetzung der Enzymeiweiße erforderlichen Aminosäuren angewiesen. Jene werden über die capilläre Blutstrombahn herangetragen. Es besteht daher ein vergleichsweise komplizierter Stofftransport aus dem Inneren einer in der Umgebung der Acini gelegenen Capillaren, über die Capillarendothelien, die Basalmembranen der Capillaren, durch das Interstitium (lockeres Bindegewebe), durch die in der Umgebung der Acini gelegenen Basalmembranen der drüsigen Einrichtungen (im engeren Sinne), schließlich auch durch den nach außen hin orientierten „basalen" Abschluß einer jeweiligen Epithelzelle. Dieser Transport bedarf jeweils einer gewissen Zeit. Durch histophysio-

logische Experimente (Reizexperimente) glaubt man zu wissen, daß die Zeit
bis zur Synthetisierung sogenannter Proenzymgranula etwa bei 20—40 Minuten, wahrscheinlich manchmal auch bei größeren Zeitstufen, liegt. Sekretorisch
erschöpfte Epithelien sind gleichsam „zusammengebrochen", d. h. abgeflacht,
zu kubischen Formationen umgewandelt, im Besitze eines hellen vakuolisier-
ten Protoplasma. Stärker erschöpfte Zellen lassen eine eigenartige protoplasmatische eosinophile Kondensation erkennen. *Die Epithelien der feineren
Ausführungsgänge sind reich an Fermenten:* Succinodehydrase, Carboanhy-
drase, Esterasen, sauren Phosphatasen etc. Die Formazanreaktionen sind alle
positiv! Wenn man eine frisch bereitete, etwa 8 %ige Lösung von Triphenyltetrazoliumchlorid (TTC) in physiologischer Kochsalzlösung auf dem arteriellen Wege in eine der großen Speicheldrüsen hineinschickt (intraarterielle Injektion beim großen Versuchstier in tiefer Narkose), so sieht man, bereits mit
freiem Auge, nach wenigen Minuten eine purpurrote Anfärbung etwa des
Drüsenkörpers der Parotis. Wird jetzt mikroskopisch untersucht, fertigt man
z. B. im Kryostaten einen nativen nicht eigens angefärbten Schnitt an, ist man
beeindruckt von der Stärke der Ablagerung der Reduktionsprodukte des
TTC, nämlich davon, daß in den Epithelien vor allem der initialen Speichelröhrchen zahllose feine und feinste Formazankristalle liegen. Man kann diese
ohne weiteres, etwa polarisationsoptisch, sichtbar machen. Dort, wo Formazankristalle liegen, muß eine „Arbeit" geleistet worden, dort muß „geatmet"
worden sein! Vital-mikroskopische und histophysiologische Studien an den
Speicheldrüsen sind ebenso erfolgreich wie einfach und eindrucksvoll. Man
kann sagen, daß die Drüsenzellen so etwas wie eine „Bipotenz" zur Schleim-
und Eiweißproduktion besitzen. *„Unter experimentellen Bedingungen tritt bei
noradrenergischen Reizen vor allem eine Steigerung der sekretorischen Tätigkeit in den serösen Azini ein"* (G. SEIFERT, 1964). Man unterscheidet einen
„Ruhespeichel" d. h. das Produkt der im Tagesablauf in Szene gehenden
Dauersekretion, und einen „Reizspeichel". Die Gesamtspeichelmenge im
Ablauf von 24 Stunden wird auf etwa 1,5 l geschätzt. Der Gesamtspeichel
enthält auch „Speichelkörperchen". Diese bestehen im wesentlichen aus
Leukocyten. Jene stammen wahrscheinlich nicht aus den Speicheldrüsen, sondern sind in den Drüsenendstücken hinzugetreten. Der Ruhespeichel stellt eine
wäßrige Lösung von Salzen, Eiweißkörpern und gelösten Gasen (Sauerstoff,
Stickstoff und Kohlendioxyd) dar. Der Kaliumgehalt des Speichels besitzt
diagnostische Bedeutung. Wahrscheinlich haben die *Speichelmucine* eine gewisse Bedeutung als *Virus-Hemmkörper* (z. B. als Receptoren für die Fixierung des Influenza-Virus). Die Bedeutung der Speichel-Amylase ist bekannt. In den letzten Jahren hat die Wechselwirkung zwischen Speichelse-
kretion und Integrität des Zahnsystemes eine lebhafte Bearbeitung gefunden.
Es scheint, daß ein gewisses *„Gleichgewicht" zwischen dem Hydroxylapatit
des Zahnschmelzes und dem Ionengehalt des Speichels* gegeben ist. Störungen
des letzteren führen zu einer Veränderung der Mineralisation des Schmelzes.
Das im Speichel etwa vorhandene Fluor kann andererseits durch Bildung von
Fluorapatit zu einer Stabilisierung der Schmelzscherbe beitragen.

b) Mißbildungen

Die Speicheldrüsen können fehlen *(Aplasie)*. Die Folge sind Xerostomie und Zahnverlust. Die großen Gänge können atretisch sein: *Gangatresien*. Die Folge ist die Behinderung des Sekretabflusses und die Ausbildung einer Retentionszyste. — *Akzessorische Speicheldrüsen* finden sich im Bereiche der Paukenhöhle oder der Halsmuskulatur (M. sternocleidomastoideus). Aberrierte Speicheldrüsen funktionieren im allgemeinen nicht. Heterotope Drüsen liegen nicht ganz selten in der Tonsillarbucht. Auf der Grenze zwischen Mißbildung und erworbener Anomalie steht das Phänomen sogenannter *Sialocelen*. Es handelt sich um eigenartige zystische Bildungen, welche teils mehrkammerig sind, teils wohl einfach als Sialektasien d. h. Erweiterungen der größeren Speichelgänge verstanden werden dürfen. Konnatale Sialektasien sind divertikelähnlich. Sie sollen eine kleintraubige Form erreichen. Infolge starker Sekretretention wird das Angehen entzündlicher Prozesse begünstigt. Sialektasien in höherem Lebensalter sind nicht angeboren, sondern erworben. Sie dürften als Folge rezidivierter Gangbaumentzündungen zu verstehen sein. — Gelegentlich findet der Histologe — mehr zufällig — eine *talgdrüsenartige Umwandlung* mit „holokriner Fettsekretion", vorwiegend am Gangbaum von Parotis und Submandibularis. Es liegen imposante „Talgdrüsenherde" vor, welche durch Prosoplasie des ektodermogenen Epitheles der Mundhöhle entstanden sind. Jenes besitzt die grundsätzliche Fähigkeit zur Ausbildung von Talgdrüsen. Die Kenntnis dieser Zusammenhänge ist für die diagnostische Würdigung eigenartiger Geschwulstformen der Speicheldrüsen unerläßlich.

c) Sekretionsanomalien

„Zu viel", „zu wenig" und „andersartig" sind die drei Kriterien für Funktionsstörungen überhaupt. Man könnte von einer Hypersialie, einer Hyposialie, vielleicht einer Asialie, schließlich von einer Allo-Sialie = *Dyschylie* sprechen.

Die *Vermehrung des Speichelflusses (Sialorrhoe)* findet sich bei cerebralen Affektionen (Parkinsonismus, Encephalitis, progressiver Paralyse, Hemiplegie). Die *Hyposialie* tritt bei starken Wasserverlusten, chronischem Alkoholismus, Diabetes mellitus, Achylia gastrica, schweren Formen einer Anämie, bei Lungentuberkulose und dem Sjögren-Syndrom auf. Folge der Hyposialie ist die bereits genannte *Xerostomie*. Der „trockene Mund" ist ein bekanntes Symptom psychischer Stress-Situationen. Er tritt auch als Nebenwirkung nach Einnahme verschiedener Pharmaca (Beruhigungsmittel) auf.

Die *Proteodyschylie* findet sich bei *alimentärer Dystrophie, Kwashiorkor, Alkoholismus, chronischer Hepatitis, Leberzirrhose* und *Strahlenschädigungen*. Histologisch findet sich eine vakuoläre und mukoide Umwandlung der serösen Acinusepithelien der Parotis. Es kann zu einer völligen Erschöpfung der Drüsenendstücke mit Zellkollaps kommen.

Mucodyschylien sind viel seltener. Sie werden vor allem im Ablauf einer fieberhaften Allgemeininfektion gefunden. Es resultiert eine eigenartige Speichel-Schleim-Retention in den Gängen. Infolge davon kann es zu einer „Schleimdiapedese" kommen. Dadurch entstehen Schleimgranulome. In den

Formenkreis der Mucodyschylie gehören die Veränderungen im Rahmen der fibrocystischen Pankreaserkrankung. Man spricht von *Mucoviscidose*. Hierbei handelt es sich offenbar um eine Systemerkrankung, möglicherweise verursacht durch einen genisch (erblich) determinierten Fermentdefekt. Infolge eines solchen werde ein fehlerhaftes Sekret, also Speichel von hoher Viscosität und zäher, harzähnlicher Konsistenz, gebildet. Jener verstopfe die Gänge und erzeuge dadurch Gangektasien sowie eigenartige entzündlich-degenerative Veränderungen nicht nur der Kopfspeicheldrüsen, vor allem auch des Pankreas.

Hydro-Dyschylien werden vor allem bei Leberzirrhose, Urämie, Diabetes, bei Gastroenteritis, Pylorospasmus etc. gefunden. Es sind vor allem die Epithelien der kleinen Speichelgänge, welche verändert sind: Zunächst ist ein Zellhydrops mit wasserklarer Umwandlung des Protoplasma, später eine „Zellerschöpfung" d. h. eine imposante Abflachung des Gangepithelbestandes nachweisbar. Schließlich können kleine Steinchen, *Sialolithen* entstehen.

Es werden also in der histopathologisch-diagnostischen Praxis *drei Typen der Dyschylien* auseinandergehalten: *Proteo-Dyschylie, Muco-Dyschylie* und *Hydro-Dyschylie*. Diese Gliederung stellt nur einen *Anfang* der möglichen Charakterisierung komplexer Funktionsstörungen dar.

d) Ernährungsstörungen

Bei Alterungsvorgängen findet sich eine Vermehrung des interstitiellen Bindegewebes; die Basalmembranen sind verbreitert und hyalin imprägniert. Zwischen den Epithelien der Gangbäume, vor allem der Sublingualis, treten eigenartige große Zellen mit feinkörnigem Protoplasma und pyknotischen Kernen auf. HAMPERL spricht von *Onkocyten* (von onkhoustai = anschwellen). Während HAMPERL ursprünglich die Onkocyten als Symptome regressiver Veränderungen aufgefaßt hatte, gibt er neuerdings der Überzeugung Ausdruck, daß es sich um bestimmt-differenzierte Epithelien mit einer höheren metabolischen Leistung handeln müsse. Die im Arbeitskreis von H. HAMPERL durchgeführten elektronenmikroskopischen Studien haben nämlich gezeigt, daß die Onkocyten in reichem Maße über Mitochondrien und ein kompliziertes endoplasmatisches Reticulum verfügen. Die eigentliche Bedeutung der Onkocyten ist bis jetzt nicht geklärt. Ein Teil ist versilberbar; einige scheinen eine Bedeutung für die Entstehung bestimmter Geschwülste zu besitzen. Vielleicht haben sie eine inkretorische Aufgabe, etwa im Sinne sogenannter *Parakrinie* (FEYRTER).

Senescente Speichelgänge lassen gelegentlich Plattenepithel-Inseln erkennen. Es handelt sich wahrscheinlich um die Folgen einer klinisch inapperzept gebliebenen A-Avitaminose.

Zu den Ernährungsstörungen gehören alle *Sialadenosen*. Es handelt sich um degenerative Parenchymerkrankungen, welche ein buntes histologisches Bild hervorrufen können. Sialadenosen finden sich in allen Fällen pluriglandulärer inkretorischer Insuffizienz, z. B. bei *Akromegalie, Diabetes insipidus, Diabetes mellitus, Myxödem* und *Morbus Cushing;* aber auch bei *Leberzirrhose, chronischem Alkoholismus, Malabsorptions-Syndrom,* bei den Avitaminosen *Beri-Beri* und *Pellagra*. Sogenannte klassische Formen der Sialadenosen finden sich bei *alimentärer Dystrophie*. Dystrophische Heimkehrer aus lang anhaltender Kriegsgefangenschaft unter extremen Bedingungen imponierten oft durch eine gewisse „Pausbäckigkeit". Es handelte sich gewöhnlich um eine höhere Form entdifferenzierender Atrophie der Drüsenendstücke der Glandula parotis mit vermehrter Ödemeinlagerung in das bindegewebige Interstitium! Sehr eigenartige Formen von Sialadenose werden bei *Asthma bronchiale* dann gefunden, wenn eine *Langzeit-Medikation durch Noradrenalinabkömmlinge* (Isoproterenol) praktiziert worden war.

Den Sialadenosen bis zu einem gewissen Grade gemeinsam ist, daß über ein hypertrophisches Vorstadium nach und nach eine entdifferenzierende Atrophie in Szene geht. Sialadenosen lassen sich experimentell reproduzieren. Wird das Äthylhomologe des Methionin, also das *Äthionin*, appliziert, entsteht eine Desintegration des endoplasmatischen Reticulum; die ergastoplasmatischen Filamente der in den basalen Epithelzonen gelegenen Zellorganellen schmelzen ab. Es resultiert eine eigenartige Vakuolisation des Protoplasma mit Kernpyknose. Schließlich resultieren Zellkollaps und Nekrobiose. Dementsprechend nimmt das Bindegewebe quantitativ zu. Äthionin führt zu einer rückschrittlichen Veränderung. Im Gegensatz hierzu kann *durch Noradrenalin eine Vergrößerung der Epithelien* durch das Prinzip der gesteigerten Proteochylie, also eine hypertrophierende Sialadenose erzwungen werden. Man darf annehmen, daß die Parotishypertrophie bei Asthma bronchiale die Folge einer über längere Zeit durchgeführten Medikation von Noradrenalinpräparaten darstellt! Permanente und extreme Stimulation der Sekretion kann zum Zusammenbruch des Parenchymes führen! Die klinischen Äquivalente sogenannter Sialadenosen sind bis jetzt nicht genügend ausgearbeitet. Es ist sehr wahrscheinlich, daß die Störung der Speichelproduktion und -abgabe bei konsumierenden Allgemeinerkrankungen wesentlich für die Ausbildung dessen beisteuert, was man einen „allgemeinen Zusammenbruch" nennt. Die Entwicklung einer polytop inszenierten akuten Zahnkaries hängt ganz sicher mit einer Dysfunktion der Speicheldrüsen zusammen.

Literatur: H. H. JANSEN, Verhandl. Dt. Ges. Path. 42:252, *1959*.

e) Entzündliche Erkrankungen

aa) Hodogenese

Es geht um die Klärung der *Entstehungswege*. Eine Entzündung einer Mundspeicheldrüse kann folgendermaßen entstehen:
1. Ascendierend-kanalikulär;
2. descendierend, Prinzip: Ausscheidungsentzündung;
3. lymphohämatogen,
4. durch Übergreifen aus der Nachbarschaft,
5. mechanisch-traumatisch.

bb) Bestimmt-charakterisierbare Formen der Sialadenitis und Sialangitis

1. Postoperative Sialadenitis

Die Entzündung befällt im allgemeinen die Parotis. Die Parotitis entsteht im Ablauf der ersten Woche, vorwiegend nach Bauchoperationen. Die postoperative Parotitis tritt in nahezu *1 %* *aller Laparotomien* auf. In fast 40 % aller Fälle findet sich eine doppelseitige schmerzhafte, zunächst seröse, dann mikroabszedierende Sialadenitis. Die Pathogenese ist im einzelnen nicht genügend bekannt. Es wird an eine Erkrankung im Sinne der „Ausscheidungsentzündung" gedacht; sodann wird eine allgemeine „Resistenzminderung" angeschuldigt; schließlich wird die pathologische Leistung allergisierender Prozesse erwogen; endlich ist auch an die autodigestive Wirkung aktivierter Fermente gedacht worden. Medikation von Ferment-Inhibitoren (Trasylol) soll günstig wirken. Die postoperative Parotitis ist folgenschwer; sie belästigt den Kranken außerordentlich; Medikation durch Antibiotica ist nur sehr begrenzt erfolgreich; Propagation des entzündlichen Prozesses kann zur Mundbodenphlegmone, ja zur Mediastinitis führen.

2. Sialadenitis als Begleitentzündung

Diese ist der postoperativen Sialadenitis wesensverwandt, stellt jedoch genau genommen etwas anderes dar. Während sich die postoperative Parotitis nach Laparotomien einstellt, bei denen auch nicht-entzündliche Grundkrankheiten operativ angegangen worden waren, stellt die Sialadenitis als „Begleitentzündung" eine echte *„Mitreaktion"* bei einer primär loco alieno inszenierten entzündlichen Grundkrankheit dar. Jede fieberhafte Allgemeinerkrankung kann zu einer interstitiellen Sialadenitis führen. Bei Kleinkindern handelt es sich gewöhnlich um Staphylokokkeninfektionen, bei Erwachsenen führen alle Formen sogenannter Salmonellosen (Typhus, Paratyphus) zu entzündlichen Reaktionen im Bereiche der Mundspeicheldrüsen. Es kann zu phlegmonös-abszedierenden Prozessen, gelegentlich mit phlegmonöser Propagation, mit innerer und äußerer Fistelbildung kommen!

3. Küttner-Tumoren

Die eigentliche Ursache einer chronisch-rezidivierenden Sialadenitis ist im allgemeinen unbekannt. Wahrscheinlich spielt der *Speichelaufstau* eine wesentliche unterstützende Rolle. Das in der Umgebung des Gangbaumes etablierte entzündliche Exsudat führt zur Sprengung des normalen Parenchymgefüges. Die Gänge können zystisch erweitert, die Gangbaumepithelien papillär proliferiert, vielfach auch zu *Plattenepithelinseln* metaplastisch umgewandelt sein. Die Epithelien der Drüsenendstücke sind abgeflacht; die Acini gleichen vielfach kleinen Alveolen. Die Basalmembranen sind verbreitert, in den Interstitien liegen lymphocytäre und plasmazellulare Infiltrate. Die chronischrezidivierende Sialadenitis ruft eine „entdifferenzierende Atrophie" hervor. Atrophische sklerosierende Sialadenitiden werden häufiger bei Männern als bei Frauen, vorwiegend jenseits der Lebenswende, beobachtet. Der Schwerpunkt des entzündlichen Prozesses liegt im Bereiche der Submandibularis. In den erweiterten, im übrigen fein gegliederten und reich verzweigten Gängen entstehen über kurz oder lang Konkremente. Der entzündliche Prozeß greift auf das Bindezellgewebe der Umgebung über. Es resultiert ein entzündlicher *„Konglomerattumor"*. Die mikroskopische Analyse macht jedoch deutlich, daß eine echte d. h. autonome Geschwulst nicht vorliegt. Küttner-Tumoren neigen zur Verkalkung. Gelegentlich ist eine sekundäre Pilzinfektion nachweisbar. Medikation durch Glucosteroide und Antibiotica bringt keine Heilung. Sogenannte Küttner-Tumoren bedürfen der chirurgisch-operativen Ausräumung. *Cave:* Chronisch-entzündliche Prozesse im Sinne einer entdifferenzierenden Atrophie werden auch nach stattgehabter Radium-Röntgen-Bestrahlung der Gegend der Kopfspeicheldrüsen beobachtet. Das „atrophisierende Moment" überwiegt, die Sklerosierung kann eine beträchtliche sein. — Die histologische Diagnose „Küttner-Tumor" ist schwierig; sie sollte nur per exclusionem gestellt, an eine *okkult* gebliebene *Aktinomykose* sollte immer gedacht werden!

4. Parotitis epidemica

Es handelt sich um die primäre idiopathische *Sialadenitis*, die als *Mumps, Ziegenpeter, Wochentölpel* bezeichnet wird. Das Wort „Mumps" stammt aus dem Englischen, es kommt von „*to mump*", was soviel bedeutet wie „*Fratzen schneiden*". Die Parotitis epidemica ist eine Infektionskrankheit, die angeblich die Menschheit schon immer belastet hat. Es liegen jedenfalls ausgezeichnete klinische Beschreibungen typischer Mumpsverläufe sowohl aus der antiken als der mittelalterlichen Medizin vor. Die Krankheit hat angeblich ihren Charakter niemals geändert, sie wird als die „stabilste" Seuche des Menschen bezeichnet (HENNESSEN). Die *Inkubationszeit dauert 18—21* (gelegentlich 12—35) *Tage*. Das Leiden beginnt mit einem 1—3 Tage währenden Prodromalstadium. Die Krankheit beginnt im allgemeinen einseitig, in 75 % der Fälle erkrankt über kurz oder lang auch die andere Seite mit. Mit dem Abklingen der Prodromi steigt die Temperatur auf 39—40 Grad. Sie kann etwa 5 Tage derart hoch bleiben. Freilich gibt es auch subfebrile, angeblich sogar afebrile Verläufe. Die entzündliche Schwellung der Ohrspeicheldrüse erzeugt einen starken Spannungsschmerz. Der äußere Gehörgang wird komprimiert, das Ohrläppchen steht vom Kopfe seitlich ab. Es erkranken überwiegend Kinder und jüngere Erwachsene. Die BSG ist nicht nennenswert beschleunigt. Im Blutbild findet sich anfangs eine Leukopenie, später eine Lymphocytose. Die Blutamylasewerte sind erhöht. Pathologisch-anatomisch handelt es sich um eine interstitielle sero-fibrinöse Entzündung. Die Acinusepithelien sind vakuolisiert, teilweise nekrotisiert. Die entzündlichen Infiltrate folgen vorwiegend dem Verlaufe der Speichelgänge. Sie bestehen aus Lymphocyten, Plasmazellen und Monocyten. Eine örtliche bakterielle Superinfektion ist nicht selten; sie kann zur Ausbildung einer abszedierenden Parotitis führen. In der ersten Krankheitswoche entsteht eine *Virämie*. Diese zeitigt eigene Komplikationen: Orchitis, Epididymitis, Oophoritis, Pankreatitis, Myocarditis sowie Encephalomeningitis. Die Orchitis befällt vor allem erwachsene Männer. Gefürchtete Komplikationen sind Hodenatrophie und Zeugungsunfähigkeit. *Die Mumps des erwachsenen Menschen führt angeblich in 20 % aller Fälle zur Orchitis!* Mumpserkrankung schwangerer Frauen führt zu Mißbildungen der Früchte (angeborene Herzfehler, Mongolismus, Spaltbildungen, Darmatresien). Mumps ist eine im eigentlichen Sinne menschenspezifische Erkrankung. Der Mensch ist auch das Virusreservoir. Die Mehrzahl der Mumps-Infektionen verläuft klinisch stumm. Experimentelle Mumps-Virus-Infektion durch Speichelfiltrate erkrankter Menschen gelingt bei Kaninchen, Affen, Katzen, Meerschweinchen, Saugmäusen etc. Die Mumps-Virus-Infektion bei Affen ist der des Menschen verhältnismäßig ähnlich. *Das Mumps-Virus gehört ebenso wie das Influenza-Virus zu den*

Myxoviren. Ihre Kultur gelingt auf der Chorio-Allantois-Membran. Bei der Vermehrung des Mumps-Virus im menschlichen Körper entsteht ein Hämolysin. Dieses vermag (diagnostisch bewährt) Hühnererythrocyten aufzulösen. Das Hämolysin besitzt Enzymcharakter. Die Infektion durch das Mumps-Virus erfolgt über den Nasen-Rachenraum oder enteral. In 10 % aller Mumpsfälle entsteht eine zentral-nervöse Mitreaktion oder Komplikation. Überstehen der Krankheit, aber auch die *stumme Feiung*, hinterlassen eine so gut wie lebenslang anhaltende Immunität. Es gibt atypische Verlaufsformen. Bei ihnen erkrankt nur die Glandula submandibularis, möglicherweise nur ein Hoden, ausnahmsweise entsteht als oligo-symptomatische Form eine Mastitis, höchst ausnahmsweise eine Prostatitis. Die Letalität der Mumps in Deutschland wird auf 0,1‰ geschätzt. Das Mumps-Virus ist 150—220 mμ groß, besitzt annähernd Kugelform und ist nicht ausschließlich beim Menschen gefunden worden. Neuerdings wird die Auffassung geäußert, daß das Mumps-Virus auch durch Hund und Katze übertragen werden könnte. Seltenere Organmanifestationen betreffen: Tränendrüsen, Schilddrüse, Thymus, Bartholinische Drüsen, inneres Ohr (Hör- und Gleichgewichtsorgan), Haut und Schleimhäute sowie die großen Extremitätengelenke.

5. Zytomegalie

Es handelt sich um die „*Speicheldrüsenviruskrankheit*". Sie befällt ganz überwiegend junge Säuglinge, in 50 % der Fälle Frühgeborene. RIBBERT hat die Krankheit zum ersten Mal am 23.6.1881 beschrieben. Es waren ihm eigenartig große Zellen in den parenchymatösen Organen aufgefallen. Der Terminus „Zytomegalie" geht auf GOODPASTURE und TALBOTT (1921) zurück. Die alten Pathologen sprachen von „protozoenartigen Zellen". Es handelt sich um die für Zytomegalie charakteristischen Riesenzellen mit Einschlußkörperchen. Diese Riesenzellen gehen aus den Epithelien folgender Organe hervor: Kopfspeicheldrüsen, Niere, Lunge, Leber, Bauchspeicheldrüse, Schilddrüse, Nebenniere, Darm und Hypophyse. Zytomegalische Veränderungen, vor allem während der intrauterinen Entwicklung, betreffen auch das Gehirn. Bei generalisierten Fällen von Zytomegalie erkranken auch Myokard, Milz, Lymphknoten und Knochenmark. Die Riesenzellen im Bereiche der Speicheldrüsen liegen gebunden an den Bestand der Gangbaumepithelien! Die Diagnose ist sehr einfach, hat man die Veränderungen erst einmal genauer kennengelernt. Die epithelialen Riesenzellen sind auf etwa 30 μ im Durchmesser vergrößert. Die Zellkerne besitzen „Eulenaugenform". Sie sind 15 μ groß und enthalten einen 10 μ messenden Kerneinschlußkörper. Jener ist von einem hellen, etwas exzentrisch angeordneten Hof umgeben. Die Zellkerneinschlußkörper enthalten reichlich DNS. Es finden sich außerdem Eiweißkörper vom Typus der „Nichthistonproteine". Im Protoplasma können ebenfalls kleinere Einschlüsse oder aber Vakuolen liegen. Auch dort finden sich DNS-Partikel.

Es gibt mehrere Serotypen des Speicheldrüsenvirus. Es ist nur auf menschlichen Gewebekulturen zu züchten und nicht auf Laboratoriumstiere übertragbar. Die Zytomegalie-Viren haben einen mittleren Durchmesser von 100 mμ; sie besitzen ein bis 30 mμ starkes Capsid und eine Außenmembran. Das Capsid besteht aus symmetrisch angeordneten Capsomeren, deren Anzahl jener des Herpes-Virus (162 Capsomeren) entspricht. Die Zytomegalie kann bereits intrauterin übertragen werden. Es resultiert eine Fetopathie, vorwiegend mit Störung der Gehirnentwicklung. Eigenartig ist die Syntropie zwischen Zytomegalie und frühestkindlicher Pneumonie durch Pneumocystis Carinii. Die Diagnose „Zytomegalie" kann bei Kindern aus dem Speichel, dem Leberpunktat oder dem Harnsediment gestellt werden. Sie ist folgenschwer.

6. *Sonstige Virus-Sialadenitiden*

Eine eigenartige Form einer Riesenzellen-Sialadenitis wird bei *Masern* gefunden. Die *infektiöse Mononukleose* kann monocytäre Infiltrate im Interstitium der Mundspeicheldrüsen setzen. Die *Coxsackie-B-Virusinfektion* verfügt nicht selten über einen Sialadenotropismus. Dies bedeutet, daß Acinusepithelnekrosen sowie ausgedehnte interstitielle lympho-monocytäre Infiltrate entstehen. Heilen diese Virusbefallskrankheiten ab, kann eine chronische, unterschwellig fortschwelende entzündliche Desintegration bestehen bleiben, welche zu dem Bilde einer „ausgebrannten" d. h. vernarbten Speicheldrüse führt. Die ätiologischen und pathogenetischen Zusammenhänge sind im allgemeinen ex post kaum mehr zu eruieren. Ein positiver Antikörper-Nachweis im Blutserum kann jedoch Zeugnis davon ablegen, welcher Natur eine Vorerkrankung gewesen war.

7. *Sjögren-Syndrom*

(GOUGEROT-HOUWER-SJÖGREN: Dacryosialoadenopathia atrophicans; HENRIK SJÖGREN, Schweden, 1933). Der Prozeß ist durch Trockenheit und Keratose der Schleimhäute ausgezeichnet. Das Leiden beginnt schleichend, gleichsam unbemerkt. Der Tränenfluß versiegt, es resultiert ein hartnäckiger chronischer Rachenkatarrh; das mehrfach genannte „*Xerostoma*" mag als *Leitsymptom* gelten. Die Parotis ist vergrößert, funktioniert jedoch nicht ausreichend; es entsteht ein eigenartiges *Zungenbrennen*, später eine *Anacidität des Magensaftes*. An der Körperdecke treten Pigmentationen, sklerodermieähnliche Veränderungen, Teleangiektasien, ekzemähnliche Prozesse auf. In 2/3 aller Fälle entwickelt sich eine chronische *Polyarthritis*. Stenosierende Extremitätenarteriitis, Hyper-Gamma-Globulinämie, hypochrome Anämie und subfebrile Temperaturen ergänzen das Bild. Die Körperdecke sieht einer „verrotteten" Pellagra nicht unähnlich. Das Leiden befällt angeblich vorwiegend Frauen zur Zeit des Klimakterium. Hypophysär-hypothalamische Regulationsstörungen komplettieren das eigenartige Bild. Die Speicheldrüsen zeigen histopathologisch eine sehr starke interstitielle lymphocytäre Infiltration. Für die Diagnose essentiell ist der Nachweis sogenannter *myoepithelialer Zellinseln!* Sie bestehen aus Proliferaten der Gangepithelien, welche wie Myoepithelien aussehen und von dichten Lymphocytenhaufen eingemauert sind. Durch diese Veränderungen sind die Speichelgänge verstopft. Dementsprechend finden sich Speichelretentionen, Gangbaumektasien, schließlich atrophisierende Prozesse an den Drüsenendstückepithelien. Diese Veränderungen bei Sjögren-Syndrom stimmen mit dem überein, was von vielen Untersuchern als *Lymphomatosis parotidea* bezeichnet wird. Die englischsprechende Welt nennt derartige Veränderungen „*benign lymphoepithelial lesions*". Es bestehen Beziehungen zum Mikulicz-Syndrom. Das Sjögren-Syndrom wird als zu dem Formenkreis rheumatischer Erkrankungen gehörig aufgefaßt. Man kann das Sjögren-Syndrom als Kollagenose klassifizieren. Wahrscheinlich liegt eine autoimmunisatorisch inszenierte automatisierte Krankheit vor. Zusammentreffen von Sjögren-Syndrom und Struma lymphomatosa Hashimoto ist beschrieben!

8. *Heerfordt-Syndrom*
Es handelt sich um die Febris uveo parotidea, welche als Spiel- und Manifestationsart des Morbus Besnier-Boeck-Schaumann verstanden werden darf. Vgl. „Allgemeine Pathologie", S. 157!
Lit.: Cf. HEERFORDT: Arch. Ophth. 70 : 254 (1909).

9. *Mikulicz-Syndrom*
JOHANN VON MIKULICZ-RADECKI beschrieb 1892 „eine eigenartige symmetrische Erkrankung der Tränen- und Mundspeicheldrüsen". Es liegt kein einheitlicher Prozeß vor. Es kann sich um leukämische Infiltrate, um eine Lymphogranulomatose, um Retikulosen und Sarkomatosen, um den Morbus Besnier-Boeck-Schaumann, vielleicht um das Sjögren-Syndrom handeln. Man hat vorgeschlagen, ein „sarkoides Mikulicz-Syndrom" von einem „lymphatisch-myeloischen Mikulicz-Syndrom" zu unterscheiden. Das Mikulicz-Syndrom entwickelt sich langsam, schleichend, unbemerkt, schmerzlos. Zunächst schwellen nur einige Drüsenpaare an. Auch die ubiquitären Schleimdrüsen an Gaumen, Wangenschleimhaut und Bindehautsäcken machen mit. Die Krankheit verläuft über viele Jahre. Schließlich resultiert ein Xerostoma. Durch den Ausfall der Speichelproduktion entstehen höhergradige kariöse Veränderungen der Zähne.

10. *Spezifische Entzündungen im konventionellen Sinne*
Die *Tuberkulose* der Speicheldrüsen kann in drei Formen auftreten:
1. als miliare Tuberkulose; diese Form ist relativ häufig;
2. als knotig-produktive Tuberkulose; diese Form spielt vor allem im Bereiche der in der Parotis etablierten Lymphknoten.
3. Schließlich gibt es eine käsig-exsudative Tuberkulose. Auch diese nimmt von den im Bereiche der Speicheldrüsen gelegenen Lymphknoten ihren Ausgang. — Die *Lues* der Speicheldrüsen geht unter dem Bilde der interstitiellen, lympho-plasmazellulären, zu starker Vernarbung hinführenden Entzündung einher. — Die *Aktinomykose* befällt Parotis und Submandibularis. Sie entsteht kanalikulär.

f) Speichelsteine

Das häufig sehr schmerzhafte Steinleiden der Mundspeicheldrüsen wird als *Sialolithiasis* bezeichnet. 80 % der Speichelsteine befallen die *Submandibularis*. Nur 13 % der Speichelsteine werden in der Parotis gefunden. Die Sialolithiasis betrifft Männer doppelt so häufig wie Frauen; sie tritt vorwiegend jenseits der Lebenswende auf. Die Konkremente können in der Einzahl oder Vielzahl, einseitig und doppelseitig gefunden werden. Sie sind bis 3 g schwer und haben etwa die Größe eines Reiskornes, eines Kirschkernes oder einer Doppel-Haselnuß. Angeblich sind über 100 g schwere Steine beobachtet. Die Oberfläche der Speichelsteine ist feingehöckert, von grauer Farbe, die Bruchfläche lamellär gebaut, weißlich oder bräunlich getönt. Speichelsteine bestehen überwiegend aus Calciumphosphat und Calcium-Carbonat. Die sogenannten Kernregionen der Speichelsteine enthalten organisches Material, außerdem Hydroxylapatitkristalle. Die organischen Bausteine bestehen aus Aminosäuren und Kohlehydratkomplexen. Speichelsteine zeigen vielfach einen rhythmischen Bau, sie dürften also phasisch, zwiebelschalenförmig, gewachsen sein. Speichelsteine entstehen durch Speichelretention oder Dyschylie. Abgeschilferte Epithelien, Epithelmetaplasien, Fremdkörper (Borsten einer Zahnbürste) gelten als wegbereitend. Auch bei Uratgicht entstehen Steine nach dem „Ausscheidungsprinzip". Die Speichelsteine enthalten dann Heminatriumurat. Speichelsteine sollten operativ entfernt werden. Gelingt dies nicht, ist mit Komplikationen, abszedierender Entzündung und Fistelbildung, zu rechnen. Aufgestauter Gangspeichel, Inkrustation desselben, Speichelsteinbildung und Gangektasien *(Sialocelen)* gehören zusammen.

g) Geschwülste der Speicheldrüsen

In einer *Zusammenstellung* des Pathologischen Institutes der US-amerikanischen Armee (Armed Forces Institute of Pathology, Washington, D. C.) wurden unter 877 Geschwülsten der Speicheldrüsen folgende Tumorformen nachgewiesen:
Mischtumoren 494, *mukoepidermoide Carcinome* 98, *Adenocarcinome* 75, *Cystadenolymphome* 50, *Plattenepithelkrebse* 39, *eosinophiles Adenom* 1; der Rest konnte nicht klassifiziert werden. Die Geschwülste der Speicheldrüsen sind offenbar recht verschiedenartig. Prüft man die Verteilung der Geschwülste, bietet sich aufgrund des gleichen Erfahrungsgutes folgende Übersicht an:

Häufigkeit und Verteilung der Geschwülste der Mundspeicheldrüsen:

Parotis 80 %
Submandibularis 10 %
Sublingualis 1 %
Kleine Speicheldrüsen 9 %
    Kleine Speicheldrüsen am Gaumen 5 %
    Kleine Speicheldrüsen an der Oberlippe 1 %
    Kleine Speicheldrüsen an den Wangen 1 %
    Kleine Speicheldrüsen am Mundboden 1 %
    Kleine Speicheldrüsen am Zungengrund 1 %.

Aus dem Formenkreis der Geschwülste der Mundspeicheldrüsen seien folgende Repräsentanten genannt:

aa) Bindesubstanztumoren

1. Chondrome

Nicht ganz selten, wechselnde Größe, hart, knotigknolliger Bau, vielfach schleimige Umwandlung und pseudozystischer Zerfall. Möglicherweise besteht ein Zusammenhang mit dem knorpeligen Skelett der benachbarten Kiemenbogen. Manchmal ist eine Knocheneinlagerung deutlich: *Osteochondrom*.

2. Angiome

Diese kommen in allen Spielarten zur Beobachtung, als capilläre und kavernöse Angiome; liegt eine stärkere proliferative Tendenz der Uferzellen vor, spricht man von Endotheliomen. Diese haben die Fähigkeit lokaler Aggression. Endotheliome gelten als semimaligne. Ihre Abgrenzung von Zylindromen ist nicht immer einfach.

3. *Fibrome, Neurofibrome, Sarkome*
Hier sind alle Differenzierungsmöglichkeiten beschrieben. Unter den Sarkomen spielen die *Rund- und Spindelzellsarkome*, sodann die *fibroplastischen und Angiosarkome*, naturgemäß auch die *Reticulumzellsarkome* eine nicht ganz kleine Rolle. *Neurofibrome* der Parotis können als plexiforme *Rankenneurome* eine grobe Verunstaltung hervorrufen.

bb) Epitheliale Tumoren

1. *Adenome*
Es gibt sehr verschiedene Adenomformen, *solide, tubuläre, trabekuläre,* aber auch *zystische* und *zystopapilläre*. Es gibt *hellzellige myoepitheliale* Adenome; wir kennen *Talgdrüsenadenome;* schließlich *eosinophile* und *onkocytäre* Adenome. Letztere sind histochemisch besonders interessant. Onkocytome finden sich mehr bei Frauen als bei Männern, sie werden im Alter von etwa 65 Jahren am häufigsten gefunden. Onkocytäre Adenome wachsen langsam, sind gut abgekapselt, besitzen eine fleischige Konsistenz. Sie neigen zum Rezidivieren, erzeugen lokale Kapselaufbrüche. *Maligne Onkocytome* sind angeblich beschrieben. — Tubuläre und trabekuläre Adenome erinnern gelegentlich an den Bau endokriner Organe. Es wird angegeben, daß sie an Epithelkörperchen erinnern könnten. Es gibt auch hellzellige Adenome, deren Epithelien reichlich Glykogen gespeichert haben. Diese Geschwülste besitzen eine phänische Ähnlichkeit mit *hypernephroiden Neubildungen!*

2. *Cystadenolymphome*
Es handelt sich um eine gut durchgearbeitete Tumorform. Man spricht von Warthin-Tumor. Die weit überwiegende Mehrzahl dieser knotigen Gebilde ist in der Parotis lokalisiert. Histologisch imponiert eine Vielzahl gekammerter Hohlräume, welche eine gelatinöse bernsteinfarbene Flüssigkeit führen. Die zwischen den Kammern gelegenen Septula tragen einen sehr zierlich strukturierten Epithelbelag. Es handelt sich um mehrzeilige Epithelien, oft um Flimmerepithelzellen, gelegentlich um geschichtetes Plattenepithel (freilich ohne Verhornung!). Charakteristisch ist, daß zwischen den Epithelbändern, also im spärlichen autochthonen Stroma Lymphfollikel mit Reaktionszentren liegen. Das Cystadenolymphom ist vorzüglich ausgereift und harmlos. Wichtig ist, daß Adenome und Cystadenolymphome vollständig exstirpiert werden; sollten Geschwulstgewebereste zurückbleiben, ist mit Rezidivbildung zu rechnen.

3. *Sogenannte Mischtumoren: Pleomorphe Adenome*
Pleomorphe Adenome sind die häufigsten Geschwülste der Speicheldrüsen. Sie finden sich mehr bei Frauen als bei Männern und kommen am meisten um das 45. Lebensjahr zur Beobachtung. Die Geschwülste wachsen langsam, über Jahre und Jahrzehnte. Sie können sehr groß werden. Es sind pleomorphe Adenome beschrieben, welche einige kg schwer waren! Mehr als 80 % sogenannter Speicheldrüsenmischgeschwülste liegen im Bereiche der Parotis. Angeblich etwa 8 % finden sich außerhalb der großen Speicheldrüsen, etwa am

Gaumen. Sogenannte Speicheldrüsenmischgeschwülste werden aber auch an den Tränendrüsen, den Augenlidern, an Pharynx, Trachea, in Nase und Nasennebenhöhlen, interessanterweise auch am Gehörgang, gefunden. Multiplizität ist keine Seltenheit. Speicheldrüsenmischgeschwülste besitzen eine Kapsel. Die Schnittfläche zeigt einen knotigen Bau. Einige sind zystisch umgewandelt, andere tragen Blutungen und besitzen eine knorpelharte Konsistenz. Die epithelialen Formationen sind gewöhnlich solide angeordnet, gelegentlich trabekulär, zuweilen zylindromatös. Die ältere Pathologenschule rechnete die pleomorphen Adnome zur großen Familie sogenannter Basaliome. Tatsächlich gibt es fließende Übergänge. Es existieren auch epidermoide Strukturen. Adamantinomähnliche Abschnitte sind nachweisbar. In weiten Bezirken sind die Epithelien verschleimt. Andere lassen eine chondromatöse Struktur erkennen. Herdförmige Verkalkung ist nicht selten. Die Rezidivneigung pleomorpher Adenome ist außerordentlich! Sollte es bei der operativen Entfernung nicht gelungen sein, den Tumor mitsamt Kapsel völlig zu entfernen, ist unbedingt mit Rezidivbildung zu rechnen. Die Malignisierungsrate wird auf 10—20 % geschätzt! Nachgehende Fürsorge ist daher unerläßlich. Es ist nicht geklärt, ob pleomorphe Adenome echte „Mischgeschwülste" oder „entartete" Epitheliome sind. Wahrscheinlich entstehen die pleomorphen Adenome aus liegengebliebenem embryonalem ektodermogenem Gewebe!

4. Mucoepidermoidtumoren

Es handelt sich um seltenere drüsigepitheliale Geschwülste der Speichelorgane, welche dadurch ausgezeichnet sind, daß kleine geschichtete, fast plattenepithelial zu nennende Zellformationen auftreten. Die Tumoren sind im allgemeinen an die Parotis gebunden, knotig gebaut, auf der Schnittfläche von Nekrosen durchsetzt, jeweils etwa clementinengroß, häufig verschleimt. Mucoepidermoidgeschwülste haben als fakultativ maligne (semimaligne) zu gelten! Die Rezidivneigung ist eine außerordentliche, regionäre Lymphknotenmetastasen sind beobachtet. Es ist grundsätzlich mit Übergang in ein Plattenepithel-, seltener in ein Adenocarcinom zu rechnen. Mucoepidermoidgeschwülste nehmen ihren Ausgang von dem Gangbaumepithel.

5. Cylindrome

Es handelt sich um eigenartige, semimaligne Geschwülste, welche sich langsam entwickeln, auf der Schnittfläche ungemein zahlreiche Lückenbildungen zu erkennen geben, in der räumlichen Rekonstruktion aus zylindrischen Formationen aufgebaut erscheinen, und die eine starke hyaline Entartung des ortsständigen Stroma induzieren! Zylindrome sind semimaligne; sie neigen nicht zur Metastasierung, rezidivieren, erzeugen lokale Destruktionen, weiden Oberflächen ab, brechen in Interstitien ein, breiten sich entlang von Fascien und Logen aus und fordern — schlußendlich, häufig nach Jahrzehnten — das Leben ihrer Träger.

6. Carcinome

Primäre Carcinome der Mundspeicheldrüsen finden sich weit mehr bei Männern als bei Frauen, etwa um das 65. Lebensjahr. 75 % der Carcinome kommen an der Parotis vor. Krebse der Speicheldrüsen sind vorwiegend Adenocarcinome. Diese können zystös, gelegentlich zystopapillär differenziert sein. Plattenepithelkrebse machen nur etwa 10 % der malignen epithelialen Neubildungen der Speicheldrüsen aus. Plattenepithelcarcinome nehmen ihren Ausgang vom Gangbaumepithel. Die Krebse der Mundspeicheldrüsen wachsen schnell, ohne Rücksicht, setzen frühzeitig Metastasen (Lunge, Leber, Wirbelkörper, Gehirn!).

10. Rachenorgane
a) Normale Anatomie und Entwicklungsgeschichte

Die ursprüngliche Grenze zwischen Mundbucht und Kiemendarm ist die *Membrana buccopharyngica.* Sie reißt ein in der dritten Embryonalwoche. Die neue Grenze zwischen Mundhöhle und Rachen ist der weiche Gaumen (= Fauces). Die Grenze des Kiemendarmes gegen die Speiseröhre ist der „Oesophagusmund". Die histologische Situation des eigentlichen Rachens (Rachenringes) ist durch die Entwicklung des *lymphoepithelialen Gewebes* charakterisiert. Die Kenntnis desselben geht auf den Franzosen JOLLY (1913) und den

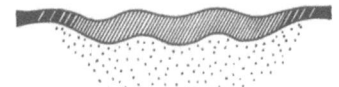

Peyersche Platte (Säuger)

Grubentonsille
Gaumen- u. Zungenmandel (Mensch)

Lymphoide Papille der Analdrüsen der Cheloniden

Schema des plakoiden Thymus der Teleosteer

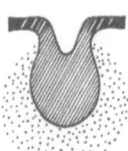
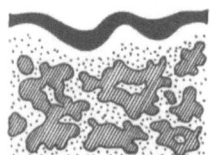

Bursa Fabricii d. Vögel
Thymus der Säuger

Abb. 5. Schema der Epithel-Lymphgewebs-Relationen von J. JOLLY (1913), verändert, W. DOERR: Ärztl. Wschr. 11:169, *1956.* Schwarz = Epithel; schraffiert = Lymphoepithel

früheren Münchner Anatomen SIEGFRIED MOLLIER (1914) zurück. Lymphoepitheliale Gewebe spielen auch in vergleichend-anatomischer Sicht eine große Rolle. Ein beigefügtes Schema mag die Verhältnisse erläutern (Abb. 5).

Die Kenntnis des Gewebes der „Mandeln" ist alt. Sie geht auf den Franzosen RETTERER (1886) zurück. Die Histogenese der Tonsillen fällt in die Zeit zwischen dem dritten Monat der intrauterinen Entwicklung und dem Ende des ersten Lebensjahres! Charakteristisch ist das sogenannte Bourgeonnement. Man versteht darunter das Abtropfen sogenannter Epithelknospen. Es handelt sich also um entodermogenes Epithel des vordersten Kiemendarmes (= Kopfdarmes), welches in das an Lymphocyten reiche Mesenchym der Umgebung abtropft. Ein weiteres Schema mag auch diese Vorstellungen erläutern (Abb. 6).

Nach dem gleichen Schema entwickelt sich die Zungentonsille, die Rachendachmandel und die in der Umgebung der Tuba auditiva gelegene Tonsille. Es ist also ein „geschlossener" tonsillärer Lymphoepithelring (Rachendach-, Tuben-, Gaumen- und Zungentonsillen) gegeben.

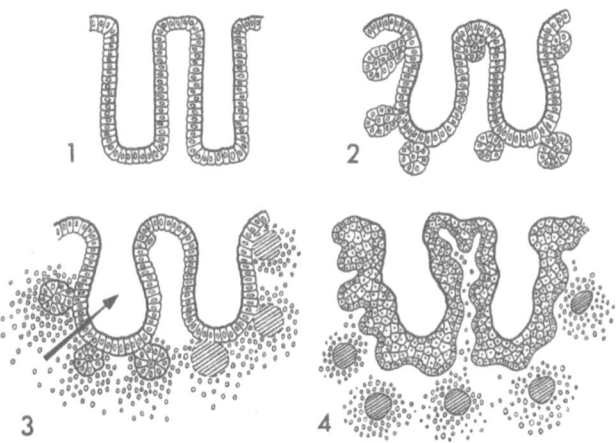

Abb. 6. Schema der Histogenese der menschlichen Gaumenmandel nach ARDOIN (1935). Charakteristisch ist das Bourgeonnement, also die Ausbildung der Epithelknospen. Teilbilder 2 und 3 zeigen die abtropfenden Formationen. Der Pfeil in Teilabbildung 3 deutet die Wanderungsrichtung der Lymphocyten an. Die Mehrzahl der abgetropften Epithelperlen geht zugrunde (Teilbild 3 und 4). Die scheinbar solide Epithellage in Teilbild 4 ist die Matrix für das retikuliert gebaute Lymphoepithel.
Nach W. DOERR: Ärztl. Wschr. 11:169, *1956*

Im ersten Embryonalmonat werden an jenen Teil des Vorderdarmes, aus welchem der Kopfdarm (Kiemendarm) hervorgeht, 5 innere entodermale und 4 äußere ektodermale Furchen angelegt. Es handelt sich um Schlundtaschen und Kiemenfurchen. Über die Entwicklung des Kiemendarmes wurde in „Spezielle pathologische Anatomie I", Seite 225 berichtet. An dieser Stelle sei anhand des Schemas der Abb. 7 über die im gegebenen Zusammenhang wesentlichen Tatsachen rekapitulierend erinnert.

Schlundtaschen und Kiemenfurchen sind durch eine mesenchymarme ekto-entodermogene Haut jeweils voneinander abgegrenzt (= Membranae obturantes). Die zwischen den Furchen gelegenen Wülste sind die 6 Kiemenbögen (der erste Bogen liegt kranial von der ersten Furche, der sechste Bogen kaudal von der 5. Tasche). Über das „Schicksal" der branchiogenen Einrichtungen sei — stichwortartig — folgendes angeführt:

Aus dem 1. Kiemenbogen entsteht der *Kieferfortsatz* (im wesentlichen der Unterkieferfortsatz, zum kleineren Teil auch die Oberkieferanlage);

aus dem 2. Kiemenbogen entsteht die Anlage des *Zungenbeines* (= Hyoidbogen);

aus der 1. Schlundtasche gehen *Tuba auditiva, Paukenhöhle* und ein *Teil des Gehörganges* hervor;

aus der 2. Schlundtasche entsteht die *Matrix der Gaumentonsillen* (= Tonsillarbucht).

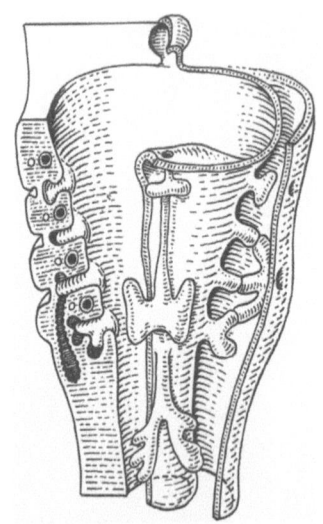

Abb. 7. Schema der Entwicklung des Kiemendarmes, links einem früheren, rechts einem späteren Stadium entsprechend. Aus dem im lateralen Anteile der ersten Schlundtasche gelegenen Material entsteht die Matrix des Trommelfelles, aus dem entodermalen Epithel der zweiten Tasche die Gaumenmandel, aus den ventralen Abschnitten der dritten und vierten Tasche der Thymus, aus den dorsalen Abschnitten der gleichen Taschen entstehen die Epithelkörperchenanlagen; aus dem Gewebegut der fünften Tasche wird das ultimo-branchiale Körperchen (GETZOWA). Zeichnung Dr. A. ENCKE. Nach W. DOERR: Ärztl. Wschr. *11*, 169, *1956*

Die *dorsalen* Partien der *3. und 4. Schlundtasche* bilden die *Epithelkörperchen*, und zwar bilden die kranialen Abschnitte die kaudalen Epithelkörperchen und die kaudalen Schlundtaschenabschnitte die beiden kranialen Epithelkörperchen.

Die *ventralen* Gewebeabschnitte der *3. und 4. Schlundtasche* stellen die Matrix für die *Thymusanlage* bereit.

Aus dem Gewebe der 5. Schlundtasche wird das (etwas problematische) telo- oder ultimobranchiale Körperchen, das *Getzowasche Körperchen*, welches im allgemeinen (und soweit bekannt) dem Thymus zugeschlagen wird.

Organe epibranchialer Abstammung sind die Rathkesche Tasche und deren Abkömmlinge (Hypophysengang, Matrix für den Hypophysenvorderlappen).

Organe hypobranchialer Abstammung sind der Ductus thyreoglossus, die Schilddrüse, aber auch die Anlage von Kehlkopf und Luftröhre. In unserem Schema (Abb. 7) sind die epi- und hypobranchialen Knospen eingetragen.

Der Rachen reicht also von der Schädelbasis bis zum Eingang des Oesophagus. Der *Oesophagusmund* liegt als muskelbewehrte Schleimhautfalte in Höhe des 6. Halswirbels, in Höhe des Ringknorpels des Kehlkopfes. Die Hinterwand des Rachens ist mit der Vorderfläche der Wirbelsäule und deren tiefer Längsmuskulatur durch Vermittlung der Fascia colli profunda verschieblich verbunden. Der Pharynx ist rund 13 cm lang. Seine Vorderwand besitzt 3 Pforten: die oberste führt in die Nasenhöhlen, die mittlere in die Mundhöhle, die untere in den Kehlkopf. Man spricht daher von „Nasenrachen", „Mundrachen" und „Kehlkopfrachen". Die Grenze zwischen Ober- und Mittelgeschoß ist deutlich, die zwischen Mund- und Kehlkopfrachen entspricht einer gedachten Linie, welche horizontal durch die Spitze des Kehldeckels gelegt ist. Im Bereiche der Seitenwand des Nasenrachens liegt, und zwar in rückwärtiger Verlängerung der unteren Nasenmuschel jederseits, die Mündung der Tuba auditiva Eustachii. Die Paukenhöhle wird durch Vermittlung der Tube vom Rachen aus „ventiliert". Unmittelbar hinter dem Tubenostium liegt der *Tubenwulst*. Ihm liegt der Tubenknorpel zugrunde. Am unteren Rande der Tubenmündung liegt der *Levatorwulst*. Er wird durch den Kontur des M. levator veli palatini hervorgerufen. Jeweils hinter dem Tubenwulst liegt eine schmale, seitwärts ausladende Tasche, der *Recessus pharyngicus*. Am Rachendach liegt bei Jugendlichen die Tonsilla pharyngica. Im Bereiche der Pars laryngica pharyngis findet sich jederseits der Recessus piriformis.

Histologisch ist die Wand des Pharynx von innen nach außen aufgebaut aus Mucosa, Submucosa, Muscularis und Adventitia. Die Mucosa trägt im allgemeinen geschichtetes, nur geringgradig keratinisiertes, jedenfalls gut ausgereiftes, mäßig glykogenreiches Plattenepithel. Im Nasenrachen (Epipharynx) liegt geschichtetes oder mehrzeiliges Flimmerepithel. Im Kehlkopfrachen (Hypopharynx) ist die Schleimhaut besonders locker und gut verschieblich. Dort liegt ein Venengeflecht im submukösen Bindegewebe. Der venöse Plexus kann als Polster gegen die Skelettunterlage (Ringknorpel, Wirbelsäule) gelten. In der Submukosa liegt an Stelle einer Muscularis mucosae eine mit elastischen Lamellen untermischte derbe Haut. Diese findet sich vor allem in den kaudalen Rachenpartien (Membrana elastica). Dort, wo der Pharynx an der Schädelbasis aufgehängt ist, schließen alle beweglichen Wandpartien zu einer derben Membran zusammen *(Membrana pharyngobasilaris)*. Die Pharynxmuskulatur entstammt den Kiemenbogenmuskeln. Jene umgreifen in einer späteren Entwicklungsstufe nur noch den dorsalen Umfang des Schlundkopfes. Sie sind in der hinteren Mediane durch eine Raphe zusammengefaßt. Die Schlundkopfmuskeln greifen nach ventral an jeweils schmalen

Insertionspunkten an (z. B. Zungenbeinhorn). Neben den drei Schlundkopfschnürern gibt es einige jedoch wesentlich schwächere Längsmuskelzüge. Ein Schema möge die wesentlichen Strukturmerkmale, welche auch für die Pathologie wichtig sind, skizzieren (S. 88). Die nervöse Versorgung wird beigestellt durch den N. glossopharyngeus und N. vagus.

Die Gaumenmandeln werden als Gruben-, die Rachendachmandel wird als Plattenmandel bezeichnet. Grubenmandeln sind solche, bei denen das lymphatische Gewebe in und unter der Schleimhaut liegt und Krypten vorhanden sind. Nach diesem Baumuster sind Gaumen-, Zungen- und Tubenmandeln konstruiert. Plattenmandeln dagegen sind plateauartig erhaben und tragen ein erigiertes Faltensystem. Die Gaumenmandeln liegen zwischen den Gaumenbögen in der Tonsillarbucht. Beiderseits oberhalb der Gaumenmandel liegt die Fossa supratonsillaris. Jede Gaumenmandel hat 10—20 Krypten. Die lymphoide Kongregation wird geweblich als „Sekundärknötchen" (gemeint ist „Lymphknötchen") aufgefaßt. Die „Sekundärknötchen" liegen in einfacher oder mehrfacher Reihe. Es handelt sich um lymphoepitheliales Gewebe mit „Reaktionszentren". Dort, wo Lymphocyten in einen innigen räumlichen Kontakt mit Epithelien treten, zeigen letztere eine „Entdifferenzierung". Es soll damit zum Ausdruck gebracht werden, daß die protoplasmatische Differenzierung *dieser* Epithelzellen einfacher als die vergleichbarer Epithelgewebe ist. Lymphbahnen, welche mit Sicherheit zu den Tonsillen hinführten, sind nicht bekannt. Dagegen existieren subepitheliale Lymphspalten und abführende Systeme. Die Tubentonsillen repräsentieren das, was der Arzt „Seitenstränge" nennt. In den Tonsillen, gleich welches Standortes, sitzen den „Reaktionszentren" der „Follikel" halbmondförmige „Lymphocytenkappen" auf. Die Reticulumzellen im Inneren tonsillärer Lymphfollikel sind nicht mit den mesenchymogenen Reticulumzellen der Lymphknoten oder des sonstigen lymphatischen Gewebes zu verwechseln; sie haben auch mit den „Germinoblasten" der Hämatopathologen (LENNERT) nichts gemein. Die Breite der Lymphocytenkappen scheint eine Beziehung zu den jeweiligen Resorptions- und Verdauungsphasen des Gesamtorganismus zu besitzen. Auf der Höhe des enteralen (vielleicht auch parenteralen) Stoffumsatzes ist die Kappe schmal, während der Ruhephase dagegen breit. Es scheint, als ob humorale Wirkstoffe gespeichert würden.

b) Kreislaufstörungen

Eine kongestive Hyperämie der Rachenorgane entsteht infolge Einwirkung der verschiedensten Reize: Mechanischer, thermischer, chemischer, mikrobieller. Eine Dauerhyperämie mit mäßig starker Braunfärbung der Rachenschleimhaut findet sich bei Rauchern und Säufern. Besonders eindrucksvoll ist die *Ödembildung*. Sie hat entweder eine entzündliche Ursache oder entsteht dyszirkulatorisch (z. B. infolge Stauung bei nachbarlicher Geschwulstbildung) oder durch lokale „Gewalteinwirkung", Trauma oder Verbrennung. Das Ödem der Uvula ist vielfach geradezu imposant: Das Zäpfchen ist in ein polypöses, glasig-transparentes Gebilde umgewandelt, das mit seiner Spitze auf der Schleimhaut des Zungengrundes schleift! Das chronisch-inveterierte Uvula-Ödem ist ein Zeichen für einen rheumatischen Gewebeschaden! Histologisch findet sich eine fibrinoide Verquellung der in der Unterschleimhaut etablierten kollagenen Fibrillen.

c) Entzündliche Erkrankungen

Nach der Lokalisation der entzündlichen Prozesse spricht man von *Angina* (Tonsillitis, Amygdalitis), *Uvulitis, Pharyngitis* etc. Es empfiehlt sich, folgende entzündliche Manifestationsmöglichkeiten auseinanderzuhalten:

aa) Akute katarrhalische Entzündung

Sie geht mit Abscheidung eines serösen, zellreichen, schleimigen, in späteren Stadien auch eitrigen Exsudates einher. Nach etwa 2—3 Tagen entstehen seichte Schleimhautdefekte (Erosionen). In anderen Fällen imponiert eine Blasenbildung (Angina vesiculosa; Angina herpetiformis). In Fällen sogenannter Angina glandularis tritt eine eigenartige höckrige Schwellung der Schleimhautoberfläche deshalb ein, weil es zu einer Verstopfung der Schleimdrüsenausführungsgänge kommt. An den Tonsillen (im engeren Sinne) sind *zwei Hauptformen* katarrhalischer Entzündung auseinander zu halten: *Amygdalitis superficialis simplex* und *Amygdalitis lacunaris*. In beiden Fällen sind die Tonsillen stark geschwollen. In den Krypten liegen große Mengen eines gelben, graugelben, grauweißen Schleimes, untermischt von abgestoßenen Epithelien und verfettetem Detritus. Auf diese Weise können übelriechende Tonsillarpfröpfe entstehen. Sie prominieren über die entzündlich alterierte Oberfläche. Durch Konfluenz der herausragenden Pfropfanteile kann das Vorliegen einer Pseudomembran vorgetäuscht werden. Bleiben Pfropfreste in den Krypten liegen, können diese mit Kalksalzen inkrustiert und durch prachtvolle Pilzdrusen besetzt werden. Es entstehen Tonsillensteine (Amygdalolithen). Tonsillensteine haben eine dreifache Bedeutung: (1.) Unterhaltung einer schwellenden Tonsillitis; (2.) Erleichterung der Entstehung entzündlicher Rezidive; (3.) Induktion atrophisierender Prozesse des lymphoepithelialen Parenchymes.

Eine akute katarrhalische Gaumenmandelentzündung findet sich häufig im Anfange einer exanthematischen Erkrankung (Scharlach, Masern, Röteln), im Anfange einer einfachen Virusbefallskrankheit („upper respiratory tract infection"), natürlich auch am Anfang einer Fokaltoxikose, gelegentlich einer Sepsis. Die Bedeutung der Gaumenmandelentzündung für rheumatiforme Erkrankungen, für die Auslösung einer Endokarditis, Nephritis, einer epidemischen Meningitis und für die Entstehung einer Poliomyelitis ist ja bekannt.

bb) Pseudomembranöse Entzündung

Es handelt sich um eine croupöse oder eine verschorfende, d. h. um eine oberflächliche oder um eine tiefergreifende Entzündung (vgl. „Allgemeine Pathologie", S. 101; „Spez. path. Anat. I", S. 206 ff.). — Pseudomembranöse Entzündungen der Rachenorgane werden unter folgenden pathogenetischen Bedingungen und Krankheitsformen beobachtet:
1. Nach *Verbrennung* und *Verätzung*;
2. bei den verschiedensten *mikrobiellen Infektionen:* Scharlach, Masern, Pocken, Influenza, Typhus, Ruhr etc.;

3. meistens, jedoch nicht immer, bei der genuinen oder epidemischen *Rachendiphtherie* (Rachenbräune, Croup, Cynanche contagiosa).
Die Rachendiphtherie ist eine meist nur bei Kindern, weniger oft bei Erwachsenen vorkommende schwere, akute Infektionskrankheit von Gaumenmandeln, Kehlkopfeingang etc. Sie wird hervorgerufen durch das *Klebs-Löfflersche Corynebacterium*. Man spricht konventionell von „Diphtheriebazillen". Diese gehören in den Formenkreis sogenannter Proactinomycetaceae; es bestehen also verwandtschaftliche Beziehungen zu den Actinomycetales. Der Terminus „Diphtherie" leitet sich her von diphthera (griechisch = Membran). Die Diphtheriebazillen kommen als harmlose Hautkeime, auch auf gesunden und kranken Schleimhäuten des Menschen häufig vor. Damit die Krankheit Diphtheritis ausgelöst wird, müssen verschiedene Faktoren zusammentreffen. Nach HOTTINGER (1968) sind für die Krankheitserscheinungen, allgemein gesprochen, folgende Phänomene charakteristisch:
Lokale Entzündungen an Schleimhaut oder Haut (fibrinhaltige Membranen, Nekrosen);
Allgemeine Körperveränderungen, welche auf eine Toxinwirkung, seltener auf eine Bakteriämie, zurückzuführen sind (Erkrankungen der Kreislauforgane, des Nervensystems, der Nieren und der Leber); es scheint, daß *mehrere Toxine* beteiligt sind: Ein hämolysierendes, ein nekrotisierendes, ein permeabilitätsförderndes und ein „klassisches" Diphtherietoxin (ROUX und YERSIN).

Nach der Lokalisation kann man unterscheiden eine Diphtherie der Nase, der Tonsillen, der Lippen, des Pharynx, des Larynx, der Trachea, der Bronchien, der Vulva, der Vagina, schließlich eine Wunddiphtherie etc. Ausheilung einer Diphtherie geht mit Antitoxinbildung einher. Der Name „Diphtherie" geht auf BRETONNEAU (Tours, 1821) zurück. TROUSSEAU (Paris, 1866) meint, daß die Diphtherie eine Allgemeinerkrankung sei. FRIEDRICH LÖFFLER (Robert Koch-Schüler) züchtet 1884 den Diphtherie-Bacillus in Reinkultur. ROUX und YERSIN definieren (1885—1888) das Diphtherie-Toxin (in Deutschland: BRIEGER und FRÄNKEL). EMIL VON BEHRING stellt 1894 das Antitoxin dar. SCHICK beschreibt 1913 den „Schick-Test" an der Haut, wodurch immune und empfängliche Individuen unterschieden werden können. Die Versuche, durch Impfung eine aktive Immunisierung gegen Diphtherie zu erreichen, gehen auf TH. SMITH (1907) zurück. Der Seuchengang der Diphtherie scheint schon immer eigenartigen Schwankungen unterworfen gewesen zu sein. Diese können mit einer Veränderung des klinischen Krankheitsbildes einhergehen. Man spricht von *Pathomorphose*. Als „Virusreservoir" haben zu gelten: Mensch (Kontakt- und Rekonvaleszenzträger, Bazillen-Dauerausscheider), Pferd, Rind, weiße Ratte, Hund, Küchenschabe. Diphtheriebakterien sind sehr widerstandsfähig. 14 Tage alt gewordene, lufttrockene Pseudomembranen enthalten angeblich noch immer lebende Diphtheriebazillen.

Das Schleimhautepithel der erkrankten Rachenorgane wird unter dem Angriff des Diphtherie-Toxines nekrotisch. Aus den hyperämischen Gefäßen der Nachbarschaft wird ein zunächst flüssiges, dann gerinnendes, eiweißreiches Exsudat ergossen. Es entsteht eine Pseudomembran von grauweißer, trüber, zuweilen schmutziger, braungrüner Farbe. Diphtherische Beläge strömen einen penetranten, ungemein charakteristischen, *faulig-süßlichen Geruch* aus!

Die Pseudomembran ist geschichtet. Die oberste (rachenhöhlenwärts gelegene) Schicht ist die älteste. Dort kommt es zur Umwandlung der Fibrinfäden zu „knorrigem" Fibrin. Die Fibrinbalken sind breit, hyalin umgewandelt. Hier entsteht auch eine sekundäre Bakterienabsiedelung. Auch die mittlere Fibrinschicht läßt physicochemische Veränderungen im Sinne der Entwicklung eines „Strauchwerkes" erkennen. In den Maschen dieser Fibrinbalken liegen zahlreiche Leukocyten. Die unterste, dem Gewebe aufliegende Schicht ist die jüngste. Tiefreichende (verschorfende) Prozesse finden sich vor allem an den Tonsillen. Die Fibrinmembran ist im Bereiche der Unterlage „verankert". Weit ausladende Fibrinzapfen haften in den Tonsillarkrypten, reichen auch zwischen den zerstörten Epithellagen in das subepitheliale lockere Bindegewebe. Für die Ausdehnung einer fibrinösen Pseudomembran ist die Anwesenheit einer Basalmembran (im histologischen Sinne) wichtig. Die Gefäßwände in einer absterbenden Schleimhaut sind hyalin verdickt. An den Gaumenmandeln können auch „diphtherische Ulcera" entstehen. Selten entwickelt sich eine Rachendiphtherie ohne Pseudomembranbildung (z. B. nach Diphtherie-Schutzimpfung). Die Rachendiphtherie hat die Tendenz der Ausbreitung; der Prozeß springt vom Rachen gleichsam auf die Luftwege über. Eine gefürchtete Komplikation ist die Entwicklung einer Bronchopneumonie. Gelegentlich entsteht eine gangräneszierende Zerstörung der Tonsillen, aber auch der an den Rachenseitenwänden und der Hinterwand gelegenen Schleimhautabschnitte. Die *maligne Diphtherie* ist durch ein mächtiges kollaterales Ödem ausgezeichnet *(„Ödemdiphtherie")*. Kranke mit maligner Diphtherie zeigen häufig eine hämorrhagische Diathese, eine nekrotisierende Nephrose (klinisch: Anurie) und eine (seröse) *Myokarditis*. Die Neigung zur Entwicklung eines Kreislaufkollaps' (Schock durch Diphtheriebazillentoxine) ist charakteristisch. Das deletäre Krankheitsbild kann sich in Stunden entwickeln. Weite Pupillen, Bradykardie, Abfall des Blutdruckes, Marmorierung der Körperdecke, Austritt von kaltem Schweiß gelten als signum mali ominis! Es scheint, daß die deszendierenden Diphtherieformen ab- und die toxischen Diphtherieverläufe zugenommen haben. Es scheint, daß bestimmte Diphtherie-Bazillen-Stämme ihre Toxine besonders schnell bilden können. Bei Infektion durch diese Stämme entwickelt sich auch (ausnahmsweise) eine Bakteriämie. Diphtheriebazillen können dann vor allem auch im Knochenmark nachgewiesen werden. Man hat gelegentlich die Meinung vertreten, Diphtherie-Bazillen würden zunächst durch die Gaumenmandeln aufgenommen, gelangten auf dem Blutwege in die Lymphbahn, würden ein vorübergehendes Krankheitsgefühl erzeugen, um dann aus dem Blute über die Gaumenmandeln ausgeschieden zu werden! Es hat nicht an experimentellen Bemühungen gefehlt, diese eigenartige Pathogenese zu bestätigen. Überzeugende Beobachtungen beim Menschen liegen nicht vor. Immerhin bleibt zu bedenken, *daß die Tonsillen möglicherweise nicht nur Bakterienfänger, sondern auch im Dienste der Ausscheidung tätig sind.*

Die Stellung der klinischen Diagnose „Diphtherie" soll nicht auf das Ergebnis des bakteriologischen Erregernachweises warten. Dennoch ist natürlich eine Abstrichuntersuchung, auch für die Erkennung epidemiologischer Zusammenhänge, unerläßlich. Rekonvaleszenzträger haben für die Ausbreitung einer Diphtherie-Epidemie eine größere Bedeutung als Kontaktträger. Abstrich-Untersuchungen, vorgenommen an Material, welches an Vormittagen entnommen wurde, haben um 40—50 % häufiger ein positives Ergebnis als solche, bei denen das Material im Verlaufe der Nachmittagsstunden gewonnen worden war. Für Umgebungs- und Kontrolluntersuchungen ist daher der *„morgendliche Abstrich"* essentiell.

Bemerkungen zu den bei Rachendiphtherie an anderen Organen zu erhebenden patho-anatomischen Befunden

Am *Herzmuskel* findet sich eine nekrotisierend-seröse Myokarditis. Parenchym und Interstitium werden gleichzeitig durch das Diphtherie-Toxin getroffen. Die Myokardfaser zerfällt hyalin-schollig; es bleibt ein vakuolisiertes Trümmerfeld zurück. Die interstitiellen Capillaren sind strotzend hyperämisch; es entsteht ein starkes Ödem. Man kann daher von einer toxisch inszenierten nekrotisierend-serösen Myokarditis mit starker „Entparenchymisierung" sprechen. Die Gesamtheit der Veränderungen betrifft mehr die Wandung der rechten als der linken Herzkammer! Es hängt dies mit dem Ausbreitungsmuster der koronariellen Blutgefäße zusammen (vgl. „Spez. path. Anat. I", S. 7, 46 u. 48). Die postdiphtherische Myokarditis als gefürchtete Frühkomplikation und Ursache des plötzlichen Herztodes bei Rekonvaleszenten, welche allzu früh das Bett verlassen hatten, wurde früher häufig beobachtet. Aus dem Formenkreis zentral-nervöser Störungen sind als *Frühlähmung* die Gaumensegelparese, als *Spätlähmung* Abducens- und Facialis-Parese, Akkomodationsschwäche und Schlucklähmung zu nennen. Die Mehrzahl der Lähmungen tritt in der zweiten, ein kleinerer Teil in der ersten Krankheitswoche auf. Seltener manifestieren sich Lähmungen in der dritten bis sechsten Woche. Alle Lähmungen im Gefolge einer Diphtherie erreichen im Verlaufe von 6—8 Tagen ihren Höhepunkt. Tritt dann noch eine Steigerung der Intensität auf, besteht die Gefahr einer Atemmuskellähmung. Gelegentlich entwickelt sich eine *Polyneuroradiculitis!* Die Kranken können dann unter dem Bilde einer akuten aufsteigenden Landryschen Paralyse zugrunde gehen.

Ausstrichpräparate (gewonnen von den Lagerstätten diphtherischer Pseudomembranen) zeigen bei guter Färbetechnik im Neisser-Präparat eine V- oder fingerförmige Lagerung sowie sehr charakteristische Polenden (Babes-Ernstsche Körperchen). Diese sind besonders auch in Kultur-(Ausstrich-) Präparaten deutlich (Tellur-Platte nach CLAUBERG).

Frägt man nach den *„letzten Ursachen"* für die Pathogenität des Diphtherie-Toxines, ist darauf hinzuweisen, daß Beziehungen zum Eiweißstoffwechsel der befallenen Zellen bestehen: Diphtherie-Toxine hemmen die Übertragung von Aminosäuren auf Polypeptidketten. Sie greifen dadurch in den Stoffwechsel der Parenchymzellen ein. Es wird sowohl die Synthese der Protoplasma-Eiweißkörper wie auch der Ribonukleinsäuregemische gestört.

4. *Angina Plaut-Vincenti.* Es handelt sich um die *Angina ulcero-membranacea fusospirochaetosa.* PLAUT (Hamburg, 1894) beschrieb 5 Fälle von angeblicher Diphtherie, bei denen er im Ausstrich Spirochaeten und besondere Bazillen nebeneinander fand. VINCENT (Paris, 1899) fand unabhängig in vergleichbaren Fällen dieselben Mikroben. Er sprach von *„l'angine à bacilles fusiformes"!* VINCENT hat die fusiformen Stäbchen überzeugend beschrieben.

Die Stellung der fusiformen Bakterien in der Systematik der Mikroben scheint nicht völlig geklärt, die Terminologie ist wenig einheitlich. Neuerdings spricht man gern von ‚*Fusiformis fusiformis*', wenn man den Bacillus fusiformis, das Fusobacterium fusiforme, welches auch Corynebacterium fusiforme heißt, und am besten, weil am wenigsten mißverständlich Fusobacterium plautvincenti genannt wird, meint! Es handelt sich um bis 10 μ lange, gram-negative, unbewegliche, geißellose, spindelige Stäbchen, denen „mehrzellige" Organismen mit Sphaeroiden, also Auftreibungen, entsprechen. Die dem Bacillus fusiformis assoziierten Keime sind Spirochaeten. Man spricht heute gern statt von Fusospirochaetose von *Fusotreponematose*. Die Spirochaeten (Treponemen) sind Kommensalen und an sich harmlos. Bemerkenswert ist die angebliche Symbiose des Stäbchens mit dem Treponema und die offenbar hierdurch induzierte Steigerung der pathogenen Leistung! *Im Formenkreis der genannten Treponemen werden nicht weniger als 18 Species unterschieden!* Fusiforme Stäbchen werden unter gewöhnlichen Bedingungen auf den Mundschleimhäuten gesunder Menschen häufig nachgewiesen. Man findet sie angeblich in bis 84 % aller Menschen, in 94 % bei solchen, welche Mundeiterungen haben, in 100 % bei den Trägern einer Zahnkaries und einer Alveolarpyorrhoe. Bei Zahnlosigkeit und im frühen Kindesalter (also vor der ersten Dentition) ist Fusiformis fusiformis nicht nachweisbar. Auch die Fusotreponematose wird bei gesunden Menschen, angeblich in bis 50 % aller Probanden, gefunden. Von mikrobiologischer Seite wird festgestellt, daß die „fusotreponemiale Assoziation" deshalb keine echte Symbiose sei, weil keiner der Partner für den anderen unentbehrlich wäre! Obwohl die Fusotrepanematose weit verbreitet ist, sind die durch die genannte Assoziation erzeugten Krankheiten (Angina Plaut-Vincenti; Noma) vergleichsweise selten.

Die Angina Plaut-Vincenti findet sich weniger bei Kindern, häufiger bei jugendlichen Erwachsenen. Sie ist nicht eigentlich ansteckend, jedenfalls von relativ geringer Kontagiosität. Sie tritt meist einseitig auf. Die Angina Plaut-Vincenti findet sich häufig nach stattgehabter Verletzung einer Schleimhaut, z. B. infolge Durchtritts eines Weisheitszahnes, nach vernachlässigter Zahnkaries, bei sogenannter infizierter Zahnbrücke, vielfach im Gefolge trophischer Schleimhautstörungen, also nach alimentärer Dystrophie und komplexer Avitaminose. Die Angina Plaut-Vincenti gedeiht gut auf dem Hintergrunde echter Allgemeinerkrankungen: Blutkrankheiten, Vergiftungen, hormoneller Regulationsstörungen. Bei Typhus, Fleckfieber, Leukämie und Agranulocytose wird die Angina Plaut-Vincenti relativ am meisten gefunden. Gewöhnlich ist eine Gaumentonsille befallen, seltener sind Zungengrund, Wangenschleimhaut und Kehlkopfeingang der Schauplatz. Paronychien (Eiterungen an den Fingernagelrändern), insbesondere auch Bißwunden, können durch die gleiche Erregergemeinschaft besiedelt werden. Wahrscheinlich kommt die Fusotreponematose auch in vielen Fällen des Spitalbrandes vor.

Für das Krankheitsbild der Angina Plaut-Vincenti ist charakteristisch die *Diskrepanz zwischen der relativen Schwere der anatomischen Veränderungen und dem geringen Krankheitsgefühl.* Es bestehen vielfach nur leichte Halsschmerzen, trotz der geschwürigen Zerstörung. Die Geschwüre sehen „schankriform" aus. Die Pseudomembranen haben einen faulig-faden Geruch. Die retromandibulären Lymphknoten sind erheblich angeschwollen und mäßig druckschmerzhaft. Hohe Temperaturen gehören *nicht* zum Krankheitsbild. Bestehen sie doch, liegt eine Superinfektion (Streptokokken) vor. Die Krankheit verläuft schubweise. Über kurz oder lang kann es zur Spontanheilung kommen. *Komplikationen* sind leider immer wieder nachweisbar: Ausbreitung entzündlicher Infiltrate in das Bindezellgewebe der tiefen Nackenweichteile, Otitis media purulenta, Mastoiditis, eitrige Leptomeningitis, Arrosion großer Halsblutgefäße. Die Wassermannsche Reaktion ist negativ. In der Therapie war früher Neosalvarsan dominierend; heute wird eine kombinierte Medikation von Sulfonamiden und Antibiotica durchgeführt. Gelegentlich wird empfohlen, die Pseudomembran in Lokalanästhesie (Kokain) abzuziehen und die Wundflächen zu verätzen (Chromsäure). In Notzeiten ist die Angina Plaut-Vincenti häufig (schlechter Ernährungszustand der Kranken); in Zeiten der sozialen Ordnung und des Wohlstandes stellt die Plaut-Vincentsche Angina etwa 3 % im Kontingent aller Amygdalitiden.

Cave: Bei der Prüfung einer pseudomembranösen Gaumenmandelentzündung sollte stets auch bedacht werden, daß ein *atypischer Scharlach* (Kennwort: „Scharlachdiphtherie") zugrunde liegen könnte!

cc) *Phlegmonöse Entzündung und Abszeßbildung*

1. *Angina phlegmonosa*

Es handelt sich um eine eitrig-jauchige, flächenhaft ausgebreitete Entzündung im Schleimhautbindegewebe des weichen Gaumens, der Gaumenmandeln und des Kehlkopfeinganges. Gewöhnlich liegt eine mikrobielle Mischinfektion vor, getragen durch Streptokokken und Anaerobier. Eine derartige Entzündung nimmt nicht ganz selten ihren Ausgang vom Recessus supratonsillaris. Es entsteht sehr schnell eine abszedierende Peritonsillitis. Gelegentlich entsteht die phlegmonöse Angina von einem Decubitalulcus im Inneren einer Tonsillarkrypte. Auch eine Scharlach-Angina kann gleichsam ohne weiteres in einen phlegmonösen Prozeß übergehen. Das starke kollaterale entzündliche Ödem ist imposant. Klinisch wichtig ist das gefürchtete Ödem der aryepiglottischen Falten, das sogenannte Glottisödem!

2. *Angina follicularis abscedens*

An Gaumen- und Rachendachmandeln treten starke Follikelschwellungen mit *zentraler Follikelnekrose* auf. Es entwickeln sich multiple kleine follikuläre Abszesse. Diese brechen einmal nach der Oberfläche der Tonsillen, zum anderen ins peritonsilläre Bindegewebe durch. Auf diese Weise kann eine Thrombophlebitis, von jener aus eine Pyämie entstehen. In Fällen sogenannter tonsillogener Sepsis wird Unterbindung der Jugularvenen empfohlen. Die eigentlichen Ausbreitungswege bei tonsillogener Pyämie sind nicht in allen Einzelheiten geläufig. UFFENORDE machte eine lymphogene Verschleppung mit sekundärer Venenthrombose wahrscheinlich, EUGEN FRÄNKEL hielt die hämatogene Fortleitung für wichtiger. Wahrscheinlich ist es so, daß ein entzündlicher peritonsillärer Prozeß auch in der Kontinuität der geweblichen Spalten eine Venenthrombose erzeugt. In seltenen Fällen sind unmittelbare Arrosionen auch der Carotis beobachtet worden.

3. Angina gangraenosa s. phagedaenica

Dieses gefürchtete Leiden tritt nach phlegmonöser Angina, manchmal im Zusammenhang mit einer Scharlachdiphtherie, auf und wandelt Gaumenmandeln, Rachenschleimhaut, Zunge und Zahnfleisch in eine einzige jauchige, flottierende, stinkende, zundrige Masse um. Ähnliche Veränderungen werden nach Typhus abdominalis, bei Agranulocytose und Leukämie, bei Diabetes mellitus und Skorbut gesehen.

4. Retropharyngealabszeß

Hierbei kommt es zu einer Eiteransammlung im lockeren retro- und parapharyngealen Zellgewebe. Dadurch kann die hintere Rachenwand polsterartig vorgewölbt sein. Der Prozeß breitet sich schnell und vollständig aus. Aus dem Abszeß wird eine Parapharyngealphlegmone. Der Prozeß kann ebensowohl zum Mediastinum ab- wie zur Schädelbasis aufsteigen. Der Retropharyngealabszeß entsteht auf folgende Weise:

a) Es kommt zur *eitrigen Einschmelzung von Lymphknoten*, welche zwischen der Pharynxmuskulatur und der Faszie der prävertebralen Halsmuskulatur gelegen sind. Im allgemeinen sind die Lymphoglandulae pharyngeales laterales betroffen. Diese können nach Scharlach, Diphtherie und Typhus abdominalis vereitern.

b) *Karies der oberen Halswirbelsäule oder der Schädelbasis*. Im allgemeinen handelt es sich um eine latente, lange Zeit unbemerkt gebliebene tuberkulöse Affektion der Wirbelkörper oder des Dens axis oder der vorderen Zirkumferenz des Foramen occipitale magnum. In ländlichem Milieu spielt auch die Aktinomykose eine gewisse Rolle. Kariöse Zerstörungen der Wirbelkörper können auch Spät- und Sekundärfolge nach stattgehabten Frakturen sein.

c) *Mittelohreiterung*. Es mag zum eitrigen Durchbruch des Bodens des Antrum mastoidei oder der vorderen Gehörgangs-, endlich auch der Paukenhöhlenwand, kommen. Angeblich können sich auch eitrige Prozesse aus dem Bereiche der mittleren Schädelgrube und zwar durch das Foramen ovale oder das Foramen rotundum in Richtung auf den Retropharyngealraum hin entleeren.

d) *Trauma*. Die gefürchtete retropharyngeale Phlegmone kann auch durch Fremdkörperverletzung (Fischgräte, spitze Knochenstücke in der Nahrung), aber auch nach Verbrennung und Verbrühung, vielleicht auch nach Verätzung, entstehen.

e) *Abszedierte Tonsillitis*. Ein sogenannter Tonsillarabszeß kann Anschluß an das peri- und parapharyngeale Zellgewebe gewinnen. Aufmerksame klinische Kontrolle eines Tonsillarabszesses ist stets angezeigt! Die Gefahren des Retropharyngealabszesses bestehen, stichwortartig rekapituliert, in folgendem: Behinderung der Atmung, Durchbruch in die Luftwege, Glottisödem, Mediastinitis und Pleuritis, Meningitis und Hirnabszeß, Arrosion von Blutgefäßen!

dd) *Chronische Entzündungen*

Die chronische Entzündung der Rachenorgane führt entweder zur Hypertrophie oder — nachträglich — zur Atrophie. Bei Rauchern und Säufern entsteht oft eine Pharyngitis hyperplastica. Gelegentlich wird eine kleinknotige

Schleimhauterhabenheit gesehen; man spricht von Pharyngitis granulosa. Es kommt nicht nur zu einer Anschwellung des präformierten lymphadenoiden Gewebes, sondern zu einer echten Vermehrung desselben. In den Fällen des Vorliegens eines chronisch-atrophisierenden Katarrhes zeigen die Schleimhäute eine glatte Beschaffenheit und eine weißliche oder grauweiße Farbe. Das Exsudat kann eintrocknen und stinkende wandadhärente Borken bilden. Fibrös-atrophische Gaumenmandeln imponieren oft wie „knorpelähnliche Platten".

ee) Spezifische Entzündungen

1. Tuberkulose

In Fällen sogenannter oraler tuberkulöser Primärinfektion haben früher die *Gaumentonsillen* eine häufige Eintrittspforte abgegeben. Die tuberkulöse Infektion erfolgte fast ausschließlich durch infizierte Milch- oder Milchprodukte. In 80 % der Fälle sogenannter Tonsillentuberkulose wurde das Tuberkelbakterium vom Typus bovinus gefunden. Die primäre Tonsillen-Tuberkulose stellte so gut wie immer eine „Fütterungstuberkulose" dar. Ihre Häufigkeit war sehr stark von den ortsgegebenen Infektionsbedingungen abhängig. Während wir früher im diagnostischen Einsendegut unserer Institute unter 10 000 wahllos herausgegriffenen Gewebeproben 150 Fälle von Tonsillentuberkulose hatten, ist diese heute nach Ausrottung der Rindertuberkulose gänzlich verschwunden. — Die postprimäre Tonsillentuberkulose entsteht sekundär d. h. in Abhängigkeit von einer offenen Lungentuberkulose. Dabei mag es zu ausgedehnter Exulceration der Gaumenmandeln, der Schleimhaut der Gaumenbögen sowie der Rachenhinter- bzw. -seitenwand kommen. Gelegentlich greift die Tuberculosis luposa cutis nicht nur auf die Mundschleimhaut, sondern auch auf die Rachenwand über. Bei systematischer Durchmusterung der Gaumenmandeln von Menschen, welche an einer offenen Lungentuberkulose gestorben sind, findet man in 50—70 % aller Fälle eine Tonsillentuberkulose. Wir haben im Krieg mehrfach bei Kranken mit stark reduziertem Allgemeinzustand eine von einem tonsillären tuberkulösen Primärkomplex ausgehende tödliche Miliartuberkulose nachweisen können! — Der Morbus Besnier-Boeck-Schaumann kommt selbstverständlich auch an chronischentzündlich zerklüfteten Gaumenmandeln vor, angeblich in 2 % aller Boeck-Fälle.

2. Lues

Syphilitische Primäraffekte an den Gaumenmandeln sind beschrieben. Man bezeichnet einen Tonsillenschanker als *„diphtheroides Geschwür"*. Im Sekundärstadium kann es an der Rachenschleimhaut zur Entwicklung der *Plaques muqueuses* kommen. Luische Gummen können zu tiefgreifender geschwüriger Zerstörung und grotesker Vernarbung führen.

3. Tularämie

In unserer „Allgemeinen Pathologie", S. 137 hatten wir erörtert, daß es tonsillo-glanduläre tularämische Primärkomplexe gäbe. Im Bereiche der Gaumenmandeln entstehen tuberkuloide Granulome, welche zentrale schüttere Nekrosen, epitheloidzellige Palisaden und jeweils einen breiten Saum von Zell- und Kernschutt bieten. Langhanssche Riesenzellen können vorhanden sein, eine eigentliche Verkäsung fehlt. Der tularämische Prozeß greift auch auf das peritonsilläre Zellgewebe über.

4. *Typhus abdominalis*

Die Angina ulcerosa typhosa geht mit einer „markigen Schwellung", also mit Entwicklung typhöser Granulome und sekundärer Geschwürsbildung einher. Auf dem Boden einer typhösen Angina kann eine gangränöse Tonsillitis und Pharyngitis entstehen. Es wird vermutet, daß die Angina typhosa hämatogen im Sinne einer „Ausscheidungsentzündung" entsteht.

5. *Sonstiges*

Natürlich können *Lepra, Aktinomykose, Lymphogranulomatose, Mycosis fungoides,* aber auch die ungleich harmlosere *Toxoplasmose* an den Elementen des Waldeyerschen Rachenringes angreifen und auf die seitliche oder hintere Pharynxwand übersteigen. Hierdurch entstehen pseudotumorale granulomatöse Infiltrate, die zu ausgedehnter Nekrotisierung, gelegentlich zu grotesker Vernarbung führen können. Die *Amygdalitis toxoplasmotica* hat eine starke histologische Ähnlichkeit mit den Veränderungen bei *Lymphadenopathia Piringer-Kuchinka.* Vgl. „Spez. path. Anatomie I", S. 172.

d) Geschwülste und geschwulstähnliche Prozesse

aa) Gutartige Geschwülste

1. *Nicht-epitheliale Tumoren*

An den Gaumenbögen, den Tonsillen und am Rachendach finden sich *Fibrome.* Sie können symmetrisch und multipel auftreten. Eine besondere Bedeutung beansprucht das *juvenile Nasenrachenfibrom.* Einzelheiten wurden in „Spez. path. Anat. I", S. 244 dargestellt. Das juvenile Nasenrachenfibrom findet sich nicht nur im Kindesalter, sondern auch in höheren Lebensjahrzehnten. Es besitzt zwei Häufigkeitsgipfel. Im typischen (juvenilen) Falle zeigt das Nasenrachenfibrom eine breite Basis. Es nimmt seinen Ausgang von der Bindegewebshülle von der Fibrocartilago basalis, also dem eigentlichen und höchsten Rachendach. Die Geschwulst kann verhältnismäßig ausgedehnt, plump, gelappt, ausgerüstet durch große Zapfen, besonders gefäß-, daher auch blutreich sein. Sie verlegt die Choanen und erzeugt dadurch eine näselnde Stimme (Rhinolalia clausa). Die Geschwulst ist im histologischen Sinne nicht bösartig, sie setzt keine Metastasen. Aber sie ist raumfordernd, verdrängend, zerstört das knöcherne dorsale Nasenskelett. Feingeweblich handelt es sich nicht um ein simples Fibrom, sondern eine fibromatöse Neubildung, welche zugleich myxomatöse Strukturen besitzt. In der Umgebung der teilweise dickwandigen venolären Blutgefäße liegen sogenannte Proliferationsknospen. Ebendort zeigen die Bindegewebszellen einen retikulierten Bau. Die Grundsubstanz ist reich an sauren Mucopolysacchariden. Der Tumor neigt zur Rezidivbildung. — Es seien sodann angeführt: *Lipome, Angiome, Chondrome.*

2. *Epitheliale Tumoren*

Es handelt sich im wesentlichen um fibroepitheliale *Papillome,* welche baumförmig verzweigt, manchmal beerenförmig, gelegentlich blumenkohlähnlich aussehend, an den Tonsillen, Gaumenbögen, besonders an der Uvula auftreten. Besonders eindrucksvoll ist der traubige Bau dieser Geschwülstchen. Sie neigen zum Rezidivieren. Daneben finden sich *Adenome*. Sie nehmen ihren Ausgang von den kleinen Speicheldrüsen, welche vor allem in der Umgebung der Gaumenmandeln angesiedelt sind.

3. Mischgeschwülste

Hier gibt es alle möglichen Repräsentanten, höchst einfach, jedoch auch sehr kompliziert gebaute. Zu den „einfachen" sollte man rechnen: *Lymphome, Reticulome, Reticuloendotheliome.* Gutartige „eigenständige" Lymphome und Reticulome, welche eine im ganzen regulierte blastomatöse Variante orthischer Strukturen darstellen würden, gibt es wahrscheinlich nicht. Lymphome und Reticulome sind daher einseitig ausdifferenzierte, im ganzen jedoch gut ausgereifte dysgenetische Neoplasien (Mischgeschwülste). Histologisch nicht uninteressant sind diejenigen Mischgeschwülste, welche zwar im Rachen vorkommen, jedoch aussehen wie „*Speicheldrüsenmischtumoren*". Das non plus ultra der komplikativen Möglichkeiten stellt der *Epignathus parasiticus* dar. Es handelt sich um eine verhältnismäßig große *Tridermom-Bildung*, welche am Rachendach angeheftet ist und aus dem offenen Munde heraushängt. Histologisch finden sich die Abkömmlinge der drei Keimblätter, welche offenbar im Sinne sogenannter *Holoblastose* zur Entfaltung gelangt sind. Der Tumor ist an sich gutartig, stellt jedoch, weil konnatal auftretend, ein ernstes Bedrohnis dar (Erstickung, Blutung). Man kann den Epignathus parasiticus als *fetus in fetu per inclusionem* (ERNST SCHWALBE) verstehen.

bb) Bösartige Geschwülste

Bei den bösartigen Geschwülsten handelt es sich ganz überwiegend um *Carcinome*. An zweiter Stelle der Häufigkeit rangieren die *Sarkome*. Alsdann kommen seltenere maligne Neoplasien wie z. B. die *Endotheliome (Lymphangioendotheliom, Haemangioendotheliom, Peritheliom)*. Bezüglich der *Carcinome* gilt noch immer, was Häufigkeit und Aufteilung anbetrifft, die klassische Zusammenstellung von EWING (1942):

200 Fälle von Zungen- und Zungengrundcarcinom gliederten sich mikromorphologisch folgendermaßen:
  72 % Plattenepithelcarcinome
  13 % transitional-celled Carcinome
   4 % Lymphoepitheliome
  11 % sonstige
100 Fälle von Epipharynxgeschwülsten zeigten folgende histologische Verteilung:
  30 % Plattenepithelcarcinome,
  37 % transitional-celled Carcinome
  11 % Lymphoepitheliome
  22 % sonstige.

Die Carcinome besitzen natürlich histologische und damit wesensmäßig zusammenhängend auch biologische Besonderheiten. *Plattenepithelkrebse* sind im allgemeinen „reife" d. h. solche, die zur Verhornung neigen. Gerade diese sind gefürchtet, weil widerstandsfähig und gleichsam ohne Rücksicht in die Umgebung vordringend. Haben verhornte Plattenepithelkrebse erst einmal

Metastasen gesetzt, ist die Prognose infaust. Daneben existieren *anepidermoidale Pflasterzellcarcinome*, welche zwar im histologischen Sinne weniger reif, daher an Ort und Stelle schneller wachsen, jedoch sehr viel vulnerabler sind. Sie zeigen frühzeitig das Phänomen der Autodestruktion, neigen also zur Nekrotisierung. Deshalb setzen anepidermoidale Krebse im allgemeinen zeitlich später Metastasen. Schließlich existieren *Übergangsepithel*carcinome („transitional-celled Carcinomata"), welche phänische Ähnlichkeiten mit den Übergangsepithelkrebsen anderer Körperregionen (Nierenbecken, Harnleiter, Harnblase) haben. Es sind unreife Carcinome, die frühzeitig zur Exulceration neigen. Endlich gibt es Krebse, deren Klassifikation Schwierigkeiten macht. Wir sprechen von dem „undifferentiated-celled Carcinom". Hier ist eine nicht unerhebliche Variabilität der Zell- und Kerngestaltung gegeben. Die Geschwülste bereiten auch dem erfahrenen Histologen große Schwierigkeiten, sehen sie doch häufig aus wie Sarkome. Eine gerade für den Rachenraum ungemein charakteristische, wenn auch nicht eben häufige Neubildung ist das *lymphoepitheliale Carcinom (SCHMINCKE, REGAUD)*. Beide Autoren haben völlig unabhängig, jedoch gleichzeitig (1921) auf die blastomatöse Entfaltung des lymphoepithelialen Parenchymes aufmerksam gemacht. Die Regaudschen Geschwülste sind mehr „geschlossen", also solide gebaut, die Schminckeschen Tumoren dagegen retikuliert strukturiert. Es hat sich bewährt, die häufigeren Carcinome in eine Synopsis mit *den* Repräsentanten der Sarkome zu bringen. Wir hatten vor Jahren eine *Tabelle* ausgearbeitet (1956) und diese immer wieder ergänzt und verbessert (S. 86).

Die lymphoepithelialen Carcinome sind dadurch bemerkenswert, daß sie besonders strahlensensibel sind. Dies ist neuerdings durch S. KLEY (1970) bestätigt worden. Eine bestimmte Form der lymphoepithelialen Geschwülste, welche am höchsten Rachendach angesiedelt ist, wird in der Englisch sprechenden Welt *„Schneideriantumours"* genannt. Es handelt sich um Tumoren, welche ihren Ausgang von der „Schneiderschen Membran" nehmen. Dabei handelt es sich um die im Epipharynx hoch oben im Übergangsbereich zum Dach der Nasenhöhle gelegene Schleimhaut. Sie ist in jener Gegend etabliert, deren normal-anatomische Durchforschung auf KONRAD SCHNEIDER (Wittenberg, 1664) zurückgeht. Die damalige Schneidersche Entdeckung hatte eine bestimmte, gleichsam weltweite Bedeutung für die Rheumalehre (vgl. „Allgemeine Pathologie", S. 146).

Im übrigen können die Carcinome des Rachens, betreffen sie den Hypopharynx, zugleich als äußere Kehlkopfkrebse gelten! Ganz allgemein darf man davon ausgehen, daß carcinomatöse Infiltrate eine Neigung zur Exulceration haben. Die Tumoren erreichen Kastanien-, allenfalls Clementinengröße, zeitigen fetzige, buchtige Geschwüre mit unterminierten Rändern und öffnen einer pyogenen Infektion Tür und Tor. Die sekundären Konsequenzen sind verheerende. Nicht selten beendet die tödliche Blutung durch Tumorarrosion einer Halsschlagader das qualvolle Leiden. Auch hier ist die möglichst frühzeitige exakte Klärung der Diagnose die Voraussetzung für jeden echten therapeutischen Erfolg.

Das *Reticulumzellsarkom* neigt zu systematisierter Ausbreitung. Spontane Remissionen kommen vor. Die histologische Variabilität der Reticulumzellsarkome ist außerordentlich. Die Differentialdiagnose gegenüber einer Lym-

Typus	Lokalisation	Wuchsform	Konsistenz	Feinbau	Metastasen	Strahleneffekt	Altersdisposit.	Besonderheiten
I Plattenepithel-Carcinom	Gaumenmandel, (oberer Pol) Gaumensegel, Zunge, Hypopharynx.	Exophytisches Wachstum, Exulceration, Ausbreitung in der Fläche	Konsistenz fest	Histologisch mit u. ohne Verhornung, (Zungengrund basalähnliche Formationen)	Regionäre Lkn-Metastasen		Höheres Lebensalter	
II „Transitional-celled Carcinom" (Quick u. Cutler)	Gaumenmandel, Epipharynx, Zungengrund	Mehr Endophytie, tiefe Infiltration.	Konsistenz weich	Keine Verhornung, gleich- u. mittelgroße helle Zellen; bläschenförmige Kerne u. Mitosen.	Regionäre Lkn- u. Fernmetastasen	Strahlenempfindlich	Jedes Lebensalter	
III „Undifferentiated celled Carcinom"		Tiefe Infiltration.	Konsistenz weich	Sarkomähnlicher Bau, vereinzelte Ansätze zur Reifung.	Regionäre Lkn- u. Fernmetastasen	Strahlenempfindlich	Jedes Lebensalter	
IV Lymphoepitheliales Carcinom	Gaumenmandel, Epipharynx, Zungengrund, Hypopharynx, (kleiner, spät bemerkter Primärtumor)	Geringe Exophytie, starke Infiltration, geringe Neigung zur Exulceration, geringe Blutungsneigung.	Konsistenz weich	Gelappter Bau, keine Ansätze zur Reifung; Mitosen; Epithel: Lympho = 4:1 Ähnlichkeit mit II	Frühzeitige Metastasierung. (Lkn [Nacken], Leber, Skelett)	Strahlenempfindlich	Mittleres u. höheres Lebensalter	Typus Schmincke: Tonsillen, retikuliertes transitional-celled Carcinom Typus Regaud: Epipharynx, (Schneiderian-tumours') geschlossenes transitional-celled Carcinom
V Retothel- und Lympho-Sarkom	Häufig doppelseitig, besonders Gaumenmandeln!	Exophytisch, knotig, relativ späte Exulceration.	Markige Konsistenz	R.S: Variabilität d. Zell- u. Kernformen; häufig typisches Fibrillenbild. L.S: D.D. Lymphadenose.	Reichlichst Lkn-Befall obere Körperhälfte	Strahlenempfindlich	Jugendliches u. mittleres Lebensalter	

(Nach W. DOERR 1956, 1959, 1961)

phogranulomatose kann schwierig sein. Angeblich nehmen etwa 20 % aller Reticulumzellsarkome ihren Ausgang von den Rachenorganen. Die Neigung zur Ausbildung sogenannter Silberfibrillen ist ganz unterschiedlich stark.

Leukämische Infiltrate des lymphatischen Rachenringes finden sich vor allem bei chronisch-lymphatischer Leukämie. Exulceration gehört nicht zum eigentlichen Bilde. Die chronische myeloische Leukämie neigt mehr zur Nekrotisierung etwaiger Infiltrate. Wer unter der Last der Differentialdiagnose zwischen Reticulumzellsarkom, Lymphosarkom, maligner Reticulose oder blastomatöser Leukose steht, muß selbstverständlich den klinischen Allgemeinbefund, den Differential-Blutbild-Status kennen und die Kriterien der Zytotopochemie in Ansatz bringen.

e) Decubitalgeschwüre der Pharynxschleimhaut

Drucknekrosen der Schleimhaut im Hypopharynx werden oft an der Stelle gefunden, welche dem Ringknorpel des Kehlkopfes gegenüber liegt. Bei decrepiden Individuen sinkt bei Rückenlage der Kehlkopf nach dorsal. Die dorsale Zirkumferenz des Ringknorpels kommt auf die Vorderfläche der Pharynxhinterwand zu liegen. Genauer: Die Schleimhaut über der Hinterfläche der Cartilago cricoidea komprimiert die Schleimhaut der hypopharyngealen Hinterwand. Die Decubitalulcera können daher über der Hinterwand des Kehlkopfes, aber auch an der Hinterwand des Rachens, liegen. Im Geschwürsgrund findet sich einmal der Ringknorpel, zum anderen ein Wirbelkörper. Die Infektionsgefahr ist außerordentlich.

f) Pathologie des pharyngo-oesophagealen Grenzbereiches

Prüft man die Textur des Pharynx in der Ansicht von dorsal, erkennt man eine dachziegelförmige Schichtung der „Schlundkopfschnürer" (Abb. 8). Zwischen den Muskellagen können insofern kleine Lücken ausgespart werden, als Schleimhaut und Unterschleimhaut (Bindegewebe) einer dorsalen muskulären „Bewehrung" ermangeln. Mit anderen Worten: Es gibt Partien an bestimmt-charakterisierbaren Stellen, welche arm oder frei sind an und von Muskelzügen. Genau genommen: Es handelt sich um einigermaßen dreieckig abgegrenzte im pharyngo-oesophagealen Grenzbereich gelegene Felder, welche lediglich aus Schleimhaut und Unterschleimhaut bestehen. An diesen Stellen können herniöse Prolapse nach dorsal sowie dorso-lateral gebildet werden. Es handelt sich um *Pharynxdivertikel*. Diese Divertikel nennt man Zenkersche Divertikel. Es handelt sich um *Pulsionsdivertikel* (FRIEDRICH ALBERT VON ZENKER, Erlangen, 1825—1898).

Die Pulsionsdivertikel sind birnenförmige oder flaschenartige von vorn nach hinten leicht platt gedrückte Ausstülpungen, welche einen engen Zugang besitzen. Das typische Pulsionsdivertikel sitzt konstant an der dorsalen Pharynxwand, hart an der Grenze zum Oesophagus, dicht oberhalb des Oesophagusmundes. Es führt verschiedene Namen: Grenzdivertikel, dorsales Pharynxdivertikel, Hypopharynxdivertikel, pharyngo-oesophageales Divertikel. Es besitzt unterschiedliche Größe, es kann etwa kirsch- bis faustgroß sein. In extremen Fällen reicht ein Pulsionsdivertikel bis hinunter zum Zwerchfell.

Der Eingang zum Zenkerschen Divertikel ist im Regelfall 17 cm von der Reihe der Frontzähne entfernt. Die Divertikelwand besteht ganz überwiegend aus Schleimhaut und lockerem Bindegewebe. Gelegentlich finden sich einige Muskelfäserchen aus dem Gewebe des Musculus constrictor pharyngis inferior.

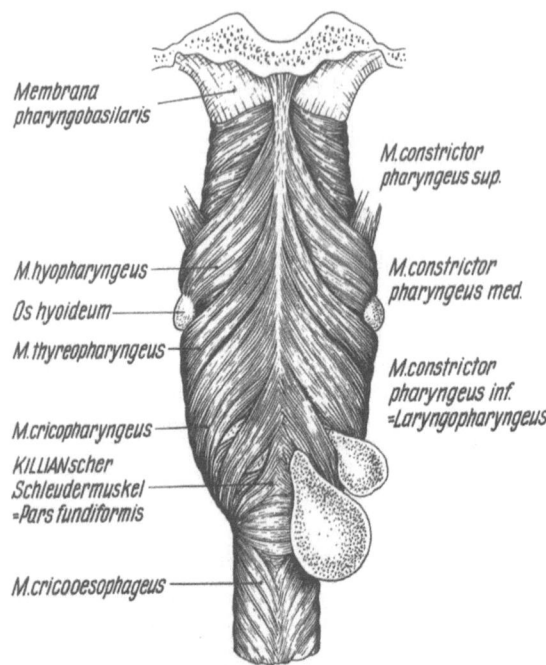

Abb. 8. Schematische Darstellung des pharyngooesophagealen Grenzbereiches und der Schlundkopfschnürer von dorsal

Für die hier skizzierte Problematik ist die Kenntnis der *Gliederung des Musculus laryngopharyngeus* besonders interessant. Er besteht (vgl. Abb. 8 auf dieser Seite) aus 4 in kraniokaudaler Richtung angeordneten Partien: *1. Thyreopharyngeus, 2. Cricopharyngeus, 3. dessen kaudalem Abschnitt: der Pars fundiformis, 4. Cricooesophageus.* Die Streichrichtung der Muskelfasern der Elemente unter Ziffer 1 ist eine aufsteigende, der Bauelemente unter Ziffer 2 und 3 eine angenähert horizontale, der Strukturelemente unter Ziffer 4 eine absteigende. Zwischen den Muskelfasergruppen 1 und 2 sowie 2 und 3 liegt häufig je ein kleines muskelschwaches, angedeutet dreieckiges bindegewebiges Feld. Das Dreieck zwischen den Elementen 1 und 2 liegt mehr lateral, das Dreieck zwischen den Bausteinen 2 und 3 liegt mehr medio-dorsal. Gerade das letztere ist für die Divertikelentstehung wichtig. Im allgemeinen wird die untere Begrenzung des Einganges in ein Traktionsdivertikel durch die Muskelfasern des Killianschen Schleudermuskels repräsentiert. Im Bereiche der geschilderten Wand-Dreiecke liegen nicht ganz selten umschriebene Fettgewebe-

ansammlungen von Lipomcharakter. Als Ursachen der Divertikelbildung werden genannt:
1. eine dispositionelle Wandschwäche;
2. ein Druck von innen her, hervorgerufen etwa durch zu große Nahrungsstücke;
3. unterstützend wirksam könnte ein Spasmus der Muskulatur des Oesophagusmundes sein.

Anhangsweise sei angefügt, daß bei experimenteller Reproduktion der Bindegewebsschwäche durch den Wirkstoff des Mehles der Süßerbse Lathyrus odoratus — Beta-Aminopropionitril — Hernien und Divertikel am Versuchstier erzeugt werden können. Daraus darf mit Vorbehalt abgeleitet werden, daß die „konstitutionelle Komponente" — Organdisposition durch Bindegewebsschwäche — für die Divertikelentstehung am wichtigsten ist.

Es gibt auch *laterale Pharynxdivertikel*. Diese entstehen auf dem Boden einer Kiemengangsfistel. Die lateralen Divertikel des Schlundkopfes liegen deutlich höher als die sogenannten dorsalen.

II. Speiseröhre

1. Entwicklungsgeschichte und normale Anatomie

Die Speiseröhre entsteht aus dem *Vorderdarm*. An dessen Übergang zum Kiemendarm wird die *ventrale Lungenrinne* abgeschnürt. Diese wird als Trachea von dem dorsalen Abschnitt, dem eigentlichen und nachmaligen Oesophagus abgegrenzt. Die Wand der Speiseröhre besteht aus drei Hauptschichten, der Schleimhaut, der Unterschleimhaut und der Muskulatur. Zwischen Mucosa und Submucosa schiebt sich eine Muscularis mucosae ein; in der äußeren Umgebung der Muskulatur findet sich eine Adventitia. Jene besteht aus lockerem Bindegewebe. Die Oesophagusschleimhaut trägt geschichtetes Plattenepithel. Bis zur 32. Woche der intrauterinen Entwicklung findet sich in der Oesophagusanlage Flimmerepithel. In der Submucosa des reifen Oesophagus liegen 200—300 alveolo-tubuläre Schleimdrüsen, welche reihenförmig, jeweils zu Gruppen zu 5 Stücken, zusammengefaßt sind. Etwa 2/3 der Gesamtheit dieser Drüsen finden sich in der oberen Oesophagushälfte. Gerade im oberen Abschnitt der Speiseröhre und in den sogenannten seitlichen Recessus sind *Magenschleimhautinseln* häufig nachweisbar. Es handelt sich um längliche bis rundliche, flach erhabene, bräunliche Einlagerungen, welche scharf abgegrenzt sind. Ihre Drüsen tragen Haupt- und Belegzellen und sind von lymphoidem Gewebe eingescheidet. Die Gesamtheit dieser Drüsen wird bezeichnet als *obere Oesophaguslabdrüsen*. Man kann sie, mit einiger Übung, in 70 % aller Sektionsfälle sichtbar machen. Nach SCHAFFER entstehen Magenschleimhautinseln dadurch, daß sich das zunächst indifferent gewesene Epithel der Oesophagusanlage nicht in Flimmer-, sondern in Drüsenepithel umwandelt. Es kommt dann zu einer heterotopen Entwicklung der eigentlichen Magenschleimhautdrüsen. Nach SCHRIDDE eignet den Epithelien der schleimhäutigen Oesophagusanlage eine differente prosoplastische Potenz. Sie seien imstande, sowohl Flimmer-, als auch Platten-, sowie Zylinder-Epithelien, schließlich die Epithelzellen mucinöser Drüsen sowie sogenannte Faserepithelien entstehen zu lassen. Niemals käme es zu einer direkten Metaplasie, immer und grundsätzlich zu einer Differenzierung der genannten Epithelzellen aus dem Bestande sogenannter Basalzellen. Die Magenschleimhautinseln werden etwa zur Zeit der Geburt geweblich manifestiert.

Der Oesophagus ist 25 cm lang. Die Pars cervicalis mißt 5, die Pars thoracalis 17, die Pars abdominalis 3 cm. Von der Zahnreihe bis zur Cardia sind es 40 cm, von der Zahnreihe bis zum Oesophagusmund 15—17 cm. Die Kreuzungsstelle zwischen Oesophagus und Aorta liegt 23 cm hinter der Frontzahnreihe und 8 cm abwärts vom oberen Ende des Oesophagus. Die *obere Enge* des Oesophagus ist die engste Stelle seines ganzes Verlaufes. Sie liegt in Höhe des unteren Randes des Ringknorpels des Kehlkopfes. Die „Lippe" des Oesophagusmundes wird durch ein submuköses Venengeflecht hervorgerufen. Im Gebiete des Killianschen Schleudermuskels ist angeblich eine dorso-mediane Raphe nicht, jedenfalls nicht immer, allenfalls nur undeutlich, nachweisbar. Dieser etwas eigenartige Muskelzug entspricht einer konstruktiven Notwendigkeit. Er besitzt die Aufgabe, verschluckte Bissen aus dem Pharynx in den Oesophagus im Sinne einer melkenden Bewegung zu transportieren. Die *mittlere Enge* des Oesophagus ist die *Aortenenge*. Sie liegt in Höhe des 4. Brustwirbelkörpers. Die *untere Enge* liegt 3 cm oberhalb der Cardia, im Bereiche des Durchtrittes der Speiseröhre durch das Zwerchfell! Jenseits der unteren Enge zeigt der Oesophagus eine ampulläre Erweiterung. Man spricht von dem *Vormagen*. An der *Cardia* findet sich eine komplizierte Anordnung der inneren Muskelschichten, jedoch kein eigentlicher glattmuskulärer Schließmuskel. Die Cardiamuskulatur verfügt jedoch über eine eigene, von Magen und Speiseröhre unabhängige Innervation. Sie nimmt eine funktionelle Sonderstellung ein.

Unter der *mittleren Enge* des Oesophagus kann eine Eindellung vorhanden sein, welche durch die Arteria subclavia dextra hervorgerufen wird. Es handelt sich um eine sogenannte Dysphagia lusoria. Man versteht darunter die Tatsache, daß die Arteria subclavia dextra nicht an gehöriger Stelle, sondern (beim linksgewendeten Aortenbogen) als letzter Ast, unmittelbar am distalen Rande des auslaufenden Aortenbogens, abgegeben wird. Die Arteria (subclavia) lusoria muß dann von ihrem links gelegenen Ursprungsorte zur rechten oberen Extremität hinübertreten. Dies kann auf verschiedene Weise geschehen, entweder ventral der Luftröhre oder aber zwischen Luft- und Speiseröhre oder, was das häufigste ist, zwischen Speiseröhre und Wirbelsäule. Gelegentlich ist eine komplette d. h. ventrale und dorsale arterielle Ringbildung um den Oesophagus gelegt. Es resultieren Schluck- und Schlingstörungen („Dysphagie"). Die Träger einer Dysphagia lusoria können, wenn sie wollen und bei einigem Training, ein pulssynchrones (luxurierendes) Rülpsen demonstrieren.

Der Lymphabfluß der Speiseröhrenwand erfolgt zu den tiefen cervicalen und hinteren mediastinalen Lymphknoten. Die vegetative Innervation ist durch sehr zahlreiche intramurale Ganglienzellhaufen ausgerüstet. Die oesophagische Sensibilität gilt als gering (Druck, Temperatur und Verätzung werden häufig nicht besonders wahrgenommen!). Die Sensibilität gehört zu den nervalen

Einrichtungen des 5. Thorakalsegmentes. Die Headsche Zone liegt also im Bereiche des 5. Intercostalnerven. Eine gesteigerte Sensibilität ebendort könnte einen direkten Hinweis darauf geben, daß z. B. ein Oesophaguscarcinom in statu nascendi begriffen ist.

Die venöse Versorgung der Oesophaguswand ist eine reichliche. Der nervöse Abfluß erfolgt einmal nach kranial in Richtung der thyreoidalen und mediastinalen Venen; sodann, im mittleren Bereich, zu den mediastinalen Blutadergeflechten, welche ihrerseits mit den Venae azygotes zusammenhängen. Der venöse Abfluß aus dem unteren Speiseröhrendrittel läuft über die Vena coronaria ventriculi und damit zur Pfortader.

2. Leichenerscheinungen

Durch den Transport eines Leichnams kann es zur „Ausschüttung" des Mageninhaltes und dadurch zu einer sauren Erweichung kommen. Man spricht von *Oesophagusmalazie*. Die saure Erweichung der Oesophagusschleimhaut bewirkt, daß das Epithel auf der Höhe der Falten in Fetzen heruntergezogen werden kann. Erst nach Lösung der Totenstarre der Oesophaguswand verstreichen die Falten; erst jetzt wird auch das Epithel in der Tiefe der Schleimhautfurchen zerstört. Dabei wird das submuköse Venennetz deutlich. Dieses offenbart seine Zeichnung durch eine schmutzig-braune Farbe. Gelegentlich entsteht eine saure Lochdefektbildung der Oesophaguswand mit Austritt des Magensaftes in das Mediastinum der unmittelbaren Umgebung. Soweit der Spiegel des ausgelaufenen Mageninhaltes in einer der Pleurahöhlen reicht, so weit ist auch die Pleura schmutzig schwarz-grünlich verfärbt.

3. Mißbildungen

Eine *Agenesie* d. h. ein komplettes Fehlen des Oesophagus, ist sehr selten. Mundhöhle und Magen sind dann durch einen soliden bindegewebigen Strang miteinander verbunden. Wichtig ist das Kapitel der *Oesophago-Trachealfisteln*. Es handelt sich um die Persistenz einer abnormen, meist schmalen Kommunikation zwischen Luft- und Speiseröhre, im allgemeinen entsprechend den in den Abbildungen 9 und 10 skizzierten Modi. Die *Oesophago-Trachealfistel* entsteht wahrscheinlich durch eine Störung der Abschnürungsvorgänge — der Trennungsprozesse — zwischen den beiden Hohlkörpern. Es gibt auch *Oesophago-Oesophagealfisteln*. Es handelt sich um eigenartige Kanäle, die aus dem Oesophagus in einen weiter kaudal gelegenen Abschnitt desselben Oesophagus hineinführen. Wahrscheinlich handelt es sich nicht um echte Fisteln, sondern um Erweiterungen der Ausführungsgänge relativ großer Schleimdrüsen. Die Kombination der konnatalen Oesophagusatresie mit der Oesophago-Trachealfistel ist eine der häufigsten Fehlbildungen: Gewöhnlich ist es so, daß der Oesophagus unterbrochen ist an der Grenze zu oberem zu mittlerem Drittel; ein nach kranial orientiertes zugespitztes Stück aus der kaudalen Oesophagusregion mündet dann in die Hinterwand der Trachea. Oberes und unteres Oesophagussegment können ebenfalls durch einen fädig-bindegewebigen Strang miteinander verbunden bleiben. Selbstverständlich ist auch eine gegensinnige Entwicklungsstörung möglich. Die Ausbildung der Fisteln hat angeblich etwas mit der Persistenz eines fetalen Epithelpfropfes zu tun. Wird die Diagnose nicht rechtzeitig gestellt, ist eine operative Hilfeleistung nicht möglich, gehen die Kinder mit angeborener Verödung des Oesophagus und oesophago-trachealer Kommunikation nach längstens einer Lebenswoche an *Exsikkose* oder *Schluckpneumonie* zugrunde. Im Falle einer Oesophagusatresie können im Mekonium natürlich keine Lanugohärchen gefunden werden.

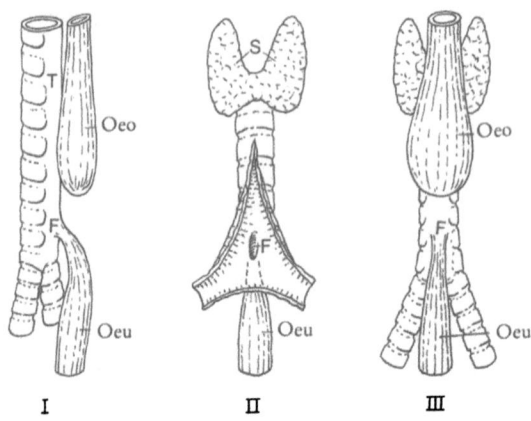

Abb. 9. Konnatale Oesophagusatresie mit Oesophago-Trachealfistelbildung. I = Ansicht von links; II = Ansicht von ventral, Zustand nach Eröffnung der Trachea; III = Ansicht von dorsal. — F = Oesophagotrachealfistel; Oeo = oberer Teil des Oesophagus; Oeu = unterer Teil des Oesophagus; S = Schilddrüse; T = Trachea. Nach EDUARD KAUFMANN, 1931; verändert

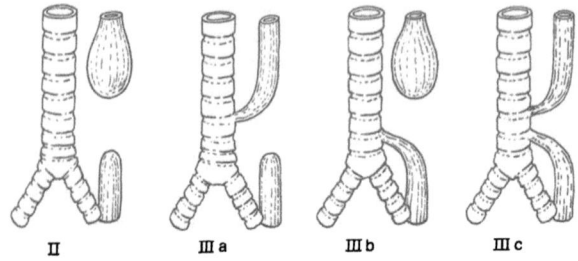

Abb. 10. Einteilung der Oesophagusatresien nach VOGT. T = Trachea; O = Oesophagus. — II = zwei blind endigende Oesophagussegmente; IIIa = Atresie des unteren Oesophagussegmentes, Oesophago-Trachealfistel im oberen Oesophagusabschnitt; IIIb = Atresie des oberen Oesophagussegmentes, Oesophagotrachealfistel im distalen Speiseröhrenabschnitt; IIIc = doppelte Oesophago-Trachealfisteln. Aus B. LÜHR; in: K. H. BAUER (Lehrbuch der Chirurgie), Berlin-Heidelberg-New York: Springer 1968, — verändert (Typus I der Darstellung von VOGT nicht aufgenommen)

Verhältnisse, welche man mit denen der konnatalen Atresie vergleichen kann, können in höherem Lebensalter durch narbigen Schrumpfungszug infolge eitrig-tuberkulöser Lymphadenitis (Entzündung auch der zwischen Oesophagus und Trachea gelegenen Lymphknoten!) entstehen. Der Oesophagus ist dann obliteriert, eine sekundäre Fistel stellt die Verbindung zwischen Luft- und Speiseröhre dar. — In seltenen Fällen findet sich eine *Dioesophagie*. Hier liegen zwei getrennte Speiseröhren vor mit mehr oder weniger völlig getrennter Cardia! In seltenen Fällen wird eine konnatale Stenose, welche die ganze Länge der Speiseröhre betrifft, ein *Megaoesophagus*, oder eine Dilatation des untersten Oesophagussegmentes beobachtet. Die Ektasie des untersten Oesophagus-Segmentes läßt an einen „Vormagen" denken.

In das Kapitel der „*Anlagestörungen*" gehören auch Veränderungen der topographischen Zuordnung von Cardia, Zwerchfell und Peritoneum (Abb. 11). Die Muskulatur des Zwerchfelles, welche den Hiatus oesophageus bildet, wird auch als Sphincter externus der Cardia bezeichnet. Die Muskelpfeiler des Zwerchfelles umgreifen den Oesophagus „wie eine Krawatte den Hals eines Menschen". Zwischen der äußeren Zirkumferenz der Speiseröhrenwand und der benachbarten Zwerchfellmuskulatur liegt eine bindegewebige Plombe. Man bezeichnet diese als Membrana phrenico-oesophagea. Jene setzt sich beim Neugeborenen an der Hinterwand des Oesophagus als Mesooesophagus freilich nur in einer Länge von 1,5 cm fort. Störungen in der Hiatus-Bildung können einen hernienartigen Durchtritt von Magenwandanteilen aus der Bauchhöhle in das Mediastinum ermöglichen. Man spricht von „*Hiatushernie*". Neben dem äußeren Sphinkter (Zwerchfell), dem inneren Sphinkter (Cardiamuskulatur) existiert ein dritter Verschlußmechanismus, der

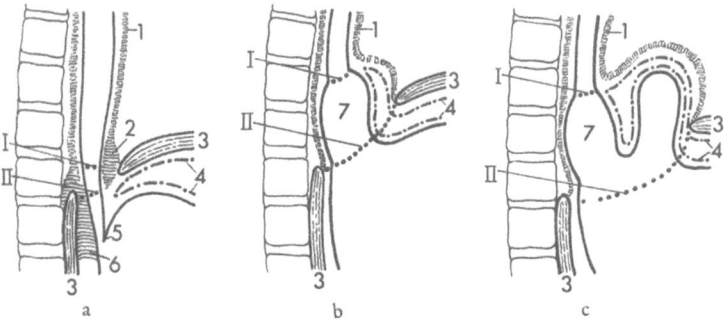

Abb. 11a—c. *Darstellung der topographischen Beziehungen Cardia : Bauchfell Zwerchfell.* a) Normale Cardia; b) Gleitende Hiatushernie; c) Gleitende paraoesophageale Hiatushernie. I = Sphinkter internus; II = Sphinkter externus (sogenannter Zwerchfellsphinkter); — 1 = Fascia propria oesophagea; 2 = Membrana phrenico-oesophagea; 3 = Zwerchfell; 4 = Peritonealüberzug; 5 = Hisscher Winkel; 6 = Mesooesophagus; 7 = epiphrenale Magentasche. — Bei den Positionen 1, 2 und 6 handelt es sich um einfache Bindegewebsschichten. Diese bestehen aus lockerem Material und können als „Gleitgewebe" verstanden werden. Position 5 ist ein „fakultativer" Winkel, der nur bei Zuständen einer besonderen Magenfüllung eine praktische Bedeutung, ähnlicher einer Ventilklappe, besitzt. Nach K. H. SCHAFER, aus FANCONI und WALLGREN, 1958; verändert

sogenannte Hissche Winkel. Die Magenblase kann die sichelförmige Schleimhautfalte, die zwischen der vorderen Zirkumferenz des Oesophagus und dem angrenzenden Teil des Magenfundus besteht, nach dorsal umklappen. Eine gleitende Hiatushernie ist relativ häufig; man schätzt, daß auf 5 Fälle von hypertrophischer Pylorusstenose je ein Fall von gleitender Hiatushernie kommt. Beide Geschlechter sind gleich häufig beteiligt. Die Hiatushernie geht mit Erbrechen, peptischer Refluxoesophagitis, Kompressionssymptomen der Lungen (Dyspnoe), schlußendlich mit einer Oesophagusstenose einher. Oberhalb einer Stenose des Oesophagus entwickelt sich eine Hypertrophie mit Dilatation. Es entsteht so etwas wie ein symptomatischer Megaoesophagus.

Wenn der Magen mit Luft gefüllt wird und der intraventrikuläre Druck etwa 25 cm Wasserhöhe übersteigt, kommt es zur Eröffnung der Cardia und zum Austritt von Mageninhalt nach oral. Die Schleimhaut-(-Magen-)falte, welche man Hisschen Winkel nennt, wird auch als *Plica cardiaca* bezeichnet. Eine tief eingeschnittene Plica ist die Voraussetzung für die Entwicklung einer „*Fornixkuppel*". Während die Kontraktion der Cardia an Ort und Stelle ausgelöst wird, ist die Erschlaffung zentral gesteuert.

4. Ernährungsstörungen

Im unteren Teil des Oesophagus finden sich nicht selten zirkuläre, leidlich scharf abgegrenzte *Ulcera ex digestione*. Bei gleichzeitiger venöser Hyperämie zeigen die Geschwüre eine braungrüne schmutzige Farbe; der Ulcusgrund ist feucht, zundrig-erweicht. Peptische Geschwüre der Speiseröhrenwand können so ähnlich aussehen wie das Bild einer Verätzung. Kleine und kleinste hämorrhagische Erosionen sind häufig und harmlos. — Vorwiegend bei älteren Frauen, welche eine *Achylia gastrica* haben (achylische Chloranhydrie), wird nicht selten über einen brennenden Schmerz hinter dem Brustbein geklagt. Man spricht vom Plummer-Vinson-Syndrom. Es liegt eine Eisenmangelanaemie zugrunde. (Lit.: H. ST. PLUMMER: J. Am. Med. Ass. 58:2013, *1912*; P. P. VINSON: Med. Clin. North. Am. 3:623, *1919*.) Bei dem Plummer-Vinson-Syndrom finden sich trophische Schleimhautveränderungen von Mund, Rachen, Speiseröhren und Magen; es finden sich Mundwinkelrhagaden, eine Aufsplitterung der Fingernägel, eine Seborrhoe, gelegentlich eine Blepharoconjunctivitis, ein niedriger Serum-Eisenspiegel sowie eine hypochrome Anaemie. Gelegentlich ist die erkrankte Oesophagusschleimhaut auch verdickt. Sie trägt leukoplakische Erhabenheiten. Eine Ariboflavinose kann ähnliche Veränderungen setzen. — Die sogenannten Magenschleimhautinseln in der Speiseröhre sind übrigens nahezu unbeteiligt, selbst an der Entwicklung peptischer Ulcera!

5. Kreislaufstörungen

Gelegentlich ist man überrascht durch eine starke *Chemose* der Oesophagusschleimhaut in ganzer Länge (von grch. chéme, Gienmuschel; chaino = ich gähne); was so viel bedeuten soll wie: die klaffende, geöffnete Muschel sieht wie das aufgesperrte Maul eines Gähnenden aus, das angrenzende Weichge-

webe der Muschel oder die geschwollene Übergangshaut der Lippen zum Vestibulum erinnert an eine „teigige Schwellung". Unter „Chemose" versteht man ein inveteriertes Ödem. Es kann sich nach habituellem Erbrechen, aber auch kollateral, bei entzündlichen Prozessen der Nachbarschaft, finden.
— *Variköse Ektasien der Oesophagusvenen* finden sich im oberen Drittel bei Struma maligna, im mittleren bei tumorigem Lungenhilus und im unteren Drittel bei Leberzirrhose, luischem Hepar lobatum und Pfortaderthrombose. Die Oesophagusvenen können bis bleistiftdick werden. Sie können zerreißen. Blutiges Erbrechen kann bei Jugendlichen das erste und einzige Symptom einer Leberzirrhose darstellen! Die Gegend der Ruptur kann außerordentlich klein und kaum sichtbar zu machen sein. Blutungen der Oesophagusschleimhaut finden sich sonst bei allen Formen der haemorrhagischen Diathesen. Tödliche Blutungen aus dem Oesophagus können durch carcinomatöse Usur einer Arterie oder aber aus einem Decubitalulcus erfolgen (Beispiel: Zustand nach Laryngektomie wegen eines Kehlkopfkrebses, Zustand nach Einlage einer Magenverweilsonde durch die Nase, abwärts vorbei am Operationsfeld; bei Arteriosklerose der im Sinne der Dysphagia lusoria abnorm zwischen Wirbelsäule und Oesophagus vorbeigeführten Arteria subclavia dextra entsteht durch die pulsatorische Friktion der Oesophagushinterwand zwischen Magenverweilsonde und wandstarrer Subclavia eine Arrosion, welche zu tödlicher Blutung führen kann!).

6. Entzündliche Erkrankungen

Bei einem *einfachen akuten Katarrh* findet sich eine Desquamation der oberflächlichen Epithellagen; die Gefäße der Tunica propria und Submucosa sind strotzend hyperämisch; die Schleimhaut ist im ganzen verdickt, sammetartig geschwollen und gerötet. Höhere Grade führen zum Bilde der *Oesophagitis exfoliativa*. Gelegentlich entsteht eine Oesophagitis dissecans superficialis, nach „chemischer Gewalteinwirkung" (Säure-, Laugen-Verätzung) eine Oesophagitis dissecans profunda. Es liegen mehr oder weniger ausgedehnte Entzündungsstraßen vor. Die *chronische katarrhalische Oesophagitis* findet sich gern bei Säufern, sodann bei kardialer Blutstauung, schließlich oberhalb von Oesophagusstenosen. Anatomisch imponierend ist die streifenförmige Verdickung der Epithelien, gelegentlich eine polypöse Elevation der Schleimhautfalten. Je stärker die entzündlich-hyperplastische Schleimhautentfaltung ist, um so schwächer wird gelegentlich die Muskulatur befunden. Interessant ist, daß die Beziehungen zwischen Leukoplakie der Oesophaguswand und fraglicher Carcinomentstehung nicht derart innige zu sein scheinen wie die zwischen Leukoplakie der Mundschleimhaut und Mundhöhlenkrebs. Unter einer *Oesophagitis follicularis* versteht man die feinstgranuläre, fast reibeisenförmig zu nennende Verdickung der Schleimhaut, welche bei chronischer Entzündung der intramuralen Drüsen mit Verstopfung der Gänge entsteht. Histologisch finden sich zahllose kleine und kleinste schleimgefüllte Retentionszysten. Auf dem Boden der Oesophagitis follicularis (retentiva) entsteht nicht ganz selten eine stärkere, flächenhaft ausgebreitete, tiefe Wandentzündung. Angeblich können auf diese Weise auch Phlegmonen der Speiseröhrenwand

entstehen. — *Pseudomembranöse und nekrotisierende Entzündungen* können fortgeleitet auftreten vom Pharynx aus (z. B. bei *Agranulocytose*); sie finden sich bei Scharlach, Diphtherie, Typhus abdominalis, Cholera und Uraemie. Empirisch gilt die Regel, daß die Magenschleimhaut eher an einer Diphtherie erkrankt als die der Speiseröhre. Thermische und chemische Reize stellen die häufigste Ursache für die Entwicklung einer fibrinösen Oesophagitis dar. Oesophagusverätzungen heilen mit Ausbildung von Strikturen ab. Nachgehende Fürsorge unter Umständen im Sinne einer jahrelangen Betreuung (Bougierung) ist unerläßlich! — *Oesophagusphlegmonen* entstehen gewöhnlich durch Übergreifen der Entzündung aus der Nachbarschaft. Damit hängt es zusammen, daß die intramurale Phlegmone so gut wie immer mit einer Perioesophagitis phlegmonosa vergesellschaftet ist. Sollte es ausnahmsweise doch zu einer Heilung kommen, muß mit strickleiterförmiger Narbenbildung gerechnet werden. — Im Formenkreis der *spezifischen Entzündungen* ist natürlich die *Tuberkulose* zu nennen. Sie kann auftreten als Miliartuberkulose, welche einen mehr zufälligen Befund darstellt. Sie kann auch als Geschwür auftreten, welche durch Übergreifen der Entzündung von einem benachbarten Lymphknoten oder einer Wirbelkaries aus zustande kommt. Im jeweiligen Geschwürsgrund können die Reste verkäster Lymphknoten gefunden werden. *Tertiär-luische Infiltrate* der Oesophaguswand sind natürlich bekannt; sie führen jedoch kein nosographisches Eigenleben. Die *Lymphogranulomatose* und die *Aktinomykose* können jeweils aus der Umgebung auf die Speiseröhre übergreifen. —
Anhang zum Entzündungskapitel. Bei entzündlichen Schäden der Speiseröhrenwand in der Folge einer stattgehabten Verätzung (Säuren, Laugen) gilt als Regel: Höhergradige Konzentrationen setzen nicht eigentlich eine Entzündung, sondern führen zu ausgedehnter Nekrotisierung; schwächere Konzentrationen gehen überwiegend mit entzündlichen Veränderungen einher. In der Umgebung der Wandnekrosen findet sich ein mächtiges Ödem. Bei stärkerer Verätzung entstehen Strikturen, die durch ein „wurstendenförmiges" Röntgenbild ausgezeichnet sind: Der orale Teil des Oesophagus ist durch Speisebrei gefüllt; er geht im Sinne allseitiger hochgradiger und scharfer Absetzung in den verödeten Oesophagusabschnitt („Wurstenden-Zipfel") über. Gelegentlich sind multiple Stenosen nachweisbar; in manchen Fällen ist die Dysfunktion des Oesophagus nach vorausgegangener Verätzung durch zusätzliche funktionelle Momente (Spasmen) kompliziert.

7. Geschwulstartige Prozesse und Geschwülste

Zysten. An der äußeren Zirkumferenz des Oesophagus, vorwiegend im unteren Drittel, finden sich kleine, durch Flimmerepithel ausgekleidete Zysten. Diese entstehen frühembryonal durch Abschnürung aus dem zugehörigen Darmrohr. Multilokuläre Flimmerepithelzysten entstehen nach dem Modus sogenannter Nebenlungen.

Die *Retentionszysten* der intramuralen kleinen Schleimdrüsen können zu kirschkern- bis walnußgroßen pseudotumoralen Auftreibungen führen. —

Fibrome, Lipome, Leiomyome, Neurofibrome (Neurinome) finden sich häufig und mehr zufällig in der Speiseröhrenwand. Die Geschwülste sind eher klein. Ausnahmsweise kommt eine *diffuse Myomatose* vor. Hierbei kann der Oesophagus zu einem armstarken Strang umgewandelt werden.

Fibroepitheliale Geschwülste, Polypen, — von sehr verschiedenem Feinbau —, *Adenome,* selbst vom Bau des Nebenpankreas, liegen in, unter der Schleimhaut, in der Submucosa oder auch in der Muskulatur.

Sarkome der Oesophaguswand sind selten. Sie finden sich vorwiegend bei Männern, besonders im unteren Drittel. Histologisch handelt es sich um Rund-, Spindelzellen-, um polymorphkernige Sarkome und um das maligne Melanom. Der *primäre Oesophaguskrebs* ist ungleich häufiger. Histologisch handelt es sich ganz überwiegend um Plattenepithelcarcinome. Diese sind durch die Entwicklung zwiebelschalenartiger Hornperlen ausgezeichnet. Die Größe der Hornbildungsstätten variiert außerordentlich. Man kann klein- und großzapfige Hornkrebsabschnitte unterscheiden.

Bei dem *Carcinom der Speiseröhre* handelt es sich in 79 % der Fälle um einen Plattenepithelkrebs, in 8 % um ein Adenocarcinom, in 3 % um indifferentzellige Krebse, in 10 % um sogenannte Mischgeschwülste. Im Bereiche der Cardia überwiegt das Adenocarcinom (etwa 50 %!). Die sogenannten Mischgeschwülste sind *Carcinosarkome!* Cardiacarcinome halten den Mündungstrichter des Oesophagus offen, dadurch entweicht die Luft der Magenblase, röntgenologisch fehlt also die Sichel- und Schattenbildung. In 13,2 % aller Fälle von Speiseröhrenkrebs kommt es zur Perforation aus dem Oesophagus in Trachea oder Bronchien! — *Plexiforme Basaliome* der Oesophaguswand sind bekannt. Diese sind möglicherweise identisch mit den solide gebauten Partien sogenannter Zylindrome. Der Krebs der Speiseröhre bevorzugt im allgemeinen eine der physiologischen Oesophagusengen; er wächst zunächst nummulär, sodann halbzirkulär, schließlich in der ganzen Zirkumferenz; er kann auch überwiegend longitudinal ausgebreitet sein. Krebsformen, deren größter Durchmesser 10 cm mißt, sind keine Seltenheit. Gelegentlich werden primär multiple Oesophaguskrebse nachgewiesen. Intramurale Propagation sowie Metastasierung durch das Prinzip der Inokulation (Impf-, Abklatsch-Metastasierung) werden immer wieder beobachtet.

Nach MEHNERT (Arch. Chir. Bd. 58) werden nicht 3, sondern 13, in Abständen von je 2 : 2 cm vorkommende Engen unterschieden. Sie sollen angeblich den 13 Wirbelsegmenten entsprechen, über welche der Oesophagus ausgebreitet ist. Krebse entstehen an *den Stellen,* welche den stärksten Reizeinwirkungen ausgesetzt sind. Sie können daher auch an Druckstellen gebildet werden, welche durch spondylotische also knöcherne Wülste zwischen benachbarten Wirbelkörpern hervorgerufen werden. Speiseröhrenkrebse können auch am Rande von Traktionsdivertikeln entstehen. Anfänglich üppig gewachsene Oesophaguscarcinome können durch Autodestruktion klinisch ein wechselvolles Bild bieten: Anfänglich vorhandene Stenoseerscheinungen können durch das Verschlucken des nekrotischen Materiales nahezu gänzlich, mindestens teilweise, wenigstens für einige Wochen- verschwinden.

Die größte *Gefahr* seitens des Speiseröhrenkrebses liegt in der *Perforation.* Der Tumor ist zunächst schrankenlos nach allen Seiten, auch in die Umgebung vorgedrungen; alsdann zerfällt er durch Autodestruktion. Dadurch entsteht ein Lochdefekt. Am meisten gefährdet sind die Respirationswege. Oesophagusgeschwülste in Höhe der mittleren Enge können auch in die hintere obere Umschlagfalte des Herzbeutels einbrechen. Im einen Falle besteht die Gefahr der Blutung, im anderen die der Entwicklung einer eitrigen Peri-Epicarditis. — Diagnostisch auch für das Oesophaguscarcinom wichtig ist die Virchowsche Lymphdrüse (Fossa supraclavicularis major sinistra).

8. Störungen des Lumens und der Kontinuität

a) Stenosen

Diese können angeboren oder erworben sein, sie entstehen (1.) durch Kompression, (2.) durch Obturation (Verstopfung etwa durch einen verschluckten größeren Fremdkörper) und (3.) durch Striktur (Tumor, Verätzung, sonstige Narben).

b) Dilatation (Ektasie) und Divertikelbildung

Bei der *Dilatation* unterscheidet man eine angeborene und eine erworbene. Die angeborene Speiseröhrendilatation ist identisch mit dem, was man *Megaoesophagus* nennt. Der Megaoesophagus entspricht mutatis mutandis dem *Megacolon*. Die erworbene Dilatation entsteht entweder auf dem Boden einer primären Atonie (= Dysphagia atonica mit dauernder Atrophie der Oesophaguswand) oder als *cardiotonische Speiseröhrenerweiterung*. In letzterem Falle handelt es sich um eine Störung des Cardiaöffnungsreflexes (sogenannter Cardiospasmus, besser: *Achalasia*). Die *Sphincterfrage* „intra muros cardiae" ist noch immer nicht bereinigt. Eine „klar definierte" zirkuläre Muskulatur ist nicht nachweisbar. Das Spiel der Reflexe an der Cardia wird als „gegenläufig" bezeichnet. Der Kontraktionsreiz wird an der Cardia selbst ausgelöst, der Impuls zur Erschlaffung der Cardiamuskulatur jedoch wird vom nervösen Zentrum her gesteuert. In beiden Fällen ist der Vagus mitbeteiligt, dagegen ist die Rolle des Sympathicus im ganzen unklar. Es scheint, daß die Führung der Innervation auf die intramuralen vegetativen Ganglienzellgruppen übergegangen ist. Der Vorgang ist dadurch kompliziert, daß offenbar jeweils eine ganze Reihe von hintereinander ablaufenden Reflexen abgespielt werden muß, um die Cardia zu öffnen und auch wieder zu schließen. Der Vagus ist wahrscheinlich für die Öffnung, nicht für die Schließung verantwortlich. Die experimentelle Vagusdurchtrennung beim Hunde verhindert die Öffnung der Cardia! Histopathologisch finden sich Veränderungen am Vagus, insbesondere auch an den intramuralen vegetativen terminalen Geflechten. Dort läßt sich eine Knäuelung, Knotung und Knüpfung nachweisen. Das zellulare Hüllplasmodium der intramuralen Ganglien ist voll entfaltet.

Es gibt Fälle von *Megaoesophagus*, bei denen überwiegt die *Querdehnung*, andere, bei denen imponiert am meisten die *Längsdehnung*. Dabei findet sich häufig, jedoch nicht immer, eine Hypertrophie vor allem der Ringmuskulatur. Die *cardiotonische Speiseröhrenerweiterung* reicht im allgemeinen nicht über den Hiatus oesophageus nach abwärts. Der normalerweise 25 cm lange Oesophagus kann bei Megaoesophagie bis 45 cm lang werden! Sein Umfang

kann bis 30 cm betragen. In den verdickten Wandschichten des Oesophagus finden sich ausgedehnte kleinzellige entzündliche Infiltrate. F. KÖBERLE hat darauf aufmerksam gemacht, daß bei der brasilianischen *Chagas-Krankheit* Megaorgane, besonders auch eine Megaoesophagie, vorkommen kann. KÖBERLE nimmt an, daß das *Schizotrypanum Cruzi* die vegetativen Ganglien befalle und weitgehend vernichte. Es würde also eine „aganglionäre Situation" als „erworbener Prozeß" zugrunde liegen. Hier „bietet" sich eine Parallele zwischen dem Megacolon connatum als genisch bedingtem Defekt der Ganglienzellgruppen (intra muros) und der enormen Chagas-Hypertrophie des Oesophagus „an"!
(*Literatur:* F. KÖBERLE, Verhandlungen der Deutschen Gesellschaft für Pathologie 44 : 139, *1960*).

In allen Fällen von Megaoesophagus finden sich auch Veränderungen des Plattenepitheles der Schleimhaut im Sinne der Ausbildung multipler Leukoplakien.

Etwas ganz anderes ist die sekundäre Dilatation der Speiseröhre oralwärts einer Stenose. Bei den *Divertikelbildungen* unterscheidet man *Traktions-* und *Pulsionsdivertikel.* Die einen entstehen durch einen Zug an der Speiseröhrenwand von außen, die anderen durch eine Drucksteigerung von innen her. Alle diese Divertikel kann man „*Zenkersche Divertikel*" nennen (vgl. S. 87).

Traktionsdivertikel finden sich an der vorderen oder seitlichen Oesophaguswand im mittleren Drittel der Speiseröhre in der Nähe der Bifurkation. Es handelt sich gewöhnlich um fingerkuppenartige Vertiefungen. Die eigentliche Kuppe ist oralwärts orientiert, ihre größte Tiefe im allgemeinen nicht über 2 cm messend. Die Kuppenwand ist schwielig-entzündlich umgewandelt, derb. Untersucht man genauer, findet man Reste einer anthrakotisch indurierten, aputride-nekrotisierten, daher sekundär erweichten Bronchiallymphdrüse. Zuweilen sind die Reste einer zirkumskripten chronisch-fibroplastischen Mediastinitis erkennbar. Möglicherweise liegt weniger ein Schrumpfungszug als eine Entwicklungsstörung zugrunde. J. KOPPELMANN hat durch Rekonstruktion von Wachsplattenmodellen zeigen können, daß das Traktionsdivertikel nichts anderes als eine rudimentäre, in Höhe der Trachealgabel gelegene konnatale Oesophago-Trachealfistel (!) darstellt (I. D. Kiel 1959). Kleine Divertikel sind gewöhnlich symptomenlos, größere Divertikel jedoch können perforieren, sowohl in das Mediastinum, als auch durch die hintere obere Umschlagfalte des Herzbeutels in das Cavum pericardiacum. Auf diese Weise kann eine fibrinös-eitrige Pericarditis entstehen.

Über die *Pulsionsdivertikel* hatten wir berichtet (S. 87). Sehr selten sind epibronchiale und epiphrenale Pulsionsdivertikel. Inwieweit es sich hier wirklich um die Folgen einer intraoesophagealen Drucksteigerung handelt, sei dahingestellt.

Über die besonders interessante Frage der Pathogenese der „cardiotonischen Speiseröhrenerweiterung", der sogenannten Achalasie, ist eine reiche Literatur entstanden und auch umfangreiches experimentelles Material gesammelt. Die „Achalasie" ist — genau genommen — dasselbe wie der „Cardiospasmus". Der Terminus „Cardiospasmus" geht auf J. V. MIKULICZ, 1882, die Bezeichnung „Achalasie" auf HURST, 1927, zurück.

(*Literatur:* P. C. ALNOR „Zum Krankheitsbild des sogenannten Cardiospasmus", Heidelberg und Frankfurt: HUTHIG 1959; Elektronenmikroskopische Beobachtungen vgl. H. DAVID „Elektronenmikroskopische Organpathologie", Berlin: Verlag Volk und Gesundheit 1967, S. 162.)

9. Fremdkörper

Besonders gefährlich sind kleine spitze Fremdkörper. Diese spießen sich ein, zeitigen eine intramurale Infektion, vermitteln schließlich das Angehen einer Mediastinitis, Pleuritis sowie Pericarditis. Besonders dünne Fremdkörper können glatt perforieren, z. B. Nähnadeln, und „wandern" in den Herzbeutel. Dort können sie zufällig bei einer Obduktion gefunden werden. Große Fremdkörper erzeugen eine Decubitalnekrose. Spontane Rupturen sind angeblich auch bei gesunden Oesophagi durch Drucksteigerung bei Erbrechen beobachtet worden. Oesophagusruptur kann als Spätfolge nach stumpfem Trauma eintreten. Zerreißungen der Oesophaguswand finden sich auch nach Gasphlegmone (z. B. Infektion durch Escherichia coli). Der Tod tritt im allgemeinen nach 24 Stunden ein. — In allen Fällen einer Oesophaguswandruptur sollte bedacht werden, ob die Zerreißung nicht an präformierter Stelle entstanden ist: Wahrscheinlich auf dem Boden eines peptischen Oesophagusgeschwüres, vielleicht im Bereiche eines kleinen Traktionsdivertikels, möglicherweise in der Gegend einer entzündlichen Desintegration, welche von außen her durch einen Lymphknoten auf die Speiseröhre übergegriffen hatte. — Bezüglich der in den Oesophagus eingekeilten Fremdkörper hat die Regel zu gelten, daß nach Klärung der Diagnose das Corpus alienum zu entfernen ist! Dabei hat man sich zu hüten, einen fest haftenden Fremdkörper mit Gewalt tiefer zu stoßen oder herauszuzerren. Die Arbeiten haben unter Leitung des Auges (Oesophagoskop) zu erfolgen. Gelingt es nicht, auf diese Weise den Fremdkörper zu mobilisieren, hat Oesophagotomie zu erfolgen. — *Anhang:* Interessant sind die verschiedenen chirurgisch-technischen Möglichkeiten der „Oesophagusplastik" wegen Oesophagusobliteration (z. B. nach Laugenverätzung). Man bevorzugte früher die Anlegung eines antethorakalen Hautschlauches. Dabei handelt es sich darum, daß ein Brusthautschlauch subkutan versenkt wurde, nachdem er oben an den Halsoesophagus und unten, unter Vermittlung einer zwischengeschalteten Dünndarmschlinge, an den Magen angeschlossen war. LINDER und LINDER haben 8 Fälle des Weltschrifttums zusammengestellt, bei denen 20—40 Jahre nach Anlage der Hautplastik im Inneren des Hautschlauches ein Carcinom — Plattenepithelkrebs — infolge der chronischen jahrelang anhaltenden Reizwirkung — entstanden war (*Lit.:* Thoraxchirurgie 16 : 48, *1968*)!

III. Magen

1. Anatomische Vorbemerkungen

Der Magen gliedert sich in zwei Hauptabschnitte, den *Saccus digestorius* (= absteigender Schenkel, bestehend aus Fundus, Corpus und Antrum pylori) und des *Saccus egestorius* (= aufsteigender Schenkel; bestehend aus dem Canalis pyloricus). Der *Fundus* ist vom Oesophagus durch die Incisura cardiaca getrennt. Zwischen Fundus und Corpus findet sich an der großen Kurvatur ein kleiner Einschnitt, der Sulcus superior. Zwischen Corpus und Antrum liegt der Sulcus medianus. Zwischen Antrum und Canalis pyloricus liegt der Sulcus inferior. An der kleinen Kurvatur liegt die Incisura angularis an der Grenze zwischen ab- und aufsteigendem Teil. Der Canalis pyloricus ist durch seine kräftige Muskulatur gut gegen das Antrum pylori abgesetzt. Die Muskulatur des Magens stellt die Fortsetzung der Muskulatur der Speiseröhre dar. Die Längsmuskulatur folgt hauptsächlich den Kurvaturen, während über die Vorder- und Hinterwand des Magens nur wenige schräg-longitudinale Fasern auslaufen. An der Incisura angularis liegt eine Unterbrechung der Längsmuskulatur. Der Canalis pyloricus besitzt Muskelfasern, welche dem sogenannten Darmtypus entsprechen. Diese sind für die Durchführung einer kräf-

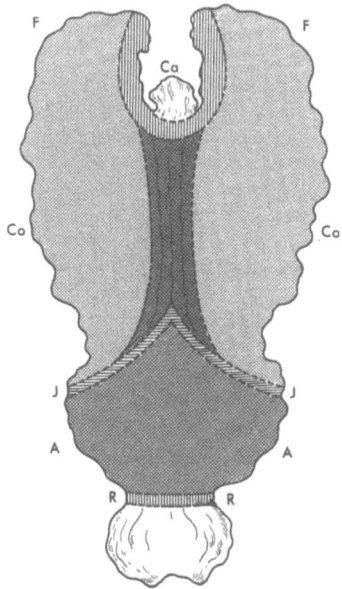

Abb. 12. Schema sogenannter Drüsenfelder des menschlichen Magens nach L. ASCHOFF (verändert). A = Antrum pylori; Ca = Cardia; Co = Corpus; F = Fundus (= Fornix); J = Intermediäre Zone; R = Regio pylorica; in Bildmitte longitudinal die Magenstraße

tigen peristaltischen Kontraktionswelle besonders geeignet. Die sogenannte innere Ringmuskulatur nimmt einen schrägen Verlauf, man spricht von den Fibrae oblique. Diese bilden nächst der und parallel zur kleinen Kurvatur eine Halbrinne. Die Entwicklung der Fibrae obliquae soll mit der Ausbildung des Fundus ventriculi zusammenhängen. Tiere, denen der Fundus fehlt, besitzen keine schrägen Muskelfasern. Pyloruswärts bildet die Ringmuskulatur der Magenwand den Sphincter pylori, der durch eine sehr feine Bindegewebsschicht von der Ringmuskulatur des Duodenum getrennt ist.

Am frischen Leichenmagen wird die Grenze zwischen Corpus und Antrum als *Isthmus* (FORSSELL), nämlich durch eine „physiologische Pseudosanduhrform" sichtbar. An der Magenstraße (WALDEYER) liegen vier longitudinal und einigermaßen parallel orientierte Schleimhautfalten. Das Schema der Abb. 12 zeigt die Anordnung verschiedenartiger Schleimhautzonen.

Bezüglich der Schichtung der Magenwand sind zu unterscheiden: *Mucosa* im engeren Sinne, *Muscularis mucosae, Submucosa, Subserosa* sowie *Serosa*. Bei Betrachtung der Magenschleimhaut von der Fläche her (aus der Lichtung des Magens) kann man unterscheiden ein *Hochrelief*, ein *Flachrelief* und ein *Mikrorelief*. Es handelt sich um territoriale Abgrenzungen, welche durch das Schleimhautfaltenbild einigermaßen bestimmt werden. Die kleinste „Reliefeinheit" wird durch die *Area gastrica* repräsentiert. Die Areae gastricae zeigen einen mamillenähnlichen „Habitus". Jede Area gastrica hat einen größten queren Durchmesser von 1—6 mm. Das Innere ist vollgestopft durch Drüsenausführungsgänge, welche jeweils von der Tiefe her nach der Oberfläche orientiert sind. Gerade deshalb bietet sich ein entfernter Vergleich mit der Beschaffenheit einer Brustwarze an. Die Ausführungsgänge sind oft derart zahlreich, daß sie sich zu den Sulci, also zu Rinnen, jeweils zwischen den Plicae villosae im Bereiche jeder Area gelegen, zusammenschließen. Zwischen den einzelnen Areae gastricae sind also vergleichsweise tiefe Gruben „eingeschnitten". Die Magenschleimhaut trägt bekanntlich ein einschichtiges Zylinderepithel. Dieses kleidet die Rinnen bis in die Tiefen aus. Im Inneren der einzelnen Epithelzellen finden sich Sekrettropfen. Dadurch werden Cytoprotoplasma und Zellkerne gleichsam an die Zellbasis gedrängt. Das eigentliche Sekret ist ein Mucinkörper von alkalischer Reaktion, der sich von anderen Schleimarten dadurch unterscheidet, daß er in Salzsäure nicht löslich ist, sondern ausfällt. Bei der HE-Färbung tritt eine Blaufärbung dieses Schleimes nicht ein. Die *Magenschleimhautdrüsen* münden also jeweils im Bereiche kleiner Rinnen. Die Existenz „echter" Drüsen ist früher lebhaft bestritten worden. Man nahm an, daß das, was man Magendrüsen nennt, im Grunde nichts anderes als Epitheleinsenkungen, von der Oberfläche herkommend, darstellten. Man kann jedoch ohne weiteres von sogenannten Drüsen sprechen, weil die in die Tiefe verlagerten Zylinderepithelzellen weitgehend spezifische Aufgaben verrichten. Sie liefern im Gegensatz zu den einfachen Oberflächenepithelien nicht nur Schleimhautschutzstoffe, sondern spezifische Verdauungssäfte. Einer Empfehlung von L. ASCHOFF folgend unterscheiden wir eine Reihe typischer Drüsenformen:

1. Glandulae cardiacae: Sie sind nur spärlich vorhanden, münden jeweils in Einzahl in sogenannten ungeteilten Rinnen. Die Cardiadrüsen sind zusammengesetzte tubuläre überwiegend seröse Drüsen, deren Epithelien den Zellen der pylorischen Drüsen sehr ähnlich sind. Belegzellen kommen in den Drüsen der Cardiazone nur ausnahmsweise vor.

2. *Glandulae fornicis:* Es handelt sich um die sogenannten Magenfundusdrüsen. Hier sind vornehmlich zwei Zellarten auffällig: Helle Zellen, welche bei HE-Färbung einen bläulichen Farbton annehmen. Es handelt sich um die *Hauptzellen.* Sie sind relativ groß und dick, sie erreichen sämtlich die Drüsenlichtung. Daneben finden sich kleinere, mit Eosin rötlich getönte Zellen. Man nennt sie *Belegzellen;* diese erreichen nicht alle die Drüsenlichtung, liegen also vorwiegend basal und stellen daher für die Hauptzellen einen „Belag" dar. Zu jeder Belegzelle hin verläuft ein winziges Seitenästchen des zentralen Sekretkanälchens der Drüse. Die Belegzellen tragen wahrscheinlich in ihrem Protoplasma intrazellulare Sekretcapillaren. Die Belegzellen liefern die Magensalzsäure. Die Fundusdrüsen sind in ihrem Halsteil besonders eng. Dort liegen die meisten Belegzellen. Beim Tier (Pferd) finden sich Anastomosen zwischen benachbart gelegenen Drüsen; beim Menschen bleiben die Drüsen des Magenfundus solitär. Die Belegzellen führen gelegentlich zwei Kerne. Die Hauptzellen produzieren das Pepsinogen, welches durch die Salzsäure der Belegzellen aktiviert wird. Daß die Belegzellen tatsächlich Salzsäure bilden, scheint aus der Chloridspeicherung im Zellinneren und aus dem Fehlen von Belegzellen der regio pylorica hervorzugehen, in deren Bereich der Magensaft im allgemeinen alkalisch reagiert.

An dieser Stelle ist der klassische Versuch von CLAUDE BERNARD (1859) zu nennen: Einem Versuchstier (Hund) wird zunächst Eisenlaktat, sodann Kaliumferrocyanid eingespritzt. Nach Tötung des Tieres nach kurzer Zeit findet sich Berlinerblau $Fe^{III}[Fe^{III}Fe^{II}(CN)_6]_3$ ausschließlich auf der Magenschleimhaut! Die Bildung von Berlinerblau aus Ferro-Salz und Kaliumferrocyanid erfolgt nur in Gegenwart freier Mineralsäuren. Dadurch war — vor mehr als 100 Jahren — die Salzsäurebildung der Magenschleimhaut praktisch bewiesen. Heute verfügt man über histotopochemische Mikrotitrationsmethoden (LINDERSTRØM-LANG). Dadurch ist die quantitative chemische Bestimmung bestimmter Stoffe, Stoffgemische sowie deren gewebliche Lokalisation möglich geworden. Aus verschiedenen Magenwandabschnitten werden und zwar aus der gefrorenen Schleimhaut (!) kleine Zylinder ausgestanzt, welche 50 μ hoch und 2,5 mm dick sind. Diese zierlichen Zylinder werden auf speziellen Mikrotomen (Kryostat) in Scheiben zerlegt. Die kleinen Gewebescheiben werden extrahiert, die Titration wird durch exakt geeichte Capillarbüretten vorgenommen. Die Mischung der extrahierten Flüssigkeiten erfolgt in winzigen Reagenzgläschen. Die Bewegung der Glascapillaren wird elektromagnetisch gesteuert. — Schließlich sei eine dritte Zellart der Fundusdrüsen genannt, die kleinere, vorwiegend am Drüsenhals lokalisierte *Nebenzelle.* Man kann die Nebenzellen verhältnismäßig leicht durch die Bestsche Glykogenfärbung oder die PAS-Reaktion darstellen.

3. *Glandulae corporis:* Der Bau dieser Drüsen wird am besten durch das beigefügte Schema von PETERSEN (Abb. 13) in das Gedächtnis zurückgerufen. Die Corpusdrüsen entsprechen einigermaßen dem Bau der Fundusdrüsen. Die Drüsen in beiden Regionen sind also dadurch ausgezeichnet, daß sie Haupt-,

Neben- und Belegzellen führen. Daneben gibt es andere kleinere, sogenannte parabasale Zellen, auf deren zeichnerische Eintragung wir verzichtet haben. Sie sind versilberbar und haben möglicherweise eine Beziehung zur Glukagonbildung.

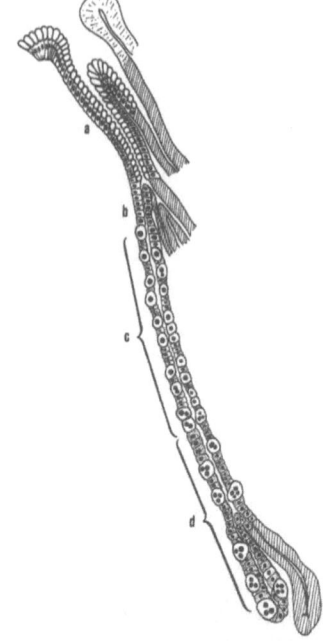

Abb. 13. Schema einer Magendrüse aus dem Fundus-Corpus-Bereich, nach H. PETERSEN (leicht verändert). a = Krypte, b = Drüsenhals, c = Drüsenmittelstück mit Nebenzellen und Belegzellen, d = Drüsengrund mit Haupt- und Belegzellen. *Cave:* Die Belegzellen sind zweikernig

4. *Intermediärdrüsen:* Die Intermediärzone ist schmal, sie liegt an der Grenze zwischen Corpus und Antrum. Es handelt sich um einen durchgehenden, jeweils nur wenige mm breiten Schleimhautstreifen, in dessen Bereich eine starke Drüsenmischung zustande kommt. Die sogenannten Intermediärdrüsen führen auch Hauptzellen; sie sind daneben reich an einfachen serösen Formationen. Die Nebenzellen überwiegen quantitativ deutlich.

5. *Glandulae praepyloricae:* Nach und nach überwiegen seröse Drüsen. Die feinere zellulare Differenzierung tritt in den Hintergrund. Belegzellen sind normalerweise so gut wie niemals vorhanden! Die eigentlichen Pylorusdrüsen sind lang ausgezogene tubuläre, gewöhnlich gegabelte, dichotomisch verzweigte Gebilde. Unmittelbar am Pförtner schieben sich bereits Darmepithelien ein. Im distalen Grenzbereich zum Duodenum findet sich noch einmal, gleichsam überraschend, eine große Anzahl von Belegzellen. Es ist, als ob ein

allerletztes Mal ein, wenn auch bescheidener Salzsäurenachschub geliefert werden sollte. Die Drüsen der eigentlichen Regio pylorica gehen ohne scharfe Grenze unter allmählicher Durchdringung der Muscularis mucosae in die Brunnerschen Duodenaldrüsen über.

Das zwischen den Drüsen gelegene lockere Schleimhautbindegewebe (Tunica propria) ist reich an Lymphocyten, Plasmazellen, eosinophil gekörnten Leukocyten. Gelegentlich finden sich Noduli lymphatici solitarii. Die Reichlichkeit der Einlagerung des lymphoretikulären Gewebes ist sehr starken Schwankungen unterworfen. Finden sich Lymphfollikel mit Reaktionszentren, haben diese die Muscularis mucosae durchbrochen, liegen die lymphatischen Gewebekongregationen also auch in der Submukosa, so bedeutet dies mit Sicherheit eine pathologische Situation.

LUDWIG ASCHOFF hatte darauf aufmerksam gemacht, daß die einzelnen Drüsenfelder aus der vergleichenden Anatomie zu verstehen seien. Die unterschiedlichen Drüsenfelder seien in der Wirbeltierreihe zeitlich nacheinander zur Entwicklung gelangt. Aus einer ursprünglich einheitlich gewesenen Drüsenzellart des Corpus ventriculi hätten sich bei den Säugetieren die Haupt- und Belegzellen herausdifferenziert. Erst nachträglich seien die Pylorusdrüsen zur Entfaltung gelangt.

Sucht man die Grenze zwischen den Salzsäure produzierenden Corpus- und den im allgemeinen Salzsäure-freien praepylorischen Drüsen, so gilt folgende Regel: Die Grenze läge mit der für diese Dinge gültigen Sicherheit im Bereiche der kleinen Kurvatur zwischen dem mittleren und dem distalen Magendrittel, an der großen Kurvatur etwa zwischen drittem und viertem Viertel (von der Cardia in Richtung Pylorus gerechnet). Zu der groben Magenform besteht keine echte Beziehung. Man kann sagen, daß die skizzierte Grenze etwa mit der Intermediärzone ASCHOFFs zusammenfällt. Jene stimmt anatomisch nicht ohne weiteres mit dem Forsellschen Isthmus überein.

2. Bemerkungen zum Gastrinproblem

Bekanntlich stellt der Magensaft eine Mischung dar, im wesentlichen aus einer sauren und einer alkalischen Komponente. Man spricht von einem „Primärsekret". Die Ionen des Primärsekretes sind folgende:

$$H^+, K^+, Na^+, Ca^{++}, Cl^-, HCO_3^-, PO_4^{---}$$

Die jeweils abgegebene Menge wird in mÄq/l angegeben. Wird die Sekretion angeregt, nimmt das Volumen des sauren Sekretes, also das Sekretionsprodukt der Belegzellen, stark zu. Die Regulation der Magensaftproduktion ist von zahlreichen Faktoren abhängig, von psychischen und sensorischen Einflüssen, welche wohl im wesentlichen über den Nervus vagus wirken, von Nahrungsaufnahme, Dehnung der Magenwand — besonders des Antrum pylori —, von Alkohol und Coffein. Die Mehrzahl dieser „Reize" wirkt über eine Freisetzung des Gastrines. Wo der genaue Bildungsort des Gastrines ist, ist derzeit nicht mit letzter Sicherheit zu sagen. Es wird angenommen, daß es sich um Zellen der Schleimhaut des Antrum pylori handelt, wahrscheinlich um solche, welche am Grund der jeweiligen Drüsen angesiedelt sind. Gastrin wurde erstmals von EDKINS (1906) aus der Magenschleimhaut der Katze extrahiert. Zeitlich wenig später konnte man aus vielen tierischen und menschlichen Geweben Stoffe gewinnen, welche in ihrer Wirkung dem Gastrin ähnlich zu sein schienen; diese wurden als Histamin identifiziert (DALE und LAIDLOW, 1910). Über der Freude am Besitze des Histamines als eines Stoffes, der imstande ist, die sekretorische Aktivität der Magenschleimhaut wesentlich zu stimulieren, vergaß man die Bedeutung des Gastrines oder lehnte seine Existenz überhaupt ab. KOMAROV (1938) konnte jedoch aus der Schleimhaut des Antrum pylori zahlreicher Tierspecies histaminfreie, säurestimulierende Extrakte darstellen. Dadurch fand die Theorie von EDKINS, daß eine humorale Stimulation die Salzsäureproduktion beschleunigen könne, eine späte Rehabilitation. GREGORY und TRACY (1959) konnten zeigen, daß das Gastrin ein „Peptid" ist. Inzwischen ist die synthetische Reindarstellung des Gastrines gelungen. GREGORY (1964) isolierte aus den Schleimhäuten von Schweinemägen zwei strukturell verwandte Körper Gastrin I und Gastrin II. Beide unterscheiden sich voneinander lediglich dadurch, daß bei Gastrin I eine Sulfatestergruppe an einem Tyrosinrest fehlt. Beide Gastrine sind tatsächlich Polypeptide und zwar von Amidcharakter. Das Molekulargewicht beträgt 2 000. Die Strukturformel des Gastrines II sieht folgendermaßen aus:

$$
\begin{array}{c}
O SO_3H \\
\| | \\
H_N-----CH--C-Gly-Pro-Try-Met-Glu-Glu-Glu-Glu-Glu-Ala-Tyr-Gly-Try-Met-Asp-Phe-NH_3 \\
| | \\
OC CH \\
\diagdown \diagup \\
CH
\end{array}
$$

Strukturformel von Gastrin II; nach H.-P. SEELIG (Med. Welt 18 (N. F.): 2275, 1967).

Gastrin ist ein saurer Eiweißkörper, er besitzt keine basischen Aminosäuren. Er hat dagegen einen auffällig hohen Gehalt an Dicarbonsäuren. Der isoelektrische Punkt des Gastrines liegt bei einem pH von 5,5. Wichtig scheint die Anhäufung saurer Valenzen durch das zentrale Pentaglutamid zu sein. Dieses ist wohl bestimmend für den histochemischen Charakter des Magensekretes. Es gibt noch andere Polypeptide, welche eine die Salzsäuresekretion stimulierende Wirkung haben. Diese bestehen aus 107 Aminosäuren und verfügen über ein Molekulargewicht von 12 000! Auch dieses „Gastrin" besitzt Amidcharakter und einen hohen Gehalt an Monoaminodicarbonsäuren. Es wird erörtert, ob das hochmolekulare Polypeptid eine Art von Gastrin-Trägerkomplex sein könnte. Neuerdings wird angegeben, daß „Gastrin" dem „Wirkungsprinzip" von Hormongruppen entspräche. Mit dem Terminus „Wirkungsprinzip" möchte man zum Ausdruck bringen, daß es im letzten Grunde fragwürdig ist, ob der gesamte Molekülkomplex für die Aufrechterhaltung der Gastrinwirkung benötigt wird; denn das sogenannte Tetrapeptid Try — Met — Asp — Phe — Phe — NH_2 zeigt bereits allein alle diejenigen Wirkungen, welche sonst dem ganzen Molekül eignen. *Das reine Gastrin hat folgende Wirkungen:*

a) Es induziert die Salzsäuresekretion,
b) die Pepsinsekretion,
c) die Fermentsekretion im Pankreas,
d) es erhöht die Sekretionsmenge der Bauchspeicheldrüse,
e) es steigert den Tonus und die Motilität von Magen und Dünndarm,
f) es steigert den Tonus der Gallenblase und erhöht die Geschwindigkeit des Galleabflusses aus der Leber (!),
g) es kann aber auch die Salzsäureproduktion im Magen hemmen und
h) es ist auch imstande, den arteriellen Blutdruck zu senken!

Es gilt als wahrscheinlich, daß der „Gastrinreceptor" der Zellmembran der Magenschleimhautdrüsen ähnlich beschaffen sein muß dem Acetylcholin-Rezeptor. Tierexperimentell gilt als erwiesen, daß eine Potenzierung der Gastrinwirkung durch Acetylcholin möglich ist. GREGORY hat angenommen, daß Gastrin an den Belegzellen Histamin freisetzen könnte; dieses würde den „letzten Schritt" der Salzsäureproduktion induzieren. Es liegt also ein komplexer Wirkungsmechanismus vor, den man sich am besten durch ein Schema (Abb. 14) deutlich machen kann.

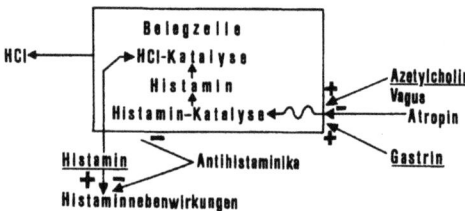

Abb. 14. Versuch einer schematischen Darstellung der HCl-Katalyse in einer Belegzelle der Magenschleimhaut; Darstellung der möglichen Steuerungsmechanismen betreffend Hemmung und Stimulation der Tätigkeit einer Belegzelle. Nach einem Schema von H.-P. SEELIG (Med. Welt 18 (N. F.): 2275, *1967*

Gastrin wird im wesentlichen aus der Antrumschleimhaut freigesetzt. Die unter physiologischen Bedingungen vorwiegend adäquaten Reize sind mechanische, chemische und solche über den Nervus vagus. Durchschneidung des Vagus führt zu einer „Säuredepression", also zu einer Hemmung der Induktion der Salzsäureproduktion, um 20—80 %! Um das Maß der komplikativen Momente deutlich zu machen, sei hinzugefügt, daß der hohe Grad der Säuredepression nicht auf einer mangelnden Freisetzung des Gastrines in der Antrumschleimhaut, sondern darauf beruht, daß die Reizschwelle der Belegzellen der Fundus- und Corpusschleimhaut nach Vagusausschaltung hinaufgesetzt erscheint (also als erhöht gelten darf!). Die Freisetzung des Gastrines aus der Antrumschleimhaut wird im wesentlichen dadurch gehemmt, daß die Schleimhaut des Antrum pylori mit Nahrungsbestandteilen in Berührung kommt, welche durch Salzsäure gut durchtränkt sind. Auch eine Ansäuerung des Inhaltes des Duodenum führt zu einer starken Hemmung der durch Gastrin gesteuerten Säuresekretion. Es scheint also, daß es Gastrin-Inhibitoren gibt. Die Hemmwirkung der Inhibitoren kann als Ausdruck einer Dauerdepolarisation der Oberflächen-Rezeptoren verstanden werden. Die Regelung der

Salzsäureproduktion der menschlichen Magenschleimhaut wird durch folgendes Schema (Abb. 15) zu veranschaulichen versucht.

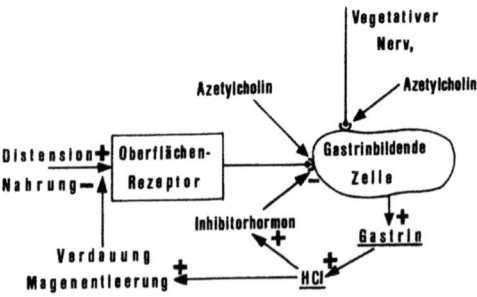

Abb. 15. Versuch der schematischen Darstellung der Steuerungsmechanismen der Salzsäureproduktion im Magen. In Anlehnung an ein Schema von H.-P. SEELIG: Med. Welt (N. F.): 2275, *1967*; leicht verändert

Es ist bis jetzt nicht sicher gelungen, diejenigen Epithelien, welche Gastrin produzieren, mit spezifischen Methoden zu identifizieren. Mit anderen Worten: Es ist zwar näherungsweise bekannt, wo und an welchen Stellen Gastrin gebildet wird, es fehlt jedoch derzeit ein wirklich befriedigender exakter cytotopochemischer Beweis. Dagegen existiert ein Bündel von Indizien, welches es überaus wahrscheinlich macht, daß Gastrin etwa auch in den Zellen der Langerhansschen Inseln des Pankreas gebildet werden kann (Kennwort: Inselzelladenome bei Zollinger-Ellison-Syndrom, Salzsäure-stimulierende Wirkung!). H. P. SEELIG (1967) hat die Literatur gesichtet und die Auffassung betont vertreten, daß Gastrin bildende Zellen argyrophil-metachromatische Eigenschaften hätten. Nun ist an solchen Zellen im Schleimhautorgan des Magens, aber auch des Darmes, natürlich auch am Gangbaum der Bauchspeicheldrüse, kein Mangel. Es bleibt abzuwarten, ob die Gastrinproduktion an das sogenannte diffuse endokrine epitheliale Organ FEYRTERs gebunden ist. FEYRTER selbst hat gemeinsam mit CERANKE die Auffassung vertreten, daß „seine" Zellen etwas mit der Produktion des Intrinsic-factors zu tun haben könnten. SUTHERLAND und DE DUVE endlich haben mehrfach dargelegt, daß eben die gleichen Zellen etwas mit der Produktion von Glukagon zu tun hätten. An Befunden, mehr noch an Vorstellungen und Deutungen ist ebenfalls kein Mangel! Seit CASTLE gilt als ausgemacht, daß die Resorption des mit der Nahrung zugeführten Vitamines B_{12} (Extrinsic-factor) nur mit Hilfe des im Fundusbereich des Magens gebildeten Intrinsic-factors erfolgt. Der Intrinsic-factor stellt ein artspezifisches Mucoproteid dar, dessen chemische Konstitution im einzelnen nicht bekannt ist. Die Bedeutung des Intrinsic-factors wird derzeit darin erblickt, daß er die Aufgabe haben soll, die mit der Nahrung aufgenommenen Mengen von Vitamin B_{12} zu koppeln und an einen „spezifischen Ort" der sogenannten B_{12}-Resorption zu transportieren. Der Schauplatz dieses Geschehens ist angeblich das untere Ileum. Dort werde eine derart hohe B_{12}-Konzentration erreicht, daß das wasserlösliche Vitamin B_{12} entsprechend dem

Konzentrationsgefälle durch die Dünndarmschleimhaut hindurchtreten könne. Die Speicherung des Vitamines B_{12} erfolge in Leber, Skelettmuskulatur und Knochenmark.

„Die morphologische Grundlage für die Sekretionsleistung des Magens ist das in sich gegliederte, flächenhaft ausgebreitete drüsige Organ, das wir gewohnt sind, als ‚Magenschleimhaut' zu bezeichnen" (BOLCK, 1960). Dieses drüsige Schleimhautorgan findet unter den Bedingungen pathologischer Störung eine Reihe von hinlänglich charakterisierbaren adaptativen und kompensatorischen Umbauten. Es scheint, daß ein lokalisierendes Prinzip im pathischen Bereich besteht, welches man als Pathoklise insofern bezeichnen könnte, als vielfach ganz bestimmte Abschnitte des Drüsenschlauches in Pylorus- und Fundusregion zugrunde gehen, andere jedoch erhalten bleiben.

Andere Säuren als Salzsäure, z. B. Milchsäure, sind normalerweise im Magensaft nicht oder doch nur in Spuren vorhanden. Milchsäure tritt als Produkt einer Bakterieneinwirkung bei Tumorzerfall und chronischer Gastritis reichlicher auf. Die *Selbstverdauung* des Magens ist normalerweise ausgeschlossen. Bei Steigerung des Hirndrucks und Vaguslähmung tritt sie jedoch deutlicher in Erscheinung (saure Erweichung der Magenwand). Der Schutz der Magenschleimhaut gegen Selbstverdauung wird durch den regelrechten Schleimbelag wahrgenommen, der in Salzsäure unlöslich ist. Die verschiedensten „Abwehrstoffe" werden derzeit unterschieden und methodisch durch chromatographische sowie immun-elektrophoretische Arbeitsgänge voneinander abgetrennt. Fehlt der Schleimhautschutzstoff, resultiert eine „peptische Läsion"!

Das grobe Relief (Hochrelief) der Magenschleimhaut wird durch die Kontraktion der Muscularis modelliert, Flach- und Feinrelief sind vorwiegend durch den Tonus der Muscularis mucosae bestimmt.

Jeweils an großer und kleiner Magenkurvatur liegt ein *„Gefäßkranz"*. Die Gesamtheit dieser Gefäße kann man als Vasa coronaria bezeichnen. An der kleinen Kurvatur liegt einmal die *Arteria gastrica sinistra;* sie stammt aus der *Arteria coeliaca*. Es findet sich an der kleinen Kurvatur zum anderen die *Arteria gastrica dextra;* sie stammt aus der *Arteria hepatica communis*. An der großen Kurvatur finden sich die *Arteria gastroepiploica sinistra*, welche aus der *Arteria lienalis* entspringt, und die *Arteria gastroepiploica dextra*, die sich von der *Arteria gastroduodenalis* herleitet. An der Funduswandung finden sich noch mehrere arterielle Ästchen: Die *Rami gastrici breves* aus der *Arteria lienalis!* Die Gefäße liegen zunächst subserös, dringen dann aber in der von M. WANKE (1959) erarbeiteten Weise schräg und treppenstufenförmig durch die Muskulatur und bilden ein Netz in der Submucosa. Die Venen liegen einigermaßen entsprechend. Intramurale Arterien und Venen sind von elastisch-muskulären Netzen, jeweils schräg-oberflächenparallel eingescheidet. Es existieren sehr charakteristische „Verschiebeschichten", aus deren Störungen Konsequenzen von Krankheitswert resultieren. Die Magenwandvenen werden vorwiegend an der kleinen Kurvatur durch die Vena coronaria ventriculi zusammengefaßt und in Richtung Pfortader abgeleitet, an der großen Kurvatur bestehen Verbindungen zur Vena mesenterica cranialis und lienalis. Alle Magenwandvenen stehen jedoch auch mit den Oesophagusvenen und insofern mit dem System der Hohlblutadern in Verbindung.

Die Lymphfollikel in der Tunica propria, die Noduli lymphatici solitarii in der Submucosa stehen kontinuierlich mit den Lymphonoduli gastrici superiores (kleine Kurvatur), sowie den Noduli gastrici inferiores (große Kurvatur) in Verbindung. Der rechte Nervus vagus versorgt die Magenhinterwand, der linke die Vorderwand. Vagusreize wirken sekretionsfördernd, Sympathicusreize hemmend. Die Gegend des Antrum pylori gilt bekanntlich als reflektorisch-rezeptorisches Feld für die Sekretion von Fundus und Corpus. Die sympathische Innervation der Magenwand wird über das 7. bis 9. Thorakalsegment umgeschaltet. Aus den gleichen cerebro-spinalen Segmenten stammt die Innervation des Musculus rectus abdominis. Es ist daher nicht zufällig, daß bei Erkrankungen des Magens eine reflektorische Spannung eben dieser Muskelgruppe — häufig — beobachtet wird. Die intramuralen vegetativen Ganglien des Magens liegen vorwiegend in der Submucosa. Schneiden und Nähen der Magenwand wird nicht als besonders schmerzhaft angegeben; eine größere Schmerzempfindlichkeit besteht seitens des Mesenterium. Dagegen werden Wärme- und Kältegefühl über die Magenschleimhaut sehr gut percipiert.

3. Leichenveränderungen

Durch die *Totenstarre* des resezierten Magens und des sogenannten frischen Leichenmagens tritt die Schleimhautabfaltung besonders deutlich in Erscheinung. Auch die beim Magengeschwür besonders charakteristische terrassenförmige Konfiguration des Ulcusgrundes und -randes entsteht durch Unterstützung durch die der Totenstarre zugrunde liegende glatt-muskuläre Kontraktion. In der Magenwand werden häufig hypostatische *Leichenflecke* gefunden. In ihrer Umgebung ist eine diffuse Imbibitio cadaverosa sichtbar zu machen. Der Anfänger verwechselt derartige Farbeffekte leicht mit sub finem vitae entstandenen Blutungen. Eine der wichtigsten Leichenveränderungen am Magen ist die *Gastromalacia acida*. Man findet diese besonders oft in den Mägen verstorbener Kleinkinder, die vor dem Tode eine ausgiebige Milchmahlzeit eingenommen hatten. Die saure Gärung der Milch scheint unterstützend mitzuwirken. Es kommt zunächst zu einer Mazeration der Epithelien, dann zu einer Quellung und Erweichung der subepithelialen Wandschichten. Die blutarme Schleimhaut wird gelatinös, weißlich umgewandelt, die blutreiche pulpös d. h. musartig-breiig. Schließlich resultiert die Auflösung aller Magenwandschichten, es entsteht ein mehr oder weniger großer Lochdefekt. Der saure Mageninhalt tritt in die Umgebung aus und führt zu einer Andauung z. B. der Milz, zu einer perforativen sauren Erweichung des Zwerchfelles, zu Austritt von Mageninhalt in die linke Pleurahöhle etc. etc. Die schmutzig-dunkelbraune Farbe entsteht durch Bildung von salzsaurem Haematin. An den Stellen der Magenwand, an denen eine bakterielle Invasion mit konsekutiver Gasbildung stattgehabt hatte, entsteht das *Emphysema cadaverosum ventriculi!* Ausnahmsweise kann auch ein vitales Magenwandemphysem ähnlich den Vorgängen der Pneumatosis cystoides intestini (vgl. S. 163) entstehen. — Kadaveröse farbliche Veränderungen der Magenwand werden *auch* hervorgerufen durch schwarzes Schwefeleisen.

4. Mißbildungen

Konnatale Agastrie und *Mikrogastrie* gelten als selten. Praktisch sehr viel wichtiger sind die angeborenen *Verschlüsse* an Cardia, am Anfange des Canalis pyloricus sowie unmittelbar am Pylorus. Die dort gelegenen membranähnlich elevierten Schleimhautabschnitte sehen aus wie „Scheidewände". Hierdurch entstehen Bilder ähnlich den sogenannten *Sanduhrmägen.* Ob ein echter Sanduhrmagen wirklich angeboren vorkommt, ist nicht bewiesen. Wahrscheinlich gibt es nur erworbene Sanduhrmägen. Daneben existieren „physiologische" Sanduhrmägen, entstanden durch Kontraktion der Muskulatur im Bereiche des Isthmus (also der Grenze zwischen Corpus und Antrum!). Sodann kennt man *Pseudosanduhrmägen.* Diese werden dadurch vorgetäuscht, daß eine Stenose im Duodenum und zwar im Niveau der Vaterschen Papille liegt. Hierdurch kommt es zu einer magenähnlichen Ektasie der Pars superior duodeni, während die Regio pylorica sensu stricto als Forsellscher Isthmus fehlgedeutet wird. Echte und falsche *Divertikel* treten cardianahe an der kleinen Kurvatur, pylorusnahe an der großen Kurvatur auf! Im Grunde der zuletzt genannten Divertikel wird häufig ein ektopisches Pankreas gefunden. Das Nebenpankreas der Regio pylorica, genauer: der tiefen Magenwandschichten ist keine Seltenheit.

Besonders wichtig ist die *muskuläre Pylorusstenose* der Säuglinge. Der Canalis pyloricus ist dann zu einem 2—3 cm langen, kleinfingerstarken, leicht gekrümmten, knorpelharten Rohr umgewandelt. Dieses ragt wie eine Portio vaginalis uteri in das Duodenum hinein. Hier ist eine enorme Dickenzunahme der pylorischen Ringmuskulatur nachzuweisen. Die Schleimhaut selbst ist in Längsfalten zusammengestaucht und erzeugt dadurch eine zusätzliche Lichtungsverengerung. Als Ursachen können entweder eine muskuläre Überschußbildung oder eine Arbeitshypertrophie bei Spasmus der Muskulatur gelten. Auch geschwulstige Verdickungen der Pyloruswand durch Entwicklung sogenannter Adenomyome spielen eine gewisse Rolle. Die konnatale Hypertrophie der Schleimhaut der Regio pylorica wird auch beim Erwachsenen beobachtet; sie tritt gewöhnlich kombiniert mit einer angeborenen Hypertrophie der Muskulatur auf. Die Gesamtheit der Veränderungen wird bezeichnet als *Sklerostenose.* Diese Veränderungen dürfen weder mit jenen verwechselt werden, die dem Formenkreis des Pylorospasmus eignen, noch jenen, welche als „Magenschleimhautprolaps" bezeichnet werden!

Bezüglich der *Veränderungen der Lage* sollte man auseinanderhalten: den *Situs sagittalis,* den *Situs inversus* des Magens und die *Ektopie* des Magens in die linke Pleurahöhle bei angeborener Zwerchfellhernie oder konnataler Zwerchfell-Defektbildung. Schließlich kommen Verlagerungen des Magens auch bei sogenannten *Nabelschnurbrüchen* vor.

5. Stoffwechselstörungen der Magenwand

Atrophisierende Prozesse der Magenschleimhaut führen zu einer *Anadenia gastrica.* Die Schleimhaut ist dünn und glatt, glatt auch dort, wo normalerweise Schleimhautfalten liegen! Auch die Muskulatur wird quantitativ involviert. Die Schleimhautdrüsen sind zahlenmäßig reduziert, die Drüsenschläuche sind kleiner und kürzer. Das interstitielle Bindegewebe der Tunica propria erscheint vermehrt. In Fällen von *perniciöser Anämie* wird neben einem Schwund der Magenschleimhautdrüsen gelegentlich eine kompensatorische Drüsenwucherung beobachtet. Damit hängt das Problem zusammen, ob nicht auf dem Boden des atrophisierenden Prozesses der Magenwand bei Perniciosa, gleichsam durch überschießende Kompensation, ein Magenschleimhautkrebs entstehen könnte. Der atrophisierende Prozeß hat den Defekt des Intrinsic-factors (Castle's Ferment) zur Folge. — Im übrigen finden sich chronisch-atrophisierende Prozesse im Fortgang und als Spätzustand bestimmt-charakterisierbarer Schleimhautkatarrhe. — *Verfettungen* der Tunica propria sind nach *Vagusdurchschneidung*, nach *chronischer Phosphorvergiftung, chronischer Medikation* von *Natriumbikarbonat* und nach *Pilzvergiftungen* beobachtet. Eine interstitielle reticulocytäre Lipoproteidspeicherung wird auch bei Diabetes mellitus, familiärer Hypercholesterinämie etc., schließlich auch ohne erkennbare unmittelbare Ursache im höheren Greisenalter gesehen. — Die *Amyloidose* der Wände vor allem der in der Submucosa gelegenen Gefäßgeflechte ist nicht selten! — *Kalkmetastasen* der Fundus- und Corpusschleimhaut finden sich in allen Fällen des primären und sekundären Hyperparathyreoidismus und zwar vorwiegend gebunden (1.) an die unmittelbare Umgebung der Becherzellen, (2.) an die Basalmembranen von Drüsen und Blutcapillaren sowie (3.) an die Wände der Venolen. — Russelsche Körperchen und Goldmannsche Maulbeergranula sind hyaline oxyphile Kleinst-Konkremente, welche sich wahrscheinlich von den Plasmazellen der Örtlichkeit herleiten, jedenfalls in Tunica propria und Submucosa in allen Fällen sogenannter chronischer interstitieller Gastritis häufig nachweisbar sind.

6. Kreislaufstörungen

a) Stauungshyperämie

Im allgemeinen kardial, vielfach auch portal (Leberzirrhose!) bedingt; düsterrote, blauviolette, manchmal bräunliche Verfärbung der verdickten Magenschleimhaut. Durch Pseudomelanose kann eine grauschwarze Tönung der glasig verdickten Schleimhautfalten resultieren. Chronische Stauung erzeugt ein glasig-steifes Ödem der Submucosa. Hierdurch wird angeblich das Angehen einer Entzündung (Kennwort: Stauungskatarrh, Stauungsgastritis) gefördert.

b) Blutungen

Blutungen der Magenschleimhaut entstehen durch Blutstauung, vasoneurotisch, embolisch, im Rahmen einer hämorrhagischen Diathese etc. Auch bei heftigem Erbrechen oder unstillbarem Erbrechen können kleine Sicker- oder Rupturblutungen aus den Magenwandvenen entstehen. Eine zentrale Stellung im Rahmen der Magenpathologie nehmen die *hämorrhagischen Erosionen* ein. Sie finden sich vielfach in der Mehrzahl, oft zu hunderten; sie sind rundlich, vorzüglich demarkiert, gelegentlich keilförmig, dann mit der Spitze nach der

Tiefe der Magenwand zu orientiert. Hämorrhagische Erosionen werden „ausgehülst"; so entstehen umschriebene Defekte. Hämorrhagische Erosionen der Magenwand haben zu allen Zeiten die Aufmerksamkeit der Pathoanatomen gefunden. Prachtvolle historische Abbildung bei JEAN CRUVEILHIER (1837). Die hämorrhagischen Erosionen nennt man auch *Stigmata ventriculi* (R. BENEKE). Eine besondere Form der Erosionen stellt die *Exulceratio simplex ventriculi* (GEORGES DIEULAFOY, 1839—1911) dar. Aus ihr kann eine profuse, oft tödliche Magenblutung hervorgehen. DIEULAFOY hat die besondere nosologische Situation *dieser* Erosion klar erkannt (1897/87). Die Erosion im Sinne DIEULAFOYs kommt gewöhnlich in der Einzahl (!) vor. Sie ist rundlich, ovalär oder sternförmig, liegt im Fundus oder Corpus, oft in der Nähe der Cardia, zeigt als Blutungsquelle eine kleine Arterie der Submukosa, deren Durchmesser 1 bis 1,5 mm beträgt. M. WANKE hat von „stehender Schlinge" (des Gefäßes) gesprochen. Die Besonderheit der Gefäßanordnung und die sehr unglückliche Eröffnung der „Schlinge" seien die Voraussetzung für die profuse Blutung.

Parenchymatöse Blutungen werden bei hämorrhagischer Diathese, besonders bei Cholämie, gefunden. Dabei ist eine umschriebene Blutungsquelle nicht nachweisbar. Unter einer *Melaena neonatorum* versteht man Magen-Darmblutungen in den ersten Lebenstagen oder -wochen des Kleinstkindes. Die *Melaena vera oder idiopathica* ist wahrscheinlich die Folge eines physiologischen Vitamin-K-Mangels. Denn in dem zunächst sterilen Magendarmkanal des Neugeborenen kann Vitamin K nicht synthetisiert, mindestens nicht in ausreichender Menge resorbiert werden. In den Windeln des Neonatus, allenfalls zwischen dem 2. und 5. Lebenstage, findet sich Mekonium mit Blut vermischt. Stammt das Blut aus dem Magen, zeigt es eine braunrote oder braunviolette Farbe. Die Gefahr der tödlichen Verblutung bei Melaena vera ist nicht gering. Klinisch spricht man von „*Weißblutung*". Früher galt die Gelatine-Medikation als angezeigt, heute werden unverzüglich 20 ml gruppengleichen Blutes z. B. in den Sinus sagittalis superior infundiert; gleichzeitig wird Vitamin K appliziert. Äquivalente Blutungen werden im Bereiche der Nabelwunde, im Nebennierenmark, unter der Leberkapsel, in den parahilären Abschnitten beider Lungen beobachtet. Die Prothrombinzeit ist dann am längsten, wenn das Körpergewicht am tiefsten abgesunken ist. Pathogenetisch gelten als wichtig: Ungenügende Nahrungsaufnahme, sogenannter steriler Darmkanal, langsame Coli-Besiedelung; unterstützend wirkt die Unreife der Leber. Es müssen daher große Dosen von Vitamin K (z. B. 10 ml Synkavit) gegeben werden, um die Hypoprothrombinaemie zu beseitigen!

Die Melaena vera des 2.—3. Lebenstages findet sich in 2—3 % aller Neonati! Sie tritt häufiger in den Monaten Januar, Februar und März auf. Während die Blutentleerung durch den Darm zur Regel gehört, wird Bluterbrechen nur in jedem dritten Fall gefunden. Die Blutungszeit ist verlängert, die Anzahl der Thrombocyten sinkt ab, unter Umständen auf Werte von 17 000. Pathologisch-anatomisch ist die Situation oft unbefriedigend; gelegentlich können kleinste Erosionen der Magen- und Darmschleimhaut dargestellt werden. Der Melaena vera ähnlich, möglicherweise aber doch von ihr verschieden, ist der *Morbus haemorrhagicus neonatorum* (LEIF SALOMONSON). Es handelt sich ebenfalls um eine Hypoprothrombinaemie. Der Morbus haemorrhagicus neonatorum wird nicht selten nach schwierigen Erst-Entbindungen, manchmal nach Bagatelle-Trauma (dann besonders Blutungen auch an Haut, Nabel, Schleimhäuten des Nasenrachenraumes), gefunden. Seltener treten dann auch Blutungen im Gehirn, den Nebennieren und Nieren auf. U. BLEYL (1968/1969) hat darauf aufmerksam gemacht, daß in vielen Fällen sogenannter Melaena eine Verbrauchskoagulopathie zugrunde liegt. Es handele sich um die Folge eines durch die Vorgänge bei der Geburt entstandenen hypoxischen Schadens mit hypoxischem Schock. Durch das „Schockäquivalent" der disseminierten intravasalen Blutgerinnung (im mikroskopischen Bereich) käme es zu einem echten Verbrauch von Fibrinogen und Blutgerinnungsfaktoren. Die Folge sei dann eben die polytope Organ-Parenchym-etc.-Blutung.

Neben der Melaena vera unterscheidet man eine *Melaena falsa;* hierbei stammt das Blut aus den Rhagaden der mütterlichen Brustwarze und ist beim Saugakt in den Mund des Säuglings aufgenommen worden. Unter der *Melaena spuria* versteht man Blutungen aus dem Nasenrachenraum. Eine *Melaena symptomatica* findet sich bei Sepsis, Lues connata, bei Buhlscher und von Winkelscher Krankheit. Ganz das gleiche kann bei Thrombembolie der Pfortader, ausgehend von einer Nabelvenenthrombose, nach Hirntrauma und bei Darminvagination beobachtet werden. Es bestehen fließende Übergänge zum Morbus haemolyticus neonatorum!

Das *Schicksal des in den Verdauungskanal ergossenen Blutes* hat man durch eine einfache Versuchsanordnung geprüft: Geringe Blutmengen werden als kaffeesatzartige Flüssigkeit entweder im Magen liegenbleiben oder erbrochen. Sie erscheinen als Teerstuhl bei Darmentleerung. Sollte etwa 1 l Blutes in den Magen ausgetreten sein, finden sich relativ große Blutkoageln („Klumpen"); im Duodenum liegt dann schaumiges Blut, im Dickdarm eine braunrote, teerartige, pflaumenmusähnliche Masse. Nach abundanten Magen-Darm-Blutungen kommt es zu einer Erhöhung des Rest-Stickstoffes. Durch Versuche unter Mitwirkung freiwilliger Probanden (durch Trinken des eigenen Aderlaßblutes) hat sich ergeben: 580 ml Venenblut + 25 ml 5 %iger Lösung von Natriumcitrat + 100 ml Wasser erzeugen keinen Anstieg des RN; die perorale Aufnahme einer Blutmenge, welche größer als 580 ml (z. B. 600 bis 800 ml) ist, läßt eine Azotämie entstehen. — Das in den unteren Dünndarm gelangte Blut wird vielfach unvollkommen resorbiert. Zeitlich spätere zufällige patho-anatomische Kontrollen lassen erkennen, daß die Schleimhautfalten, insbesondere die Territorien der Peyerschen Haufen, von sehr zahlreichen kleinen und kleinsten schwarzen und schwarzgrünen Punkten bedeckt sind. Es handelt sich um die Einlagerung von Eisensulfid (Pseudomelanin: sogenannte Zotten-Pseudomelanose). Auch die regionären Lymphbahnen, insbesondere Lymphknoten, sind pigmentiert (Haemosiderin).

7. Entzündliche Erkrankungen

a) Katarrhalische Entzündungen

aa) *Akute katarrhalische Gastritis*

Sie ist ungemein häufig. Sie entsteht durch überstürzte Nahrungsaufnahme, schlechtes Kauen, daher nicht selten bei defektem Gebiß, durch zu heißes, durch zu kaltes, durch zu reichliches Essen, durch den wiederholten Genuß einer zu schwer verdaulichen Nahrung; die akute Gastritis entsteht jedoch auch als Mitreaktion bei fieberhaften Allgemeinerkrankungen. Die Magenschleimhaut ist geschwollen, gerötet, von einem zähen, glasigen Schleim bedeckt; die Superficialepithelien sind desquamiert, die Drüsenhälse von abgeschilferten Epithelien und Zelldetritus verstopft. Die akute katarrhalische Gastritis spielt vorwiegend im unteren Corpus- sowie im Bereiche des Antrum pylori. „Hierher gehört auch das Kapitel *„Rauchermagen"*. Akuter hochgradiger Zigarettenabusus erzeugt eine anatomisch leichte, funktionell schwere, spastisch-katarrhalische Gastritis mit Nausea, unter Umständen mit lang anhaltendem Erbrechen."

bb) *Chronische katarrhalische Gastritis*

Sie entsteht im allgemeinen nach einem akuten Katarrh oder aber primärchronisch d. h. schleichend, heimlich, unbemerkt. Die chronische Gastritis wird bei cardialer und portaler Blutstauung, in der Umgebung eines Ulcus ventriculi, in Carcinommägen, nach ständiger Einwirkung mechanischer, chemischer oder physico-chemischer Reize, nach rezidivierter thermischer Reizung u. dgl., beobachtet. Im Falle der Entwicklung einer „primär-chronischen" Gastritis spielen autoimmunisatorische Prozesse eine entscheidende Rolle. Die chronische katarrhalische Gastritis betrifft nicht die Schleimhaut, sondern alle Wandschichten. Im allgemeinen kommt es zunächst zu einer Verdickung der entzündlich alterierten Schleimhaut. Man spricht von „hypertrophischer" Gastritis; erst dann komme es zu einer Atrophisierung.

Hypertrophischer Katarrh: Die Schleimhaut ist von einem dicken, zähen Schleim überzogen, dem desquamierte Epithelien und Entzündungszellen beigemischt sind. Die Schleimhaut selbst ist dick, glasig-transparent, steif und von fester Konsistenz. Die Farbe der Schleimhaut wechselt von dunkelrot über blaurot nach schiefergrau, je nach Beimengung und sekundärer Zersetzung kleinster Blutungen. Der hypertrophische Schleimhautkatarrh führt zu einer „warzigen Felderung": *Catarrhus verrucosus, Etat mamelonné*. Die Höckerchen sind nicht identisch mit den Areae gastricae und lassen sich durch Dehnung nicht ausglätten. Die pathologischen Höckerchen sind größer als die physiologischen. Etwas ganz anderes aber sind die Höckerbildungen beim *Status lymphaticus* (= Nodularhyperplasie). Mikroskopisch findet sich beim hypertrophischen Magenkatarrh eine lebhafte Wucherung der Drüsenepithelien und eine Anfüllung der Drüsenhälse mit Schleim; das Bindegewebe der Tunica propria ist vermehrt; ebendort liegen Infiltrate, welche aus Lymphocyten, Plasmazellen, eosinophilen Leukocyten bestehen und Russellsche Körperchen führen. Die kleinen Gefäße — Postcapillaren und Venolen — sind strotzend hyperämisch. Je länger der Prozeß anhält, um so mehr gewinnen die „interstitiellen" Veränderungen an Boden. Es kommt zu einer Schwellung der sonst nur sehr kleinen, weit disseminiert angelegten Lymphfollikel. Auch die Submucosa wird verdickt, ödematös durchtränkt, kollagenisiert und ist fest an die muskuläre Unterlage fixiert. Dadurch leidet die Beweglichkeit der Schleimhaut; die Verschiebeschichten werden „unelastisch". Die Magenwandmuskulatur gewinnt einen Dicken-Durchmesser von bis 1 cm und ist von bindegewebigen Narbenzügen durchsetzt. Die Serosaüberkleidung des Magens ist ebenfalls verdickt, getrübt, faltig gerunzelt und von grauweißer Farbe. An der Magenstraße und im Gebiet der Regio pylorica finden sich häufig kleine und kleinste Erosionen. Es handelt sich um seichte Defekte des Epitheles, welche kaum nennenswert auf die Tunica propria übergreifen. Dort, wo das Epithel fehlt, liegen dichte leukocytäre Einstreuungen. Von den Rändern der Epitheldefekte aus kommt es zur Regeneration. Diese sogenannten entzündlichen Erosionen werden von KONJETZNY als für die Entstehung des *Ulcus pepticum* wesentlich erachtet. Bemerkenswert sind die *Umbauprozesse an den Schleimhautdrüsen:* Gewöhnlich ist es so, daß im Corpus ventriculi Drüsen des pylorischen Typus, also ohne Belegzellen, auftreten (pseudopylorische Drüsen). Ähnliche Veränderungen können, wenn auch seltener, im Fundusbereich nachgewiesen werden. Von Drüsenheterotopie spricht man dann, wenn der jeweilige Drüsenfundus die Muscularis mucosae durchbrochen hat. Dabei treten Zellen vom Typus der Dünndarmschleimhautepithelien, ja selbst der Panethschen Zellen auf. Man spricht von *enteraler Metaplasie.* Finden sich Epithelatypien und Drüsenheterotopien, ist man berechtigt, von „*Umbaugastritis*" zu sprechen. Um die diagnostische Dignität der Epithelatypien wird derzeit gerungen. Atypien der Epithelien werden auch sonst, an allen anderen Schleimhäuten, bei Zuständen chronischer Entzündung gefunden. Ob es sich tatsächlich um eine „Praecancerose" handelt, ist nicht mit Sicherheit zu sagen. Von internistischer Seite (H. H. BERG) werden die Träger einer Umbaugastritis als „Carcinomanwärter" bezeichnet. Die hypertrophische chronisch-katarrhalische Gastritis kann mit einer polypösen, besser pseudopolypösen Verdickung der Schleimhautfalten einhergehen. Man spricht von *Gastritis polyposa proliferans* (Gastritis chronica polyposa hypertrophicans). Den Etat villeux nennt man auch *Gastrite polypeuse* oder *Polyadénome villeux!* Es handelt sich um das anatomische Korrelat der *Gastropathie hypertrophique à plis geants* (Maladie de Ménétrier). Bei dem sogenannten Ménétrier-Syndrom handelt es sich um eine Gastroenteropathie mit Eiweißverlust über die Schleimhaut. Man spricht auch von „*proteinloosing gastroenteropathy*". P. MENETRIER hat die Zusammenhänge bereits im Jahre 1888 einigermaßen zutreffend gesehen. — Die hypertrophische katarrhalische Gastritis im Sinne des Polyadénome villeux kann als „*Gastrite parenchymateuse*" aufgefaßt werden. Damit soll zum Ausdruck gebracht werden, daß die Drüsenstruktur der Schleimhaut überschießend, fast geschwulstähnlich, zur Entfaltung gekommen ist. Es liegt also eine Gastritis mit betonter sekretorischer Leistung vor! — Die histologische Differentialdiagnose zwischen entzündlicher Hyperplasie und beginnender geschwulstiger Entartung ist nicht immer ganz einfach. — Eine Spielart der chronisch-katarrhalischen Gastritis ist die *Gastritis cystica.* Sie entsteht durch Schleimretention im Bereiche der Magenwanddrüsen. Dadurch resultiert ein tautropfenähnliches Bild bei Betrachtung von der Schleimhautfläche her.

Der chronisch-hypertrophische Magenkatarrh erzeugt auf die Länge der Zeit eine gutartige Pylorusstenose. Bei Betrachtung mit freiem Auge ist eine Verwechslung mit einem szirrhösen Carcinom durchaus möglich. Die oralen Magenabschnitte sind dann ektasiert.

Atrophischer Katarrh. Es handelt sich um die Gastritis atrophicans. Sie tritt auf nach vorangegangenem hypertrophischem Vorstadium. Es scheint, daß in den Fällen der hypertrophischen Gastritis, welche übergehen in eine Gastritis atrophicans, die „interstitielle" Komponente der entzündlichen Ereignisse führend war. Unter „interstitiell" versteht man die Summe der entzündlichen Veränderungen der Tunica propria. Die Entfaltung des epithelialen Parenchymes tritt demgegenüber in den Hintergrund. Die atrophisch-entzündliche Magenschleimhaut ist niedrig, glatt, von grauem Farbton, „hart". In anderen Fällen wird angenommen, daß die Gastritis chronica atrophicans Folge einer „primären Atrophie" des drüsigen Parenchymes sei. Es bleiben dann nur wenige Drüsen erhalten, deren Epithele zur Verfettung neigen. Diese Schleimhäute haben eine blasse, gelbe oder graugelbe Farbe; sie sind dünn, einer Serosa nicht unähnlich. Derartige Mägen neigen zur Entwicklung einer Ektasie.

In der Folge einer chronischen Gastritis resultiert nicht ganz selten ein partieller, seltener ein totaler Schrumpfmagen. Man müßte sinngemäß sprechen von „*Magenzirrhose*". Der totale Schrumpfmagen hat eine zuckergußartige Wand. Die *Gastrocirrhosis simplex* wird auch *Sklerostenose* (KROMPECHER) genannt. In England spricht man von *Brinton's disease*, was soviel bedeutet wie *Linitis plastica* (WILLIAM BRINTON, 1823—1867; *linon*, griechisch, bedeutet Gewebe, Gewirk, Netz, Blatt). Unter dieser Form des Schrumpfmagens versteht man den höchsten Grad einer chronischen Entzündung. Tatsache ist jedoch, daß die Linitis plastica häufig synonym mit „Scirrhus" verwendet, also der Vorstellung ausgedrückt wird, hinter einer „Linitis plastica" stecke ein „okkultes Magencarcinom". Die Bezeichnung „Linitis plastica" war ursprünglich nicht in diesem Sinne gemeint. Genau genommen bedeutet „Linitis" Entzündung, nämlich chronisch-vernarbende Entzündung! Bei der klinischen Diagnostik einer „Linitis plastica" sollte man jedoch auch stets bedenken, daß kleinzellige interstitiell und flächenhaft ausgebreitete Magenwandkrebse lange Zeit unter einem ähnlichen Symptomenbild einhergehen können. Die französische Schule rechnet die „*Linite plastique*" ganz zum Carcinom; dies ist aber doch wohl zu weit gegangen.

Die Kenntnis des anatomischen Bildes der Gastritis ist durch die Entwicklung der *Technik der bioptischen Magenschleimhautuntersuchung* wesentlich gefördert worden. Man unterscheidet die „blinde" Aspirationsbiopsie und die „gezielte" Entnahme. Die Eingriffe sind schmerzlos und lassen sich in kurzer Zeit bewerkstelligen. Als *Kontraindikationen* haben zu gelten: *Arterielle Hypertonie, portaler Bluthochdruck, hämorrhagische Diathese* etc. MAHLO (1938, 1961) hat das Verdienst, die Technik der „Stückchendiagnose" aus dem Bereiche der Magenschleimhaut wesentlich gefördert zu haben. Die Diskussion geht um die Dignität des Begriffes „chronische" Gastritis. Klinisch existiert kaum eine hinlänglich charakterisierbare Symptomatologie. Wichtig ist das „*Syndrom des empfindlichen Magens*" (Unverträglichkeiten gegenüber gewissen Speisen, welche bei Einhaltung eines diätetischen Regimes verschwin-

den). Das bekannte Symptom des *Foetor ex ore* hat nicht notwendigerweise etwas mit „Gastritis" zu tun. Die Korrelation von Magensaft- und histologischem Schleimhautbefund hat sich als diagnostisch wertvoll erwiesen. Bei atrophisierender Gastritis bestehen Hyposekretion und Anacidität; bei katarrhalischer Gastritis mit partieller Atrophie bestehen Hyposekretion und Hypacidität; bei sogenanntem hypertrophischem Schleimhautkatarrh sind Hypersekretion und vielfach normale Säureverhältnisse nachweisbar. Klinisch wird häufig von „Reizmagen mit gesteigerter sekretorischer Aktivität" gesprochen. Bei den Versuchen, ein *„grading"* der möglichen Formen sogenannter katarrhalischer Gastritis auszuarbeiten, hat man sich angewöhnt, in vier Stufen zu klassifizieren (I—IV):
Stufe 0: Normale Schleimhaut; *Stufe 0—I:* Geringfügige beginnende chronisch-katarrhalische Gastritis („noch normale" Schleimhaut); *Stufe I:* Chronische Gastritis mit interstitiellen entzündlichen Infiltraten; *Stufe II:* Ausgeprägte chronische Gastritis mit Degeneration des Oberflächenepitheles, Abflachung der Magengrübchen und deutlicher interstitieller Zelleinlagerung; *Stufe III:* Starke chronische katarrhalische Gastritis mit diskordantem Schleimhautbild; in weiten Bezirken besteht eine Hypertrophie, in anderen eine partielle Drüsenatrophie. Hierher gehört der Befund der enteralen Metaplasie; *Stufe IV:* Chronisch-atrophisierende Gastritis.

b) Pseudomembranöse Entzündung

Sie wird vornehmlich gefunden *nach Verätzungen*. Auf der Höhe der Schleimhautfalten liegen breite und dicke Fibrinbeläge. Weniger ausgeprägte Schorfe finden sich als kleienförmige Beläge *bei Typhus abdominalis, Scharlach, pyogener Allgemeininfektion* (Sepsis) und *Pocken*. Tatsächlich ist gelegentlich eine echte *Diphtherie* der Magenwand beobachtet.

c) Eitrig-abszedierende und phlegmonöse Entzündung

Eine derartige Gastritis entsteht entweder metastatisch im Zuge einer Pyämie oder nach örtlicher Verletzung. In der Submukosa kann sich eine Phlegmone ausbreiten. Diese ist imstande, die Schleimhaut vorzuwölben (gleich einer Beule) und zu einer inneren, seltener äußeren Perforation zu führen. Die phlegmonöse Gastritis heilt unter Hinterlassung tiefgreifender schrumpfender Narben aus.

d) Spezifische Entzündungen

aa) Tuberkulose

Eine tuberkulöse Gastritis kommt in 3 Formen vor: (1.) als hämatogen inszenierte Miliartuberkulose; als (2.) geschwürige Tuberkulose. Hierbei kommt es zur Ausbildung mehrfacher, vielfach untereinander zusammenhängender Geschwüre mit sinusoiden d. h. unterminierten, fetzigen Rändern. Schließlich tritt die Tuberkulose der Magenwand in Form von (3.) polypösen Exkreszenzen in Erscheinung. Es liegt die pseudotumorale Form der Tuberkulose vor, gewöhnlich angegangen in der unmittelbaren Umgebung eines Geschwüres, in jedem Falle ausgerüstet durch knotige Granulome mit Verkäsung und Epitheloidzellsaum. Die miliare und die exulcerative Tuberkulose der Magenwand entstehen im allgemeinen direkt d. h. durch Einwirkung des verschluckten Tuberkelbazillen-haltigen Sputum (bei Lungentuberkulose). — Die Tuberkulose des Magens kann auch retrograd, nämlich von einem tuberkulösen Oberbauchlymphknoten aus, zustande kommen. Schleimhauterosionen, kleine Verletzungen, Verätzungen, vielleicht auch die Hyperplasie der Magenwand-eigenen Lymphfollikel, begünstigen das Angehen der tuberkulo-bakteriellen Infektion.

bb) Syphilis

Die Lues des Magens ist nicht derart selten, wie (seitens der Klinik) angenommen wird. Die syphilitische Entzündung spielt in der Submucosa. Es handelt sich um perivaskuläre plasmazellulare Infiltrate. Diese folgen dem Verlaufe der kleinen Venen. Gelegentlich resultiert eine Endarteriitis obliterans syphilitica, welche von beet- oder plateauartigen sklero-gummösen Infiltraten eingescheidet ist. Auf diese Weise kann eine luische Pylorusstenose entstehen. Die Magenwand sieht dann so aus, als ob sie geschwulstig verändert wäre (Kennwort: luische Pseudotumoren!). Wenn das gummöse Infiltrat exulceriert, entstehen Geschwüre mit speckigem Grund und leidlicher Heilungstendenz. Dabei entstehen monströse Narben. Die syphilitische Gastritis kann wahrscheinlich zu dem Bilde der Linitis plastica hinführen.

cc) Typhus abdominalis

Im Bereiche der Lymphfollikel kommt es zur Intumescentia medullaris, Nekrotisierung und Exulceration.

dd) Aktinomykose

Die Strahlenpilzinfektion geht, wenn überhaupt, vom Grunde eines Magengeschwüres an. Es entsteht eine flächenhaft ausgebreitete fistulierende abszedierende Entzündung. Die Diagnose wird gewöhnlich erst ex post gestellt.

ee) Sonstiges

Der *Milzbrand* des Magens entsteht entweder primär durch Aufnahme sporenhaltiger Nahrung oder aber sekundär-hämatogen. In jedem Falle resultiert eine blaurote karbunkelähnliche Anschwellung mit pseudotumoraler Vorwölbung der Magenwand, blutiger Durchtränkung und Ausbildung eines mächtigen kollateralen Ödemes. — Neuerdings spielen die *Pilzinfektionen* — in Südwestdeutschland vor allem der *Soor* — eine verhältnismäßig große Rolle. Es mag sich um die Folgen einer unkontrollierten Medikation von Antibiotica mit breitem Wirkungsspektrum (Kennwort: Infektionswechsel!) handeln. — Natürlich spielen *Lymphogranulomatose, leukämische Magenwandinfiltrate*, geschwürige Zerstörungen der Magenschleimhaut bei *Agranulocytose* eine relativ große Rolle.

8. Verhalten des Magens bei Vergiftungen

Ätzgifte lassen sich aufgrund der reaktiven Veränderungen der Magenschleimhaut in zwei Gruppen einteilen:

a) Gifte, welche verätzen durch Wasserentzug und Koagulation

Hierher gehören die Mineralsäuren (= sogenannte verbrennende Ätzgifte; H_2SO_4, HNO_3, HCl). Die feingeweblichen Strukturen sind teilweise erstaunlich gut erhalten. Metallische Ätzgifte, Karbolsäure und Oxalsäure haben eine ähnliche Wirkung. Sie gelten teils als „verbrennend", teils als geradezu „fixierend". Es entsteht zunächst eine mehr trübe, trockene, dann aber mehr oder weniger tiefgreifende verschorfende Entzündung.

b) Gifte, welche verätzen durch Erweichung, Verquellung, also durch Kolliquation

Hier liegt das Prinzip der *Mazeration* zugrunde. In diesem Sinne wirken Ätz-Natron, Ätz-Kali, NaOH und KOH. Die Schleimhaut zeigt zunächst eine Trübung, dann eine Aufhellung und Verquellung, schließlich eine seifenartige Metamorphose. Dabei entstehen Alkali-Albuminate. Je mehr sich die Albuminate bei reichlicher Anwesenheit von Wasser verflüssigen, um so stärker zerfließt das Gewebe. Aber auch bei den kolliquativ wirksamen Ätzgiften entstehen nach Einwirkung höhergradiger Konzentrationen Schorfe. Auch hier ist also eine echte kaustische Wirkung gegeben.

Die *Wirkung der Ätzgifte allgemein* kann als von Konzentration und Füllungszustand des Magens einerseits, von Schnelligkeit und Gründlichkeit therapeutischer Bemühungen andererseits abhängig bezeichnet werden. Deshalb sehen Form und Farbe der Ätzeffekte vielfach ganz verschieden aus. Verätzte Schleimhäute sind im allgemeinen starr und wulstig. Die Farbe richtet sich nach dem „Schicksal" des in den Magenwandgefäßen im Augenblicke der Gifteinwirkung vorhanden gewesenen Blutes. $HgCl_2$ und Karbolsäure erzeugen eine Blutgerinnung, Schwefel-, Salz- und Oxalsäure vielfach eine Hämatinbildung. Ätzalkalien lösen das Blut auf und lassen eine dunkle oder lohfarbene bis schwarzgelbe Farbe entstehen. Bei Vergiftung mit $KMnO_4$ ist die Magenwand verdickt, braun-violett verfärbt, gleichsam zu Braunstein umgewandelt. — Die räumliche Ausdehnung der Giftwirkung ist gebunden an das Muster sogenannter Ätzstraßen. Diese fallen teilweise mit den Magenstraßen zusammen.

Perforationen der Magenwand bei Verätzungen finden sich vor allem nach Einwirkung von Mineralsäuren. Die Ätzwirkung hält auch nach dem Eintritt des Todes an. Dies bedeutet, daß die Vorgänge bei Verätzung an der Leiche andauern. Als Ausdruck einer vitalen Reaktion haben die Kollateralhyperämie und ein peritonealer entzündlicher Reizzustand (Peritonitis) zu gelten. Der Tod tritt im allgemeinen im protrahierten Kollaps (Schock) ein. Sollte eine Verätzung nicht tödlich wirken, kommt es zur Demarkation des zerstörten Gewebes und zur Heilung unter Hinterlassung hochgradiger deformierender, gewöhnlich strikturierender Narben.

c) Besondere Vergiftungsfälle

aa) Schwefelsäure

Sie erzeugt nach Einwirkung in konzentrierter Lösung trockene, rissige Schorfe und Borken. Die Schleimhaut ist auffällig dick und in kohleähnliche Massen umgewandelt. Die „Verkohlung" geht mit Umwandlung des Blutfarbstoffes einher.

bb) Sublimat

Es erzeugt im Magen unterschiedliche patho-anatomische Bilder je nach Giftkonzentration und Füllungszustand des Magens. Nach Resorption aus der Magenlichtung müssen zunächst keine großartigen Veränderungen an der Magenschleimhaut in Szene gehen. Findet sich viel Schleim im Magen, entsteht das schwer lösliche *Quecksilberalbuminat*. Selbst nach Aufnahme größerer Giftmengen ist Genesung dann beobachtet, wenn der Mageninhalt ergiebig erbrochen worden sein sollte. Gelegentlich entstehen Metallalbuminatschorfe. Je fester die Schorfe sind, um so schwieriger gestaltet sich die Giftresorption. Sind die Schorfe „weich", ist die Giftresorption höhergradig. In den Fällen eines großen Blutreichtumes der Magenschleimhaut resultiert eine braunrote Farbe durch HCl-Wirkung. Die kleineren Schleimhautgefäße sind thrombosiert; auch in Jejunum und Ileum finden sich breiartige sequestrierte Schleimhautnekrosen. In vielen Fällen tritt der Tod trotz Aufnahme großer Giftmengen nicht ganz schnell ein, weil die aufgenommenen Sublimatmassen nicht zur Lösung gelangen, sondern eine schützende Ätzschorfschicht hervorrufen.

cc) Cyancalium

wirkt, wenn es unzersetzt in den Magen gelangt, wie Ätzkali. Es bildet jedoch mit dem Blutfarbstoff eine auffällig rote, allenfalls braunrote Verbindung. Die Schleimhaut ist seifig, glatt und schlüpfrig, vielfach von blutigem Schleim bedeckt. Es handelt sich hierbei um Kaliumeffekte. Wenn viel Magen-Salzsäure vorhanden war, dann entsteht die sehr schnell tödlich wirkende *Blausäure!*

9. Magengeschwürskrankheit

Synonyma. Ulcus rotundum Cruveilhier; Ulcus perforans Rokitansky; Ulcus ex digestione Quincke; Ulcus penetrans; Ulcus terebrans; Ulcus callosum.

a) Vorbemerkungen

Das Magengeschwür wird *Ulcus ventriculi chronicum simplex* genannt; es ist seit Jahrhunderten bekannt, weltweit verbreitet, ungemein häufig, auch bei vielen Haustieren als Spontankrankheit beobachtet. Das Ulcus ventriculi wird als „*peptische Läsion*" aufgefaßt. Die Magengeschwürskrankheit wird im Sinne von R. RÖSSLE als „*zweite Krankheit*" verstanden. Sie ist im Prinzip ein Sekundärphänomen, entstanden auf dem Hintergrunde einer zeitlich vorangehenden, gleichsam führenden, Grundkrankheit. Das Ulcus ventriculi ist oft wie ein „somatisches Fatum" in den Lebensgang des Menschen „verwoben". Bekannte Ulcusträger waren: der römische Kaiser Claudius, Philipp II. von Spanien, Napoleon I., König Georg VI. von England, FRANZ LEHAR, REMBRANDT, CHARLES DARWIN, der finnische Marschall MANNERHEIM, die Dichter ERNST WIECHERT und CRONIN, der französische Minister ROBERT SCHUMAN!

Ulcera ventriculi finden sich bei Hund, Katze, Schwein, Kalb, Affe, Kaninchen, Meerschweinchen, Murmeltier, Huhn, und Ente; bei diesen Tieren ist es möglich, auch experimentell eine erosive Gastroduodenitis dadurch zu erzeugen, daß Histaminkörper appliziert werden. Wird ein Tagesdepot von 2,5 mg bei der Katze oder 30 mg beim Hund gesetzt, resultiert ein peptisches Geschwür. Die „Scheinfütterung" des Hundes (PAWLOW) leistet ähnliches.

b) Pathogenese

aa) Gefäßtheorie

Sie geht auf R. VIRCHOW (1853) zurück. VIRCHOW war der Meinung, daß eine venöse Dauerhyperämie (kardiale oder portale Stauung) die Entstehung eines Magengeschwüres fördern könnte. Er vertrat darüber hinaus die Auffassung, Arteriosklerose, Thrombose und embolischer Verschluß der Magenwandgefäße könnten ein Ulcus hervorrufen. Organisch-mechanische Veränderungen der Magenwandgefäße (stenosierende Sklerose, Thrombembolie) könnten einen „hämorrhagischen Infarkt" entstehen lassen. Der Infarkt „schließe" die Schleimhaut „auf" und unterhalte eine chronische Entzündung. Auf diese Weise würde der bleibende Substanzverlust des Ulcus ventriculi in Szene gehen. VIRCHOWs französischer Zeitgenosse J. CRUVEILHIER hat in seinem historischen Atlaswerk die typischen d. h. in großer Anzahl auftretenden und die ganze Magenwand spritzerartig bedeckenden hämorrhagischen Erosionen abgebildet. J. COHNHEIM (1882) hat auf experimentellem Wege *hämorrhagische Erosionen* der Magenwand (beim Hund) erzeugt, welche jedoch abgeheilt und nicht in ein Ulcus übergegangen sind. Man hat daraus abgeleitet, daß noch „irgendetwas" hinzukommen müsse, damit aus einer Erosion ein eigentliches tiefgreifendes Ulcus entstehen könne. HAUSER (1883) vertrat die Auffassung, daß ein Ulcus nur dann aus einem *hämorrhagischen Infarkt* hervorginge, wenn eine permanente Zirkulationsstörung vorhanden und diese zugleich die Ursache für die Entstehung einer organisch-mechanischen Gefäßwanderkrankung sei. R. BENEKE (1904, 1908) zeigte, daß in den kleinsten Schleimhautgeschwürchen nur sehr selten anatomische Gefäßverschließungen (Verstopfungen) nachweisbar wären. BENEKE machte darauf aufmerksam, daß hämorrhagische Schleimhauterosionen häufig bei Kranken nach Bauchtrauma oder Läsionen des ZNS zu beobachten seien. ROKITANSKY hatte bereits 1842 notiert, daß Ulcera ventriculi bei hypothalamischen Prozessen aufträten. SCHIFF hat 1845 über Magenschleimhautblutungen, Erosionen und seichte Ulcera nach experimenteller Thalamusdurchschneidung berichtet! Die japanische Schule (KOBAYASHI, 1908) bestätigt die alten Beobachtungen in vollem Umfange. BENEKE nimmt daher an, daß die zur Ulcusbildung erforderliche Kreislaufstörung *auch* nervaler Natur sein kann. GUSTAV VON BERGMANN (1913) hat festgestellt, daß peptische Ulcera häufig im dritten und vierten Lebens-

jahrzehnt entstehen, also zu einer Zeit auftreten, zu der organische Gefäßwandläsionen im allgemeinen noch nicht vorhanden sind. BERGMANN postuliert die *spasmogene Theorie:* Spasmen würden nicht nur die Arterienwände, sondern auch die Magenwandmuskulatur (vor allem die Muscularis mucosae) betreffen; sie würden nicht nur den „Aufbruch" der Schleimhaut hervorrufen, sondern — gleichsam als Dauerstörung — die Weiterentwicklung aus der Erosion zum Ulcus garantieren. Der Chirurg ORATOR nahm an, daß im wesentlichen eine Strangulation der Magenwandgefäße vorläge, welche schräg, aus der Muskulatur und der Submucosa kommend, die Muscularis mucosae durchzögen. Auf den Umstand, daß die Magenwandgefäße durch Verschiebeschichten, elastisch-muskuläre Lagen, eingescheidet sind, hatte M. WANKE aufmerksam gemacht. Die Bergmannsche „spasmogene Theorie" im Gewande der M. Wankeschen Untersuchungen über die Organisation des Gefäßeinbaues in die Magenwand, kann als durchaus modern gelten. Im Sinne von M. WANKE wäre ergänzend zu betonen, daß die „Spasmen" nicht nur die Gefäßwände selbst, die Muscularis mucosae, sondern die muskulären Scheiden betreffen könnten. Im Rahmen der sogenannten vaskulären Theorie der Ulcuspathogenese hat man zwei Kriterien erarbeitet:
1. Ein *Schleimhautinfarkt* müsse mindestens über den „Horizont" der Muscularis mucosae hinausgreifen;
2. und es müsse verlangt werden (G. HAUSER), daß die verschlossene *Magenwandarterie* gleichsam *unter der Spitze* des Ulcustrichters läge.
Beides ist nun durchaus nicht immer der Fall. BUCHNER hat in systematischen histologischen Untersuchungen zu zeigen versucht, daß die Lokalisation des Magengeschwüres eine topische Bindung an Magengefäße nicht erkennen lasse.

bb) Peptische Theorie

BÜCHNER hat (1931) auf die pathogenetische Bedeutung des Magensaftes nachdrücklich aufmerksam gemacht. Das Ulcus entstehe durch eine *Störung der Korrelation zwischen Magensaft und -schleimhaut.* Auch diese These ist nicht ganz originell. Sie reicht in ihren Wurzeln auf das Jahr 1852 (!) zurück. BÜCHNER räumt ein, daß naturgemäß nervöse Faktoren ebenfalls in die Produktion des Magensaftes und daher in die Pathogenese der peptischen Läsionen eingreifen könnten. Es sei so, daß entweder ein „überwertiger" Magensaft gebildet werde oder aber ein „minderwertiger" Schleimhautschutz gegeben sei. Man könne in der geschlossenen Magenmanschette eine *„Bildungs- und Wirkungszone",* nämlich für die Produktion des Magensaftes und dessen vornehmliche Einwirkung, unterscheiden. Eine umschriebene Magensafteinwirkung hänge auch von der Gestaltung des Faltenreliefs der Schleimhaut ab. Initiierende Veränderungen träfen die Höhe (den Kamm) einer Schleimhautfalte; es stehe dort ein *„Leistenspitzenödem";* die länger anhaltende Saftwirkung dagegen könne in der Tiefe, jeweils zwischen zwei benachbarten Schleimhautfalten, nachgewiesen werden. BÜCHNER, SIEBERT und MALLORY haben die pathogenetische Leistung rezidivierter Histamin-Injektionen demonstriert. Durch Anwendung von Histamin in starken Verdünnungen gelingt es, im Vormagen der Ratte, hämorrhagische Erosionen zu erzeugen. Chronische Ulcera hatten nicht hervorgerufen werden können. BÜCHNER spricht von einer

"Ordnung" im Ablauf der Sekretionsmechanismen. Diese „Ordnung" sei beim Ulcuskranken durchbrochen. Die „Sekretionsstudien" haben erkennen lassen, daß beim Tier, auch beim Versuchstier, ein kontinuierlicher Magensaftfluß nicht vorhanden ist. Ein Sekretfluß wird nur solange konstatiert, als die aufgenommene Nahrung „magenverdaut" wird. BABKIN (ein Schüler von PAWLOW) hat darauf aufmerksam gemacht, daß das bevorzugte Versuchstier keine „reinen" Sekretionsverhältnisse böte; „Reflexhunde" zeigten überhaupt keine typisch-tierischen Verhältnisse mehr. Beim Menschen tritt Nüchternsekret im Magen bereits nach der Morgentoilette (nach dem Waschen, dem Zähneputzen und Ankleiden) auf. Während VIRCHOW das Ulcus als umschriebenen Prozeß verstanden wissen wollte, neigt BUCHNER dazu anzunehmen, daß ein den ganzen Magen betreffendes praemorbides Stadium vorausgehe. Vielfach liege eine Gastritis oder Duodenitis erosiva vor. Im Grunde der jeweiligen Erosionen fänden sich Quellungsnekrosen. Diese seien ausschließlich die Folge der Magensafteinwirkung.

cc) Entzündliche (Gastritis-)Theorie

Sie geht auf KONJETZNY (1928/1930) zurück. Aufgrund umfangreicher histologischer Untersuchungen von resezierten Mägen (an der Kieler Chirurgischen Klinik von ANSCHÜTZ) wurde das Ulcus als Folge einer chronisch-exulcerativen Gastritis aufgefaßt. Das Magengeschwür würde an den Stellen der stärksten mechanischen Beanspruchung, jedoch auf dem durch die Entzündung vorbereiteten Boden entstehen. — Es ist sehr schwierig zu entscheiden, was Ursache, und was Wirkung ist.

c) Pathologische Anatomie des Ulcus

Die weit überwiegende Anzahl der Magengeschwüre liegt in der Nähe der kleinen Kurvatur, vorwiegend an der Magenstraße. Der makroskopische Aspekt ist ungemein charakteristisch. Das Ulcus pepticum chronicum simplex ist klein, fingerkuppengroß, tiefreichend, rundlich, häufig oval. Es besitzt einen scharfen, zunächst reaktionslosen Rand. Das Ulcus ist schräg, *terassenförmig* in die Magenwand eingebaut. Man kann es mit einer Kuppe, besser mit einem Trichter, vergleichen. Die Spitze des Trichters ist kardiawärts orientiert. Der nach der Seite des Pylorus gewendete Rand zeigt die terrassenförmigen Stufen. Der Ulcusgrund ist anfangs schmutzig-bräunlich verfärbt, von Detritus bedeckt. Er wird später gereinigt. Je älter ein Geschwür wird, um so mehr entsteht schwieliges Narbengewebe. Die Ulcusränder können geglättet werden. In vielen Fällen ist eine Wulstbildung der nächst-nachbarlich gelegenen Schleimhaut nachweisbar. Man spricht dann vom Ulcus callosum. Die histologische Untersuchung des ganz akuten Geschwüres ist ein wenig enttäuschend. Es sind nur geringgradige entzündliche Infiltrate in der unmittelbaren Umgebung des Schleimhautdefektes zu sehen. Lokalisation, örtliche Begrenzung, Aufbau des Ulcusrandes, kurzum, die quasi-geometrische Beschaffenheit könnten beinahe an ein Artefakt denken lassen. Wird das Ulcus älter, zeigt es eine *zonale Schichtung* des Geschwürsgrundes (ASKANAZY; HAMPERL): (1.) Fibrinöse Exsudatschicht; (2.) Zone der fibrinoiden Nekrose; (3.) Zone der Granulationsschicht und (4.) Narbenschicht mit Schwielengewebe, häufig auf die tiefen Magenwandschichten übergreifend. Unter dem Ulcusgrund zeigen die kleinen autochthonen Arterien das Bild der *Endarteriitis obliterans Friedlaender*. Die vegetativ-nervalen Geflechte der tiefen Magenwandschichten lassen eine „Perineuritis", vielfach eine Knotung, Knüpfung und Knäuelung erkennen: Sogenannte Neurombildung. Die Größe eines peptischen Magengeschwürs schwankt zwischen Pfennigstück- und Handflächenausdehnung! Sehr große Ulcera sind relativ selten. Größere Geschwüre „reiten" auf der kleinen Kurvatur. Symmetrische Geschwüre entstehen dann, wenn beide Schenkel der Arteria coronaria ventriculi, und zwar mit vorderem und hinterem Ausläuferast, verstopft sind. *Der bevorzugte Sitz der peptischen Ulcera ist die Magenstraße*, und zwar im Bereiche der *Regio praepylorica und pylorica*. ASCHOFF hat mehrfach und immer wieder auf die funktionell-mechanische Bedeutung der Magenstraße für die Entstehung des peptischen Geschwüres aufmerksam gemacht. In der Tat, wie kommt es, daß die Ulcera bevorzugt in diesem Bereiche angehen? Es liegen mehrere „konkurrierende" Faktoren vor: (1.) Mechanische Alteration der Magenstraße durch die aufgenommene Nahrung; (2.) im Bereiche der kleinen Kurvatur treten jeweils von ventral und von dorsal der rechte und linke Nervus vagus in die Magenwand. Eine Durchschneidung des linken Nervus vagus erzeugt peptische Ulcera an der Magenvorderwand, eine Durchtrennung des rechten Vagus läßt Ulcera an der Magenhinterwand entstehen. (3.) Die Arterien am hinteren Rande der kleinen Kurvatur werden als Endarterien aufgefaßt. Es handelt sich um „funktionelle Endarterien". Sie verfügen nur über ein ungenügendes h. h. wenig ausgeprägtes Anastomosenwerk. (4.) K. H. BAUER hat auf eine „phylogenetische Reminiszenz" aufmerksam gemacht. Er spricht davon, daß die Magengeschwüre beim Menschen im Bereiche der „*Schlundrinne*" der Wirbeltierreihe entstünden. Die „Schlundrinne" habe in der Phylogenese ursprünglich mit der eigentlichen Magen-Sekretdrüse nicht in Kontakt gestanden; sie sei gewissermaßen nicht auf eine HCl-Benetzung eingerichtet. Die „Schlundrinne" erkläre die „Organdisposition" bestimmter Magenregionen für die Entwicklung peptischer Läsionen. — Als *generelle Lokalisationsregel* mag gelten, daß die Mehrzahl der Ulcera im oberen Duodenum, an der kleinen Kurvatur und am Pylorus auftritt. Symmetrische Magengeschwüre (*kissing ulcers*, MOYNIHAN) liegen im Bereiche von Pylorus und Duodenum. Sie entstehen sicher in Abhängigkeit bestimmter, Vorder- und Hinterwand gleichmäßig umgreifender Blutgefäßschlingen. — Älter werdende Ulcera zeigen eine Reinigung; von den Rändern aus resultiert der Versuch der Spontanheilung; die Epithelien wachsen Seit-bei-Seit, sie produzieren eine „Heilung unter dem Schorf". Das Resultat ist oft unbefriedigend. Höhergradige Narben zeigen eine strahlige Raffung der Magenwand (sternförmige oder strahlige Schleimhautnarbe infolge histiotaktischer Umstrukturierung!).

Das akute peptische Ulcus kann nach einigen Tagen die ganze Stärke der Magenwand durchsetzt haben. Es kann eine akute primäre Perforation entstehen. Auch eine abnorme Füllung des Ulcusmagens kann ein Geschwür zum Platzen bringen. Es resultieren ein heftiger Schmerz, das Bild eines Schock, eine bretthart Bauchdeckenspannung, eine Facies abdominalis etc. Wie bereits ROKITANSKY treffend beschrieben hatte, sieht man bei Betrachtung des Magens von außen her anstelle der Perforation ein höchstens linsengroßes scharfrandiges Loch. Es sieht so aus, als ob es mit der Stanze (dem Locheisen) herausgeschlagen wäre. Von der Schleimhautseite aus gleicht das perforierte Ulcus einem sich nach außen verjüngenden Trichter. Der Lieblingssitz des akut-perforierten Ulcus ist die Vorderwand des Magens nächst der kleinen Kurvatur. Diese Region ist im allgemeinen vom linken Leberlappen bedeckt. Sehr viel seltener entsteht die akute Perforation an der Magenhinterwand. Beim *chronischen peptischen Ulcus* resultiert eine chronisch-adhäsive, einigermaßen umschriebene Peritonitis. Dadurch resultieren lang anhaltende Schmerzen. Die Verdickung des Bauchfelles, die narbige Adhäsion des Omentum majus, die Abdeckung der Perforationsstelle durch Leber oder Pankreas helfen mit, das ärgste (eine freie Perforation) zu verhüten *(„gedeckte Perforation")*. Von einem Ulcus penetrans spricht man dann, wenn vor der Perforation der Magenwand die Abdeckung durch Nachbarorgane praktisch vollständig zustande gekommen ist. Die häufigste Penetration des peptischen Ulcus erfolgt in das Pankreas. Im Ulcusgrund sieht man dann das körnige Pankreasgewebe, an den Geschwürsrändern eine plastische Entzündung des Schleimhautbindegewebes. Die Penetration in die Leber kann zur Entwicklung einer faustgroßen Höhle führen. Häufig resultieren Blutung und Verblutung. Die Penetration des Ulcus durch die linke Zwerchfellkuppe, den Herzbeutel und die dem Zwerchfell aufliegende Wand der rechten Herzkammer mit tödlicher Blutung ist mehrfach beobachtet. Erfolgt die Penetration des peptischen Geschwüres in die Milz, resultieren große, pseudozystische, entfernt kavernomähnliche Defekte, vielfach ebenfalls begleitet durch eine profuse Blutung.

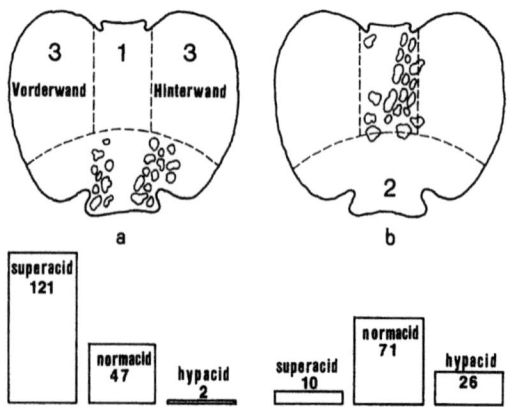

Abb. 16. Schematische Darstellung der Haupt-Territorien des menschlichen Magens unter Berücksichtigung funktioneller Gesichtspunkte; 1 = Magenstraße; 2 = nervös-humorales Regulationszentrum (!); 3 = Region der eigentlichen, spezifischen Magendrüse. a = Schematische Darstellung des Verteilungsmusters sogenannter pylorusnaher Magengeschwüre (Ulcera pylori, duodeni sowie praepylorische Ulcera); b = Lokalisationsmuster der Ulcera an der kleinen Kurvatur und der Cardia. Herstellung der Korrelation des Verteilungsmusters der Geschwüre zu den Säurewerten des Magensaftes. Zugrunde liegt die quantitative Auswertung eines Kollektivs „solitärer" d. h. nicht primär-multipler Geschwüre. Nach H. REITTER (Med. Mschr. 1950 : 901)

Seltenere Ulcusperforationen erfolgen in die Gallenblase, in den Fundus uteri, gelegentlich durch die Bauchdecken, z. B. im Bereiche eines Nabelbruches. Immer wieder findet der Obduzent eine „innere Magenfistel", d. h. eine erworbene Kommunikation zwischen der Stelle eines Magengeschwüres und dem Duodenum oder dem Quercolon. Es resultiert eine *Fistula bimucosa.* Dann kommt es leicht zur *Lienterie.* Darunter versteht man die Tatsache, daß die aufgenommene Nahrung „glatt" („leios") in den Darm gelangt. Unverdaute Nahrungsbestandteile werden dann in großer Menge in den zu häufig abgesetzten Stühlen nachweisbar.

Die Stätten der Magenwand, welche selbst Salzsäure produzieren, zeigen im allgemeinen keine peptischen Läsionen. 7 % aller Magengeschwüre treten multipel auf; 25 % aller Duodenalgeschwüre sind multipel. Die im Rahmen einer schweren Gastritis auftretenden Ulcera sind vorwiegend flach ausgebreitet. Man spricht von *„Ulcère plate"* oder von einem Ulcus vom Typus Konjetzny. Magengeschwüre, welche zur Perforation neigen, nennt man seit CRUVEILHIER *„Ulcères térébrantes". Blutungen* aus Magengeschwüren treten angeblich in bis 40 % aller Ulcera auf! Okkulte Magen-Darm-Blutungen sind daher zunächst immer auf ein Ulcus ventriculi verdächtig. Als Blutungsquelle kommen in erster Linie Äste der Arteria gastrica sinistra, in zweiter Linie Zweige der Arteria gastroepiploica dextra in Frage. 10 % aller Magenulcera gelangen zur Perforation.

Die sorgfältige Prüfung eines sogenannten Ulcusmagens läßt erkennen, daß vielfach mehrere alte Narben gleichzeitig vorhanden sind. Man hat einen *Ascendens-Typus* und einen *Descendens-Typus* der Magengeschwüre unterscheiden wollen (H. REITTER, 1950; Abb. 16 und 17). Im allgemeinen kann als

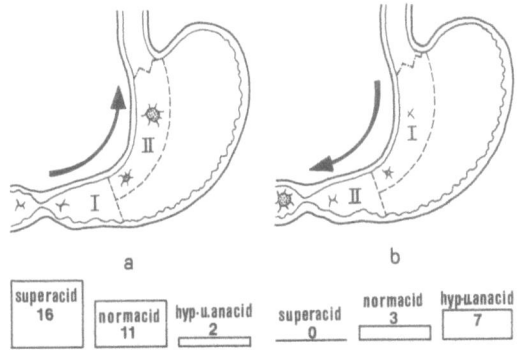

Abb. 17. Schematische Darstellung des Ausbreitungsmusters sogenannter sekundärmultipler d. h. zeitlich nacheinander auftretender Exulcerationen. I = Zone des zeitlich ersten Auftretens der Magengeschwüre; II = Zone des zeitlich jüngsten, also nachgeordneten Auftretens der Geschwüre; a = Ausbreitungsmuster der Ulcerationen vom sogenannten Ascendens-Typus; b = Ausbreitungsmuster der Magengeschwüre vom sogenannten Descendens-Typus. Quantitative Auswertung eines Kollektives von Magengeschwüren unter Konfrontation patho-anatomischer Befunde mit den Salzsäurewerten des Magensaftes. Darstellung nach H. REITTER (Med. Mschr. 1950 : 901)

Regel gelten, daß der Ascendens-Typus der *Ulcerosis ventriculi* am Pylorus beginnt; es besteht eine Superacidität des Magensaftes. Das zunächst aufgetretene Ulcus heilt ab, wenig später entwickelt sich oral hiervon ein neues Geschwür; auch dieses heilt ab, einige Monate darauf resultieren weitere Ulcera, welche, der Magenstraße folgend, nach und nach bis in die Regio cardiaca vordringen. Dagegen entsteht die peptische Initialläsion beim Descendens-Typus im mittleren Drittel des Corpus ventriculi, wiederum im Bereiche der kleinen Kurvatur. Die zeitlich zuletzt entstandenen Ulcera finden sich bei diesem Ausbreitungsmuster in der Umgebung des Pylorus. Die Ulcerosis des Descendens-Typus scheint erfahrungsgemäß bei Normacidität, vielleicht auch bei Hypacidität vorzukommen. Das Bedürfnis nach Ordnung im Geschehensablauf der Ulcerosis ventriculi ist groß. Alle erarbeiteten Regeln müssen sich zahllose Einschränkungen und Ausnahmen gefallen lassen.

Chronisch-peptische, kallöse Ulcera, deren Ränder wallartig verdickt, derb, narbig umgewandelt sind, welche jahrelang bestehen und deren größter Durchmesser mehr als 1,5 cm beträgt, werden in über 50 % aller Fälle carcinomatös entarten! Kleinere peptische Ulcera erfahren eine Malignisierung in etwa 2—10 % der Fälle. Man spricht von einem *Carcinoma in ulcere!* Der Tumor entsteht auf dem Boden einer Fehlregeneration der Schleimhaut im Ulcusrand. Für die carcinomatöse Entartung hat angeblich die Soorpilzbesiedelung des Ulcusgrundes die Bedeutung eines Wegbereiters.

d) Das Ulcus als Krankheit

Jeder Ulcusträger bedarf der sorgfältigen Untersuchung, Pflege sowie der lang anhaltenden diätetischen Betreuung. Bei der komplexen Pathogenese ist es schwierig zu entscheiden, „wer begonnen hat". Es wirken zusammen: Gefäßveränderungen, Gefäßwandspasmen, Spasmen der glatten Muskulatur der Magenwand, pathologische Sekretionsverhältnisse. *Abstrahierend kann man sagen, daß alle diejenigen Bedingungen, welche geeignet sind, die „Widerstandskraft" der Magenwand herabzusetzen, die Entstehung eines Ulcus fördern können.* Die Alternative zwischen vasogener Ulcustheorie einerseits, peptischer Theorie andererseits ist im Grunde nicht gerechtfertigt. Beide Bedingungskreise überlappen einander. Die durch' überschießende Saftproduktion entstandenen Ulcera leiten sich her von bestimmt-charakterisierbaren Erosionen, die man als „Ätzschorfe" bezeichnen könnte. Sie liegen an der Magenstraße, vorwiegend in der Regio praepylorica, *auf der Höhe der Schleimhautfalten!* Diejenigen *Erosionen* aber, *welche zirkulatorisch inszeniert wurden,* treten im allgemeinen in sehr viel größerer Anzahl auf, sind *kreisrund*, infarktähnlich und lassen nur dann definitive d. h. bleibende Ulcera entstehen, wenn überschießend produzierter superacider Magensaft gemeinsam mit ständiger mechanischer Friktion einwirken können und Zugang zu den eigentlichen Defektbildungen haben. Für die Charakterisierung der pathologischen Sekretionsverhältnisse wichtig ist der „*Nüchternschmerz*", d. h. die Schmerzempfindung, die dann auftritt, wenn der Magen erfahrungsgemäß als entleert gelten kann. Derartige Ulcera sind anatomisch in der unmittelbaren Umgebung der pylorischen Falte lokalisiert. Der Schmerz entsteht offenbar dadurch, daß, obwohl der Magen von Speisen entleert ist, die Sekretion anhält und der hyperacide Saft die lädierte, weil exulcerierte Schleimhaut zusätzlich reizt. Daraus kann man ableiten, daß, solange der Magen gefüllt, die überschießend produzierte Säure gebunden ist, Schmerzsensationen nicht auftreten. Bekannt ist die außerordentliche Bedeutung *psychogener Faktoren* für das Auftreten von Magenschmerzen und die Pathogenese des Ulcus. NIETZSCHE (im Zarathustra): *„Zehn mal mußt du lachen am Tag und heiter sein, sonst stört dich der Magen in der Nacht, dieser Vater der Trübsal"!*

Nervale Prozesse können auch auf dem Wege über eine *Alarmreaktion* wirksam werden: Vermehrte Ausschüttung von ACTH oder Glucocorticoiden zeitigen eine besonders starke Saftsekretion, vor allem auch nachts. Das „*Cortison-Ulcus*" kann in verhältnismäßig kurzer Zeit entstehen und zur Perforation führen (innerhalb längstens 3—4 Wochen!). Eine Vagotomie beim Kaninchen erzeugt eine Ulcerosis ventriculi vom Descendens-Typus! Nach BÜCHNER (1957) ist der Ulcus ventriculi eine „essentielle Krankheit" zwischen dem 50. und 70. Lebensjahr. Als Faustregel gilt, daß Duodenalulcera um etwa 10 Jahre im Mittel zeitiger auftreten. Übersieht man ein größeres Kollektiv, bietet sich folgende *Altersverteilung* der peptischen Läsionen an: Ein erster Häufigkeitsgipfel (vorwiegend der Duodenalulcera) liegt im dritten und vierten Lebensjahrzehnt; ein zweiter Häufigkeitsgipfel betrifft das 7. und 8. Jahrzehnt; ein dritter, ungleich kleinerer „Gipfel" betrifft das Säuglingsalter. Ulcera bei Säuglingen entstehen nach Verbrennung der Körperdecke, nach Fettembolie, bei Endokarditis. Man denkt an das Vorliegen eines „Stress-Ulcus".

Das „*Altersulcus*" ist oft besonders ausgedehnt, symptomenarm, stark blutend, perniciös. Untersucht man die Magenwand mikroskopisch in Stufen, finden sich immer stenosierende Gefäßsklerosen.

Ulcera können nach stumpfem Bauchtrauma, auf dem Boden einer generalisierenden und nekrotisierenden Arteriitis, im Rahmen konstitutioneller Besonderheiten entstehen. Es ist nicht völlig geklärt, ob Magengeschwüre häufiger bei Männern oder bei Frauen vorkommen.

Es ist indessen ganz sicher, daß die *Magengeschwüre bei Frauen stärkere Tendenzen zur Vernarbung* haben. Auf dem Sektionstisch finden sich eindeutig häufiger Magenschleimhautnarben bei Frauen als bei Männern! Die „weiblichen" Ulcera haben eine stärkere Blutungsneigung. Die ulceröse Diathese ist familiär, erblich gebunden. Die Träger der Blutgruppe 0 sollen mehr an Magengeschwüren erkranken als die Angehörigen der übrigen Blutgruppen. Oestrogene haben eine „schützende" Wirkung auf die Magenschleimhaut und einen „heilenden" Effekt auf bestehende Ulcera. Über die pathogenetische Bindung der Magengeschwürskrankheit an allergisch-hyperergische Prozessen ist derzeit nichts sicheres bekannt. Wegen der Bedeutung von H-Substanzen (Histamin) für die Magensaftsekretion ist der Gedanke naheliegend, daß das Ulcus ventriculi auf dem Boden bestimmter Allergosen leichter entsteht. Prüft man die Archive unserer großen deutschen Pathologischen Institute, darf man feststellen, daß das Ulcus ventriculi in den Protokollen bis etwa zum Jahre 1890 selten erscheint. Ist es genannt, kommt ihm in 80 % der Fälle die Bedeutung der Todeskrankheit zu. Heute begegnet uns das Ulcus als „zweite Krankheit", Ulcusnarben sind ein ungemein häufiger Befund. Höhergradige narbige Deformierungen, der sogenannte anatomische Sanduhrmagen, die narbige Magenausgangsstenose mit riesenhafter Gastrektasie werden heute nur ausnahmsweise beobachtet. Die sehr starke zahlenmäßige Vermehrung der Fälle von Ulcus ventriculi wurde zuerst und überzeugend in der Zeit des Ersten Weltkrieges ermittelt. Seitdem ist kein prinzipieller Krankheitswandel eingetreten. Mit V. v. WEIZSÄCKER wird man sagen dürfen, daß der Magen der *„Resonanzboden"* des menschlichen Gefühlslebens ist. Die exogene Reizüberflutung des Menschen im Lebenskreis sogenannter westlicher Hochzivilisation dürfte eine entscheidende pathoplastische Bedeutung beanspruchen.

Die Ulcuskrankheit kann trotz mehrerer intern-medizinisch-konservativer Kuren rezidivieren. Mehrfache Rezidivbildung, Blutungsneigung, Perforationsgefahr, Gefahr der malignen Entartung, Ulcus-bedingte Pylorusstenose etc. gelten als Indikation für die operative Beseitigung des Magenausganges. Gleichwohl werden auch dann Rezidive beobachtet. Der Schauplatz der Ulcerosis ist dann nicht nur der resezierte Magen, sondern das anastomotisch mit dem Magen verbundene Jejunum. Aber auch der erfolgreich operierte Ulcusträger wird oft seines Lebens nicht ganz froh: Der bekannteste Beschwerdekomplex ist der des dumping-Syndromes. Es handelt sich um das Auftreten von Hypoglykämien nach Billroth II-Resektionen. Es liegt nichts anderes zugrunde als eine Kollapsneigung nach sogenannter Sturzentleerung einer kohlehydratreichen Nahrung. Es resultiert eine strotzende Hyperämie der Dünndarmgefäße, welche so etwas wie eine „Zentralisation" des Kreislaufes hervorruft.

e) Experimentelle Ulcerosis ventriculi

Bestimmte Formen spontan entstandener höhergradiger Gastritis beim Menschen gehen mit ausgedehnter Geschwürsbildung einher. Es handelt sich um eine teilweise groteske Verdickung der Schleimhaut, welche über und über von kleinen und kleinsten Geschwürchen übersät ist. Man spricht von *Gastritis chronica ulcerosa Nauwerck*.

Bei dem Versuch der experimentellen Reproduktion der Ulcerosis ventriculi hominis sind vielfach ähnliche Magenzerstörungen erzeugt worden. H. MERKEL hat bei Meerschweinchen durch Histamin, Adenylsäure, Allylformiat, Diphtherie-Toxin, Guanidin, Acetylcholin, Pilocarpin, Adrenalin und Tyramin am vorgelagerten Magen hämorrhagische Erosionen, häufig in großer Anzahl, erzeugt. Die vollendet ausgebildete hämorrhagische Erosion zeigt eine oberflächliche Nekrose, eine darunter gelegene fibrinoide Zone und einen Saum von entzündlich-zellig infiltriertem Gewebe. Die hämorrhagischen Erosionen werden in wenigen Tagen „ausgehülst". Es bleiben seichte Defekte zurück. Gelegentlich ist eine kleine Gefäßarkade oder eine trichterförmig angeordnete Arteriole nachzuweisen, welche sich in die Spitze des keilförmigen Substanzverlustes einsenkt. Die experimentell reproduzierte Durchblutungsstörung erzeugt, genau genommen, dreierlei:

aa) Hämorrhagischer Infarkt

Es entsteht ein *hämorrhagischer Infarkt*. Dieser führt zu einer Mortifizierung eines keilförmigen Feldes, in dessen Bereich die Drüsenschläuche „zerbrochen" sind. In der unmittelbaren Umgebung liegt eine Zone der kollateralen Hyperämie mit Sickerblutungen. Infolge der blutigen Durchtränkung wird die

Widerstandskraft der Magenschleimhaut gestört, und es kommt zur Andauung des Infarktgebietes von der Schleimhautseite aus. Größere Infarkte führen in kurzer Zeit zur Perforation der Magenwand.

bb) Aushülsung

Der Nekrosebezirk wird demarkiert. Es bleibt ein im allgemeinen nicht sehr tiefreichender Defekt zurück. Es gehört zum Wesen erosiver Infarktbildung, daß nennenswerte entzündliche Prozesse fehlen.

cc) Zusammensinterung

Der Infarktbezirk ist unvollkommen ausgehülst. Die stehengebliebenen nekrobiotischen Partien werden dichter, homogenisiert, kompakt, schmutzigeosinrot anfärbbar. Es resultiert so etwas wie eine Quellungsnekrose.

In den Experimenten von H. MERKEL ist die Erzeugung eines echten kallösen d. h. derart chronischen Ulcus, wie es der Situation beim Menschen entsprechen würde, nicht oder doch nur ausnahmsweise gelungen. BÜCHNER hält die Merkelschen Experimente nicht für „schlüssig". Die Arbeiten von WANGENSTEEN ergäben bessere Modelle: WANGENSTEEN hat Histamin in Bienenwachs beim Meerschweinchen in Gewebetaschen versenkt und dadurch eine langsame, jedoch permanente, diffusorische Resorption kleiner Histamindosen erreicht. Dadurch ist eine Gastritis oder Duodenitis erosiva entstanden, welche der Nauwerckschen Gastritis nicht unähnlich war. Auf dem Boden einzelner so erzeugter Erosionen sei dann eher ein peptischer Magenwandschaden erwachsen, welcher die histologischen Kriterien des Ulcus pepticum rotundum simplex hominis getragen hatte.

Alles in allem darf man sagen, daß die Magengeschwürskrankheit ein menscheneigentümlicher Prozeß ist, der mit seinem Kommen und Gehen, der sich über Jahrzehnte erstreckenden wechselvollen Manifestation, seinen vielfältigen Bindungen zur Psychomotorik in einer *vergleichbaren* Weise im Tierreich nicht vorkommt.

10. Geschwülste des Magens

a) Nicht-epitheliale Tumoren

Die Magenwand ist reich an geschwulstigen Manifestationen. Makro- und mikroskopisch findet sich ein „buntes" Bild. Da ist zunächst die Gruppe zu nennen, welche *Fibrome, Lipome, Angiome, Endotheliome* sowie die mit letzteren verwandten *Pericytome* umfaßt. Die Tumoren können klein, fingerendgliedgroß, gelegentlich faustgroß, sein, multipel oder aber solitär-umschrieben auftreten. Sie nehmen in der Mehrzahl der Fälle ihren Ausgang von der Submucosa. Pendulierende subseröse Lipome sind bekannt. *Haemangiome* gehen gewöhnlich unter dem Bilde eines *Kavernomes* einher. Die Gefahr der Rupturblutung ist gegeben. *Lymphangiome* sind unscharf abgegrenzt, im allgemeinen diffus ausgebreitet, schwierig zu diagnostizieren. *Endotheliome* und *Peritheliome* wachsen in der Fläche, intramural, polytop, destruierend; sie haben mindestens als semimaligne zu gelten. Eine besondere Rolle spielt das *Leiomyom* der Magenwand. Der Tumor geht von der Muscularis aus, kann eine außerordentliche Größe erreichen, liegt subserös, komprimiert die benachbarten Oberbauchorgane. Leiomyome neigen zu regressiven Veränderungen, zu pseudozystischer Rarefikation, Blutung, aber auch Vernarbung. Leiomyome zeigen mikroskopisch häufig (nicht immer) einen rhythmischen Bau. Es handelt sich um die Ausbildung querer Kernreihen und -bänder. Die Quantität der Bindegewebseinlagerung ist von Fall zu Fall verschieden. Die histologische Abgrenzung der Leiomyome von *Neurinomen (Schwannomen)* ist gelegentlich schwierig. Neurinome sind entweder rhythmisch texturiert, im Besitze Verocayscher Wirbel oder aber retikuliert gebaut, dann besonders gefäßreich, vermehrt durchsaftet und von Blutungen durchsetzt. Daneben existieren *Neurofibrome* und *vaskuläre Neurome* (FEYRTER, REUBI). — *Sarkome* machen 1 % aller primärer Magengeschwülste aus. Sarkome der Magenwand setzen in 37,5 % der Fälle Metastasen. Sie rangieren hinsichtlich der Häufigkeit der Sarkome des Verdauungskanales an zweiter Stelle, nämlich hinter den Sarkomen der Ileocoecalgegend. Die Reihenfolge der Häufigkeit der Sarkome des Magen-Darm-Kanales ist folgende: Ileocoecalregion, Magen, Oesophagus, Mastdarm. — *Magensarkome sind entweder Spindelzellsarkome* oder *Fibrosarkome (fibroplastische Sarkome)*, gelegentlich *angioplastische, leiomyoplastische Sarkome* oder aber *kleinzellige Reticulumzellsarkome, Rundzellen-* sowie *Lymphosarkome*. Die Konsistenz der Magensarkome ist im allgemeinen weich, medullär; die Schnittfläche ist blaßgraurot, vermehrt durchfeuchtet, vielfach pseudozystisch zerfallen. Die Sarkome des Magens erzeugen im allgemeinen keine Stenosierung. Bluterbrechen gehört nicht zu dem notorischen Bild. Dagegen können profuse, selbst tödliche Blutungen bei terminaler ausgedehnter Schleimhautexulceration auftreten. Die histologische *Differentialdiagnose* zwischen *Lymphosarkomen* und pseudotumoralen Formen sogenannter *aleukämischer Lymphadenose* kann Schwierigkeiten bereiten. Auch die *Lymphogranulomatose* kann die Magenwand gleich einem Sarkom befallen und verunstalten. — In seltenen Fällen findet sich ein flächenhaft ausgebreitetes *plasmazelluläres Myelom (Plasmocytom)*. — Eine onkologisch nicht genügend abgeklärte Geschwulst ist das *Angioreticulom*. Der Tumor beginnt wie eine Granulomatose, wächst infiltrierend, raumfordernd, greift auf die Nachbarorgane über, rezidiviert nach operativer Intervention, um nach Jahr und Tag in ein banales Sarkom überzugehen.

b) Epitheliale Tumoren

Hier sind in erster Linie die *adenomatösen Polypen* zu nennen. Sie können multipel auftreten, jedoch auch solitär vorhanden sein. In letzterem Falle erreichen sie oft eine stattliche Größe (nicht über hühnereigroß!). Im allgemeinen sind die adenomatösen Polypen warzige, kurz-gestielte, dendritisch verzweigte, blumenkohlähnlich aussehende Wucherungen. Die Abgrenzung von *Pseudopolypen*, welche im Rahmen einer Gastritis chronica polyposa auftreten, kann schwierig sein. Die epitheliale Ausstattung variiert hinsichtlich Größe, Form und Färbbarkeit der Einzelzellen. Mehrzeiligkeit und Hyperchromasie gelten als morphologisches Symptom einer geweblichen Unruhe. Multizentrische Krebsentstehung auf dem Boden primär multipel angelegter papillärer Magenpolypen ist beobachtet! Größere gestielte Polypen können eine „Invagination" in den Canalis pyloricus erfahren. Bei der Prüfung der Frage, ob ein adenomatöser Polyp (noch) gutartig oder (bereits) bösartig sei, sollte neben dem Verzweigungstyp der Drüsen, der Zeiligkeit und Färbbarkeit der Epithelien, die Anzahl der Mitosen, besonders aber die Beziehung der Epithelzellen zu den Basalmembranen berücksichtigt werden. Durchbruch der Drüsen durch die Muscularis mucosae in die tieferen Wandschichten (Submucosa, Muscularis) gilt als alarmierend. — Neben den Polypen finden sich nicht selten submuköse d. h. intramural etablierte Adenome. Diese Geschwülstchen sind im ganzen leidlich abgegrenzt, von Bindegewebe und glatter Muskulatur eingehüllt. Es handelt sich mehr um eine Hamartie als um eine echte Neubildung. Eine bemerkenswerte Manifestationsform intramuraler Adenome stellt das *Adenomyom* dar. Es wird entweder in Parallele zu einer *endometrioiden Heterotopie* oder als *Äquivalent eines Carcinoides* oder aber als *dystopes Pankreas* (Nebenpankreas) interpretiert. Das ektopische Pankreas der Magenwand, welches unter dem Bilde des Adenomyomes einhergeht, ist nicht eben häufig (es wird angeblich etwa in 1 % aller Resektionsmägen gefunden, wenn sorgfältig danach gesucht wird!). Es findet sich in 90 % der Fälle in der Regio praepylorica und am Pförtner. Der histologische Bau kann dem eines normalen Pankreas sehr ähnlich sehen. Es ist dann unwahrscheinlich, daß ein Adenomyom dahintersteckt. Das Nebenpankreas der Magenwand scheint eine wesensmäßige Beziehung zu einer Sekretionsstörung des befallenen Magens zu haben. Es ist naheliegend, an einen Gastrin-Effekt zu denken. Tatsächlich sind peptische Läsionen der dem Nebenpankreas nächst-nachbarlich gelegenen Magenschleimhaut nicht selten.

Der *Magenkrebs* steht in der allgemeinen Tumorstatistik unmittelbar hinter dem Bronchuscarcinom, was die echte und absolute Häufigkeit seines Vorkommens anbetrifft. Man unterscheidet *vier Hauptformen* des Magencarcinomes, freilich ausgezeichnet durch allerlei Übergangs- und Mischtypen.

1. Das *polypös-papilläre, blumenkohlartig-breitbasig gewachsene, endophytische Carcinom* ist von markiger Konsistenz, knollig, knotig, gelappt, oberflächlich gefurcht; es bevorzugt die kleine Kurvatur der Regio praepylorica. Dieser Krebs ist oberflächlich schmutzig verfärbt und neigt zu autodestruktivem Wachstum. Auf dem Schnitt entleeren sich mehr oder weniger große Mengen eines krebsigen „Sekretes" („Krebsmilch"). Histologisch handelt es sich um ein *adenomatöses Zylinderepithelcarcinom;* der Tumor ist pseudounipolar gewachsen; vereinzelt können zirkumskripte solid-zellige Formationen eingestreut sein, welche an Übergangsepithel oder Plattenepithel erinnern. Selten findet sich ein *Adenokankroid*.

2. Das *schüsselförmig exulcerierte Carcinom* ist ebenfalls weich, in breiter Fläche geschwürig zerstört, von mehr oder weniger wallartig konfigurierten Rändern umgeben. Nach dem Geschwürsgrund zu fallen die Ränder steil ab. Auch hier entleert sich auf Druck die „Krebsmilch". In der Umgebung des Haupttumors finden sich submukös etablierte Tochterknoten. Auch diese können sekundär exulcerieren. Histologisch handelt es sich um ein *Carcinoma solidum tubulare sive alveolare,* also ebenfalls um ein zylindroepitheliales Adenocarcinom.

3. Der *Faserkrebs (Carcinoma scirrhosum)* nimmt eine Sonderstellung ein. Der Tumor ist flächenhaft ausgebreitet, führt zu einer Verhärtung und Verdickung der Magenwand, vielfach zu einer eigenartigen Steifigkeit, oft — in späteren Stadien — zu einer Schrumpfung der Magenlichtung. Frühe Stadien sind makro-anatomisch schwierig zu erkennen. Der Tumor ist dann ganz flach, eben angedeutet umschrieben, auf der Schnittfläche von knorpelähnlicher Beschaffenheit. Auffällig ist stets, daß die Schleimhaut, welche über einem derartigen Tumor ausgebreitet ist, wenig verschieblich erscheint. Die Abgrenzung des Faserkrebses ist nicht immer scharf; häufig existieren fließende Übergänge zur chronisch-entzündlich alterierten Schleimhaut der weiteren Umgebung. Szirrhöse Carcinome können in eine flächenhafte Geschwürsbildung, welche freilich flach ist, „fließend" übergehen. Szirrhöse Krebse können vollständig die Form der Pylorusrinne umgreifen, während das Corpus noch frei ist. Es resultiert dann leicht das Bild des „Feldflaschenmagens". Die Submucosa ist am stärksten verdickt. Von hier aus reichen weißliche schwielige Streifen schräg-zirkulär durch die Muskulatur bis zur Serosa. Die histologische Verifizierung eines derartigen Krebses bereitet oft unerträgliche Schwierigkeiten. Der Tumor ist von Entzündungszellen überlagert. Die eigentlichen Geschwulstepithelien selbst sind klein, rundlich, oft wie große Lymphocyten aussehend. Der Tumor läßt die Maske im Bereiche der Lymphknotenmetastasen fallen. Gelingt es, regionäre Lymphknoten mikroskopisch zu untersuchen, erkennt man häufig bei szirrhösen Magenkrebsen tubulär-adenomatöse Infiltrate der Marginalsinus! Die Abgrenzung der *Linitis plastica* von einem Carcinoma globocellulare ist eine Funktion der diagnostischen Erfahrung! Szirrhöse Magenkrebse können primär multipel auftreten.

4. Das *Gallertcarcinom* ist ein diffus infiltrierend ausgebreitetes Carcinom, welches zu einer gallertigen Verdickung aller Magenwandschichten führt. Gallertkrebse wachsen vielfach in der Kontinuität, weiden Oberflächen ab und kriechen präformierte Spatien entlang. Die histologische Situation ist besonders charakteristisch: Die Krebsepithelien sind derart verschleimt, daß das Phänomen sogenannter Siegelringbildung deutlich wird. Gallertcarcinome können auf das Omentum majus, von hier aus gleichsam kontinuierlich auf alle anderen Baucheingeweide übergreifen. Nicht selten kommt es zur Implantations-Metastasierung im Bereiche der Adnexe des weiblichen Genitale: Die bilateral symmetrisch auftretenden Geschwulstknoten (z. B. der Ovarien) werden als *Krukenberg-Carcinome* bezeichnet. Krukenberg-Krebse sind *immer* darauf verdächtig, daß ein Primärcarcinom im Magen-Darmkanal etabliert war. Auch Krukenberg-Carcinome besitzen Siegelringzellen.

Die *allgemeine Histologie* der Magenkrebse ist bunt und wechselvoll. Nicht ganz selten werden Flimmerepithelien, aber auch solide Epithelformationen gefunden. Im Protoplasma der Carcinomepithelien liegen gewöhnlich PAS-positive Substanzen. Magenkrebse liegen ganz überwiegend an der Magenstraße. Dies spricht dafür, daß chronische Reize für die Carcinomentstehung wichtig sind. Die Epithelien der Magenstraße und der Pars pylorica besitzen erhöhte metaplastische Fähigkeiten. Medulläre Adenocarcinome zerfallen leichter als szirrhöse Krebse und Gallertkrebse. Sucht man eine Relation zwischen der Häufigkeit der Magenkrebse, gemessen an ihrer topographischen Verteilung, gelten folgende Daten: An *Pylorus und Antrum* kommen 46 %

aller Magenkrebse, an der *kleinen Kurvatur 26 %*, an der *Cardia 10 %*, im sogenannten *restlichen Magen 9 %* vor; eine *Durchwachsung* gleichsam *des ganzen Magens* findet sich ebenfalls in *9 %* aller Fälle! In Deutschland verhält sich die Verteilung der Magenkrebse bei Männern zu denen bei Frauen wie 58 : 42 (nach anderen Statistiken wie 52 : 48), in England verhalten sich die Magenkrebse bei Männern quantitativ zu jenen bei Frauen wie 2 : 1! Die männliche Bevölkerung in England ist also ungleich mehr magenkrebsdisponiert als in Deutschland. Magenkrebse finden sich weitaus am häufigsten im 6.—8. Lebensjahrzehnt. Es scheint, daß geographisch-pathologische Besonderheiten für die Cancerogenese im Magen essentiell sind: Das Magencarcinom der fernöstlichen Bevölkerung (China, Japan, Indonesien) tritt angeblich etwa 3mal so häufig wie in Europa auf! Die eigentlichen Ursachen sind nicht genügend bekannt. An die Bedeutung von Reis-Konservierungsmitteln, von Gewürzen oder Fischkonserven wird gedacht. Die internationale „Magencarcinom-Konferenz", Honolulu 1967, hat keine Klärung bringen können.

Durch *Exulceration* der Magenkrebse können rezidivierte, vielfach okkulte, aber auch *dramatische Blutungen* hervorgerufen werden. Magenkrebse greifen auf die unmittelbare Umgebung über und führen zu Verwachsungen mit Leber, Pankreas, Bauchfell, Querdarm, Milz und Zwerchfell. Nicht ganz selten kann man beobachten, daß nach subtotaler Magenresektion wegen eines Carcinomes, bei der es nicht möglich gewesen ist, einzelne Lymphknotenmetastasen zu entfernen, eine unverhältnismäßig lange Zeit vergeht, bis der Tumor (klinisch) rezidiviert. Wichtig ist die Kenntnis der lymphangiotisch-carcinomatösen Propagation. Die Lymphknotengruppe in der unmittelbaren Umgebung der Einmündung des Ductus thoracicus in den Angulus venosus sinister wird als *„Virchowsche Drüse"* (Fossa supraclavicularis major sinistra) bezeichnet. Von hier aus breiten sich die Tumorzellen über Vena subclavia, obere Hohlvene, rechtes Herz in die Lungen aus. Die Mehrzahl der Metastasen der Magenkrebse findet sich in der Leber. Eine miliare Carcinose des Bauchraumes mit wurstförmiger Wulstung des großen Netzes und sanguinolentem Aszites ist häufig. Magenkrebse auch bei jüngeren Menschen sind keine allzu große Seltenheit. — In der Magenwand kommen auch *„Kombinationstumoren"* („Komplikationstumoren"), nämlich *Carcinosarkome* vor. Über das *Carcinoma in ulcere* hatten wir auf S. 128 berichtet. Umgekehrt findet sich nicht selten ein *Ulcus in carcinomate!* Wer angefangen hat, das Ulcus oder das Carcinom, ist natürlich nur nach genauerer mikroskopischer Durchforschung zu entscheiden.

11. Stenosen und Dilatationen des Magens

Stenosen der Magenlichtung können durch eine Ulcusnarbe, nach Verätzung, durch ein Carcinom, durch angeborene Muskelhypertrophie am Pylorus, aber auch durch arteriomesenterialen Darmverschluß hervorgerufen werden. Die *muskuläre Pylorushypertrophie* (= Pylorusstenose) kann in Kombination mit einem *Pylorospasmus* auftreten. In Fällen des Pylorospasmus (der knorpelplattenähnlichen muskulären Hypertrophie am Pylorus) kann eine „fehlerhafte Gewebekomposition", nämlich ein partieller Defekt in der

Organisation des intramuralen vegetativen Nervensystemes vorliegen. — Bei dem *arteriomesenterialen Darmverschluß* liegt im allgemeinen eine mächtige Magenerweiterung des Corpus vor. Dadurch wird der Dünndarm in Richtung auf das kleine Becken hinuntergedrängt. Auf diese Weise kommt es zu einem Zug an der Radix mesenterii. Hierdurch wird der proximale Stamm der Arteria mesenterica cranialis schräg nach rechts abwärts über den absteigenden Schenkel des Duodenum ausgezerrt. Die mesenteriale Falte mit der starrwandigen Arterie schneidet tief in die Vorderwand des Duodenum ein und erzeugt auf diese Weise einen nahezu völligen Verschluß. Es resultiert eine völlige Entleerungsunmöglichkeit des Magens. Ist erst die Abklemmung des Duodenum zustande gekommen, wird die Magenerweiterung nach und nach stärker. Es resultiert ein Zwerchfellhochstand mit winkliger Verlagerung des auf dem Zwerchfell liegenden Herzens. Lebensrettend ist die Absaugung des durch Flüssigkeit schwappend gefüllten Magens und ein Versuch, den Kranken in Knie-Ellenbogenlage zu bringen. Gelingt dies, fällt der schwappend gefüllte, ektatische Magen an die vordere Bauchwand; die Ausreckung der Arteria mesenterica cranialis unterbleibt; das strangulierte Duodenum (allenfalls der strangulierte Magenausgang) können sich erholen. Der arteriomesenteriale Darmverschluß wird in Zeiten gestörter sozialer Ordnung, in Hungers- und Notzeiten, gefunden; Reduktion der physiologischen Fettpolster einerseits, Anfüllung des Magens durch eine schlackenreiche Kost zum anderen scheinen begünstigend zu wirken. Seltener wird der arteriomesenteriale Darmverschluß infolge einer *akuten primären Magenlähmung* (nach stumpfem Bauchtrauma, Operation der Gallenwege, Narkosezwischenfällen) gefunden. — Auch eine *Magenruptur* nach Genuß von gärungsfähigen Nahrungsmitteln infolge starker CO_2-Bildung wird gelegentlich beobachtet. Kritiklose Einnahme von Natriumbikarbonat z. B. auf einen biergefüllten Magen hat ebenfalls durch überschießende CO_2-Freisetzung Rupturen hervorgerufen. Auch eine traumatische Magenruptur durch ein mäßig starkes stumpfes Trauma ist, besonders nach Aufnahme einer voluminösen Mahlzeit, möglich.

Divertikelbildungen am Magen werden vor allem von röntgendiagnostischer Seite gemeldet. Konnatale Divertikel liegen nach Art einer abnormen Sprossenbildung nächst der großen Kurvatur. Im Grunde dieser Divertikel wird akzessorisches Pankreasgewebe gefunden. Auch voluminöse und „gewichtige" *Magenfremdkörper* können divertikulöse Schleimhautprolapse hervorrufen. — Eine abnorme *Magendrehung* — *Volvulus* (von volvere = wälzen) — tritt in zwei Formen auf: Es kann einmal zu einer Drehung des Magens um eine Querachse kommen; der Pylorus wird aufwärts in Richtung auf die Cardia bewegt. Es wird zum anderen eine Rotation um die Magenlängsachse beschrieben. — Ein Volvulus des Magens erzeugt ein ileusartiges Bild. — In unserer „Allgemeinen Pathologie" wurde auf S. 89 über *Fremdkörper* berichtet: *Bezoare*, nämlich Tricho- und Phytobezoare; gelegentlich sind *Ausgußsteine* (Schellacksteine) im Magen, vor allem von geisteskranken Individuen, gesehen worden.

Für die Entstehung eines Magen-Volvulus ist angeblich ein Mesenterium liberum eine wichtige Voraussetzung. Verlagerungen des ganzen Magens können durch Adhäsionsstränge hervorgerufen werden. Eine adhäsive Perigastritis erzeugt eine „Rechtsdistanz". Unter einer *Gastroptose* versteht man eine „Längung" eines Magens. Es scheint, daß *eine* der Voraussetzungen für die Entwicklung der Gastroptose das Herabsinken des „Darmkissens" darstellt.

Literaturangaben zum Kapitel Magenpathologie
EDUARD KAUFMANN: Lehrb. spez. path. Anat. Bd. I, S. 613, 9. und 10. Aufl., Berlin: W. DE GRUYTER 1931 (Standardwerk, noch immer!); dasselbe, besorgt von H. MERKEL in: KAUFMANN-STAEMMLER, 11. und 12. Aufl., 1955, S. 957; F. BOLCK: Verdauungstrakt und Große Drüsen, in: Handb. Allg. Path., Bd. III, 2, S. 44, Berlin-Göttingen-Heidelberg: Springer 1960; P. C. ALNOR, E. W. KRICKE und R. WANKE: Der Magenschleimhautprolaps, Berlin-München: Urban & Schwarzenberg, 1962; W. RICK: Verdauungsorgane, in: F. GROSSE-BROCKHOFF: Pathologische Physiologie, 2. Aufl., Berlin-Heidelberg-New York: 1969, S. 309; ferner (Einzelmitteilungen): A. KRIEGER: Die akute solitäre Magenerosion Dieulafoy etc., Schweiz. med. Wschr. 80 : 1070, *1950*; F. BUCHNER: Über den heutigen Stand der Lehre von der Pathogenese des peptischen Geschwürs, Langenbecks Archiv 267 : 302, *1951*; F. BUCHNER: Die Pathogenese der Gastroduodenalgeschwüre, Schweiz. Z. Allg. Path. und Bakteriol. 21 : 388, *1958*; A. WERTHEMANN: Patholog. Anat. und Pathogenese des Ulcus pepticum. Ciba-Symposium 1 : 50, *1953*; W. DOERR: Bösartige Geschwülste des Verdauungskanales, Der Internist 9 : 457, *1961*.

IV. Darm

1. Vorbemerkungen zur Anatomie, Histologie und Physiologie des Darmes

Die Schichten der Darmwand von innen nach außen sind: *Zylinderepithel, Tunica propria, Muscularis mucosae, Submucosa, innere Ring-, äußere Längsmuskulatur, Subserosa* und *Serosa*. Die Schleimhaut ist durch einschichtiges Zylinderepithel bedeckt. Die Schleimhaut trägt, vor allem im Dünndarm, unerhört zahlreiche dicht nebeneinander liegende schlauchförmige Drüsen. Sie werden (im Dünndarm) Lieberkühnsche Krypten genannt. Im Bereiche dieser Drüsen (bis hinab zum Blinddarm und zum Wurmfortsatz) werden fuchsinophile Zellen (= Panethsche Zellen) nachgewiesen. Im gesamten Verdauungskanal, am reichlichsten im oberen Dünndarm, finden sich „Gelbe Zellen". Man spricht von dem *„Gelbe-Zellen-Organ der Magen-Darmschleimhaut"*. J. E. SCHMIDT (1905) hat die „Gelben" Zellen zuerst beschrieben. Es handelt sich um basal gekörnte Epithelien, welche mehr nach der Basis als nach der Lichtung der sonstigen Epithelgarnitur angeordnet sind. Die „Gelben" Zellen haben etwa die Form einer Flasche des Würzburger Boxbeutels. Der breite Flaschenbauch sitzt der Basalmembran auf; der lang ausgezogene Flaschenhals reicht in das Interstitium zweier benachbarter Zylinderepithelzellen hinein. Die Gelben Zellen sind nach Fixierung in Müller-Formol chromaffin; sie sind argentaffin. Unter der Argentaffinität versteht man die Versilberbarkeit einer Zelle nach der Technik von MASSON; unter der Argyrophilie versteht man die Versilberbarkeit nach der Technik von BIELSCHOWSKY. Die Schmidtschen Zellinseln finden sich gehäuft hinter dem Pylorus, an der Papilla duodenalis minor (SANTORINI), an der Ileocoecalregion sowie oberhalb des Analringes. Die

Schmidtschen Zellen haben von Natur aus eine zarte gelbe Farbtönung, welche unter Einwirkung der Formalinfixierung (Formaldehyd) stärker wird. Die Chromierung beruht nicht auf der Entstehung einer Chromverbindung, sondern auf der Oxydation von zelleigenen Substanzen durch Chromate. Bei Anwendung der HE-Färbung zeigen die Schmidtschen Zellen ein dreifaches Verhalten: (1.) Sie sind hell, d. h. ganz schlecht anfärbbar, leptochrom; (2.) sie sind oxyphil, d. h. eosinrot getönt; und sie sind (3.) schwach basophil getönt. Die Schmidtschen Zellen zeigen außerdem das Phänomen der Rhodiochromie; sie bieten also nach Thionin-Weinsteinsäure-Einschlußfärberei im Sinne FEYRTERs einen rosenroten Farbton. Die Rhodiochromie ist beweisend für die Anwesenheit von Mucoproteiden. Endlich gibt ein Teil der Schmidtschen Zellen das Phänomen der sogenannten Cyaneochromie. Dabei handelt es sich darum, daß nach Ausführung der Kresylechtviolett-Weinsteinsäure-Einschlußfärberei im Sinne FEYRTERs ein blauer Farbton aufscheint. Es handelt sich hierbei um den Nachweis von Acetalphosphatiden. Die Schmidtschen Zellen sind die vornehmsten Repräsentanten der „diffusen epithelialen endokrinen Organe" im Sinne von F. FEYRTER. Man darf den Gelben oder Hellen Zellen (SCHMIDT, FEYRTER) eine inkretorische Leistung (Parakrinie) zutrauen. Die Kenntnis dieser Zellen ist wichtig für das Verständnis der formalen Histogenese sogenannter Carcinoide. Ob diese Zellgarnitur eine notorische Bindung zu feinen Ausläufern des darmwandeigenen vegetativen Nervensystemes besitzt, sei dahingestellt. Man hat gelegentlich die Gelben Zellen als Chemorezeptoren verstehen wollen. — Die *Schleimhaut des Zwölffingerdarmes* ist ausgezeichnet durch die von JOHANN CONRAD BRUNNER (1653—1727) beschriebenen *„Brunnerschen Drüsen* (De glandulis duodeni). Die Brunnerschen Drüsen münden gewöhnlich in die Krypten ein. Selten führen sie bis auf die freie Dünndarmoberfläche. Auch die Brunnerschen Drüsen verfügen über Panethsche und Schmidtsche Zellen. Das lymphoide Gewebe der Darmwand ist verschieden angeordnet: Es findet sich einmal eine diffuse Verteilung; dabei handelt es sich um ungeformte lymphoretikuläre Einlagerungen. Zum anderen ist eine Anhäufung im Sinne organoider Strukturen deutlich. Hierbei handelt es sich um Lymphfollikel. Jene stellen entweder Solitärfollikel oder aber agminierte Follikel dar *(Peyersche Plaques)*. Die Solitärfollikel sind im ganzen Darm verteilt, besitzen eine birnenförmige Gestalt und liegen zwischen Mucosa und Submucosa. Die Muscularis mucosae fehlt da, wo ein Follikel sitzt. Im Dickdarm sind diese Follikel größer als im Dünndarm. Anzahl, Größe und Ausbreitung schwanken sehr. Eine bestimmte Anzahl von Lymphocyten wird transepithelial in die Darmlichtung abgegeben. Die Peyerschen Platten liegen vor allem im unteren Dünndarm und im Bereiche der Ileocoecalregion. Auch der Wurmfortsatz ist gänzlich durch lymphoretikuläres Gewebe ausgekleidet. Lymphfollikel und Peyersche Platten sind bei Kleinkindern besonders deutlich. Sie liegen dem Mesenterialansatz gegenüber. Die unmittelbar vor der Bauhini'schen Klappe gelegene Peyersche Platte ist nicht longitudinal, sondern transversal orientiert (diagnostisch wichtig im Falle eines Typhus abdominalis!). — Das Schleimhautbindegewebe des ganzen Darmes ist relativ reich an Plasmazellen und eosinophilen Leukocyten.

Die *Dünndarmschleimhaut* ist reich an *Zotten*. Sie liegen zwischen den Trichtern der *Lieberkühnschen Krypten*. Das *Jejunum* beginnt, wo die Brunnerschen Drüsen aufhören. Dort ist die Schleimhaut in quere Falten gelegt *(Kerckringsche Falten)*. Kerckringsche Falten finden sich auch im Duodenum. Sie nehmen an Häufigkeit im unteren Dünndarm stark ab. Im Bereiche der Dickdarmwandung ist die Längsmuskulatur zu Bändern, Taenien, umgruppiert. Dem Verlaufe der Taenien entspricht auf der Schleimhautseite des Darmes je ein Längswulst. Zwischen je zwei Taenien alternieren auf der Schleimhautseite transversale Falten (Plicae semilunares). Diese und die Taenien bilden gemeinsam die sogenannten Haustren.

Die *peritoneale Darmbedeckung* ist nicht überall vollständig. Das absteigende Duodenum ist nur seitlich bedeckt, das aufsteigende nur ventral; Colon ascendens und descendens sind im medialen dorsalen Drittel frei von Peritoneum. Der mittlere Teil des Rektum ist dorsal, der untere Teil in der ganzen Zirkumferenz frei von einem Bauchfellüberzug.

Lymphgefäße sind in den Darmwänden reichlich vorhanden. In jeder Dünndarmzotte liegt ein zentrales Chylusgefäß. Es beginnt gleichsam in der Darmlichtung, ist von einem Blutcapillarnetz umsponnen und führt durch ein System von miteinander kommunizierenden Lymphbahnen vorwiegend in der Submucosa zum Mesenterialansatz hin. Auch zwischen den Muskelschichten liegt ein Lymphgefäßsystem. Der eigentliche Abtransport aller Lymphbahnen in Richtung Mesenterium erfolgt auf subserösen „Sammelstraßen". Durch Lymphstauung, häufiger bei älteren Menschen erkennbar, entstehen *Chyluszysten*. Dabei resultieren weiße oder weißgelbe Pünktchen und Flecken an den Schleimhautzotten, den Schleimhautfalten, aber auch unter der Serosa *(Varices lymphatiques Letulle)*. Derartige Veränderungen werden gerne bei chronischer Nephritis beobachtet.

Zwischen den Muskelschichten liegt der Plexus myentericus externus (AUERBACH); in der Submucosa findet sich der Plexus submucosus Meissner; die nervalen Geflechte enthalten eine Vielzahl von Ganglienzellen und liegen in einer durch Lymphgefäße reichlich ausgestatteten Bindegewebsscheide. Man spricht von der Gerotaschen „Nervenscheide".

Die *Arteria mesenterica cranialis* tritt am unteren Rande des Pankreas, dicht oberhalb der Flexura duodeno-jejunalis, hervor; sie tritt in die Wurzel des Dünndarmgekröses ein und verläuft in Richtung auf die Fossa iliaca dextra. Unter ihren Ästen imponieren die Arteria pancreatico-duodenalis inferior (zwischen Pankreaskopf und unterem Duodenum), 14—16 Arteriae intestinales (zum Dünndarm), die Arteria colica dextra (zum aufsteigenden Dickdarm) und die Arteria colica media (für den Querdarm). Die Arteria ileocolica ist der Endast der Arteria mesenterica superior und versorgt Ileum und Coecum. Hinter dem untersten Ileum entspringt die kleine Arteria appendicularis, die am Mesenteriolum entlang verläuft. — Die *Arteria mesenterica inferior* entspringt in Höhe des 3. Lendenwirbelkörpers aus der Aorta. Ihre Äste sind die Arteria colica sinistra (absteigender Dickdarm), die Arteria haemorrhoidalis superior (Colon sigmoideum) und (bis zu einem gewissen Anteile) die Arteria haemorrhoidalis media (oberes Drittel des Rektum).

Die *Pfortader* entsteht aus der Vena mesenterica superior, inferior und der Vena lienalis. Die Venen begleiten die zugehörigen Arterien in der Einzahl. Zuerst kommt es zur Vereinigung von Vena lienalis und Vena mesenterica inferior. Dann erst wird die Vena mesenterica superior (cranialis) aufgenommen. Sie ist kaliberstärker, weil sie das Blut aus dem ganzen Dünndarm ableitet. Die Pfortader wird hinter dem Pankreaskopfe gebildet. Sie ist 7,5 cm lang und liegt im Ligamentum hepato-duodenale. Die Pfortader ist zwischen zwei Capillarsystemen (Darmwand und Leber) ausgebreitet. Ihre Wand ist relativ stark; einzelne Media-Muskelfasern sind stärker als vergleichbare Einrichtungen anderer Venen. Auch der Blutdruck im Inneren der Pfortader, insbesondere die Sauerstoffspannung, liegen höher als in anderen Venen ähnlicher Kaliberstärke. Die Sauerstoffspannung im Inneren der Pfortader liegt um 20 % höher als in sonstigen Venen. Ein nicht ganz befriedigend gelöstes Problem ist das des Bluttransportes im Inneren der Pfortader. Wie wird die *Strömung* in Gang gehalten? Man denkt einmal an die Bedeutung des Unterdruckes der Pleurahöhlen, sodann an die Sogwirkung infolge Bewegung der Zwerchfellkuppeln; alsdann gilt die „Zottenpumpe" als wesentlich. Schließlich ist wahrscheinlich gemacht, daß sich die pulsatorischen Schwankungen der Mesenterialarterien auf die Wände der Mesenterialvenen fortsetzen. Endlich dürfte eine „Blutdruckstoßwelle" über die arterio-venösen Anastomosen bedeutsam sein. SPANNER hat nachgewiesen, daß auf 1 cm² Dünndarmschleimhautfläche beim Schwein nicht weniger als 600 arteriovenöse Anastomosen entfallen.

Die Kenntnis des *Feinbaues der Darmwand* hat durch die Möglichkeit, bioptisch entnommenes Gewebegut *elektronenmikroskopisch* zu untersuchen, eine außerordentliche Bereicherung erfahren. Das auffallendste Merkmal des Dünndarm-Zottenepitheles ist der *Bürstensaum*. Dieser setzt sich aus Mikrozotten zusammen. Jene haben die Länge von $^1\!/_{24}$ der Epithelzellhöhe. Die Mikrozotten des Resorptionsepitheles des Dünndarmes haben den am besten entwickelten Bürstensaum. Die Anzahl der Mikrozotten pro Epithelzelle wird auf 1 000—3 000 Stücke geschätzt. Dadurch soll sich eine Oberflächenvergrößerung der Dünndarmschleimhaut-Zotten um den Faktor 20 (!) ergeben. Die Länge der Mikrozotten beträgt 1 μ, ihr größter transversaler Durchmesser $^1\!/_{10}\,\mu$. Eine *Mikrozotte* stellt eine fingerartige Ausstülpung der Zelle dar, die von einer doppelten Membran umgeben wird. Jene geht an der Mikrozottenbasis auf die benachbart angesiedelten sogenannten Nachbar-Mikrozotten über. Im „Stroma" der Mikrozotten findet sich ein feinstes Fasergewebe, welches „terminal web" genannt wird. Die Mikrozotten enthalten Fermente, mit Sicherheit die *Saccharidasen*. Sie haben wahrscheinlich auch etwas mit dem Aminosäuretransport zu tun. Jede einzelne Zottenepithelzelle ist von einer doppelten Membran gleichsam auf allen Seiten umgeben; lediglich nach der Lichtung zu setzt sie sich in die fingerförmig gekrümmte Mikrozotte fort. Die Membran der Epithel-Zellkerne ist „rauh" und verfügt über eine große Anzahl von Poren. Im Protoplasma der Dünndarmschleimhautepithelien finden sich reichlich Mitochondrien, ergastoplasmatische Filamente mit Ribonukleoproteingranula und ein Golgi-Apparat. Die *Lysosomen* tragen eine einfache Membran und besitzen eine unterschiedliche Gestalt. Sie werden als „*Aufräumkommando*" für das Zellinnere bezeichnet. Lysosome sind reich an hydrolytischen Enzymen. Der Zitronensäurezyklus ist an die Mitochondrien gebunden.

Der *Mechanismus der Resorption* aus der Darmlichtung ist nicht in Einzelheiten bekannt. Es scheint, daß ein aktiver Transport neben einer passiven

Pinocytose eine Rolle spielt. Die Bedeutung der passiven Diffusion kann kaum überschätzt werden. Viele „Fremdsubstanzen" (Arzneimittel) diffundieren durch die Schleimhaut, und zwar durch Vermittlung der lipidhaltigen Phasen der Zellmembranen.

Die *Orte*, an denen die verschiedenen Substanzen im Dünndarm *resorbiert werden, hängen von verschiedenen Faktoren ab:* Einmal vom Vorhandensein eines aktiven oder passiven Resorptionsmechanismus; sodann im Falle eines aktiven Transportsystemes von dessen Lokalisation in den verschiedenen Segmenten der Dünndarmschleimhaut; endlich von der Beziehung, welche gebildet wird zwischen Resorptionsrate und Passagegeschwindigkeit durch die Dünndarmschleimhaut. Glukose, Folsäure, Eisen, wasserlösliche Vitamine der B-Gruppe werden im Jejunum und verhältnismäßig schnell resorbiert. Fette und Eiweißkörper werden ebenfalls im Jejunum resorbiert, aber ihre Resorptionsrate ist niedriger als die des Traubenzuckers und jene des Pyridoxin. Fette und Eiweißkörper werden daher durch die Dünndarmmotilität weiter nach distal transportiert. Werden geringe Fettmengen peroral aufgenommen, wird der größte Anteil im Jejunum resorbiert. Bei zunehmender alimentärer Fettbelastung erfolgt die Resorption im Ileum. Vitamin D wird vornehmlich im oberen Dünndarm resorbiert. Vitamin B_{12} wird nur unter unphysiologischen Bedingungen im Jejunum aufgenommen. Gallensalze werden in der distalen Hälfte des Ileum aktiv rückresorbiert. Unter der „intestinalen Reserve" wird die Reservekapazität der Resorption verstanden.

Die *Längenverhältnisse des Darmes* werden folgendermaßen angegeben: Bei der Geburt eines Menschen ist der Dünndarm 5mal so lang wie das ganze Kind, während der Dickdarm etwa die Länge des Neugeborenen besitzt. *Beim Erwachsenen ist der Dickdarm etwa 142 cm lang,* der *Dünndarm besitzt die 7fache Dickdarmlänge* oder (in vielen Fällen) das 5½fache der Körperlänge. Die Darmlänge kann offenbar in weiten Grenzen schwanken. Es gibt fast 3 m lange Dickdärme, sowie Dünndärme von über 9 m Ausdehnung. Angeblich ist die Darmlänge abhängig von Menge und Zusammensetzung der aufgenommenen Nahrung (v. HANSEMANN „*Russendärme*", d. h. extreme Darmlänge bei überwiegender Aufnahme einer vegetabilischen Nahrung). Der *fetale Darminhalt* ist bekanntlich das *Mekonium*. Mit dem 4. Monat der intrauterinen Entwicklung beginnt die Gallesekretion. Dann finden sich reichliche gallig durchtränkte Massen im Darm; ein Teil wird durch das Darmepithel resorbiert. Aus dem Dünndarmepithel werden kugelige und ovaläre Gebilde lichtungswärts ausgestoßen, Mekoniumkörperchen. Im übrigen besteht das Mekonium aus verschluckter Amnionflüssigkeit (mit Beimengung von Epidermisschüppchen und Lanugohärchen) und Fruchtschmiere (Vernix = Käsefirnis).

2. Mißbildungen des Darmes

Ein totaler *Defekt* wird nur bei Holoakardiern beobachtet. Große Darmdefekte treten nur in Verbindung mit anderweitigen schweren Mißbildungen auf. Dagegen sind kleine oder partielle Defekte nicht ganz selten. Der Darm ist dann kurz, das Ileum liegt dort, wo sonst das Coecum beobachtet wird, das Coecum aber anstelle der rechten Colonflexur usw. *Stenosen und Atresien* werden an bestimmten Prädilektionsorten gefunden: (1.) an der Vaterschen Papille; (2.) der Ileocoecalregion und (3.) im Mastdarm. Es handelt sich entweder um einen totalen Verschluß oder eine Knopflochstenose. Gelegentlich liegt ein Defekt im Sinne einer totalen Unterbrechung der Kontinuität vor. Dabei werden stets auch Defekte im Mesenterium beobachtet. Die *Ursachen von Stenosen und Atresien* werden folgendermaßen angegeben: Es kann sich um die Folge einer fetalen Peritonitis oder Enteritis handeln; es mag ein Verschluß einer Mesenterialarterie zugrunde liegen. Volvolus, Invagination und Dottergangsanomalien können eine fetale Peritonitis erzeugen. Die Atresien werden auf die Persistenz fetaler Epithelokklusionen zurückgeführt. Die physiologischen Epithelpfröpfe werden um den 60. Entwicklungstag verflüssigt. Es scheint, daß mangelhafte Rückbildung der an sich physiologischen fetalen Epithelpfropfbildung vor allem am Duodenum vorkommt. Oberhalb der stenosierten Partie entstehen Dilatation und muskuläre Hypertrophie der Darmwand, leider vielfach auch Geschwürsbildung, sekundäre Infektion, Phlegmone und Perforation.

Im Rahmen der angeborenen Fehlbildungen spielt die *Hirschsprungsche Krankheit* eine große Rolle. HARALD HIRSCHSPRUNG (Kopenhagen, 1830—1916) hatte im *Jahrbuch der Kinderheilkunde 1888* über „Stuhlträgheit Neugeborener infolge von Dilatation und Hypertrophie des Colons" berichtet. Das Megacolon connatum ist keine Krankheitseinheit. Man muß *vier Formen* auseinanderhalten:

a) *Aganglionäres Megacolon;*
b) *Idiopathisches Megacolon.* —

Im Gegensatz zu a) tritt die Kotstauung bereits vom Anus aus auf! Das idiopathische Megacolon verfügt über das „terminale Reservoir" des unteren Dickdarmes. Bezüglich der Häufigkeit des Vorkommens verhalten sich Knaben zu Mädchen wie 90 : 10! Der mühsam entleerte Stuhl ist ziegenkotartig (nestelbandförmig).

c) *Dolichosigma, Dolichocolon.*
d) Der *„symptomatische Hirschsprung"* kann auch die Folge eines einfachen Passagehindernisses (Fremdkörper? eingedickte Kotballen) sein.

Der klassische Hirschsprung bietet immer auch ein, wenn auch umschriebenes, vorwiegend distal gelegenes „spastisches Segment". Dort fehlen die Ganglienzellen des Plexus submucosus und myentericus. Dies bedeutet, daß die zum Parasympathicus gehörigen vegetativen Geflechte ausfallen. Hier kann eine extreme Steigerung der Azetylcholinesteraseaktivität der parasympathischen Nervenfasern nachgewiesen werden. Die sympathischen Nervenendigungen, welche durch Katecholamine dargestellt werden können, sind beim Hirschsprung normal.

Aus Gründen der Differentialdiagnose muß man sich klar machen, daß es auch ein „erworbenes Megacolon" (besonders auch älterer Menschen) gibt. Es wird angenommen, daß eine hypoxische Schädigung der Darmwand, eine Colitis, allenfalls eine Chagas-Trypanosomiasis, ursächlich bedeutsam sein könnten. Die histopathologische Kontrolle zeigt (1.) eine Atrophie des Plexus myentericus; (2.) eine bindegewebige Verbreiterung des Raumes zwischen Längs- und Ringmuskulatur; und (3.) eine eigenartige Atrophie der Muscularis.

In den seltenen Fällen, in denen ein echter Hirschsprung durch ein simples Passagehindernis vorgetäuscht worden ist, fand sich — ex post die Houstonsche Mastdarmklappe.

Sogenannte Anal- und Rektal-Atresien

Die Kloake wird nach außen zu von der *Kloakenmembran* (KM) verschlossen. Sie besteht aus einem inneren entodermalen und einem äußeren ektodermalen Blatt. Diese Blätter liegen anfangs überall dicht nebeneinander. Im weiteren Fortgang der Entwicklung wächst mesodermogenes Stroma zwischen die Blätter ein. Äußeres und inneres Blatt der KM liegen dann nur noch an einer schmalen Stelle dicht nebeneinander. Von hier aus beginnt die Entwicklung des *äußeren Genitale*. Die seitlichen Ränder der KM erheben sich zur Ausbildung der sogenannten *Geschlechtsfalten*. Jene vereinigen sich kranial mit dem *Geschlechtshöcker*. In den Schwanzstummel reicht ein letztes Stück des Hinter- und Enddarmes. Es wird bald rudimentär. Die genannten Teile rahmen eine offene Grube ein, die ektodermale Kloake. Sie entspricht der *Anogenitalgrube*. In ihrem Grunde liegt die Kloakenmembran (KM). Etwa gleichzeitig kommt es zur Abteilung der „inneren" Kloake. Von deren kranialer Wand entsteht eine Faltenbildung mit Einbeziehung des Peritoneum. Dadurch entsteht ein ventraler Abschnitt (Anlage der Harnblase) und ein dorsaler Abschnitt (Anlage des Rektum). Es bleibt zunächst noch eine Kommunikation zwischen dem ventralen und dorsalen Kloakenabschnitt bestehen. Die Trennwand zwischen den ventralen und dorsalen Anteilen wird als eine frontale Scheidewand von oben nach unten „heruntergezogen". Diese Scheidewand heißt *Septum urorectale*. Jenes komplettiert die Trennung. Die Stelle, an welcher die frontale Scheidewand die Kloakenmembran erreicht, ist der *primitive Damm*. Dadurch wird die Kloakenmembran in zwei Abteilungen untergliedert: Der vordere Teil verschließt die Urogenitalspalte und wird als *Urogenitalmembran* bezeichnet; die hintere verschließt die Anlage des Rektum, sie heißt *Analmembran*. Ganz entsprechend unterscheidet man nach Ausbildung des definitiven Perineum eine „Urogenitalgrube" und eine „Aftergrube". Mit dem weiteren Vorwachsen der frontalen Scheidewand und der Entwicklung des definitiven Dammes sinkt die Analmembran eine kurze Strecke weit in den nachmaligen Mastdarm hinein. Der definitive After liegt also nicht an der Stelle des Durchbruches der Analmembran. Diese vergleichsweise komplizierte Entwicklungsgeschichte birgt die Möglichkeit der Entstehung einer Fülle von Mißbildungen. Das nachstehend wiedergegebene Schema (Abb. 18) mag die prinzipiellen Verhältnisse erläutern.

Die hier in Betracht kommenden Mißbildungen kann man in drei Hauptgruppen aufteilen:

a) Atresia ani s. recti connata simplex

aa) *Atresia ani simplex*

Das blind endigende Rektum reicht bis an die äußere Hautdecke. Es besteht keine Analöffnung.

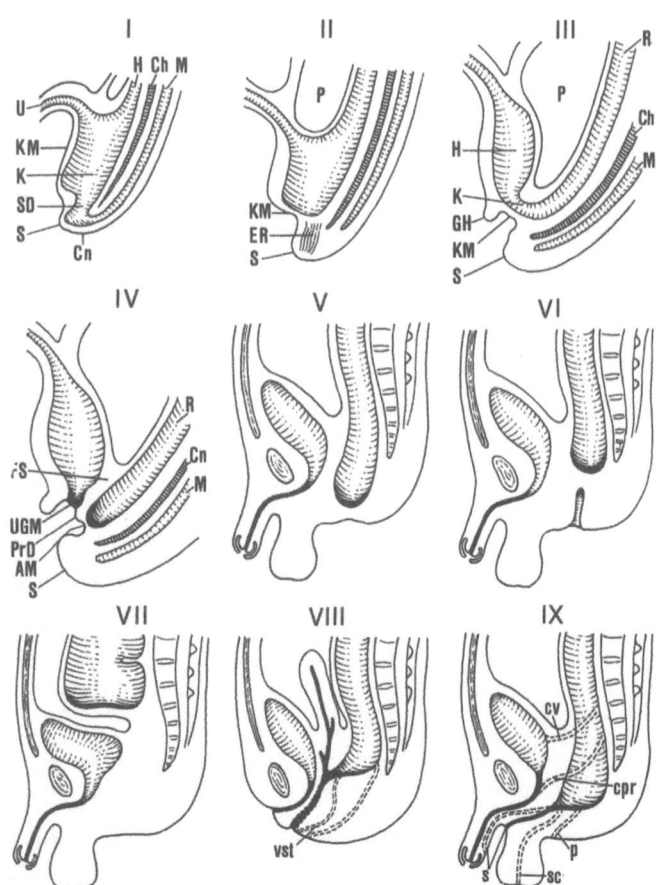

Abb. 18. *Schema der Entwicklung der Urogenitalregion und des Mastdarmes;* schematische Darstellung einer (ausgewählten) Anzahl wichtiger Mißbildungstypen (nach STIEDA und v. ESMARCH, in der Modifikation von E. KAUFMANN, 1931; verändert). I—IV: Schematische Darstellung der Entwicklung von Urogenitale und Mastdarm vom Stadium der sogenannten Kloake an. U = Urachus; K = Kloake; KM = Kloakenmembran; SD = Schwanzdarm; S = Schwanzende, bzw. Schwanzstummel; Cn = Canalis neurentericus; H = Hinter- oder Enddarm; Ch = Chorda dorsalis; M = Medullarrohr; Teilbild II: P = Peritonealhöhle, Er = Epithelreste des Schwanzdarmes; Teilbild III: H = Harnblase, R = Mastdarm, GH = Genitalhöcker; Teilbild IV: FS = Frontale Scheidewand, UGM = Urogenitalmembran, PrD = Primitiver Damm, AM = Analmembran; Teilbild V: Atresia ani simplex; Teilbild VI: Atresia recti simplex; Teilbild VII: Atresia ani et recti; Teilbild VIII: Atresia ani vaginalis sive Atresia ani et communicatio recti cum vagina; punktiert eingetragen findet sich die Atresia ani cum fistula vestibulari ‚vst'; Teilbild IX: Atresia ani cum fistula sub urethrali (s), scrotali (sc); perineali (p) sowie angedeutet eine Atresia ani et communicatio recti cum vesica (cv) et cum parte prostatica (cpr)

bb) Atresia recti simplex
Eine Analöffnung ist vorhanden, führt jedoch in einen kurzen Blindsack. Von der anderen Seite reicht bis an den Blindsack der ebenfalls atretische Mastdarm heran.

cc) Atresia ani et recti
Der Mastdarm endigt blind, und zwar hoch oben; eine Aftergrube fehlt; zwischen dem blinden Ende des Mastdarmes und der äußeren Haut besteht ein breites solid-bindegewebiges Feld. Diese Situation kann nur durch eine fortschreitende Atrophie des Schwanzdarmes formal erklärt werden.

b) Atresia ani complicata cum communicationibus

Die Anlage des Anus fehlt; es bestehen akzidentelle Kommunikationen einmal zwischen Rektum und Harnblase, zum anderen zwischen Rektum und Urethra beim Manne oder aber zwischen Rektum und Vagina bei der Frau etc. Folgende Unterformen sind wichtig:

aa) Atresia ani vaginalis
Atresia ani et communicatio recti cum vagina;

bb) Atresia ani vesicalis
Atresia ani et communicatio recti cum vesica urinaria;

cc) Atresia ani prostatica
Atresia ani et communicatio recti cum parte prostatica urethrae.

Es handelt sich in allen diesen Fällen um Hemmungsmißbildungen. Dadurch bleibt eine Kommunikation des Rektum mit den benachbarten „Höhlensystemen" erhalten.

c) Atresia ani (s. recti) mit äußeren Fistelbildungen

Die Fisteln münden an der Leibesoberfläche jeweils median. Es handelt sich um folgende Haupt-Manifestationen:

aa) Atresia ani cum fistula perineali
Der Gang mündet in der Raphe des Dammes.

bb) Atresia ani cum fistula scrotali
Die Fistel mündet im Bereiche der Raphe des Skrotum.

cc) Atresia ani cum fistula suburethrali
Die Fistel mündet in der Raphe der Penisunterfläche.

dd) Atresia ani cum fistula vestibulari
Mündung der Fistel im Bereiche des Vestibulum vaginae.

Bei Gruppe c handelt es sich nicht nur um Entwicklungsstörungen im engeren Sinne; die mikroskopische Untersuchung der Fistelwände zeigt nämlich narbige Veränderungen. Man muß annehmen, daß möglicherweise der Mekoniumdruck den Durchbruch unter dem Bilde einer Fistel erzwungen hat.

Eine praktisch wichtige Rolle spielen auch die *Divertikelbildungen*. Das wahre oder angeborene Divertikel ist das Meckelsche Divertikel. Es wird unter 50 Routine-Obduktionen 1mal gefunden. Das Meckelsche Divertikel stellt einen Blindsack dar, der entsprechend der Dünndarmwand aufgebaut ist. Lediglich die Muscularis mucosae ist häufig zu dünn angelegt. Ein Meckelsches Divertikel liegt gegenüber dem Mesenterialansatz, beim Erwachsenen etwa 1 m oberhalb der Ileocoecalklappe, beim Neugeborenen 30—50 cm „stromauf". Das Meckelsche Divertikel hat eine fingerförmige Gestalt, es führt zuweilen ein eigenes Mesenteriolum. Dieses ist reich an Gefäßen, welche sich entwicklungsgeschichtlich aus den Vasa omphalo-mesenterica herleiten. Das freie Ende eines Divertikels kann gelappt, eingekerbt, gespalten sein. Das Divertikel stellt, entwicklungsgeschichtlich gesehen, das Darmende des D. omphalomesentericus (vitello-intestinalis) dar. Ein Meckelsches Divertikel kann 3—30 cm lang, 1,25 bis 5 cm breit sein. Mikroskopisch finden sich vielfach *Magenschleimhautinseln*. In seltenen und schwer verunstalteten Fällen liegt eine Spaltbildung der Bauchwand am Nabel vor. Das Ileum mündet hier frei. Möglicherweise imponiert dann der Meckelsche Gang, das Meckelsche Divertikel, als Fistel: Fistula omphalo-enterica completa. Manchmal bleibt auch nur ein kleiner äußerer Teil offen stehen; man spricht dann von Fistula omphalo-enterica externa. Wenn etwas Darmschleimhaut evertiert erscheint, spricht man von *Divertikelprolaps*. Wichtig, insbesondere auch theoretisch interessant, ist, daß in der Wand des Meckelschen Divertikels Nebenpankreaten gefunden werden können! Derartige akzessorische Pankreaten zeigen im Prinzip die gleichen pathologischen Veränderungen wie das jeweilige orthotope (Haupt-)Pankreas.

Im Zusammenhang mit der Kenntnis der Pathologie des Meckelschen Divertikels verdient das Unterkapitel „*Nabelbesonderheiten*" Erwähnung. Im Gebiete des Bauchnabels kann also einmal ein Divertikelprolaps auftreten. Alsdann finden sich polypöse (pseudopolypöse) Nabelverdickungen. Dabei kann ein *Nabelgranulom* zugrunde liegen. Dies bedeutet, daß im Bereiche der Nabelwunde sammetartig gewulstete, dunkelrote Granulationen liegen. Nicht ganz selten wird ein *Nabeladenom* gefunden. Hierbei handelt es sich um eine endometrioide Heterotopie, hervorgegangen aus dem autochthonen Coelomepithel im Bereiche eines physiologischen Nabelbruches. Wichtig ist, daß diese „Endometriosen" bei geschlechtsreifen Frauen zu einer dezidualen Reaktion, unter Umständen zu erheblichen Blutungen, führen können. Gleichzeitig werden — in der Regel — Überschußbildungen und adenoide Ektasien der Schweißdrüsen der Haut der unmittelbaren Umgebung gefunden. Ist der D. omphalomesentericus sowohl nach außen als auch nach innen verschlossen, entsteht ein Sack, die *Dottergangszyste*, das *Enterokystom*. Falls keine Verbindung mehr mit den Organen der Umgebung besteht, ist die klinische Diagnose schwierig. Das Enterokystom zeigt histologisch einen ähnlichen Bau wie die Dünndarmwand. Die Dottergangszyste trägt aber unter anderem auch Flimmerepithel; eine etwaige Stieldrehung kann eine hämorrhagische Infarzierung mit Nekrose und Permigrationsperitonitis erzeugen. Enterokystome finden sich, wenn überhaupt, vorwiegend bei Kindern und Jugendlichen. Sehr selten ist eine völlig ektopische Lage, etwa in einer Pleurahöhle oder im Gebiete des Dünndarmmesenterium. Von einem Meckelschen Divertikel kann ein *Pseudomyxoma peritonei* seinen Ausgang nehmen. Sollte das Divertikel durch eine vorausgegangene peritoneale entzündliche Reaktion an die Bauchwand fixiert worden sein, resultiert die Gefahr eines *Strangulationsileus*. Manchmal bildet ein lang ausgezogenes Meckelsches Divertikel eine Schlinge mit „Knoten" um einen Dünndarmabschnitt herum. Man nennt ein derartiges Gebilde Ansa diverticularis *(„Anse diverticulaire")*. Gelegentlich kommt an einem Meckelschen Divertikel eine Invagination zur Beobachtung. Eine *Diverticulitis* kann die Symptome einer Appendicitis imitieren. Zuweilen werden *Ulcera* im Divertikel z. B. bei Tuberkulose oder Typhus abdominalis, vereinzelt mit Perforation und Blutung, gefunden. Peptische Geschwüre der Divertikelwand finden sich im Bereiche sogenannter Magenschleimhautinseln. *Geschwülste* des Meckelschen Divertikels können Angiome und Sarkome, Carcinoide und Carcinome sein. — Ganz selten wird eine *Verdoppelung* des Darmes, besonders des Coecum, sowie größerer Teile des Dickdarmes, auch des Wurmfortsatzes (!), gefunden. Doppelbildungen können aber auch durch ein lang ausgezogenes und darmparallel angeordnetes Meckelsches Divertikel vorgetäuscht werden.

3. Lageveränderungen des Darmes

Im Falle eines *Situs inversus* kann natürlich eine totale oder partielle Inversion aller Baucheingeweide erfolgen. *Coecum mobile* und *Mesenterium commune* sind praktisch wichtig; beide unterstützen die Entstehung eines *Volvolus* um die Mesenterialachse. Im Kapitel „Lageveränderungen" beanspruchen die *Hernien* eine zentrale Stellung. Es handelt sich um Verlagerungen von Baucheingeweiden in Ausstülpungen des Peritoneum. Fehlt ein Peritonealüberzug, spricht man von Eingeweideprolaps. Prolaps und Hernie sind daher keinesfalls dasselbe. Im Bereiche des Zwerchfelles bestehen besondere Verhältnisse: Die Verlagerung von Bauchteilen in die Pleurahöhle nennt man *Ektopie*; ganz ähnlich liegen die Verhältnisse dann, wenn z. B. eine Dünndarmschlinge in einen Schußkanal eintritt und dort eingeklemmt wird. Die Dünndarmschlinge ist unter diesen (traumatischen) Verhältnissen vielfach nicht von Peritoneum überkleidet. Gleichwohl spricht man (konventionell) von „Hernie". *Echte Brüche* sind aber auf jeden Fall von Bauchfell überhäutet; echte Brüche sind entweder nach außen orientiert und liegen zwischen der muskulären Bauchwand und der äußeren Körperdecke; oder sie sind in Richtung Brusthöhle zur Ausbildung gelangt oder aber (seltener) sie sind an bestimmten Bauchfelltaschen im Inneren des Cavum peritoneale in Szene gegangen.

Die *Voraussetzungen für die Entstehung einer Hernie* sind folgende:
a) Die *Ausstülpung des Peritoneum* ist schon „fertig", also präformiert. Die Darmschlingen müssen lediglich nachträglich in die vorbereitete Höhlung hineinsteigen.
b) Gesteigerter *Druck von innen* (höhere Grade also des intraperitonealen Druckes) preßt die Baucheingeweide an der Stelle eines Locus minoris resistentiae nach außen!
c) Schließlich erzeugt ein umschriebener *Zug von außen* am Peritoneum so etwas wie einen Bruchsack. Alsdann mag es zum sekundären Eindringen der Baucheingeweide in die so entstandene Peritonealtasche kommen.

An *jeder Hernie unterscheidet man folgende Teile:*
a) Den *Bruchsack.* Er besteht aus Bauchfell und subserösem Bindegewebe.
b) Die *Bruchpforte.* Im Bereiche der Bruchpforte liegt der *Bruchsack-Hals.* Hier kann die Serosa zu Längsfalten zusammengefaßt sein. Sobald „Inhalt" in einen Bruchsack eintritt, ist der Bruch komplett. Der Bruchsackinhalt kann sich bald wieder zurückziehen, oder aber er kann steckenbleiben. Er kann auch wechselweise hin- und hergehen! Der Bruchsack hat im allgemeinen eine Birnenform, er ist gleichmäßig dehnbar. Sobald Narben an einer Stelle der Sackwand entstehen, resultieren Bruchsackdivertikel.
c) Der *Bruchinhalt* kann bestehen aus
aa) *Darmteilen und Netz,*
bb) *anderen Organen,* z. B. Ovarium, Milz, Gallenblase, Uterus, „gravide" Tube, Nebentube etc.;
cc) es mag sich auch lediglich um *Organteile* handeln: einen deformierten Leberlappen, ein Magenstück, ein Harnblasendivertikel.
dd) Jeder Bruchsack enthält neben dem gewöhnlichen Inhalt das *Bruchwasser.* Es handelt sich um eine „seröse Brühe", gewöhnlich bernsteinfarben, von Fibrinschlieren durchsetzt;
ee) manchmal finden sich Geschwulstmassen, verlagert in das Innere einer Hernie; oder es sind die pseudotumoralen Infiltrate einer Bauchfelltuberkulose als Inhalt eines Bruchsackes nachweisbar.

Grundformen sogenannter Pertonealhernien
a) *Der typische Bruch.*
b) *Der Darmwandbruch.*
Es handelt sich um die Littrésche Hernie (ALEXIS LITTRÉ, 1658—1726). Sie wird im allgemeinen am Ileum, selten am Dickdarm gefunden. Der Bruchsack ist klein, die Littrésche Hernie tritt häufig unter dem Bilde der *Femoralhernie* oder einer *Hernia obturatoria* auf.
c) Bei dem *Gleitbruch* liegt ein *Darmgekrösebruch* vor. Gleitbrüche finden sich an Darmabschnitten, welche ein nur kurzes Gekröse besitzen; jene steigen zusammen mit dem Peritoneum und der umgebenden Bindegewebsschicht durch eine Bruchpforte in einen Bruchsack hinein. Das physiologische Paradigma des Gleitbruches ist der normale Descensus der Hoden. Gleitbrüche sind also wandständig im Bruchsack und helfen mit, den Bruchsack als solchen abzugrenzen.
d) *Reponible und irreponible Brüche:* Die Irreponibilität einer Hernie kommt durch sogenannte *Bruchzufälle* (im Sinne der klinischen Terminologie) zustande. Unter den „Bruchzufällen" versteht man Kotstauung, Entzündung und Inkarzeration.

Häufigere Einzelformen der Peritonealhernien
a) *Der Leistenbruch.* Bei anatomischer Untersuchung der vorderen Bauchwand von innen her findet sich ein ungemein charakteristisches Bild, ausgezeichnet durch „definierte" Falten, Gruben, Leisten und Vertiefungen (vgl. Abb. 19). Im Kapitel „Leistenbrüche" werden folgende Unterformen unterschieden:
aa) *Äußerer oder indirekter, schräger, lateraler Leistenbruch.* Liegt die peritoneale Sackbildung im Bereiche des Leistenkanales, so entsteht ein „angebore-

ner" Leistenbruch. Als Bruchsack hat dann der Processus vaginalis peritonei zu gelten. Im Falle eines angeborenen Leistenbruches liegen Bauchrauminhalt und Hoden in *einer* Höhle. Der innere Leistenring (Annulus inguinalis abdominalis) liegt in der Region der Fovea inguinalis lateralis; der äußere Leistenring (Annulus inguinalis subcutaneus) liegt in der Region der Fovea inguinalis medialis. Nur kleine Hernien zeigen den schrägen Verlauf des Leistenkanales. Größere Hernien praktizieren einen vorwiegend „geraden" Durchbruch, also so etwas wie einen inneren direkten Bruch. Der größte Teil aller Leistenbrüche ist angeboren. Manche Inguinalhernien werden erst später erworben. Erworbene Inguinalbrüche sind durch einen „neuen" Bruchsack ausgerüstet. Dieser bleibt stets und vollständig vom Hoden getrennt.

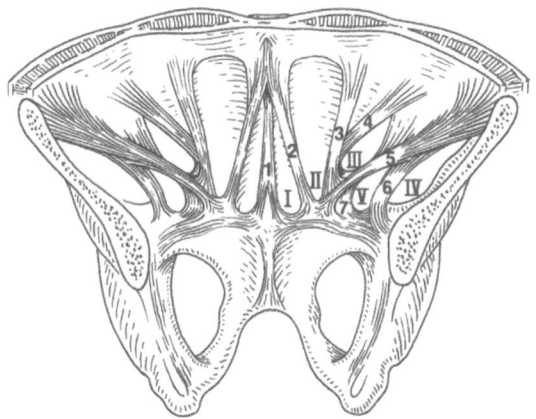

Abb. 19. Schematische Darstellung der vorderen unteren Bauchwand in der Ansicht von innen her. 1 = Ligamentum umbilicale medium (Urachus); 2 = Ligamentum umbilicale laterale (Arteria umbilicalis); 3 = Plica epigastrica (Vasa epigastrica inferiora); 4 = Plica interfoveolaris (= Ligamentum interfoveolare = Vasa interfoveolaria Hesselbach); 5 = Ligamentum inguinale Pouparti; 6 = Ligamentum ileopectineum; 7 = Ligamentum lacunare Gimbernati; I = Fossa supravesicalis; II = Fovea inguinalis medialis. Dies ist der Ort, an welchem unter der äußeren Haut der Annulus inguinalis subcutaneus gelegen ist. Der sogenannte innere direkte Leistenbruch wählt den Weg durch *diese* Fovea! — III = Fovea inguinalis lateralis; hier liegt der Annulus inguinalis abdominalis; diese Stelle markiert den Eingangstrichter des Leistenkanales; an dieser Stelle beginnt die Entwicklung des äußeren (schrägen) indirekten Leistenbruches! IV = Lacuna musculorum; V = Lacuna vasorum; durch die Lacuna vasorum tritt die Hernia femoralis hinaus. — In Bildmitte und unten die Schoßfuge mit dem Schambeinwinkel. Die Öffnungen links und rechts konturieren das Foramen obturatum. — Schematische Darstellung in Anlehnung an H. BRAUS (1921) sowie E. KAUFMANN (1931)

bb) *Innerer oder direkter, gerader Leistenbruch.* Er entsteht in „gerader", also in einer auf der Bauchwand senkrecht stehenden Richtung und zwar in der Region der Fovea inguinalis medialis. Die innere Leistenhernie dringt von dorsal her durch die Bauchwand hindurch und gelangt auf diese Weise in den Bereich des Annulus inguinalis subcutaneus. Äußerer und innerer Leistenbruch "kreuzen" einander in der Gegend des Annulus inguinalis subcutaneus. Alles, was lateral der Arteria epigastrica inferior liegt, wird als äußerer, alles was medial gelegen ist, als innerer Leistenbruch auseinandergehalten! — Hernien treten vorwiegend bei älteren abgemagerten Menschen auf. Sie entstehen allmählich, unter zunehmender Verdünnung der Bauchdeckenmuskulatur. Bei Frauen entspricht das Diverticulum Nucki (ANTON NUCK, 1650—1692) dem Processus vaginalis peritonei des Mannes. Äußere indirekte Leistenbrüche führen bei der Frau bis in das Innere der großen Labien. Bleibt eine Hernie im Leistenkanal stecken, spricht man von *Hernia interstitialis*. Gelegentlich wird eine *Hernia properitonealis* beobachtet. Hierbei wird bei bestehendem Leistenbruch im offenen Leistenkanal eine Ausstülpung des Bruchsackes ventral vom Bauchfell jedoch intra muros beobachtet. Die *Hernia parainguinalis* entsteht dann, wenn der Wanderweg des Bruchsackes durch Lymphknoten etc. aufgehalten wurde; der Bruchsack wird dann zwischen die Schichten der Bauchdecken verlagert. Man spricht von einer *Hernia inguinalis interparietalis*. Ein Spezialfall dieses Vorkommnisses ist die *Hernia encystica*. Der Bruchsack ragt dann in eine Pseudozyste hinein. Dabei wird die Obliterationsstelle des Processus vaginalis peritonei ausgebeutet. Man hat, insofern nicht genauer präpariert worden sein sollte, prima facie den Eindruck, daß eine Hernie in eine Hydrocele funiculi spermatici hineinreicht.

b) Der *Schenkelbruch* wird als Hernia cruralis oder femoralis bezeichnet. Der Hals des Bruchsackes liegt dann in der Lacuna vasorum, also zwischen Ligamentum lacunare Gimbernati und der Vena femoralis. Tritt die Hernie weiter nach außen vor, gerät der Bruchsack unter die Lamina cribrosa der Fossa ovalis. Dort ist das Mündungsgebiet der Vena saphena magna in die Vena femoralis. Der Bruchsack bei Femoralhernien ist besonders derb und fibrös. Sogenannte Schenkelbrüche (Femoralhernien) werden mehr bei Frauen als bei Männern gefunden. Femoralherien sind häufig Darmwandbrüche (LITTRÉ), oder sie enthalten eine Dünndarmschlinge oder aber den Wurmfortsatz.

c) Die *Hernia obturatoria* liegt am äußeren oberen Umfang des Foramen obturatum etwa dort, wo der Canalis obturatorius zu suchen ist. Die Hernia obturatoria ist höchstens walnußgroß, tritt vielfach doppelseitig auf, kommt als Darmwandbruch (LITTRÉ) zur Ausbildung, komprimiert den N. obturatorius und erzeugt ausstrahlende Schmerzen. Die Hernia obturatoria wird überwiegend bei Frauen gefunden.

d) Die *Hernia ischiadica und die Hernia perinealis* sind selten. Erstere tritt durch das Foramen supra- und infrapiriforme nach außen, letztere tritt unter die Haut des Dammes, weil die Muskelzüge des Diaphragma pelvis auseinandergewichen sind.

e) Der *Nabelbruch*, die *Hernia umbilicalis*, ist häufig. Bei offen gebliebenem Nabelstrang findet sie sich konnatal. Man hätte zu sprechen von *Hernia funiculi umbilicalis*. In höhergradigen Fällen kommt eine nahezu totale Eventration d. h. eine Verlagerung zahlreicher Baucheingeweide in den Bruchsack zustande. Bei konnatalen Hernien dieser Art liegt oft ein fehlerhafter Bauchdeckenverschluß, vielfach infolge primärer Verkrümmung der Wirbelsäule, vor. „Erworbene" Nabelbrüche finden sich entweder im ersten Lebensjahr oder aber bei Frauen, welche häufig geboren haben. Bei den kindlichen Umbilicalhernien liegt eine abnorme „Nachgiebigkeit" der Nabelnarbe vor.

Hierbei wird der Nabel mechanisch auseinandergereckt; die Bauchpresse ruft eine Vorwölbung des Nabels hervor. Bei älteren Menschen kann man beobachten, daß gerade im Bereiche sogenannter Nabelhernien metastatische Malignome angegangen sind.

f) Die *Hernia abdominalis* liegt entweder im Bereiche der Linea alba oder findet sich in einer Laparotomienarbe. Als Sonderfall hat die *Hernia epigastrica* zu gelten. Sie liegt im epigastrischen Winkel. An der vorderen Bauchwand wird gelegentlich die *Hernia lineae semilunaris Spighelii*, und zwar an dem äußeren Rande des Musculus rectus abdominis, beobachtet (ADRIAN VAN DER SPIG(H)EL, 1578—1625). — Die *Hernia lumbalis* tritt angeboren oder aber traumatisch erworben im Gebiete des Trigonum lumbale Petiti auf. Jenes wird nach lateral durch den Rand des Musculus obliquus abdominis externus, nach medial durch den Latissimus dorsi, nach kaudal durch den Darmbeinkamm begrenzt. Im Grunde des Trigonum liegen die Fasern des Musculus obliquus abdominis internus. Die Hernia lumbalis läßt sich experimentell bei jugendlichen Ratten durch Verfütterung von Lathyrus odoratus reproduzieren. Die Lathyrus-Wirkstoffe, welche eine Schädigung des kollagenen Bindegewebes bedingen, erzeugen eine „Bindegewebsschwäche". Bei der Ratte tritt der ganze Bauchhöhleninhalt durch das breit eröffnete Trigonum lumbale Petiti unter das Rückenfell. Es sieht dann so aus, als ob die Tiere einen mächtigen Rucksack mit sich schleppten. *Pseudohernien* der seitlichen Bauchwand sind die Folge partieller Muskellähmungen.

Ein eigenes Kapitel von besonderer diagnostischer „Delikatesse" stellt das der *inneren Hernien* dar. Die wesentlichen Vertreter derselben sind:

a) *Hernia diaphragmatica:* Bei dieser treten Baucheingeweide durch „Lükken" im Zwerchfell in den Thoraxraum, gewöhnlich in die linke Pleurahöhle. Die *angeborene* Hernia diaphragmatica ist die Folge einer Mißbildung des Zwerchfelles, häufig kombiniert mit Entwicklungsstörungen von Leber, Lungen, Mesenterium und Darm. Die *Hernia diaphragmatica vera* ist durch Bauchfell überkleidet; die *Hernia diaphragmatica falsa* ist dann gegeben, wenn eine einfache Defektbildung im Zwerchfell mit Ektopie und Prolaps der Baucheingeweide z. B. in die linke Pleurahöhle vorliegt. Die Hernia diaphragmatica ist relativ häufig, sie findet sich in der Gegend der linken Zwerchfellkuppe und zwar im Bereiche der Pars membranacea. „Echte" Zwerchfellhernien entstehen zeitlich *nach* der Ausbildung des Zwerchfelles; die „falschen" Hernien, die Ektopien also, entstehen zeitlich *vor* der Abtrennung von Brust- und Bauchhöhle. Eine eigenartige Sonderstellung nimmt die *Relaxatio diaphragmatis* ein. Dabei kann eine ganze Zwerchfellkuppel, gewöhnlich die linke, dünn, häutig, membranös, ballonierend ausgezogen sein. An der inneren Oberfläche der fibrös verdickten „Spitze" der Kuppel haften Magen und Milz durch bindegewebige Verwachsungen. — Die echten Zwerchfellhernien benutzen z. T. die physiologischen Lückenbildungen, das Trigonum sternocostale Larrey, das Trigonum lumbocostale Bochdalek, nicht selten den Hiatus oesophageus. — *Erworbene* Zwerchfellhernien entstehen gewöhnlich stumpf-traumatisch; es handelt sich nicht um „echte" Hernien, sondern um traumatische Eingeweideverlagerungen, also um Prolapse.

b) Die Pathologie der Baucheingeweide kennt eine ganze „Familie" von inneren Hernien, die man als *retroperitoneale Hernien* bezeichnet. Der

Bruchsack wird durch Falten des Peritoneum repräsentiert, zwischen welche Darmschlingen wie in eine Tasche hineindrängen. Es gibt folgende Hauptformen:
aa) *Hernia duodenojejunalis:* Es handelt sich um die Treitzsche Hernie. Sie liegt überwiegend links neben der Flexura duodenojejunalis. Die Abgrenzung des „Bruchsackes" nach links zu wird bewerkstelligt durch die Plica duodeno-jejunalis superior und inferior. In der oberen Falte liegt die Vena mesenterica inferior. Man nennt deshalb die Plica duodeno-jejunalis superior auch *Plica venosa.* Es resultiert also eine Tasche, ein Recessus, den man als Fossa duodeno-jejunalis bezeichnet. Die Grube wird nach median und rechts durch den Darm, nach lateral und links durch das beschriebene Faltensystem umgriffen. Der Recessus duodeno-jejunalis ist normalerweise etwa fingerkuppengroß. Sobald sich die Kuppe einer Dünndarmschlinge in den Recessus hineindrängt, entwickelt sich eine bis hühnereigroße Tasche, deren Pol nach links und aufwärts orientiert ist. Selten wird bei der Obduktion ein großer, fast blasiger Sack gefunden, der von der linken Colonflexur eingerahmt ist. Die Wandung des Sackes kann transparent sein; man erkennt ohne weiteres die in das Innere des Sackes hineingepreßten, stark abgefalteten, paketierten Dünndarmschlingen. Gewöhnlich findet man keinen eintretenden, sondern lediglich einen austretenden Darmschenkel. An letzterem kann man den ganzen Darm aus dem eigenartigen Blindsack herausziehen. Es gibt auch rechtsseitig orientierte Treitzsche Hernien. Sie werden durch eine Bauchfellfalte, welche die Arteria mesenterica superior führt, begrenzt.
bb) *Hernia ileocolica:* Es handelt sich um eine pericoecale Hernie. In der Umgebung der Einmündungsstelle des unteren Dünndarmes in den Blinddarm findet sich ein Recessus ileocoecalis superior, inferior, einen Recessus subcoecalis und einen Recessus retrocoecalis. Die Hernien dieser Region sind vergleichsweise selten.
cc) Dagegen ist die *Hernia sigmoidea* viel häufiger. Sie findet eine taschenförmige Abgrenzung durch eine inkonstante Plica sigmoidea einerseits, das Mesocolon sigmoideum und die Dickdarmwand andererseits.
dd) Ungewöhnlich eindrucksvoll ist die *Hernia bursae omentalis.* Als Bruchpforte hat das Foramen Winslowi zu gelten. Gelegentlich findet sich eine eigene Lückenbildung durch das Mesocolon transversum unmittelbar vor der Wirbelsäule. Man spricht dann gerne von *Hernia bursae omentalis mesocolica!*
ee) Hierher gehört auch die *Transhaesio intestini.* Man versteht darunter die Tatsache, daß durch eine Lücke z. B. im Mesocolon transversum Dünndarm und Netzteile in die Bursa omentalis eintreten, durch eine Lücke im Ligamentum gastrocolicum jedoch auch wieder hinaustreten. In anderen Fällen findet sich eine Lückenbildung der Mesenterialplatte. Dann schlüpft die Kuppe der einen Dünndarmschlinge auf dem vorbereiteten Wege hindurch, umgreift die benachbarte Darmschlinge, so daß eine winkelige Knickung, Knüpfung und Schnürung resultieren können.

Sekundäre Veränderungen an Eingeweidebrüchen

Wenn der Inhalt eines Bruchsackes dauernd reponiert bleibt, der Bruchsack daher ständig entleert ist, schrumpft die Bruchsackwandung. Eine sogenannte adhäsive Peritonitis läßt schlußendlich den Bruchsack durch eine Fibrose verschwinden. Vielfach wird eine Fibrosierung nur dort gefunden, wo der umschriebene Druck einer Pelotte (eines Bruchbandes) eingewirkt hatte. Man spricht von *annulärer Fibrose*. In den Falten zwischen den Narbenzügen der Bruchsackwand kann eine vielörtliche Fettgewebsansammlung zustande kommen: *Lipoma herniosum*. Chronische Entzündungen können aber auch eine feste Verwachsung der Darmschlingen im Inneren des Bruchsackes und Synechien mit der Bruchsackwand hervorrufen. Dann ist ein Bruch nicht mehr reponibel. Gelegentlich findet dennoch eine „Reposition" statt, wenn nämlich durch erhebliche Gewalteinwirkung die Zirkumferenz des Bruchsackes abreißt und Bruchsack mitsamt Inhalt nach der Bauchhöhle zu verlagert wird. Man spricht von „*Réposition en bloc*". Damit ist natürlich für den Patienten gar nichts gewonnen. — Die *Inkarzeration* einer Hernie kommt zustande durch (1.) *elastische Einklemmung* und (2.) durch *Koteinklemmung*. — Die elastische Einklemmung kommt durch eine plötzliche Überfüllung der im Inneren des Bruchsackes gelagert gewesenen Dünndarmschlingen zustande. Die Ränder der Bruchpforte schnüren sich dann „elastisch" und tief ein. Im Falle der Koteinklemmung erfolgt eine allmähliche Füllung des zuführenden Darmschenkels durch breiig-kotigen Darminhalt. Dadurch resultiert eine Kompression des durch die Bruchpforte herausführenden gegenläufigen Darmschenkels. — Eine Inkarzeration erzeugt einen *Ileus*, also einen Darmverschluß mit Kotstauung, unter Umständen mit *Miserere* (Koterbrechen). Die Miserere ist das deutlichste Symptom einer Darmunwegsamkeit. Die Inkarzeration des Darmes erzeugt eine hämorrhagische Infarzierung der eingeklemmten Darmstücke. Die Darmwand wird brandig und brüchig, das Bruchwasser faulig. Es resultiert eine demarkierende eitrige Entzündung. Im Falle der Perforation der morschen Darmwand entsteht eine *Kotfistel*. Etwas anderes ist die *Spontanruptur* einer Hernie nach außen. Ursächlich kommt entweder eine Usurierung der Wand von außen her oder aber eine Desintegration von innen her in Frage. Es entsteht gewöhnlich eine jauchige Phlegmone der Bauchdecken der nächsten Umgebung. Nicht ganz selten ist die echte Kotentleerung nach außen durch die Öffnung der Spontanruptur. Es ist ein *Anus praeternaturalis* entstanden. Man kann im Grunde der „Fistel" eine zu- und eine abführende Schlinge, den zu- und abführenden Schenkel, des Darmes beobachten. Sollte der Bruchsack durch fibrinös-fibroplastische Verlötung nach dem Cavum peritonei „abgesichert" sein, kann ausnahmsweise die Bauchhöhle von einer eitrig-propagativen Entzündung verschont bleiben.

4. Invagination, Intussuszeption, Prolapsus

Das Gemeinsame dieser Darmveränderungen liegt darin, daß ein Darmstück jeweils umgekehrt nach distal vorrückt. Bei der Invagination rückt das umgestülpte Stück in das distal angrenzende benachbarte hinein. Es handelt sich also um eine fernrohrähnliche Verschiebung der Darmwände gegeneinander derart, daß das Eingestülpte (Invaginat, Intussusceptum) die Darmwand zweimal enthält. Wenn man die Wand des Außenrohres mit in Rechnung setzt (das Außenrohr nennt man Invaginans, Intussuscipiens), dann liegen drei Rohrwände nebeneinander. Wenn man daher von außen die Rohr-

wand des Darmes in Richtung nach der „Seelenachse" zu durchdringt, müssen drei vollständige Darmwände passiert werden. Ein oral gelegener Darmanteil kann sich in kaudaler Richtung auch mehrfach, im allgemeinen doppelt einstülpen. Es resultiert dann eine gedoppelte Invagination mit 5 kompletten Darmwandschichten! Ein Invaginat kann wachsen; das zuerst eingestülpte Stück behält die Führung und bleibt jeweils an der nach aboral orientierten Spitze. Das „Wachstum" geschieht auf Kosten des Invaginans; weil am Dünndarm naturgemäß auch Mesenterium mit eingestülpt werden muß, kommt es zu einer konkaven Krümmung jeweils nach der Seite der mesenterialen Haftstelle. Infolge Strangulation der dort gelegenen Gefäße resultiert über kurz oder lang eine meist nicht unerhebliche Durchblutungsstörung. Man muß folgende Invaginationen auseinanderhalten: (1.) *Dünndarm in Dünndarm;* (2.) *Dünndarm in Dickdarm;* und (3.) *Dickdarm in Dickdarm. Klinisch* imponieren *4 Kardinalsymptome:* Koliken, Erbrechen, Blut im Mastdarm, durch die Bauchdecken palpabler „Tumor"! — In 64 % aller Fälle findet sich eine *Invaginatio ileocoecalis.* Hierbei tritt die Bauhinische Klappe voran; schließlich wird das Rektum erreicht, und das Invaginat schaut zapfenförmig zum Anus heraus. In anderen Fällen bleibt die Ileocoecalklappe an ihrem alten Standort. Der Dünndarm schiebt sich dann durch das Ileocoecalostium in den Dickdarm hinein. Selten finden sich aufsteigende h. h. rückläufige Invaginationen. Derartiges wird am Wurmfortsatz, allenfalls an einem Meckelschen Divertikel beobachtet. Das Invaginat wird auf die Länge der Zeit hämorrhagisch infarziert. Es imponiert wie ein „blutwurstähnlich" aussehender Wulst („le boudin"). Es kommt zur Nekrotisierung der Wand des Invaginates, zu einer hochgradigen Stenosierung der Lichtung des invaginierten Darmes, also zu einem ileusähnlichen Bilde, mindestens zur Symptomatik eines Subileus. Gelegentlich resultiert eine muskuläre Darmwandhypertrophie. Das „Schicksal" des Invaginates, besser: des Patienten (es handelt sich im allgemeinen um Kleinkinder), ist folgendes:
a) Im Anfang kann es zu einer *Lösung* der Invagination, etwa durch Herausziehen der invaginierten Darmteile, kommen.
b) Eine akute Invagination löst einen *Schockzustand* aus. Es besteht zunächst keine Peritonitis, es resultieren jedoch sogenannte Peritonismen; über kurz oder lang kommt es zu *Koliken* (das erkrankte Kleinkind schreit auf und wimmert), alsdann zu *Erbrechen,* schließlich zum *Blutaustritt* in den abführenden Darm.
c) Die eigentliche dramatische Folge der Invagination sind *Darmwandnekrose* und *Peritonitis.*
d) In seltenen Fällen verläuft eine Invagination *chronisch;* das Intussusceptum erfährt zwar eine Stenosierung, bleibt jedoch durchgängig. Es entsteht eine *fibroplastische Entzündung,* in deren Folge eine Verwachsung zwischen den eingekeilten Darmwandschichten.
e) Das Invaginat wird *demarkiert;* die Demarkation erfolgt im Bereiche einer zirkulären Narbenbildung. Das sequestrierte Intussusceptum wird per vias naturales entleert. Am Orte der Demarkation kann ein Narbenring zurückbleiben, der durch nachträgliche Schrumpfung noch immer eine ernste Lebensbedrohung darstellt. — Angeblich sollen konnatale Darmatresien durch Sequestration intrauterin vorhanden gewesener Invaginate entstehen können?!

f) Der oral der Invagination gelegene Darmabschnitt erfährt eine Erweiterung mit muskulärer Hypertrophie; durch den Aufstau des Darminhaltes entsteht eine chronische pseudomembranöse Schleimhautentzündung. Man spricht von *sterkoraler Diphtherie*.

Die *formale Pathogenese* der Invagination ist nicht genügend geklärt. Es wird folgendes erörtert:

a) Die Invagination entsteht *agonal*, und zwar durch mächtige sub finem vitae ablaufende peristaltische Kontraktionswellen. Derartige Befunde sind häufig; man kann sie leicht daran erkennen, daß eine vitale Reaktion (hämorrhagische Infarzierung) fehlt!

b) *Paralytische Theorie*: Der oral von einem atonisch gewordenen Darmstück gelegene Darmanteil stülpt sich durch seine natürlich-normale Peristaltik in den schlaff erweiterten distal angrenzenden Darmabschnitt ein. Vielleicht ist es auch so, daß ein aboral vorhandener Spasmus der Ringmuskulatur eine „schirmförmige Überdachung" durch das orale Darmstück einleitet. Auf diese Weise würde eine gegenläufige Invagination verständlich gemacht. Sollte das Intussusceptum in ein aborales Darmstück gelangen, dessen Motorik noch in Ordnung ist, würde diese nachhelfen, das Invaginat nach distal weiter zu befördern!

c) *Geschwülste* der Darmschleimhaut können die Darmwand nach distal zerren und auf diese Weise einen Vorfall im Sinne der Invagination induzieren. Es ist auch beobachtet, daß die oral von einem ringförmigen Carcinom gelegenen Darmteile durch eine brüske peristaltische Welle durch den Tumorring kaudal verlagert werden. Dadurch entsteht klinisch das Bild eines *plötzlichen Ileus*.

Der Prolapsus recti totius hat seine Umschlagfalte etwas oberhalb des Analringes. Man kann jetzt also zwischen dem eigentlichen Vorfall und dem Analring mit dem Finger palpatorisch an die Umschlagfalte herangelangen. Ein derartiger Mastdarmvorfall wird nicht selten bei Erschlaffung des Sphinkter und Lockerung des pararektalen Zellgewebes, nach starkem Pressen bei erschwerter Defäkation, aber auch bei erschwertem Urinieren bei Anwesenheit von Harnblasensteinen, schließlich als Folge eines Zuges eines größeren Schleimhauttumors beobachtet. — Bei dem *Prolapsus ani* handelt es sich lediglich um eine Umstülpung von Schleimhaut und Unterschleimhaut. Man kann daher den Prolapsus ani bezeichnen als Prolapsus mucosae recti. Es gibt Übergänge zwischen dem Mastdarmvorfall und dem Analvorfall.

5. Volvulus

Es handelt sich um eine Achsendrehung und Knotenbildung des Darmrohres. Eine solche kann natürlich nur an beweglichen Darmteilen zustande kommen, vor allem im unteren Dünndarm, aber auch am Sigma. Der Volvulus entsteht dann relativ leicht, wenn die Ansatzpunkte des bei der Rotation mittorquierten Mesenteriums nahe beieinander liegen. Sollte Dickdarm und Dünndarm durch ein „Mesenterium commune" zusammenhängen, entsteht ein Coecum mobile. Hier ist eine relativ leichte „Achsknickung" und „Achsendrehung" möglich. Ein höhergradiger Volvulus erzeugt natürlich eine hämorrhagische Infarzierung des gedrehten Darmanteiles. Gelegentlich kommt es zu kleineren Volvulus-Phänomenen, welche nur auf einen Darmwandabschnitt, am Dickdarm z. B. auf eine Appendix epiploica, begrenzt sind. Eine solche „Appendix" (Fett-Anhang) wird nekrotisiert, blutig durchtränkt, unter Umständen sequestriert. Sie gelangt in den Douglasschen Raum, nimmt Kalksalze auf und bildet einen „freien" Peritonealstein.

Volvulus-Bildungen müssen auf dem Hintergrunde eines degenerativen Stigma gesehen werden. MAX WESTENHÖFER (Berlin, Concepciòn) hat eine *Trias* erarbeitet, die man kennen sollte, weil sie eine gewisse diagnostische Hilfe darstellt: *Mesenterium commune (Coecum mobile), Gallenblase von der Form einer phrygischen Mütze* sowie *abnorme Crenierung des vorderen Randes der Milz* seien Hinweise darauf, daß die feinere gewebliche Ausreifung im Cavum peritoneale ausgeblieben sei. Die Träger der Westenhöferschen Trias gelten als prädisponiert für den Erwerb eines Volvulus, einer Invagination, einer bestimmten Form der Appendizitis. Wenn man will, kann man ein viertes „Zeichen" hinzufügen, nämlich den trichterförmigen Ursprung des Wurmfortsatzes des Blinddarmes!

Eine eigenartige „Knotenbildung" (Volvulus sensu stricto) kann zwischen benachbarten Darmschlingen, nämlich zwischen dem Colon sigmoideum und einer Ileumschlinge, derart zustande kommen, daß eine echte „Verknüpfung" resultiert. Auch mehr oder weniger isolierte Torsionen des Omentum maius sind bekannt.

6. Erworbene Veränderungen des Darmlumens

a) Stenosen und Atresien

aa) Obturationen

Echte Blockaden des Darmkanales können durch große Fremdkörper, eine verschluckte ganze Birne oder einen Pfirsich, aber auch durch einen sehr großen Gallenstein, schließlich durch eingedickte Kotmassen sowie parasitäre Konvolute zustande kommen. Ist die Lichtungsverlegung durch einen Gallenstein erzeugt, ist jener gewöhnlich durch eine chronische adhäsiv-perforative Entzündung aus der Gallenblase (über den Fundus der Gallenblase) in einen benachbarten Darmabschnitt disloziert worden! Auch die Darminvagination kann eine Obturation hervorrufen.

bb) Strikturen

Diese entstehen durch narbigen Schrumpfungszug, im allgemeinen hervorgerufen durch ein Carcinom, alsdann nach Ausheilung von Geschwüren der verschiedensten Ätiologie. Auch traumatische Läsionen der Darmwand (sogenanntes radiogenes Ulcus) können zu einer Striktur führen.

cc) Kompressionen

Eine Kompression der Darmschlingen kann entstehen durch eine winkelige Abknickung einer Darmschleife; man spricht von *Konflexion*. Quantitativ überwiegt bei weitem die Kompression durch *Strangulation*. Dabei handelt es sich um eine Abschnürung einer Darmschlinge, in der Regel hervorgerufen durch einen alten bindegewebigen Verwachsungsstrang. Man spricht von

Bridenileus (le bride = Brücke, Steg, Knopfloch); Kompressionen entstehen natürlich durch einen Volvulus, sehr oft auch durch innere und äußere Incarceration des Bruchsack-Inhaltes.

b) Erweiterungen

aa) Umschriebene Erweiterungen

1. Divertikel des Duodenum
Solche sind häufig, gewöhnlich kirsch- bis walnußgroß. Die meisten Duodenaldivertikel liegen in der Umgebung der Vaterschen Papille. Der Divertikelgrund ist nach dem Pankreaskopf orientiert. Gewöhnlich handelt es sich um ein „falsches" Divertikel, nämlich um einen Schleimhautprolaps. Im Boden des Divertikels schwelt eine chronische Entzündung. Diese greift auf den Pankreaskopf über oder erzeugt eine Papillitis stenosans. Die Perforation eines Duodenal-Divertikels könnte zu einer Oberbauchperitonitis führen.

2. Divertikel des Dünndarmes
Sie liegen an der Konkavität der Darmschlingen, daher unmittelbar neben dem Mesenterialansatz. Gewöhnlich handelt es sich um Schleimhautprolapse, welche durch Lücken der Darmwandmuskulatur nach außen vorgedrungen sind. Die sorgfältige histologische Kontrolle zeigt, daß die Dünndarmdivertikel im allgemeinen an den Durchtrittsstellen der Venen (!) liegen. Ein Teil der Dünndarmdivertikel dringt zwischen die Blätter der Mesenterialplatte vor. Es resultiert ein eigenartiges buckeliges Aussehen der Darmwand. Unterstützend können wirksam werden höheres Lebensalter sowie Schwund des natürlichen Fettpolsters. Sollte die Divertikelwand selbst durch Muskulatur ausgestattet sein, müßte man von „erworbenem" Divertikel auf „angeborener" Grundlage sprechen.

3. Divertikel des Dickdarmes
Echte Dickdarmdivertikel können als Ausweitungen der Haustren gelten. Derartiges ist selten. *Unechte* Dickdarmdivertikel sind herniöse Ausstülpungen von Schleimhaut und Unterschleimhaut durch „schwache" Stellen im Bereiche der Ringmuskulatur. Treten die Divertikel multipel auf, spricht man von *Diverticulosis*. Wiederum sollen Gefäßwandlücken für die Lokalisation der Divertikel wichtig sein. Fettschwund und Bindegewebsschwäche, Steigerung des intrakanalikulären Druckes (chronische Obstipation, abnorme Flatulenz) fördern die Entstehung der Diverticulosis. ERNST GRASER (1860—1929) hat sich vor allem mit den Divertikeln des Sigma beschäftigt („Grasersche Divertikel"). Diese liegen an den Rändern der Taenien, gelegentlich zu hunderten! Im Inneren der Divertikel findet sich eingedickter Kot (Kotsteinbildung); dadurch entsteht eine Decubital-Erosion, infolge hiervon eine Entzündung der Divertikelwand. Die Diverticulitis kann auf das Mesocolon sigmoideum übergreifen und eine *Perisigmoiditis infiltrativa* hervorrufen. Hierbei handelt es sich um eine steife manschettenförmige Verdickung der Wand des absteigenden Dickdarmes, begleitet von einer strikturierenden Stenose. In der Differentialdiagnose hat die sorgfältige Abgrenzung gegen ein Sigmacarcinom zu erfolgen!

bb) Diffuse Erweiterungen

1. Altersatrophie

Seneszente Veränderungen können zu einer Ektasie langer Darmstrecken, vor allem des Dickdarmes, führen. Man spricht von einem Megacolon acquisitum. Die eigentliche Pathogenese ist nur unbefriedigend bekannt. Es ist an eine seneszente Störung der vegetativ-nervalen Versorgung der Darmwand, alsdann an die Bedeutung der Rarefikation physiologischer Fettpolster, schließlich an die habituelle Stuhlträgheit zu denken.

2. Erweiterungen oberhalb von Stenosen

Zunächst resultiert eine kompensatorische muskuläre Hypertrophie; die Ringmuskulatur kann auf dem Querschnitt 1—2 cm dick sein. Später entsteht eine Insuffizienz. Nun tritt die diffuse Erweiterung ein. Jetzt kommt es zur Zersetzung des Darminhaltes, zur Gasbildung und zum Meteorismus (Blähbauch). Berühmt (berüchtigt) ist die Dickdarm-Eiweißfäulnis, jeweils oberhalb von stenosierenden ringförmig gewachsenen Carcinomen. Ein stärkerer Kotrückstau kann das gesamte Darmrohr, bis hinauf in den Dünndarm, anfüllen. Eine späte, gottlob seltene, Konsequenz ist die Miserere.

3. Darmlähmung

Eine solche führt zu einem *paralytischen Ileus*. Jener kann nach stumpfem Bauchtrauma, bei Uretersteinkoliken, akuter Pankreatitis, zentraler Pneumonie, bei retroperitonealem Haematom, jedoch auch nach Stieldrehung von intraabdominellen Geschwülsten, traumatischer Hodenquetschung sowie Mesenterialvenenthrombose entstehen. Auch arterielle Mesaraica-Infarkte gehen, mindestens zunächst, mit dem Bilde des paralytischen Ileus einher.

Im Bereiche diffus erweiterter Darmabschnitte resultiert oft das Bild der sterkoralen Diphtherie. Der aufgestaute und eingedickte Kot (Scybalen-Bildung) erzeugt Decubitalgeschwüre, die Dehnung der Darmwand als solche läßt Distensionsgeschwüre entstehen. Der sterkorale Diphtherie ist folgenschwer, begünstigt die Entwicklung eines intramuralen Kotabszesses, durch dessen Vermittlung schlußendlich eine Peritonitis ausgelöst werden kann.

7. Kreislaufstörungen

a) Aktiv-kongestive Hyperämie

Die aktive Hyperämie der Darmschleimhaut und der übrigen Darmwandschichten leitet die Entwicklung eines jeden entzündlichen Prozesses ein. Die Follikel und die Dünndarm-Zotten sind geschwollen und gerötet, die Schleimhaut ist sammetartig aufgetrieben, weich, ödematös durchtränkt. Eine im eigentlichen Sinne diffuse, flammende Rötung der Dünndarmschleimhaut findet sich bei Salmonellen-Infekten.

b) Passive Hyperämie (Stauung)

Die Schleimhaut ist stark geschwollen, auf der Höhe der Falten von blauroter Farbe, bei länger anhaltender strotzend-venöser Hyperämie schmutzigbraunrot koloriert. In Spätstadien ist eine schiefrige Pigmentation deutlich.

Chronische Stauungszustände führen zu einer Füllung der submukösen Venen. Von hier aus werden kleinste Blutungen transmural in die umgebenden Darmwandschichten abgepreßt. Nach und nach wird der Darminhalt schokoladefarben verändert. Die kleinsten Blutungen auf der Höhe der Schleimhautfalten hinterlassen eine distinkt gezeichnete schiefrige Pigmentation. Eine ausgedehnte hämorrhagische Quasi-Infarzierung findet sich bei Pfortaderthrombose. Von dieser ausgehend kann eine descendierende Mesenterialvenenthrombose, die *trunkuläre Thrombose*, entstehen. Manchmal aber wird die Mesenterialvenenthrombose in der Peripherie, nämlich bei infektiösen Erkrankungen der Darmschleimhaut in den Darmwandschichten selbst inszeniert. Der Prozeß steigt langsam zum Stamme der Pfortader auf. Man spricht von *radikulärer* Thrombose. Die Symptome der Mesenterialvenenthrombose sind mit denen der Mesenterialarterienembolie, — jedenfalls in späteren Stadien —, einigermaßen identisch: Darmlähmung Ileus, Blutung, Schmerzen (!), Peritonitis.

c) Ödem der Darmwand

Ein Ödem der Darmschleimhaut findet sich sowohl bei aktiver (entzündlicher) als auch passiver (Stauungs-)-Hyperämie. Man spricht von Chemose der Schleimhaut. Die Dünndarm-Schleimhautfalten sind zu dicken „schwappenden" Wülsten umgewandelt; die Darmwand fühlt sich *succulent* an, die dem Obduzenten durch die Hände gleitenden Dünndarmschlingen „gurren", d. h. sie lassen ein quarrendes Geräusch vernehmen. In Fällen eines sehr starken Ödemes, etwa in der Konsequenz einer Pfortaderthrombose, quillt die untere Dünndarmwand auf eine Stärke (im Querschnitt) von 2 cm an! Später kann es zu einer kollagenen Metaplasie, also einer bindegewebigen narbigen Verhärtung mit nachträglicher Schrumpfung kommen.

d) Thrombose und Embolie der Mesenterialarterien

Ein Verschluß der Arteria mesenterica superior z. B. durch eine Thrombose (entstanden auf arteriosklerotischer Basis) setzt *die* Ernährungsstörung der Dünndarmwand; es entsteht ein hämorrhagischer Infarkt. Er ist deshalb hämorrhagisch, weil die Zirkulationsstörung ein „Mehrstromland" getroffen hat (vgl. „Allgemeine Pathologie", S. 31). Es resultiert eine Darmwandlähmung, schließlich eine Permigrationsperitonitis. Für die Entwicklung der hämorrhagischen Komponente des Infarktes wird eine Störung der „melkenden" Bewegung der muskulären Peristaltik einerseits, ein Refluxus venosus andererseits verantwortlich gemacht. Der embolische Verschluß erzeugt eine ischämische Dys-(h)orie, jene vermittelt die Aussickerung des Blutes in das Bindegewebe der Örtlichkeit. — *Anämische Nekrosen* sind selten. Sie finden sich entweder nach der Verschließung eines sehr großen arteriellen Gesamtgebietes oder aber nach Verstopfung der allerkleinsten in der Darmwand selbst gelegenen arteriolären Gefäße. Durch den zuletzt skizzierten Vorgang kann es auf der dem Mesenterialansatz gegenüber gelegenen Seite zu einer ischämischen Nekrotisierung mit einer breiten Zone der kollateralen Hyperämie und Hämorrhagie kommen. Derartige Veränderungen entstehen im allgemeinen nur dann, wenn die Verschließung der Arterienbahn *jenseits* der anastomotischen Arkaden gesetzt wurde. Nicht ganz selten ist dann, z. B. im Gefolge einer Endokarditis lenta, ein transversal gestelltes Darmwandgeschwür (embolisches Geschwür) zu beobachten. Jenes kann perforieren, also eine Peritonitis verursachen; kommt es zur Heilung, bleibt eine narbige Stenose. — Sogenannte *Bestrahlungsnekrosen* schädigen zunächst das lymphoretikuläre Gewebe (Peyersche Platten), erst nachträglich resultieren Schleimhautnekrosen. Der Prozeß ist torpide, schleichend, vielfach unbemerkt. Es folgt dann scheinbar plötzlich eine Katastrophe, nämlich eine Motilitätsstörung des Dünndarmes, eine Verwachsung benachbarter Dünndarmschlingen miteinander und der parietalen Bauchwand, ein ileusähnliches Bild, schließlich eine Peritonitis. — Ein leidlich definiertes Krankheitsbild ist das der Dyspraxia intestinalis angiosclerotica intermittens (N. ORTNER, 1902 bis 1903). Die rezidivierende Bauchkolik geht mit heftigsten krampfartigen, nach dem Rücken einerseits, den unteren Extremitäten andererseits ausstrahlenden Schmerzen einher. Die Ortnersche Krankheit ist für den Kenner der abdominellen Angiologie nicht selten. Es besteht eine gewisse Abhängigkeit der Schmerzattacken von dem Zeitpunkt der Nahrungsaufnahme. Pathologisch-anatomisch handelt es sich um eine hochgradige stenosierende Skleratheromatose des Verzweigungsgebietes der Arteria mesenterica cranialis. Selbstverständlich mag sich eine sekundäre Obturationsthrombose aufpfropfen. In vielen Fällen aber liegt eine spornähnliche Stenose der Ursprungsöffnung der Arteria mesenterica cranialis vor. Entwickelt sich der Prozeß langsam (über Jahre), bleibt Gelegenheit zur Ausbildung einer Anastomose: Diese stellt die Verbindung der Mesenterialgefäße, vor allem der Arteria mesenterica inferior, mit dem System der Hämorrhoidalarterien und von diesen aus über die pelvinen Gefäße zu den Oberschenkelschlagadern dar. Angeblich kann es auch so sein, daß bei stenosierender Arteriosklerose im Ursprungskegel der Arteria mesenterica cranialis oder caudalis, jedoch bei leidlich unversehrt gebliebenden Femoralarterien dann ein steal-effect mit abdominellen Schmerzen resultiert, wenn durch lebhafte körperliche Bewegungen, schnelles Gehen und Laufen, sehr viel Blut von den Ursprungstrichtern der Mesenterialschlagadern weggenommen, in der Peripherie benötigt, gleichsam nach dort gesaugt wird! Rasches Gehen mit abdominellen Koliken ist auf einen steal-effect verdächtig. Hier kann nur durch operative Intervention (Einbau eines patch, Wegnahme eines shelf) wirksame Hilfe gebracht werden.

(*Literatur:* KL. GOERTTLER, Verhandlungen der Deutschen Gesellschaft für Verdauungs- und Stoffwechselkrankheiten, Hamburg, 1967.)

e) Allgemeine Bemerkungen über Darmblutungen

Bei aktiver und passiver Hyperämie, embolisch, bei entzündlichen Prozessen mit Geschwürsbildung, bei hämorrhagischer Diathese, bei septischer Allgemein-Infektion, nach Verbrennung und Vergiftung, aber auch bei Amyloidose der Darmwand, nach stumpfem Trauma und nach Fremdkörper-Einspießung resultieren Blutungen. Diese können zum Bilde des nicht-dekompensierbaren oligämischen Kollapses führen. Die Obduktion zeigt bei Darstellung der Dünndarmwände eine fleckige unregelmäßige Hyperämie der Serosagefäße, vor allem des unteren Ileum. Es scheint, daß eine „Ataxie" des restlichen Blutes in den kleinen Gefäßen entstanden ist.

f) Pigmentierungen der Darmschleimhaut

Bei chronischem Alkoholismus kann, gelegentlich als Teilerscheinung einer Hämochromatose, eine Braunfärbung der glatten Muskulatur vor allem im oberen Dünndarm erfolgen. Untersucht man die Pigmentation genauer, findet man stets neben dem Hämosiderin Hämofuszin (Lipofuszin). Die Pigmente liegen im Protoplasma der glatt-muskulären Fasern. Sehr viel häufiger ist die Pigmentation der Schleimhaut. Man spricht von „Zottenmelanose"; diese kann punkt-, ringförmig und gesprenkelt über weite Strecken angegangen sein. Die Melaninpigmentation betrifft teilweise auch die Lymphfollikel in Dünn- und Dickdarm. Im allgemeinen handelt es sich um *Pseudomelanin*. Es ist also an die Abscheidung des sulfidischen Eisens zu denken. Das Pigment liegt in den Bindegewebszellen der Tunica propria, nicht in den Epithelien. Eine derartige Pseudomelanose wird vor allem nach chronischer Obstipation nachgewiesen. Weil die Eisenreaktion häufig negativ ist, ist die Überlegung erlaubt, daß das zur Abscheidung gelangte Pseudomelanin pathochemisch dem echten Melanin nahesteht. Es könnte sich herleiten von den Eiweiß-Dekompositionsprodukten der Dickdarmfäulnis. Schwefeleisen kann natürlich auch durch Vermittlung der in den Darm entleerten Galle entstehen. Interessant ist, daß nach intravenöser Applikation von Eisen-Verbindungen (in das strömende Blut) eisenhaltiges Pseudomelanin in der Darmwand nachgewiesen werden kann! Die Darmschleimhaut kann daher nicht nur ionisiertes Eisen aufnehmen, sondern auch ausscheiden. Auch bei stiller Uraemie zeigt die Darmschleimhaut, oft in ganzer Länge, ein schmutzig-schiefergraues Kolorit. Die vorübergehend geäußerte Auffassung (PIRINGER-KUCHINKA), die schwarzgrüne Melanose (Pseudomelanose) vor allem der absteigenden Dickdarmwand hätte etwas mit der Einlagerung von Chlorophyll (Blattgrün aus der pflanzlichen Nahrung) zu tun, hat ernst Kritik nicht standgehalten.

Die klinische Dignität der oft erstaunlich stark entwickelten und über den ganzen Dickdarm ausgebreiteten Melanose (Pseudomelanose) ist nicht genauer bekannt. Ich vermute, daß es sich um die Folgen chronischer Motilitätsstörungen des ganzen Dickdarmes (Torpor coli) handelt.

8. Entzündliche Erkrankungen

Die Einteilung der entzündlichen Veränderungen der Darmschleimhaut kann nach verschiedenen Gesichtspunkten vorgenommen werden. Die eigentliche Beurteilung der Darmschleimhaut ist deshalb schwierig, weil kadaveröse Prozesse bald nach dem Tode eintreten, erheblich sind, tiefgreifende Veränderungen machen und die patho-anatomische Situation larvieren. Damit hängt es zusammen, daß, soll die Pathogenese akuter entzündlicher Reaktionen erkannt werden, auf experimentelle Modelle und Analogieschlüsse nicht verzichtet werden kann.

Einteilung der entzündlichen Darmwandveränderungen nach dem patho-anatomischen Bilde

a) Katarrhalische Entzündung

aa) Akuter Katarrh

Die Schleimhaut ist geschwollen, gerötet, von seröser, schleimiger oder schleimig-eitriger Flüssigkeit bedeckt, die Epithelien sind desquamiert. Vielfach lassen sich die Epithelien in zusammenhängenden Membranen ablösen. Die Follikel von Schleimhaut und Unterschleimhaut sind geschwollen. Escherichia coli wandert in den sonst bakterienarmen Dünndarm auf. Die Infiltrate der Darmschleimhaut halten sich vielfach an die Lymphbahnen. Es besteht die Gefahr der Permigrationsperitonitis. Die Entzündung des Bauchfelles durch Permigration kann auf drei Wegen zustande kommen: (1.) durch *Ausbreitung* der Entzündung *in der Kontinuität;* (2.) durch *Ausbreitung* der Entzündung *auf dem Lymphwege;* (3.) durch *Ausbreitung* der entzündlichen Prozesse *auf dem Wege der kleinen Blutbahnen.* — Die akute katarrhalische Enteritis oder Enterocolitis ist außerordentlich häufig. Die Ursachen sind gänzlich verschiedene (mikrobielle Infektion, schlechte Magenvorverdauung — Sturzentleerung —, physico-chemische Schädigungen — alimentäre Intoxikation etc. —, akute bis subakute venöse Hyperämie — aus kardialen oder portalen Gründen —, Ra-Rö-Bestrahlungseffekte etc.).

bb) Chronischer Katarrh

Er entsteht entweder auf dem Boden einer akuten Entzündung oder in der Folge einer venösen Dauerhyperämie. Möglicherweise entstehen bestimmte Formen chronisch-katarrhalischer Enterocolitis durch „Automatisation", also nach dem Modell einer Autoaggressions-(Autoimmunisations-)Krankheit. Die Schleimhaut ist unregelmäßig verdickt, Zotten, Falten und Lymphfollikel zeigen das Bild der Pseudomelanose. Vielfach werden kleine und allerkleinste Blutungen gefunden. Wie beim Magen, so unterscheidet man auch an der Darmschleimhaut *zwei Reaktionsweisen* bei chronisch-katarrhalischer Entzündung: (1.) *Enteritis chronica hypertrophicans,* gelegentlich unter dem Bilde der Enteritis chronica polyposa. Dabei ist die Schleimhaut pseudopolypös verdickt. Oder aber (2.) es resultiert eine *Enteritis chronica atrophicans.* Die Atrophie betrifft in erster Linie das drüsige Parenchym. Es wird angenommen, daß die Atrophie durch Erschöpfung der epithelialen Regenerationskraft der Drüsen der Darmschleimhaut zustande kommt. Die Schleimhaut ist dann dünn, flach, schiefergrau, „hart". Auch die Darmwandmuskulatur kann atrophisch werden; sie zeigt vielfach eine basophile Degeneration, in terminalen Stadien eine staubförmige Verfettung.

Die Enteritis chronica hypertrophicans (polyposa) kann mit starken Eiweißverlusten (über die Darmschleimhaut) einhergehen. Es handelt sich um ein Äquivalent des Ménétrier-Syndromes (vgl. S. 116). Alle Fälle einer sonst nicht ohne weiteres erklärbaren Hypoproteinämie sind auf eine exsudative Gastroenteropathie verdächtig! Die Eiweißverluste über die Magen-Darmschleimhaut können durch ^{131}J konkretisiert werden. Im Rahmen des Gordon-

Testes (MARTINI, G. A.: Der Internist *4*, 197, 1963) wird ein unverdaulicher Kunststoff angeboten, — *Polyvinylpyrrolidon* —, der eine ähnliche Molekülgröße wie Albumin hat. Polyvinylpyrrolidon (PVP) ist ebenfalls durch ^{131}J markiert. Im Rahmen bestimmter Kriterien ist es auf diese Weise möglich, die Störung entweder im Sinne eines Eiweißverlustes oder einer alterierten Eiweißsynthese zu „umschreiben". Man muß nur folgendes bedenken: Die exsudative Enteropathie kann ihrerseits wieder verschiedene Ursachen haben. Die häufigsten sind: Polyadenomatose des Magens (Ménétrier-Syndrom im engeren Sinne), Gastrektomie, akute und chronische (katarrhalische) Gastoenteritis, Pankreatitis, Gluten-Enteropathie (Sprue, Coeliacie), Whipplesche Krankheit (Lipodystrophia intestinalis), Enteropathia lymphangiectatica und Amyloidose der Darmwand!

Besondere Formen der chronischen katarrhalischen *Enterocolitis*.

1. Enteritis follicularis

Dabei kommt es zu einer starken Schwellung der Follikel. Man spricht von Enteritis follicularis simplex oder hyperplastica. Die Follikel können „dick wie Erbsen", die Peyerschen Platten „wie Trauben" verändert sein. Ist nur die Internodulärsubstanz geschwollen, resultiert ein netziges Aussehen: *Surface réticulée*. Kleinste Blutungen hinterlassen Pigmentflecke. Die Enteritis follicularis kann dann, wenn die entzündlich geschwollenen Follikel eitrig einschmelzen, zur *Enteritis follicularis apostematosa* werden. Hieraus resultieren Follicularabszesse, — Geschwüre, gelegentlich Darmwandphlegmonen.

2. Enteritis cystica superficialis oder Enteritis cystica profunda

Die Zystchen liegen eher tief, also in der Submucosa. Sie entstehen durch Epithelisierung der durch Follikeleiterung erzeugten Zerfallshöhlen. Sie führen Schleim und abgeschilferte Epithelien. Gelegentlich werden eingedickte Schleimkugeln mit dem Stuhl entleert. Diese Gebilde sehen aus wie Stärkekörner oder Sagoklumpen. Die Unterscheidung von Stärke ist durch die negative Jodprobe sogleich deutlich zu machen.

3. Colica mucosa

Es handelt sich um eine Sekretionsneurose des Darmes; man spricht von *Enteritis mucomembranacea, Myxoneurosis intestinalis* etc. Klinisch äußert sich das Leiden durch anfallsweise auftretende Dickdarmschmerzen (Tenesmen) mit qualvoller Entleerung membranähnlicher Gebilde. Diese können eine grobe Ähnlichkeit mit Darmparasiten (Würmern) haben, so daß die Entleerungsprodukte der Schleimkoliken als *Pseudohelminthen* bezeichnet werden. Die Colica mucosa ist gleichsam eine Parallelerkrankung zum Asthma bronchiale.

4. Pneumatosis cystoides intestini

Hierbei finden sich gewöhnlich unter der Serosa des Ileum, seltener des Dickdarmes gasgefüllte Blasen teilweise von stattlicher Größe. Zuweilen sind traubenförmige Blasen-Konglomerate auch in der Mesenterialplatte nachweisbar. Die Ausbreitung des Gases folgt dem Verlaufe der Lymphgefäße. Man spricht von „*Lymphopneumatose kystique Masson*". Die Veränderungen sind nicht ganz selten. Sie nehmen, wie wir mehrfach beobachten konnten, ihren Ausgang von kleinen Darmdivertikeln. Die Gasbildung ist die Folge einer Bakterieninvasion. Die Gase verlassen häufig die präformierten Lymphwege und dringen in das interstitielle Bindegewebe ein. Die Gase wirken an Ort und Stelle als Fremdkörper, sie induzieren die Entwicklung von Fremdkörperriesenzellen.

b) Fibrinös-pseudomembranöse Entzündung

Die pseudomembranöse Entzündung der Darmschleimhaut ist entweder eine oberflächlich-croupöse oder eine tiefgreifend-verschorfende. Die Schleimhaut ist verdickt, steif, wie eine „rissige, bemooste Baumrinde" verändert. Die Schorfe sind durch die Farbe des gestauten Kotes oder aber gallig koloriert (graubraun, dunkelbraun, schmutzig-grün verfärbt). Die diphtherische Entzündung ist im Dickdarm an den mechanisch exponierten Stellen d. h. an der Schleimhaut über den Plicae semilunares, den Taenien und an den Kurvaturen lokalisiert. Dadurch entstehen „strickleiterförmige" oder „treppenstufenförmige" Zeichnungen. Als Ursache einer pseudomembranösen Entzündung von Dünn- und Dickdarmschleimhaut kommen in Frage *Typhus, Ruhr, Pocken, pyogene Allgemeininfektion* (Sepsis), *Arsen, Wismut, HgCl$_2$, Ra-Rö-Strahlen*, eine *Urämie*, vor allem aber die *Medikation durch Antibiotica mit sogenanntem breiten Wirkungsspektrum.*

Die *urämische Enterocolitis* entsteht durch die Ausscheidung harnpflichtiger Substanzen über die Schleimhaut. Vor allem soll kohlensaures Ammoniak eine Schleimhautentzündung hervorrufen. In der formalen Pathogenese spielt die Entwicklung urämischer Arteriolonekrosen eine fördernde Rolle. — *Schwermetallsalz-Vergiftungen,* besonders die Sublimatvergiftung, erzeugen schwerste pseudomembranöse Entzündungen, bevorzugt des absteigenden Dickdarmes. Es handelt sich im wesentlichen um das Prinzip der „Ausscheidungsentzündung". Möglicherweise erzeugen die Schwermetallsalze Zirkulationsstörungen in der Dickdarmwand, Perirubrostasen und hyaline Capillarthromben. Hierdurch können nekrotisierende Prozesse, mindestens aber eine Schwächung der natürlichen Resistenz der Schleimhaut gegenüber der physiologischen Schleimhautflora hervorgerufen werden. Die Schädigung der Darmwandgefäße läßt eine diphtherische Colitis entstehen. Die eigentliche Zerstörung der Darmwand entspricht der pathologischen Leistung der Darmwand-Keime. — Prinzipiell ähnlich aussehende verschorfende Colitiden sind nach Laminektomie, also nach Eingriffen am Spinalnervensystem, gesehen worden. Auch hier muß angenommen werden, daß eine Paralyse der Darmwandgefäße die Resistenz gemindert und das Angehen der mikrobiellen Infektion gefördert hat. — Daß Schwermetallsalze eine Colitis nach dem Prinzip der Ausscheidung hervorrufen können, wird durch alle diejenigen Fälle deutlich gemacht, bei denen die Vergiftung parenteral initiiert wurde (z. B. Abtreibungsversuch durch Sublimat- etc. Spülungen!). Natürlich ist der Einwand zu bedenken, daß jede Schwermetallsalzvergiftung auch eine nekrotisierende Nephrose erzeugt. Auf diese Weise könnte eine mittelbar induzierte urämische Enterocolitis ausgelöst werden. Alles in allem: Die Summe der Indizien spricht am meisten dafür, daß die Dickdarmschleimhaut als (zweiter) physiologischer Ort der Metallsalz-Ausscheidung *neben* der Niere den Hauptschauplatz für die Schädigung abgibt.

c) Eitrige Entzündung

Die eitrig-abszedierende Enteritis als selbständiges Leiden ist äußerst selten. Es entsteht zuweilen im Zusammenhang mit einer Endocarditis lenta eine phlegmonöse Entzündung der Duodenalwand oder des oberen Jejunum. Die Darmwand wird zu einem starren ödematösen Rohr umgewandelt; histologisch erweisen sich alle Darmwandschichten als fibrinös-eitrig infiltriert. Die Eiterung greift auf das Mesenterium über. Es entstehen eine Peritonitis, Leberabszesse und von dort aus eine Septicopyämie. Als Ursachen haben auch Colitis fibrinosa (nach Antibioticum-Medikation), stumpfes Bauchtrauma sowie Einspießung kleiner Fremdkörper (von der Darmlichtung aus) zu gelten.

d) Hämorrhagisch-nekrotisierende Entzündung

Eine solche findet sich vornehmlich im Rahmen des Krankheitsbildes des „Darmbrandes". Über diesen wird im Zusammenhang mit den „nosologischen Entitäten" berichtet. Ganz ähnliche Prozesse finden sich bei den „Bruchzufällen" (im Bereiche inkarzerierter Darmschlingen). Schwerste hämorrhagische Entzündungen entstehen nach Infektion durch Milzbrand-Sporen!

e) Sogenannte spezifische Entzündungen

aa) Tuberkulose

Die *Tuberkulose des Darmes* entsteht entweder als Fütterungs- oder Deglutitions-Tuberkulose, oder sie entsteht von der Leber aus über die Galle, oder sie wird durch das Übergreifen einer Tuberkulose von den Organen der Nachbarschaft inszeniert. Noch vor 20 Jahren galt der Grundsatz, daß etwa 10 % der Fälle jeder menschlichen Primärtuberkulose als primäre Darmtuberkulose zu veranschlagen seien. Im allgemeinen entstehen die Darmschleimhauttuberkulosen dadurch, daß eine exsudative Lungentuberkulose zugrunde liegt, also tuberkelbazillenhaltiges Sputum verschluckt wird. Die Tuberkulose des Darmrohres lokalisiert sich bevorzugt im Bereiche der Lymphfollikel und -platten. Selten ist eine Ausbreitung über den ganzen Darm gegeben, im allgemeinen ist die Ileocoecalregion betroffen, ausnahmsweise ist nur der Dickdarm, in extremen Fällen lediglich das Rektum, erkrankt. Die tuberkulös alterierten Lymphfollikel zeigen eine zentrale Verkäsung. Es resultiert ein verkästes Follikulargeschwür. Dieses kann zunächst nur stecknadelkopfgroß sein. Es gewinnt dann bald die Form eines kleinen Kraters, der von geschwollenen, wallartig erhabenen Rändern umgeben ist. Indem mehrfache benachbart gelegene Geschwürchen konfluieren, werden größere Zerstörungen inszeniert. Die Geschwürsränder führen echte Tuberkel mit Epitheloidzellen und Langhansschen Riesenzellen. In der Umgebung kleiner tuberkulöser Schleimhautgeschwüre erblühen miliare Resorptionstuberkel. Die miliare Streuung wird auch an der Serosa erkennbar: Folgend dem Verlaufe der subserösen Lymphbahnen finden sich kleine und kleinste graugelbe Knötchen, aufgereiht wie Perlschnüren, transversal angeordnet zur Längsachse des Darmes sowie hinführend auf den Mesenterialansatz. Die größer werdenden Schleimhautgeschwüre haben Sinusoide (buchtige) unterminierte, fetzige Ränder. Im Ulcusgrund findet sich eine unterschiedlich dicke Lage von tuberkulösem Granulationsgewebe. Damit mag es zusammenhängen, daß eine Perforation an sich selten ist. Älter gewordene tuberkulöse Darmschleimhautgeschwüre sind quer zur Längsachse des Darmrohres d. h. entsprechend der zirkulären Anordnung der submukösen und subserösen Lymphbahnen orientiert. Die an den sinuösen Rändern erhalten gebliebenen Schleimhautinseln zeigen das Bild einer Pseudopolypose. Gelegentlich ist eine „Heilung unter dem Schorf" d. h. der Versuch der Epithelisierung vom Ulcusrand aus oder aber von den Hälsen stehen gebliebener Schleimhautdrüsen aus nachweisbar. Eine eigentliche Heilung entsteht erst dann, wenn keine lebenden Tuberkelbazillen mehr vorhanden sind.

Tuberkulöse Geschwüre neigen zur *Vernarbung*. Jene zeigt eine schiefergraue Pigmentation und führt im allgemeinen zu einer mäßig starken Stenosierung der Darmlichtung. Dadurch kann es zu einer Ektasie der oral gelegenen Darmabschnitte kommen. Der in dieser Weise veränderte untere Dünndarm kann das Aussehen des Dickdarmes (grob-phänomenologisch) annehmen. Vielfach liegen in ihm multiple, partiell exulcerierte, stenosierende Narbenzüge hintereinander. Gelegentlich resultiert ein pseudotumorales Aussehen. Manchmal finden sich breite Fungi, gelegentlich papilläre Schleimhautwucherungen.
— Eine *Perforation* einer tuberkulösen Darmwandläsion findet sich am häufigsten dann, wenn die Verkäsung sehr schnell zustande gekommen war. Es folgt dann eine teils jauchige, teils tuberkulöse Peritonitis. Bei der Vornahme der Obduktion einschlägiger Fälle empfiehlt es sich, zunächst die am tiefsten in das kleine Becken reichenden Dünndarmschlingen vorsichtig zu dislozieren, abzutasten und zu inspizieren. Gelegentlich finden sich dann vielfach abgesackte fistulierende Abszeßbildungen, mitunter bimuköse Fisteln (d. h. quere Kommunikationen zwischen benachbart gelegenen, untereinander verklebten Dünndarmschlingen!). *Blutungen* bei tuberkulöser Darmwandläsion sind zwar nicht selten, im allgemeinen aber nicht lebensgefährlich. — Auf dem Boden einer tuberkulösen Schleimhautnarbe der Ileocoecalregion entsteht nicht ganz selten ein *Carcinom!* Die absolute Malignitätsrate ist schwierig einzuschätzen; sie liegt vermutlich bei 14 %. Tuberkulöse „Ileocoecaltumoren" repräsentieren die „chirurgische Form" der Darmtuberkulose (Darmsteifung, Subileus, remittierende Temperaturen, intermittierende Durchfälle; Differentialdiagnose: Chronische Appendicitis, perityphlitischer Tumor, Aktinomykose, malignes Neoplasma etc.). — Ein *tuberkulöser Primärkomplex* hinterläßt an der Schleimhaut keine Spuren. Es finden sich lediglich regionäre verkäste Mesenteriallymphknoten mit Kalk, Kreide, „Stein" und Knochen!

Die Tuberkulose des Darmrohres hat heute von ihrem Schrecken verloren; die geschwürige Zerstörung der Schleimhaut ist der lokalen Einwirkung von peroral medizinierten Tuberculostatica durchaus zugänglich!

bb) Syphilis

Bei *angeborener Syphilis* finden sich im Bereiche der Submucosa von Jejunum und oberem Ileum derbe, speckige, leicht prominierende, rundliche oder längliche Infiltrate. Hieraus können gummöse Geschwüre entstehen. Die luischen Ulcera sind zirkulär angeordnet und können Stenosen hinterlassen. Die *erworbene Syphilis* bevorzugt (im Gegensatz zur Tuberkulose) den oberen

Dünndarm. Es entstehen zahlreiche beetförmige Platten und flache Geschwüre. Im Dickdarm sind vor allem die Flexuren, besonders aber das Rektum, betroffen. Dort entwickeln sich in der Submucosa beetförmige gummöse Erhabenheiten. Histologisch findet sich ein an Epitheloidzellen reiches Granulationsgewebe, welches zu einer trockenen Verkäsung neigt. Charakteristisch ist die Panarteriitis gummosa der Darmwandgefäße der unmittelbaren Umgebung. Durch Zerfall der Gummen entstehen scharf begrenzte ausgestanzte Geschwüre. In Spätstadien lassen sich semizirkuläre stenosierende Narbenzüge beobachten.

cc) Aktinomykose

Die Aktinomykose der Darmwand ist in der Ileocoecalregion lokalisiert. 30 % aller Aktinomykosen haben etwas mit der Bauchhöhle zu tun. Möglicherweise entwickelt sich die Aktinomykose vom Wurmfortsatz aus. Es entsteht ein riesenhafter typhlitischer und periphlitischer fistulierender Prozeß mit labyrinthären Kanälen und Eiterkügelchen. Jene sind reich an Pilzdrusen.

dd) *Listeria monocytogenes, Pasteurella tularensis*

Eine weitere Form sogenannter spezifischer Entzündung der Darmwand wird hervorgerufen durch *Salmonella typhi, Listeria monocytogenes* und *Pasteurella tularensis.* In allen derartigen Fällen entstehen Granulome, bei *Typhus abdominalis* das „Typhusknötchen", ein histiozytäres Proliferat, bei Listeria — ein sepsisähnliches Krankheitsbild „Listeriosis" — prachtvolle tuberculoide Knötchen mit schütterer zentraler Nekrose, nach Infektion durch Pasteurella tularensis Granulome, welche denen bei Tuberkulose zum Verwechseln ähnlich sehen.

Wenn man will, kann man auch die *Lymphogranulomatose* hierher rechnen. Es resultieren knotige Infiltrate im Bereiche des lymphatischen Apparates der Darmwand. Später entstehen Geschwüre mit zackigen, unterminierten Rändern. Es fehlen jedoch die für die Tuberkulose charakteristischen subserösen, perlschnurartig angeordneten, tautropfenähnlichen Knötchen. — In Gegenden, in denen das *Sklerom* (Rhinosklerom) häufiger ist (Indonesien, Mittelamerika), werden auch Sklerom-Infiltrate (und Platten) der Darmwand beobachtet.

Einteilung der entzündlichen Erkrankungen des Darmrohres nach den nosologischen Entitäten

a) Biorheutisch gebundene Entzündungsformen

aa) Jejunitis epithelialis necroticans Adam-Froboese

Es handelt sich um den „Darmkatarrh" der Säuglinge. Sind die Veränderungen akuter Natur, spricht man von Dyspepsien; werden sie subakut bis subchronisch, resultieren Dystrophie und Pädatrophie. Nach V. CZERNY entsteht die Jejunitis necroticans *(1.) ex infectione, (2.) ex alimentatione* und

(3.) ex constitutione. Hiermit wird zum Ausdruck gebracht, daß die mikrobielle Ätiologie der akuten Säuglings-Enteritis nicht allein und uneingeschränkt gültig ist; Besonderheiten der Ernährung, vor allem aber der konstitutionelle Hintergrund seien mitbestimmend. In akuten Fällen imponiert eine grobtropfige, diffus ausgebreitete Leberverfettung, eine Entspeicherung der Nebennierenrinde und eine Hypoplasie des Pankreas; subakute bis subchronische Verlaufsformen zeitigen eine Haemosiderose von Leber und Milz, eine papierdünne Atrophie der Darmwand und eine Exsikkose. In Fällen akuter Dyspepsie spielt die „parenterale Infektion" keine geringe Rolle (eitrige Mastoiditis!). Bei akuter Dyspepsie mit mors subita findet sich ein mobiler Fetttransport im Gehirn (eine Vielzahl von Fettkörnchenzellen in der Umgebung der Venen des Hemisphärenmarkes etc.), vor allem auch eine Fettablagerung im pulmonalen Gefäßsystem. Bei Säuglingsdystrophie ist eine starke Verdünnung der Darmwand sichtbar zu machen derart, daß ein unter die aufgespannte Darmwand montiertes Stück Zeitungspapier ohne weiteres bei Betrachtung von der Schleimhautseite des Darmstückes gelesen werden kann. Infektionen durch Dyspepsie-Coli können endemisch auftreten. Die exakte anatomische Untersuchung der geschädigten Darmwand ist technisch schwierig (erforderlich ist baldige Fixierung der Darmschleimhaut nach Eintritt des Todes, wenn möglich durch postmortale Formolinstillation über eine Magen- oder Duodenalsonde). Der Prozeß beginnt im Bereiche der Epithellage; Escherischia coli zerstört die Epithelien und legt die Tunica propria frei. Der einmal angestoßene degenerativ-nekrotisierend-entzündliche Vorgang läuft oft wie automatisiert ab. Man hat das klinische Bild in einem Vers eingefangen: „Ungesättigt gleich der Flamme glühe und verzehr ich mich" (F. NIETZSCHE, Ecce homo).

bb) Seniles Megacolon mit sterkoraler Entzündung

Es wird angenommen, daß eine Störung der vegetativen Innervation vorliegt. Der Dickdarm kann außerordentlich erweitert und elongiert sein. Die Veränderungen des absteigenden Dickdarmes können phänomenologisch durchaus mit dem Hirschsprung (Megacolon connatum) verglichen werden.

b) Einteilung nach dem klinisch-anatomischen Phänomen

aa) Cholera asiatica

Man unterscheidet im klinischen Ablauf verschiedene Stadien:

1. *Stadium:* Kurzdauernd, prämonitorische Diarrhoen;
2. *Stadium* algidum oder asphycticum. Es handelt sich um den „Cholera-Anfall". Er geht mit einem starken Schwächegefühl, Frösteln, Benommenheit des Sensoriums, Singultus (Schluckauf), Erbrechen, vor allem aber profusen Durchfällen, quälendem Durstgefühl, livider oder bleigrauer Marmorierung der Körperdecke, Atemnot sowie kleinem, kaum palpablem, fadenförmigem Puls einher. Charakteristisch ist ein halbmondförmiger Fleck im unteren Abschnitt der Sklera, der „Kahn-Bauch" und, als Symptom hochgradiger Exsiccose, die Ausbildung sogenannter Waschfrauenhände. Die Körpertemperatur sinkt ab, es bestehen Untertemperaturen; das Leiden kann durch qualvolle Wadenkrämpfe aggraviert sein. Die Stimme der Kranken ist tonlos (Vox

cholerina). Häufig tritt der Tod in diesem Stadium ein. Manchmal kommt es, nach 1—2 Wochen, zu überraschender Genesung.

3. Stadium: Typhoid-Stadium. Die Temperatur steigt an, es besteht ein typhusähnliches Krankheitsbild, dabei werden blutig-eitrige, stinkende „Dysenterie-Stühle" abgesetzt. Gelegentlich findet sich eine diphtherische Entzündung der Kehlkopf- und Harnblasenschleimhaut. Häufig entwickelt sich eine hypochlorämische Nephrose mit Anurie. Es kann sich das Vollbild einer Uraemie entwickeln.

Pathologisch-anatomisch findet man während der beiden ersten Stadien nach Eröffnung der trockenen Bauchdecken eine starke Injektion der Serosagefäße des Dünndarmes, einen seifigen eiweißreichen Belag des Netzes und visceralen Bauchfelles und eine schwappende Sukkulenz der Dünndarmschlingen. Der Dickdarm kontrastiert (gegenüber dem Dünndarm) durch seine mehr oder weniger graugelbe, blasse Farbe. — Der Darminhalt ist reiswasser- oder mehlsuppenartig. Die Galleproduktion sistiert; die Stühle sind afäkulent, ihre Reaktion ist alkalisch. Die starke Verflüssigung des Darminhaltes ist die Folge einer serös-entzündlichen Exsudation. Die Schleimhaut ist stark geschwollen, gerötet, von kleinsten Blutungen durchsetzt; die Lymphfollikel sind vergrößert, die Drüsenhälse stecken voller Schleimpfröpfe; schließlich wird das Dünndarm-Schleimhautepithel handschuhfingerförmig desquamiert. Die Epithelüberzüge der Dünndarmzotten erscheinen in den wäßrigen Dejekten. Der wäßrige Stuhl kann wie durch Sagokörner durchsetzt imponieren. Im Inneren der Schleimflöckchen liegen die Krankheitserreger, die Cholera-Vibrionen, gleichsam in Reinkultur. Der Stuhl wird 6—8 Tage nach Beginn des Stadium algidum bakterienfrei. Selbstverständlich gibt es Ausnahmen: Es gibt Dauerausscheider (Rekonvaleszenzträger) noch nach 48 Tagen. — Die Chylusgefäße sind angeschwollen und zeigen das Bild der Chylusretention. Die Dickdarmschleimhaut ist weit weniger alteriert. Gelegentlich finden sich dort flache Geschwüre und zur Konfluenz neigende Erosionen. Im dritten (dem typhoiden) Stadium zeigt die Schleimhaut diphtherische Schorfe und eine schiefergraue Farbe. Der Darminhalt ist jetzt wieder geformt.

Die Erreger, Cholera-Vibrionen, sind lebhaft bewegliche Schrauben-Bakterien; sie sind Gram-negativ und besitzen endständige Geißeln. Der *Erregernachweis* kann folgendermaßen geführt werden: (1.) In der Agar-Stichkultur wird die Gelatine verflüssigt; durch die Tätigkeit der Cholera-Vibrionen gewinnt der Stichkanal „Trichterform". (2.) Nach Aussaat der Schleimflocken (aus frisch abgesetzten Dejekten) auf 1 %iges Peptonwasser entsteht nach 8 Stunden eine Kahmhaut. Diese kann bakterioskopisch untersucht werden; sie enthält außerordentlich zahlreiche Vibrionen. Jene können durch Agglutination identifiziert und spezifiziert werden. (3.) Sehr bewährt ist die Anlage einer Kultur auf dem Dieudonné-Blutalkali-Agar. — Die Kulturen wachsen in Form von hellen Kolonien. — Die Kahmhaut (beim Peptonwasser) stellt im positiven Falle eine Reinkultur von Cholera-Vibrionen dar. Die Methode kann daher gut zur Anreicherung verwendet werden. Die Kahmhaut entsteht infolge des Sauerstoffbedürfnisses der Vibrionen. Nach Zugabe von reiner Schwefel- und Salzsäure oder Zugabe von Ehrlichs Aldehyd-Reagens entsteht eine Rotfärbung = Nitroso-Indol-Reaktion = Cholera-Rotprobe. — (4.) Pfeifferscher Versuch: Meerschweinchen wird intraperitoneal eine Vibrionenaufschwemmung gemeinsam mit inaktiviertem Cholera-Immunserum injiziert; es entsteht eine Kugelbildung (= Bakteriolyse); als Ambozeptor war das Immunserum, als Komplement das Meerschweinchen-Serum tätig.

Neben den lokalen Veränderungen der Darmschleimhaut bei Cholera asiatica finden sich schwere Parenchymschäden an Herzmuskel, Leber, Nieren, Pankreas und Gehirn. Die Cholera asiatica trat in Deutschland zuletzt in Hamburg (1892) epidemisch auf: 16 856 Menschen erkrankten; von diesen starben 8 665. Noch heute spielt die Cholera in Indien eine außerordentliche Rolle. — Neben der Cholera asiatica unterscheidet man die *Cholera nostras*. Hierbei handelt es sich um eine mikrobielle Sommer-Diarrhoe (Salmonellose). Das Symptombild kann ganz ähnlich wie bei der Cholera asiatica sein.

bb) Typhus abdominalis und Paratyphus

Die Erreger gehören zur Salmonellen-Gruppe. Statt von Typhus abdominalis wird im Französischen von fièvre typhoide, im Englischen von typhoid fever gesprochen. Salmonellen sind Gram-negative, lebhaft bewegliche, peritrich begeißelte Stäbchen, welche sich auf gewöhnlichen Nährböden leicht kultivieren lassen. Für den Typhus abdominalis hominis ist der Mensch das Virusreservoir. Der menschliche Typhus besitzt keine spontane Tierpathogenität. Die Infektion durch das Bacterium typhi hominis erzeugt eine Septicämie. Der „Typhusbazillus" wurde von C. EBERTH (1880) in Mesenteriallymphknoten entdeckt und durch GAFFKY (1884) aus Leichenorganen rein gezüchtet. Die *Inkubationszeit* beträgt ziemlich genau 3 Wochen. *Der Typhus abdominalis darf als zyklische Infektionskrankheit gelten.* Man unterscheidet folgende Stadien:

1. Stadium: Dauer 1 Woche; *Stadium incrementi.* Die Krankheit geht einher mit Kopfschmerz, starkem Krankheitsgefühl, Temperaturanstieg, Nasenbluten und Ausbildung der sogenannten Pökelzunge. Darunter versteht man eine an Rändern und Spitze freie (hoch gerötete), im übrigen stark belegte Zunge. Anatomisch findet sich eine *markige Schwellung.* Die sonst kaum stecknadelkopfgroßen Solitärfollikel der Dünndarmschleimhaut schwellen auf Erbsgröße an und prominieren. Die Schleimhaut, vor allem des unteren Dünndarmes, ist einigermaßen diffus gerötet, weich, saftreich und erscheint wie angespannt. In der Submucosa entwickeln sich, vor allem in Anlehnung an die Peyerschen Platten, große Zellen mit bläschenförmigen Kernen. Es handelt sich um die *Typhuszellen* (V. RINDFLEISCH). Die Typhuszellen treten zur Ausbildung sogenannter *Typhusknötchen* zusammen. Typhuszellen sind Makrophagen, vorwiegend Histiozyten; sie besitzen die Fähigkeit zu lebhafter Phagocytose (MALLORY). Im Protoplasma der Typhuszellen findet man Lymphocyten, rote Blutkörperchen, seltener Leukocyten, in der Regel die Salmonella typhi. Zwischen den Typhuszellen liegt Fibrin. Das typhöse Granulationsgewebe breitet sich nach und nach sowohl in der Fläche als auch in die Tiefe aus. Die Peyerschen Platten nehmen ein hirnwindungsähnliches Reliefbild an. Sie besitzen, vor allem an der Ileocoecal-Klappe, eine markige Konsistenz *(Intumescentia medullaris).* Die typhösen Effloreszenzen liegen, da sie im wesentlichen an die Peyerschen Platten gebunden sind, dem Mesenterialansatz gegenüber. Die letzte, vor der Bauhinschen Klappe stehende, Peyersche Platte ist transversal zur Längsachse des Darmes orientiert. Damit mag es zusammenhängen, daß die Schwellung besonders sichtbar wird. Das hirnwindungsähnliche Bild erinnert an die Konfiguration einer aus der harten Schale herausgeschlagenen Walnuß! Auch die Mesenteriallymphknoten sind im Sinne markiger Schwellung verändert. Wenn auch der Typhus abdominalis im wesentlichen den unteren Dünndarm befällt, so gibt es doch auch Manifestationsformen ganz überwiegend im Bereiche des Wurmfortsatzes, des Coecum, selbst des gesamten Colon (typhöse Typhlitis, Colotyphus). Sollte es bereits im Stadium incrementi zu einer Rückbildung der Krankheitserscheinungen (höchst ausnahmsweise) kommen, findet sich ein fettiger Zerfall der Typhuszellen, deren Fragmente durch den Lymphstrom abtransportiert werden. Bei Säuglingen und Kleinkindern kommt der Typhus abdominalis oft nicht über das Stadium der markigen Schwellung hinaus.

2. *Stadium:* Dauer ebenfalls 1 Woche; *Stadium der Continua.* Jetzt entwickelt sich ein Milztumor, die Haut seitlich am Stamme trägt Effloreszenzen („Roseolen"); während des Continua-Stadiums liegt die Körpertemperatur bei etwa 39 Grad. Damit hängt es zusammen, daß das Sensorium der Kranken umwölkt ist (Benommenheit; „typhos" = Nebel). Der Typhus ist keine Durchfallkrankheit. In den Initialstadien kann eher eine Obstipation bestehen. Die Stühle werden dann dünn, erbsbreiähnlich. Pathologisch-anatomisch wird das während des ersten Stadiums aufgebaute Granulationsgewebe einer Koagulationsnekrose unterworfen. Die Darmschleimhaut trägt dann fetzige, gallig imbibierte mißfarbene Schorfe. Die Nekrotisierung reicht bis auf die innere Ringmuskulatur. Am Ende dieses Entwicklungsvorganges besteht eine Perforationsgefahr. Auch an anderen Organen, überall dort, wo es zur markigen Schwellung gekommen war, entstehen Nekrosen; dies bedeutet, daß auch die Mesenteriallymphknoten alteriert werden. Durch Sequestration der Nekrosen kann eine Peritonitis entstehen. Werden die Schorfe abgestoßen, resultiert eine Geschwürsbildung der Darmwand.

3. *Stadium:* Dauer ebenfalls 1 Woche; *Stadium amphibolicum.* Die Continua „bricht", es resultieren wechselnde Temperaturen. Dadurch klart das Sensorium auf; das Gesamtkrankheitsbild verrät eine Besserung. Die Geschwüre erfahren nach und nach eine Reinigung. Zwischen den im Zustande der Demarkation begriffenen Schorfen und den nachmaligen Geschwürsrändern entsteht eine „Rinne". Es bleibt ein rundes oder ovaläres Geschwür zurück. Die Ränder sind mäßig verdickt und aufgeworfen. Der Geschwürsgrund ist noch immer von Nekrosen bedeckt. Sollte sich ein Ulcus nachträglich durch neue Anschwellung und neue Verschorfung „aus der Peripherie" vergrößern, spricht man von lenteszinierenden Geschwüren. — Die Gefahr der Blutung und Perforation ist naturgemäß im dritten Stadium, dem der Geschwürsbildung, Ausbreitung der Geschwüre und Geschwürsreinigung, am stärksten.

4. *Stadium:* Dauer im allgemeinen ebenfalls 1 Woche; *Stadium der Deferveszenz.* Die Temperatur sinkt ab, der Milztumor verschwindet, die Krankheit gilt im allgemeinen als überwunden. Der gereinigte Geschwürsgrund wird geglättet. Die Ulcusränder werden abgeflacht. Die Schleimhautdefekte heilen durch Ausbildung eines „zarten" Granulationsgewebes. Dieses vernarbt nachträglich und wird sekundär epithelisiert. Die typhösen Narben sind zart, glatt und neigen nicht zur Schrumpfung. Sie erzeugen niemals eine

Stenose der Darmlichtung. Die Schleimhaut ist anfangs schiefergrau pigmentiert. Nach etwa 1—2 Wochen ist der Prozeß spurlos abgeheilt. Nach 4 Monaten kann man die einst erkrankt gewesenen Darmwandpartien nur daran erkennen, daß sie dünner als die nächste Umgebung und etwas transparent erscheinen. Im allgemeinen darf man annehmen, daß die Heilung eines typhösen Geschwürs 2—3 Wochen Zeit benötigt.

Stärke und Ausdehnung der Darmwandveränderungen schwanken in weiten Grenzen. In schweren Typhusfällen kann die gesamte Darmschleimhaut gerötet und markig geschwollen sein. Dann kann es geschehen, daß verschiedene Entwicklungsstadien nebeneinander auftreten. Dies kommt entweder dadurch zustande, daß die weiter oral gelegenen Gebiete zeitlich später erkranken als die anderen; manchmal aber entstehen die „Nachschübe" durch schubweise ablaufende Neuinfektionen, etwa durch die in der Gallenblase des Genesenden angereicherten Salmonellen.

Rezidive werden in 30—40 % aller Typhusfälle gesehen. Die Häufigkeit der Rezidivbildung hängt vom Genius epidemicus ab. Ein Typhusrezidiv durchläuft die gleichen anatomischen Stadien wie der erste regelrechte „Krankheitsdurchgang". Im Formenkreis der *Komplikationen* beansprucht die *Perforation* eines Typhusgeschwüres eine besondere Stellung. Manchmal werden mehrfache Perforationen gleichzeitig gesehen. Als Perforationsort hat vor allem das untere Ileum zu gelten; Perforationen des Wurmfortsatzes und des Colon sind ungleich seltener. Die perforierte Dünndarmschlinge ist gewöhnlich diejenige, deren distaler Pol am weitesten in das kleine Becken hineinreicht. In der Umgebung der kuppenständigen Perforation findet sich ein dicker Belag von Fibrin und Eiter. — Wird der nekrotisierte Schorf langsam sequestriert, bleibt in der Regel Zeit, daß die miterfaßten kleinen Gefäße obliterieren; dann entsteht keine Blutung. Erfolgt die Sequestration stürmisch, kann ein arterielles Gefäß arrodiert werden. Es kann eine massive Blutung resultieren. Angeblich haben akzidentelle Fremdkörper-Insulte (verschluckte Steinobst-Kerne) eine besondere fördernde Bedeutung. Darmblutungen bei Typhus abdominalis werden am meisten während der ersten 10 Krankheitstage oder aber später, etwa in der dritten bis fünften Woche, beobachtet.

Die Blutungsquelle ist nicht einfach zu finden. Es gibt hämorrhagische Verlaufsformen des Typhus. Jene können mit einer Purpura der äußeren Haut einhergehen. Durch Sequestration nekrotisierter Mesenteriallymphknoten oder aber eines infizierten Milzinfarktes entsteht eine Salmonellen-Peritonitis. Seltener entsteht im Zusammenhang mit dem Typhus abdominalis ein Empyem der Gallenblase (mit und ohne Perforation) oder ein Leberabszeß.

Auch in allen anderen Organen können „Typhusknötchen" und zwar im Bereiche des ortsständigen lymphoretikulären Gewebes entstehen. Die Leber ist vor allem reich an typhösen Granulomen. Die *Typhusmilz* ist mittelgroß, auf der Schnittfläche von blauroter Farbe und mäßig fester Konsistenz. Sie ist ausgezeichnet durch Venenwandgranulome (Endophlebitis typhosa Oppenheim). Die Schleimhaut von Kehlkopf und Luftröhre ist bei Typhus nicht nur katarrhalisch-hämorrhagisch alteriert, sondern ebenfalls von kleinsten typhösen Granulomen durchsetzt. Gelegentlich entsteht ein *Pneumotyphus*. Hierbei handelt es sich um eine typhöse Pneumonie. Das Exsudat im Inneren der

Alveolen besteht aus Makrophagen (nicht aus Leukocyten). Bemerkenswert ist die Zenkersche *wachsartige Degeneration des Musculus rectus abdominis* im Ablaufe eines Typhus. Die Bauchdeckenmuskulatur ist buchstäblich wachsartig alteriert, streifig, rauchfleischähnlich, von Blutungen durchsetzt. Viele Muskelfasern sind zerbrochen (Sarkolyten), andere sind verfettet. Herzmuskel, Leber- und Harnkanälchenepithelien zeigen das Bild der trüben Schwellung. Vielfach sind miliare Nierenrindenabszesse beobachtet. Bei Typhus abdominalis entsteht nicht selten eine ausgedehnte d. h. zusammengesetzte und fortgeleitete Schenkelvenenthrombose. Die Akren (Finger-, Zehen-, Nasenspitze, Ohrmuschelrand) neigen zur Ausbildung von umschriebenen Nekrosen („Schockäquivalente", disseminierte intravasale Gerinnung der terminalen Strombahn!). — Seltener entsteht eine *Salmonellen-Leptomeningitis*. Im Nucleus dentatus des Kleinhirnes und in den unteren Oliven der Medulla oblongata sind Ganglienzelldegenerationen (Lichtungsbezirke), in der Kleinhirnrinde Körnerzellnekrosen, in der Umgebung der zugrunde gegangenen Ganglienzellen die ungemein charakteristische Gliastrauchwerkbildung nachweisbar. Nicht ganz selten findet sich in der vierten Krankheitswoche eine Orchitis typhosa.

Zu den *Nachkrankheiten* bei Typhus gehören Otitis media, Thyreoiditis, Polyarthritis, gelegentlich eine eitrige Osteomyelitis.

Bezüglich der *formalen Pathogenese des Typhus abdominalis* wird folgendes erörtert: (1.) Die Salmonellen werden durch die Nahrung in den Darm aufgenommen, permeieren die Darmwand, gelangen über die Lymphknoten in die Blutbahn und rufen eine echte mikrobielle Sepsis hervor; (2.) nach den Beobachtungen von V. DRIGALSKI kann in etwa 40 % aller Fälle von Typhus abdominalis eine initiierende Angina tonsillaris beobachtet werden. Es wird erwogen, ob die Salmonellen nicht über die Gaumenmandeln aufgenommen werden, von hier aus in die Blutbahn gelangen und über die Darmschleimhaut ausgeschieden werden! Es würde sich dann beim Typhus abdominalis um eine *Septikämie mit enteraler Ausscheidungsentzündung* handeln. (3.) Schließlich wird erörtert, ob die Salmonella typhi nicht „irgendwo" in die Blutbahn eingedrungen sein könnte, alsdann aber über die Leber, also durch das Gallenwegssystem, in den Darm ausgeschieden würde. (4.) Schließlich hat man die Frage untersucht, ob nicht — ausnahmsweise — die Salmonellen auch über die Lunge (Tröpfcheninfektion?!) aufgenommen werden könnten. Es wäre denkbar, daß eine gleichsam unbemerkte Lungenpassage zustande käme. Nach Überwindung der Lunge kreisen die Salmonellen im Blute und würden entweder unter Vermittlung der Leber oder aber direkt über die Darmschleimhaut ausgeschieden.

Dem Typhus abdominalis wesensmäßig nahe verwandt ist der *Paratyphus*. Die Erregergruppe ist die gleiche (Salmonellengruppe). Der Paratyphus des Menschen ist im allgemeinen keine Septikämie, sondern eine mehr organär gebundene Krankheit. Während das Virusreservoir beim echten Typhus der Mensch ist, ist das Virusreservoir beim Paratyphus das Tier. Mikrobiologisch und epidemiologisch müssen einige Formenkreise auseinandergehalten werden, welche hier nur simplifiziert dargestellt werden können:

Menschlicher Paratyphus im engeren Sinne
Die Erreger des Paratyphus A ist die Salmonella Brion-Kayser, des Paratyphus B die Salmonella Schottmüller, des Paratyphus C eine Salmonellen-Untergruppe, welche zur Familie „Suipestifer" gehört.
Die Erreger der *Tierparatyphosen* erzeugen beim Menschen akute katarrhalische Enteritiden. STANDFUSS hatte einst im wesentlichen 13 Tierparatyphosen unterschieden. Die große Anzahl der möglichen Salmonelleninfekte interessiert im Grunde den Tierarzt und Lebensmittelhygieniker mehr als den Pathologen. Die wichtigsten menschenpathogenen Vertreter der Erreger sogenannter Tierparatyphosen sind:
Salmonella enteritidis Gärtner. AUGUST GÄRTNER hat 1888 diesen Erreger als Ursache der „Fleischvergiftung" nachgewiesen. Die Salmonella Gärtner ist identisch mit dem Erreger des Kälberparatyphus im engeren Sinne.
Salmonella enteritidis Breslau. Auch sie darf als Erreger des Paratyphus der Schlachttiere (Kälber und junger Rinder) gelten.
Wichtig sind zwei allgemeine Merkmale der Paratyphus-Enteritisgruppe:
1. Die Enteritis des Menschen steht in *Erregergemeinschaft mit dem Paratyphus der jungen Rinder* und dem Typhus der Nager. Dies bedeutet, daß das Bacterium enteritidis hominis identisch ist mit dem Bacterium paratyphi bovis, welches selbst wiederum identisch ist mit dem Bacterium typhi murium (d. i. aber die Salmonella Breslau!).
2. Ein *Teil der Salmonellen* darf zugleich *als Begleitbacterium* anderer Krankheiten gelten:
a) Das Bacterium Paratyphi C ist das Begleitbacterium der *Schweinepest*, welche selbst durch ein Virus hervorgerufen wird.
b) Die Salmonella enteritidis Breslau, welche als Bacterium typhi murium zu gelten hat, wird im Knochenmark von an *Psittakose* kranken Vögeln (Papageien, Sittichen) gefunden; die Papageienkrankheit selbst jedoch wird durch die Rickettsia psittaci hervorgerufen!

Klinisch muß man zwei Formen des Paratyphus unterscheiden: Entweder eine *getreue Imitation des Typhus abdominalis hominis;* dann handelt es sich gewöhnlich um den Paratyphus B Schottmüller, seltener um den Paratyphus A Brion-Kayser. Oder aber es liegt eine *einfache mikrobielle Enteritis* im Sinne der Cholera nostras vor. Ausnahmsweise kann der Paratyphus auch ein ruhrartiges Krankheitsbild hervorrufen.

Pathologisch-anatomisch zeitigen Paratyphus A und B ähnliche Bilder wie der (menschliche) Typhus abdominalis. Die Mitbeteiligung des lymphoretikulären Apparates ist nicht ganz so betont. Dagegen finden sich gerade beim Paratyphus besonders zahlreiche und über den ganzen Rumpf ausgebreitete Hautefforeszenzen (Roseolen). Diese unterscheiden sich nach Salmonellengehalt und histologischem Bau in nichts von den echten Typhus-Roseolen. Im Gegensatz zum eigentlichen Typhus abdominalis finden sich beim Paratyphus ungemein zahlreiche Organmetastasen. Hier ist in erster Linie eine pyämische Nephritis = ein Nephroparatyphus mit massenhaften Salmonellen im Inneren der Nierenabszesse zu nennen. Miliare paratyphöse Nekroseherde finden sich in Milz, Leber und Knochenmark. Gallenblase, aber auch Samenblasen können als Reservoir für die paratyphösen Salmonellen gelten. Die Salmonellen können also über Stuhl, Sperma und Harn ausgeschieden werden.

Bei Typhus abdominalis hominis und bei Paratyphus B und A gilt der Satz: Die geweblichen Manifestationen dürfen als Ausdruck einer histiozytären Defensivreaktion (ASCHOFF) aufgefaßt werden. Granulocyten spielen praktisch keine Rolle, eosinophile Leukocyten fehlen gänzlich! Weitere Einzelheiten vgl. „Allgemeine Pathologie", S. 142.

Typhus und Paratyphus können ebensowohl „spezifisch" — im geweblichen Sinne —, als auch völlig „unspezifisch" verlaufen. Es scheint, daß die individuelle „Reaktionslage", also die „Resistenz" des erkrankten Individuum pathoplastisch wichtig ist. Bei Säuglingen und Kleinkindern kann der Typhus wie eine uncharakteristische Allgemeininfektion, gelegentlich wie eine Enteritis, ablaufen. Auch bei hochbetagten Menschen ist ein Typhus ambulatorius levissimus bekannt. Hämorrhagische Verlaufsformen sind stets auf ein Shwartzman-Phänomen verdächtig.

cc) Ruhr

Ätiologisch unterscheidet man eine Bakterien- und eine Amoebenruhr.

1. Bakterienruhr

Die Bakterienruhr ist eine außerordentlich verbreitete Darmkrankheit in Zeiten des gestörten sozialen Ordnungsgefüges. Man bezeichnete früher die Ruhr als eine Kriegs- und Soldatenkrankheit. Damit ist das wesentliche der Ätiopathogenese vorweggenommen. Entscheidend ist die ungeordnete Lebensweise, die schlechte Allgemeinhygiene; der Name „Ruhr" kommt von „Aufruhr" und bedeutet soviel wie „heftige Bewegung" und „schnelles Fließen". Der Fluß „Ruhr" hat seinen Namen von der vor 1 000 Jahren vorhanden gewesenen größeren lokomotorischen Geschwindigkeit der zugehörigen wäßrigen Rinnsale. Pathologisch-anatomisch: *Ruhr = Dysenterie*, Manifestation vorwiegend im Dickdarm, selten im Dünndarm. Die Intensität der patho-anatomischen Veränderungen ist direkt proportional der Schwere der stattgehabten Infektion, der Resistenz des infizierten Individuum und der Zeitdauer des Bestehens der Krankheit. Auch die Therapie greift „gestaltend" ein. Das Leiden beginnt mit starker Schwellung und Rötung der Schleimhaut; auf der Höhe der Schleimhautfalten entstehen kleienförmige, flockig-eitrige, im allgemeinen schwer abwischbare Beläge. Als Prädilektionsorte gelten die Stellen mit erhöhter mechanischer Belastung der Darmwand seitens des Darminhaltes: Colonflexuren, Höhe der Haustren und Taenien, Ampulla recti. Die Ruhr nimmt distalwärts an Intensität zu! Ausnahmsweise entsteht eine isolierte Erkrankung eines Ileumstückes. *Die kleienförmigen Schleimhautbeläge konfluieren zu schmutzig-gelben, trocknen Borken und Schorfen.* Dadurch erwirbt die Darmschleimhaut ein baumrindenähnliches Aussehen. Diejenigen Schleimhautabschnitte, welche nicht durch einen Schorf belegt sind, imponieren durch ein mächtiges Ödem. Die Farbe der Fibrinschorfe ist je nach der des Darminhaltes und der Stärke der Gallebeimengung verschieden. Gelegentlich finden sich Blutungen der Darmwand, auch in den tiefen Schichten, selbst bis zur Serosa. Mikroskopisch bestehen die Pseudomembranen aus Fibrin, Schleim, desquamierten Epithelien, Leukocyten, Zelldetritus und nekrotisierten Schleimhautabschnitten. Die Muskulatur bleibt einigermaßen erhalten. Häufig finden sich *degenerative Veränderungen* des intramuralen *vegetativen Nervensystemes*.

Später auftretende Motilitätsstörungen (spastisch-atonische Attacken) sollen hiermit ursächlich zusammenhängen. Werden die Schorfe sequestriert, resultieren landkartenförmige d. h. unregelmäßig begrenzte, durch unterminierte Ränder ausgestattete Geschwüre. Die stehengebliebenen Schleimhautpartien zeigen eine pseudopolypöse Verdickung: *Pseudopolyposis dysenterica*. Bei Heilung der Geschwüre entsteht eine Glättung des Geschwürsgrundes und eine fleckige Zeichnung sogenannter sehniger Flächen. Die Epithelisierung erfolgt von den Geschwürsrändern, seit-bei-seit, Kennwort: Heilung unter dem Schorf! *Neben der verschorfenden Ruhr gibt es phlegmonöse Formen*. Die Neigung zur Rezidivbildung ist ungemein häufig. Vorwiegend eitrige Ruhrformen gehen unter dem Bilde der Colotis follicularis nodularis abscedens partim cystica partim cicatrificans einher. Die Zysten können sagokornähnliche Einschlüsse führen. Die Erreger der bakteriellen Ruhr liegen in den tiefen Schichten der Schorfe vielfach in Reinkultur. Im allgemeinen findet jedoch keine tiefergreifende Erregerinvasion statt. Nur in seltenen Fällen brechen die Ruhrbakterien in die Blutbahn ein und werden durch den Harn ausgeschieden (FLEXNER). Selten werden umschriebene Schleimhautnekrosen an Zunge, Kehlkopf, Oesophagus und Magen, weniger selten auch im Epi- und Mesopharynx, gefunden. Die Kranken sterben oft an allgemeiner Entkräftung; sub finem vitae entwickelt sich eine Bronchopneumonie mit pleuritischer Pleuranekrose und tödlichem Kreislaufkollaps. Berühmt (besser: *berüchtigt*) sind die *Nachkrankheiten:* In allen Fällen wird nach einer Ruhr eine anacide Gastritis gefunden. Vielfach treten bei kleinsten Diätfehlern Dickdarmkoliken auf. Häufig ist über den Ruhrrheumatismus berichtet worden, weniger jedoch eindrucksvoll über das *Reitersche Syndrom:* Conjunctivitis, Arthritis und Urethritis. Es handelt sich um Spätformen eines durch die Ruhrkrankheit „gebahnten" allergisch-hyperergischen Prozesses.

Das *Krankheitsbild* der Ruhr ist klinisch durchaus dramatisch: Qualvolle Darmentleerungen, Tenesmen, schließlich Ausscheidung lediglich von Schleim, Blut und Eiter! Toxische Verlaufsformen führen zu Schockbildern mit Vasomotoren-Kollaps.

Bemerkungen zur Ätiologie. Der *kulturelle Nachweis der Ruhr-Bakterien* gelingt beim Lebenden nur aus ganz frisch abgesetzten Stühlen, am besten aus den beigemengten Schleimflocken. Die Kultur aus Blut und Harn gelingt eigentlich nur beim Sterbenden. Der Erregernachweis aus der Leiche wird am besten aus den Mesenteriallymphknoten versucht. P. HUEBSCHMANN unterschied „giftige" und "giftarme" Ruhrbakterien (aufgrund der Erfahrungen im Ersten Weltkrieg; Leipziger Schule von F. MARCHAND). Man spricht auch von *echten und Pseudo-Dysenterie-Bazillen.* Die verschiedenen Typen werden als Arten *einer* Gattung bezeichnet. Der *Gattungsname* seit 1919 lautet für die Ruhrbakterien *„Shigella".* Man muß *vier Hauptformen* unterscheiden:
1. *Shiga-Kruse-Bakterien: Shigella dysenteriae* (SHIGA, 1898, KRUSE, 1900). Gram-negative unbewegliche Stäbchen, starke Giftbildner, hitzestabiles Endotoxin. Schwache Ausbildung von Agglutinogenen. Die Shigella dysenteriae ist für die Erzeugung des klinisch-schweren Krankheitsbildes am meisten geeignet und verantwortlich. Es wird auch ein hitzelabiles Neurotoxin gebildet. Die Shigella dysenteriae neigt nicht zur Mannit-Vergärung.

2. *Schmitz-Bakterien: Shigella ambigua* (= zwischenstufig); Isolierung 1917; hinsichtlich der Giftbildung und des Fehlens der Mannit-Vergärung den Shiga-Kruse-Bakterien, aufgrund der sonstigen Eigenschaften jedoch den Kruse-Sonne-Bakterien nahestehend.
3. *Flexner-Bakterien: Shigella paradysenteriae*. Diese Bakterien wurden früher als Pseudodysenteriebazillen bezeichnet. Sie enthalten ein hitzestabiles Endotoxin. Es gibt verschiedene Untertypen (A—H). Die Flexner-Bakterien zeigen eine deutliche Mannit-Vergärung!
4. *Kruse-Sonne-Bakterien: Shigella Sonnei*, sogenannte E-Ruhr. Diese Ruhr-Erreger werden immer wieder einmal, auch im Heidelberger Raum, gefunden.

Die Ruhr-Bakterien (Shigellen) werden durch die Nahrung aufgenommen. Die sommerliche Fliegenplage spielt eine unterstützende Rolle; die Ruhrbakterien werden mit den Fliegeneier abgelegt und weit verbreitet. Shigellen können auf angetrockneten Brotkrumen mindestens 7 Tage, angeblich aber auch mehrere Monate vegetieren, also lebensfähig bleiben.

Die *formale Pathogenese* der bakteriellen Ruhr ist nicht in allen Einzelheiten aufgeklärt. Klarheit besteht hinsichtlich der eigentlichen Causa, selbstverständlich auch im Hinblick auf das pathoanatomische Endbild. *Der Mechanismus der ersten Vorgänge* aber bei der Krankheitsentstehung im und am Darm *ist nicht bekannt*. Man kennt die Zusammensetzung der einzelnen Shigella-Toxine: Das Kruse-Sonne-Endotoxin gilt als eiweißfrei; es handelt sich um einen Polysaccharid-Komplex; das Shiga-Endotoxin stellt einen Phosphor-Lipoid-Kohlehydrat-Polypeptid-Komplex dar. Welche Toxin-Gruppe im einzelnen giftig wirkt, ist nicht näher bekannt. Die Frage, wo d. h. an welcher Stelle die Toxine angreifen und wie sie wirken, wird verschieden beantwortet:
1. Es wird angenommen, daß die Toxine von der Darmlichtung aus einwirken und eine toxische Nekrose des Epitheles hervorrufen. P. ERNST (Heidelberg) sprach von „*mikrobischer Proteinwirkung*". Es scheint, daß die Toxine einen starken Protoplasmaeffekt besitzen.
2. Die experimentelle Erfahrung lehrt, daß Gifte auch von außen her kommend, jedenfalls nicht nur von der Darmlichtung aus, schädigend einwirken können.

Die Frage ist also die, ob die Nekrose der Schleimhautoberfläche eine primäre und damit im Sinne von P. ERNST eine chemisch-toxische oder aber eine sekundäre, eine solche also im Sinne der Folge einer Alteration der terminalen Strombahn, darstellt. Als Paradigma werden die Vorgänge bei Sublimatvergiftung angeführt: $HgCl_2$ würde an der Darmwand keine unmittelbare Ätzwirkung hervorrufen, weil eine peroral aufgenommene Sublimat-Lösung den Dickdarm nicht in erforderlicher Konzentration (kanalikulär) erreichte. $HgCl_2$ wirke daher indirekt: Im Sinne des Rickerschen Stufengesetzes entstünden Perirubrostasen, allenfalls echte Stasen (der terminalen Strombahn von Schleimhaut und Unterschleimhaut); auf diese Weise entstünde so etwas wie eine haemorrhagische Infarzierung. Dadurch aber resultiere eine Resistenzminderung der Darmwand. Jetzt könnten die ubiquitär vorhandenen Darmkeime aufwandern und eine pathologische Leistung (Nekrotisierung!) verrichten.

Das Studium der initialen Ruhrveränderungen ist besonders an der Dünndarmschleimhaut (!) relativ leicht-experimentell — durchzuführen (E. LETTERER, Virchows Archiv 312 : 673, *1944*): *Der feingliederige Bau der Dünn-*

darm-Schleimhautzotten gestattet eine genaue Beobachtung der initiierenden Veränderungen. Beim Menschen gilt die Regel, daß die Dünndarmruhr nicht chronisch wird; sie tritt nur in schweren Fällen auf und verläuft dann meist in wenigen Tagen tödlich. Derartige akute Fälle sterben nicht eigentlich an den Folgen der Zerstörung der Darmschleimhaut, sondern an der Ruhrbakterieninfektion im engeren Sinne („reine Toxineffekte"). Sobald jedoch, wie im allgemeinen, erhebliche Dickdarmveränderungen in Szene gegangen sind, ist die Ruhr (im engeren Sinne) bereits abgeklungen. Der Kranke stirbt dann nicht an der Shigellen-Infektion, sondern an den Folgen seiner Colitis ulcerosa! Aufgrund der Untersuchung sogenannter Frühtodesfälle sowie der Lettererschen Experimente (an der weißen Maus) weiß man, daß im Anfang des shigellenbedingten Schadens der Darmschleimhaut eine Kreislaufstörung steht. Die Shigellentoxine zeitigen daher im allgemeinen keine direkte (primäre) toxische Nekrose. Es ist angeblich der Kreislaufschaden, der die Nekrose setzt; diese leite die eigentliche Entzündung („Dysenterie") ein!

Die initiale Wirkung des Shigellen-Giftes besteht also in einer primären Schädigung der Darmschleimhautgefäße (Dyshorie, seröse Entzündung). Es ist experimentell durchaus möglich, durch parenterale (!) Applikation der Shigellen-Toxine die Veränderungen der Ruhr an der Darmwand zu erzeugen. Man darf daher annehmen, daß die Darmwand als *Ausscheidungsort* für viele Stoffe, auch für die Ruhrbakteriengifte, in Anspruch genommen wird. Es gilt die Regel, daß die Shigellen-Endotoxine die Darmwandschäden, die Ektotoxine die Nerven- und sonstigen Parenchymschäden hervorrufen. Wenn es im allgemeinen nicht gelingt, vom Darm aus durch experimentelle Heranbringung der Endotoxine ruhrartige Schäden der Schleimhautoberfläche zu erzeugen, Ruhrdarmbilder jedoch „spielend leicht" durch intravenöse Toxin-Applikation hervorgerufen werden, so bestehen für die Pathogenese der menschlichen Ruhr zwei prinzipielle Möglichkeiten:

1. Entweder sind für einen pathogenetischen Effekt besonders große Mengen von Ruhrbakteriengiften erforderlich, welche von der Darmlichtung her einwirken müssen. Von diesen Shigellen-Toxinen scheint ein größerer Teil im flüssigen Darminhalt (Darmsaft) zerstört oder aber in der Darmwand paralysiert zu werden. Man muß annehmen, daß nur ein kleiner Teil zur Resorption gelangt und für die Ausbildung der parenteralen Gift-Fernwirkungen genügt.

2. Oder es ist noch ein „zweiter Faktor" nötig, welcher das durch die Shigellen im Darm gebildete Toxin erst resorptionsfähig macht. Das Fehlen des „zweiten Faktors" könnte die Gift-Resorption verzögern, wenn nicht unmöglich machen. — So interessant die These von der Bedeutung des „zweiten Faktors" ist, so ist es doch bis jetzt nicht bekannt, ob in der menschlichen Pathologie ein derartiger Stoff wirklich existiert.

2. Amoebenruhr

Vorkommen nur in warmen Ländern, aber auch in Südeuropa. Die Amoebenruhr ist hauptsächlich im Coecum und im aufsteigenden Dickdarm lokalisiert, während die absteigenden Darmpartien so gut wie frei bleiben können. Der Mastdarm wird im Gegensatz zur bakteriellen Ruhr im allgemeinen frei von Krankheitserscheinungen gefunden.

Lediglich im ganz frischen Stadium lassen sich stecknadelkopfgroße, flache Schleimhautvorwölbungen in wechselnder, häufig großer Anzahl und Ausbreitung im absteigenden Dickdarm nachweisen. Später finden sich ungemein zahlreiche rundliche oder quergestellte, auf der Höhe der Schleimhautfalten lokalisierte Geschwüre. Ulcusgrund und -rand sieht schmutzig und gelblich aus. Die Geschwürsränder sind von zottigen, nekrotischen Massen bedeckt. Histologisch handelt es sich bei der Amoebenruhr um die Ausbildung kleinster *keilförmiger Nekrosen*, welche sich langsam auf dem Niveau der Submucosa ausbreiten. Der Prozeß ist mäßig-aggressiv, auch die Muscularis wird zerstört. Als Erreger gilt die Entamöba tetragena histolytica Schaudinn. Die Amoeben dringen durch das Oberflächen- und Drüsenepithel in das Bindegewebe der Tunica propria und wandern entlang den Lymphbahnen und Blutbahnen zur Submucosa. Sie beginnen dort ihr eigentliches Zerstörungswerk. Wichtig ist die Affinität der Amoeben zum Gefäßsystem. Daraus erklärt sich die relative Häufigkeit der Entwicklung metastatischer *Leberabszesse*. Über die Galle kommt es dann zu einer erneuten Infektion des Darmes, jetzt des oberen Dünndarmes. Aber auch andere haematogene Metastasen (Lungen, Knochen, Gelenke) werden gesetzt. Man kann die Amoeben im histologischen Schnitt durch Ausführung einer Glykogenfärbung (Bestsche alkalische Karminfärbung, Bauersche Polysaccharidreaktion; PAS-Reaktion) sichtbar machen. Mischinfektionen mit Shigellen sind bekannt. Für die mikroskopische Amoebendiagnostik bedarf es einer großen Übung und Erfahrung. Es gilt vor allem, die Entamöba coli (LÖSCH, 1875) abzutrennen. Die *Entamöba histolytica* wurde von R. KOCH 1883 im Darm und von KARTULIS 1887 in Leberabszessen gefunden. Die Entamöba histolytica Schaudinn ist in Ostasien, Nordafrika, dem vorderen Orient weit verbreitet und dort der notorische Erreger der endemisch herrschenden Ruhr. Die bei Amoebenruhr abgesetzten Stühle sind überwiegend glasig-schleimig-blutig, also leukocytenarm; die bei Bakterienruhr abgesetzten Stühle sind im Gegensatz hierzu überwiegend eitrig-blutig, also reich an Leukocyten. Die Entamöba histolytica durchläuft folgenden Entwicklungsgang:
1. Das vegetativ-aktive Stadium, d. i. die sogenannte Tetragenaform, nämlich das Fortpflanzungsstadium; 2. die Minuta-Form, d. i. die kleinere Form der Amoebe; 3. ein Zystenstadium; aus den Zysten schlupfen die jungen Amoeben. Die Tetragenaform der Entamöba histolytica dringt in die Schleimhaut des Darmes ein. Wird amoebenhaltiger Dysenterie-Stuhl durch einen Glasstab in den Enddarm einer Katze eingebracht, so entsteht bei dieser eine hinlänglich charakteristische Erkrankung mit Geschwürsbildung. Die Entamöba histolytica ist rundlich oder oval, sie besitzt ein von dem granulierten Entoplasma scharf abgesetztes, transparentes, kräftig lichtbrechendes Ektoplasma. Dieses wölbt sich herniös (bruchsackartig) vor und umfließt auf diese Weise „Nahrungsstoffe" (nämlich Bakterien und Blutkörperchen). Das Entoplasma ist wabenförmig gebaut und verfügt über Vakuolen. Man erkennt stets eine größere Anzahl tropfiger Einschlüsse. Die Amoeben vermehren sich durch Zweiteilung. Geht die Amoebenruhr in Heilung über, werden kleinere Amoebenformen (Minutaformen) gebildet. Diese können offenbar nicht mehr in die Darmschleimhaut eindringen, vermehren sich jedoch im Dickdarminhalt. Aus den Minutaformen gehen Dauerformen hervor, welche zystisch gebaut und von einer Membran

umgeben sind. Diese Zysten können bis 4 Kerne besitzen. Die Zysten dienen vor allem der Infektionsübertragung. Die mit dem Stuhl ausgeschiedenen Zysten gelangen z. B. in Trinkwasser, auf diese Weise in einen neuen Darmkanal, wo der Zyklus der Amoeben-Entwicklung erneut in Szene geht. Bei der mikroskopischen Differentialdiagnose zwischen Entamöba histolytica und Entamöba coli muß auf 6 Merkmale geachtet werden:
a) Größe der Amoeben; b) Trennung von Ento- und Ektoplasma; c) Kernformationen; d) eigenartige jaktatorische Bewegungen der Entamöba histolytica; e) Ballottement der phagocytierten Erythrocyten; f) Cystica-Formen. — Das Gebiet ist unerschöpflich und gehört zu den Reizvollsten der Parasitologie. — In der Differentialdiagnose der Ruhr (beider Formen) müssen bedacht werden: Colitis chronica ulcerosa gravis, Colitis fibrinosa, uraemische Colitis, Schwermetallvergiftungen.

dd) Colitis fibrinosa

Es handelt sich um eine schwere exulcerativ-verschorfende, ganz überwiegend den Dickdarm betreffende Schleimhaut- sowie Darmwandentzündung, die exquisit therapeutisch bedingt ist. Es handelt sich darum, daß besonders bei älteren Menschen in Ländern mit hohem Lebensstandard oder bei in ihrer Resistenz geminderten Individuen nach freigiebiger Anwendung von Antibiotica, namentlich mit sogenanntem breitem Wirkungsspektrum, in der Folge einer ganz ausgedehnten Zerstörung der physiologischen Flora aus Gründen, die von Fall zu Fall verschieden liegen, eine Entzündung der Darmwand auftreten kann. *Man unterscheidet drei Formen:* 1. eine funktionell-toxische Alteration, also eine starke katarrhalische Enterocolitis; 2. eine Läsion des gesamten Darmes durch Geschwürsbildung mit Fibrinbelägen, ähnlich der Colitis ulcerosa gravis, und 3. eine Form mit tiefen geschwürigen Einbrüchen und Durchbrüchen, Darmwandphlegmone und allgemeiner Sepsis. Hinsichtlich der Pathogenese wird folgendes erwogen: Endotoxinwirkung durch Bakterienzerfall, Infektionswechsel d. h. pathologische Leistung erhalten gebliebener Staphylokokken oder Monilien; Superinfektion durch haemolytische Staphylokokken; unmittelbare Stoffwechselwirkung einiger Antibiotika, besonders (offenbar) des Chloramphenicol; — die Erfahrung hat gelehrt, daß vor allem diejenigen Patienten dazu neigen, eine Colitis fibrinosa zu erwerben, bei denen Magen-Duodenum-Pankreas einerseits oder aber Gallenblase und Gallengänge andererseits erkrankt sind. Die Colitis fibrinosa nach Medikation von Antibiotica tritt also dann gern auf, wenn die sekretorische Tätigkeit der Oberbauchorgane „gestört" ist. Die Colitis fibrinosa ist eine ernste Belastung der modernen Therapie. Ihre Entstehung läßt sich nicht immer gänzlich vermeiden. Es ist erfahrungsgemäß schwierig, eine in der Folge stattgehabter Antibioticum-Medikation erzeugte Dysbakterie zu beseitigen. Auf die akzidentellen Vitamin-Mangel-Zustände infolge Vernichtung der physiologischen Darmflora sei beiläufig hingewiesen.

ee) Colitis chronica ulcerosa gravis

Es handelt sich um eine tiefgreifende Zerstörung der Schleimhaut des gesamten Dickdarmes. Selten sind einige Dünndarmabschnitte mit beteiligt. Der Prozeß ist in Querdarm und absteigendem Dickdarm am mächtigsten entwikkelt. Es liegt eine geschwürige Zerstörung der Schleimhaut vor, welche regellos die Höhe der Falten abweidet, stehengebliebene Schleimhautinseln unterminiert, fetzig und buchtig zerstört. Das Leiden beginnt schleichend. Die Patienten entleeren voluminöse übelriechende Stühle mit Beimengungen von Blut, Schleim und Eiter, — in unterschiedlich starker Mischung. Gelegentlich werden rein blutige Stühle abgesetzt. Die Patienten sind mindestens subfebril. Nicht selten entstehen Darmwandphlegmonen; zirkumskripte Perforationen finden im allgemeinen eine rechtzeitige Abdeckung durch das große Netz. Die Kranken kommen in der körperlichen Resistenz außerordentlich herunter. Die Ätiopathogenese des Leidens ist dunkel. Es wird folgendes erwogen:

1. *Infektiöse Ätiologie:* Hierfür sprechen Fieber und blutig-eitrige Diarrhoen. Als Erreger werden diskutiert: Escherichia coli, Lactis aerogenes, Pneumo-, Staphylo-, Enterokokken, β-hämolytische Streptokokken; es wird erwogen, daß nicht die Art der Erreger, vielmehr deren Quantität entscheidend sei! SENECA und HENDERSON fanden in 12 Fällen eine Vermehrung der Darmflora auf das 85fache! Vielleicht zerstören die Enzyme der Mikroben die Schleimhaut-Schutzschichten?!

2. *Allergie:* Es werden Beziehungen zur Colica mucosa diskutiert. Auf das gemeinsame Vorkommen von Colitis ulcerosa gravis und Arthritis, Erythema nodosum und Glomerulonephritis wird hingewiesen. Die vermeintliche Allergose soll durch ACTH- oder Cortison-Medikation unterdrückt werden. *Cave:* Förderung der Perforationsneigung der Dickdarmgeschwüre!

3. *Mangelkrankheit:* Es wird angenommen, daß ein Schleimhautschutzstoff fehlen könnte. Die „Fehler" liegen nicht im Dickdarm, sondern im Dünndarm. Denn die Proteasen des Dünndarm-Inhaltes griffen die Dickdarmschleimhaut an, dort aber fehle ein antiproteolytisches Ferment. Man vermutet also das Vorliegen eines komplexen Inhibitor-Systemes. Andererseits: Auch in Fällen einer totalen Atrophie des exkretorischen Pankreas, bei denen erwiesenermaßen ein starker Fermentmangel im Dünndarminhalt entsteht, ist die Colitis ulcerosa gravis beobachtet!

4. *Lysozymthese:* Es handele sich um die überschießende Tätigkeit eines schleimspaltenden Fermentes; dadurch entstünden zunächst harmlose, später folgenschwere Läsionen der oberflächlichen Darmwandschichten; diese förderten die Invasion von gewöhnlichen Darmkeimen!

5. *Psychogenie:* Ärger, Feindseligkeit, Groll, Gefühle des Ressentiment erzeugen eine Verdickung und eine Hyperämie der Dickdarmschleimhaut, eine Steigerung der Motorik, schließlich eine Ödembildung, endlich das Auftreten von Suffusionen. Tatsächlich haben psychosomatisch-therapeutische Interventionen häufig (naturgemäß nicht immer) einen überraschend günstigen Erfolg (CURTIUS und ROHRMOSER, Dt. med. Wschr. 80 : 105, *1955).*

Es ist nachgerade wahrscheinlich, daß die Colitis chronica ulcerosa gravis keine eigentliche Krankheitseinheit, sondern eine „Reaktionskrankheit" darstellt. Dies bedeutet, daß auf eine Vielzahl möglicher Ursachen das „Schleimhautorgan" monomorph reagiert. — Patho-anatomisch bemerkenswert ist die Tatsache, daß die pseudopolypös-hyperplastischen Schleimhautinseln (jeweils zwischen den Geschwüren) als fakultative Praecancerosen gelten können.

c) Einteilung nach der anatomischen Lokalisation der entzündlichen Prozesse

aa) Jejunitis necroticans; Enteritis gravis; akute hämorrhagisch-nekrotisierende Enteritis; sogenannter Darmbrand

Sporadische Fälle und Formen sind schon immer beobachtet worden. Die Häufung des *Darmbrandes* in der letzten Phase des II. Weltkrieges, besonders in den unmittelbar anschließenden Hunger- und Elendsjahren, namentlich im norddeutschen Küstengebiet, war aufsehenerregend! Die Krankheit ist seither quantitativ stark zurückgegangen. *Klinisch* handelt es sich um ein plötzlich einsetzendes, schwerstes Krankheitsbild mit raschem Verfall, großer Schwäche, mäßig starkem Druckschmerz des Abdomen, leichter Auftreibung des mittleren Oberbauches ohne eigentliche Abwehrspannung, dagegen — bei Palpation nach der Tiefe zu — *mit blitzartiger reflektorischer Muskelkontraktion!* Profuse Stuhlentleerung, zunächst wäßrig und uncharakteristisch, dann mehr schleimig und blutig, schließlich spärlicher werdend und rein blutig. Stirbt der Kranke nicht in den ersten Tagen im Schock, läßt sich nach und nach ein Konglomerattumor durch die Bauchdecken tasten. Die Laparotomie zeigt eine gartensprengschlauchähnliche steife dunkel-schwarzrote obere Dünndarmschlinge (Jejunum), gewöhnlich die zweite bis fünfte Darmschlinge; die Serosa ist getrübt, von Fibrin bedeckt. Auf dem Querschnitt zeigt der Darm eine enge Lichtung; Schleimhaut, Unterschleimhaut und Muskulatur sind zu einer haemorrhagisch-schwarzroten Masse umgewandelt, durch ein steifes Ödem durchtränkt, gelegentlich zundrig zerfallen. Es besteht eine regionäre Lymphadenitis mit haemorrhagischem Einschlag. Die Milzschwellung ist gering. Die Exsikkose der Kranken ist beträchtlich! *Histologisch* ist die Schleimhaut von Fibrin bedeckt. Es findet sich, von einer Krypte ausgehend, ein keilförmiges, infarktähnliches Nekrosefeld, welches zunächst arm an Leukocyten, dagegen reich an erythrocytären Extravasaten und plumpen sporenbildenden Bazillen ist: In unsäglichen Bemühungen der Hamburger Schule (ZEISSLER und KRAUSPE) ist es gelungen, den Bacillus enterotoxicus als das wesentliche, wohl auch eigentliche, Ursache des Darmbrandes zu identifizieren. Selbstverständlich wirken unterstützend die Resistenzminderung (infolge Mangelernährung), ein rezidiviertes Darmwandtrauma (infolge zu schlackenreicher und voluminöser Kost), vielleicht auch eine akzidentelle Bakterienbesiedelung (Proteus etc.). — Ähnliche Beobachtungen wie die aus dem „nassen Dreieck" (Raum Hamburg-Kiel-Lübeck) stammen aus der Zeit des Ersten Weltkrieges (Osteuropa). Wird ärztliche Hilfe nicht rechtzeitig geleistet, mag sich der Prozeß — ausnahmsweise — „fangen": Es kann zu einer beginnenden Sequestration der nekrotisch gewordenen Darmschlinge kommen; von den Schleimhautdefekten kann eine Abszedierung oder eine umschriebene Darmwandphlegmone ausgehen; der Prozeß kann lymphangitisch auf die Mesenterialplatte übergreifen. Auch Spontanheilungen sind, extrem selten, beobachtet. — In der Ätiopathogenese spielt die Frage des Darmwandtrauma als „Schrittmacher" für die konsekutive Anaerobier-Infektion (Bacillus enterotoxicus) eine relativ breite Rolle. Man hat daran gedacht, daß die Bevölkerung des norddeutschen Küstengebietes deshalb besonders exponiert gewesen sei, weil die Ernährung durch Fisch oder Fischprodukte ebendort eine relativ größere Rolle als bei der binnenländischen Population spielt. Man dachte an die Bedeutung sogenannter Miniatur-Traumen durch Einspießung von Fischgräten etc. Die Literatur ist sehr umfangreich.

Schlüsselhinweise: HANSEN, JECKELN, MEYER-BURGDORFF et al.: Darmbrand, Leipzig: Thieme 1949. Epidemiologische Untersuchungen sind vor allem durch K. F. KLOOS durchgeführt (KLOOS und BRUMMUND: Epidemiologische Studien über die Enteritis gravis in Nordostholstein. Z. Hygiene 132 : 64, *1951*; KLOOS und NISSEN: Das Problem der Ätio- und Pathogenese der Enteritis gravis, Ergebn. epidemiolog. Studien. Zbl. Bact. I, 160 : 394, *1953).*

Bemerkungen zur Situationskritik. Es ist unter bestimmten experimentellen Bedingungen möglich, einen „Darmbrand" beim Versuchstier durch eine allergisch-hyperergische Entzündung, ähnlich einem Arthus-Phänomen, zu erzeugen. Vergleichbare Veränderungen sind jedoch beim Menschen ungemein selten. Der menschliche Darmbrand darf als Infektionskrankheit gelten, die ihre eigentliche pathologische Leistung freilich nur unter den extremen Bedingungen einer Notzeit demonstriert. Für die histologische Diagnose des Darmbrandes kennzeichnend ist der Nachweis der *dreieckig-keilförmigen Initialnekrose* mit wenigen Leukocyten jedoch reichlich sporenbildenden Bazillen. Hierbei handelt es sich um Anaerobianten, deren pathologische Leistung mit den Erregern des Gasbrandes und malignen Ödemes verglichen werden muß!

bb) Ileitis terminalis

Die Krankheit wird in der Englisch sprechenden Welt als *Crohn's disease* bezeichnet (B. B. CROHN: Regional Ileitis, Surg. Gynecol. and Obstetr. 68, *1939).* Nach JECKELN (1957) handelt es sich um die häufigste unspezifische chronisch-entzündliche Darmerkrankung. DEELMAN spricht von Ileitis terminalis. Das Ileum erkranke in einer Strecke bis 30 cm aufwärts von der Bauhinischen Klappe. Der Darm werde zu einem starrwandigen engen Rohr umgewandelt. Nach KRAUSPE erkrankt zwar das Ileum überwiegend, aber auch der übrige Dünndarm kann mitmachen: Crohn's disease werde auch im Bereiche des absteigenden Dickdarmes, der Analregion, im Duodenum, selbst im Oesophagus beobachtet! — *Klinisch* handelt es sich um eine Durchfallkrankheit mit wenig exakt lokalisierbaren, verhältnismäßig heftigen Leibschmerzen, mit Temperaturen um 38 Grad, Reduktion des Allgemeinzustandes, also auch mit erheblicher Gewichtsabnahme. *Cave:* Pararektale und anale Fisteln stellen angeblich Leitsymptome dar! Mit anderen Worten: Kranke, welche über die beschriebenen Beschwerden klagen, und bei denen bereits seit Jahren oder Monaten Fisteln der Analregion vorhanden waren, sind in hohem Maße darauf verdächtig, eine Ileitis terminalis zu haben! Nach STRÖMBECK und V. MEYENBURG unterscheidet man zweckmäßig vier Verlaufsformen (Krankheitsphasen) der Ileitis terminalis: 1. *Akutes Stadium:* Mehr oder weniger ödematös-phlegmonöse Entzündung des unteren Ileum; 2. *subakutes Stadium:* Geschwürsbildung; 3. *Ausbildung narbiger Stenosen;* und 4. *Fistelbildungen.* Es ist das historische Verdienst von CROHN, erkannt zu haben, daß die einzelnen Phasen (Stadien), denen klinisch unterschiedliche Bilder entsprechen können, zusammengehören, d. h. Ausdruck eines einheitlichen Grundleidens darstellen!

Pathologisch-anatomisch liegt eine chronische entzündliche Lymphbahnverödung der Darmwand vor. Dadurch ist die Wand im ganzen verdickt, die Darmlichtung verengert. Infolge des Lymphödemes entsteht eine Aufsplitterung der Darmwandmuskulatur. Man hat von einer „Elephantiasis" der Darmwand bei Crohn's disease gesprochen. In der Umgebung der obliterierten Lymphbahnen entstehen Granulome. Diese können nur als „tuberkuloid" bezeichnet werden. Es handelt sich um makrophagocytäre Granulome, denen typische Epitheloidzellen und Riesenzellen zugesellt sind. Die diagnostische Dignität der tuberkuloiden Granulome ist ein wenig umstritten. Mit einer Tuberkulose hat der Prozeß nichts zu tun. Mindestens ist die tuberculo-bakterielle Ätiologie niemals bewiesen worden. DEELMAN und BOCKUS nehmen gleichwohl eine spezifische Entzündung, also eine Infektionsfolge, freilich bei unbekanntem Erreger, an. KRAUSPE interpretiert die Veränderungen konditionalistisch und macht, wahrscheinlich mit Recht, darauf aufmerksam, daß auch kleinste, aus dem Darminhalt herrührende pflanzliche Partikel oder mineralische Stäubchen, wenn diese nur über eine Piezoelektrizität verfügten, imstande seien, tuberkuloide Granulome zu induzieren. Die Alternative lautet demnach: Handelt es sich bei Crohn's disease um die Folge einer mikrobiellen Infektion oder um eine chronische automatisierte Fremdkörpergranulomatose!?! Typisch ist jedenfalls die Chronizität, die Fibroplasie und die Neigung zur Ausbildung einer *Lymphangitis mesenterialis*. Diese wandelt die Gekröseplatte zu einem netzigen Strangwerk um. Die Therapie ist eine chirurgische. — Alles in allem: Anale oder perianale Fistelbildungen als praemonitorisches Symptom, stenosierende Erkrankung gewöhnlich des unteren Dünndarmes, Geschwürsbildung, epitheloidzellige Granulome, Lymphangitis mesenterialis, — diese Koinzidenz der Veränderungen garantiert die Stellung der korrekten Diagnose.

Es sei hier eingefügt, daß man gelegentlich solitäre Dünndarmgeschwüre finden kann, bei denen eine eigentliche Ursache nicht erkennbar ist. KRAUSPE und STELZNER haben „Über rätselhafte Dünndarmgeschwüre" instruktiv berichtet (Der Internist 7 : 255, *1966*).

Schlüsselliteratur über Ileitis terminalis: HENNING, N. und L. DEMLING: Erg. Inn. Med. u. Kinderhk. N. F. 10 : 1, *1958*.

cc) *Bauhinite oedémateuse aiguë*

Es handelt sich um ein selteneres, jedoch ungemein charakteristisches Krankheitsbild, bei dem eine pseudotumorale Verdickung der Ileocoecalregion ohne nennenswerte Lymphknotenmitbeteiligung gegeben ist. Mikroskopisch findet sich eine Arteriolitis der Mesenterialplatte des Ileocoecalwinkels sowie der tiefen Wandschichten von Ileum und Coecum. In der Umgebung der erkrankten Gefäße ist ein monströses Ödem mit Beimengung eosinophiler Leukocyten sichtbar zu machen. Die Gesamtheit der Veränderungen erinnert an eine allergische Vasculitis mit Ödembildung. Man hat die Bauhinite oedémateuse als Quinckesches Ödem der Darmwand bezeichnet! Vielleicht liegt eine forme fruste der Ileitis terminalis vor. Es wäre denkbar, daß abortive Formen von Crohn's disease unter dem Bilde monströsen entzündlichen (dyszirkulatorischen) Ödemes einhergehen.

dd) Appendicitis

Die Entzündung des Blinddarmes nennt man Typhlitis. Sie entsteht angeblich durch eine Kotretention (Typhlitis stercoralis), Fremdkörper (Obststeine und Parasiten), manchmal besteht gleichzeitig eine Appendizitis (= pericolitische Adhaesionen). Die Formen der Typhlitis sind: Katarrhalische, diphtherische, phlegmonöse, exulcerative Typhlitis. Perityphlitische Adhaesionen erzeugen Motilitätsstörungen, eine Dilatation, schließlich eine Atonie (= Typhlatonie). Daneben existieren chronisch-entzündlich-narbige Stenosen, gelegentlich entzündliche Dickdarm-Pseudotumoren etc. — Der *Wurmfortsatz* ist der Hauptsitz entzündlicher Prozesse und der Fundort sogenannter *Kotsteine* (Koprolithen). Der Wurmfortsatz ist praedisponiert für eine *Kotretention*. Die Länge des Wurmfortsatzes ist wechselnd (1 bis 25 cm!), der Ursprung des Wurmfortsatzes ist gelegentlich trichterförmig. An seinem Eingang findet sich eine Schleimhautfalte, die Gerlachsche Klappe. Der Wurmfortsatz verfügt über eine eigene, wenn auch schwache Peristaltik. Unter den Parasiten spielen die Oxyuren die größte Rolle. Die Oxyuren erzeugen Bohrkanäle, nämlich Epitheldefekte; jene stellen Eintrittspforten für die Invasion von Bakterien dar. Die Parasiten erzeugen im allgemeinen eine Pseudoappendizitis: Appendicopathia oxyurica. ASCHOFF hat die Bedeutung des Parasitenbefalles für die Entstehung der Appendizitis scharf abgelehnt. Man wird nicht umhin können, die Parasitenbesiedelung des Processus vermiformis als Schrittmacher für die Entwicklung einer Entzündung anzuerkennen. Bezüglich der Konkremente unterscheidet man „reine" Kotsteine. Diese besitzen einen eigentlichen Kern, der aus Kot, also Darminhalt, besteht, und der durch Kalk- sowie Magnesiumsalze inkrustiert ist. Gelegentlich finden sich konzentrische Schleimappositionen. Diese sind von Bakterienkolonien über und über besiedelt. Daneben gibt es „zusammengesetzte" Kotsteine. Diese bestehen aus Fremdkörpern (Pflanzenteilen, Härchen, Borsten — von Kunststoff-Zahnbürsten! —, Holzstücke, Emaillesplitter, Fischgräten, Schrotkörner, Gallensteinchen); um diese ist ein Kotmantel ausgebreitet. Dadurch entstehen geschichtete Steine. Diese können bis zu Bohnengröße erreichen; sie besitzen eine gallige Farbe. Selten sind „freie" Fremdkörper, z. B. verschluckte Nadeln, Hemdknöpfchen, Kieselsteine etc. — Eine zentrale Stellung im Umkreis der Pathologie nimmt die *Appendizitis* (Vermiculitis) ein. Die Vermiculitis gehört in den Formenkreis der Epityphlitiden. Jenseits des 30. Lebensjahres ist sie seltener. *Klinische Formen:* Man unterscheidet 1. eine *Innenappendizitis;* hierbei handelt es sich um eine katarrhalische Entzündung oder um ein Empyem. Alsdann unterscheidet man 2. eine *destruktive Appendizitis.* Hierzu gehören entzündliches Wandinfiltrat, Abszeß und Gangrän. Die pathologisch-anatomische Einteilung der Appendizitis orientiert sich am besten nach dem Standpunkt pathogenetischer Betrachtung. Danach kann man auseinanderhalten:

1. *Enterogene Appendizitis:* Sie ist die häufigste; die pathoanatomischen Grundformen möglicher Darmwandentzündung gelten auch hier; die enterogene Appendizitis wird durch die Enge des Wurmfortsatzes und die Besonderheiten seines Wandbaues modifiziert. Nach ASCHOFF kann man folgende Manifestationen auseinanderhalten:

a) *Primärinfekt:* In einer *Krypte* entsteht ein Epitheldefekt; dort kommt es zu einer Fibrinabscheidung und zur Entwicklung eines „Leukocytenkeiles".
b) *Phlegmone:* Durch Konfluenz mehrfacher Primärinfekte entsteht eine intramurale Phlegmone. Es kann sein, daß multiple, disseminierte, intramurale Abszesse entstehen; diese können zu einer Perforation nach außen oder nach innen führen. — In jedem Falle entsteht ein serofibrinöses Exsudat an der Serosa.
c) *Geschwürige Form:* Aus der Phlegmone resultieren Defektbildungen, entweder nach innen oder nach außen hin; die Eiterung kann beträchtlich sein; es resultieren entzündliche Gefäßverschlüsse und in Abhängigkeit hiervon hämorrhagische Infarkte. Gelegentlich entsteht eine faulige Zersetzung. Man spricht von *gangräneszierender Appendizitis*. Gefürchtet ist die *basale Gangrän*, die dem Operateur technisch außerordentliche Schwierigkeiten bereitet.

2. *Haematogene Appendizitis:* Im Zusammenhang mit einer Angina tonsillaris kann es zu einer Bakteriämie kommen. Tatsächlich gibt es so etwas wie eine metastatische Appendizitis. Man findet Follikelnekrosen, eine Demarkation, Blutungen, Schleimhautaufbrüche. Diese Annahme erklärt natürlich nicht, warum nicht öfters auch die Follikel des sonstigen lymphatischen Apparates der Darmwand erkranken! Hier leistet die Allergielehre Bedeutsames: Man entsinnt sich dankbar des *Sanarellischen Phänomenes:* SANARELLI konnte zeigen, daß nach intraperitonealer Gabe einer subletalen Dosis von Choleravibrionen beim Meerschweinchen zunächst nichts geschieht; wurde nach 24 Stunden eine zweite subletale Dosis von Cholera-Vibrionen intravenös appliziert, entstand der Zustand schwerster Prostration; das Tier starb unter einem cholera-ähnlichen Bilde! Für den Formenkreis der Appendizitis wird daher folgendes angenommen:
Wenn eine zeitlich vorausgegangene, klinisch jedoch unterschwellig gebliebene Appendizitis durch einen bestimmten Typus sogenannter Enterokokken hervorgerufen worden ist, würde eine rezente Tonsillitis lacunaris, hervorgerufen durch ähnliche oder aber vergleichbare Enterokokken (Streptokokken) eine Erfolgsreaktion am Orte der ersten Bekanntschaft zustande bringen. Es handelt sich um den „Appell" an das „somatische" Erinnerungsvermögen der Zellen der Wandung des Wurmfortsatzes. Man könnte sprechen von einer *Appendicitis haematogenes*. — Als Erreger scheinen vor allem Enterokokken wichtig zu sein. Ein lokales Trauma kann das Angehen der örtlichen Entzündung beschleunigen; ein örtliches Bagatelle-Trauma mag eine chronische Entzündung zur Exacerbation bringen. HELLY sprach von *„ruhender Entzündung"*, wenn er die Situation bei chronischer Appendicopathie charakterisieren wollte. Die Ausheilung der chronischen Appendizitis hinterläßt Narben; diese können Stenosen verursachen; hinter Stenosen entstehen Kot- und Sekretretentions-Steine. Jene aber können das Fortschwelen entzündlicher Prozesse fördern oder ein Rezidiv begünstigen. Ob es eine *„primär-chronische" Appendizitis* wirklich gibt, ist fraglich. Die französische Pathologie kennt den Begriff der *Appendicite neurogène*. Histo-pathologisch finden sich knotige, knopfförmige, gedrehte, spiralisierte Proliferate der vegetativ-nervalen Endigungen in den tiefen Schichten der Wurmfortsatzwand!

Die aktuelle Debatte geht wesentlich um die Bedeutung sogenannter *Kotsteine*. Die Konkremente im Inneren der entzündeten Wurmfortsätze stellen komplikative Momente dar. Sie sind gefährlich, weil 1. ihr Bakteriengehalt die Entstehung einer Eiterung fördert; weil 2. ihre Härte Decubitalgeschwüre erzeugt; weil 3. eine Thrombose der kleinen Wandgefäße der Wurmfortsätze im Bereiche der durch Steindruck vorgewölbten Stelle gern und oft entsteht; hierdurch kann es zu einer Ausbreitung nekrotisierender Prozesse kommen; weil 4. Steine den Ablauf einer Heilung beeinträchtigen; sie unterhalten den Fortgang geschwüriger Prozesse und fördern auf diese Weise die Perforationsgefahr! Selten zeitigt Steigerung des Sekretdruckes infolge eingeklemmter Steine einen Steintransport zurück in das Coecum! Auf diese Weise kann es zur Entlastung und dadurch zur Spontanheilung kommen. 5. Die Steigerung des Sekretdruckes beschwört in jedem Falle dann, wenn die Steine unbeweglich eingeklemmt sein sollten, die Gefahr einer Ruptur!
Welche Möglichkeiten existieren grundsätzlich für eine Spontanheilung der Appendizitis?
1. Es kann ausnahmsweise zu einer vollständigen Resorption des Exsudates und dadurch zu einer Restitution ad integrum kommen!
2. Im allgemeinen wird das Exsudat organisiert werden; es resultiert eine Obliteration der Wurmfortsatzlichtung und eine Vielzahl von periappendiculären Verwachsungen. Man spricht von *„plastischer Periappendizitis"*;
3. schließlich entsteht ein perityphlitischer Abszeß. Er imponiert als ein „perityphlitischer Tumor", welcher gut durch die Bauchdecken palpabel ist.

Der perityphlitische Abszeß stellt, genau genommen, keine „Heilung" dar. Man kann ihn nur deshalb unter Ziffer 3. anführen, weil der Schwerpunkt der entzündlichen Veränderungen aus dem Wurmfortsatz auf die Umgebung verlagert wurde. Die Kenntnis des perityphlitischen Abszessen leitet über zu einer stichwortartigen Erörterung sogenannter *Formen der Bauchwandabszesse*. Folgende sind lernerisch essentiell:
1. *Peri- und Para-*(= Eiter in der Fossa iliaca dextra))*typhlitische Abszesse:*
2. *Douglas-Abszeß:* Er entsteht z. B. bei kaudaler Lage des Processus vermiformis, jedoch nicht durchaus vom Wurmfortsatz ausgehend. Douglasabszesse können auch durch Ruptur einer Pyosalpinx, eines Ovarialabszesses oder in der Folge eines perforativen Trauma entstehen. Insofern keine Streptokokken mit einer größeren Virulenz im Spiele waren, entsteht ein fibrinös-eitriges Exsudat, welches durch die Dünndarmschlingen abgedeckt ist. Die Abdeckung kann auch durch einen Netzzipfel oder die Appendices epiploicae erfolgen. Dadurch resultiert eine abgedeckte *Pelveoperitonitis*. Diese imponiert als eine kindskopfgroße Anschwellung des Unterbauches, welche den Uterus nach vorn, das Scheidengewölbe sowie die hintere obere Scheidenwand nach abwärts drängt, eine begleitende Entzündung von Mastdarm und Harnblase inszeniert und gelegentlich mit einer Lähmung der Harnblase einhergeht! Im allgemeinen kann man eine Fluktuation am hinteren Scheidengewölbe tasten.
3. *Lumbalabszeß:* Er ist einigermaßen dasselbe wie ein paranephritischer Abszeß. Er kann durch Latero-Position des Wurmfortsatzes entstehen. Die Eiterung kann sich im retroperitonealen Bindezellgewebe ausbreiten. Der Prozeß ist heimtückisch, denn er entbehrt der charakteristischen Peritonealsymptome.

4. *Subphrenischer Abszeß:* Er kann durch den Wurmfortsatz bei kraniodorsaler Verlagerung desselben hervorgerufen werden. Der Abszeß liegt an keiner Stelle bauchwandnahe. Es besteht eine uncharakteristische Druckempfindlichkeit an der unteren Thoraxapertur, je nachdem der Abszeß mehr ventral oder dorsal liegt; es mag ein Hochstand des Zwerchfelles oder eine Zwerchfellähmung resultieren. Gelegentlich entsteht eine konkomitante Pleuritis. Im Röntgen-Bild kann man eine Gasblase unter dem Zwerchfell nachweisen.
5. *Mesocoeliakaler Abszeß:* Der mesocoeliakalische Abszeß liegt mitten zwischen den Dünndarmschlingen! Er birgt in besonderem Maße die Gefahr, daß eine diffuse Peritonitis durch ihn vermittelt wird.

Bei allen Abszessen ist naturgemäß die Gefahr der Peritonitis gegeben. Der Chirurg wartet gern ab, bis ein symptomenarmes Intervall entsteht. Dann greift er zu und entleert den Abszeß. Bei partieller Obliteration des Wurmfortsatzes, gern in seinem mittleren Drittel, entsteht eine birnenförmige Dilatation des distalen Drittels. Jenes kann im Sinne eines *Empyemes*, eines *Hydrops* oder einer *Mucocele* umgewandelt sein. In letzterem Falle enthält die erweiterte Wurmfortsatzlichtung „gallertige Kugeln"; man spricht von *Myxoglobulose* (DAVID VON HANSEMANN). Kommt es zu einer Ruptur eines derart veränderten Processus vermiformis, resultiert ein Pseudomyxoma peritonei e processu vermiformi. Jenes wirkt tödlich!

Die *chronische vernarbende Appendicopathie* kann nun nicht nur Obliterationen zeitigen, sondern läuft grundsätzlich auf dreierlei Weise ab: 1. Es entsteht eine *granulierende Form;* die entzündlichen Granulome durchsetzen die ganze Wurmfortsatzwand; 2. es resultiert die *lymphoide Form;* dabei kommt es zu einer eigenartig excedierenden Form der Neubildung des lymphatischen Gewebes; 3. mit am häufigsten ist die *atrophisierende Form!* Dabei ist die Schleimhaut dünn, glatt, „hart", arm an lymphatischem Material. Die glatte Muskulatur zeigt eine „Inaktivitätsstellung". Dies bedeutet, daß die Kerne der glatten Muskelzellen (der inneren Ringmuskulatur) in Form von queren Reihen und Bändern, einem Neurinom nicht unähnlich (!), angeordnet sind.

Spezifische Entzündungen des Wurmfortsatzes sind Typhus abdominalis, Tuberkulose, Aktinomykose und, wenn man will, die Amoebenruhr.

ee) Sigmoiditis infiltrativa

Es handelt sich um die Folge multipler sogenannter Graserscher Divertikel. Im Grunde der Divertikel liegen Konkremente; diese erzeugen eine Decubital-Exulceration; von hier aus entsteht eine Diverticulitis; jene ruft eine Perisigmoiditis infiltrativa hervor. Sie zeitigt das Symptomenbild eines Subileus, jedenfalls einer chronischen „Sub-Stenose" des absteigenden Dickdarmes. Gewöhnlich wird operativ interveniert in der Annahme des Vorliegens eines malignen Neoplasma. — Von einer Sigmoiditis kann auch eine Peritonitis ihren Ausgang nehmen. Dem Obduzenten sei empfohlen, in den Fällen, in denen eine Peritonitis gefunden wird, deren Ausgangspunkt jedoch zunächst dunkel ist, nacheinander zu prüfen: Magenausgang und Duodenum (Ulcus-, Divertikel-Perforation), Gallenblase und Gallengänge, Sigma! — Das histologische Bild der Perisigmoiditis infiltrativa ist reich an Überraschungen. Infolge kleinster corpuskulärer Elemente, welche aus dem Darminhalt in die Divertikel und auf diesem Wege in die Umgebung gelangt sein können, entstehen eigenartige

Fremdkörpergranulome, welche vielfach an Reichlichkeit epitheloidzelliger Ausstattung tuberkuloiden Manifestationen nicht nachstehen!

ff) Proktitis

Die Bezeichnung „Proktitis" leitet sich her von „Proctodaeum", was soviel bedeutet wie Enddarm niederer Tiere. Es werden folgende Formen der Proktitis auseinandergehalten:

1. *Akute Proktitis:* Sie entsteht im Gefolge einer bakteriellen Ruhr, selten bei Typhus abdominalis, nach septischer Metastasierung, bei Douglas-Abszeß (konkomitant), nach Sublimatvergiftung (Kennwort: Ausscheidungsentzündung), sowie bei Uraemie. Patho-anatomisch kann die akute Proktitis die verschiedensten Erscheinungen machen: Katarrhalische, erosive, exulcerative, fibrinöse, phlegmonöse Entzündung.

2. *Chronische Proktitis:* Sie begegnet uns in folgenden Formen:

a) *Kotstauung:* Eine solche findet sich nach Rückenmarkläsionen. Dabei kann die Ampulla recti enorm ausgedehnt, bis kindskopfgroß ausgereckt sein. Die Schleimhaut ist diphtherisch-geschwürig alteriert.

b) *Trauma (!):* Häufig entsteht nach Klysma (rezidivierte Anwendung sogenannter Klysmata) eine chronische Entzündung mit und ohne Geschwürsbildung.

c) *Gonorrhoe:* Die Proctitis gonorrhoica findet sich in etwa 10 % der weiblichen Gonorrhoe-Fälle. Die Infektion erfolgt entweder durch das Instrumentarium oder das herabfließende Vaginalsekret oder aber dadurch, daß bei der Frau (im Gegensatz zum Manne) Anastomosen der unteren Haemorrhoidalvenen mit den Ästen der Vena pudenda externa (oft im Bereiche der sogenannten hinteren Kommissur) bestehen. Die *Mastdarmgonorrhoe* äußert sich zunächst als akuter Katarrh. Alsdann entstehen Epithelläsionen. Dadurch wird für andere Bakterien der Weg für die Invasion bereitet. Auf diese Weise entstehen chronische exulcerative, fistulierende und abszedierende Prozesse, welche auch mit einer periproktalen Abszeßbildung einhergehen können. Durch derartige Vorgänge kann es zu einer schwieligen Verdickung der ganzen Mastdarmwand kommen. Mikroskopisch finden sich dann plasmazellulare Infiltrate. Deren Bedeutung darf diagnostisch nicht überschätzt werden. Die Mastdarm-Gonorrhoe kann persistieren, auch wenn die Gonorrhoe des Genitale ausgeheilt ist.

d) *Lues:* Rektum und Anus können in allen Stadien der erworbenen Syphilis affiziert sein. Frauen erkranken häufiger als Männer. Auf der Höhe der Analfalte kann ein syphilitischer Schanker entstehen. Durch mechanische Irritation, z. B. bei der Defäkation, kann sich ein großes Geschwür mit schmierig-glänzendem Grunde entwickeln. Von hier aus mag eine Phlegmone ihren Ausgang nehmen. Im Stadium der Lues II entstehen papulös-exulcerative Infiltrate im Bereiche des mit Plattenepithel überkleideten unteren Mastdarmes. Dabei können *Condylome* an After und Vulva entstehen. Die Rhagaden zeigen histologisch das Bild einer plasmazellularen Desintegration; jene greift auf den Schließmuskel über: Myositis plasmocytaria syphilitica acquisita. Von hier aus entstehen verzweigte Fistelgänge. Jene können eine Kommunikation mit Vagina und Perineum zustande bringen. Im Falle der Lues III liegen handbreit oberhalb des Afters Infiltrate von Plattenform! Sollten diese sekundär zerfallen, müßten zirkuläre, serviettenringförmige, gelegentlich landkartenförmige Geschwüre mit Freilegung der Muscularis entstehen. Arteriitische und phlebitische Prozesse gelten als notorische Akzidentien. Der Prozeß kann bis 50 cm oral vom After aufsteigen. Die chronische fistulierende Entzündung ruft das Bild der *Periproktitis chronica ulcerosa* hervor. Paradoxerweise kann dann der Analring frei sein!

e) *Lymphogranuloma inguinale:* Hierbei kann es zu einer geschwürig-fistulierend-stenosierenden Entzündung des Mastdarmes kommen: *Ulcus chronicum elephantiasticum vulvae et ani.* Dabei entstehen elephantiastische Knollen am After. Hierbei handelt es sich zum Teil um fibrös umgewandelte Haemorrhoidalknoten, z. T. um polypöse Wucherungen der Mastdarmschleimhaut. Die Rhagaden, welche bei Frauen auf die Vulva übergreifen, stellen die Eintrittspforte für sekundäre Infektionen dar. Dadurch kann es zur *Esthiomène* kommen. Darunter versteht man die „fressende Flechte". Ist dieser chronisch-entzündliche, deformierende Prozeß „ausgebrannt", resultiert die *Kraurosis vulvae*, welche nicht selten bei seneszenten Puellae publicae gefunden wird! Die Kraurosis geht mit einer chronischen Atrophie der Übergangshaut und äußeren Haut einher, vergesellschaftet mit Juckreiz und leukoplakischen Veränderungen. Im allgemeinen wird die Kraurosis als Endzustand einer Esthiomène aufgefaßt.

f) *Aktinomykose:* Selten im Bereiche der Mastdarmregion. Klinisch imponiert die Aktinomykose des Rektum wie ein Rektumcarcinom. Die Aktinomykose des Mastdarmes ist bei Naturvölkern immer dann gesehen worden, wenn nach der Defäkation der After durch Gras- und Strohbüschel gereinigt worden sein sollte!

g) *Tuberkulose:* Es handelt sich um eine geschwürige Proktitis, die zu einer Schrumpfung des ganzen Mastdarmes führen kann. Infolge davon entsteht eine sogenannte Para- und Periproktitis.

d) Schwierig klassifizierbare Darmwandläsionen

aa) Sprue

Das etwas eigenartige Wort kommt von Sprew, spreuen, sprawen, was soviel bedeutet wie sprühen, also den Darminhalt spritzerartig entleeren. Man unterscheidet seit alters:

1. Tropische Sprue

Die Sprue äußert sich durch eine voluminöse Darmentleerung; es werden Fettstühle abgesetzt. Es liegt also eine *Steatorrhoe* vor. Die Stühle sind naß, fettig-schillernd, von Gasblasen durchsetzt, stechend riechend, deutlich übergewichtig. Ursächlich werden angeschuldigt eine mikrobielle, auch Virusinfektion. Hierfür könnte ein relativer Erfolg antibiotischer Therapie sprechen. Daneben spielt sicher für die Entwicklung des Gesamt-Krankheitsbildes ein Folsäure-Mangel eine wichtige Rolle. Jener könnte nach dem Prinzip kompetitiver Hemmung durch Bakterienmetabolite verursacht sein. Gluten- sowie Gliadin-Überempfindlichkeit spielen bei tropischer Sprue, soweit man dies übersieht, keine Rolle. Auffällig ist, daß die tropische Sprue in Afrika so gut wie niemals, in Puerto Rico häufig, in Jamaica niemals, in Hongkong immer beobachtet wird. Jejunum und Ileum sind gleichmäßig betroffen. Patho-anatomisch finden sich zirkumskripte, wenig charakteristische Entzündungsherdchen mit lymphocytärer und plasmazellulärer Infiltration, kleine Erosionen sowie eine nicht unerhebliche Zottenatrophie. Die Steatorrhoe ist klinisch signifikant; sie ist jedoch nicht immer vorhanden. Gewöhnlich entstehen über kurz oder lang eine Stomatitis aphthosa und eine gefirniste Zunge. Schließlich entwickelt sich eine Anämie des megalocytären Typus.

2. *Einheimische Sprue*

Hierbei imponiert eine Anämie des Perniciosa-Typus, eine hochgradige Abmagerung mit Steatorrhoe; infolge davon resultiert ein Vitaminmangelzustand; es finden sich außerdem eine Osteoporose, eine Osteomalacie, eine Anfälligkeit für den Erwerb einer Zahnkaries, schließlich eine Stomatitis aphthosa. Im Holländischen bedeutet Sprue soviel wie Aphthen.

Die Fettstühle bei einheimischer Steatorrhoe (Sprue) sind massig, flüssig, schaumig, von saurer Reaktion, fettig-glänzend, penetrant stinkend.

Schlüsselliteratur: K. HANSEN und H. V. STAA: Die einheimische Sprue und ihre Folgekrankheiten. Leipzig: Thieme 1936.

Die einheimische Sprue ist eine Gluten-induzierte Enteropathie. Sie ist ungefähr dasselbe wie die Coeliakie der kleinen Kinder, also wie die Gee-Heubner-Hertersche Erkrankung (Gee-Heubner-Herterscher intestinaler Infantilismus).

Gluten ist ein Weizenkleber; die Causa peccans für die Entstehung der Darmerkrankung ist das *Gliadin*. Die pathologische Leistung liegt möglicherweise in einem konnatalen *Enzymdefekt* begründet. Es wäre denkbar, daß der Prozeß daher rührt, daß diejenigen Peptidasen fehlen, welche normalerweise die Gliadine „entgiften" können.

Pathologisch-anatomisch findet sich eine *hochgradige Zottenatrophie*. Diese nennt man *Psilosis*; dieses Wort bedeutet soviel wie *Kahlschlag der Jejunalschleimhaut*. Damit ist zum Ausdruck gebracht, daß eine „flat-Beschaffenheit" der inneren Jejunalwand vorliegt.

Diese Veränderungen sind nicht eigentlich spezifisch; sie sind jedoch in ihrer Intensität hinlänglich charakteristisch! Die Diagnose steht und fällt mit der Untersuchung einer Jejunal-Biopsie. Das gewonnene Schleimhautstück muß mit dem Lupenmikroskop betrachtet werden. Die eigentliche histologische Untersuchung bringt nichts anderes als eine Bestätigung des lupenmikroskopischen Befundes.

Zottenatrophie und Zottenschwund zeitigen eine Veränderung der „Enzymträgerbasis"! Es scheint, daß aus Gründen einer frustranen Kompensation eine gewisse Vertiefung der Schleimhautkrypten gegeben ist.

Durch die Zottenatrophie wird die Wegstrecke, auf der die Epithelreifung zustande kommt, verkürzt. Die Wegstrecke reicht aus dem Grund einer Dünndarmschleimhaut-Krypte bis zur Höhe einer Dünndarmschleimhaut-Zottenspitze! Hand in Hand mit der Epithelreifung verläuft die „Fermentausreifung". So kann man sagen, daß die gluteninduzierte Enteropathie, selbst (wahrscheinlich) verursacht durch einen Peptidasenmangel, eine komplexe Atrophie mit „Kahlschlag" hervorruft, welche ihrerseits das klinische Bild und zwar durch Verarmung an allgemeiner Enzymausstattung der schleimhäutigen Flächen überhaupt inszeniert!

Auch bei der Sprue entstehen Dünndarmulcera mit Fieberschüben (WAGNER und MEISER: Schweiz. med. Wschr. 98 : 892, *1968*).

Mutatis mutandis entsprechend ist das Bild der *Coeliakie:* Kinder im ersten Spielalter erkranken daran, daß sie Fettstühle absetzen; die Stühle sind übergewichtig, schaumig, von Gasblasen durchsetzt, fettig-schillernd, feucht, stechend riechend. Die kleinen Patienten sind intelligent und kritisch, bleiben jedoch in der körperlichen Entwicklung zurück. Infolge der durch die Resorptionsstörung inszenierten Avitaminose resultieren komplexe trophische Störungen. Coeliakie-Patienten sind pedantisch; sie lehnen es ab, aus einem anderen Tellerchen zu essen als dem, aus welchem sie auch, etwa im Elternhaus, gefüttert worden waren. Die Facies der Kranken ist greisenhaft; die Augen sind haloniert; es besteht eine mäßige Exsikkose; die Haut ist schmutzig-farben pigmentiert, Haare und Fingernägel sind spröde, trocken, schuppend und rissig. Es liegt eine Gluten-Enteropathie vor. Die Differentialdiagnose hat das Vorliegen einer fibrozystischen Pankreaserkrankung auszuklammern.

Übrigens sei angemerkt, daß Sprue-Fälle bei Erwachsenen (in Mitteleuropa) nicht durch eine Umstellung der Ernährung zur Beseitigung zu bringen sind. Nicht jede Sprue hat etwas mit einer Unverträglichkeit (Überempfindlichkeit) gegenüber Gliadinen zu tun.

bb) *Whipplesche Krankheit*

Man bezeichnet die Krankheit seit WHIPPLE (H. G. WHIPPLE: Bull. Johns Hopkins Hospital 18 : 382, *1907*) als *Lipodystrophia intestinalis*. Männer erkranken viermal so oft wie Frauen. Es handelt sich um eine eigenartige Speicherung von Mucopolysacchariden + Lipoproteiden; dadurch entstehen SPC-Zellen. So bezeichnet man *sickle forms particle containing-Zellen*. Diese sind PAS-positiv. Bemerkenswerterweise werden SPC-Elemente auch im Endokard, selbst im Gehirn von Whipple-Kranken, gefunden. Entscheidend ist die PAS-positive, aufgestaute und eingedickte Darmwandlymphe. Elektronenmikroskopisch finden sich eigenartige Gebilde, welche wie bakterielle Bruchstücke aussehen; sie liegen in den SPC-Zellen, ohne daß man eine Erklärung dafür wüßte, was diese Koinzidenz zu bedeuten hat.

Die klinischen Symptome des Morbus Whipple beginnen erst dann, wenn alle Lymphbahnen blockiert sind. Die Zotten sind atrophisch, die Schleimhaut sieht tierpelzähnlich (bei Lupenbetrachtung) aus. Tatsächlich ist die Schleimhaut plump-haarig-villös. Die Mesenteriallymphknoten sind granulomatös alteriert. V. BECKER spricht von einem „Geschwemmsel" der Lymphwege. Dadurch käme es zu einer intramuralen *Lymphblockade;* jene zeitige einen *„Submucosa-Block"*; dadurch aber käme eine Epithelschädigung zustande.

(*Lit.:* R. W. AMMANN: Whipple-Chylusblockade. Helv. med. Acta 24 : 118, *1957*.)

Die Whipple-Kranken kommen körperlich stark herunter; sie werden das Opfer einer akzidentellen Infektion.

cc) *Idiopathische Steatorrhoe*

In den Formenkreis „schwierig klassifizierbare" Enteropathien gehört naturgemäß auch die idiopathische Steatorrhoe. Die elektronenmikroskopische Aufbereitung der Jejunalbiopsie zeigt eine entdifferenzierende Atrophie der

Epithelien; also eine Psilosis; schließlich das Auftreten eigenartiger scholliger Gebilde, gebunden an den Verlauf der Saftbahnen. Die klinische Symptomatik ist die gleiche wie die bei einheimischer Sprue oder Whipplescher Krankheit. Eine eigentliche Therapie ist bis jetzt nicht bekannt.

dd) Allgemeine Bemerkungen zum Malabsorptionssyndrom

„Malabsorption" bedeutet ungenügende Resorption abgebauter Ingesta (V. BECKER Verhandl. Dt. Ges. Path. 53. Tgg. Mainz 1969). Die Folge der Malabsorption ist natürlich eine Unterernährung durch Resorptionsbehinderung. Die regenerative Potenz der Epithelien der Dünnschleimhaut wird auf eine „Halbwertszeit" von 1,8 Tagen berechnet. Die täglich neugebildete Menge von schleimhäutiger Zellmasse wird auf 250 g eingeschätzt. Eine Dünndarmschleimhautzotte gilt als 3 mal so lang wie die nächstnachbarlich gelegene Dünndarmschleimhautkrypte tief ist (SHINER, 1968). Für die diagnostische Bearbeitung des Malabsorptionssyndromes hat sich die Elektronenmikroskopie — von der Fläche her — bewährt. Die „Rasterelektronenmikroskopie" steht im Anfang. Selbstverständlich ist zu vermuten, daß die Betrachtung der schleimhäutigen Fläche etwa durch das Raster-Elektronen-Mikroskop verschiedene Formen und Unterformen atrophisierender Darmwanderkrankungen erkennen läßt. Welche Krankheitsbilder gehören zum „Malabsorptionssyndrom"? Um diese Frage zu klären, habe ich folgende Übersichten angeführt:

Übersicht über Krankheitsbilder mit Malabsorptionssyndrom

pathologisch-anatomisch charakterisierbar	ohne morphologische Äquivalente	ausschließlich symptomatische Formen
Sprue	*Disaccharidase-Mangel*	*entzündliche* Darm-
tropische Sprue	Galaktase- und	erkrankungen
einheimische Sprue	Laktase-Mangel	schlechthin
(gluteninduzierte	(= Alaktasie)	
Enteropathie u. v. a.)		
Lipodystrophia intestinalis Whipple	Hartnup-Krankheit	*Alterenteropathie*
Crohn's disease		*Subileus*
Tuberkulöse Enteritis,		
Lymphangitis mesenterialis tuberculosa		
Iatrogene Enteropathie		
Resektionsfolgen		
radiogene Darmwandschäden		

Diese Tabelle zeigt, daß eine Reihe bekannter Erkrankungen zum Formenkreis des Malabsorptionssyndromes gehören.

Frägt man nach den Ursachen sogenannter Resorptionsdefekte, ist es wiederum nützlich, eine Übersicht einzuschalten: (s. S. 194).

Formen und Ursachen sogenannter Resorptionsdefekte

Stufe I: II Epitheldefekte:	Connatale Fermentdefekte (Galaktase-Mangel etc.)
	Sprue im weiteren Sinne
	Resektions-Enteropathie
Stufe II: Störungen der Submucosa:	Lipodystrophia intestinalis Whipple
	Crohn's disease
	radiogene Darmwandschäden
	Lipoproteinämien
	Resektions-Enteropathie
Stufe III: Störung des Lymphabflusses:	Venöse Dauerhyperämie (Lebercirrhose)
	Amyloidose der Darmwand
	Mesaraica-Tuberkulose
	Lipodystrophia intestinalis Whipple
	Lymphangiosis neoplastica mesenterii

Endlich möchte der Suchende erfahren, welche konnatalen Resorptionsstörungen existieren, d. h. ob diese mit oder ohne ein morphologisches Äquivalent einhergehen. Die Zusammenstellung, ebenfalls auf dieser Seite (194), macht deutlich, was derzeit über diese und einschlägige Veränderungen bekannt ist.

Übersicht über connatale Störungen der Resorption ohne morphologische Äquivalente

Glukose-Transport-Störung
   Glukose-Galaktose-Malabsorption
Disaccharid-Fehlresorption
   Laktose-Malabsorption (Alaktasie)
   Saccharose-Malabsorption (Saccharase-Mangel)
   Maltose-Malabsorption (Maltase-Mangel)
Aminosäure-Transport-Störung
   Cystinurie
   Hartnup-Krankheit (Block im Tryptophanstoffwechsel)
Synthesestörung für Chylomikrone (A-β-Lipoproteinämie)
Vitamin B_{12}-Transport-Störung

Die Hauptschwierigkeit ist auch hier die Abgrenzung gegenüber dem chronisch-pankreatischen Siechtum. Die durch eine Pankreasinsuffizienz hervorgerufenen klinischen Symptome können durchaus mit denen einer Sprue verwechselt werden. Hier ist gar nichts anderes möglich als der Versuch einer fraktionierten Untersuchung des Duodenalsekretes (Einlage einer Bartelheimer-Sonde, Stimulus der pankreatischen Funktion durch Sekretin). Die mikrosko-

pische (und mikrochemische) Stuhlanalyse klärt sehr bald, ob Lipasen in ausreichendem Maße zur Verfügung gestanden hatten oder nicht.
Schlüsselliteratur zum Problem Malabsorption in Verh. Dtsch. Ges. Path. 53. Tgg. (1969), dort besonders bei V. BECKER. — Die hier gebrachten Übersichten (Tabellen) sind ebenfalls entliehen bei BECKER (und leicht verändert wiedergegeben).

9. Geschwülste des Darmrohres

Die gutartigen Geschwülste des Darmrohres machen ungefähr 5 % aller Tumoren des Verdauungskanales aus.

a) Nicht-epitheliale Neoplasien

Hierher gehören *Lipome, Fibrome, Leiomyome, Neurofibrome, Neurinome, vaskuläre Neurome, Ganglioneurome*. Alle diese genannten Geschwülste können auch multipel auftreten. Praktisch wichtig sind *Kavernome*, seltener *Lymphangiome*.

Die nicht epithelialen Geschwülste, die im allgemeinen einen knotenförmigen und in sich geschlossenen Bau besitzen, werden in Submucosa, Muscularis und Subserosa beobachtet. Man unterscheidet „innere" und „äußere" Geschwülste. Die „inneren" sind entweder polypös eleviert oder aber mit einer riesenwuchsartigen Verdickung z. B. im Falle der Neurinomatose des Wurmfortsatzes, verbunden. Myome können in der Spielart sogenannter Adenomyome auftreten. Diese haben echte histologische Beziehungen zu endometrioiden Heterotopien.

Lipome finden sich in der Submucosa; sie obturieren die Darmlichtung dadurch, daß sie gestielt, polypös, klappenständig (z. B. an der Bauhinischen Klappe) lokalisiert, hühnerei- ja selbst faustgroß sind. Derartige Neubildungen fördern die Entstehung einer Invagination. Selten ist Abgang (Sequestration) eines Fibrolipomes oder Leiomyomes per vias naturales beobachtet. Subserös angesiedelte Lipome können einer Stieldrehung zum Opfer fallen, nekrotisiert und abgestoßen werden. Aus ihnen entstehen Corpora libera der Bauchhöhle. Das sonst seltene *Hibernom* („braunes" Lipom) kommt im Dünndarm verhältnismäßig oft vor.

Die *Haemangiome* treten auf als Haemangioma capillare simplex oder als Haemangioma cavernosum; es gibt auch arteriovenöse Haemangiome. Die Haemangiome können eine Quelle profuser Darmblutung sein. Die klinische Diagnose ist schwierig. HEILMEYER hat einen Sondenversuch angegeben, bei dem durch Totalsonde (vom Mund zum Anus) der Ort der Blutung (die Blutungsquelle) durch eine bestimmte Veränderung der „Sondenoberfläche" markiert wird; auf diese Weise läßt sich der Abstand in cm, bezogen auf die Frontzähne, angeben. Ausschließlich durch diese Methode wird ein gezielter operativer Eingriff zum Zwecke der Ausschaltung z. B. einer haemangiomatösen Blutung ermöglicht! — Lymphangiome können als milchweiße Flecke der Dünndarmschleimhaut (Chyluszysten) imponieren; in ihrem Abflußbereich ist eine xanthöse resorptiv-zellulare Reaktion nachweisbar.

Neurofibrome sowie *Neurinome* können primär multipel, z. B. im Rahmen der *Neurofibromatosis Recklinghausen* auftreten. Vaskuläre Neurome können ebenfalls als Blutungsquelle (bei okkulter Darmblutung) in Frage kommen.

Eine besondere Stellung beanspruchen die *primären Sarkome* der Darmwand. Sie treten im allgemeinen umschrieben, gewulstet, exulceriert auf und finden sich mit Vorliebe in der Umgebung der Ileocoecalklappe. Darmwandsarkome entstehen im allgemeinen solitär. Sie werden in jedem Lebensalter, freilich häufiger bei Kindern, beobachtet. Die histologische Abgrenzung von indifferentzelligen Carcinomen kann Schwierigkeiten bereiten. Es handelt sich im allgemeinen um Reticulumzellsarkome, sodann um Rundzellen-, Alveolär-, Spindelzellensarkome, aber auch um leiomyoplastische, Lympho- sowie Melanosarkome. Die Lymphosarkome gelten als die häufigsten. Sie können eine manschettenförmige Stenose mit Ausbildung rinnenförmiger Geschwüre hervorrufen. Primäre Multiplizität der Sarkome läßt an eine Systemkrankheit denken. Pseudotumorale leukämische Infiltrate imponieren als Sarkome. Es ist nicht einfach, eine zuverlässige quantitative Relation zwischen Darmwandcarcinomen und Sarkomen zu erarbeiten (H. L. BOCKUS, 1964). Es wird geschätzt, daß auf 100 Darmcarcinome je 1—2 primäre Darmsarkome kommen. Nächst der Ileocoecalregion hat vor allem der untere Dünndarm als Prädilektionsort des Sarkomes zu gelten. Der Mastdarm ist seltener befallen.

b) Epitheliale Neoplasien

Es handelt sich um Adenome, gegebenenfalles um „reine" Adenome; sie liegen in und unter der Schleimhaut, vielfach intramural, dann auch als Adenomyome differenziert. Treten sie gestielt auf, imponieren sie als *Polypen*. Der Begriff „Polypus" ist ein aus der Antike (BENSELER) entlehnter; er ist zoologisch-gestaltlich zu verstehen und will das morphische Phänomen kennzeichnen („Vielfuß"), — sonst nichts! Die älteren Autoren (V. RINDFLEISCH, 1878; E. SCHWALBE, 1911) brachten instruktive schematische Abbildungen. Danach ist die „Füßigkeit" nicht mehr das diagnostisch entscheidende Merkmal; sie ist der „Beinigkeit", nämlich dem Modus der Stielbildung, gewichen. „Polypus" ist also kein histologischer Begriff. *Im Sinne der mikroskopischen Anatomie kann alles mögliche polypös gewachsen* (Fibrom, Lipom, Leiomyom, Angiom, Neurinom, Lymphom, Adenom, Carcinom, Sarkom), es kann aber auch lediglich eine Schleimhautfalte vergrößert, verdickt und fingerförmig ausgezogen *sein*. Die Polypen nach Ruhr, ulceröser Colitis, Colitis fibrinosa etc. sind derartige, kompensatorisch hyperplasierte narbenrandständige Faltenpolypen. Die *Polypen im konventionellen Sinne*, das sind die blastomatösen oder aber solche, welche echten Geschwülsten nahestehen, treten entweder familiär, also konstitutionell gebunden, auf, oder sie sind „erworben".

Stärkere Grade der Polypen-Dissemination sind immer auf *erbliche Prämissen* verdächtig. Die Schwierigkeit der nosologischen Zuordnung des Einzelfalles rührt daher, daß multiple Polypen auch nicht-familiär gebunden, selbst in Kombination mit Veränderungen eines fremden Keimblattes (Haarausfall, trophische Nagelstörungen), familiäre Polypen aber auch solitär (Magen, Duodenum, Jejunum, Colon, Rektum) vorkommen können! Von H. CRIPPS (1882) stammt die erste Beobachtung disseminierter Mastdarmpolypen bei Geschwistern. Aus dem Formenkreis der *familiären Polyposis coli* ragt das Syndrom von PEUTZ-JEGHERS (1921, 1949) deutlich heraus. Es handelt sich um die *Polyposis coli generalisata mit ektodermalen Melaninflecken*, gewöhnlich perioral und oral, prinzipiell aber auch sonst an den Prädilektionsorten der Sommersprossen vorkommend! Die Polypen stehen vielfach dicht bei dicht (30 Stücke pro 80 cm Dickdarmstrecke). Gelegentlich werden die Polypen noch häufiger im Dünndarm als im Dickdarm gefunden. Mit maligner Entartung ist in 15 % *dieser* Fälle zu rechnen. Es gibt auch eine Vergesellschaftung der Darmpolypose mit Mesenchymschäden, z. B. einer Osteombildung des Skelettes. Die klinische Manifestation der familiären Darmpolyposis erfolgt im allgemeinen frühzeitig, d. h. 20 Jahre eher als die der erworbenen Polyposis.

Im *Mittelpunkt des Alltagsinteresses* steht der „erworbene" Polyp von Dickdarm und Mastdarm. Die Biopathologie dieser Polypen hat deshalb eine ausgiebige wissenschaftliche Bearbeitung gefunden, *weil geklärt werden muß, ob und in welcher Häufigkeit eine maligne Entartung zustande kommt.* SCHMIEDEN und WESTHUES (1927) haben „*Reifegrade*" drüsiger Dickdarmpolypen beschrieben: Typus I, II und III. Der Typus I gilt als vollständig ausgereift, daher klinisch als harmlos; der Typus III hat als beginnendes Carcinom zu gelten. Polypen, welche zum Typus II gehören, verfügen über eine stärkere gewebliche Labilität. Es wird auf Form und Färbbarkeit der Epithelien, etwaige Mehrzeiligkeit, Durchbrechung der Basalmembranen, Basophilie des Cytoprotoplasma, schließlich auf die Chromasie der Epithelkerne geachtet. Ob es echte Übergänge zwischen Polypen vom Typus I und Polypen vom Typus III gibt, sei dahingestellt. *Jedenfalls liegt der Stufeneinteilung die Vorstellung zugrunde, daß die Labilität der geweblichen Ausdifferenzierung unmittelbarer Ausdruck einer „drohenden Gefahr" sei!* FEYRTER und KOFLER (1952, 1953) unterscheiden *drei Polypen:* 1. den stromareichen *eosinophilen Polypen* der Jugendlichen; 2. den *drüsenreichen Polypen* der hochbetagten Menschen; sowie 3. das *rasenförmig* auf breiter Basis gewachsene *flach-polypöse Carcinom*. Der „eosinophile" Polyp ist arm an Drüsen, reich an Bindegewebe, entzündlich-granulomatös verändert, von eosinophil-leukocytären Infiltraten durchsetzt. Dieser Polypus würde niemals maligne entarten! Seine Träger seien Allergiker (Urticaria, Ekzem, Rhinitis, rheumatische Beschwerden, spastisch-atonische enterale Motilitätsstörungen); spastische Obstipation sowie Durchfallattacken wechselten miteinander ab; katamnestisch beobachte man häufig einen Zustand nach zeitlich weit zurückliegender Tonsillektomie. Die Träger des adenomatösen Polypen der Alternden und Hochbetagten litten nicht selten an Aufstoßen und Erbrechen, gelegentlich an Ulcera ventriculi und duodeni. Die Kranken aber mit primärpolypösem Carcinom seien obstipiert. *FEYRTER typologisiert derart: Polypenträger*, besonders des Mastdarmes, *seien „Erethiker", Carcinomträger aber seien „Torpide".*

Die maligne Entartung der drüsenreichen Polypen („Polypen der Alternden") ist danach möglich, alles in allem jedoch nicht eben häufig. Würde aus einem Polypen ein Carcinom entstehen, hätte man zu sprechen von *„polypogenem Carcinom"*. Demgegenüber sei der „polypöse Krebs" von vornherein ein echtes Carcinom, welches unter dem Bilde eines Polypen einherginge;

es mache klinisch nie ein Hehl daraus, daß ein maligner Prozeß vorliege, wachse „ohne Gnade" und „spiele ein Drama in einem Akte"!

Praktisch gesprochen heißt dies: Gestielte Polypen können zwar in ihrem Wipfelgebiet Atypien und zirkumskripte Bezirke der Dedifferenzierung tragen; es braucht deshalb keine Gefahr für den Patienten zu bestehen. Es würde die Ausrottung dieser Polypen „mit Stumpf und Stiel" genügen. *Polypen* dagegen, *welche flach-rasenförmig ausgebreitet sind, sind immer* darauf *verdächtig, daß es sich um Carcinome* handelt, welche unter der Maske polypöser Schleimhautproliferate einhergehen. Flach-ausgebreitete Polypen liegen im Falle polytoper zirkumskripter Epithelentartung der Darmwand gleichsam sehr viel inniger an; eine lokale Invasion besitzt daher von vornherein einen höheren Gefahrenwert. Tatsache ist, daß, je häufiger adenomatöse Schleimhautpolypen vorhanden sind, die Gefahr der malignen Entartung groß ist. Nicht selten kommen Carcinom und Polyp nebeneinander vor. In vielen Fällen ist dem Carcinom in distaler Richtung ein Polyp, gelegentlich eine kleine Polypen-Schar, vorgelagert („der dem Carcinom vorauseilende Polyp gleicht einem ‚Pilotfisch'").

Die Malignitätsrate der an den Prädilektionsorten (Colonflexuren, Mastdarm) gelegenen adenomatösen Polypen wird auf 50 % geschätzt.

Das *Darmcarcinom* tritt in 5 Hauptformen auf:
1. Polypös-papillär, exstruktiv gewachsene Krebsform;
2. Schüsselförmig-exulcerierter Krebs;
3. Szirrhös-strikturierendes, vielfach manschettenförmig gewachsenes Carcinom;
4. schleimbildend-gallertiges Carcinom;
5. rasenförmig-ausgebreitetes, d. h. über eine längere Darmstrecke angesiedeltes, teils polypöses, teils exulceratives Carcinom.

Alle Darmkrebse sind Adenocarcinome. Es gibt bestimmte und seltene Ausnahmen. Die Darmkrebse finden sich ganz überwiegend im Mastdarm (über 60 %), in der Ileocoecalregion, im Bereiche der Colonflexuren, im Sigma, alsdann an der Vaterschen Papille, im Bereiche der Flexura duodeno-jejunalis, endlich auch im Gebiete des übrigen Dünndarmes. Nach der allgemeinen Carcinomhäufigkeit rangiert das Rektumcarcinom an 5. Stelle (nach Bronchus-, Magen-, weiblichem Genital- und dem Oesophaguscarcinom).

Ein „Carcinom" einer besonderen Biologie ist das *Epithelioma solidum benignum intestini* (SCHMIEDEN, OBERNDORFER). Es handelt sich um solide gebaute Geschwülstchen, welche von den Gelben Zellen Schmidts bzw. den Hellen Zellen Feyrters ihren Ausgang nehmen. *Carcinoide* finden sich notorisch im Bereiche der Duodenal-Papillen, am Wurmfortsatz, im Gebiete des übrigen Dünndarmes, aber auch handbreit oberhalb des Analringes. Die Geschwülste sind eher klein (kirschkern- bis kirschgroß), wachsen langsam, zeigen einen „geschlossenen" Bau und induzieren eine starke Hyalinose des ortsständigen Bindegewebes. Etwa 20 % der *Carcinoide* wachsen lokal-infiltrierend und setzen nach Jahr und Tag regionäre Metastasen: Im Bereiche der Mesenteriallymphknoten, vor allem aber der Leber. Den Carcinoiden eignet die Fähigkeit der Serotonin-Produktion. Es handelt sich um 5-Hydroxy-Tryptamin. Die Schlüsselbeobachtungen gehen auf ERSPAMER und ASERO (1952) zurück. LEMBECK fand (1953, 1954) in den Carcinoidmetastasen bis 2 % des

Tumorgewichtes an 5-Hydroxy-Tryptamin. Metastasierende Carcinoide können das flush-Syndrom (Sir MAURICE CASSIDY, 1931) hervorrufen. Wie oft dies tatsächlich der Fall ist, d. h. in welchem Prozentsatz der lokal-destruierend wachsenden Carcinoide das Cassidy-Syndrom ausgelöst wird, ist nicht mit Sicherheit zu sagen. KÄHLER und HEILMEYER schätzen, daß, bezogen auf die Gesamthäufigkeit der Carcinoide (aller Standorte), nur in etwa 5 % das Carcinoid-Syndrom entsteht! Im Zusammenhang mit der Erörterung der gastrointestinalen Pathologie sei angemerkt, daß die *„endokrin-nervöse Enteropathie"* BOHN-FEYRTER weitgehend mit dem Cassidy-Syndrom übereinstimmt. Die Kardinalzeichen sind: flush, episodische chronische Diarrhoen, kolikartige Leibschmerzen, palpabler „Leibtumor", rechtsseitige Cardiopathie (Fibrose der Tricuspidalklappe sowie des Endokard des Conus arteriosus pulmonalis); weniger zuverlässig sind: Dauerzyanose, Teleangiektasien, pellagroide Hautveränderungen, Asthma bronchiale, Oligurie, allgemeine Ödemneigung und linksseitige Herzfibrose. Schließlich — seltener —, jedoch immer wieder behauptet, entsteht eine retroperitoneale Fibrosierung des Bindegewebes; auch das Bindegewebe des Beckenbodens kann einer Fibroplasie mit hyaliner Imprägnation zugeführt werden.

Interessant sind die Versuche, das Carcinoid-Syndrom experimentell zu imitieren: Wird die 60- bis 100fache Menge der Tagesdosis von Serotonin beim Meerschweinchen, nämlich in einer Menge von 2,5 mg subcutan täglich, und zwar 180 Tage lang, appliziert, resultiert eine Fibrosierung des rechten Herzens. Das Rauwolfiaalkaloid Reserpin wirkt gegensinnig; es verursacht einen Schwund der enterochromaffinen Zellen!
(Nahezu erschöpfende Literaturzusammenstellung bei H. J. KÄHLER und L. HEILMEYER, in: Erg. Inn. Med. u. Kinderhk. N. F. 17 : 292, *1961*).

Die *Folgen der Darmkrebse* sind:
1. *Stenosen:* Sie treten klinisch zuweilen plötzlich in Erscheinung; sie werden verursacht entweder durch eine Obturation oder eine Striktur, weniger häufig durch eine Invagination. Oral der stenosierten Partien kann eine enorme Dilatation des Darmrohres mit excessiver Wandhypertrophie in Szene gehen.
2. *Perforation:* Sie ist die Folge des geschwürigen Zerfalles des Carcinomes. Sie erfolgt zunächst in die sogenannte freie Bauchhöhle, alsdann in benachbarte Hohlorgane (Magen, benachbarte Darmschlingen, Gallenblase, Gebärmutterkavum; carcinomatöse Fistula bimucosa).
3. *Blutungen:* Der Nachweis rezidivierter okkulter Darmblutungen ist für die Diagnose der Carcinome wesentlich. — Im übrigen ist die Symptomatologie der Darmkrebse abhängig von deren Lokalisation. GILBERTSEN (1960) fand bei 475 Fällen von Mastdarmcarcinom in 81 % Blut im Stuhl, in 35 % Durchfälle, in 27 % Schmerzen der Analregion, in 24 % eine Obstipation, in 20 % „unklare" Leibschmerzen, in 16 % sogenannten Bleistift-Kot, in 15 % eine deutlichere Anämie, in 10 % sowohl Perioden der Obstipation wie auch solche der Diarrhoe, schließlich in 10 % eine Mastdarminkontinenz!

Darmcarcinome werden gelegentlich schon bei Jugendlichen, in der überwiegenden Zahl der Fälle jedoch im 6. und 7. Lebensjahrzehnt, gefunden. Primär multiple Darmkrebse sind in etwa 12 % der Fälle nachweisbar. Die Metastasen der Darmkrebse besiedeln zunächst das Peritoneum, sodann die paraaortalen und epigastrischen Lymphknoten, schließlich die Leber, von hier aus die Lungen. Eine zur Generalisation drängende *Lymphangiosis carcinomatosa* gehört nicht zum eigentlichen Bilde des primären Intestinalkrebses. Auch sekundär-metastatische Darmkrebse sind keine Seltenheit: Sie entstehen vielfach kanalikulär (Schluckmetastasen). In mindestens der gleichen Häufigkeit aber werden sekundär-metastatische Darmcarcinome haematogen hervorgerufen. Sie liegen dann mehr in den äußeren Darmwandschichten. Carcinommetastasen der Darmwand sind insulär oder halbringförmig gebaut. Bei *malignem Melanom* kann die Serosa des Dünndarmes von hunderten kleiner rauchgrauer oder tintenfarbener Knötchen übersät sein.

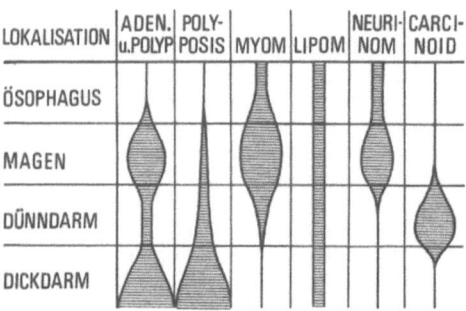

Abb. 20. Territoriale Verteilung benigner Geschwülste im Verdauungskanal, nach F. LINDER und K. H. GRÖZINGER (1968)

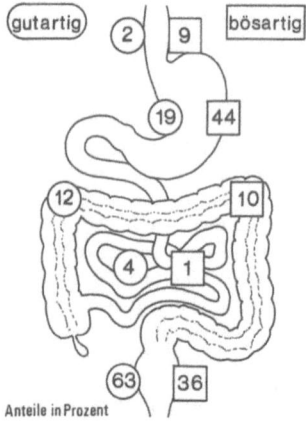

Abb. 21. Nebeneinanderstellung der vorwiegenden Manifestationsorte gut- u. bösartiger Geschwülste des Verdauungskanales nach F. LINDER u. K. H. GRÖZINGER (1968)

Rückblick: F. LINDER und K. H. GRÖZINGER haben eine bemerkenswerte quantitative histotopographische Studie anhand des Beobachtungsgutes der Heidelberger Chirurgischen Klinik — unter Auswertung der histologischen Daten des Pathologischen Institutes — vorgelegt (Langenbecks Arch. klin. Chir. 322 : 94, *1968*), welche zeigt, daß a) eine bestimmt-charakterisierbare territoriale Präponderanz stereotyper blastomatöser Manifestationen gegeben ist (Abb. 20); welche aber auch b) deutlich macht, daß gut- und bösartige Geschwülste in vergleichbarer Häufigkeit territorial „gebunden" auftreten. Bekennt man sich zur FEYRTERs Aussage „Die Wahrheit marschiert mit den starken Zahlen", kann man gar nicht daran vorbei, daß gutartige Tumoren als Orte grundsätzlicher geweblicher Labilität für die Entstehung bösartiger Geschwülste wegbereitend sind (Abb. 21).

10. Bemerkungen zur pathologischen Anatomie besonderer Darmabschnitte

a) Zwölffingerdarm

In dem oberhalb der Vaterschen Papille gelegenen Anteil besteht eine große Ähnlichkeit mit den Verhältnissen beim Magen. Hier finden sich hämorrhagische Erosionen und peptische Ulcera mit wenigen Ausnahmen in den Teilen, in denen der saure Magensaft wirksam ist. Das *Ulcus duodeni* liegt 2—4 cm aboral der pylorischen Falte, mehr an der Hinter- als an der Vorderwand; es findet sich also mehr nach dem Pankreaskopf zu. Das Ulcus duodeni hat flache, durch eine überhängende Schleimhaut gewulstete Ränder; die Treppenform ist nicht immer deutlich. Die Bindegewebswucherung ist nicht derart stark wie beim Ulcus pepticum ventriculi. *Duodenalulcera treten häufig multipel auf*. Sie können stationär bleiben, aber auch unter Hinterlassung diskreter Narben ausheilen. Möglicherweise entstehen auf dem Boden des Ulcusnarben erworbene *Duodenaldivertikel*. Die Gefahr der *Perforation* ist bei den Ulcera an der Vorderwand doppelt so groß wie bei denen der Hinterwand. Ein Ulcus pepticum perforativum duodeni kann einen subphrenischen Abszeß inszenieren. Es können *profuse Blutungen* (aus den Ästen der Arteria pancreatico-duodenalis etc.) zustande kommen. Die Duodenalgeschwüre sind klinisch „schwerer" als Magengeschwüre, dagegen gehen sie deutlich seltener in ein Carcinom über. Hinsichtlich der *formalen Pathogenese* sind die Verhältnisse ähnlich wie beim Magen; es besteht nur insofern eine Besonderheit, als die Gefäßversorgung am Duodenum gabelförmig eingerichtet ist. Daher gibt es zirkuläre Geschwüre oder aber zwei Ulcera, jeweils in der gleichen Höhe gelegen, welche durch einen Verschluß des gleichen Gefäßes oder durch einen Verschluß im Bereiche der Gefäßgabel verursacht sind. MOYNIHAN sprach von kissing ulcers. In der kausalen Pathogenese dürfte die rein chemische Theorie (These der pathogenetischen Bedeutung der überschießenden Produktion eines „überwertigen" Magensaftes) von besonderer Bedeutung sein. Die sogenannte Gastritis-Theorie tritt demgegenüber an Überzeugungskraft zurück. — Bemerkenswert ist, daß *Ulcera duodeni nach Verbrennung* der Körperdecke *häufig* zu beobachten sind. Man nimmt entweder die Wirkung sogenannter H-Substanzen oder aber einer capillären Embolie (vielleicht Fettembolie?) oder eine „disseminierte intravasale Blutgerinnung" an. Ulcera duodeni sind „Schockäquivalente". Ulcera duodeni werden gern bei Zuständen septischer Allgemeininfektion, nach anhaltendem Vagusreiz, Bleivergiftung, aber auch als „zweite Krankheit" nach Appendizitis gesehen. Angeblich entstehen Duodenalgeschwüre auch durch einen vermehrten mechanischen Druck „von außen": Man hat an die Bedeutung eines „Gürteldruckes" — bei zu eng geschnürtem Leibriemen —, an die Bedeutung der Kompression seitens Leber oder Gallenblase besonders auch an die der Lendenlordose gedacht. Die Kompression soll eine feste Anlagerung des Duodenum gegen das Pankreas hervorrufen. Dadurch könnten (angeblich) Mikrozirkulationsstörungen und in deren Folge Exulcerationen entstehen. Intramurale akzessorische Pankreaskeime und gewucherte Brunnersche Drüsen sollen als Schrittmacher für die Entstehung eines Duodenalulcus gelten können.

Die chronische *katarrhalische Duodenitis* erzeugt den von R. VIRCHOW (1856) beschriebenen *Schleimpfropf* in der Vaterschen Papille. Infolge der Pfropf-Obturation könne eine katarrhalische Entzündung der Gallengänge und in Abhängigkeit hiervon eine Gelbsucht entstehen. Einen ähnlichen Effekt haben naturgemäß die Geschwülste der Papille; die chronische rezidivierende Duodenitis im Sinne der Papillitis stenosans Vateriana haben ähnliche Konsequenzen: Aufstau der Galle, Retention des Bauchspeichels, Förderung der Aszendenz entzündlicher Prozesse, Unterhaltung einer chronisch-rezidivierenden Pankreatitis. Duodenalstenosen entstehen jedoch auch durch einen Druck von außen her: Durch ein Aneurysma der benachbarten Bauchaorta, durch Kompression seitens eines hydronephrotischen Sackes, durch Leber-, Nieren- und Mesenterialzysten, besonders durch Pankreastumoren und durch Lymphknotenanschwellung. Nicht ganz selten wird die Perforation eines Aortenaneurysma in die Lichtung des Duodenum beobachtet.

b) Coecum und Processus vermiformis

Über die entzündlichen Veränderungen wurde auf S. 185 berichtet. *Spezifische Entzündungen* des Wurmfortsatzes sind der *Typhus abdominalis*, die *Tuberkulose*, die *Aktinomykose* und die *Amoebenruhr*.

Unter den *Geschwülsten* des Wurmfortsatzes stehen die *Carcinoide* obenan. Sehr viel seltener sind banale Carcinome. Am Wurmfortsatz werden Neurinome und Neurofibrome gefunden, die mit einer Neurinomatose des Gekröses kombiniert sein können. Eine Neuromatose ist mit Riesenwuchs des Wurmfortsatzes vergesellschaftet.

Auch die auf S. 147 erwähnte Verdoppelung des Wurmfortsatzes hat Beziehungen zur Neurombildung.

Der Wurmfortsatz entspringt aus dem Coecum unter „Organisation" dreier verschiedener Modi: 1. trichterförmiger Ursprung des Wurmfortsatzes; dies bedeutet, daß der Processus vermiformis im Sinne einer konischen Verjüngung aus dem tiefsten Punkte des Blinddarmes hervorgeht. 2. Der Wurmfortsatz ist durch eine distinkte Zylinderform vom Blinddarm abgesetzt. Dabei kann der Ursprung am tiefsten Punkte des Blinddarmes liegen. 3. Der Wurmfortsatz verfügt über eine Zylinderform, diese ist gegen die Zirkumferenz des Blinddarmes gut abgesetzt, der Ursprung liegt jedoch nicht am tiefsten Punkte des Blinddarmes, sondern ein wenig seitlich versetzt. Angeblich beansprucht die Bedeutung der Ursprungs-Organisation des Wurmfortsatzes einen (schwer bestimmbaren) Platz in der Debatte über die Pathogenese der Appendizitis.

c) Mastdarm

Über die entzündlichen Erkrankungen wurde auf S. 189 berichtet. Eine besondere Bedeutung beansprucht die *Periproctitis:*
aa) *Fissura ani:* Es handelt sich um ein myrtenblattförmiges, flaches, rotes, den Hautfalten des Afters parallel gestelltes Geschwürchen. Als *Ursache* hat die Einwirkung harter Kotballen vorwiegend zu gelten; daneben, so scheint es, besteht eine besondere Vulnerabilität der Schleimhaut bei gleichzeitigem Haemorrhoidenbefall. Die Analfissur geht mit heftigsten Schmerzen, Blutung sowie reflektorischem Sphinkterkrampf einher.
bb) *Fistelbildungen:* Die Analfisteln entstehen auf dem Boden peri- und pararektaler Abszesse. Daß jahrelang bestehende Fisteln ein prämonitorisches Symptom der Ileitis terminalis sein können, wurde auf S. 184 erwähnt. Peri- und pararektale Abszesse entstehen entweder vom Rektum aus oder aber haematogen. Nach der Lokalisation der Abszesse werden folgende Formen unterschieden:
1. *Submuköser = subkutaner Abszeß;* er liegt unmittelbar neben dem After.
2. *Ischiorektaler Abszeß* = zwischen Beckenwand und Levator ani.
3. *Pelvi-rektaler Abszeß;* er liegt oberhalb des Levator ani nach dem Becken-Inneren zu.

Insofern diese Abszesse nicht ausheilen, resultiert eine Fistelbildung. Die Fisteln vom Typus 1, 2 und 3 kommunizieren entweder nach innen zu mit dem Rektum oder nach außen hin mit der Haut, — oder aber nach beiden Seiten. Dementsprechend unterscheidet man innere, äußere, komplette und inkomplette Fisteln. Klinisch gehen Analfisteln mit Nässen, Jucken und Tenesmen einher. Der Nachweis kompletter Analfisteln wird durch Injektion von Methylenblau zu führen versucht. Ein Teil der Analfisteln ist tuberkulöser Ätiologie; auch im Falle des Vorliegens von Crohn's disease ist mit dem Aufscheinen tuberkuloider Granulome zu rechnen. Schließlich mag gelten, daß immer da, wo fistulierende Entzündungen ablaufen, Fremdkörper in das Gewebe eingelagert sein können. Damit hängt es zusammen, daß man bei der Mehrzahl der Anal- und Rektalfisteln keine Tuberkulose jedoch eine Fremdkörperentzündung findet.

Es sei sodann über die *Geschwülste des Mastdarmes* berichtet. Die Pars analis perinealis führt geschichtetes, ausgereiftes Plattenepithel mit einer mäßigen Tendenz zur Verhornung. Die Pars intermedia führt Übergangsepithel, d. h. geschichtetes Epithel ohne Verhornung; die Pars pelvina (= die Ampulle) ist 10—12 cm lang und durch ein schleimbildendes Zylinderepithel ausgestattet. Auch weiter oral werden immer wieder einmal versprengte Plattenepithelinseln und Epidermiskeime gesehen. In 2/3 aller Fälle treten Mastdarmgeschwülste beim männlichen Geschlechte auf. Das Prädilektionsalter liegt bei 55 Jahren. Bezüglich des *Mastdarmcarcinomes* kann man folgende histologische Formen auseinanderhalten:

aa) *Plattenepithelcarcinom der Analregion*, mit und ohne Verhornung, gelegentlich vom Typus sogenannter Basaliome. Carcinome der Analregion gelten als gefährlich, weil sie frühzeitig Metastasen in die Inguinallymphknoten setzen. Plattenepithelkrebse, die ein wenig höher oben liegen, entstehen entweder auf dem Boden versprengter Epithelkeime oder durch eine Epithelmetaplasie.

bb) In der Regio ampullaris werden im allgemeinen *adenomatöse und* Gallertkrebse gefunden. Hierbei handelt es sich um zellulare Infiltrate oder schüsselförmige Krebse. Die Dickdarmwand ist zu einem starrwandigen Rohr umgewandelt. Gelegentlich werden mit dem Stuhl Gallertklumpen abgesetzt.

cc) *Hoch liegendes strikturierendes szirrhöses Carcinom.* Es resultieren Ileus-Symptome. Die regionären Krebs-befallenen Lymphknoten liegen retroperitoneal oder in der sogenannten Kreuzbeinhöhlung.

dd) Verhältnismäßig selten sind *primäre Melanocarcinome der Ano-Rektalregion.*

Im Grenzbereich zwischen Sigma und Mastdarm findet sich (verhältnismäßig häufig) das villöse (polypöse) Adenom. Es ist durch Fähigkeit und Neigung zur Kalium-Sekretion ausgezeichnet. Villöse Adenome können Kalium-Verlust-Syndrome hervorrufen.

Haemorrhoiden. Man unterscheidet innere und äußere Haemorrhoiden. Die inneren entstehen im Gebiete des Plexus venosus haemorrhoidalis superior und liegen in der Submucosa. Auf jeden Fall liegen diese Haemorrhoiden oberhalb des Sphincter ani. Die äußeren Haemorrhoiden liegen im Quellgebiet des Plexus haemorrhoidalis inferior, genau genommen zwischen äußerer Haut und äußerem Sphinkter. Sie sind von einer zarten Übergangshaut überkleidet. — Haemorrhoiden treten in der Regel multipel auf. Sie entstehen auf dem Boden einer konstitutionellen Bindegewebsschwäche, vor allem aber durch Blutstauung, Preßwirkung bei Obstipation, besonders im Falle des Vorliegens einer hartnäckigen Obstipation; Schwangerschaft, Prostatahypertrophie und Mastdarmcarcinom können symptomatische Haemorrhoiden hervorrufen. — Bei den Haemorrhoiden handelt es sich um kavernöse Gebilde, vorwiegend venöser Bauform, indes häufig arterio-venös und an das Verzweigungsgebiet der oberen Haemorrhoidalarterie angeschlossen! Daher ist die Blutung nach Haemorrhoidalruptur im allgemeinen eine „arterielle". — Haemorrhoidalknoten erwerben über kurz oder lang eine akzidentelle Entzündung. Es resultiert eine Thrombophlebitis haemorrhoidalis. Gelegentlich werden innere Haemorrhoidalknoten inkarzeriert, was besonders schmerzhaft sein soll. Eine Vielzahl geschwulstähnlich entfalteter Haemorrhoidalknoten kann die Entwicklung eines Analprolapses begünstigen.

V. Pathologie des Peritoneum

Das Bauchfell ist zusammengesetzt aus einer bindegewebigen Membran, der elastische Fäserchen, zahlreiche Blut- und Lymphgefäße beigemengt sind. Die Oberfläche des Bauchfelles ist durch *polygonale Deckzellen* (Endothelien, besser Mesothelien) besetzt. Die Deckzellen verfügen über eine außerordentliche Resorptionsmöglichkeit. Die Lymphgefäße reichen bis unmittelbar an die Deckzellen heran. Die Endothelien der Lymphgefäße scheinen mit den Deckzellen räumlich zusammenzuhängen. Zwischen den Deckzellen sind fakultative Stomata und Stigmata ausgespart. Durch diese „Löcher" kommt es zur Aufnahme von Blut- und Lymphzellen und zu deren Transport in Richtung auf die benachbarten Blutgefäße. Allein auf diese Weise wird die Kommunikation zwischen Bauch-, Pleura- sowie Herzbeutelhöhle möglich gemacht. Die resorptive Kraft der peritonealen Deckzellen ist eine außerordentliche. Damit hängt es zusammen, daß der Erfolg einer intraperitonealen Injektion dem einer intravenösen Applikation kaum nachsteht. Die Hauptresorptionsorte des Bauchfelles liegen im Bereiche des Centrum tendineum diaphragmatis. Das große Netz enthält mehrfache milchfarbene, leidlich umschriebene gewebliche Verdichtungen: *Taches laiteuses*, Milchflecke. Die in den Taches laiteuses etablierten Bindegewebszellen haben immer wieder als Modell für die experimentelle Interrogation der Vorgänge bei der Entstehung entzündlicher Exsudate gedient. Bei vielen Zellen der Milchflecke handelt es sich um Pyrrholzellen.

1. Bauchwassersucht

Ursachen

a) *Blutstauung:* Die Bauchwassersucht *(Aszites)* entsteht entweder seitens des Herzens oder seitens eines Abflußhindernisses der Pfortader. Der Aszites wird auch in manchen Fällen des chronisch-obstruktiven Lungenemphysemes (Rechtsherzbelastung) beobachtet.
b) Der Aszites ist Ausdruck einer lokalen *Bauchraumerkrankung*. Eine solche kann gesteuert werden durch ein Geschwulstleiden, durch Tuberkulose oder Lues.
c) *Kachexie und konsekutive Anämie* gehen häufig mit Ausbildung eines dyshorischen Aszites einher.
d) Einige seltenere Aszitesformen scheinen *hormonell bedingt* zu sein: Bei jungen Mädchen kann eine diskrete Bauchwassersucht zur Zeit der Menarche gefunden werden. JOE V. MEIGS (geb. 1892) beschrieb im Jahre 1937 die eigenartige Koinzidenz zwischen einem großen (teilweise sehr großen) Ovarialfibrom und einem Aszites bzw. einem linksseitigen Pleuraerguß.
e) *Polyserositis:* Ein Aszites kann selbstverständlich auch im Gefolge einer Allgemeinerkrankung aller seröser Häute entstehen.

Je länger ein Körperhöhlenerguß besteht, um so stärker ist die zelluläre Beimengung. Handelte es sich zunächst nurmehr um die Desquamation der autochthonen Oberflächen-Deckzellen, so ist es jetzt wahrscheinlich, daß besondere Zellen — Monocyten (?) — eine Rolle spielen. Je länger ein Höhlenerguß besteht, um so reichlicher ist die Zellulation (im Punktat). Die Mesothelien verfügen über eine fast sprichwörtliche Multipotenz: Ihr Protoplasma ist vakuolisiert, es können sich zwei bis drei Zellkerne finden, Mitosen sind nicht selten nachweisbar.

Die cytodiagnostische Beurteilung des Sedimentes eines Bauchhöhlenergusses kann recht schwierig sein. Die wundersamsten Zellveränderungen finden sich bei rheumatischer rezidivierter Polyserositis (Kennwort: Le rheumatisme aigu

lèche les plèvres, les jointures, les méninges mêmes, mais il ...). Die Desquamierten Deckzellen (Mesothelien) sind dann zu Placards, vielfach zu Ringformen und Pseudorosetten zusammengetreten. Man muß sich hüten, das Vorliegen von Carcinomzellen anzunehmen!
Im Formenkreis möglicher Aszitesbildungen nimmt der *Ascites chylosus* eine besondere Stellung ein. Er entsteht nach Ruptur eines Lymphgefäßes oder durch Diapedese des Chylus infolge Kompression einer abführenden Lymphbahn z. B. durch einen Tumor. Der Ascites chylosus stellt eine opaleszierende Flüssigkeit von grauweißer bis graugelber Farbe dar. Der Zuckergehalt ist stets auffallend hoch. Eine Spielart des Ascites chylosus ist der Ascites *adiposus*. Dabei liegt eine Anreicherung des Fettgehaltes vor. Mikroskopisch finden sich Fettkörnchenzellen. — Jeder längere Zeit bestehende Bauchhöhlenerguß kann zu einer zuckergußähnlichen Verdickung des Peritoneum führen („Zuckergußorgane"). Nach stattgehabten Blutungen zeigt das verdickte Bauchfell eine schiefergraue, gelegentlich eine rostbraune Farbe.

Der normale Eiweißgehalt des menschlichen Blutplasma liegt bei 74,5 ‰ der „gesunden" Lymphe bei 70 ‰; er beträgt in einem entzündlichen Ödem (z. B. gewonnen durch Mikropunktion eines Organes) 55 ‰; der Eiweißgehalt eines einfachen Höhlenhydrops (eines Transsudates) liegt bei 5 ‰! Das spezifische Gewicht bei einfachen Stauungs-Höhlenergüssen beträgt 1004—1014. Der hydrostatische Druck eines derartigen Ergusses liegt etwa bei 100 mm Wassersäule. Die Differentialdiagnose zwischen hydro-haemomechanischem oder entzündlichem Erguß geht auf den Internisten MORITZ (1886) und den italienischen Pathologen RIVALTA (1895) zurück. Wichtig ist, daß man sich einer *rite* verdünnten Essigsäure bedient. Sie wird so hergestellt, daß 2 Tropfen Eisessig auf 100 ml Aqua dest. verteilt werden. Werden einige Tropfen Bauchhöhlenflüssigkeit in eine derart verdünnte Essigsäure eingebracht, entsteht im Falle des Vorliegens eines „Exsudates" eine Trübung, im Falle des Vorliegens eines „Transsudates" keine Trübung. Durch den Aszites können die Bauchdecken derart vorgewölbt sein, daß der Bauchnabel verstreicht. Die Dehnung der Bauchwand hinterläßt Striae distensae. Ascites-Flüssigkeitsmengen von 20—40 Litern sind keine Seltenheit.

2. Haematoperitoneum = Haemaskos

Aus dem „Ursachen-Repertoire" sei folgendes genannt: Trauma; Ruptur eines Tumors, Ulcus-perforation mit Gefäßarrosion, Tubarabort mit äußerem Fruchtkapselaufbruch; spezifische Entzündungen sowie bösartige Geschwülste; haemorrhagische Pankreatitis (Pankreasapoplexie!); allgemeine haemorrhagische Diathese.

Kleinere peritoneale Blutergüsse werden gänzlich resorbiert. Etwas größere Ergüsse sitzen ab im Douglas. Es entsteht eine *Haematocele retrouterina*. Um diese zusammengesinterte Blutung wird eine Fibrinmembran gebildet. Diese kann einer serösen Haut zum Verwechseln ähnlich sehen („Neo-Serosa"). Gelegentlich entsteht ein gekammertes (kavernisiertes) System. Die organisatorischen „Septen" können verfetten und verkalken. Stets und ständig sind reichlich Haemosiderinreste nachweisbar. Eine nicht derart abgesackte Blutung kann in der Bauchhöhle eine fleckige Pigmentation hinterlassen, als ob Schnupftabak über die seröse Haut „gepustet" worden wäre!

3. Cholaskos

Ein galliger Erguß des Cavum peritoneale entsteht dann, wenn eine Kommunikation mit der Gallenblasen-Höhle oder der eines der großen Gallengänge bestehen sollte. Es kann sich um die Folge eines Trauma, die einer entzündlichen oder aber geschwulstigen Perforation handeln. Nicht ganz selten wird ein Cholaskos *ohne* Perforation (von Gallenblase oder Gallengängen) gefunden. Man spricht von *„aperforativer galliger Peritonitis"*! Damit wird zum Ausdruck gebracht, daß eine Fehlfunktion des „bilateral-synergischen Systemes" Gallenblase-Gallenwege einerseits, tubuläres Pankreas andererseits vorliegt. Es ist überaus wahrscheinlich, daß pankreatogene proteolytische Fermente „durch Sekretion gegen einen Widerstand" (an der Vaterschen Papille) in die Gallenblase hinaufgelangt sind und dort eine „tryptische Läsion" gesetzt haben. Diese macht eine Permeabilitätssteigerung der Gallenblasenwand, an mehreren Stellen gleichzeitig; der Gallenblaseninhalt sickert in die Bauchhöhle und erzeugt dort einen (gallig imbibierten) Reizerguß. Das klinische Bild ist dramatisch, die Deutung des Sachverhaltes im allgemeinen erst expost möglich!

4. Entzündliche Erkrankungen des Bauchfelles = Peritonitis

Man kann eine akute, chronische, eine exsudative, aber auch produktiv-vernarbende Peritonitis unterscheiden. — In der *formalen Pathogenese* der Peritonitis müssen folgende Bedingungen und Möglichkeiten bedacht werden:

a) Trauma

Es kann sich um eine äußere oder innere Perforation (der Bauchwand, des Bauchfelles), aber auch um die Folge von Commotio und Contusio, handeln. In letzteren Fällen entsteht eine *„Spät-Peritonitis"*.

b) Übergreifen aus der Nachbarschaft

aa) Von *gelähmten Eingeweiden* aus (Darmparalyse);
bb) von *entzündeten Eingeweiden* aus: per permigrationem, per continuitatem, ex perforatione (also z. B. ausgehend vom Darm, nämlich vom Wurmfortsatz oder von einem Graserschen Divertikel; oder von Magen, Gallenwegen, Harnblase und weiblichem Genitale; oder ausgehend von Milz, Bauchlymphknoten und Pankreas; oder über das Zwerchfell!).
cc) *Übergreifen von der Wirbelsäule*, der partietalen Bauchwand oder vom Beckenraum.

c) Haematogen-metastatische Peritonitis

Eine solche kommt bei Kindern, vor allem bei kleinen Mädchen, und zwar unter dem Bilde der *"Pneumokokkenperitonitis"* vor.

Analysiert man die Entstehungsbedingungen der Peritonitis im Sinne der *kausalen Pathogenese*, ist folgendes herauszustellen:
aa) *Rein chemische Wirkungen:* Uraemie; Galle. — Es handelt sich um eine aseptische Peritonitis.
bb) *Mikrobielle Infektionen:* Darmkeime, Salmonellen, Anaerobier, aber auch Kokken, Kokkeninfekte auch als akzidentelle Dreingabe einer Virus-Influenza!
cc) *Physikalische Ursachen:* Mechanisches Trauma (Fremdkörperreize, etwa auch im Zusammenhang mit einer Laparotomie, z. B. Talkum-Granulome etc.), Radium-Röntgen-Bestrahlung, thermische Effekte.

Phänomenologische Einteilung der Peritonitisformen
aa) *Seröse Peritonitis*, fibrinöse sowie fibrinös-eitrige Bauchfellentzündung.
bb) *Haemorrhagische Peritonitis;*
cc) *Gallige Peritonitis* (entzündlicher Cholaskos);
dd) *Kotige Peritonitis!*
ee) *Pneumoperitonitis*, Pneumaskos, Spannungsperitonitis.
ff) *Geschwürige* sowie fibrös-hyperplastische, mit starker Narbenschrumpfung einhergehende *Peritonitis*.
gg) *Peritonitis arenosa* mit Ablagerung von Psammomkörperchen. —
Die Peritonitis arenosa ist keine entzündliche Erkrankung sensu stricto; es handelt sich vielmehr um eine Peritonealcarcinose, so gut wie immer ausgehend von einem Adeno-Psammo-Carcinom des Ovarium einer alten Frau. Der Tumor breitet sich in der Kontinuität aus, weidet die peritonealen Oberflächen ab, seine Epithelien verfügen über fibroplastische Potenzen; die Epithelien treten zu zwiebelschalenförmig konfigurierten, nachträglich verkalkenden Gebilden zusammen, welche eine entfernte Ähnlichkeit mit Hassallschen Körperchen haben. Diese „Sandkörner" (Corpora arenarea) sind das diagnostische Specificum. Derartige Carcinome können klinisch als semimaligne gelten. Das Leiden ist ungemein chronisch. Die Fibroplasie des Cavum peritoneale erschwert die Motilität des Darmes und den Abtransport der verdauten Ingesta auf dem Lymphweg. Die Kranken magern ab, sie sterben im Zustande hochgradiger Kachexie. Dabei ist der Kontrast zwischen dem aufgetriebenen Bauchraum (mit der eigenartig starken Vorwölbung der Bauchdecken) und dem zum Skelett abgemagerten übrigen Körper ungewöhnlich eindrucksvoll. Die Veränderungen des Bauchraumes entstehen also durch eine psammo-papillomatöse Implantations-Metastasierung. Es ist dann gelegentlich zu diskutieren, ob tatsächlich ein „Carcinom" oder ein papilläres Ovarialkystom (Psammopapillom) zugrunde liegt. Beides ist möglich.

Zur Nomenklatur: arena = Sand; arenosus = voll von Sand; arenaceus = sandig; synonym: psammos (grch.) = Sand! Der Terminus „Peritonitis arenosa" geht auf R. VIRCHOW (1900) zurück. *Schlüssellit.:* C. FROBOESE Peritonitis arenosa und Epiploitis fibroplastica calcificans (ossificans). VIRCHOWs Archiv 317 : 616, *1950*.

5. Besondere Formen entzündlicher Peritonealerkrankungen

a) Tuberkulose

aa) Peritonitis tuberculosa

Vorwiegend exsudative, also zur Verkäsung neigende Entzündung. Sie geht mit Ausbildung eines trüb-haemorrhagischen Aszites einher! Die Peritonitis tuberculosa wurde früher in 10 % aller Fälle gemeinsam mit einem vorgeschrittenen Stadium der Leberzirrhose beobachtet. Die tuberkulöse Peritonitis war bis vor 20 Jahren ein scheinbar primärer Gelegenheits-Sektionsbefund bei hochbetagten Menschen. Es mußte sich wohl um eine sub finem vitae zustande gekommene tuberculo-bakterielle Propagation bei Zusammenbruch der sogenannten Resistenz gehandelt haben.

bb) Tuberculosis peritonealis

Peritonitis tuberculosa sicca! Der Prozeß ist knotig-knollig, unter Umständen vergesellschaftet mit der Ausbildung pendulierender Tuberkulome; die Veränderungen gleichen denen der Perlsucht der Rinder.

b) Pseudotuberkulose

Es handelt sich um die verschiedenen Manifestationsformen sogenannter Pasteurelleninfekte. Dabei entstehen mit Vorliebe unter der peritonealen Serosa miliare und übermiliare Knötchen von grauer, graugelber Farbe, zentraler käseähnlicher, krümeliger Nekrotisierung und (histologisch) prachtvollen Epitheloidzellsäumen.

c) Typhus abbominalis, Aktinomykose, Listeriose

Die genannten Prozesse greifen von den Bauchhöhleneingeweiden auf das Peritoneum über und erzeugen dort ihr spezifisches Granulationsgewebe.

d) Fremdkörperperitonitis

Die Ursache für die Entstehung sogenannter Fremdkörpergranulome im Cavum peritoneale sind gänzlich verschiedenartige: Es mag sich um die Folge der Implantation von Parasiteneiern oder aber der Parasiten selber handeln (Taenien, Askariden, Trematoden, Oxyuren); es kann sich auch um die Folge der Ruptur eines „blanden" Ovarialkystomes drehen: Dabei werden xanthöse Granulome am Orte der Implantation der Epithelverbände, gelegentlich Cholesterintafeln etc., gesehen. Schließlich sind Fremdkörper-Peritonitiden nach Tubendurchblasung (iatrogen) gesehen worden. In der Sulfonamid-Ära wurden pulverisierte Präparate in das Cavum uteri und die Lumina der Tuben eingeblasen. Eine der häufigsten Ursachen sogenannter Fremdkörper-Peritonitis ist das Talkum-Granulom: Die mit Talkum-Pulver gleitfähig gemachten (sterilen) Gummihandschuhe der Chirurgen brachten Talkum-Stäubchen per laparotomiam in die Bauchhöhle. Es resultierten „Verwachsungsbäuche" mit Adhäsionssträngen. Bei operativer Revision fanden sich Fremdkörpergranulome mit doppelt lichtbrechenden kristallinen Einschlüssen (Talkum Magnesiumsilikat).

e) Anhang

Bei intra- und extrauteriner Gravidität werden vom 4. Monat an im Beckenperitoneum, an der Unterfläche des Zwerchfelles, im Bereiche der Leber- und Milzkapsel, aber auch am Serosaüberzug der Dünndarmschlingen tuberkuloide deziduale Knötchen beobachtet. Diese sind mit freiem Auge gut erkennbar, glasnadelkopfgroß, von gelblicher oder braungelber Farbe, über die Oberfläche flach prominierend; histologisch handelt es sich um die großzellige Umwandlung des unter dem Mesothel gelegenen lockeren Bindegewebes!

6. Geschwülste des Bauchfelles

a) Geschwulstähnliche Bildungen

Epiploitis plastica. Es handelt sich um solide, derbe, glatte oder leicht gehöckerte „Tumoren", welche auf dem Boden von herdförmigen Fettgewebsnekrosen z. B. der Appendices epiploicae entstehen. Histologisch finden sich lipophage Granulome. Die Nekrotisierung des Fettgewebes hat die intrazellular abgelagerten Fette verseift; die freigesetzten Fettsäuren fallen in Nadeln aus; jene werden durch vielkernige Fremdkörperriesenzellen phagocytiert.

Zysten. Es handelt sich um heterologe Bildungen, im allgemeinen um folgendes: *Lymphzysten* (teils einfache Lymphangiektasien, teils zystische Lymphangiome); *Mesenterialzysten* (Retentionszysten der mesenterialen Lymphbahnen, gewöhnlich in enger räumlicher Bindung an eine Dünndarmschlinge); *Dermoidzysten* (dysgenetische Bildungen, ausgekleidet durch epidermales Plattenepithel mit Anhangsgebilden, Talgdrüsen und erstaunlichen Fettmassen; bis mannskopfgroß!); *Haematomzysten* (durch Absackung eines haemorrhagischen Ergusses und organisatorische Umwandlung); *Ölzysten* (durch pseudozystische Umwandlung eines erweichten intraperitonealen Lipomes; Inhalt: ölige Creme; Wandung fibrös, oft einige mm stark; topische Bindung an den Mesenterialansatz); *Enterokystom* (dysgenetische Bildung, gewöhnlich im Zusammenhang mit einer Entwicklungsstörung des Ductus omphalomesentericus; vgl. S. 146).

b) Echte Geschwülste

Diese nehmen ihren Ausgang vom Peritoneum im engeren Sinne, vom großen Netz, aus dem Bereiche der Mesenterialplatte und naturgemäß vom retroperitonealen Bindegewebe. Man kann „nicht-epitheliale" und „epitheliale" auseinanderhalten. Zu ersteren gehören *Fibrome, Lipome, Myxome, Leiomyome, Angiome;* aus dem Retroperitonealraum entwickeln sich nicht selten *Sarkome* (Spindelzell-, polymorphkernige Sarkome, Lymphosarkome). Die Ausdehnung der aus dem Retroperitoneum hervorgegangenen Geschwülste ist oft eine unerhörte: Fibro-Lipomyxome erreichen ein Gewicht von 40 kg! Lipoplastische Sarkome, als solche selten, kommen, wenn überhaupt, im Retroperitoneum (allenfalls im Mediastinum) vor. Die „epithelialen" Neubildungen werden durch die Gruppe der Mesotheliome repräsentiert. Diese können plattenförmig, umschrieben, gelegentlich gestielt, also polypös, aber auch dendritisch verzweigt gestaltet sein. Mesotheliome sind semimaligne. E. KAUFMANN sprach von „Mesothelkrebs"! — Eigentliche Epitheliome stammen aus dem Parenchymbestand der benachbarten oder durch Peritoneum überkleideten Organe. — Neurogen-ektodermale Geschwülste sind keine Seltenheit. Es handelt sich um Sympathicogoniome (Sympathicoblastome), Paragangliome und Ganglioneurome. Die Geschwülste der Sympathicusanlage treten im allgemeinen im frühen Kindesalter auf; sie sind markig weich, haben eine Beziehung zum Nebennierenmark und sind sehr maligne: Die Geschwülste finden sich häufig doppelseitig, wenn auch mit Präponderanz jeweils der einen Seite. Sie wachsen schnell, diffus infiltrierend und setzen ungemein zahlreiche Metastasen in Leber, Lymphknoten, Knochenmark. Schädeldachmetastasen induzieren das Bild des „Bürstenschädels". Retroorbitale Metastasen bedingen eine Protrusio bulbi. Die Geschwulstzellen sind klein, fast lymphocytenähnlich, im Besitze chromatinreicher und pyknotischer Kerne. Typisch ist die Ausbildung von Rosetten und Pseudorosetten. Tritt der Tumor zunächst einseitig auf, findet man im Nebennierenmark der anderen Seite überschüssige Sympathicogonien, mit und ohne Rosetten! Die Paragangliome können chromaffin und nicht-chromaffin sein. Erstere sind adrenergisch und leiten sich her von der Sympathicusanlage. Nicht ganz selten lassen sich topische Beziehungen zu den Grenzstrangganglien oder zum Zuckerkandlschen Organ nachweisen. Chromaffine Neubildungen sollten in Müllerscher Flüssigkeit (Kaliumbichromat, Natriumsulfat und Aqua dest.) fixiert werden. Auch die Ganglioneurome nehmen ihren Ausgang von der Sympathicusanlage. Paragangliome und Ganglioneurome können als fakultativ maligne gelten. Ganglioneurome tragen die Züge einer „blastomatösen Dysplasie", also einer Dysplasie mit blastomatösem Einschlag.

c) Sekundäre Geschwülste

Sekundäre Geschwülste des Bauchraumes sind außerordentlich häufig. Es handelt sich einmal um das Bild der Lymphangiosis carcinomatosa; zum anderen um die diffuse Ausbreitung gelatinöser Krebse in der Kontiguität. Schließlich ist des *Pseudomyxoma peritonei* zu gedenken. Jenes kann sich herleiten a) von einem Ovarialkystom, b) von einem chronisch-entzündlich alterierten Wurmfortsatz (Myxoglobulose); c) von einem Enterokystom; schließlich d) von einem Gallertcarcinom. Das Pseudomyxoma peritonei stellt ein ernstes, folgenschweres Vorkommnis dar; eine echte Therapie ist kaum möglich.

VI. Parasiten des Verdauungskanales

Die Parasiten des Verdauungskanales kann man einteilen in *Protozoen* und *Metazoen*.

1. Protozoen

Die Protozoen — allgemein — sind einzuteilen in 1. *Rhizopoden (Amöben)*, 2. *Flagellaten (Cercomonaden* und *Bodonen*, Höhlenbewohner z. B. *Trichomonaden* und *Lamblien;* sowie *Trypanosomen* und *Leishmanien);* 3. *Sporozoen (Malaria-Plasmodien, Toxoplasma Gondii);* 4. *Ciliaten (Balantidium coli).*

Über die *Amöben* hatten wir im Zusammenhang mit der Ruhr (vgl. S. 178) gesprochen. Aus der Familie der *Flagellaten* interessieren *Cercomonas intestinalis (Lamblia intestinalis);* hierher gehören auch *Chilomastix mesnili* und *Trichomonas intestinalis.*

Die *Lamblia intestinalis* (= *Giardia intestinalis)* ist birnenförmig gestaltet, nach hinten zu dünn ausgezogen, 10 bis 20 μ lang und 6—10 μ breit. Lamblia besitzt zwei deutliche Kerne und eine nierenförmige, ventral etablierte Vertiefung. Um diese herum finden sich 6 nach rückwärts orientierte Geißeln. Ein weiteres Geißelpaar befindet sich am Hinterende des Körpers. Lamblia (Cercomonas) intestinalis (= Megastoma entericum) kommt im menschlichen Dünndarm häufig vor. Die Frage der Pathogenität ist umstritten. Mit der Lamblia intestinalis verwandt sind *Trichomonas vaginalis* und *Chilomastix.* Es gibt sehr verschiedene Darmtrichomonaden. Trichomonas vaginalis der Frau bewohnt nicht nur die Vagina, sondern auch die Harnröhre bei Frau und Mann. Eine weitere Species ist *Trochomonas elongata* (= Trichomonas tenax), sie kommt in der Mundhöhle des Menschen vor. Die pathologische Leistung von Lamblia ist wahrscheinlich bescheiden. Einzelheiten bei H. BÜTTNER: Lambliosis, Biologie und Klinik, Med. Klin. 45 : 1015, *1950.*

Balantidium coli

Es gehört in die Familie der *Infusorien* (Paramaecium); es ist 0,1 mm lang und 0,07 mm breit. Balantidium coli gehört zu den *Ciliaten.* Die Balantidien kommen beim Menschen hauptsächlich im Dickdarm vor und werden auch intramural, namentlich im Grunde von Geschwürsbildungen, angetroffen. Die den Körper von Balantidium umgebende Pellicula ist längsgestreift; die schlagenden Wimpern sitzen im Bereiche der Streifen. Am Vorderteil des Körpers befindet sich eine Spalte, die sich in eine trichterförmige Vertiefung fortsetzt. Man spricht von dem Peristoma (= Mundfeld); im Grunde des Peristoma liegt der eigentliche Zellmund, das Cytostoma. Balantidium coli verfügt über einen Makronucleus und einen Mikronucleus. In den Zisternen des Protoplasma finden sich thesaurierte Fremdkörper, Stärkekörnchen, gelegentlich Erythrocyten. Balantidium coli gehört eigentlich in den Schweinedarm; das Schwein ist der normale Wirt. Balantidium coli findet sich aber auch im Dickdarm des Menschen sowie der anthropoiden Affen. Der Mensch infiziert sich dadurch, daß er eine mit Balantidium-Zysten verunreinigte Nahrung genießt. Balantidium coli ist der Erreger der *Balantidium-Ruhr.* Diese ruhrähnliche Dickdarmschleimhautentzündung verläuft chronisch; sie kann jahrelang anhalten. Gelegentlich dringen die Balantidien in die Blut- und Lymphbahnen des Darmes ein.

2. Metazoen
a) Vermes (Würmer)

Ascaris lumbricoides. Es handelt sich um den Spulwurm; er sieht regenwurmähnlich aus; das Weibchen ist 25—40 cm lang, das Männchen nur 15—20. Das Hinterende des Männchens ist hirtenstabförmig gekrümmt; es finden sich ebendort zwei kleine bräunliche Spiculae und zwei praeanale Papillen. Ascaris lebt im allgemeinen im Dünndarm. Das Weibchen produziert täglich etwa 200 000 Eier. Diese haben die Größe von 60 : 40 μ; die Ascaris-Eier produzieren im Kot eine unregelmäßige Eiweißhülle. Die mit dem Kot abgesetzten Eier sind zunächst nicht infektiös. Sie gelangen jedoch mit den Fäkalien in die Außenwelt, also in Wasser und in feuchte Erde. In den Eiern entwickelt sich der Embryo. Er benötigt für seine Entwicklung etwa 12—14 Tage, bei tieferen Temperaturen (+ 15 Grad C) 30 Tage und länger. Man sieht dann im Inneren der Eischale ein Würmchen sich bewegend. Embryonierte Ascaris-Eier sind erstaunlich lebenszäh: Sie wurden angeblich noch nach 5jährigem Wasseraufenthalt als lebensfähig befunden. Ascaris-Eier, 125 Tage lang bei minus 25 Grad C eingefroren, sterben nicht ab. Die aus den in den Verdauungskanal gelangten befruchteten (embryonierten) Eiern frei gewordenen Larven sind 0,25 mm lang und tragen am Kopfende eine Chitinspitze. Seit dem Jahre 1916 weiß man, daß die Ausentwicklung der Wurmlarven im Darm nicht statt hat; Ascariden können die Darmwand durchbohren und im Verlaufe von 3—4 Tagen die Leber erreichen. Massiv infizierte Versuchstiere gehen an Lungenblutung und Fieber, im allgemeinen im Verlaufe von 10 Tagen, zugrunde. Im Jahre 1922 verschluckte S. Koino in Tokio 2 000 reife Eier. Es entstanden Fieber, Atemnot, Bronchitis; im sogenannten pneumonischen Sputum des 9. bis 16. Tages fanden sich Larven. 50 Tage nach der Infektion wurden die Parasiten durch ein Wurmmittel medikamentös verdrängt. Dabei fanden sich 667 junge Spulwürmer im Kot. Die röntgenologisch nachweisbaren Lungeninfiltrate dürften als eosinophile gelten. Gelegentlich ist die *direkte* Giftwirkung bei Askaridiasis beträchtlich. In Zeiten geringer Allgemeinhygiene finden sich auch *heterogene* enterogene Infektionen. Das klinische Bild des *Askariden-Ileus* ist eindrucksvoll.

Charakteristisch ist für alle Nematoden (Faden-, Rundwürmer) die notorische Lungenpassage. Die Verweildauer der auf dem Blutwege in die Lungen gebrachten Larven ebendort ist unterschiedlich lang.

Ankylostoma duodenale. Es handelt sich um den Hakenwurm oder Grubenwurm. Er ist klein, zylinderförmig und am vorderen Körperende leicht verjüngt. Das Männchen ist 8—11 mm, das Weibchen 10—18 mm lang. Beide Geschlechter besitzen eine nach dorsal geöffnete Mundkapsel. Sie ist durch je zwei Paare ventraler Zähnchen und einem Paar von kleinen dorsalen Spitzen versehen. Das Männchen hat außerdem an der hinteren Körperseite eine glockenförmige Ausweitung seiner Cuticula. Männchen und Weibchen leben in einigermaßen der gleichen Anzahl im Dünndarm des Menschen. Die begatteten

Weibchen legen annähernd ovale, dünnschalige Eier ab. Diese sind im allgemeinen 60 μ lang und 40 μ breit. Aus den befruchteten Eiern schlüpfen im Freien rhabditisförmige Larven. Auch diese durchlaufen einige Entwicklungswege. Ankylostoma duodenale ruft eine schwere Allgemeinerkrankung mit hochgradiger Anämie hervor. In Mitteleuropa wurde das Leiden zuerst beim Bau des Gotthard-Tunnel bekannt (daher: Gotthard-Tunnel-Arbeiter-Krankheit!). Dem Ankylostoma duodenale wesensmäßig verwandt ist Necator americanus. Die Ankylostomiasis ist im tropischen Gürtel unseres Planeten „weltweit" verbreitet. Die Infektion ist solange nicht zu beherrschen, als sich native Völker nicht an die Benutzung sanitärer Einrichtungen (Latrinen etc.) gewöhnen können, im Freien defäzieren und außerdem barfuß gehen. Die gescheidetsten Rhabditislarven perforieren die Haut der Barfüßer, permeieren im Bereiche der Unterschenkel und setzen auf dem Blutwege ihre Metastasen im Dünndarm. Man hat gesagt, die Lethargie der farbigen Bevölkerung unserer Erde hinge im wesentlichen mit der unerhörten Ausbreitung der Ankylostomiasis (der durch diese bedingten sekundären Blutungsanämie) zusammen! Die Rockefeller-Foundation hat Unsummen darauf verwandt, die native Bevölkerung des tropischen Gürtels durch Schaubilder über den Entwicklungszyklus dieser Parasiten zu informieren mit dem Ziele, zu erreichen, daß mindestens vorbereitete Stellen (Latrinen etc.) zur Defäkation benutzt werden. Beim Bau des Gotthard-Tunnels ist die Ankylostomiasis dadurch in Europa ausgebrochen, weil die Tunnelarbeiter ihren Darminhalt in den feuchtwarmen Erdhöhlen und Stollen absetzten; die aus dem südeuropäischen Raum und aus Übersee stammenden Fremdarbeiter waren in ausgedehntem Maße infiziert; durch die Deponierung der Fäkalien in den Tunnel-Stollen etc. ist es zur Aufwanderung der Rhabditislarven an den Höhlenwänden, Gerüsten, Stollenwänden und Sappen gekommen, wodurch die autochthone mitteleuropäische Bevölkerung, die beim Tunnelbau mitwirkte, infiziert wurde!

Trichiuris trichiuris (Trichocephalus dispar). Es handelt sich um den Peitschenwurm. Das Weibchen ist 4—5 cm lang, das Männchen kleiner. Die Eier besitzen eine dicke, dunkelbraune Schale, die an beiden Polen durchlöchert und mit einem Eiweißpfropf verschlossen ist. Die Infektion des Menschen erfolgt ohne Zwischenwirt durch Verschlucken embryonenhaltiger Tiere. Der Parasit lebt vor allem im Coecum, im Wurmfortsatz und dem aufsteigenden Dickdarm. Der Parasit findet sich stets mit dem vorderen Körperende in die Darmschleimhaut eingebohrt. Die pathogene Bedeutung von Trichiuris ist gering.

Oxyuris vermicularis. Die Species führt verschiedene Namen: Spring-, Kinder-, Maden- oder Afterwürmer (Enterobius vermicularis). Es handelt sich um kleine Nematoden, welche man mit bloßem Auge gut erkennen kann. Das Männchen ist 3—5 mm lang und hat eine Stärke von 200 μ. Das Hinterende ist ventral eingerollt und stumpf. Das Weibchen ist größer, 9—12 mm lang und 0,5 mm breit. Das Körperende läuft in einem sehr dünnen Schwanze aus. Dies mag die Ursache dafür sein, daß man Oxyuris vermicularis auch als Pfriemenschwanz bezeichnet hat.

Die kleinen Würmer beiderlei Geschlechtes verbringen den größten Teil ihres Lebens im Lumen des letzten Abschnittes des Dünndarmes; sie wandern dann in den Dickdarm, den Blinddarm und den Wurmfortsatz. Die legefähigen

Weibchen steigen ab in das Rektum des Menschen und halten sich dort in der Nähe der Analöffnung auf. Zur Zeit der Eiablage kriechen die trächtigen Weibchen aktiv aus der Afteröffnung hinaus; dies geschieht vor allem in der Wärme der nächtlichen Bettruhe. Wurmeier findet man daher nur ausnahmsweise in den Exkrementen. Im Augenblick der Ablage enthalten die Wurmeier einen Embryo; bei einer Temperatur von 30—36 Grad C entwickelt sich der Keimling innerhalb der Eischale verhältnismäßig schnell (angeblich in etwa 6 Stunden). Es resultiert eine nematodenförmige Wurmlarve. Erst jetzt sind die Eier infektionsfähig. Die in den Abendstunden im Bereiche der Analfalten eines Wirtes abgelegten Eier können bereits am nächsten Morgen infektiös sein. Deshalb spielt die Autoinfektion eine große Rolle. Die Lokomotion der Parasiten in der äußeren Analregion zeitigt einen Juckreiz. Auf diese Weise ist es möglich, daß ein Infektionsweg: After — Finger — Mund — Darm entsteht. Oxyureneier werden auch zahlreich im Haus-, Wohnungs- und Zimmerstaub gefunden, zumal, wenn Oxyurenträger dort verkehren.

Die pathogene Bedeutung der Madenwürmer wird unterschiedlich eingeschätzt. Die Madenwürmer sind diejenigen Nematoden, die man am häufigsten im Wurmfortsatz finden kann.

Cestodes (Taenien). Im mitteleuropäischen Raum müssen folgende Bandwürmer, welche eine bestimmte Bedeutung für die menschliche Pathologie beanspruchen können, auseinandergehalten werden:

1. *Taenia solium (armata):* Die Taenia solium, der Schweinebandwurm, erreicht eine Länge von 2—3 m. Der Kopf ist 2—6 mm groß, besitzt ein Rostellum mit vier Saugnäpfen und 26 großen in zwei Reihen angeordneten Häkchen. Die Proglottiden sind 9—10 mm lang sowie 6—7 mm breit. Die Eier messen 30—35 μ. Die Finne des Schweinebandwurmes kommt auch im Menschen vor: Cysticercus cellulosae, Cysticercus racemosus.

2. *Taenia saginata (inermis):* Der Rinderbandwurm ist 8—10 m lang, der Kopf besitzt ein Rostellum mit 4 Saugnäpfen, jedoch ohne Hakenkranz. Die Proglottiden sind 18 mm lang und etwa 9 mm breit. Der Uterus hat 20—30 dichotomisch verzweigte Seitenäste. Die Eier der Taenia saginata sehen ähnlich aus wie die der Taenia solium. Ausnahmsweise kann die Blasenfistel ebenfalls beim Menschen angehen: Cysticercus bovis.

3. *Dibotryocephalus latus (Diphyllobotryocephalum; Botryocephalus):* Die Species wird 10 m lang. Der Kopf trägt 2 Saugnäpfe. Die großen, ovalen Eier haben eine bräunliche Farbe und tragen an dem einen Pole einen „Deckel". Die Finne, die keine Blasenform entwickelt, wird als *Plerozerkoid* bezeichnet. Diese lebt im Muskelfleisch von Fischen. Werden jene roh verspeist, ist die Gefahr einer Infektion mit Dibotryocephalus gegeben.

3. *Taenia echinococcus:* Die Echinokokken liegen im allgemeinen nicht im unmittelbaren Darmbereich; die Blasenfinnen können in der Mesenterialplatte liegen oder aber metastatisch nach Leber und Lunge verschleppt werden. Die Taenia echinococcus ist 3—6 mm lang; der Scolex hat ein Rostellum mit 4 Saugnäpfen und etwa 40, in zwei Reihen aufgestellten Haken. Jene sind sehr viel kleiner als die bei Taenia solium. Der Körper der Taenia echinococcus besteht freilich nur aus 3—4 Proglottiden. Diese enthalten die reifen Eier. Jene führen die 6hakigen Onkosphaeren (Hakenkugeln). Die reife Taenia

echinococcus lebt im Darme des Hundes. Zur Übertragung auf den Menschen ist dadurch Gelegenheit gegeben, daß Eier oder Onkosphaeren auf die Schnauze und das Fell des Tieres gelangen und dann beim Spielen mit den Tieren auf den Menschen übernommen werden. Dringen die Onkosphaeren in den Körper von Mensch und Tier ein, so wachsen sie zur Finne, der Echinokokkus-Blase, aus. Man unterscheidet den Echinococcus unilocularis polymorphus und den Echinococcus multilocularis alveolaris. Die Diagnose der Echinococcose beim Menschen steht und fällt mit dem Nachweis der Blasenfinne. Dementsprechend kann man unterscheiden einen Echinokokkus hydatidosus (mit endogenen Tochterblasen) und einen Echinococcus granulosus (von einem blumenkohlähnlichen, die Chitinmembran durchsetzenden, exophytischen Wachstum). Der Echinococcus multilocularis oder alveolaris ist in Mitteleuropa beim Menschen seltener; er findet sich vorwiegend in der Leber. Die zahllosen unterschiedlich großen Hohlräume lassen naturgemäß an das Vorliegen einer bösartigen Geschwulst denken. Die Ruptur einer Echinococcus-Blase kann ein schockähnliches Zustandsbild hervorrufen.

Allgemeine Bemerkungen zum Kapitel „Bandwürmer"
Die flachen Bandwürmer führen keinen eigenen Verdauungskanal. Sie halten sich durch Saugnäpfe oder Häkchen und zwar mit Hilfe eines vorstülpbaren Rüssels an der Dünndarmwand fest. Die Bandwurmglieder werden durch feinste Kanälchen, die Trophoporen, ernährt. Die Glieder = Proglottiden enthalten massenhaft Wurmeier. In einem Bandwurmglied können 124 000 Eier liegen. Die jährliche Eiabsatzzahl eines gesunden Bandwurmes liegt bei 600 000 000 Eiern. Während eines etwa nur 18 Jahre lang dimensionierten Bandwurmlebens werden 10 Milliarden Eier produziert und abgesetzt. Die Finnen entstehen aus den Embryonen, also aus den Eiern, indem sie die Darmwand durchbohren. Gelegentlich finden sich die Spuren einer diaplazentaren Durchsetzung. Die Finnen der Bandwürmer können ganz unterschiedlich gebaut sein: 1. Einköpfige Schwanzblasen (Cysticercus), 2. Vielköpfige Wasserblasen (Echinococcus etc.), 3. Solide Vollfinnen (Plerozerkoide). Die im Inneren der Bandwurmeier gelegenen Embryonen sind durch Onkosphaeren, also durch Hakenkugeln, ausgezeichnet.

b) Arthropoden

Linguatula rhinaria (Pentastoma denticulatum). Dieser Zungenwurm gehört zu den Arachniden, die durch den Parasitismus bis zur Unkenntlichkeit verunstaltet sind. Es handelt sich um langgestreckte wurmförmige Gebilde von etwa 10 : 3 mm. Sie führen um die Mundöffnung Krallen und Häkchen. Das erwachsene geschlechtsreife Tier lebt in den Stirn- und Nasenhöhlen des Hundes, seltener des Menschen. Befruchtete Eier aus dem Nasensekret gelangen auf die Halme von Gräsern und Weiden. Die Parasiten werden dort aufgenommen durch Hasen, Ziegen, Schafe und Rinder. Beim Menschen ist es so, daß im Magen und im Dünndarm die Larven aus den aufgenommenen Eiern frei werden, ausschlüpfen, die Darmwand perforieren und mit dem Lymphstrom in die Mesenteriallymphknoten abwandern. Der Weg geht weiter hämatogen nach der Leber. Dort kommt es zur Einkapselung. Nach etwa 6 Monaten wird die „Linguatula" deutlich. Dieses Zwischenstadium des Parasiten ist 5 mm lang und verfügt über 80—90 quere Ringe. Jene tragen zahlreiche feine Dorne. Am Munde befinden sich zwei Krallenpaare. Die Larven wandern in die Nasennebenhöhlen. Sie entwickeln sich dort zum geschlechtsreifen Tier. Oder es wird, in Leber und Gekröse abgelagert, von einem anderen Tier verspeist, und es kommt erst dann zur Wanderung in die Nasenhöhle. — Beim Menschen finden sich kalkige Knötchen unter der Kapsel von Leber und Darm oder aber im Inneren der abdominellen Lymphknoten. Die Diagnose ist nicht schwierig, wenn man daran denkt, daß das wurmähnliche Gebilde im Grunde ein „Spinnentier" von metameraler Gliederung ist. In der weiteren Umgebung des Parasiten finden sich Fremdkörperriesenzellen mit einer Vielzahl von Kernen. Vergleiche auch Spezielle pathologische Anatomie I, S. 199.

Quellenstudium. E. BRUMPT und M. NEVEU-LEMAIRE: Praktischer Leitfaden der Parasitologie des Menschen, übersetzt aus dem Französischen, II. Auflage von A. EHRHARDT. Berlin-Göttingen-Heidelberg: Springer 1951.

B. Große Drüsen

I. Leber

1. Entwicklungsgeschichte, normale Anatomie, Histologie

Die Leberanlage ist im ersten Embryonalmonat (in der dritten Entwicklungswoche) im „*Leberfeld*" des Vorderdarmes nachweisbar. Es handelt sich um eine kranial orientierte Ausstülpung des Entodermes jenes Darmabschnittes, der vor der vorderen Darmpforte gelegen ist. Dadurch entsteht die „*Leberbucht*". Jene reicht in das zwischen Anlage von Herz und Darm befindliche embryonale Bindegewebsfeld. Dieses heißt „*Vorleber*" und geht kranial in die Anlage des Zwerchfelles, das Septum transversum, über. Im Grunde der Leberbucht finden sich zwei Abschnitte, eine kraniale und eine kaudale Bucht. Diese wachsen ventral zu je zwei Gängen aus: Der kraniale Gang repräsentiert die *Pars hepatica* (= *Ductus hepaticus*), der kaudale die *Pars cystica* (= *Ductus cysticus*). Die beiden Gänge verlängern sich, bleiben aber durch ein gemeinsames Anfangsstück mit der Darmanlage, dem nachmaligen Duodenum, verbunden. Dieses „gemeinsame" Stück ist der *Ductus choledochus*. Seine Mündung wird bald auf die dorsale Seite des Duodenum verlagert. Bereits bei 2,7 mm langen menschlichen Embryonen finden sich epitheliale Sprossen im kranialen Abschnitt der Leberbucht. Diese Epithelien bilden ein Netzwerk, in dem sich die beiderseits neben dem Duodenum gelegenen Venae omphalo-mesentericae vollständig „auflösen". Die Anlage der Leber wird also reich versorgt durch Nährstoffe. Möglicherweise ist hierin die Ursache für ein verhältnismäßig schnelles Organwachstum zu erblicken. Die Leber wurde ursprünglich als bilateral-symmetrisches Organ angelegt. Die spätere Asymmetrie entsteht durch das Zurückbleiben des linken Leberlappens im Wachstum. Gallenblase und Hauptgallengänge entstehen aus der Pars cystica. Innerhalb der Leberzellbalken wird je ein Kanälchen formiert, ein Vorläufer der nachmaligen Gallencapillaren. Die größeren Gallenwege nehmen ihren Ursprung von der Anlage des Ductus hepaticus. Die Gallesekretion beginnt im 4. intrauterinen Entwicklungsmonat; vom 3. bis 7. Monat beteiligt sich die Leber quantitativ an der Blutbildung. — *Feinbau der Leber:* Man kann ihn nur verstehen, wenn der Blutkreislauf in der Leber geklärt ist. Das Prinzip der Mikroarchitektur besteht in der Herstellung einer möglichst breiten Berührung des Pfortaderblutes mit den Leberzellen. Durch Aufsplitterung der Pfortader in Capillarnetze gewinnt das Pfortaderblut eine gleichsam möglichst breite „Oberfläche". Es darf als etwas besonderes gelten, daß sich eine Vene, welche naturgemäß aus einem Capillargebiet entspringt, schlußendlich ein zweites Mal in Capillaren aufsplittert. Diejenigen Capillarnetze, in welche das Pfortaderblut eintritt, werden als „venöse Wundernetze" bezeichnet. Die Capillaren besitzen eine begrenzte Länge, welche ihrerseits der Austauschleistung angepaßt ist. Die größte Leber-Capillar-Länge beträgt 0,5 mm; sie beträgt sonst (im allgemeinen) nur 350 μ. Die Achse des Leberläppchens wird von der ableitenden Vene, der Zentralvene, gebildet. Die Leberläppchen enthalten capilläre Stromeinheiten, deren Netze eine radiäre Anordnung besitzen. Der Läppchendurchmesser mißt rund 1 mm, die größte Läppchenlänge etwa 1,5—2 mm. Infolge dichter Lagerung der Leberläppchen kommt es zur Abplattung benachbarter Läppchen an den Berührungsflächen. Damit hängt es zusammen, daß man im Querschnitt eine polygonale Felderung sieht. Die menschliche Leber besitzt keine allseitige bindegewebige Läppchenabgrenzung. Das Bindegewebe ist in Zwickelform dort angeordnet, wo mehrere Läppchen zusammenstoßen: *Glissonsches Dreieck, portobiliäres Feld*. — Mit zunehmendem Lebensalter kommt es zu einer Vermehrung des Bindegewebes, auch im Inneren der Läppchen.

Pfortader, Arteria hepatica und Gallenwege liegen schon an der Leberpforte dicht beieinander. Man findet sie leicht auf Querschnitten durch die portobiliären Bindegewebsfelder. Die portobiliären Felder (= Glissonsche Dreiecke) hängen kontinuierlich mit der Glissonschen Kapsel (der Leberserosa) zusammen. Die Arteria hepatica übernimmt die Nutrition, versorgt das Bindegewebe und steht durch eigene kleine Venen mit den Lebercapillaren in Verbindung. Es scheint, daß es auch größere, transversal durch die Läppchen verlaufende arteriovenöse Kurzschlußbahnen gibt. Die lichte Weite der Leberarterie ist bescheiden. Sie entspricht der der Schilddrüsenarterien, obwohl die Schilddrüse nur 1/30 des Lebergewichtes besitzt. Die Leberläppchen dürfen nicht als absolut isoliert gelten. Sie hängen mit den jeweiligen Nachbarläppchen zusammen. Dadurch entstehen sogenannte Sammelläppchen. Die parenchymale Kommunikation erfolgt an den Stellen, an denen die Zentralvene aus einem Läppchen austritt. So kommt es, daß sich gelegentlich die Zentralvenen mehrerer benachbarter Läppchen spitzwinkelig zu „Sammelvenen" vereinigen. Diese liegen noch intralobulär. Weil die Pfortader zwei Capillarbezirke miteinander verbindet, welche hintereinander geschaltet sind, ist die Vis a tergo im Lebercapillargebiet relativ gering. Über die Motorik der Blutbewegung in der Pfortader hatten wir auf S. 140 berichtet. Es sei an dieser Stelle in das Gedächtnis gerufen, daß 1. die Triebkraft des Blutes durch die Zottenpumpe, 2. durch Druckstoßwellen, vermittelt durch arterio-venöse Anastomosen, sowie 3. durch die Atemexkursionen des Zwerchfelles — im wesentlichen — beigestellt wird. — Die Venae hepaticae revehentes verfügen über Besonderheiten: Im Lebervenen-Cava-Winkel ist ein glattmuskulärer Ring eingebaut (MAUTNER und PICK), der allerdings durch pharmakologische Impulse zur Kontraktion gebracht werden kann. Man könnte von einer Art von Drosselvenen sprechen.

Die intralobulären sinusoidalen venösen Lebercapillaren verfügen über einen besonderen Bau: Die Capillaren sind relativ weit, die Wände dünn; eine Basalmembran ist nicht regelmäßig nachweisbar. Es scheint, daß es außer einem unvollständigen Endothelrohr zylindrische Gitterfasergespinste gibt, denen jeweils von außen her, tatzenförmig, die v. Kupfferschen Sternzellen aufsitzen. Die Leberstrombahn ist sicher eine „offene". Zwischen der äußeren Oberfläche der Venae intralobulares und der benachbarten Oberfläche der

Leberepithelreihen befindet sich ein Raum, der in der allgemeinen morphologischen Pathologie eine große Rolle spielt. Es handelt sich um den Disseschen Raum. Hier geht ein Ödem an, dort ist der Schauplatz der Ablagerung eines entzündlichen Exsudates, in den Disseschen Räumen werden Metabolite abgelagert, gerade dort kann die Inszenierung der Amyloidose beobachtet werden.

Nach Milzexstirpation übernehmen die v. Kupfferschen Sternzellen einen Teil der Milzfunktion. Die *Gallecapillaren* beginnen wahrscheinlich intrazellular, auf jeden Fall aber interzellulär, und zwar meist zwischen zwei, seltener drei Leberepithelien. Die interzellularen Capillaren liegen auf den „Breitseiten" der Leberepithelien. Sie können eine Leberepithelzelle gleichsam von allen Seiten umgreifen. *Die Blutcapillaren dagegen liegen an den Kanten der Epithelien.* Gallen- und Blutcapillaren verlaufen so weit als möglich voneinander getrennt. Die Netze der Gallen- und Blutcapillaren sind so durcheinander gewirkt, daß sich die Capillarbetten selbst nirgends berühren. Zwischen den beiden Capillarsystemen bleibt also immer ein Stück Parenchymzelle erhalten. Bei Lebendbeobachtungen (mit Hilfe der Lumineszenzmikroskopie) zeigt sich, daß die Weite der feinsten Galleröhrchen von deren Füllungszustand abhängig ist. An der Oberfläche der Leberläppchen gehen die Gallecapillaren in Gallengänge mit niedrigem Epithel über. Die intertubulären Gänge erhalten nach und nach ein Zylinderepithel, welches möglicherweise nicht nur die Funktion der Stoffleitung, sondern auch die der Resorption, wenn nicht gar der Stoffabgabe besitzen.

Die Größe der Leberepithelkerne schwankt nach „Größenklassen" (1—4). Die zugehörigen Epithelkernvolumina verhalten sich wie 1 : 2 : 4 : 8. Manche Leberepithelien sind zweikernig. Die Mehrkernigkeit der Leberepithelien gilt als morphischer Ausdruck betonter funktioneller Belastung. Mehrkernige Leberepithelzellen finden sich mehr in den Läppchenrand- und -Intermediärzonen als in den Zentralzonen. Die Leberepithelien sind reich an endoplasmatischen Reticula; sie verfügen über zahlreiche Mitochondrien, Lysosomen und einen prächtig differenzierten Golgi-Apparat.

Die Läppchen sind gegen die portobiliären Felder hin durch die von ELIAS beschriebene epitheliale Grundplatte abgegrenzt. Man spricht von *„epithelialer Grenzlamelle"* (Abb. 22).

Will man eine *histologische Einteilung* des hepatischen Feinbaues unternehmen, kann man folgendermaßen vorgehen:

1. Man kann die Baueinheit auf die jeweilige Zentralvene beziehen. Es handelt sich um die Konzeption des *„klassischen" Leberläppchens.* Diese „Gliederung" des Leberfeinbaues geht auf MALPIGHI (MARCELLO MALPIGHI, 1628—1694) zurück.
2. Man kann natürlich auch die Anordnung des Parenchymes auf das Gallesystem beziehen. Gerade diese Tatsache wird durch die nebenstehende Abbildung verdeutlicht. *Im Mittelpunkte der Parenchymeinheit liegt dann das portobiliäre Feld.* Dieses Gliederungsprinzip geht auf den französischen Histologen SABOURIN (1888) zurück. Es fand Anerkennung durch den Anatomen FRANKLIN P. MALL und durch den Pathologen KRETZ.
3. RÖSSLE sprach von *„Hepaton".* Er wollte damit nicht etwa zum Ausdruck bringen, daß das klassische Leberläppchen die funktionelle Einheit sensu stricto

wäre. *Hepaton und Läppchenbegriff sind nicht kongruent.* Unter Hepaton im Sinne RÖSSLEs versteht man die Funktionseinheit, welche repräsentiert wird durch Parenchymzelle + Sternzelle + Endothelzelle + Blut- und Lymphbahn + vegetativer Nervenendigung etc. RÖSSLE schwebte als „funktionelle Einheit" die topische und aktuelle Koinzidenz von Parenchym nebst Hilfsapparat vor. Das „Hepaton" ist daher keine anatomische Konkretisierung, sondern ein echter „Begriff". Ungefähr das gleiche drückt SIEGMUND durch den Terminus „Synergide" aus.

Neben Herz und Blutgefäßen gilt die Leber als das wichtigste Organ des Blutkreislaufes! Sie hat erstens als „Blutreservoir" zu gelten. Die Lokalisation

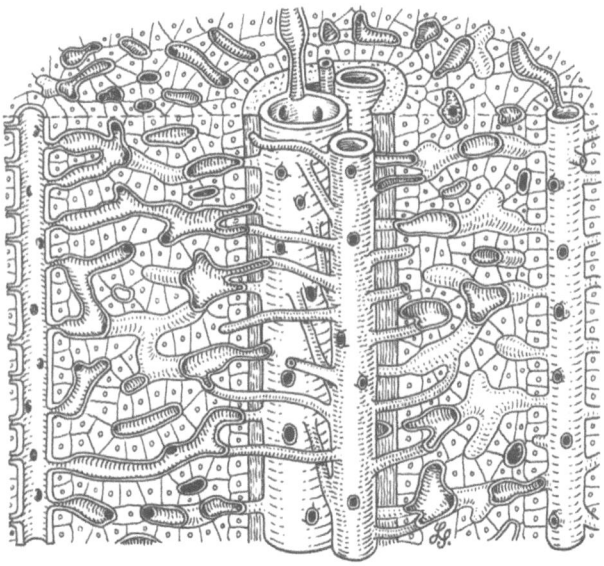

Abb. 22. Schema der Parenchym-Organisation der Leber unter Zugrundelegung einer Abbildung von V. BECKER (Ärztl. Wschr. 11 : 829, *1956*). In Bildmitte ist — in Zylinderform dargestellt — ein portobiliäres Feld sichtbar. Das große Zylinderrohr entspricht einer Vena interlobularis; das davorstehende, sehr viel kleinere Gefäß einer Zubringerarterie, das im Hintergrund rechts abgebildete Zylinderrohr einem Gallengang. Das Glissonsche Feld ist von einer völlig geschlossenen Epithelplatte umgeben, der sogenannten *Läppchengrenzplatte* von ELIAS. Im Bilde links und rechts ist je eine Zentralvene sichtbar. Die Capillaren, welche die Brücke zwischen Vena interlobularis und Zentralvene schlagen, sind die sinusoidalen Venae intralobulares. — Nimmt man das Schema als Ganzes, so wie es hier wiedergegeben ist, ist die Parnchymeinheit im Sinne von SABOURIN gegeben. Jeweils nach links und rechts ist je eine Hälfte eines Leberläppchens abgebildet. — Das Schema verfolgt die Absicht, die eigenartige Überlappung der möglichen histologischen Gliederungen im Sinne von SABOURIN einerseits, von MALPIGHI andererseits deutlich zu machen. — Es ist im Grunde gleichgültig, welcher normal-histologischen Gliederung man sich bedienen will. Für die Zwecke der histo-pathologischen Diagnostik ist der Konkretisierung der Bausteineinheit im Sinne von SABOURIN der Vorzug zu geben!

des Vorderrandes des rechten Leberlappens ist ein beliebtes Diagnostikum drohender kardialer Insuffizienz. Die Menge des in der Leber aufgenommenen Blutes steht in unmittelbarer Beziehung zur hämodynamischen Herzinsuffizienz. — Die Schule von REIN hatte vor mehr als 20 Jahren einen hepatischen Wirkstoff wahrscheinlich gemacht, der als *Hypoxie-Lienin* bezeichnet wurde. Der Körper soll eine digitalisähnliche Wirkung entfalten, in der Milz gebildet, in der Leber „abgeschmeckt" werden und im Falle des Bedarfes, bei drohender kardialer Insuffizienz, in den zum Herzen hinführenden Blutstrom abgegeben werden. — SHORR und ZWEIFACH haben auf die Bedeutung des *VDM-Mechanismus* aufmerksam gemacht. Unter dem VDM-Mechanismus versteht man das „vaso-dilatoric-material". Der Stoff wird in der Leber bei drohendem Sauerstoffmangel gebildet, stellt die Capillarlumina weit, sorgt angeblich für eine bessere Sauerstoffausnutzung des nun vermehrt anströmenden Blutes und ist wahrscheinlich mit dem Ferritin identisch. Dem Hypoxie-Lienin der Reinschen Schule sollen eisenhaltige Katalysatorstoffe zugrunde liegen. „Für beide hormonartigen Systeme ist der Sauerstoffmangel der adäquate Reiz" zur Auslösung irgendwelcher Betätigungsmechanismen (Einzelheiten bei V. BEKKER: Der Blutkreislauf in der Leber, Schweiz. med. Wschr. *85*, 801, 1955).

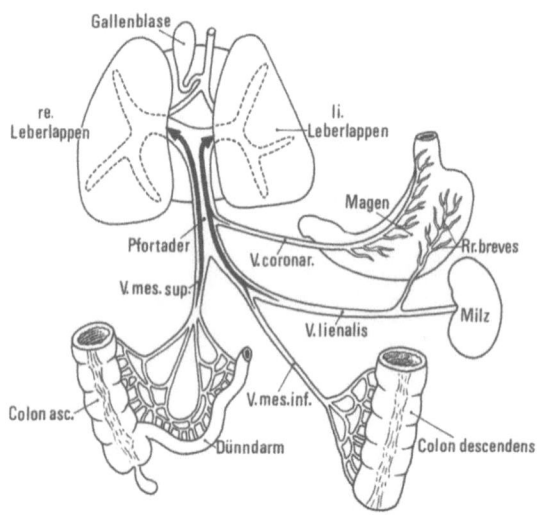

Abb. 23. Schema der Zweiteilung des Pfortaderblutstromes nach C. HENSCHEN (Archiv Klinische Chirurgie 173 : 488, *1932*). Nutzanwendung: Ein Röntgenkontrastmittel, welches in die Milz eingespritzt worden sein sollte, wird im allgemeinen in der linken Hälfte der Leber sichtbar; periappendizitische Abszesse führen zu einer septischen Metastasierung vorwiegend im Bereiche des rechten Leberlappens!

C. HENSCHEN hat vor Jahren darauf aufmerksam gemacht, daß die zur Leber hinführenden Pfortader-Blutströme getrennten Versorgungsbezirken zugeordnet sind (Abb. 23). Das Blut aus Magen, Milz, absteigendem Dickdarm wird über Vena lienalis, Vena mesenterica inferior etc. In den linken Leberlappen, das Blut aus dem Quellgebiet der Vena mesenterica superior aber in den rechten Leberlappen geleitet. Genau genommen stimmt die topische Beziehung auf „linken" und „rechten" Leberlappen nicht. Vielmehr liegt die „Wasserscheide" der Leber im Bereiche einer Ebene, welche durch die Mitte des Mündungstrichters der Venae hepaticae revehentes und den Fundus der Gallenblase gelegt zu denken ist. Man spricht von „*Lebervenen-Gallenblasen-Ebene*". Die funktionelle Zweiteilung des Pfortaderblutstromes ist seit den Beobachtungen von GLENARD (1890) eine Realität. C. HENSCHEN hat über Versuche an Glasmodellen berichtet, welche die „Stromfadentheorie" belegen. Die Lebervenen-Gallenblasen-Ebene wird vielfach synonym mit dem Terminus *Rex-Cantlie-Linie* gebraucht. Sie verläuft etwa 2 cm rechts vom Ligamentum falciforme hepatis, also auf dem Territorium des anatomisch rechtsseitigen Leberlappens (H. REX, 1888; J. CANTLIE, 1898).

Arbeitsrhythmus. Nicht alle Teile der parenchymalen Lebergewebeeinheit arbeiten gleichmäßig. Bezogen auf das Läppchen (im Sinne von MALPIGHI) unterscheidet man ein Zentrum, ein Intermedium und eine Läppchenperipherie. *Der Blutstrom verläuft bekanntlich nach dem Zentrum, der Gallestrom aber nach der Peripherie.* Stauungen werden am deutlichsten am Ende der zugehörigen Capillarbahn d. h. die Blutstauung wird am stärksten im Zentrum des Läppchens, die Gallestauung am stärksten an der Läppchenperipherie! Die Galle des Läppchenzentrums ist wahrscheinlich anders zusammengesetzt als die der peripherischen Läppchenabschnitte. Die Läppchenperipherie zeigt im allgemeinen zuerst eine Parenchymverfettung, die zentralen Abschnitte zeigen zuerst eine Lipofuszinose. Das Bild der Muskatnußleber (= subacute Stauungsleber stellt im Grunde nichts anderes als die pathologische Übersteigerung physiologischer regionaler Stauungsvorgänge dar.

In der Läppchenperipherie werden gerne Mitosen und zweikernige Leberepithelien gesehen, in den zentralen Abschnitten eine vermehrte Glykogensynthetisierung.

Die Glykogenspeicherung ist mit der Aufnahme von Wasser und Eiweiß verbunden; es handelt sich also um den Vorgang der Assimilation. *Die assimilatorische Welle kommt aus dem Zentrum und schreitet, an Stärke zunehmend, nach der Peripherie fort! Die dissimilatorische Welle beginnt in der Peripherie, sie schreitet, an Intensität abnehmend, nach dem Läppchenzentrum zu voran.* Die beiden Wellen sind zeitlich so angelegt, daß die „Flut" der dissimilatorisch-sekretorischen Welle in die „Ebbe" der Assimilation hineinfällt und umgekehrt! Beim Kaninchen ist die Leber zur Zeit der Assimilation am größten und enthält bis 13 % Glykogen. Während des Ablaufes der Sekretion verliert die Kaninchenleber etwa zwei Drittel ihres Gewichtes, weil gleichzeitig auch Wasser, Zucker, Eiweißkörper und Harnstoff abgegeben werden. Es findet sich dann etwa nur noch 1 % der Glykogenvorräte. Beim Kaninchen kommen pro die zwei Maxima der Assimilation zustande. Beim Menschen sind die Verhältnisse nicht ganz geklärt. Beim Menschen beginnt abends die Assimilation; wenn die letzte Mahlzeit um 19 Uhr eingenommen worden ist, liegt der Höhepunkt der assimilatorischen Welle bei 2 Uhr früh; dementsprechend wird geschätzt, daß die Höhe der dissimilatorischen Welle bei 9 Uhr früh erreicht wird.

Die Lymphgefäße der Leber nehmen ihren Ursprung aus dem Reservoir der Disseschen Räume. In den Glissonschen Dreiecken liegen eigene Leberlymphbahnen. Diese treten an der Leberpforte zu einem „lymphatischen Portalring" zusammen.

Die *nervale Versorgung* erfolgt außer durch Vagus und Sympathicus auch über den Phrenicus. Damit mag es zusammenhängen, daß Schmerzen, welche aus dem Leberbereich vermittelt werden, nach der Schulter ausstrahlen. Die Bahnen des Nervus phrenicus stammen aus C_4; das gleiche Segment versorgt die Haut der Schulter. Die Headsche Zone der Leber ist also im Schulterbereich zu suchen.

2. Leichenveränderungen

Nach dem Tode dringen Darmkeime, vorwiegend folgend dem Verlaufe der Pfortader und deren Verzweigungen, in die Leber ein. Die kadaverös alterierte Leber zeigt auf der Schnittfläche eine schmutzig-braune, unansehnliche Farbe. Zu den Fäulnisveränderungen gehört die Durchsetzung durch Gasblasen: Emphysema hepatis. Es liegt also ein Schaumorgan vor, welches beim Schneiden knistert. Nicht ganz selten entsteht auf der Schnittfläche der kadaverös alterierten Leber, beim Stehen an der Luft, ein weißlich-schimmeliger Belag; er besteht aus Tyrosin und Leucin. Am Vorderrand des rechten Leberlappens, mehr noch an der Unterfläche der Leber, findet sich nicht selten eine Pseudomelanose. — Es gibt auch „vitale" Schaumlebern, nämlich bei einer Gasbrandbazillen-Sepsis!

3. Veränderungen der Form, Mißbildungen

Häufig ist die *abnorme Lappung;* eine quer eingeschnittene tiefe Furche auf der Unterfläche des rechten Leberlappens heißt *Affenspalte;* gestielte polypöse lappenähnliche Bildungen der Leber können als *Nebenleber* imponieren. Ein totaler Defekt der Leber findet sich bei *Acardius amorphus.* Häufig dagegen ist die *Hypoplasie* einzelner Leberabschnitte, vor allem aber die Verlagerung des Gallenblasenbettes.

Zu den *erworbenen Gestaltveränderungen* gehören „Druckeffekte"; diese erzeugen eine ungewöhnliche Furchenbildung; die quere Schnürfurche der Vorderfläche der Leber wird durch Impression des Rippenbogens, möglicherweise durch hochgradige Schnürung eines Mieders oder einer Corsettage hervorgerufen. Es resultiert an den Stellen der Impressionskonturen eine weißlich-derbe, schwielige Perihepatitis. Hochgradige Leberdifformitäten führen zum Bilde der *Klapp-Leber.* Damit wird zum Ausdruck gebracht, daß einzelne Leberlappen-Teile infolge zirkumskripter Atrophisierung mobil-flexibel-beweglich sind, also gleichsam auf und nieder klappen können. — Bei erschwerter Exspiration der Lungen, also beim chronischen Emphysematiker, finden sich sagittale Schnürfurchen der Oberfläche des rechten Leberlappens. Die Einschnürung erfolgt durch den Impressionskontur hypertrophischer Zwerchfellpfeiler. Als Ursache wird die intrauterine Anpressung der Leber gegen die Zwerchfellkuppel angesprochen. Die sagittalen Furchen heißt man die *Zahnschen Schnürfurchen.* MAX WESTENHÖFER hat darauf aufmerksam gemacht, daß ganz das gleiche nach

dem Prinzip sogenannter Raumfalten zustande kommen könnte: Die Leber falte sich in einem zu engen Territorium sagittal und parasagittal ein, das Zwerchfell aber füge sich nachträglich in die so entstandenen Furchen.
Die Plastizität der Leber ist eine außerordentliche.
Nicht ganz selten kommt es zu einer *Verlagerung der Leber:* Man spricht von *Hepar mobile* infolge abnormer Länge der Bänder. Dabei mögen eine Dystopie des Zwerchfelles, ein Nabelbruch oder ein Nabelstrangbruch kausal wichtig sein.

4. Kreislaufstörungen

a) Akute Hyperämie

Die akute kongestive Hyperämie der Leber findet sich bei frischen entzündlichen Prozessen. Die akute Hyperämie ist wegen der relativen Armut arterieller Gefäße in der Leber nicht eben eindrucksvoll.

b) Passive Hyperämie

Diese hat die ungleich größere Bedeutung.

aa) Kardiale Stauung

Vorkommen bei erworbenen, seltener angeborenen Herzfehlern, bei schwieliger Perikarditis mit Strangulation der unteren Hohlvene, bei allen Formen sogenannter Rechtsherzinsuffizienz.
Die Leber kann etwa 1/4 der gesamten zirkulierenden Blutmenge aufnehmen. Sie kann als „Regulator" für die Blutfüllung der rechten Herzkammer in Anspruch genommen werden. Bei Zuständen der Inspiration treten vermehrte Blutmengen aus der Leber in das rechte Herz. Pathologischer Zwerchfellstand sowie abnorme Fixierung der Leber behindern den Blutabfluß. Es kann dann zu Stauungsleberveränderungen kommen.

1. Anschoppung
Die Leber zeigt eine erstaunliche Vergrößerung, ihr Gewicht kann über 2 000 g liegen. Mikroskopisch: Die Kapsel ist gespannt, die Leberschnittfläche offenbart eine besonders deutliche Läppchenzeichnung; die Läppchenzentren verfügen über eine dunkle, die peripherischen Abschnitte über eine hellbraune bis gelbrote Farbe.

2. Zweites Stadium
Bei Zunahme der venösen Hyperämie resultiert eine Druckatrophie. Diese betrifft vor allem die in der Umgebung der Zentralvenen gelegenen Läppchenterritorien. Eine weiter bestehende venöse Stauungshyperämie eröffnet nach und nach die Venae intralobulares. Mit deren Erweiterung aber kommt es zu Kompression benachbart gelegener Leberepithelbalken. Die atrophisch gewordenen Epithele führen nunmehr braunes Pigment. Durch Atrophie kommt es zu einer Verkleinerung der Leber, welche jetzt nur noch 750—1 000 g wiegt. Die atrophisch gewordenen Parenchymbezirke sinken ein. Indem die dunkelrote Stauungsatrophie aus dem Zentrum eines Läppchens über die Peripherie desselben

zum Zentrum des benachbarten Läppchens fortschreitet, entstehen *Stauungsstraßen*. Sie verbinden die Zentren benachbarter Läppchen untereinander. Dadurch kann vorübergehend eine extrem deutliche Zeichnung sichtbar werden. Die peripherischen Läppchenbezirke, die natürlich nicht stauungsatrophisch geworden sein können, zeigen eine starke degenerative Verfettung. Die durch die Stauungsstraßen als einheitliche Gebilde zusammengefaßten sogenannten Pseudoacini können leicht zu einer Dauereinrichtung werden. Von einer *Muskatnußleber* spricht man dann, wenn eine subakute Stauungsleber von rostroter Farbe gegeben ist. Von einer „*Herbstlaubleber*" ist dann die Rede, wenn die Stauung durch eine stärkere Parenchymverfettung belastet ist, also eine subakute venöse Hyperämie zustande gekommen ist (ROKITANSKY). — Die cyanotische Atrophie ist nicht überall gleich stark; dadurch entstehen landkartenförmige unregelmäßige Areale von geradezu angiom-ähnlichem Aussehen. Diese ungleichmäßige Verteilung der Blutfülle kommt angeblich durch eine wechselnd starke Druckhöhe in den winkelig geknickten hepatischen Venen zustande.

3. Drittes Stadium

Bereits während des zweiten Stadiums kommt es zu einer Bindegewebsvermehrung. Jene wird im Stadium 3 besonders deutlich. Die Bindegewebslager, welche leicht ausfindig zu machen sind, zeigen eine topische Bindung an die Zentralvenen und die rückläufigen Lebervenen. Eben dort kommt es zu einem Schwund der Muskulatur und Ersatz durch Bindegewebe und Fettgewebe. Auch die peritonealen Flächen der serösen Häute sind verdickt, fibrinbelegt, gerunzelt. Vielfach spricht man von *zyanotischer Induration*. Die erhalten gebliebenen Parenchymanteile können dann kompensatorisch hypertrophieren. Es handelt sich um die Ausbildung graugelber Körner und Herde; diese sind rosettenförmig um die sublobulären Venen gruppiert. Der Bindegewebseinbau kann so stark werden, daß eine *Cirrhose cardiaque* zustande kommt. Diese findet sich besonders oft unter dem Bilde der *perikarditischen Pseudoleberzirrhose*. Es handelt sich hierbei wahrscheinlich nicht nur um einen Stauungseffekt, sondern auch um die Folgen einer akzidentellen Entzündung. Die chronische venöse Hyperämie fördert in eigener Weise das Angehen entzündlicher Prozesse. Die stauungsbedingte Pseudoleberzirrhose ist einst von dem Internisten FRIEDEL PICK, Prag, richtig herausgearbeitet worden.

(*Lit.*: PICK „Über eine chronische, unter dem Bilde der Leberzirrhose verlaufende Perikarditis nebst Bemerkungen über die Zuckergußleber". Zschr. für klin. Med. 29, 386, *1896*).

bb) Intermediäre Leberstauung

Es handelt sich um eine seltenere Form der kardial inszenierten Blutstauung. Dabei finden sich die stärksten geweblichen Veränderungen im sogenannten intermediären Raum der Leberläppchen. Unter dem „Intermedium" versteht man diejenige zylindermantelförmig gestaltete Region, welche zwischen den Läppchenzentren und der Läppchenperipherie gelegen ist. Die dort angeordneten sinusoidalen Lebercapillaren sind im Falle intermediärer Leberstauung strotzend hyperämisch und mächtig erweitert. Die Veränderungen sind von der Breslauer Schule (P. HEINRICHSDORFF, Zieglers Beitr. Path. Anat. 58 : 635,

1914) inauguriert worden. Die intermediäre Leberstauung findet sich immer dann, wenn eine kardiale Insuffizienz mit einer toxischen Komponente „belastet" ist. Im allgemeinen handelt es sich um eine Herzinsuffizienz, entstanden auf dem Boden eines erworbenen Herzklappenfehlers, der selbst auf eine noch nicht zur Ruhe gekommene mikrobiell inszenierte Endokarditis zurückgeht. Genauer: Die intermediäre Leberstauung findet man z. B. bei chronisch-rezidivierter bakterieller Endokarditis der Mitralklappe mit Hinentwicklung zur Mitralstenose! Die Parenchymschäden in der Leber sind nicht unerheblich. Die „Kollapsstraßen" des Parenchymes sind kokardenförmig im „Intermedium" ausgebreitet. Dabei kann auch ein deutlicher Ikterus entstehen. Alte Mitralvitien gehen nicht selten mit einem Icterus melas einher. Inwieweit dieser Ikterus auf die Leberparenchym-Schädigung oder aber auf einen anhepatozellulären Blutzellzerfall bezogen werden darf, ist die Frage.

Lit.: WERNER AXHAUSEN: „Starker Ikterus bei Zuständen schwerer kardialer Leberstauung und seine pathologisch-anatomischen Grundlagen", Inauguraldissertation, Heidelberg 1947; P. JIPP: „Rechtsherzinsuffizienz und dissoziierte Retention von Bilirubin und Bromthalein". Zschr. Kreislaufforschung 54 : 1103, 1965.

cc) Veränderungen an den Lebervenen
Endophlebitis hepatica obliterans (HANNS CHIARI, 1899). Ursächlich werden angenommen: Syphilis, Rheumatismus, Influenza, septische Allgemeininfektion, gelegentlich ein traumatischer Insult. Grundsätzlich gleichartige Veränderungen können auch auf die Anwesenheit von Tumorknoten in der Umgebung der Venae hepaticae revehentes bezogen werden. In jedem Falle ist die Folge eine Thrombose der rückführenden Lebervenen mit maximaler venöser Hyperämie. Diese kann derart stark sein, daß das Bild der haemorrhagischen Infarzierung resultiert. Dabei kommt es zur Entwicklung eines starken Ödemes im Bindegewebe der Glissonschen Kapsel. Die Lymphbahnen sind strotzend von „Schwemmseln" angefüllt. Es scheint, daß der locus minoris resistentiae der Lebervenen-Cava-Winkel ist. Dort finden sich Gefäßwandumbauten, dort beginnt die Thrombosierung. Gelegentlich wird auch eine retrograde Embolie bei rückläufigen Pulswellen (positivem Venenpuls) vom rechten Herzvorhof aus beobachtet.

c) Zirkulationsstörungen seitens der Pfortader

aa) Ursachen eines Pfortaderverschlusses

1. Pfortaderthrombose (rezidivierte Thrombose, Obturation)
1. Fortleitung der Gerinnselbildung aus dem Pfortaderquellgebiet (Kennwort: Pylephlebitis).
2. Fortleitung aus dem Mündungsgebiet der Pfortader (im allgemeinen auftretend in Fällen von Leberzirrhose).
3. Sogenannte primäre Pylephlebosklerose (mikrobieller fieberhafter Allgemeininfekt, Lues; vergesellschaftet mit sekundärer, zusammengesetzter, geschichteter und fortgeleiteter Thrombose).
4. Kompression der Pfortader aus der Umgebung (Lymphknoten, Gallenstein, entzündliche Reaktion bei penetrativem Ulcus ventriculi etc.).

5. Trauma.
6. Mißbildung der Leber mit abnormer Lappenbildung sowie ungewöhnlicher Verzweigung der Pfortader.
7. Sogenannte marantische Pfortaderthrombose (Tuberkulose, Malaria, Lues etc.).

2. *Kompression und Striktur*

bb) Lokalisation (und Formen) des Pfortaderverschlusses

1. *Radikuläre Thrombose,*
2. *Trunkuläre Thrombose,*
3. *Intrahepatische Thrombose.*

cc) Folgen des Pfortaderverschlusses

Der totale, einigermaßen schnell zustande gekommene Verschluß der Pfortader, etwa durch eine Thrombose, ist, jedenfalls zunächst, ohne Folge. Ein länger anhaltender Pfortaderverschluß führt jedoch zu einer Atrophie der Leber. Dabei entsteht eine Stauungshyperämie der Darmschlingen, gelegentlich ein Milztumor, in Spätstadien auch ein Aszites. Die Leberarterie ist in erster Linie für den Sauerstoffantransport zuständig; sie ernährt sowohl Leberparenchym als auch Stroma; die Leberarterie kann bis zu einem gewissen Grad als funktioneller Ersatz für die verschlossene Pfortader einspringen. Dagegen ist ein Ersatz der Leberarterie durch die Pfortader so gut wie unmöglich. Bei einer Thrombose der Pfortader kommt es zu einer Ableitung des gestauten Blutes *hepatofugal*, ähnlich den Verhältnissen bei einer Leberzirrhose. Daneben treten „akzessorische Pfortadern", scheinbar plötzlich, in den Dienst: Es entwickelt sich eine hepatopetale Kollateralbahn im Omentum minus, und zwar aus den Magen- und Duodenalvenen. Diese Nebenschlüsse treten direkt in die Glissonsche Kapsel ein.

Rote atrophische Infarkte (F. W. ZAHN). Rote „atrophische" Infarkte sind für die Leber charakteristisch. Sie entstehen grundsätzlich nur dann, wenn eine latente Rechtsherzinsuffizienz gegeben ist. Der Blutdruck in der Vena cava inferior bzw. in den Venae hepaticae revehentes muß also deutlich höher liegen als in der Norm. Kommt es jetzt zu einem Verschlusse des Pfortaderastes, entsteht ein keilförmiges Unterdruckgebiet derart, daß die Basis des Keiles nach der Konvexität eines Leberlappens orientiert ist; die Spitze des Keiles zeigt näherungsweise in die Gegend des Gefäßverschlusses. Die Triebkraft der nicht verschlossenen korrespondierenden Arteria hepatica reicht jetzt nicht mehr aus, den in das Unterdruckgebiet ergossenen Blutsee in Richtung auf den Lebervenen-Cava-Winkel, also nach dem rechten Herzen hin, hinauszutreiben. Ganz das gleiche entsteht dann, wenn ein Ast der Arteria hepatica verschlossen worden sein sollte, ein venöser Hochdruck seitens der Vena cava caudalis besteht und die Triebkraft des korrespondierenden Pfortaderastes nicht ausreicht, das in das Unterdruckgebiet ergossene Blut in Richtung auf das rechte Herz weiterzutreiben. *Das Punctum saliens liegt bei der*

Vis a tergo der dem verschlossenen Gefäß zugeordneten jeweils nicht verschlossenen Gefäßeinheit; im Falle des Pfortaderverschlusses reicht die Vis a tergo der Arteria hepatica nicht, im Falle des Verschlusses eines Astes der Arteria hepatica reicht natürlich auch die Vis a tergo des korrespondierenden Pfortaderastes nicht. Die Verhältnisse liegen analog denen bei der Pathogenese des haemorrhagischen Lungeninfarktes. — Der Zahnsche Infarkt der Leber sinkt nach und nach ein; er wird unter Hinterlassung einer extremen Stauungszeichnung indurativ umgebaut.

Die Verschließung kleiner und mittelgroßer Pfortaderäste hinterläßt keine Spuren. Die Triebkraft der korrespondierenden Zweige der Arteria hepatica reicht aus, um das Blut über den Unterdruckbezirk hinaus herzwärts weiter zu befördern. Anämische Infarkte entstehen im Grunde nur dann, wenn sowohl Pfortader als auch Arteria hepatica verschlossen sind. Kleinste territorial abgegrenzte ischämische Nekrosen entstehen dann, wenn eine Verschließung sehr kleiner Pfortaderäste, jenseits etwaiger interlobulärer arteriovenöser Anastomosen erfolgt war. Diese Nekrosen zeigen häufig eine gallige Imprägnation, also eine grasgrüne Farbe. Sie haben die Konsistenz von weichem Glaserkitt.

d) Zirkulationsstörungen von Seiten der Arteria hepatica

aa) Ursachen des Arterienverschlusses

1. Thromboembolie;
2. Arterienwanderkrankung (stenosierende Sklerose, Endarteriitis obliterans);
3. Aneurysma;
4. Kompression oder Arrosion durch einen Geschwulstknoten;
5. Perforatives oder stumpfes Trauma.

bb) Lokalisation (Formen) des Arterienverschlusses

1. Der Verschluß betrifft den Hauptstamm;
2. der Verschluß betrifft einen arteriellen Ast mittlerer Stärke;
3. der Verschluß betrifft jeweils kleine und kleinste Arterienästchen z. B. durch Kokkenembolien.

cc) Folgen des Arterienverschlusses

1. *Verschluß des Hauptstammes:* Es resultiert eine totale tödliche ischämische Lebernekrose. Sollte die Arteria hepatica stärker im Sinne einer stenosierenden Arteriosklerose erkrankt gewesen sein, ist damit zu rechnen, daß reichlich Kollateralen ausgebildet worden waren. Es ist auch möglich, daß Kapselgefäße vikariierend einspringen. Ausschließlich hierdurch *kann* die Ernährung des Leberparenchymes auch nach vollständigem Verschluß des Hauptstammes der Arteria hepatica eine Zeit hindurch garantiert werden.
2. *Verschluß eines mittelkalibrigen Astes:* Ein derartiges Ereignis hat keinerlei Bedeutung, weil zahlreiche „translobuläre" Anastomosen zur Verfügung stehen.
3. *Verschluß kleinster Arterienäste jenseits etwaiger Anastomosen:* Es resultieren landkartenförmig begrenzte lehmfarbene ischämische, gallig imprägnierte Nekrosen. Gelegentlich finden sich Blutungen in derartigen Nekrose-

feldern. Die Alterationen können unter Hinterlassung strahlenförmiger Narben ausheilen.

4. *Sonderform hepatischer Infarkte:* Nach traumatischer Leberruptur können in nächster Nähe der Rißstellen anämisch-nekrotische „bunte" Infarkte, nämlich solche mit fleckigen Blutungen in der unmittelbaren Umgebung resultieren.

5. *Anhang:* Nach plötzlichem Verschluß des Stammes der Arteria hepatica kann die erwartete Totalnekrose der Leber solange ausbleiben, als nicht eine nennenswerte mikrobielle Infektion — durch Ascension über die Pfortader vom Darme — angegangen ist. Damit stimmt überein, daß bei experimentellem Totalverschluß der Arteria hepatica bei der Ratte die Nekrotisierung der Leber dann lange Zeit vermieden werden kann, wenn eine „Sterilisation" des Darmrohres z. B. durch Prämedikation von Antibiotica erzwungen wurde. — Die Infarktlehre der Leber hat eine wesentliche Bereicherung durch die Erfahrungen der experimentellen Chirurgie, nämlich durch den Nachweis mehr oder weniger eigenständiger Lebersegmente (!), gefunden. Unter einem „Lebersegment" ist eine gewebliche Einheit zu verstehen, welche eine einigermaßen charakterisierbare „korrespondierende Versorgung" durch 1. Arteria hepatica. 2. Vena portae und 3. einen epithelialen Gallengang besitzt. Man unterscheidet derzeit 16 Segmente! Die Kenntnis der Lebersegmente ist für diejenigen Fälle wichtig, in denen es darum geht, durch eine Partialresektion eine isolierte bösartige Geschwulst oder einen Echinokokkus auszuräumen. Auch im Rahmen der Traumatologie spielt die Kenntnis der Lebersegmente eine gewisse Rolle.

e) Leberblutungen

aa) Hämorrhagische Diathese

Sowohl Haemato- als auch Capillaropathien können Leberblutungen hervorrufen. Diese liegen meist unter der Glissonschen Kapsel. Als Ursachen haben zu gelten:
Sogenannte *Capillartoxikose* (Capillaritis; Purpura), *Haemophilie, Schockzustände, Erstickung, exogene Vergiftung* (Phosphor-, Knollenblätterschwamm,, Narcoticum-Vergiftung). Bei Säuglingen findet sich nicht ganz selten eine halbkugelige Haematom-Vorwölbung unter der Kapsel des rechten Leberlappens. Dabei handelt es sich gewöhnlich um die Folge eines Geburtstrauma. Auch dieses Haematom wird um so stärker, je deutlicher die haemorrhagische Diathese der perinatalen Lebensspanne ausgeprägt ist.

bb) Trauma

Ein stumpfes Bauchtrauma kann eine haemodynamische Sprengwirkung des in die Leber gepreßten Pfortaderblutes entfesseln. Es gibt jedoch auch einfache stumpfe Commotionierungen, welche mit Ausbildung zahlreicher punktförmiger subseröser Blutaustritte einhergehen („Commotionsneurose").

cc) Eklampsie

Gegen Ende der ersten Gravidität, während der Geburt, selten in der ersten Hälfte der Schwangerschaft oder im Puerperium treten, entweder nach

Prodromi oder aber blitzartig einsetzende Krämpfe auf („eklamptein": das Wetterleuchten!). Die Kranken werden bewußtlos, es laufen einige oder zahlreiche tonisch-klonische, epileptiforme Krämpfe ab; Zungenbiß, Einnässung, Darmentleerung komplettieren das Bild. Angeblich in bis 10 % der Fälle ist mit tödlichem Ausgang zu rechnen. Pathologisch-anatomisch finden sich kleinherdige Nekrosen und Verfettungen gleichsam in allen Parenchymen. Es resultieren hyaline und spodogene disseminierte Capillarthromben. Es wird erwogen, ob Capillarspasmen oder Capillarparalysen formal-pathogenetisch wichtig seien. In jedem Falle treten kleine und kleinste Blutungen auf. Die Leber ist im ganzen deutlich vergrößert, die Kapsel gespannt, jedoch transparent, in und unter der Kapsel liegt eine Unzahl kleinster Blutungen. Die Leberschnittfläche ist gelbbraun gesprenkelt und ebenfalls von Blutungen durchsetzt. Gelegentlich finden sich blättrige oder landkartenförmige Blutungsherde, besonders im Bereiche der Insertionslinie des Ligamentum suspensorium hepatis. Blutungsfelder und herdförmige Nekrosen sind ungleichmäßig über die Läppchenterritorien ausgebreitet. Gelegentlich besteht der Eindruck, daß die Läppchenzentren erhaben seien, also über die Schnittfläche prominierten. Manchmal finden sich „trockene" keilförmige Nekroseherde. *Immer* findet sich ein Hirnödem, nahezu immer mit hunderten punktförmiger Blutungen auf der Schnittfläche. Kleine Blutaustritte sind stets an allen serösen Häuten erkennbar. — Die Nieren sind groß, in die Kapseln eingepreßt, auf der Schnittfläche von graugelber Farbe und verwaschener Zeichnung; auch die Nierenoberfläche kann von Blutpunkten übersät sein. Der Herzmuskel ist schlaff, dilatiert, von hellbrauner Farbe, mürbe und brüchig. Die Milzpulpa ist weich und mit dem Messerrücken eben abstreifbar. Die Lungenränder sind gebläht, die glatte Muskulatur der Bronchiolarverzweigungen erscheint kontrahiert. Die Serosagefäße der Dünndarmschlingen sind teils unregelmäßig haemorrhagisch injiziert, teils enggestellt und leer. Vielfach findet sich ein Zwerchfellhochstand, gelegentlich eine wachsartige Degeneration der Musculi psoates.

Theorie der Eklampsie-Entstehung

TH. V. FRERICHS identifizierte die Eklampsie mehr oder weniger mit einer Uraemie; hierfür schienen zu sprechen: Blutdrucksteigerung, Oligurie, Albuminurie und Ödemneigung. TRAUBE und ROSENSTEIN hielten die Eklampsie für die Folge einer Hirnanämie, jene aber für den Ausdruck einer allgemeinen Hydrämie. FEHLING bezeichnete die Eklampsie als Folge einer „fetalen Vergiftung" seitens der Plazenta. ZWEIFEL wies in Harn und Blut von Eklampsie-Kranken „Fleischmilchsäure" in vermehrter Menge nach. Diese erzeuge einen Capillarschaden und auf diese Weise den Hydrops gravidarum. JOHANNES VEIT war unter dem Eindruck der Untersuchungsergebnisse von GEORG SCHMORL über die Bedeutung der Zottendeportation und die mütterliche Gegenreaktion zur Auffassung der Wirksamkeit dreier verschiedener Gifte gekommen: Es sei wirksam 1. ein Krampfgift, 2. ein gerinnungsförderndes und 3. ein haemolysierendes Gift. — *Heute* werden im wesentlichen drei Thesen erörtert: 1. G. DOMAGK: Die Eklampsie ist eine Eiweißzerfallstoxikose; 2. FAUVET: Die Eklampsie wird durch Hypophysenhinterlappenhormone ausgelöst. HVL-Hormone erzeugen im Experiment

Gefäßschäden und Blutungen. Sie lassen jedoch den „toxischen Einschlag" der Parenchymentartung vermissen. — 3. REINHORD KNEPPER: Es geht um die sogen. Kombinationstheorie. Zunächst entstehe eine Sensibilisierung durch Eiweißzerfall in den Plazentarzotten. Die Erfolgsreaktion im Sinne einer Allergose werde alsdann durch die im Zusammenhang mit der Einleitung einer Geburt erfolgende Ausschüttung von Hormonen des HHL ausgelöst. Schäden an der glatten Muskulatur und den Capillarwänden würden dadurch besonders verständlich.

f) Anämische Zustände der Leber

Abgesehen von Zuständen primärer und sekundärer Anämie imponieren an der Leber vor allem *anämische Flecke* (= *„anämische Fleckung"*). Diese Veränderungen entstehen durch:
1. Eine *Kompression des Lebergewebes* aus der Umgebung zeitigt anämische Flecke in Kapselnähe;
2. ein ungleichmäßig zur Ausbreitung gelangtes *Ödem* komprimiert die kleinen intralobulär gelegenen Blutgefäße und erzeugt auf diese Weise eine Art von Anaemie;
3. *Kleeblattanämie der Leber:* Auf der Schnittfläche der Leber findet sich eine blattähnliche fleckige Zeichnung; derartige Veränderungen werden häufig bei Schock und Kollaps, aber auch bei Sepsis und protrahierter Ausblutung gefunden. Es handelt sich um ein zirkulatorisch-dysregulatorisch entstandenes, nerval vermitteltes „perirubrostatisches" Ödem. Die Flüssigkeitsansammlung in den Disseschen Spalträumen erzeugt eine Kompression der Lumina der benachbarten Capillaren. Dadurch resultiert der Eindruck des Vorliegens einer „Anämie".
4. In der Differentialdiagnose gegen anämische Flecke müssen territoriale Verfettungen („Fettinfarkte") und ischämische Nekrosen abgegrenzt werden.

g) Ödem der Leber

aa) Venöse Hyperämie (Stauung)

Die sogenannte Stauungsleber geht mit einem zunächst vorwiegend zentralen Läppchenödem einher. In den pericapillären Disseschen Spalträumen liegen mehr oder weniger ausgedehnte Ergüsse. Der höchste Grad eines derartigen Stauungsödemes wird bei Endophlebitis hepatica obliterans gefunden. Hier ist eine starke Erweiterung der Lymphräume, auch im Leberbindegewebe, sichtbar zu machen. Auf Lymphbahneinrissen entleeren sich große Lymphorrhagien. Das Abflußhindernis der rückläufigen Lebervenen erzeugt einen vikariierenden Transport des Lebersaftes durch Lymphbahnen. Die abnorme Wandbelastung der Lymphbahnen erzeugt Rupturen.
1. Der *Lymphabfluß aus der Leber* erfolgt im wesentlichen in Richtung Leberpforte und von hier aus nach dem Ductus thoracicus. Nur ein kleinerer Teil wird in den Wänden der Venae hepaticae revehentes abtransportiert.
2. Bei *allgemeiner (kardialer) venöser Blutstauung*, nicht aber bei dem Spezialfall der Endophlebitis hepatica obliterans, den man mit den Entstehungsbedingungen sogenannter lokaler Stauungshyperämie vergleichen kann, resul-

tiert eine erschwerte Entleerung des Ductus thoracicus in den linken Venenwinkel.

3. Daß anatomische *Beziehungen zwischen den Disseschen Spalträumen und den sogenannten Hauptlymphbahnen* bestehen müssen, zeigen folgende Versuche: Werden bei einem Hund der Ductus choledochus und der Ductus thoracicus unterbunden, resultiert eine Gelbsucht, welche zeitlich spät auftritt! Daraus geht hervor, daß die Gallecapillaren ihren Inhalt zunächst in die Lymphbahn und von hier über den Ductus thoracicus in das Blut abgeben.

4. Durch Injektionsversuche, und seien diese noch so kunstvoll, können zwar die Lymphbahnen der Leber, nicht aber von diesen aus die Disseschen Spalträume zur Darstellung gebracht werden.

bb) Ödem infolge einer Capillarlähmung

Bei Zuständen des protrahierten Kreislaufkollapses sind die Disseschen Spalträume stark entfaltet. Die Leber gilt als *das* „Schockorgan.

cc) Entzündliches Leberödem

Es handelt sich um das Phänomen der serösen Hepatitis. Dabei entstehen plasmatische Ergüsse in die Disseschen Spalträume, die Glissonsche Kapsel und das Gallenblasenbett. Auffällig ist ein starkes Ödem auch des Ligamentum hepato-duodenale. Unter den häufigeren Ursachen eines Schockes seien genannt: Verbrennung, exogene Intoxikation, Infektion, Sepsis, Morbus Basedow, Ikterus catarrhalis etc.

5. Stoffwechselstörungen der Leber

Degenerative Veränderungen des Leberparenchymes nennt man *Hepatosen:* Die degenerativen Veränderungen der Leber lassen sich folgendermaßen einteilen:

a) Sogen. Eiweißdegenerationen

aa) Trübe Schwellung

Es handelt sich um das Auftreten von Körnchen und Stäubchen in den Parenchymzellen; diejenigen Körnchen, welche durch eine echte vitale Reaktion hervorgerufen wurden, lassen sich durch Essigsäure und Laugen zur Aufquellung und zum Verschwinden bringen. Die Körnchen geben keine Fettreaktion, jedoch eine positive Xanthoproteinreaktion. Die im Protoplasma auftretenden Körnchen sind durch Safranin gut darstellbar. Die trübe Schwellung der Leber ist keine eigenständige, sondern eine konkomitante Erkrankung. Das Organ ist mehr oder weniger stark vergrößert, auf der Schnittfläche von graubrauner, trüber Farbe, von einem Aussehen „wie gekocht".

bb) Hyalin- oder albumintropfige Degeneration

Es handelt sich um das Auftreten gröberer Eiweißkugeln und -tropfen; offenbar liegen vitale Gerinnungsvorgänge vor; als Ursachen kommen in Frage: Vergiftung durch Chloroform, Arsen, Phosphor, Quecksilber, jedoch auch verschiedene Infekte. Die hyalinen Tropfen sind mit Eosin im allgemeinen vorzüglich anfärbbar.

cc) Hydropisch-vakuoläre Degeneration

Es handelt sich um das Auftreten einer wäßrigen eiweißhaltigen Flüssigkeit in Form grober Tropfen oder unregelmäßiger Blasen. Diese Veränderungen entstehen entweder durch einen unmittelbaren „Giftangriff" (P. ERNST: Direkte Protoplasma-Giftwirkung) oder es handelt sich um die Aufnahme eiweißhaltiger Flüssigkeiten aus der unmittelbaren Umgebung der Parenchymzellen. Man könnte dann sprechen von „Gewebereinigung" im Sinne von RÖSSLE. Bei „akutem Höhentod" von Mensch und Tier finden sich vorwiegend zentrale Läppchenveränderungen, gelegentlich kompliziert durch akzidentelle Nekrosen. Am meisten bemerkenswert ist die hydropisch-vakuoläre Umwandlung des Protoplasma.

dd) Amyloidose

Es handelt sich um eine sekundäre Erkrankung bei schweren auszehrenden, mit Anämie und Kachexie einhergehenden pathischen Prozessen: Lungentuberkulose, Knochenmarkeiterung, Malaria, Leukämie, Lymphogranulomatose etc. etc. Die Leber erfährt eine Umwandlung der Konsistenz, nämlich eine deutliche Verfestigung. Die Leber fühlt sich knorpelähnlich hart an, besitzt eine plumpe Gestalt mit abgerundeten, ja stumpfen Rändern. Selten wird ein mehr umschriebener, angedeutet knotiger Ablagerungsvorgang entdeckt. Leberamyloid liegt gerne in den Mediae der kleinen Venen. Auch hierdurch kann der Stoffaustausch erschwert sein.

b) Fettablagerungen

Man unterscheidet die *Adipositas (Lipomatosis) hepatis* und das *Hepar adiposum*. — Grundsätzliche Herkunftsmöglichkeiten der Leberfette:
aa) *Fettinfiltration*. Infolge überreichlicher Aufnahme von Nahrungsfett.
bb) *Degenerative Fettinfiltration*. Das Fett stammt hier zwar auch aus der Nahrung; früher glaubte man indessen, es müsse im Inneren der entarteten Leberepithelien aus Eiweißkörpern gleichsam neues Fett gebildet werden (VIRCHOW). Die Fütterungsexperimente mit „fremden" Fetten (Erucasäure) nach stattgehabter Abmagerung eines Versuchstieres und konsekutiver Leberverfettung beweisen jedoch, daß auch im Falle degenerativer Verfettung die Fettstoffe aus der Nahrung herrühren und durch Infiltration in die Leber hineingebracht worden sind.
cc) *Fettige Transformation*. Das in der Leber nachweisbare Fett kann aus den Eiweißkörpern sichtbar gemacht werden. In vielen Fällen liegt eine postmortale Fettphanerose vor.

Die Leberverfettung kann man einteilen nach der Lokalisation und Form der Fettablagerungen. Man kann dann unterscheiden eine
periphere, intermediäre und zentrale Läppchenverfettung und eine *grobe, mittel- und feintropfige Verfettung.*

Fettmast der Leber. Diese wird relativ häufig gefunden; sie beginnt als läppchenperiphere Verfettung. Wird viel Fett im Protoplasma der Epithelien gefunden, liegen die Epithelkerne wandständig. Die sogenannte Fettmast zeitigt eine durch die Fettablagerungen inszenierte Capillarkompression. Dadurch kann so etwas wie eine Anaemie resultieren. Die Leber ist in diesen Fällen gelb, gelbrot, groß, im Besitze einer prall gespannten Kapsel. Die Konsistenz ist teigig und unelastisch, auf Fingerdruck bleibt eine Delle stehen. Die Farbe der Schnittfläche wechselt zwischen braungelb, buttergelb und lehmfarben. Beim Einschneiden haften dem Sektionsmesser rahmig-dickliche eiterähnliche Massen an. Die fettige Degeneration begegnet uns in mancherlei unterschiedlicher Gestalt: Bei mittel- bis kleintropfiger, diffus ausgebreiteter Verfettung ist die Leber nur mäßig vergrößert, manchmal eher klein. Verfettung bei gleichzeitig bestehendem Ikterus ruft das Bild der Safran-Leber hervor.

Unterscheidung zwischen *Fettmast* und *degenerativer Leberverfettung:*

Fettmastleber groß, grobtropfige Verfettung, Läppchenzeichnung sehr deutlich; keine weiteren degenerativen Veränderungen; nach Alkoholfixierung Erhaltung der Leberstruktur.	*Fettig degenerierte Leber relativ klein;* es handelt sich um eine mittel- bis feintropfige Verfettung; die Zeichnung ist verwaschen; soweit die Epithelien erhalten sind, bieten sie das Bild der trüben Schwellung. Nach Alkoholfixierung Zerstörung der Leberzeichnung.

c) Glykogenablagerungen

Unter den zahlreichen Leberfunktionen spielt die Glykogensynthese eine wichtige Rolle. Bei Diabetes mellitus ist die Leber häufig vergrößert (auf 2 000 g!). Das Organ wird unterschiedlich reich an Glykogen, dementsprechend im Besitze eines roséfarbenen Tones sowie glasiger Transparenz gefunden. In verrotteten älteren Diabetes-Fällen kann die Leber eher kleiner sein; im Coma diabeticum wird die Leber glykogenfrei gefunden. Gelegentlich finden sich „Durchtrittsfiguren" von Leberglykogen aus den jeweiligen Epithelkernen in das benachbarte Protoplasma. Jede diabetische Leber zeigt über kurz oder lang das Bild der *kollagenen Metaplasie* und einer sekundären Verfettung. Alte Diabetes-Lebern zeigen immer auch das Bild einer erheblichen, diffus ausgebreiteten Verfettung. Demgegenüber spielt die Fettablagerung in den Sternzellen eine besondere, wenig beachtete Rolle. Die von Gierkesche Glykogenspeicherungskrankheit ruft das Bild der hepatogenen Glykogenose hervor. Die zur Ablagerung gelangten Glykogenbestände (Leber, Niere und Herzmuskel) sind im Grunde nicht weiter mobilisierbar. Klinisch imponieren Hypoglykämie, Ketonurie und Hungerstoffwechsel. Der Prozeß kann viele Jahre anhalten, Remissionen kommen vor. Im großen und ganzen führt eine Speicherungskrankheit zum Bilde eines granulären zirrhotischen Umbaues. Man spricht von *Speicherungszirrhose.* Eine Speicherungszirrhose ist ein schleichender Leberumbau, welcher unter Ausbildung sogenannter Pseudoacini einhergeht.

Anhang. Diabetische Leber und Fettleber gehören wesensmäßig zusammen. Die Fettleber wird häufig durch einen Cholinmangel hervorgerufen. Mikroskopisch finden sich Lipodiastemata. Jene stehen in Verbindung mit den Lumina feiner Galleröhrchen. Häufig findet sich Ceroidpigment. Dieses ist säurefest, unlöslich in Alkohol, Äther, Xylol; es fluoresziert. Ceroidpigment entsteht aus Erythrocyten und Leberfett! Der Name geht auf LILLIE (1942) zurück. Ceroidpigment ist ein braungelbes, sudanophiles, säurefestes, in Fettlösungsmitteln unlösliches Pigment von eigenartig wachsfarbenem Glanze. Wahrscheinlich ist Ceroid identisch mit dem Haemofuszin.

d) Abnorme Pigmentierungen der Leber

Im allgemeinen findet sich das einfache Abnutzungspigment = Lipofuszin. Es läßt sich in atrophischen Leberepithelien nachweisen. Das Läppchenzentrum ist bevorzugt. Mit fortschreitendem Lebensalter wird auch Blutzerfallspigment in der Leber abgelagert. Man spricht von Haemosiderose. Dieser Befund ist häufig; er kann nicht in jedem Falle ätiologisch zugeordnet werden. Eine ungleich stärkere Veränderung ist die im Sinne sogenannter *Haemochromatose*. Hierbei handelt es sich um den Spezialfall einer in ihrem eigentlichen Wesen noch unvollkommen bekannten Allgemeinkrankheit. Es wird angenommen, daß eine Eisenspeicherungskrankheit vorliegt. Diese führt zu einer erheblichen „Belastung" der großen Parenchyme. — Bei Haemochromatose praevaliert (in den Parenchymen) Haemosiderin! Manchmal werden auch Malaria-Melanin und Gallepigment gefunden. Malariamelanin ist ein haemoglobinogenes eisenhaltiges Pigment. Das Eisen liegt dort in maskierter Form vor. Das *Gallepigment* wird in Fällen eines älteren Ikterus teils körnig, teils auch diffus in den kleinsten Galleröhrchen gefunden. *Anthrakotisches Pigment* wird in der Glissonschen Kapsel und im Bindegewebe der protobiliären Felder abgelagert.

Kupfer kommt in jeder Leber, besonders beim Neugeborenen vor. Kupfer nimmt an der humoralen Infektabwehr teil. Vgl. („Allgemeine Pathologie" S. 82). Kupfer gilt als Katalysator für die Haemoglobinbildung, es besitzt daher eine antianaemische Wirkung. Die Lebertherapie schwerer Anämien ist nur wirksam, wenn Kupfer mit dabei ist. Die entkupferte Leber hat keine Wirkung. Kupfer aktiviert auch die glykogenolytische Wirkung des Adrenalines, es hemmt die Wirkung der Schilddrüse. Die Beziehung der abgelagerten Kupfersalze zur etwaigen Entwicklung einer Leberzirrhose wird seit langem diskutiert. *Die* Kupfer-Speicherungskrankheit ist die *Degeneratio hepatolenticularis*, also die *Wilsonsche progressive Linsenkernsklerose*. Gleichartige Veränderungen sind aus der Veterinärpathologie bekannt. — *Kalksalzablagerungen* sind in der Leber durchaus selten. Es handelt sich gewöhnlich um Fälle von „dystrophischer" Verkalkung d. h. um die Kalksalzimprägnation kleiner Nekroseherde.

e) Einfache Atrophie

Die Leber erfährt eine Volumenverkleinerung auf ein Drittel der normalen Ausdehnung. Ihre Farbe ist deutlich dunkelbraun; die in der Umgebung der Zentralvenen gelegenen Epithelien sind besonders stark dimensional reduziert. Ebendort liegen große Mengen von Lipofuszin. Dadurch wird die Läppchenzeichnung besonders deutlich. Derartige involutive Veränderungen der Leber werden vor allem bei alimentärer Dystrophie, also bei chronischem Hunger, gesehen. Infolge des relativen Übergewichtes des erhalten gebliebenen Bindegewebes erwirbt die atrophische Leber eine lederähnliche Konsistenz. Der

Vorderrand der Leber ist abgeplattet, scharfkantig, fibrös-schürzenförmig, in einigen Fällen geradezu transparent. Auf der Schnittfläche der hochgradig atrophisierten Leber finden sich retikulierte und septale Faserzüge, welche der Anordnung der intersegmentalen Bindegewebsstraßen entsprechen. Die „Septen" führen die größeren Gefäße und Gallengänge. Einigermaßen entsprechend der Zunahme der Ablagerung des sogenannten Abnutzungspigmentes läßt sich eine Abnahme oxydierender Fermente nachweisen.

f) Akute gelbe oder rote, genuine Leberatrophie

Es handelt sich um eine akute toxische Degeneration, die *Dystrophia hepatis*. Sie führt zu einer Leberinsuffizienz, also zu cerebral-comatösen Erscheinungen, einem schweren allgemeinen Vergiftungsbild, Ikterus und haemorrhagischer Diathese. Die Leber ist im ganzen unterschiedlich stark, meist erheblich verkleinert. Die Ätiologie der „akuten gelben Leberatrophie" ist eine völlig unterschiedliche. Im akuten Stadium lassen sich *zwei morphologisch verschiedene Typen* unterscheiden:

aa) Genuine Leberdystrophie im engeren Sinne

Die Degeneration beginnt im jeweiligen Läppchenzentrum und schreitet nach der Läppchenperipherie fort. Es entsteht eine *zentrale Läppchennekrose*. Die Folge ist ein hochgradiger Lebergewichtsverlust; die Leber wird gleichsam in allen Dimensionen verkleinert. Besonders drastisch wird der „Höhendurchmesser" des Organes reduziert. Auf diese Weise kommt eine Abplattung der Leber zustande. Die Ränder imponieren als scharfe Kanten. Die Farbe auf der Leberschnittfläche ist ganz unterschiedlich; sie ist anfänglich hellgelb, gelegentlich ockergelb; sie nimmt nach wenigen Tagen eine rote oder dunkelbraune Tönung, vor allem der Läppchenzentren (!), an. Es imponiert das Phänomen der „roten Inseln auf gelbem Grunde". Nach und nach nehmen die „roten Inseln", welche natürlich den früheren Läppchenzentren entsprechen, an Zahl und Dichte zu. Dadurch entsteht, vor allem auf dem Schnittbild des linken Leberlappens, das Phänomen einer „Splenisation". Es liegt im Grunde das vor, was man am besten „rote Atrophie" nennen würde. In den Fällen sogenannter gelber Atrophie liegen die läppchenzentralen Nekrosefelder jeweils eingerahmt von stark verfetteten Läppchen-peripheren Bezirken! — Die Leberdystrophie führt nach und nach zu einer strotzenden Hyperämie, schließlich zu profusen Parenchymblutungen. *Bei Luftzutritt entwickelt sich in einigen Minuten ein weißlicher Überzug*, der wie ein Schimmelpilzbefall aussieht. Es handelt sich um das Auftreten von Tyrosin- und Leucin-Kristallen. Ähnliches kann auch bei Fällen schwerer Sepsis, Phosphor- und Pilzvergiftung, gesehen werden. Bei akuter gelber oder roter Leberatrophie zeigen die übrigen großen Parenchyme erhebliche toxische Schäden: Es findet sich eine nekrotisierende Nephrose, eine hyalinschollige Entartung des Myokard, eine Zenkersche Degeneration der Skelettmuskulatur, gelegentlich eine Tigerfell-Zeichnung der linksventrikulären Papillarmuskeln des Herzens. In der Leber kommt es in wenigen Tagen zu einer totalen Glykogenverarmung.

bb) Seltenere Form der Leberdystrophie

Die Nekrotisierung beginnt in der Läppchenperipherie und wandert nach dem Läppchenzentrum hin. Es entsteht das Phänomen der „*gelben Inseln auf rotem Grunde*". Bei Modus aa) stand die Nekrotisierung im Vordergrund, bei Modus bb) ist es die Verfettung. Der Gewebezerfall bei Modus bb) ist nicht ganz so hochgradig wie bei Modus aa)!

Beide Formen der akuten gelben Leberatrophie sind mit einer erheblichen lokalen Störung des parenchymalen Fettstoffwechsels vergesellschaftet: Fettstoffe werden „phaneriert". Die Phanerose betrifft Neutralfette, Fettsäuren, Cholesterin, Cholesterinester, Phosphatide und Cerebroside! Fängt sich der Prozeß, tritt der Tod also nicht nach einigen wenigen Tagen ein, resultiert eine subakute, selten eine subchronische Verlaufsform. Dann finden sich *Regenerationsversuche*. Es handelt sich zunächst um Gallengangswucherungen. Diese sind von großzelligen, im Dienste der Gewebereinigung stehenden Infiltraten umgeben. Schlußendlich finden sich auch echte Leberepithel-Regenerate, es entsteht also das Bild der *grobknotigen kompensatorischen adenomatösen Hyperplasie im Sinne von* MARCHAND. Die Leber zeigt auf der Schnittfläche weiche, vorquellende, bis kleinapfelgroße, scharf abgegrenzte Knoten von braungelber Farbe (*„Kartoffelleber"*). Die Regeneration wird wahrscheinlich im wesentlichen durch die Gallengangsepithelien getragen. Sie scheint jedoch nur dort „glücklich" zu verlaufen, wo die Gallengangsregenerate mit erhaltenen Leberepithelbalken hatten in Kontakt treten können.

Die akute Form der „akuten gelben Leberatrophie" führt im Verlaufe von längstens 3 Tagen (im allgemeinen) zum Tode. Die subakuten Verlaufsformen sind etwas häufiger; sie erstrecken sich über eine Zeitspanne von 1—3 Wochen. In der *Ätiologie* der akuten gelben Leberatrophie steht heute die *Virushepatitis* an erster Stelle. Für Modus aa) der Leberdystrophie kommen ätiologisch außerdem in Betracht: Lues II, Schwangerschaft, Puerperium, verschiedene Vergiftungen z. B. durch Chloroform, Saponine, Atophan, Salvarsan, Ptomaine und Pilze. Modus bb) entsteht nach Vergiftung durch gelben Phosphor, Amanita phalloides (Knollenblätterschwamm), Helvella esculenta (Lorchel).

cc) Besondere Vergiftungsfälle mit Leberschädigung

In den Fällen, in denen der Tod bei Vergiftung durch gelben Phosphor bereits nach wenigen Tagen eintritt, kann jeder charakteristische Umbau fehlen. Hält die Krankheit etwas länger an (5—6 Tage), sind die Befunde hinlänglich deutlich: Starke Schwellung der Leber, Wulstung der Ränder, braun-gelbe schmutzig-farbene Schnittfläche, teigige Konsistenz, olivgrüne ikterische Tönung. Histologisch findet sich eine relativ großtropfige Verfettung der Epithelien. Bei experimenteller Vergiftung gravider Tiere wird auch die foetale Leber stark verfettet; die Plazentarmembran bietet also keinen Schutz. Tritt der Tod erst nach dem 10. oder 12. Tage ein, findet sich das Bild der akuten gelben Leberatrophie. In seltenen Fällen, in denen eine Phosphorvergiftung nicht tödlich wirkte, entstehen nach etwa 18 Tagen Regenerate d. h. Pseudoadenomknoten. Die experimentelle chronische Phosphorvergiftung bewirkt eine indurative, diffus ausgebreitete degenerativ-entzündliche Hepatopathie. — Der *Knollenblätterpilz* (Amanita bulbosa) kommt in Deutschland in drei Arten vor: 1. *Amanita verna* (Frühlings-Knollenblätterpilz mit weißem Hut); 2. *Amanita mappa* (gelblicher Knollenblätterpilz mit gelbgrünem oder braunem Hut); 3. *Amanita phalloides* (grüner Knollenblätterpilz mit olivgrünem Hut). Typisch ist die Verwechslung der weißen Amanitaarten mit dem echten Champignon. Wirksam bei den Amanitaarten ist das Amanitatoxin (= Phalloidin: $C_{30}H_{49}O_9N_7S$). Amanitatoxin scheint nur einen Teil der hepatotoxischen Wirkung erklären zu können. Gegen Amanitatoxin ist — tierexperimentell — eine Immunisation möglich. Die Giftigkeit der Knollenblätterpilze kann weder durch Trocknen noch durch Abkochen beseitigt werden und ist erheblich: Der Genuß eines kleinen Pilzes kann bereits tödlich wirken. Klinisch: Etwa 8 bis 10 Stunden nach Pilzgenuß entsteht scheinbar plötzlich, ohne Vorboten, ein Krankheitsbild, welches ausgezeichnet ist durch Übelkeit, Erbrechen, Leibschmerz! Das Erbrechen ist häufig unstillbar, und es werden reiswasserartige Stühle abgesetzt. Das Krankheitsbild ist einer Cholera ähnlich und erinnert an eine Arsenikvergiftung. Die Exsikkose geht mit Bluteindickung, Blutdruckabfall, flächenhafter Cyanose der Körperdecke, Anurie und Wadenkrämpfen einher. Nach spätestens zwei Tagen schwillt die Leber an. Es entsteht jetzt ein leichter Ikterus. Die Durchfälle können blutig werden. Kommt eine spärliche Harnentleerung zustande, zeigt sich eine Albuminurie. Der Tod tritt in hepatargischen Coma ein. Pathologisch-anatomisch finden sich zentrale Leberläppchennekrosen und eine deutliche Verfettung der peripherischen Läppchenabschnitte. Es imponiert eine hämorrhagische Diathese. *Die Pilzvergiftung kann im allgemeinen nur „botanisch" d. h. durch mikroskopische Analyse des Mageninhaltes verifiziert werden.* Die Letalität betrug früher bis 70 %! Die Prognose ist heute weit günstiger, gleichwohl ernst. Es werden Austausch-Blut-Transfusionen versucht. — Da die Vergiftungserscheinungen relativ spät auftreten, haben Magenspülungen keinen Sinn. Die Therapie durch ein Antiserum (Institut Pasteur) kommt einem verzweifelten Versuche gleich. Naturheilkundliche Empfehlung: Weil Wildkaninchen immun gegen Amanitatoxin sind, wird das Verspeisen roher Kaninchenorgane (Applikation von Kaninchen-Organbrei durch Schlundsonde) empfohlen!

Anhangsweise Bemerkungen zu den Kapiteln Stoffwechselstörungen und akute Leberdystrophie

Die hochgradigen Parenchymveränderungen, über die in den vorangegangenen Kapiteln und Teilabschnitten berichtet wurde, haben zu allen Zeiten die experimentelle Phantasie der Forschung beflügelt. MILLER und WIELAND (1967) haben experimentell die Wirkung von Phalloidin auf die Leber der Maus geprüft und elektronenmikroskopisch untersucht. Dabei fanden sich pittoreske Veränderungen des endoplasmatischen Reticulum der Leberepithelien; die Zisternen waren stark erweitert, vielfach traten eigenartig große, fettfreie (!), jedoch fibrinhaltige Vakuolen auf. Das Parenchym in der unmittelbaren Umgebung der kleinen Gallengänge zeigt eine Veränderung, nämlich im allgemeinen eine Auftreibung der Lysosomen (Virchows Archiv 343 : 83, *1967*). Die Schule von BÜCHNER hat während des letzten Krieges Sauerstoffmangelschäden des Leberparenchymes (Beobachtungen an zu Tode gekommenen Höhenfliegern; experimentelle Reproduktion) erarbeitet. Dabei wurde als für diese Dinge pathognostisch eine besondere Form der vakuolären Plasmatransformation erkannt: Es handelt sich um das Auftreten großer, zellkernnaher Vakuolen, welche häufig den Eindruck des Vorliegens der Eindellung der Kernmembran hervorrufen. H. W. ALTMANN hat über die Summe der einschlägigen Erfahrungen berichtet (Handb. Allg. Path. II/1, S. 521 ff., Berlin-Göttingen-Heidelberg: Springer 1955). L. H. KETTLER hat darauf aufmerksam gemacht, daß man Gruppennekrosen und Einzelzellnekrosen des Leberparenchymbestandes auseinanderhalten kann (Virchows Archiv 316 : 525, *1948*). Er sprach vielfach von „blasiger Entartung" und „vakuolärer Degeneration". Diese Veränderungen gingen der Nekrobiose der befallenen Parenchymbestände voraus. KETTLER wollte unter „blasiger Entartung" eine schaumige Metamorphose des Protoplasma, unter „vakuolärer Degeneration" eine Vakuolenbildung gröberen Kalibers verstanden wissen. Beide Entartungstypen seien gleichsam eigenständig und könnten wahrscheinlich nicht, jedenfalls nicht ohne weiteres ineinander übergehen. DOERR hat darauf aufmerksam gemacht, daß, je nach dem Grade der energetischen Insuffizienz der Parenchymzelle, kleine, feinkörnige Vakuolen oder aber größere, zur Konfluenz neigende Blasen im Cytoprotoplasma auftreten können (Verh. dt. Ges. Path. 34. Tgg., 1950; dort auch allgemeinere Bemerkungen, vor allem über Harnkanälchenepithelläsionen). Neuerdings wird von „*Netznekrosen*" gesprochen (GEDIGK, KORB, MÜLLER und MÜLLER, Virchows Archiv Abt. A 347 : 357, *1969*). Unter „Netznekrosen" versteht man herdförmige Nekrosefelder, welche in der Umgebung der Glissonschen Dreiecke liegen und durch eine ungewöhnlich deutliche Markierung der nekrobiotischen Zellgrenzen ausgezeichnet sind. Es scheint, daß diese Veränderung etwas mit einer Cholestase zu tun haben. Die betroffenen Parenchymbezirke sehen eigenartig transparent, „glasartig" aus. Man findet sie auch nach Tetrachlorkohlenstoff-, Phenylhydrazin- und Kokainvergiftung. Die Netznekrosen gehören wohl auch zur Gruppe sogenannter hydropischer Leberzellschädigungen. Ein besonderes experimentelles Interesse haben die „eosinophilen" Degenerate der Leberepithelien gefunden (MOPPERT, V. EKESPARRE und BIANCHI, Virchows Archiv, 342 : 210, *1967*). Man findet die verstärkte Eosinophilie des Cytoprotoplasma bei verschiedenen Virusinfekten, also entzündlichen Lebererkrankungen, aber auch bei Kreislaufstörungen! Die elektronenmikroskopische Kontrolle eröffnet eine „Wunderwelt". Es scheint, daß eine Hydratationsänderung des Cytoprotoplasma entscheidend ist. Sie führt zu einer Verdichtung der ergastoplasmatischen Binnenräume, also zu einem Zusammenbruch sogenannter osmotischer Reglerfunktionen. Dabei entsteht unter Umständen ein kugelförmiges acidophiles Gebilde, welches das Opfer der zellularen Gewebereinigung seitens des mesenchymalen Apparates wird. Die acidophilen Gebilde werden als „Councilman-like" bodies bezeichnet. — Die Fülle der parenchymalen Störungsmöglichkeiten ist außerordentlich. Viele der genannten Reaktionsformen begegnen uns im Kapitel „Hepatitis" wieder.

6. Entzündliche Erkrankungen der Leber
a) Akute diffuse interstitielle Hepatitis

Diese entzündliche Lebererkrankung wird durch die Krankheitsgruppe der „Hepatitis epidemica" beherrscht. Man spricht am besten von „Virushepatitis". Die Virushepatitis ist als solche nicht einheitlich. Mindestens zwei Hauptformen ragen, gleichsam weithin sichtbar, heraus. Das Problem der sogenannten Hepatitis ist ein komplexes; nicht alle Hepatitiden werden durch eine Virusinfektion hervorgerufen. Man versteht die Zusammenhänge am besten, wenn man sich mit der *Problemgeschichte* beschäftigt.

aa) Problemgeschichte

Gelbsuchtendemien und -epidemien hat es wahrscheinlich schon immer gegeben. Historisch überliefert ist eine kleine Epidemie auf Minorca (1745); alsdann hat in Göttingen 1761 eine ikterische Febricula geherrscht. Wenig später ist eine Gelbsuchtendemie in Peine (Hannover) aufgetreten. Im Kriege 1870/71 erkrankte ein bayrisches Armeecorps an Gelbsucht. Man vermutete die Ursache in verdorbenem Pökelfleisch. Während des Ersten Weltkrieges hat 1916 die deutsche Armee in Rumänien nicht unerheblich unter epidemischer Gelbsucht gelitten. Man suchte und glaubte zu finden ätiologische Beziehungen zu einer Paratyphus B-Infektion. In den zwanziger Jahren traten endemische Gelbsucht-Erkrankungen in allen den Ländern auf, deren Bevölkerung gehungert hatte! Während des Zweiten Weltkrieges ist es zuerst im Jahre 1940 in Frankreich am Unterlaufe der Charente zu einer epidemischen Häufung der Gelbsucht gekommen. Die Schwierigkeit bestand darin, diese, zwar epidemisch ausgebreiteten, klinisch im allgemeinen jedoch leichten Ikterusformen von Gelbsuchterkrankungen anderer Ätiologie zu trennen. Es galt, eine Abgrenzung gegenüber dem Ikterus epidemicus Weil und den Ikterusformen im Zusammenhang mit dem Fluß- und Überschwemmungsfieber (hervorgerufen durch Leptospiren) vorzunehmen.

Bis zu dieser Zeit verfügte man kaum über ausreichende patho-anatomische Erfahrungen. HANS EPPINGER, der um die Leber-, besonders die Begründung der sogenannten Permeabilitätspathologie (Kennwort: seröse Entzündung = Albuminurie ins Gewebe) hoch verdiente Wiener Internist verfügte aus der Zeit des Ersten Weltkrieges über drei (!) patho-anatomisch untersuchte Gelbsuchtfälle. EPPINGER hatte die Auffassung vertreten, die leichten Gelbsuchtformen, der Icterus catarrhalis, seien im allgemeinen als sporadisch auftretende Ikterusformen aufzufassen, welche histopathologisch das Bild der „serösen Hepatitis" böten.

In den Jahren 1940/1941 lautete die *wissenschaftliche Alternative* etwa so: Ist der im allgemeinen leichte Ikterus infolge einer Lebererkrankung
1. als *Icterus catarrhalis* oder
2. als *Icterus epidemicus* zu verstehen?

Modus 1 könnte als sporadisch auftretende Form von Modus 2 interpretiert werden. Die Bezeichnung „Icterus catarrhalis" ging auf R. VIRCHOW zurück. Er fand (1856) im Gebiet der Papilla duodenalis major einen Schleimpfropf, von dem er annahm, er habe

1. einen Galleaufstau hervorgerufen, und er sei
2. die Folge einer katarrhalischen Entzündung der ableitenden Gallenwege.

FLINDT hat 1890 die Überzeugung ausgesprochen, Icterus catarrhalis und Icterus epidemicus seien ein und dieselbe Krankheit! Der Terminus „*Hepatitis epidemica*" geht auf MEULENGRACHT und LINDSTEDT und die Zeit nach dem Ersten Weltkriege zurück.

Wohl hatten die zwanziger und dreißiger Jahre gelegentliche Ikterusfälle in Mitteleuropa, besonders auch in Südwestdeutschland, indessen keine epidemische Häufung gebracht. Während der zwanziger Jahre wurde die diagnostische Leberpunktion in Skandinavien entwickelt (IVERSEN und KRARUP). Die Konfrontation mit der seuchenhaft auftretenden ikterischen Kriegskrankheit (Kennwort: *im letzten Kriege gab es drei große Seuchen:* 1. Das Wolhynische Fieber, 2. die Hepatitis epidemica und 3. die Kriegsnephritis) traf die Ärzte Mitteleuropas einigermaßen unvorbereitet. Unter dem Einfluß der Autorität des verstorbenen Leipziger Internisten MAX BÜRGER entwickelte sich eine *dualistische Auffassung:* Es gäbe zwei Ikterusformen, welche nichts miteinander gemein hätten: 1. den *Icterus epidemicus (infectiosus; Hepatitis epidemica):* Er befalle vorwiegend Jugendliche; zeichne sich durch ein praeikterisches Stadium mit deutlichem Krankheitsgefühl, anfängliche Obstipation, einige Durchfällen, gelegentliches Erbrechen, mäßige Temperaturerhöhungen, wohl auch durch ein flüchtiges Examthem, Gelenkschmerzen, Conjunctivitis, Stomatitis, Druckschmerzhaftigkeit der Leberregion, Vergrößerung der Leber und eine Lympho-Monocytose aus. Mit Ausbruch der Gelbsucht aber träte relatives Wohlbefinden ein. 2. *Icterus catarrhalis:* Er befalle jedes Lebensalter, lasse eine eigentliche Kontagiosität vermissen; ein Vorstadium fehle; beim Ausbruch der Gelbsucht käme es nicht nur zu keiner subjektiven klinischen Erleichterung, sondern zur Entwicklung eines ausgesprochenen Krankheitsgefühles. — Der Icterus epidemicus sei durch ein „Klettern der Serum-Fermentwerte", der Icterus catarrhalis durch „hohe Fermentwerte" ausgezeichnet.

Es gab also zwei wissenschaftliche Lager, das der „*Dualisten*" (BÜRGER, MANCKE, SIEDE) und jenes der „*Unitaristen*" (GUTZEIT, VOEGT, MEYTHALER). Erste eindeutige Befunde wurden 1942 durch VOEGT (Medizinische Klinik Breslau; GUTZEIT) erarbeitet. Durch die Opferbereitschaft freiwilliger Versuchspersonen (Medizinstudenten) konnte geklärt werden, daß bei Hepatitis epidemica eine, wie es schien, „Capillaritis" der Leberstrombahn vorläge. Man könne, so glaubte man, eine „Parallele" mit der Erkrankung der glomerulären Capillaren der Nierenkörperchen ableiten. Die Leberparenchymveränderungen seien als unmittelbare Folge der „Capillaritis", nämlich als Ausdruck eines durch die stenosierende Gefäßerkrankung hervorgerufenen Sauerstoffmangels zu verstehen. Durch diese Interpretation der an sich richtig erarbeiteten Befunde hatte VOEGT, natürlich unbeabsichtigt, den Fortgang der Forschung beeinträchtigt: VOEGT, selbst aus der Schule von GUTZEIT, eines Unitaristen, hervorgegangen, hat durch die Konzeption, der Hepatitis epidemica läge eine „Capillaritis" zugrunde, der Befestigung des „Dualismus" das Wort geredet. Denn nun konnte man folgern, dem „Icterus catarrhalis" läge, im Sinne EPPINGERs, eine seröse Hepatitis, der „Hepatitis epidemica" aber eine „Capillaritis" zugrunde.

Es mußte ein gerütteltes Maß an pathoanatomischer Erfahrung — in aller Welt — gesammelt werden, um klarzustellen, daß im Grunde *kein Unterschied* zwischen der Histopathologie des Icterus catarrhalis und der Hepatitis epidemica besteht!

Die *einen* Pathologen (deutscher Zunge) waren der Auffassung, die Alteration der capillären Leberstrombahn beanspruche für die Ausbildung des histopathologischen Bildes eine Schlüsselstellung (SIEGMUND; BRASS und AXENFELD); die *anderen* sprachen sich dafür aus, daß eine unmittelbare Epithelschädigung am Anfange der Entwicklung eines komplexen histopathologischen Bildes stehe (BÜCHNER und KALK; BORST; HEINLEIN; ERICH MÜLLER). ROBERT RÖSSLE, dem die Pathologie (schlechthin) eine entscheidende Förderung der Kenntnis der krankhaften Reaktionen des Leberparenchymes (überhaupt) verdankt, nahm eine vermittelnde Haltung ein: Je nach Schwere und Dauer der Läsionen im einzelnen Falle könnten Übergänge zwischen einfachen „Hepatosen" und erheblicher Dystrophie, seröser Hepatitis, aber auch Leberzirrhosen, vorkommen. In beiden Krankheitsfällen, bei „Icterus catarrhalis" und bei „Hepatitis epidemica" fände man so etwas wie eine „seröse Entzündung", freilich mit Besonderheiten.

Einige Literaturhinweise: F. MEYTHALER: Klin. Wschr. 21 : 681 und 701, *1942*; H. VOEGT: Klin. Wschr. 22 : 318 (*1943*); H. AXENFELD und K. BRASS: Frankf. Zschr. Path. 58 : 220, *1944* sowie 59 : 282, *1947/1948*; ERICH MÜLLER: Beitr. path. Anat. 110 : 264, *1959*.

bb) Ätiologie der Virushepatitis

Ohne bestreiten zu wollen, daß es auch andere Hepatitiden gibt, welche nicht durch Viren hervorgerufen werden, ausgehend also von der praktisch vielfach bestätigten Tatsache, daß man im allgemeinen nicht zwischen „Icterus catarrhalis" und „Hepatitis epidemica" zu unterscheiden braucht, ist doch der Formenkreis der virusbedingten Hepatitiden als solcher nicht einheitlich.

Mit anderen Worten: Es soll und kann nicht bestritten werden, daß es gelegentliche Gelbsuchtformen gibt, welche auf dem Boden einer degenerativ-entzündlichen Hepatopathie entstehen, die ursächlich nichts mit den Folgen eines Virus-Befalles zu tun haben. *Diese* Hepatopathien können als entzündlich-toxische Mitreaktion bei irgendeinem anderen, primär loco alieno etablierten Grundleiden verstanden werden. Auch gibt es „direkte" toxische Leberschäden, z. B. eine *Drogen-Hepatopathie*, welche nicht-infektiöser Ätiologie ist. In der weit überwiegenden Mehrzahl aller Fälle aber hat es der Arzt mit der „*Virushepatitis*" zu tun. Diese manifestiert sich wiederum in *zwei Formen:*

Virushepatitis A ($\simeq$ Erreger = IH-Virus),
Virushepatitis B ($\simeq$ Erreger = SH-Virus).

Ähnlichkeit und Unterschiede beider Virus-Hepatitisformen werden am besten durch eine Tabelle von E. SIGNER (Basel) veranschaulicht:

Charakteristika	infektiöse Hepatitis	Serumhepatitis
Inkubationszeit	10–45 Tage	8–28 Wochen
Erkrankungsbeginn	akut	schleichend
Fieber über 38° C	meistens	selten
Bevorzugtes Alter	Kinder und Erwachsene unter 35 Jahren	alle Altersgruppen
Jahreszeitliches Auftreten	Herbst - Winter	gleichmäßig während des ganzen Jahres
Immunität		
homologe	vorhanden	fraglich
heterologe	nicht vorhanden	nicht vorhanden
Prophylaktischer Wert von Gammaglobulin	erwiesen	fraglich
Größe der Viren	unbekannt, passiert Seitz-EK-Filter	etwa 26 mμ
Temperaturresistenz der Viren -10° - -20° C	überlebt 1–1½ Jahre lang	überleben 4½–5 Jahre lang
Virus im Stuhl		
Inkubationszeit	+	−
Akute Phase	+	−
Virus im Blut		
Inkubationszeit	+	+
Akute Phase	+	+
Virus im Duodenalsaft		
Akute Phase	+	nicht geprüft
Experimenteller Infektionsweg	oral und parenteral	parenteral
Dauer der Virämie	unbekannt	bis 5 Jahre nach der Erkrankung
Dauer der Virusausscheidung im Stuhl	bis 16 Monate nach der Erkrankung	−

Nach E. SIGNER, aus R. HAAS und O. VIVELL: Virus- und Rickettsieninfektionen des Menschen, München: J. F. LEHMANN 1965, Seite 765; auszugsweise Mitteilung aus den Tabellen 1 und 2 von SIGNER.

Im *Blutserum* von Patienten, welche an einer Virushepatitis leiden, können *Agglutinine gegen die Erythrocyten* einiger Tierspecies nachgewiesen werden. Agglutiniert werden Schaferythrocyten, Hühnererythrocyten, menschliche Erythrocyten der Blutgruppe 0 und zwar solche, die mit Newcastle disease-Virus sensibilisiert worden waren etc. Leider sind die Haemagglutinine offenbar nicht absolut spezifisch; sie können angeblich auch bei gesunden Blutspendern — gelegentlich — nachgewiesen werden. Es ist offenbar schwierig, Antikörper gegen Hepatitis-Viren routinemäßig darzustellen. Interessant ist, daß sich alles in allem eine Gamma-Globulin-Prophylaxe, mindestens gegenüber der Transfusionshepatitis, bewährt hat. Gammaglobuline sollten möglichst frühzeitig, am besten während der Inkubationszeit, gegeben werden. Die Gammaglobulin-Prophylaxe hat insofern einen großen praktischen Wert, als es mit ihr gelegentlich gelingt, Epidemien zu unterbrechen, gefährdete Kontaktpersonen, aber auch Frauen während einer Gravidität, Ärzte und Pflegepersonal zu schützen. Die immunologischen Verhältnisse bei beiden Virus-Hepatitisformen sind derzeit noch nicht genügend geklärt. Eine dauerhafte Immunität wird leider keinesfalles erworben.

cc) *Pathologische Anatomie der Virushepatitis*

Mit HANS ADOLF KÜHN kann man die Histopathologie der akuten Virushepatitis durch *drei Gruppenmerkmale* kennzeichnen: 1. entzündliche Infiltration der periportalen Felder; 2. Reaktion des Sternzellapparates; 3. Schädigung des Leberparenchymes mit Ausbildung disseminierter sogenannter Einzelzellnekrosen (Beitr. path. Anat. 109 : 589, *1947*).

Das histologische Bild des Einzelfalles ist außerordentlich bunt. Die Untersuchung laufend entnommener Leberpunktionszylinder hat folgendes deutlich gemacht: Der Schwerpunkt der histologischen Veränderungen bis zum Ausbruch der Gelbsucht liegt beim Mesenchym; man findet im Punktat eine perlschnurartige Lagerung der jeweils stark vergrößerten v. Kupfferschen Sternzellen. Sternzellmitosen sind reichlich vorhanden. Klinisch findet sich eine „Transaminasenaktivität" bereits einige Wochen vor Ausbruch des Ikterus! In den ersten Gelbsuchtwochen imponieren vor allem die Veränderungen an den Hepatocyten. Am 4. bis 5. Tage nach Ausbruch des Ikterus präväliert eine *Sternzellproliferation*; Lymphocyten, Plasmazellen und Monocyten sind in das Bindegewebe der portobiliären Felder eingelagert. Am 8. Tage nach Aufscheinen des Ikterus sind die Einzelzellnekrosen in unübersehbarer Reichlichkeit, gewöhnlich in den läppchenzentralen Abschnitten, vorhanden. Am 12. Ikterustage finden sich Korbzellen, Mitosen und Amitosen; es tritt *Haemosiderin*, schollig im Bereiche der Sternzellen, angedeutet und staubförmig im Bereiche der Hepatocyten, auf. Unter „*Korbzellen*" versteht man ballonierte d. h. hydropisch-vakuolär umgewandelte Epithelien. Diese Metamorphose ist seit etwa 100 Jahren bekannt (EDWIN KLEBS). Mit dem 24. Gelbsuchtstage klingt allmählich die Sternzellreaktion ab. In vielen Fällen persistiert die „Unruhe" der v. Kupfferschen Zellen derart, daß diskordante, kleinherdige Sternzellproliferate noch nach 105 Tagen (nach Ausbruch der Gelbsucht) nachgewiesen werden können. Nach etwa 6 Monaten sollte im Regelfalle pathoanatomische Veränderungen nicht mehr nachweisbar sein.

Das morphologische Bild aller Formen sogenannter Virushepatitis ist im Prinzip einheitlich. Im Kranze sogenannter Parenchymschäden imponiert die Vakuolisation am meisten. Diese führt zu einer Dissoziation des Gefüges der Leberepithelreihen. Die Disseschen Spalträume sind unregelmäßig entfaltet und können feinkörnig-grieselige Ergüsse führen. Auf der Höhe der Krankheit findet sich eine läppchenzentrale sogenannte Cholestase. Dies bedeutet, daß die kleinsten initialen Galleröhrchen erweitert und durch feinkörnige, gelegentlich scheibchenförmig aussehende, wurmförmig gewundene Galle-Kondensate angefüllt sind. Man spricht von „*Hepatitis mit cholestatischem Einschlag*".

Gallethromben in den epithelisierten d. h. größeren Galleröhrchen gehören nicht zum Bilde der banalen Virushepatitis. Die Haemosiderose wird um so deutlicher, je älter der Prozeß wird. Bei subakuten Verlaufsformen findet sich die Ablagerung des „diffusen Eisens" (WEPLER). Als diagnostisch wichtig gilt das Auftreten eosinophiler Protoplasmakondensate. Diese werden, im Regelfalle, in der zweiten bis dritten Krankheitswoche nach Ausbruch des Ikterus sichtbar. Man spricht von *Councilman bodies*. Die elektronenmikroskopische Analyse zeigt, daß derartige corpusculäre Ansammlungen stofflich offenbar nicht einheitlich sind. NEMETSCHEK und NEMETSCHEK konnten zeigen, daß eine feinste Textilmusterung gegeben ist; BÜCHNER hat Einschlüsse pyknotischer Kerne im Inneren sogenannter Councilman bodies zur Abbildung gebracht. Die Intensität der Leberparenchymläsionen geht auch daraus hervor, daß die Nucleolen alteriert, vielfach zu queren bandartigen Gebilden umgewandelt sind. Man hat von einer *ENM-Trias* gesprochen und damit das Auftreten von *E*inschlußkörperchen (Councilman bodies etc.), querer Bandbildung der *N*ukleolen sowie das Auftreten zahlreicher Epithel-*M*itosen bezeichnen wollen. — Je älter der Prozeß wird, um so deutlicher ist die kleinherdige Proliferation sogenannter Reticulumzellen. Man spricht von *Retothelknötchen*. Diese nehmen ihren Ausgang von den Zwickeln der portobiliären Felder. Die kleinen Granulome destruieren die benachbarten epithelialen Läppchengrundplatten. Es entstehen *piece-meal-Nekrosen* d. h. *Mottenfraß-Nekrosen*. Diese muß man unter allen Umständen von den Einzel-Epithel- sowie Gruppen-Epithel-Nekrosen der ersten Krankheitswochen unterscheiden. In der zweiten Woche nach Ausbruch der Gelbsucht prävalieren, wie bemerkt, läppchenzentrale Nekrosen; später können auch läppchenperiphere Nekrosen hinzutreten. Derartiges wird in etwa 10 % aller Hepatitis-Fälle gefunden. Das histologische Bild einer Virushepatitis etwa in der 4. bis 6. Woche nach Aufscheinen der Gelbsucht ist imposant, durch Quantität und Qualität der Veränderungen. Im Grunde ist es erstaunlich, daß die Prognose im allgemeinen als günstig gelten kann. Daß keine direkte Parallele zwischen der Intensität der histo-pathologischen Veränderungen und der Stärke des Ikterus besteht, geht aus zwei Tatsachen hervor: Die Klinik kennt 1. das Krankheitsbild des *icterus sine ictero*; und sie kennt 2. die *„selbständige Cholämie Gilbert"*. Im ersteren Falle finden sich erhebliche histo-pathologische Veränderungen, ohne daß ein Ikterus nachweisbar wäre; in letzterem Falle besteht ein intensiver Ikterus, ohne daß ernste histopathologische Schäden dargestellt werden könnten!

In der weit überwiegenden Mehrzahl aller Fälle heilt die Krankheit spurlos ab (Heilung mit Restitutio ad integrum). Leider wird der Prozeß gelegentlich chronisch. Man hat zu unterscheiden die *„chronisch-persistente Hepatitis"*, welche in etwa 5 % aller Fälle von Virushepatitis in Szene geht. Es ist sodann die *„chronisch-aggressive Hepatitis"* zu unterscheiden, welche in bis 3 % aller Virushepatitiden nachgewiesen werden kann. In 3—5 % aller Fälle von Virushepatitis entsteht eine *„posthepatitische" Leberzirrhose*. Diese zeigt das Phänomen des insulären Parenchymumbaues und ist gewöhnlich als granuläre Leberzirrhose, ausnahmsweise von „grobem Korn" differenziert. In einigen Promillen sogenannter Virushepatitis resultiert eine *„akute gelbe Leberatrophie"*. *Diese* sogenannte akute gelbe (oder bunte) Leberdystrophie wird auch als „maligne Hepatitis" bezeichnet. Die Prognose ist ungünstig; die Angaben der Literatur über das Ausmaß der Letalität schwanken freilich zwischen 0,1 % bis 42 %!

Protrahierte Hepatitis-Verlaufsformen entsprechen überwiegend dem cholestatisch-cholangiolitischen Typus. Der Schwerpunkt der entzündlichen Veränderungen liegt dann in den pericholangiolären Feldern.

Chronisch-persistente Hepatitis-Formen zeigen, daß die GOT auf höhere Werte ansteigt als die GPT; es resultiert eine Gammaglobulinvermehrung; die Thymolprobe ist pathologisch, die Bromsulphaleinclearance gestört. Die „chronisch-aggressive Hepatitis" gilt als Autoaggressionskrankheit. Akute Vorstadien werden im allgemeinen vermißt. Es erkranken vorwiegend jüngere weibliche Personen sowie Frauen in der Menopause. In den Formenkreis der chronisch-aggressiven Hepatitis gehört auch die *„chronisch-lupoide" Hepatitis*. Ihr eignet kein bestimmt-charakterisierbares histologisches Äquivalent! Die Corticoidtherapie ist bestrebt, die Proliferation der Reticulumzellen hintanzuhalten. Es scheint, daß die Cortison-Medikation das Auftreten von Rezidiven begünstigt hat (THALER, 1969).

Die *„Riesenzell-Hepatitis"* mit intrahepatischer Cholestase gilt als schwere Form der Virushepatitis des Kindesalters. Die Prognose ist ungünstig.

Lit.: W. WEPLER und E. WILDHIRT: Klin. Histopathologie der Leber, Stuttgart: Thieme, 1968; H. THALER: Leberbiopsie, Berlin-Heidelberg-New York: Springer 1969; European Association for the Study of the Liver, cf. J. DE GROOTE et al., Virchows Archiv Abt. A 346 : 199, *1969.*

Nach WEPLER wird in 12 % aller Leber-Punktat-Untersuchungen eine *chronische Hepatits* gefunden. Diese soll daher als häufigste Leberkrankheit schlechthin gelten dürfen. WEPLER und WILDHIRT unterscheiden *nach der Entstehung* der chronischen Hepatitis eine Reihe von *Unterformen*:
1. *Chronische Hepatitis als Folge einer akuten Vorerkrankung,*
   a) mit oder mit nur einem kurzen Intervall,
   b) mit langfristigem Intervall.
2. *Primär-chronische Hepatitis.*
3. *Chronische Hepatitis mit „akuten Rezidiven";*
4. *chronisch-persistierende Hepatitis;*
5. *Chronische Hepatitis mit Übergang in eine sekundäre Siderophilie;*
6. *chronische Hepatitis bei Fettleber;*
7. *chronische Hepatitis bei Alkoholschaden;*
8. *chronische Hepatitis als Vorstadium der sogenannten primären biliären Leberzirrhose.*

Die praktisch bedeutsame, an den Histopathologen gerichtete Frage ist die, ob aus einem Punktat auf eine relative Aktivität des chronisch-entzündlichen Prozesses geschlossen werden könne. Tatsächlich bleibt der histologisch nachweisbare chronische Entzündungsprozeß häufig und noch lange Zeit aktiv, obwohl die Transaminaseaktivitäten im Blutserum zur Norm abgeklungen sind. Auch die umgekehrte Situation kommt vor. Man hat dann von „funktionellen Narben" gesprochen. In allen diesen Fällen ist nachgehende Fürsorge, d. h. eine Kontrolle der Leberfunktionen, selbst nach Jahr und Tag, unerläßlich. Der im Zusammenhang mit chronischer Hepatitis eingeleitete

Parenchymumbau führt zunächst zum Bilde der „Praezirrhose". Interessant ist, daß in höchstens 40 % aller Fälle von chronischer Hepatitis ein akutes Vorstadium nachgewiesen werden kann. WEPLER und WILDHIRT neigen zu der Annahme, daß 30 % aller Fälle chronischer Hepatitis aus einer anikterischen Vorläufer-Hepatitisform entstünden. Die Chronifizierung einer Hepatitis ist wahrscheinlich nicht die unmittelbare Folge des stattgehabten Virus-Befalles. Es scheint, daß eine automatisierte Autoaggression d. h. ein self-perpetuating auf besonderer immunologischer Grundlage gegeben ist.

In der *Differentialdiagnose* der Virushepatitis (im Leberpunktat) ist die Möglichkeit des Vorliegens der „infektiösen Gelbsucht" gänzlich anderer Ätiologie, einer Hepatitis als sogenannter entzündlicher Mitreaktion, aber auch einer medikamentösen Leberparenchymschädigung zu bedenken. Die nicht-virusbedingte, gleichwohl „infektiöse" Hepatitis ist auf eine Leptospiren-Infektion hoch verdächtig; die entzündliche Mitreaktion des Leberparenchymes ist notorisch bei ausgedehnten entzündlichen Zerfallskrankheiten anderer Organe z. B. bei Lungentuberkulose, Lungenabszeß, Bronchiektasen, chronischer Osteomyelitis etc. Salmonellosen induzieren stets und ständig entzündlich-granulomatöse Leberveränderungen. Der „*Drogenikterus*" geht mit einer besonderen Form der sogenannten Cholangiolopathie (Cholangiolotoxikose) einher.

Anhangsweise sei ein Schema über die möglichen Folgezustände angefügt (Abb. 24), welches von H. KALK entwickelt und mehrfach mitgeteilt wurde.

Dieses Schema ist durch die *korrelierte klinische, laparoskopische sowie histologische Untersuchung* von Leberpunktatzylindern erarbeitet worden. Es ist nützlich und aufschlußreich, im ganzen vielleicht ein wenig *zu stark* gegliedert. Aber es ist sicher richtig, das ganze Spektrum konsekutiver Entwick-

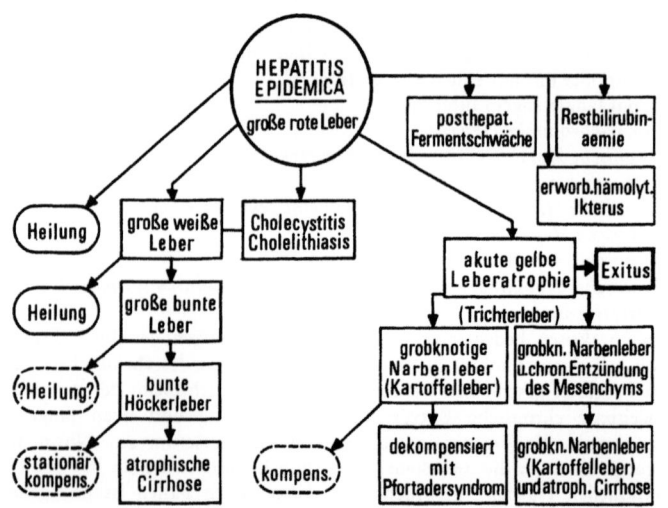

Abb. 24. Schema der Entwicklungsmöglichkeiten der Hepatitis epidemica nach HEINZ KALK (1957)

lungsmöglichkeiten in den Kreis der Betrachtungen zu beziehen. Ich verweise auf H. KALK „Zirrhose und Narbenleber", 2. Aufl., Stuttgart: F. ENKE 1957; vgl. auch H. KALK: Helv. med. acta. 28 : 382, 1961.

b) Hepatitis durch Virusbefall gänzlich anderer nosologischer Zuordnung

aa) Gelbfieber

Das Gelbfieber fällt unter das alte Reichsseuchengesetz bzw. unter die „Nachfolgebestimmungen", es gehört also zu den „gemeingefährlichen" Krankheiten. In Deutschland sind bis jetzt nur Laboratoriumsinfektionen, keine spontan entstandenen Fälle bekannt geworden. Das Gelbfieber kommt von Westafrika bis in das Grasland des Sudan, in Amerika (Brasilien, Columbien und Ecuador) vor. Es handelt sich um eine *Viruskrankheit*. Der Erreger ist 28 mμ groß, invisibel und wird durch den Stich der weiblichen Mücke Aëdes ägypti (Stegomyia fasciata; Calopus) übertragen. Die Bedeutung der Mücke für die Verbreitung des Gelbfiebers wurde seit 1848 angenommen; die Rolle der Stechmücke ist 1886 gesichert worden. Wissenschaftlich einwandfrei wurden die Zusammenhänge durch Selbstversuche von 4 Ärzten auf Kuba (1900) erwiesen; von den 4 Ärzten starb einer schnell, zwei weitere an den Folgen der Infektion nach wenigen Jahren. Das Gelbfieber war seinerzeit in Mittelamerika stark verbreitet; es trat auch — endemisch — in New Orleans, sporadisch selbst in Philadelphia auf. Gelbfieberfälle sind vereinzelt nach Südeuropa, Frankreich und England eingeschleppt worden. Heute ist die Seuche wesentlich eingedämmt, vor allem durch den Erfolg der Mückenbekämpfung. Die amerikanische *Gelbfieberkommission* und REED (1900) in Habana hat sehr segensreich gearbeitet. Dadurch ist es möglich geworden, das Gelbfieber an vielen Stellen total auszurotten. Eine genauere Kenntnis der eigentlichen Verbreitung des Gelbfiebers war erst zu erlangen, nachdem es gelungen war, geeignete Laboratoriumstiere (indischer Macacus rhesus und weiße Maus) in den Dienst der experimentellen Forschung zu stellen. Jetzt wurden Schutzversuche (protection tests) an Mäusen vorgenommen. Die Mäuse werden mit dem Blutserum von Menschen beschickt, welche ein Gelbfieber erfolgreich überwunden hatten. Wird ein gezüchtetes (kultiviertes) Virus zugesetzt, bleiben sie am Leben! Bei den infizierten Affen (Macacus) erkrankt vorwiegend die Leber; man spricht von einem pan- sowie viscerotropen Virus. Bei der Maus erkrankt in erster Linie das Gehirn, es scheint ein neurotropes Virus gegeben zu sein. Möglicherweise können alle Viren durch fortgesetzte Passagen in die neurotropisch wirksamen Formen übergeführt werden.

Die „Heimat" des Gelbfiebers wird aus zoogeographischen Gründen in Afrika vermutet. Amerika wurde verseucht zur Zeit des Sklavenhandels; dabei wurde die zu den Culiciden gehörige (oder ihnen doch nahestehende) Stegomyia nach Amerika verschleppt. Die Stechmücke infiziert sich beim Menschen und zwar in den drei ersten Krankheitstagen, sonst nicht. Sie benötigt selbst 14 Tage bis zur eigenen Infektiosität. Gelegentlich bleibt die Mücke lebenslänglich ansteckend. Auch andere Culiciden sind im Prinzip als Überträger geeignet. Die Identität der Erreger von afrikanischem Gelbfieber mit denen des amerikanischen Gelbfiebers sowie jener des Dschungelfiebers gilt heute als sicher nachgewiesen. Dschungelfieber tritt auch in aedesfreien Gebieten auf; also muß doch eine andere Übertragung möglich sein. Als eigentliches Virusreservoir des Gelbfiebers haben Brüllaffen (die selbst an den Folgen der Gelbfieberinfektion eingehen können), Opossum, Ameisenbären sowie Gürteltiere zu gelten.

Die *Inkubationszeit* beträgt 3—6 Tage. Läuft die Krankheit typisch ab, kann man *drei Stadien unterscheiden:*

1. *Periode der Infektion:* Die Temperatur liegt bei 39—40 Grad; es besteht ein schweres Krankheitsgefühl, Kopf- und Kreuzschmerzen werden geklagt. Es besteht ein diffuser Druckschmerz im Oberbauch; das Gesicht der Kranken ist aufgedunsen, es wird über ein quälendes Durstgefühl berichtet. Noch ist eine Beeinträchtigung der Nierenfunktion nicht gegeben.

2. *Periode der Remission:* Die Temperatur fällt ab; die Entfieberung benötigt entweder 6 Stunden oder einen ganzen Tag. Dabei kommt es zu einem vorübergehenden Gefühl der Besserung des Krankheitsbildes.

3. *Periode der eigentlichen Organschädigung:* Es erfolgt jetzt ein neuer Temperaturanstieg; die Albuminurie beträgt 2—12 Promille; im Harnsediment finden sich hyaline und granulierte Zylinder, vor allem aber zahlreiche Kanälchenepithelien. Schließlich resultieren Oligurie oder Anurie. Es tritt jetzt ein Ikterus auf, der mit einem „*epigastrischen Angstgefühl*" einhergeht. Die Leber ist im allgemeinen vergrößert. Es kommt zu einem kaffeesatzähnlichen Erbrechen, dem *Vomito negro*. Im Blutbild findet sich eine Leukopenie, besonders eine Eosinopenie; dagegen sind die Monocyten im allgemeinen vermehrt. Der Kranke strömt einen eigenartigen „lebrigen" Geruch aus. Jener erinnert an den Gestank eines schlecht gelüfteten Schlachterladens. Die *Letalität* des Gelbfiebers schwankt zwischen 20 und 80 %. Der Tod tritt meist zwischen dem 6. und 10. Krankheitstage ein. Selten kommen abortive d. h. leichtere Krankheitsfälle zur Beobachtung. Man spricht von „Grippe ohne Katarrhe". Überstehen des Gelbfiebers hinterläßt eine dauernde Immunität. *Pathologisch-anatomisch* findet sich eine starke allgemeine Parenchymdegeneration, ein mäßig starker Ikterus und eine erhebliche allgemeine Blutungsneigung. W. H. HOFFMANN hat sehr frühzeitig die Bedeutung der Leberpunktat-Histologie für die Beurteilung des Krankheitsbildes erkannt. HOFFMANN legte Wert darauf, die etwaige Diagnose auch post mortem zu sichern. Im allgemeinen gilt die Regel, daß Affensektionen gefährlicher seien als Menschensektionen, weil das Virus beim Menschen nur in den ersten drei Krankheitstagen, beim Affen jedoch länger verbreitet ist. Bei Gelbfieber ist die Leber nur mäßig vergrößert; sie besitzt eine weiche, teigig-plastische Konsistenz; das Leberparenchym ist weitgehend verfettet, auf Schritt und Tritt finden sich *Councilman bodies*. Auf deren diagnostische Dignität hat TORRES 1928 aufmerksam gemacht. Die Beziehung zwischen den Councilman bodies und den hyalinen Einschlußkörperchen ist nicht völlig geklärt. Interessant ist, daß die überwiegende Parenchymschädigung die sogenannte *intermediäre Läppchenzone* bevorzugt.

Die feingeweblichen Veränderungen der Leber lassen eine nennenswerte mesenchymale entzündliche Reaktion vermissen. Dagegen ist eine starke Dissoziation der Leberepithelreihen gegeben. Die Disseschen Spalträume sind entfaltet, es ist also zur Ausbildung eines Ödemes gekommen.

bb) Infektiöse Mononukleose

Histopathologisch (Leberpunktat) ist interessant eine sehr starke Reaktion des Sternzellapparates, der Bindegewebszellen der Glissonschen Felder, während am eigentlichen epithelialen Leberparenchym wenig geschieht. Die Alteration der Leber durch das Phänomen der „infektiösen Mononukleose" sollte klinisch nicht überbewertet werden. Eine eigenständige Hepatitis ist nicht gegeben. Der morphologische Befund bedarf der Konfrontation mit dem Ergebnis der serologischen Paul-Bunnell-Reaktion (Kontrolltest nach HANGA-NUTZIU-DEICHER).

c) Hepatitis durch Leptospiren-Infekte

aa) Icterus infectiosus Weil

Adolf WEIL, a. o. Professor der Inneren Medizin an der Universität Heidelberg, Schüler von NIKOLAUS FRIEDREICH, hatte im Jahre 1885 eine Monographie vorgelegt „Zur Pathologie und Therapie des Typhus abdominalis mit besonderer Berücksichtigung der Rezidive sowie der „renalen" und abortiven Formen" (Leipzig: F. C. W. VOGEL: 1885). — WEIL hatte in dieser Monographie über nicht weniger als 105 Krankheitsfälle berichtet, die zwischen November 1881 und April 1883 in Heidelberg beobachtet worden waren. Durch diese Studie gelang es ihm, diejenigen Krankheitsformen differentialdiagnostisch in den Griff zu bekommen, welche GRIESINGER (Schwäbische Schule) zuvor als „biliöses Typhoid" bezeichnet hatte. WEIL ist also seinerzeit mit typhusähnlichen ikterischen Krankheitsbildern (gründlich) in Berührung gekommen, so daß ihm *ein Jahr später* der Schritt gelang, eine „neue" Krankheit als nosologische Entität zu konzipieren. *Diese* Weilsche Publikation lautet *„Über eine eigentümliche mit Milztumor, Ikterus und Nephritis einhergehende akute Infektionskrankheit"* (Deutsches Archiv für klinische Medizin, 39 : 209, *1886*). GOLDSCHMIDT (1887) und FIEBLER (1888) haben dieses Krankheitsbild dann als „Weilsche Krankheit" bezeichnet. Der Erreger wurde erst 1915 gefunden nahezu gleichzeitig durch 6 Autoren: IDO und INADA, UHLENHUTH und FROMME, HÜBENER und REITER. Es handelt sich um eine echte Anthropozoonose. Das Virusreservoir ist die Ratte, vor allem Rattus norvegicus. Der zu den Leptospiren gehörige Erreger (Spirochaetales) heißt *Leptospira icterohämorrhagiae*. Er ist 6 bis 20 μ, selten bis 40 μ lang und 0,1 μ dick. Die Leptospire besteht aus einer feinen Spirale mit einem zentralen Axialfaden. Das Achsenfilament ist mit einer Kreuzstreifung ausgestattet, welche eine Bedeutung für die Bewegungsfähigkeit der Leptospire haben soll. Der Erreger ist an seinen beiden Enden kleiderbügelförmig abgebogen. Die Bewegung ist eine lebhafte; man kann sie am besten im Dunkelfeld zur Darstellung bringen. Die elektronenmikroskopische Durchmusterung ist etwas enttäuschend. Die Tierpathogenität, besonders für Meerschweinchen, ist beträchtlich. Die Leptospira icterohämorrhagiae ist durch Haemolysine, Lipasen, Katalasen, Oxidasen und Phospholipasen ausgestattet. Die antigen-aktiven Substanzen scheinen in der Hülle der Erreger angesiedelt. Die Erregergruppe L. icterohämorrhagiae umfaßt mehr als 10 serologisch bestimmbare Untertypen.

Die Leptospiren sind im allgemeinen nicht haltbar in trockenem Milieu; sie halten sich jedoch lebensfähig in stehenden Wässern, Brackwässern, feuchten Böden, in den inneren Organen zahlreicher Tiere. Menschliche Infektionen erfolgen nur durch „Aufsuchen" des spirochaetenhaltigen feuchten Milieus oder durch direkten Tierkontakt.

Die Leptospiren halten sich nicht in saurem Milieu. Wegen der Säuerung des menschlichen Mageninhaltes kommt daher eine enterale Infektion beim Menschen im allgemeinen nicht in Frage. Selbstverständlich kann eine „massive Trinkwasserinfektion" die Sperre überwinden.

Die *Infektion* des Menschen erfolgt im allgemeinen *durch* die verletzte *Haut*, gelegentlich über *Schleimhäute* (Mund, Nase, Augen). Als Virusreservoir neben und außerhalb der Ratte kommen Maus, Hund, Schwein, Rind und Pferd, seltener Schaf, Fuchs und Schakal, in Frage. Vielleicht sind auch Vögel für die Klärung epidemiologischer Zusammenhänge wichtig. *Cave:* Wer mit der Ratte experimentell arbeitet, sollte sich vorsehen. Auch die Hausratte und die weiße Laboratoriumsratte können infiziert sein. Je älter freilebende Ratten werden, um so häufiger sind sie infiziert. UHLENHUTH: Diese Ratten wirken als internationale Leptospirenträger und gleichen „lebenden Reinkulturen".

Die Weilsche Krankheit tritt sowohl sporadisch als auch in kleinen Endemien auf; im Ersten Weltkrieg bei Schützengrabenbesatzungen, im Zweiten Weltkrieg als „Kartoffelschälerkrankheit". Größere Epidemien hängen mit Trinkwasserinfektionen zusammen. Besonders *exponierte Berufsgruppen* sind: Kanal- und Grubenarbeiter, Viehhändler, Schlachter, Fisch- und Fleischverkäufer, — exponiert vor allem aber sind Badende (in freien, jedoch stehenden Gewässern etc.). Die Weilsche Krankheit tritt besonders in Hafenstädten, in Bergwerken, in den Personenkreisen, welche mit der Instandhaltung von Badeanstalten und Kläranlagen zu tun haben, auf. Die Krankheit tritt plötzlich auf. Es handelt sich um eine hochfieberhafte sepsis-ähnliche Allgemeinerkrankung. Alarmierend sind Erbrechen und Durchfälle; eine vorübergehende Obstipation kann folgen. Cerebrale Erscheinungen (Benommenheit) komplizieren das Bild. Qualvoll sind Muskel- und Wadenschmerzen, insbesondere lang anhaltende Wadenkrämpfe. Die Exsikkose ist beträchtlich. Vom 3. bis 7. Krankheitstage an entsteht ein Ikterus. Sehr bald kommt es zu einer hämorrhagischen Diathese mit zahlreichen quaddelartig erhabenen Hautblutungen. Der Stuhl wird acholisch, der Harn ist tief dunkel-bierfarben, Gallensäuren werden reichlich ausgeschieden. Die Serumtransaminasen klettern schnell auf beträchtliche Höhen. Einigermaßen charakteristisch ist, daß nach den ersten Fiebertagen eine Remission zustande kommt; die Temperatur sinkt staffelförmig ab; einige wenige Tage können fieberfrei sein. Dann aber kommt es zu einer nochmaligen, häufig länger anhaltenden Fieberperiode. Dabei werden Temperaturen bis 40 Grad erreicht. Auch wellenförmige Fieberkurven sind bekannt, welche sich über eine erstaunlich lange Zeit, bis 60 Tage (!), erstrecken können. Abhängig von dem Ausmaß der Nierenschädigung resultieren Reststickstofferhöhung, Oligurie, selbst eine mehrtägige Anurie. Infolge des Erbrechens besteht auch eine Hypochlorämie. Die hämorrhagische Diathese erschöpfen sich nicht in Hautblutungen; Nasenbluten, Darm- und Genitalblutungen gehören zum Bild. Subdurale Haematome sind nicht selten. Tödliche Nebennierenblutungen führen unter dem Symptomenbilde des Waterhouse-Friederichsen-Anfalles zum vorzeitigen Ende. Die Todesfälle treten im allgemeinen in der ersten bis dritten Krankheitswoche ein. Bei der *Obduktion* findet sich eine *vergrößerte Leber*; die Kapsel ist gespannt und von grauroten Punkten und kleinsten Flecken durchsetzt. Histologisch findet sich eine Dissoziation der Leberepithelreihen; Die Einzelepithelien sind vergrößert, protoplasmatisch fein gekörnt, teilweise vakuolisiert, gelegentlich staubförmig verfettet. Der Sternzellapparat ist geschwollen. Viele Leberepithelien zeigen Riesenkerne, andere Doppelkerne. Die initialen feinsten Galleröhrchen sind von körnigem Gallepigment ausgestopft. Die zellulare Reaktion seitens der Glissonschen Dreiecke ist nur mäßig stark. Neben weit disseminierten Einzel-Epithelnekrosen finden sich auch, wenngleich weniger oft, Gruppen-Epithelnekrosen. Diese liegen vorwiegend in den zentralen Läppchenregionen. Recht auffällig ist die Lipid-Bestäubung der Sternzellen. Die Eisenreaktion ist nicht zuverlässig. Die *Nieren* sind vergrößert; die Kapsel ist gespannt, nach Anlage des Konvexitätsschnittes springen die Nieren gleichsam aus der bindegewebigen Hülle heraus. Die Oberfläche ist gelbrot, gesprenkelt, schmutzigfarben; die Schnittfläche ist breit, die Zeichnung verwaschen, die Farbe gelbrot getönt, die Konsistenz ist weich und brüchig. Mikroskopisch finden sich ausgedehnte interstitielle vorwiegend lymphocytäre, seltener plasmazellulare Infiltrate. Eosinophile können anwesend sein. Die Harnkanälchenepithelien zeigen das Bild ausgedehnter Nekrotisierung vor allem im Bereiche der Henleschen Schleife. In den Lumina der Kanälchen finden sich hyaline, granulierte, Haemoglobin- und wohl auch Myoglobinzylinder. Die Glomeruli lassen eine Verbreiterung des Mesoangium und eine Verquellung der Basalmembranen erkennen. Das interstitielle Ödem ist beträchtlich. Man hat die Gesamtheit der Veränderungen als Äquivalent einer lower-nephron-nephrosis bezeichnet. Die *Skelettmuskulatur* zeigt das Bild der Zenkerschen (wachsartigen) Entartung. In Spättodesfällen sind Regenerationsansätze (myogene Knospen) zu sehen. In der *Milz* imponiert eine diskordante reticulumzellige Hyperplasie und eine Erythrophagocytose, vor allem durch die Sinuswandzellen.

Der übrige Sektionsbefund ist nicht eigentlich charakteristisch. Von den *Nebennierenblutungen* war die Rede; die visceralen *Lymphknoten* können mäßig vergrößert sein; das *Knochenmark* zeigt eine mittelgradige regeneratorische Hyperplasie; der *Herzmuskel* ist schlaff, mürbe, brüchig; die linksventrikulären Papillarmuskeln können eine Tigerfellzeichnung bieten. Gelegentlich ist eine mäßiggradige Myokarditis — diffuse interstitielle Herzmuskelentzündung — rechts stärker als links, nachweisbar. Im allgemeinen besteht ein *Hirnödem*. Leptomeningeale Reizungen können, wie bei allen Leptospirosen, vorhanden sein, gelten jedoch gerade für die Weilsche Krankheit als nicht durchaus typisch.

bb) *Leberschäden bei sonstigen Leptospirosen*

An dieser Stelle sei eine Tabelle eingefügt, welche einen ungefähren Überblick über die „sonstigen" Leptospirosen gibt. Die Nosographie ist außerordentlich reichhaltig.

Krankheit	Ort des bevorzugten Auftretens	Erreger
Weilsche Krankheit	weltweit verbreitet	L. icterohaemorrhagiae
Feldfieber	Rußland (Wasserfieber) Schlesien (Sumpffieber) Bayern (Erntefieber) Westphalen (Erbspflückerkrankheit)	L. grippotyphosa
Rohrzuckerfieber	Australien Indonesien	L. australis
Reisfeldfieber	Italien (Po-Ebene) Spanien Indonesien	L. batavia
Schweinehüterkrankheit	Schweiz, Frankreich, Italien	L. pomona
Stuttgarter Hundeseuche	weltweit	L. canicola

(Nach O. GSELL, Leptospirosen, in O. GSELL und W. MOHR „Infektionskrankheiten", Bd. II/2, S. 826, Berlin-Heidelberg-New York: Springer 1968.)

Die Tabelle wurde in Einzelheiten leicht verändert. *Cave:* Mit dem „Feldfieber" und dem „Reisfeldfieber", beides Leptospirosen, sollte das japanische Fluß- oder Überschwemmungsfieber, die sogenannte Kedani-Krankheit, auch Tsutsugamushi-Fieber genannt, nicht verwechselt werden. Tsutsugamushi-Fieber ist etwas ganz anderes, nämlich eine durch Milben übertragene Rickettsiose! Sie kommt in Japan, Formosa und überhaupt fernöstlich, wohl auch in Australien vor (E. RODENWALDT und R.-E. BADER: Lehrbuch der Hygiene. Berlin-Göttingen-Heidelberg: Springer 1951, S. 685).

Allgemeine pathologische Anatomie der Leptospirosen (Icterus infectiosus Weil ausgenommen). *Phase der Inkubation:* Diese Zeitspanne umfaßt 10 Tage; es war stets vermutet worden, daß bereits jetzt bestimmt-definierbare morphologische Veränderungen in Szene gingen. Tatsächlich ist mit Sicherheit ein klar erkennbares Reaktionsfeld an den etwaigen mutmaßlichen Eintrittspforten der Leptospiren *nicht* gefunden worden.

Phase der Generalisation (sogenanntes Fieber-Stadium, Zeitdauer im allgemeinen 4—7 Tage). Pathoanatomisch findet sich im wesentlichen eine *Capillaritis*. Diese ist generalisiert und kann zu einer Purpura sowohl der Körperdecke als auch zahlreicher Organe führen. Infolgedessen kann eine Verbrauchskoagulopathie in Szene gehen. Es scheint, daß ein besonderer Histiotropismus der Leptospiren existiert; dieser zeitigt eine starke Reaktion des reticulo-endothelialen Apparates. Antikörper sind in dieser Phase im allgemeinen nicht nachweisbar, Leptospiren werden noch nicht ausgeschieden. Auffällig ist eine starke cervicale und inguinale Lymphknotenanschwellung.

Organotrope Phase (mittlere Zeitdauer 8—10 Tage). Jetzt kommt es zu Leberschwellung, Ikterus, zu einer zweiten Fieberattacke, zu einer mäßigen

Milzvergrößerung und einer generalisierten Lymphknotenanschwellung! Klingt der Prozeß ab, können doch immer wieder Fieberschübe aufscheinen. Das fieberhafte Krankheitsbild kann bis 60 Tage anhalten!

Erholungsphase. Jetzt ist ein maximaler Agglutinations-Titer erreicht; die organären Veränderungen bilden sich zurück; es kommt aber zu einer massiven Harnausscheidung der Leptospiren.

Grundsätzlich mag gelten: In der *Leber* finden sich zentrale Gruppennekrosen d. h. Gruppenepithelnekrosen, welche die jeweiligen Läppchenzentren bevorzugen; es findet sich ein starkes Ödem, welches mit Entparenchymisierung vergesellschaftet ist. Man kann also mit Fug und Recht vom Vorliegen einer serösen Hepatitis sprechen. Infolge einer starken lienogenen Bilirubinbildung resultiert ein Superfunktionsikterus. Eine primäre Cholangitis ist nicht gegeben. Nachträgliche cholangiolitische Veränderungen sind freilich bekannt. In diesen Fällen findet sich eine zentrolobuläre Cholestase. Die *Milz* ist nur mäßig vergrößert. Die Reticulumzellen einerseits, die proliferierten und desquamierten Sinuswandzellen andererseits zeigen das Phänomen der mäßig starken Erythrocytophagocytose mit Haemosiderose. — Die hyperplastischen Lymphknoten lassen ebenfalls eine kleinstherdige diskordante reticulocytäre Hyperplasie erkennen. In erster Linie betroffen sind die Mesenteriallymphknoten, sodann und in fallender Häufigkeit die cervicalen, axillaren, inguinalen und mediastinalen (epitrachealen) Lymphdrüsen. Alle vergrößerten Lymphknoten zeigen so gut wie immer eine Haemosiderose. — In mehr als 30 % aller Fälle ist eine diffuse interstitielle vorwiegend histiozytäre *Myokarditis* nachweisbar. — Die *Nieren* bieten schwerste Tubulusepithelschäden, Papillenspitzennekrosen sowie ausgedehnte interstitielle entzündliche Infiltrate. Jene werden durch Lymphocyten und Plasmazellen beherrscht. Der *Darmkanal* zeigt sogenannte erosive Follikeldefekte, also eine katarrhalisch-erosive Enteritis, vorwiegend eine follikuläre Entero-Colitis. In den Fällen sogenannter *Stuttgarter Hundeseuche* imponiert eine Stomatitis ulcerosa des Hundemaules und eine schwere hämorrhagische Gastroenteritis. Beim Hund findet sich dann übrigens eine besonders akzentuierte interstitielle Nephritis. — Bei allen Leptospirosen ist die Skelettmuskulatur mehr oder weniger erheblich alteriert. Die Veränderungen sind keine anderen als die bei Icterus infectiosus Weil. Es handelt sich also um das komplexe Phänomen sogenannter Zenkerscher wachsartiger Degeneration. — Bei *Schlamm- und Feldfieber* ist eine leptomeningeale entzündliche Reizung die Regel; in einigen Fällen kommt es zu histologisch verifizierbaren lymphocytären Leptomeningitiden! Bei allen Leptospirosen ist die Leber immer verändert. Nierenveränderungen finden sich nur in 75 % der Fälle. Dabei handelt es sich so gut wie immer um eine interstitielle Nephritis „mit nephrotischem Einschlag". Ein wenig beachtetes, jedoch wichtiges Symptom ist das einer *Iridozyklitis*. Diese kann als periodisch rekurrierende Ophthalmie bis zur Bulbusatrophie führen.

Bei den Leptospirosen der Gruppe bb) können die Erreger in Harn, Galle, Stuhl, erbrochenem Mageninhalt und Sputum nachgewiesen werden. Der histologische Leptospirennachweis gelingt auch in den v. Kupfferschen Sternzellen. Sucht man die Leptospiren in der Niere, sind Quetschpräparate anzufertigen, welche im Dunkelfeld betrachtet werden müssen. Es gelingt dann im Falle der Obduktion von Todesfällen der ersten Krankheitstage (bei einiger Übung des Untersuchers!), die Leptospiren sichtbar zu machen. Im übrigen kann der diagnostische Nachweis von Leptospiren durch eine intraperitoneale Applikation von Körperflüssigkeiten Verstorbener beim Meerschweinchen versucht werden. Ich habe dies in den Jahren 1941/1942 regelmäßig und mit einigem Erfolg praktiziert (französische Westküste). Voraussetzung ist immer, daß die Obduktion in den ersten Stunden nach dem Tode vorgenommen werden kann; Verunreinigungen der entnommenen Körperflüssigkeiten sind peinlichst zu vermeiden (Kennwort: Beachtung sogenannter bakteriologischer Sektionssaal-Technik; deren Prinzipien können auch unter primitiven Arbeitsverhältnissen gewahrt werden!). Leptospiren sind elektropositiv; ihre Versilberung ist möglich; relativ einfacher ist die „genormte Giemsafärbung". Neuerdings gelingt der Erregernachweis mittels der Immuno-Histochemie durch Anwendung fluorochromierter Antileptospirensera.

Zusammenfassende Literatur: G. BRUNS in J. KATHE und H. MOCHMANN „Infekttionskrankheiten und ihre Erreger", Bd. I, Teil I „Leptospiren und Leptospirosen", Seite 153, Jena: G. FISCHER 1967. Es handelt sich um eine ganz vorzügliche zusammenfassende patho-anatomische Abhandlung.

d) Eitrige Hepatitis

Eitrige Leberentzündungen (Leberabszesse etc.) entstehen durch
aa) *Trauma* (infizierte Stecksplitterverletzung etc.),
bb) *hämatogen.* Die hämatogene Hepatitis entsteht über die Arteria hepatica, die Vena portae, die Vena umbilicalis, allenfalls auf dem Wege der Endophlebitis hepatica obliterans mit mykotischer Thrombose oder retrograder infizierter Embolie. — Die *portal entstandenen Leberabszesse* finden sich gewöhnlich im Zusammenhang mit exulcerativen und phlegmonösen Darmwanderkrankungen. Wichtig ist die Thrombophlebitis der Vena appendicularis des Mesenteriolum, also der Zusammenhang mit verrotteter Periappendicitis und Typhlitis. Der rechte Leberlappen ist bevorzugt befallen. Derartige Abszesse liegen unter der Kapsel der Leberkonvexität, zeigen einen schmutzig gelb-grünen Eiter und eine mäßig breite pyogene Membran. Das Innere der Abszeßhöhlen kann von einem zundrigen Trabekelwerk eingenommen sein. Die Farbe des Leberparenchymes der nächsten Umgebung ist hellgelb getönt. Multiple Abszesse können zu kindskopfgroßen Bezirken konfluieren. Die Farbe des Abszeßinhaltes kann variieren: von olivgrün über milchig-gelb nach schokoladebraun. Die Unterschiede in der Farbtönung hängen vom Grade der Verfettung, dem Typus der Erreger und der Stärke der etwaigen Blutbeimengung ab. Eine besondere Form derartiger Abszesse findet sich bei *Amöbenruhr.* Frische Amöben-Leberabszesse zeigen flottierende fetzige Membranen; erst nachträglich entwickelt sich eine steife Kapsel. Nachdem es anfänglich angeblich zu einer mehr „aseptischen Nekrose" ohne stärkere Eiterung gekommen war, entwickelt sich nach und nach eine pyogene Mischinfektion. Während also anfangs der Amöben das Feld beherrschten, finden sich später Eiterkokken und Escherichia coli. Amöbenabszesse breiten sich gerne intraorganär auf dem Blutwege — pylephlebitisch — aus. Die infizierte Thrombose kriecht den Pfortaderverzweigungen entlang. Die Abszesse erwerben dadurch eine „blättrige Konfiguration".

Auch perivenöse Lymphbahninfekte sind beschrieben. — Die *Phlebitis umbilicalis* nimmt ihren Ausgang von einer infizierten Nabelwunde. Während der Prozeß in Nabel-Nähe spontan heilt, mottet er im Baumgartenschen Restkanal, also dem portalen Endstück der Vena umbilicalis, weiter. Es gehört zu den „verpflichtenden Übungen" des Obduzenten, bei unklaren Sepsisfällen der Neugeborenenperiode den Baumgartenschen Restkanal präparatorisch darzustellen, dessen Inhalte zu prüfen, insbesondere eine bakteriologische Untersuchung einzuleiten! — Abszesse, welche über die Arteria hepatica inszeniert worden sein sollten, finden sich im Zusammenhang mit einer Endocarditis lenta. — Abszesse über die Vena hepatica revehens werden bei Kleinkindern nach retrograder Embolie im Zusammenhang mit purulenter Mastoiditis, infizierter Thrombose des Sinus sigmoideus und Thrombophlebitis der Vena jugularis interna nicht ganz selten gefunden.

cc) *Kanalikulär.* Die Abszesse entstehen also *cholangiogen*. Dieser Typus der Leberabszesse ist naturgemäß der häufigste. Es liegt eine eitrige Cholangitis, Cholangiolitis oder eine Phlegmone des den Gallenwegen unmittelbar benachbarten Bindegewebes zugrunde. Die Veränderungen entstehen entweder „aszendierend" oder aber im Sinne einer „Ausscheidungsentzündung"! Die Abszesse sind multipel, häufig miliar, jedoch zur Konfluenz neigend, grasgrün verfärbt, gewöhnlich mißfarben. Gelegentlich findet sich eine septale Phlegmone, d. h. eine flächenhafte, den größeren Bindegewebsfeldern folgende Eiterung. Als Grundkrankheit kommen infektiöser Darmkatarrh, Kopfpankreatitis, Geschwülste im Bereiche der Vaterschen Papille oder eine sogenannte Askariden-Exulceration der Wand des Ductus choledochus in Frage. Angeblich soll eine Cholecystitis kausal-pathogenetisch wichtig sein können: Es wird stets erörtert, ob nicht eine entzündliche Erkrankung der Gallenblase „in breiter Front", nämlich auf dem Wege der Ductus hepatocystici, unmittelbar auf das Lebergewebe übergreifen könnte! Die D. hepatocystici sind akzessorische Gallenwege, welche eine unmittelbare, durch die Leberkapsel hindurchgeführte, Kommunikation zwischen Gallenblase einerseits und intrahepatischen Gallenwegen andererseits darstellen. — Cholangiogene Leberabszesse zeichnen sich durch einen „penetrant" grünstichigen („petrolfarbenen") Eiter aus.

dd) *Lymphogene Leberabszeßbildung:* Die Entstehung von Leberabszessen auf dem Lymphwege ist sicher beobachtet, jedoch selten. ARNSPERGER hat auf die Bedeutung lymphangiogener Propagation entzündlicher Oberbaucherkrankungen mehrfach hingewiesen! Man muß sich vorstellen, daß ein Abszeß der Bursa omentalis gleichsam in der Kontinuität der lymphangiogenen Verbindungen auf das Lymphgefäßsystem der Leberpforte übergreift. Auf diese Weise entstehen „septale Phlegmonen". Die Entstehung von Leberabszessen in topischer Bindung an ein gekammertes Pleuraempyem ist beobachtet: Der Prozeß breitet sich folgend den intraadventitiellen Lymphbahnen der unteren Hohlvene und der Venae hepaticae revehentes — leberwärts — aus.

ee) *Eitrige Hepatitis durch Übergreifen aus der Nachbarschaft:* Häufig ist die zirkumskript-eitrige Hepatitis am Orte der Penetration eines chronischpeptischen Ulcus ventriculi.

ff) *Leberabszesse auf dem Boden der Echinococcose:* Abgestorbene Echinokokkus-Finnen können durch pyogene Sekundärinfektion zu imposanter Abszeßbildung — bis Mannsfaustgröße (!) — führen. Der infizierte Echinokokkus alveolaris führt zu breitflächiger perihepatitischer Verwachsung, Penetranz der Entzündung durch das Zwerchfell, Übergreifen auf die Lungenbasis und erzeugt eine hepatobronchiale Fistel! Galliger Eiter der Leber kann dann expektoriert werden.

e) Sonstige (unspezifische) Formen der Hepatitis

aa) Hepatitis als Mitreaktion

Es ist ganz selbstverständlich, daß ein so großes und durch aktives Mesenchym reich ausgestattetes parenchymales Organ wie die Leber bei den verschiedensten Gelegenheiten einer primär loco alieno inszenierten Grundkrankheit „mitreagiert". Parenchymalterationen und Mesenchymproliferate finden sich regelmäßig bei

1. *Pyogener Allgemeininfektion:* Es resultiert das Bild der „infektiös-toxischen Hepatitis", histologisch ausgezeichnet durch eine Dissoziation der Leberepithelreihen, toxische Epithelzellschäden, Ödem und Einzelzellnekrosen.

2. *Exsudativer Lungentuberkulose:* Die exsudative Tuberkulose der Lunge zeitigt nicht nur einen tuberculo-bakteriellen toxischen Effekt, sondern wirkt auch über eine bakterielle Mischflora der Kavernen. Es liegt also eine komplexe Situation vor, die seitens des Sternzellapparates durch eine oft erstaunlich starke „Mitreaktion" quittiert wird. Dadurch kommt es zu einer mäßigen Dissoziation des Gefüges der Leberepithelreihen, vor allem aber zur Ausbildung sogenannter Retothelknötchen in den Winkeln der portalen Dreiecke. Gelegentlich sind granulomatöse Prozesse erkennbar, die jedoch an sich uncharakteristisch sind, also nichts zu tun haben mit einer etwaigen beginnenden Miliartuberkulose. — Die histologische Differentialdiagnose aus einem kleinen, etwa zerbröselten Leberpunktat gegenüber einer chronisch-persistenten Virushepatitis ist nicht immer einfach. Es sei auf die Bedeutung des Ausfalles der Eisenreaktion (bei Virushepatitis positiv, sonst im allgemeinen negativ) hingewiesen.

3. *Chronischer Gastro-Duodenitis:* Liegt eine ernstliche Erkrankung der Schleimhaut von Magen und Zwölffingerdarm vor, resultiert über kurz oder lang eine kleinzellige Infiltration der portalen Dreiecke, der Bindegewebsfelder in der Umgebung der sublobulären Venen und eine mäßige Entfaltung des Sternzellapparates.

4. *Chronisch-entzündlichen Enteropathien:* Je nach dem Typus der Darmerkrankung ist die Leberreaktion ein wenig verschieden; Eiweißverlust-Syndrome rufen ernste Parenchymschäden hervor; in anderen Fällen finden sich staubförmige Fettablagerungen. Stärker-entzündliche Darmwandläsionen rufen durch portale Überschwemmung der Leber durch Bakterientoxine beachtliche Mesenchymreaktionen hervor! Dabei findet sich eine Haemosiderose, Lipofuszinose und lipoproteide Imprägnation vor allem der geschwollenen v. Kupfferschen Sternzellen!

5. *Peritonitis:* Länger anhaltende, rezidivierte, septische Bauchfellentzündungen zeitigen zentrale Leberläppchennekrosen, staubförmige und kleintropfige degenerative Verfettungen, reticulocytäre Proliferate der Glissonschen Dreiecke sowie uncharakteristische diskordante Sternzellwucherungen.

6. *Malaria und anderen Protozoen-Erkrankungen:* In allen Fällen und Formen der Malaria ist eine hepatitische Mitreaktion gegeben. Die Auseinandersetzung

mit den Malaria-Plasmodien wird durch die Sternzellen geführt. Dort findet sich auch Malariapigment (Hämozoin). Imposante Veränderungen sind im Zusammenhang mit der Leishmaniose Kala Azar beschrieben. Bei allen Protozoonosen ist die Leber vergrößert, die Kapsel gespannt, der Vorderrand plump; die Schnittfläche ist schmutzig-braungelb; die Konsistenz des Organes kann teigig bis fest sein. Das histologische Detail ist wenig charakteristisch, die ätiologische Diagnose kann nur dann gestellt werden, wenn die Protozoen oder deren Stoffwechselprodukte sichtbar gemacht werden können.

bb) Arzneimittelhepatopathien vom Hepatitis-Typus

Es sind derzeit, wenn ich recht sehe, nicht weniger als 75 Medikamente bekannt, welche eine Hepatopathie hervorrufen können. Es handelt sich um Antirheumatica, Antiepileptica, Antidiabetica, Cytostatica, Tranquilizer, Muskelrelaxantien, Narcotica sowie Contraceptiva. Die histologischen Befunde sind bunt und vielgestaltig. Neben einer mäßig starken lymphocytären entzündlichen Reaktion findet sich eine geringe Entfaltung des Sternzellapparates, vor allem eine Läsion der feinsten initialen Galleröhrchen: Diese sind weitgestellt und führen ein schmutziges, braungelbes, angedeutet galliges Pigment. In anderen Fällen zeigen die Galleröhrchen eine körnig-grieselige eiweißhaltige Einlagerung derart, daß man versucht ist, an das morphologische Äquivalent einer Albuminocholie zu denken. Die Befunde haben eine große Ähnlichkeit mit dem, was NAUNYN einst *Cholangie* nannte. Die klinische Symptomatologie ist ebenfalls vieldeutig. Zur Klärung der Situation ist vor allem wichtig, daß Arzt und Histodiagnostiker an die Möglichkeit des Vorliegens eines Arzneimittelschadens *denken*.

f) Spezifische Hepatitis (im konventionellen Sinne)

Aide mémoire: 1. Spezifitäten gibt es nur nach der Krankheitsursache;
2. Spezifische Entzündungen sind solche, welche
   a) über eine spezifische Ursache verfügen, und
   b) durch ein bestimmt-charakterisierbares Granulationsgewebe ausgezeichnet sind!

aa) Tuberkulose

Die Tuberkulose der Leber entsteht fast immer sekundär. Es gibt seltene Ausnahmen, über die unten berichtet wird. *Erworbene Tuberkulosen der Leber:* 1. *Miliartuberkulose.* Sie wird im allgemeinen erst mikroskopisch erkennbar. Was man makroskopisch bereits als „Miliartuberkulose" erkennen kann, entspricht mikroskopisch einer Dissemination kleinster Konglomerattuberkel. Sogenannte miliare Tuberkel besitzen eine Walzenform, sie liegen im Bereiche der Glissonschen Felder. Sie entstehen entweder über die Arteria hepatica oder die Vena portae (häufiger) oder retrograd, nämlich lymphogen. Im allgemeinen sind die miliaren Tuberkel typische epitheloidzellige Granulome mit kleinstherdiger zentraler Verkäsung. In den palisadären Epitheloidzellsaum sind mehr oder weniger zahlreiche Langhanssche Riesenzellen eingelagert. Sowohl die Epitheloidzellen als auch die Riesenzellen können, im Falle der Erkrankung der Leber, gleichsam ausnahmsweise aus Leber- sowie Gallengangs-

epithelien gebildet werden. Neben dem Typus des Epitheloidzellknötchens existieren natürlich auch Lymphoidzelltuberkel; es handelt sich hierbei um Granulome, welche vorwiegend aus Rundzellen bestehen. Die radiäre Anordnung der entzündlichen Infiltration ist hier weniger deutlich. Gelegentlich findet man einfache amorphe Nekrosen. Diese führen dann sehr zahlreiche Tuberkelbakterien. Derartige Veränderungen sind auf eine Sepsis tuberculosa acutissima (Typhobacillose Landouzy) verdächtig. Miliare Lebertuberkel zeigen nach stattgehabter tuberculostatischer Therapie eine sehr ausgedehnte hyalinfibröse Umwandlung. Sollten besonders zahlreich vorhanden gewesene miliar-tuberkulöse Effloreszenzen auf diese Weise zur Ausheilung gebracht worden sein, entsteht eine eigenartige Narben-Musterung der Leber, welche eine entfernte Ähnlichkeit mit einer grob-granulären Leberzirrhose haben *kann*. Alles in allem scheint die Leber ein für das Angehen einer Tuberkulose nicht gerade geeignetes Milieu darzustellen. Die Miliartuberkulose der Leber tritt entweder im Zuge einer allgemeinen Miliartuberkulose oder aber als „Erfolg" einer sub finem vitae zustande gekommenen tuberkulobazillären Propagation, bei Zusammenbruch der allgemeinen körperlichen Resistenz, auf. Sie stellte früher einen ungemein häufigen akzidentellen Obduktionsbefund dar. Oder aber: Infolge einer tuberkulösen Erkrankung der Ileocoecalregion wird eine Miliartuberkulose der Leber inszeniert, welche dann freilich eine deutlichere Tendenz zur Ausbildung von Konfluenztuberkeln offenbart.
2. *Größere Lebertuberkel*. Es handelt sich um das, was man nennen könnte „*isolierte Leberphthise*. Es entsteht eine Gallengangs- oder Röhrentuberkulose. Es handelt sich zunächst um mehr derbe, ikterisch durchtränkte, zentral verkäste, peripher vernarbte Granulome. Infolge eines sekundären zentralen Zerfalles resultiert so etwas wie die Ausbildung von Cavernulae. Diese haben eine Bedeutung im Sinne der Simmondsschen Lehre der „Ausscheidungsentzündung": Wegen der nächstnachbarlichen Beziehungen zu den Gallengängen werden über die zentralen Käsebezirke Tuberkelbazillen in die Ganglumina exsudiert, gelangen stromabwärts, siedeln sich in den Wänden der größeren Gallengänge oder der Gallenblase an und verrichten dort ein neues Zerstörungswerk. Im Falle der enterogenen tuberkulobakteriellen Infektion der Leber würde durch die „Ausscheidungsentzündung" das „Infektionsgut", welches vom Darme aus empfangen worden war, an und in den Darm zurückgegeben. Auch in diesem Sinne gibt es also einen entero-hepatischen Kreislauf. Größere Lebertuberkel können nach Kavernisierung unter Hinterlassung kleiner Pseudozysten ausheilen.
3. *Solide Konglomerattuberkel*. Diese sind heute ausgesprochen selten; sie werden gelegentlich bei Kindern im Anschluß an eine peritoneale Tuberkulose gefunden.
4. *Konnatale Lebertuberkulose*. Die konnatale tuberculobakterielle Infektion der Leber erfolgt diaplazentar auf dem Wege der Vena umbilicalis. Es handelt sich um den seltenen Fall einer echten hepatischen Primärtuberkulose: In der Leber entsteht ein walnußgroßer Käseherd (Primärherd), an der Leberpforte entwickeln sich multiple verkäste Lymphknotenschwellungen (lymphoglandulärer Anteil des tuberkulösen Primärkomplexes).

bb) *Morbus Besnier-Boeck-Schaumann*

Die Boecksche Granulomatose kann als „eingefrorene Generalisation" einer bestimmt-charakterisierbaren Form einer tuberculobakteriellen Allgemeininfektion verstanden werden („Allgemeine Pathologie" S. 130 ff.). Die großzelligen, epitheloidzelligen, sklerosierenden, hyalin-fibrös umgewandelten Granulome liegen in den Glissonschen Dreiecken. Sie werden anläßlich der Routineuntersuchungen diagnostischer Leberpunktate — heute — nicht ganz selten gefunden. Umgekehrt: Die Klinik, welche das Vorliegen einer Boeckschen Granulomatose vermutet, bedient sich unter anderem der histodiagnostischen Fahndung mittels der Leberpunktatzylinder. Heilt die Boecksche Granulomatose in der Leber aus, bleiben eigenartige „gestrickte" Narben zurück.

cc) *Pasteurellose*

Hier hinein gehört alles, was früher als „Pseudotuberkulose" bezeichnet wurde. Der klassische Vertreter der Pasteurellosen ist die *Tularämie*. Tularämische Granulome der Leber gleichen miliaren und übermiliaren „Pseudotuberkeln" mit ausgedehnten schütteren, krümeligen, zentralen Nekrosefeldern. Jeweils in der Umgebung liegt ein prachtvoller palisadärer Epitheloidzellsaum; er verfügt über einige wenige Riesenzellen des Langhans-Typus. Es folgt gewöhnlich eine breite Zone von Zell- und Kernschutt. In der weiteren Umgebung imponieren Monocyteninfiltrate. *Alle* Pasteurellosen können mit prinzipiell ähnlich aussehenden miliaren und übermiliaren granulomatösen Leberveränderungen einhergehen (vgl. das Kapitel Pasteurellosen, „Allgemeine Pathologie", S. 136 ff.).

dd) *Listeriose*

Die Infektion durch Listeria monocytogenes wird in unserer Heimat vorwiegend im Kindesalter, gelegentlich konnatal, beobachtet. Die Granulome sind miliar und übermiliar, selten etwa kirschkerngroß. Sie sind dadurch ausgezeichnet, daß zentral eine krümelige amorphe käseähnliche Nekrose liegt. Der Epitheloidzellsaum ist nie derart geschlossen, homogen und dicht wie bei Tuberkulose und Pasteurellosen, gleichwohl ist er deutlich. Riesenzellen können vorhanden sein. Die Diagnose ist leicht, wenn der Untersucher an die Möglichkeit der Infektion durch Listeria monocytogenes denkt. Die Listerien sind argyrophil. Die Infektion der Leber erfolgt hämatogen, vielfach vom Darme aus.

ee) *Salmonellosen*

Der Typhus abdominalis, weniger oft der menschliche Paratyphus, induzieren „Typhusknötchen" in den portalen Feldern der Leber. Typhusknötchen sind histiozytäre Granulome. Neben den ortsständigen Bindegewebszellen proliferieren auch Reticulocyten. Eine zentrale Nekrotisierung kommt nur ausnahmsweise vor. Die „Typhuszellen" sind Makrophagen, welche sich im allgemeinen von den ortsständigen Histiozyten herleiten. Das Protoplasma ist feinstwabig-schaumig umgewandelt. Typhuszellen können phagozytierte Salmonellen führen. Die Kenntnis des „Typhusknötchens" ist diagnostisch wichtig; es ist für den Erfahrenen verhältnismäßig leicht zu diagnostizieren. Gelegentlich werden „Typhusknötchen" auch nach Typhus-Schutzimpfung gesehen. Sie sind also der Ausdruck einer stattgehabten immunologischen Reaktion.

ff) Brucellosen

Alle Brucellosen zeitigen entzündliche Leberveränderungen. Diese können diffus ausgebreitet sein, chronisch werden und die Ausbildung einer Leberzirrhose zur Folge haben. Im allgemeinen wird jedoch heute die Infektion durch eine Brucella rechtzeitig erkannt, so daß therapeutisch interveniert werden kann. Die Infektion z. B. durch Brucella abortus infectiosus Bang ruft tuberkuloide großzellige Granulome in Anlehnung an die portalen Felder hervor. Die granulomatöse Entfaltung des ortsständigen Mesenchymes führt zur Sprengung des Gefüges der Leberläppchen. Gelegentlich imponiert eine pericholangiolitische Entzündung. Jene kann zur Cholestase führen. Die Gesamtheit der histopathologischen Veränderungen ist jedoch nicht derart, daß eine Brucellosis durch Untersuchung eines Punktatzylinders erkannt werden könnte. Andererseits: Die hepatitische Komponente einer Brucelleninfektion ist praktisch wichtig, sollte bedacht und nach Überwindung einer Brucellosis durch die klinischen Leberfunktionsproben kontrolliert werden.

gg) Lues

Die Syphilis der Leber tritt in ganz unterschiedlicher Gestalt auf. Bei Lues connata kann der Spirochaetengehalt der Leber besonders groß sein!

1. *Lues connata.* Auch diese manifestiert sich sehr verschiedenartig:

a) *Diffuse interstitielle syphilitische Hepatitis:* Es kommt zu einer diffusen Entwicklung eines zellreichen zwischen den Leberepithelbalken etablierten lockeren Bindegewebes; die Mesenchymmuffen liegen vor allem in der Umgebung der kleinen Gefäße. Diese sind jedoch nicht wesentlich verengert. Durch die Ausbildung der mesenchymalen Infiltrate ist die konnatal-luische Leber im ganzen vergrößert; die Oberfläche ist glatt oder sanft gebuckelt; die Konsistenz der Schnittfläche ist sehr fest, die Farbe der Schnittfläche gelbbraun, flintsteinähnlich, gelegentlich schmutzig-olivgrün. Je älter ein Fetus ist, um so deutlicher ist das Bild der *Feuersteinleber.* — Die „Feuersteinleber" macht ihrem Namen oft wenig Ehre. Sie muß einem echten Feuerstein durchaus nicht ähnlich sehen. Für die Diagnose entscheidend ist die Vergrößerung und die Konsistenzvermehrung des Organes. Das histologische Bild ist eher enttäuschend, weil monomorph. Die Dichte der mesenchymogenen Zellulation kann so stark sein, daß es Mühe bereitet, die Leberepithelreihen als solche zu identifizieren. Vielfach kommt es zu einer bescheidenen Gallengangsproliferation. Stets finden sich vielkernige Hepatocyten. Die Reichlichkeit der Einlagerung von Blutbildungsherden ist bemerkenswert. Die Lues connata offenbart sich auch hier als Werkzeug für die Manifestation einer Entwicklungsstörung. Die konnatale Lebersyphilis beeinträchtigt die histologische Ausreifung des Organes.

b) *Miliare Syphilome:* Es handelt sich um die Entwicklung miliarer Gummen. Die erworbene Syphilis geht niemals mit Ausbildung miliarer Gummen einher; das syphilitische Milium ist für die angeborene Lues pathognomonisch. Im Inneren der kleinen Gummen finden sich speckige Nekrosen. Diese sind ungeheuer reich an Spirochaeten. Manchmal finden sich geradezu „Spirochaeteninfarkte". In der Umgebung der krümeligen Nekrosen ist eine bescheidene epitheloidzellähnliche Granulation sichtbar zu machen. Im allgemeinen findet sich auch ein reaktiver Leukocytenwall. Die Tendenz zur Vernarbung ist nicht sehr deutlich.

c) *Peripylephlebitis und Pericholangitis gummosa:* Ausbildung ungemein charakteristischer baumartig verzweigter speckig-weißer Infiltratstränge mit zentraler trockener Verkäsung und mächtiger Bindegewebsanbildung. Diese Form der konnatalen Leberlues geht mit erheblichen Umbauten der Gefäßwände und Verengerung der Lumina einher. — Im Formenkreis der Lues connata ist die Feuersteinleber am häufigsten; die miliar-gummöse konnatale Leberlues wird vor allem auch nach „*Transfusions-Syphilis*" d. h. nach luischer Infektion infolge fehlerhafter Bluttransfusion beobachtet.

2. *Lues acquisita.* a) *Herdförmige interstitielle Bindegewebswucherung:* Es findet sich eine eigenartige Vermehrung des Bindegewebes, welche von den portalen Feldern aus, also von der Läppchenperipherie, nach den Zentren vordringt. Sie geht mit Ausbildung narbiger Septen, mit starker Schrumpfung und Höckerung einher. Tiefe narbige Einziehungen, vor allem neben der Insertionslinie des Ligamentum falciforme hepatis, sind auf die luische Ätiologie eines entzündlichen Prozesses höchst verdächtig. Es resultiert das Bild des Hepar lobatum. Diese syphilitische Narbenleber ist von einer fibrös-adhäsiven Perihepatitis begleitet. Jene führt zu Strängen und Briden zwischen der Leberoberfläche und den benachbarten Organen. Die Narbenfelder können eine Strangulation d. h. eine Druckatrophie weiter Parenchymbezirke hervorrufen. Jene wird durch eine kompensatorische Parenchymhypertrophie der angrenzenden Regionen begleitet. Dadurch kommt es zu einer höchst eigenartigen Deformierung des ganzen Organes. Die histologische Kontrolle der Narbenfelder zeigt stets eine auffällige Tendenz zur Riesenzellbildung. Dabei handelt es sich sowohl um mesenchymogene Riesenzellen, welche als verpuffte Capillarendothelien sogenannten Langhansschen Riesenzellen ähnlich sehen, als auch um vielkernige epitheliale Hepatocyten. In den Schwielenbezirken liegen angiitische Stenosen.

b) *Gummöse Hepatitis:* Es liegen landkartenförmig begrenzte, ausgefräßte, trockene, lehmfarbene, zentral verkäste Knoten vor. Prädilektionsorte: Leberpforte sowie Insertionslinie des Ligamentum suspensorium hepatis. In der Umgebung der Gummen ist eine starke schwielige Bindegewebsanbildung deutlich. Lebergummen treten sowohl solitär als auch multipel auf. Liegen sie oberflächennahe, können sie wie ein Tumorknoten imponieren. In der Umgebung der Nekrosen lassen sich regelmäßig dichte Plasmazellinfiltrate, Pseudoxanthomzellen, schmal-spindelige mäßig zahlreiche Epitheloidzellen sowie vereinzelte Langhanssche Riesenzellen nachweisen. Die Nekrotisierung im Zentrum der Gummen ist nicht derart tiefgreifend, daß nicht die Grundstruktur des mortifizierten Gewebes noch eben — verdämmert — erkennbar wäre! Die Silberimprägnation des Treponema pallidum nach LEVADITI ist im allgemeinen gerade im Bereiche der Lebergummen deutlich positiv.

hh) Sonstiges

Der Vollständigkeit halber sei angeführt, daß *Lepra, Rotz, Lymphogranulomatose, Mycosis fungoides* und *Aktinomykose* in der Leber nachgewiesen werden können. Auch *Pilzbefallskrankheiten* können zu infiltrativer, granulomatöser, nekrotisierender etc. Hepatopathie führen.

ü) „Hepatitis" bei Hämatopathien

Die Mitreaktion der Leber bei den verschiedenartigsten Erkrankungen des hämatopoetischen Apparates ist notorisch. Über Leberveränderungen bei Leukämie und Osteomyelofibrose wird im Kapitel „Geschwülste" (vgl. S. 280) berichtet. An dieser Stelle sei lediglich darauf aufmerksam gemacht, daß bei Agranulocytose kleinherdige disseminierte Nekrosen gefunden werden können, welche von mehr oder weniger starken Proliferaten des ortsständigen aktiven Mesenchymes umgeben sind. Schwere Anämieformen zeitigen immer eine Mobilisation des aktiven hepatischen Mesenchymes, so daß das Bild einer entzündlichen Lebererkrankung vorgetäuscht werden kann.

7. Lebercirrhose

Der Name „Cirrhose" geht auf LAENNEC zurück (1781—1826); „des cirrhoses". Der Terminus leitet sich ab von „kirrhos", was soviel bedeutet wie gelb, schmutzig-gelb. „Des cirrhoses" seien Lebererkrankungen, die mit einer gelblichen Farbtönung des Organes einhergingen. Studiert man die Originalliteratur, erkennt man, daß LAENNEC wahrscheinlich nur drei Cirrhosefälle gesehen hat, jedenfalls Lebern, die so beschaffen waren, daß er den Terminus „cirrhose" verwendete. Von diesen drei Fällen entsprach nur einer den heutigen Cirrhose-Kriterien. Die übrigen Fälle dürften Metastasenlebern gewesen sein. Dennoch gebührt ihm das Verdienst, eine neuartige Lebererkrankung klinisch erkannt zu haben. Vor ihm hatte GIOVANNI BATTISTA MORGAGNI (1761) die Lebercirrhose *rite* patho-anatomisch beschrieben.

Anhang: LAENNEC starb im Alter von 45 Jahren an einer Lungentuberkulose. Er entdeckte und führte in die klinische Diagnostik die von LEOPOLD AUENBRUGGER (Wien, 1722—1809), einem Vertreter der sogenannten älteren Wiener Schule, zuerst gefundene, jedoch völlig vergessene Auskultation (1818) ein; LAENNEC ist der eigentliche Erfinder des Stethoskopes, 1819.

Bezüglich der Cirrhosen hat sich eine Reihe von Irrtümern eingeschlichen: Er hat also die Lebercirrhose nicht als erster gesehen; diejenigen „Cirrhosen", die er gefunden hatte, entsprachen nicht dem heutigen Cirrhose-Begriff. Wenn man heute von Cirrhose spricht, meint man nicht etwa die farbliche Veränderung der Leber, sondern einen schleichenden Umbau mit Organverhärtung. Es ist also zu einer Veränderung der Wertigkeit der Begriffe gekommen.

Versuch einer Definition

Mit RÖSSLE (1930) versteht man unter Lebercirrhose eine bestimmte Form einer chronisch-entzündlichen Lebererkrankung, welche einhergeht a) mit *degenerativen Parenchymveränderungen*, b) mit *ausgedehnten interstitiellen entzündlich-zelligen Infiltraten* und c) mit *Epithel-Regeneraten*. Dabei spielt erfahrungsgemäß die Gallengangsregeneration eine prävalierende Rolle. ANTON GHON (1936) hat die Lebercirrhose als „Umbau" bezeichnet. Es ist charakteristisch, daß ein komplexes Geschehen vorliegt, welches automatisiert abläuft. Die Gesamtheit der Veränderungen läuft auf eine Störung der „Intimstrukturen" des „Hepaton" hinaus. Die klinische Medizin bevorzugt eine Einteilung der Lebercirrhosen nach ätiologischen Gesichtspunkten. THALER (1969) hegt die Überzeugung, daß, wenn es gelingt, die Ursachen einer Cirrhose zu beseitigen (Alkohol; Abflußhindernis der Gallenwege; stenosierende Pericarditis), eine Lebercirrhose ausheilt! Im Sinne von THALER ist daher die Lebercirrhose kein im eigentlichen Sinne chronisch-progredientes Leiden; Remissionen, stationäre Verlaufsperioden, sogenannte passagere Heilungen kämen vor, heute mehr denn jemals! Immerhin räumt auch THALER ein, daß, hat erst ein „knotiger Umbau" stattgefunden, eine eigentliche Heilung unmöglich sei.

Einteilung der Lebercirrhosen:

A. Klassische Einteilung (der älteren deutschen Pathologen; KLEBS, KRETZ, RÖSSLE, KAUFMANN)

I. *Granuläre Lebercirrhose*
Es handelt sich um das, was man Laennecsche Cirrhose, Schuhzweckenleber, atrophische Lebercirrhose etc. nennt. Diese Cirrhose geht einher mit
1. *einem Stadium der Bindegewebsvermehrung,* also einem hypertrophischen Vorstadium mit Volumen- und Gewichtsvermehrung;
2. mit einem *Stadium der Schrumpfung.* Dieses ist ungemein charakteristisch. Die Korngröße der Schrumpfungs-Granula kann eine unterschiedliche sein.
Als Sonderformen der Laennecschen Lebercirrhose mögen gelten:
1. die sogenannte *Fettcirrhose,*
2. die sogenannte *Pigmentcirrhose* (hämosiderotische oder hämochromatotische Cirrhoseleber).

II. *Glatte Lebercirrhose*
Es handelt sich um die hypertrophische Cirrhose vom Typus Todd-Hanot. Hier liegt eine exquisit-intralobuläre, fein gesponnene, perizelluläre Bindegewebsvermehrung vor. Die Todd-Hanotsche Cirrhose hat pathogenetische Beziehungen zu den Formen einer chronischen Cholangiolitis oder Cholangiolotoxikose!

III. *Cholestatische Formen der Lebercirrhose*
Es handelt sich um das, was man „biliäre Lebercirrhose" nennen kann. Sie begegnet uns in drei Formen:
1. Cholestatische Lebercirrhose im engeren Sinne;
2. Cholangitische Lebercirrhose;
3. Cholangiolitische und cholangiolotoxische Lebercirrhose.

IV. *Besondere Formen der Lebercirrhose*
Es handelt sich um das, was man gern „atypische" Cirrhosen nennt. Einige Hauptvertreter seien angefügt:
1. Cirrhose nach subakuter bis subchronischer gelber oder bunter Leberatrophie;
2. Cirrhose bei progressiver Linsenkerndegeneration oder Strümpell-Westphalscher Pseudosklerose;
3. Stauungslebercirrhose = perikarditische Pseudolebercirrhose etc.

B. Einteilung der japanischen Schule (NAGAYO, 1914)

I. Cirrhose vom Typus A = Grobknotige noduläre Lebercirrhose = toxic cirrhosis der amerikanischen Schule (nach MALLORY) = pseudoadenomatöse (kompensatorische) Hyperplasie im Sinne der deutschsprachigen Pathologie (MARCHAND).

II. Cirrhose vom Typus B = Feinknotig-pseudolobuläre Lebercirrhose.

III. Mischformen.

C. Einteilung der nordamerikanischen Pathologen (MALLORY, HEKTOEN, MCCALLUM)

I. *Postnekrotische,*

II. *Posthepatitische,*

III. *Mischformen der Lebercirrhose.*

D. Einteilung nach L. H. KETTLER (1967)

I. *Portale Lebercirrhose* = Laennecsche Cirrhose, hervorgerufen durch C_2H_5OH + Virusbefall;

II. *Fettcirrhose,* hervorgerufen durch C_2H_5OH + alimentärem Eiweißmangel;

III. *Postnekrotische Lebercirrhose* (MOSSE, MARCHAND, MALLORY), hervorgerufen durch Virusbefall + Eiweißmangel!

IV. *Biliäre Lebercirrhose*
Sie macht etwa 5—15 % aller Formen der Lebercirrhose aus. Sie wird repräsentiert durch
1. eine chronisch-cholestatische,
2. eine chronisch-cholangitische Form.

E. Einteilung nach ZOLLINGER (1968)

I. *Ungeordnete = paucilobuläre Lebercirrhose*
Bei ihr ist nur ein Teil der Leberläppchen herdförmig desintegriert. Als eigentliche Ursache kann eine subakute gelbe Leberdystrophie in Frage kommen.

II. *Geordnete = omnilobuläre Lebercirrhose*
Sie entspricht dem Typus der sogenannten portalen oder periportalen Cirrhose und entsteht entweder haematogen oder kanalikulär (cholangiogen).

Aus der Summe der genannten Aufzählungen geht hervor, daß eine völlige terminologische Übereinstimmung bis jetzt nicht erreicht ist. Zwar formulieren die einzelnen Gliederungsversuche ähnliche Ereignisse und weitgehend übereinstimmende Befunde; aber der Standpunkt der Betrachter ist ein unterschiedlicher: Die einen beurteilen die Lebercirrhose phänomenologisch, die anderen ätio-pathogenetisch, wieder andere nach der biologischen Wertigkeit. Alle Einteilungen sind „irgendwie" richtig, keine ist vollständig befriedigend. Wir halten uns zunächst an die „klassische Einteilung" der älteren deutschen Schule; sie ist am besten geeignet, Verständnis zu bereiten und dadurch einer Verständigung zu dienen:

Die sogenannte Laennecsche Lebercirrhose kann als chronische, schubweise verlaufende, interstitielle Hepatitis gelten, ausgezeichnet durch Untergang des Leberparenchymes, unvollständige Regenerate und eine zunehmende Neigung zur Vernarbung. In einem *ersten Stadium* ist die Bindegewebsanbildung stärker als der Parenchymuntergang. Dadurch wird die erkrankte Leber im ganzen vergrößert; es resultiert das Bild des hypertrophischen Vorstadiums. Die Oberfläche des Organes ist höckrig gestaltet. Ob es in allen Fällen sogenannter Laennecscher Cirrhose ein hypertrophisches Vorstadium gibt, ist fraglich. Viele Autoren leugnen das hypertrophische Stadium gänzlich. Die Leber ist granuliert; die Oberfläche einigermaßen gleichförmig gehöckert und gebuckelt; die Schnittfläche zeigt eine blaßbraungelbe Farbe, abhängig von der Stärke des Fettgehaltes. Die Intensität der Verfettung der Hepatocyten ist derart, daß man im Zweifel sein kann, ob die Cirrhosierung die Folge der Verfettung oder aber die Fetteinlagerung die Folge des chronisch-vernarbenden Prozesses ist. — Das *zweite Stadium* ist das der Organschrumpfung. Parenchymuntergang und Bindegewebsschrumpfung erzeugen eine beträchtliche Verkleinerung. Die Leber ist hart, schwer aufschneidbar, knirscht unter dem Messer, sieht entfernt pankreasähnlich aus! Der linke Leberlappen ist im allgemeinen quantitativ stärker reduziert als der rechte. Das Gesamtgewicht einer derart veränderten Leber liegt bei 800—1150 g. Die Oberfläche dieser Cirrhoseleber ist weißlich verdickt, gehöckert. Es handelt sich um die „*Schuhzweckenleber*" der älteren Autoren, d. h. um eine Leber, die so aussieht, als ob dickköpfige Nägel eingeschlagen wären. Die auf der Schnittfläche sichtbaren rundlichen und ovoiden Parenchymfelder entstehen durch eine lebhafte Bindegewebsproliferation, welche ohne Rücksicht auf präformierte Läppchengrenzen in Szene geht. Dadurch werden bestimmte Formen sogenannter Pseudolobuli herausdifferenziert. Im Zentrum der falschen Läppchen braucht überhaupt keine Zentralvene zu liegen, es können sich jedoch auch zwei und mehr Zentralblutadern finden; die sogenannte Zentralvene kann auch exzentrisch angeordnet sein. Der Prozeß der Cirrhosierung braucht die Leber nicht gleichmäßig getroffen zu haben. Es gibt auch lobär begrenzte Lebercirrhosen. Stets finden sich neben atrophischen Hepatocyten auch hypertrophische. Die Parenchymregenerate sind für den cirrhotischen Umbau charakteristisch. Sie werden im wesentlichen durch die Proliferation der kleinen epithelialen Gallengänge getragen. Im Grunde finden sich Leberzell- und Gallengangsregenerate gleichmäßig nebeneinander. Leberepithelzellen, welche bis zu drei Kernen führen, mögen als Ausdruck besonderer geweblicher Labilität gelten. Die Gallengangswucherungen entsprechen zunächst soliden Epithelsprossen. Diese werden erst nachträglich kanalisiert. Man kann die Gallengangsregenerate einerseits vom Ductus choledochus aus injizieren; sie stehen andererseits mit den Leberepithelzellen in kontinuierlicher Verbindung. Auch das umgekehrte ist beobachtet, nämlich daß Leberepithelzellen gallengangsartige Kanäle zu produzieren imstande sind.

Als *Spielart* der Laennecschen Lebercirrhose mag die *Pigmentcirrhose* gelten. Hämosiderotische Cirrhoselebern werden nach vermehrtem Blutzerfall gefunden, angeblich besonders stark nach rezidivierten Blutungen in den Verdauungskanal; siderotische Cirrhoselebern finden sich in nahezu allen Fällen von chronischem Alkoholismus. Eine besondere Form der Pigmentcirrhose ist die hämochromatotische. Sie kann mit dem Bronzediabetes (Diabète bronzé, HANOT und CHAUFFARD) vergesellschaftet sein. Die Cirrhoseleber bei Hämochromatose imponiert im allgemeinen als hypertrophische granuläre Cirrhose. Dabei wird stets eine Pankreassklerose und eine dunkelbraune bis tintige Kolorierung der Körperdecke gefunden. Herzmuskel, Milz, Nieren und Lymphknoten erscheinen kastanienbraun. Heute weiß man, daß die Hämochromatose in der Folge einer Störung des Mucosablockes der Darmschleimhaut entsteht. Verständlicherweise hat man früher erwogen, ob am Anfange einer Lebercirrhose eine toxische Blutzellalteration stehen könnte; man hat im übrigen erwogen, daß eine zellulare Insuffizienz d. h. eine Störung der mit dem Abtransport des Eisens betrauten Zellorganellen zugrunde liegen könnte. Schließlich wurde die hämangiohämatotoxische Form der Pigmentcirrhose erwogen: Eine kombinierte Giftwirkung träfe die terminale Blutstrombahn von Leber, Pankreas und äußerer Körperdecke gleichmäßig. Dadurch resultiere eine *Polycirrhose polypigmentaire*. Jene erzeuge das *Syndrome endocrino-hépato-cardiaque*; dadurch aber entstünde die tödliche *Myocardie endocrinienne*!

Die hypertrophische Lebercirrhose im Sinne von TODD-HANOT repräsentiert den höchsten Grad einer intralobulären gleichsam perizellular ausgebreiteten entzündlichen Störung: Die Leber ist stark vergrößert, bis 50 cm breit, doppelt so schwer wie in der Norm; die Oberfläche ist glatt, die Schnittfläche von grauroter oder grünlicher Farbe; die Konsistenz des Organes ist stark vermehrt; irgendeine Zeichnung auf der Schnittfläche ist nicht ausfindig zu machen. Die Todd-Hanotsche Lebercirrhose bevorzugt junge Männer. Subjektiv werden Schmerzanfälle der Lebergegend geklagt; es handelt sich um Pseudogallensteinkoliken. Es bestehen subfebrile Temperaturen. Die Bindegewebsvermehrung ist eine imposante; es findet sich ein kernreiches elephantiastisches Bindegewebe mit konsekutiver bescheidener Neigung zur Schrumpfung. Die Regeneration der Gallengangs- und Leberepithelien ist nicht ganz so stark wie bei der banalen Laennecschen Cirrhose. Die Milz ist regelmäßig stark vergrößert.

Die beiden folgenden Abbildungen (Abb. 25, 26) vermitteln einen Begriff von der Organisation der Leber-Blutstrombahn unter normalen Verhältnissen und unter denen bei Lebercirrhose. Dabei soll es gleichgültig sein, ob eine granuläre oder glatte Cirrhose vorliegt. Als charakteristisch gilt, daß die Proliferation des Bindegewebes, ausgehend von den Glissonschen Dreiecken, die epithelialen Läppchengrundplatten (ELIAS) sprengt. Dadurch entstehen portogene septale Bindegewebsstraßen, welche das Gefüge der parenchymalen Läppchen stören. Auf diese Weise mag eine relative Umkehr der arteriellen Blutsäule folgen. Dadurch entstünde eine Erschwerung der transhepatalen Blutzirkulation. In vielen Fällen hat es den Anschein, als ob der arterielle Blutstrom gegen den Pfortader bzw. der Pfortaderäste „ankämpfe".

Die Folgen höhergradiger Formen der Lebercirrhose bestehen unter anderem darin, daß *hepatofugale Venenverbindungen* ausgebildet werden:
a) Vena portae → Vena coronaria ventriculi → Venae oesophageae → Venae intercostales → Venae azygotes → Vena cava superior.
b) Venae umbilicales → Venae parumbilicales → Caput medusae → Venae epigastricae superiores et inferiores → Venae cavatae.
c) Vena haemorrhoidalis superior → Vena haemorrhoidalis media → Vena hypogastrica → Vena cava caudalis.
d) Portokavale Anastomosen durch sogenannten Spontan-Talma (natürliche Omentopexie d. h. Ausbildung breiter Kommunikationen zwischen großem Netz und vorderer Bauchwand!).

Die Laennecsche Lebercirrhose sowie die hypertrophische Cirrhose Todd-Hanot entstehen ganz überwiegend durch eine defekt geheilte Virushepatitis. Daneben spielen infektiös-toxische Schäden, C_2H_5OH, alimentärer Eiweißmangel, Mangel an Methylgruppen-Donatoren (d. h. Mangel an lipotropen Substanzen), schließlich auch echte Vergiftungen (CCl_4, Toluylendiamin etc.) eine wesentliche Rolle. Die ätiologische Bedeutung des Alkoholes wird seit Jahrhunderten erörtert. In etwa 60 % aller Cirrhose-Lebern spielt die „äthyli-

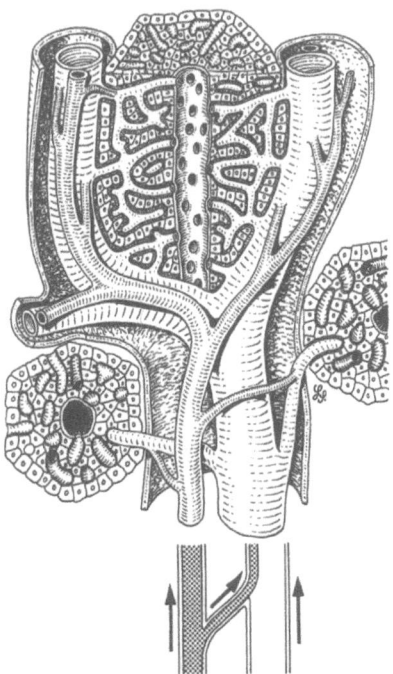

Abb. 25. Schema der Organisation des klassischen Leberläppchens; die Äste der Art. hepatica treten in das Strombett der portalen Venenverzweigungen ein und garantieren den Weitertransport des Pfortaderblutes durch die Leber hindurch in Richtung auf das rechte Herz. Nach V. BECKER (1956)

sche Anamnese" eine nicht geringe Rolle. Der chronische Äthylismus, d. h. der tägliche Genuß von etwa 1 Liter Wein im Fortgang von etwa 10 Jahren, erzeugt einen eindrucksvollen Organumbau. Alkohol erzeugt Darmschleimhautveränderungen, induziert eine Malabsorption, hilft mit bei der Entstehung einer komplexen Avitaminose. Andererseits: Es gibt Säufer, welche glatte Lebern haben sowie Abstinenzler, die an den Folgen einer Cirrhose-Leber zugrunde gehen. Die tierexperimentelle Reproduktion der alkoholisch geschädigten Leber ist nicht einfach: Specieseigentümlichkeiten, allgemeiner Ernährungszustand, Menge, Konzentration und Form des angebotenen Alkoholes, etwa vorhandene begleitende Grundkrankheiten etc. sind wichtig. Eine besondere Form tierexperimenteller Cirrhosierung kann durch Applikation von Thioacetamid erreicht werden. Jenes wurde früher als Schutz gegen Schädlingsbefall importierter Citrusfrüchte etc. verwendet. Thioacetamid greift in die Cooperation zwischen Kern und Protoplasma der Hepatocyten ein. Die Anzahl möglicher „Lebergifte" ist sehr groß. Chloroform, Arsen-Wasserstoff, Toluylendiamin, Teerpinselung der Körperdecke, Phosphor etc. etc. wirken cirrhogen.

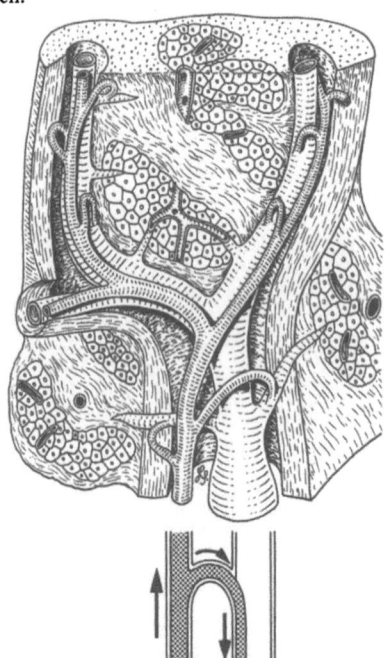

Abb. 26. Schema einer granulären (portogen-septalen) Lebercirrhose; Aufbruch des Gefüges der Läppchen, Strangulation der portalen Strombahn, Verschiebung des arteriellen Gefäßnetzes gegen das venöse. Umkehr des arteriellen Blutstromes derart, daß die Stromrichtung jener der Pfortader teilweise entgegengesetzt angeordnet ist. Verödung und Umbau der portalen Strombahn. — Schema zur Verdeutlichung der formalen Pathogenese sogenannter portaler Hypertension. Nach V. BECKER, 1956

Die *biliäre Lebercirrhose* hat pathogenetische Beziehungen zu den Gallengängen. Steinverschluß der großen Wege oder eine strikturierende Geschwulst erzeugen eine *Cirrhose calculeuse*. Der Prozeß ist primär abakteriell. Die feinen Gänge werden erweitert, es kommt zur Gangruptur, alsdann zur Ausbildung aseptischer zentraler Läppchennekrosen. Der chemische sowohl wie auch der mechanische Reiz der aufgestauten und ausgetretenen Galle erzeugen eine Bindegewebsvermehrung, besonders der praekollagenen Fäserchen. Auf diese Weise entsteht eine inter- sowie intralobuläre Sklerose. Es resultieren Gallengangswucherungen. Die Aufstauung des Gallensekretstromes begünstigt die weitere Ausfällung von Konkrementen. Sekretstau + Steine erzeugen eine wesentliche Voraussetzung für das Angehen chronischer mikrobieller Infektionen. Die cholangitische Form der biliären Lebercirrhose ist häufig. Histologisch finden sich imposante pericholangiolitische Infiltrate, auch mit Leukocyten; hierdurch mag ein geradezu phlegmonöses Bild entstehen können. Neben der eitrigen Zerstörung der Leber imponiert vor allem die „ikterische Nekrose".

Eine dritte Form der biliären Lebercirrhose wird als cholangiolitische (cholangiolotoxische) bezeichnet. Sie findet sich vor allem bei Jugendlichen; Angriffsort der Causa peccans sind die feinsten initialen Gallengangsendigungen. Im *Experiment* ist eine besondere Affinität von *Mangan-Salzen* zu den Endverzweigungen der Gallenwege demonstriert worden. Makroskopisch zeigen alle Formen der biliären Lebercirrhose eine gewisse Ähnlichkeit mit der hypertrophischen Cirrhose von TODD-HANOT. Die Vergrößerung ist jedoch nicht derart stark, und im Gegensatz zum Morbus Todd-Hanot ist die Neigung zur Schrumpfung größer. Die Schnittfläche zeigt häufig das Bild der „grasgrünen Felderung". Die Konsistenz ist härter als bei der hypertrophischen Cirrhose Todd-Hanot.

Die nachstehende Tabelle vermittelt einen Überblick über die Verteilung der „*Leitsymptome*" bei den drei Hauptformen der Lebercirrhose.

	LAENNEC	TODD-HANOT	biliäre Lebercirrhose
Icterus	+	+	+++
Ascites	+	+	+
Milztumor	++	+++	+

Anhang: Eine bestimmte Form sogenannter granulärer Cirrhosen wird durch die Vorgänge bei exzessiver Speicherung von Metaboliten gekennzeichnet: Die Lipidthesaurismosen, die Glykogenspeicherungskrankheiten, höhergradige Formen diffus ausgebreiteter grobtropfiger Leberparenchymverfettungen (z. B. bei Kwashiorkor) führen zu einer läppchenperipheren Parenchymabschmelzung mit bindegewebiger Substitution. Man spricht von *Speicherungscirrhose:* Die Diagnose kann durch den Nachweis der abgelagerten Metabolite leicht gestellt werden.

Bezüglich der formalen Histogenese der Lebercirrhose gelten einige durchgehende Prinzipien: THALER hat mehrfach darauf aufmerksam gemacht, daß die Entwicklung der Cirrhose daran gebunden ist, daß zunächst Parenchymzellbestände mortifiziert worden waren. Mäßig ausgedehnte sogenannte läppchenzentrale Parenchymnekrosen können vollständig ausheilen; käme es dagegen zur „nekrotischen Durchbrechung" des läppchenperipheren Parenchymabschnittes, würde ein Parenchymkollaps resultieren, der den Auftakt zur Entwicklung granulärer Pseudolobuli darstellte (Abb. 27 und 28).

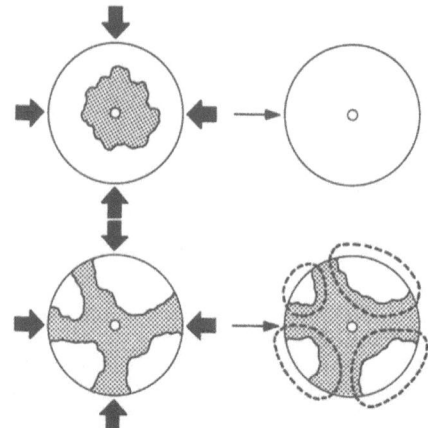

Abb. 27. Schema der formalen Pathogenese des cirrhoseähnlichen Umbaues in Abhängigkeit von Form, Lokalisation und Ausdehnung sogenannter Läppchennekrosen; nach H. THALER „Leberbiopsie", Berlin-Heidelberg-New York: Springer 1969. — Die in den linken beiden Teilbildern eingetragenen Pfeile sollen die „Parenchymdruckbelastung" je eines Leberläppchens darstellen. Im Falle des Vorliegens einer ausschließlich läppchenzentralen Mortifizierung wären die erhaltenen peripherischen Parenchymabschnitte stabil genug, einer Druckbelastung standzuhalten. Im linken unteren Teilbild soll deutlich gemacht werden, daß, wenn die Parenchymnekrose die Läppchenperipherie erreicht hat, eine prinzipielle Instabilität gegeben ist. Es resultieren Regenerate, dargestellt im rechten unteren Teilbild, welche feinkörnig-granulär gestaltet sind

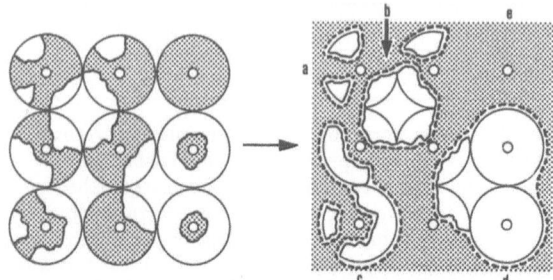

Abb. 28. Schematische Darstellung weiterer Möglichkeiten des Leberparenchymumbaues, nach H. THALER „Leberbiopsie", Berlin-Heidelberg-New York: Springer 1969. a = Pseudolobuli; b = Knoten mit eingeschlossenem Portalfeld; c = Parenchymguirlande; d = grober Knoten aus mehreren z. T. vollkommen erhaltenen Läppchen; e = Narbe nach ausgedehnter Nekrotisierung. Die hell gezeichneten Partien entsprechen dem erhaltenen und kompensatorisch entfalteten Lebergewebe

Cave: Leberfibrose und Lebercirrhose sind nicht dasselbe. Die Fibrosierung bedeutet den vermehrten Bindegewebseinbau unter Wahrung der natürlichen Prädilektionsorte. Dadurch kann zwar das Gefüge des Parenchymes gesprengt werden, die Intimstruktur der Läppchen wird jedoch kaum in Frage gestellt. Morbus Basedow mit inveteriertem thyreotoxischem Leberödem führt zur Induration der Leber, nicht aber zu einer echten Cirrhose. Erkrankungen des hämatopoetischen Systemes, welche mit Ausbildung von Infiltraten in den portalen Feldern einhergehen, hinterlassen nach erfolgreich gewesener cytostatischer Medikation ausgedehnte Narben. Auch hierbei wird die Intimstruktur der Leberläppchen nicht eigentlich in Frage gestellt.

Chronischer Abusus hochprozentiger Alkoholika zeitigt die indurierte Fettleber. Hier ist eine extreme Parenchymverfettung, vergesellschaftet mit starker Verdickung der Glissonschen Kapsel und Verbreiterung der portalen Dreiecke, nicht aber eine Lebercirrhose, vorhanden. Bier und Schnaps wirken nicht so sehr cirrhogen als indurativ, dagegen Weiß- und Rotwein (letzterer vermehrt!) cirrhosierend.

Die weitaus häufigste Ursache der „nicht-biliären Lebercirrhose" ist natürlich die Virushepatitis. Die entzündliche Leberfibrose (Abb. 29) führt zur granulären Lebercirrhose, jene induziert bestimmt-charakterisierbare Veränderungen der Milz. Die Follikelfibrose (der Malpighischen Körperchen) kann als Fibroadenie bezeichnet werden. Lebercirrhose einerseits, Splenomegalie mit Follikelfibrose zum anderen werden mit einiger Regelmäßigkeit beim Banti-Syndrom (Spez. path. Anat. I, S. 144) gefunden.

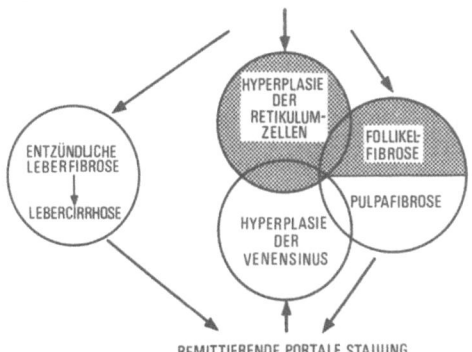

Abb. 29. Schema der mutmaßlichen Zusammenhänge zwischen Leber- und Milzerkrankungen. Darstellungen der bei Banti-Syndrom häufig — nicht immer — nachweisbaren Befunde; nach H. H. JANSEN, 1966

Frägt man nach der Häufigkeit der einzelnen Formen der Lebercirrhosen, muß man antworten: Die biliäre Lebercirrhose macht etwa 5—15 % aller Cirrhosen aus; die granuläre Lebercirrhose (einschließlich aller Spielarten) repräsentiert etwa 80 %. Die „glatte" Lebercirrhose (TODD-HANOT) zählt nach Promillen. Die restlichen Prozent-Anteile entfallen auf „atypische" (Speicherungs- etc.) Cirrhosen. Im allgemeinen gilt die Regel, daß die postnekrotische Cirrhose mit Ausbildung kartoffelgroßer pseudoadenomatöser Regeneratknoten einhergeht; die posthepatitische Lebercirrhose dagegen ist feiner gekörnt, in der Kaliberstärke der Granula sehr viel zierlicher, dafür auch gleichmäßiger entwickelt. Es ist immer schwierig, ausschließlich makroskopisch ätiologisch-pathoanatomische Diagnosen zu stellen.

Bemerkungen zur klinischen Symptomatologie bei Lebercirrhosen

Wichtig sind die sogenannten Funktionsproben: Eiweißproben (BSG, Takata, Formol-Gel), die Kontrolle der Gallenfarbstoffverarbeitung, die Prüfung der Kohlehydrattoleranz (Galaktose-Probe), die Beachtung des Wasserhaushaltes; die Bromsulfaleinprobe zur Kontrolle der Entgiftungs- und Farbstoffausscheidung hat sich gut bewährt. Die Prüfung der Serumfermentwerte beansprucht größtes Interesse: Alkalische Serum-Phosphatase; SGPT (Glutamat-Pyruvat-Transaminase), SGOT (Glutamat-Oxalacetat-Transaminase), SLDH (Lactatdehydrogenase) werden fortlaufend kontrolliert. Die Cirrhosekranken sterben entweder an den Folgen der portalen Hypertension (Blutung aus Oesophagusvarizen) oder an einer krisenhaften Störung der Transmineralisation mit energetisch-dynamischer Herzinsuffizienz (Myokardose bei Lebercirrhose) oder durch Resistenzminderung d. h. in der Folge eines Bagatelle-Infektes. Es kann zur Exacerbation einer alten Lungentuberkulose mit hämatogener Propagation kommen. Nicht ganz selten wird in verschleppten Stadien der Lebercirrhose ein Erysipel beobachtet. Verrottete Cirrhose-Lebern zeitigen erhebliche zentralnervöse Schädigungen („Leberglia"). Infolge mangelhafter Hormon-Inaktivierung entsteht (beim Manne) eine Atrophie der Hoden, eine Gynäkomastie. Infolge sogenannter Falscheiweißbildung in der Leber resultieren Taches stellaires, Etoiles vasculaires (Spider-nevi). Die sogenannten Spiders sind etwas gänzlich anderes als die Oslerschen Teleangiektasien. Die Haut der Träger einer Cirrhoseleber zeigt eine Dollar-Papierzeichnung (Zigarettenpapierzeichnung); die Cirrhoseleber produziert „Falscheiweiße", diese machen eine Dysproteinämie, jene führt zu besonderer Capillarfragilität. Aus diesem Grunde, freilich auch durch Störung der Prothrombinbildung, können progresse Fälle von Lebercirrhose zu einer hämorrhagischen Diathese führen.

Als Folge der Wirkung der genannten „Falscheiweiße" resultieren ein Palmarerythem, eine Weißfleckung der Körperdecke und die Spider-nevi! Wodurch die Gefäßveränderungen (mittels sogenannter „Falscheiweiße") entstehen, ist nicht ganz klar. Die Belichtung der Haut eines Cirrhosekranken führt zu einem Tonusverlust; die durch die kranke Leber vermittelte Oestrogenwirkung entfesselt den VDM-Mechanismus. Jener soll das Palmarerythem durch Angriff an den physiologischen Stellen der arteriovenösen Anastomosen inszenieren.

Die Veränderungen des Plasmaeiweißkörperspektrum bei Lebercirrhose beanspruchen ein besonderes Interesse: Ganz allgemein kann man sagen, daß bei Cirrhose-Trägern eine Tendenz zur Verminderung der Plasma-Eiweißkörper existiert; es kommt zur Abnahme von Fibrinogen, zur Abnahme von Plasma-Albumin; die Gesamteiweißwerte betragen 4—5 g%. Dagegen wird eine Vermehrung auf Werte bis 8 % (gelegentlich) bei hypertrophischer Lebercirrhose, bei Cirrhose mit stärkeren entzündlichen Veränderungen, schließlich bei Cirrhosen mit Splenomegalie, beobachtet. Es handelt sich um eine Gamma-Globulinzunahme nebst Albuminschwund. In dem Maße, in dem Albumine und Fibrinogen abnehmen, steigen Beta 1- und Gamma-Globuline an! Es entsteht also eine echte Poikiloproteinämie.

Interessant ist die Ausbildung einer sogenannten Bauchglatze (beim Manne), also eines umschriebenen Ausfalles der Körperbehaarung auf der Höhe (und Wölbung) des Oberbauches. Cirrhoseträger bieten häufig Sakral- und Knöchelödeme. Ein vermehrter Juckreiz ist auffällig; Kratzeffekte der Körperdecke sollten immer an eine okkulte Lebercirrhose denken lassen. Symptomatische Haemorrhoiden sollen (?) als Indiz gelten können.

Die Hauptkomplikation der Lebercirrhose ist das *Carcinom*. Stirbt der Kranke nicht an den eigentlichen Konsequenzen der Lebercirrhose sensu stricto, ist die Gefahr der Entfaltung eines Lebercarcinomes mit allen Konsequenzen besonders groß. Die geographische Pathologie hat gezeigt, daß in Ostasien und Zentralafrika Lebercirrhose und Cirrhose-Carcinome verhältnismäßig häufig sind. Der portale Bluthochdruck wird durch operative Anlage einer portokavalen Anastomose (Shunt) bekämpft. Das Prinzip ist von dem russischen Physiologen ECK (St. Petersburg, 1877) durch Anlage einer operativen Verbindung zwischen Vena portae und Vena cava caudalis am Versuchstier dargelegt. ROSENSTEIN (1912) hat erstmals die portokavale Anastomose beim Menschen realisiert. KLEINSCHMIDT (1935) hat die Technik vervollkommnet. Sie wurde durch WHIPPLE, BLAKEMORE und ROUSSELOT weiter ausgebaut.

8. Geschwülste der Leber

a) Gutartige Geschwülste

aa) Kavernöses Haemangiom

Haemangiome können schon bei Neugeborenen auftreten; sie finden sich weit häufiger jedoch bei Erwachsenen. Entweder ist die benachbarte Glissonsche Kapsel schwielig verdickt und von grauweißer Farbe, gelegentlich von einigen radiär-strahlig angeordneten Gefäßen durchzogen; oder aber Haemangiome imponieren als unregelmäßig begrenztes dunkelrotes Feld. Die Kavernome der Leber sind etwa kirschgroß, selten größer, angeblich bis etwa faustgroß. Zuweilen werden diffus ausgebreitete haemangiomatoide Fehlbildungen beobachtet. Man spricht von *Peliosis hepatis* (grch. pelios = schwarzblau). Die Peliose des Menschen ist relativ selten, beim Hausrind wird sie häufiger gesehen. Die der Peliosis zugrunde liegenden Gefäße sind nur unvollständig endothelisiert. Die Strombahn ist „offen", die Wände der ektatischen intralobulären Gefäße werden daher durch Leberepithelien selbst formiert. Die diffus ausgebreitete Haemangiomatose führt im Laufe der Jahre zu einem Umbau der Leber; die Haemangiomatose erzeugt eine bestimmte Form einer Lebercirrhose. Umgekehrt induziert eine Lebercirrhose haemangiomatoide Gefäßektasien z. B. an der Körperdecke (Spider nevi etc.). Die Schnittfläche einer im Sinne der Peliose veränderten Leber „läuft leer", so daß ein grauweißfarbenes Maschenwerk zurückbleibt. Gelegentlich entsteht eine verzweigte capilläre Thrombose mit bindegewebiger Organisation, also Veröduung d. h. mit Ausbildung von Narben. Die Histogenese der Haemangiome ist folgende: Es handelt sich einmal um venöse Überschußbildungen, etwa im Sinne eines Haemangioendotheliomes; zum anderen aber um Hamartien, also um die Folgen einer fehlerhaften Gewebekomposition.

bb) Adenome

Man unterscheidet Leberzell- und Gallengangs-Adenome.

1. Leberzelladenome

Sie kommen im allgemeinen solitär vor; gelegentlich finden sich einige wenige Adenome, welche in. Gruppen angeordnet sind. Die Farbe ist hellbraun, grauweiß oder braunrot; die Größe wechselt; die meisten Leberzelladenome haben die Größe einer Kirsche oder Walnuß; ganz selten werden Adenome von bis Mannskopfgröße gefunden. Die Konsistenz ist weich, im allgemeinen ist eine bindegewebige Kapsel vorhanden. Die Adenom-eigenen Leberläppchen sind plump und haben eine verwaschene Zeichnung. Histologisch handelt es sich um eine „unvollkommene Imitation" der reifen Leberepithelreihen. Die großen Adenomzellen können derartig viel Fett gespeichert haben, daß ein Lipomähnliches Bild resultiert. Leberepitheladenome können Galle sezernieren. Nicht ganz selten findet sich das Bild einer Lebercirrhose in einem Adenom! Dabei muß sonst keine Cirrhose der Leber vorhanden sein. Echte Leberzelladenome sind immer von einer Bindegewebskapsel eingehüllt. Sie komprimieren das benachbarte Lebergewebe. Adenomähnliche Hyperplasien erzeugen keine Kompression des nicht adenomatoid entfalteten Parenchymes. Bei granulärer Lebercirrhose werden im allgemeinen multiple Adenom-ähnliche Hyperplasien gefunden. Ihre Abgrenzung gegenüber echten Adenomen ist nicht immer einfach.

2. Gallengangsadenome

Es handelt sich um kleine derbe grauweiße, gewöhnlich unter der Glissonschen Kapsel gelegene Knoten. Histologisch sind diese aus tubulären Formationen zusammengesetzt. Die Epithelien selbst sind kubisch bis zylindrisch. Die tubulären Adenomröhrchen führen keine Galle (es sind ja keine Hepatocyten verfügbar!), sondern produzieren ein uncharakteristisches Sekret. Zwischen den Adenomgängen ist ein zellreiches Bindegewebe angesiedelt. Die Kapsel in der Umgebung der Gallengangsadenome ist im allgemeinen dürftig. Durch Sekretaufstau kann es zu Zystenbildung kommen. Es resultiert dann ein Zystadenom (Cholangioma cysticum). Manchmal finden sich auch Pseudogallengangsadenome. Bei diesen handelt es sich um einfache Hamartome, nämlich konnatale Anomalien. Selbstverständlich gibt es Übergänge zwischen adenomatoiden Hyperplasien bei Lebercirrhose und eigenständigen Adenomen.

cc) Lebercysten

1. Einfache Retentionszysten

Es handelt sich um die Folge sekundärer Abschnürung autochthon oder neu gebildeter Gallengänge. Die Retentionszysten kommen (selten) multipel vor, sind etwa haselnußgroß und führen eine eingedickte Galle. Zysten mit wasserklarem Inhalt sind darauf verdächtig, daß es sich um Lymphgangzysten handelt.

2. Solitäre dysontogenetische große Zysten

Diese sind faust- bis mannskopfgroß, ein- oder mehrkammrig, führen Flimmer-, Zylinder-, gelegentlich sogar Plattenepithel. Sie entstehen auf dem Boden einer primären Entwicklungsstörung, gewöhnlich der Choledochusanlage.

3. Cystenleber

Das Organ ist von zahllosen kleinen, großen, teilweise auch sehr großen Zysten durchsetzt; die Leber kann riesenhaft vergrößert sein; die innere Oberfläche der zystischen Hohlräume ist glatt, die Zysten enthalten eine wasserklare Brühe. Das benachbarte Parenchym ist teils komprimiert, teils vikariierend hypertrophiert. Bei der Zystenleber liegt die Folge einer Entwicklungsstörung in dem Sinne vor, daß die natürliche Verbindung zwischen der Anlage kleiner Gallengänge (welche aus Leberepithelreihen hervorgegangen sein können) und der der größeren Gänge (hervorgegangen aus der Pars cystica der Leberbucht) nicht zustande gekommen ist. Gelegentlich werden Beziehungen zwischen Zystenleber und Dysenkephalia splanchnocystica behauptet. Dabei handelt es sich um die Koinzidenz von Lindau-Tumoren im Metencephalon, und Zysten in Leber, Pankreas, Nieren und Nebenhodenkopf.

b) Bösartige Tumoren

aa) Primäre Sarkome

Selten. Es handelt sich um Rund-, Spindelzellen- und um endotheliogene Sarkome. *Haemangioendotheliome* sind teils knotig, teils diffus ausgebreitet. Nicht ganz selten sind primäre Reticulumzellsarkome. Sehr viel seltener ist das maligne Melanom. — Sekundäre Sarkome der Leber sind ungleich häufiger.

bb) Carcinome

Histogenetisch kann man, entsprechend der Differenzierung der Adenome, Leberepithel- und Gallengangsepithel-Carcinome unterscheiden:

1. Leberepithelkrebs

Carcinoma hepatocellulare, sogenanntes Hepatom; es handelt sich um den parenchymatösen Leberkrebs. Es werden folgende histologische Formen unterschieden:

a) *Alveolärer Typus;* selten;

b) *Tubulärer und trabekulärer Typus.* Diese Form ist teilweise solide gebaut, teilweise deutlich kanalisiert. Die Krebse sind von sinusoiden ektatischen Capillaren und von einem System dichtgeflochtener argyrophiler Gitterfasern umgeben. In den Lumina krebsiger Tubuli findet sich Gallepigment. Tubuläre Andenocarcinome verfügen über eine relativ größere Polymorphie als das Leberepitheladenom. Interessant ist das Auftreten von „flügelförmigen" v. Kupfferschen Sternzellen und eigenartig proliferierten Endothelien. Gelegentlich finden sich strotzend angefüllte, bizarr konfigurierte Gallencapillaren. Der primäre Leberepithelkrebs ist also imstande, Galle zu produzieren. Diese Gallebildung kann sogar im Inneren der Metastasen, also in Lungen oder Skelett, nachgewiesen werden. Damit scheint auch die Abstammung der Carcinomepithelien von den Leberepithelien gesichert.

2. Gallengangskrebs

Carcinoma cholangiocellulare hepatis. Man unterscheidet folgende Formen:
a) den *drüsigen Typus*; das Carcinom entspricht dem banalen Bild des Adenocarcinomes;
b) den *solide gebauten Krebs*.

Gallengangscarcinome entstehen besonders gern auf dem Boden einer Lebercirrhose. Sie werden aus unterschiedlich hohen Zylinderepithelien aufgebaut, führen eine vielfach dehiszente Bindegewebskapsel, keine Capillaren und produzieren keine Galle. Gallengangsepithelien können offenbar überhaupt keine Galle bilden, sondern nur die loco alieno produzierte Galle ableiten oder rückresobieren.

Die beiden Hauptgruppen des Carcinomes (Leberepithel- und Gallengangsepithel-Krebs) manifestieren sich makroanatomisch in unterschiedlichen Formen:

1. *Cancer massif Hanot:* Vorwiegend im rechten Leberlappen findet sich ein wechselnd großer Konglomeratknoten, im allgemeinen von weicher Konsistenz und dottergelber Farbe. Der Cancer massif kann auch „gestielt" d. h. unmittelbar unter der Glissonschen Kapsel und über diese prominierend auftreten.

2. *Cancer nodulaire Hanot:* a) Die Geschwulst manifestiert sich durch multiple „dezentralisierte" Knoten; b) es handelt sich um diffuse epitheliale Infiltrate; und c) es liegen Kombinationsformen vor.

3. *Cancer avec Cirrhose Hanot:* Der massiv-knotige, aber auch der kleinknotig-aufgesplitterte Krebs entstehen gern auf dem Boden einer Lebercirrhose. Die Carcinomknoten können gelbe, lehmige, graurote oder schmutzig-grüne Farbe besitzen. — Die diffus ausgebreitete Carcinomform bei Lebercirrhose wird „Cirrhosis carcinomatosa" genannt. Dabei sollte grundsätzlich bedacht werden, ob ein Carcinom auf dem Boden einer Cirrhose oder aber die Cirrhose auf dem Boden eines Carcinomes entstanden ist. Wahrscheinlich entstehen die meisten Lebercarcinome primär-multipel, also an vielen, teilweise weit auseinander gelegenen Stellen, gleichzeitig. Die Leber kann stark vergrößert sein; ihr Gewicht beläuft sich auf 10 kg und mehr. Lebercarcinome finden sich gewöhnlich in höherem Lebensalter; indes sind auch konnatale Formen beobachtet. Carcinome der Leber finden sich häufiger bei Männern als bei Frauen. Das Problem der Lebercirrhose als Praecancerose erfreut sich aufmerksamer Bearbeitung. Lebercarcinome, gleich ob Leberepithel- oder Gallengangsepithel-Krebse, werden unter allen Carcinomen in 0,5—2 % der Fälle beobachtet. 70 % der Lebercarcinome haben etwas mit einer Lebercirrhose zu tun. Die autochthone afrikanische Bevölkerung erkrankt häufiger. Die relative Häufigkeit sogenannter afrikanischer Leberkrebse wird mit etwa 60—67 % angegeben! Der Afrikaner, der an einer Lebercirrhose erkrankt, bekommt ein cirrhogenes Carcinom in 44 % aller Fälle (THALER). Während in Basel das Durchschnittsalter für primäre Leberkrebse bei 65 Jahren liegt, treten in Dakar primäre Lebercarcinome (fast ausschließlich Cirrhose-Carcinome) im Alter zwischen 20 und 40 Jahren auf! Der geographisch-pathologischen Besonderheiten der Lebercirrhose in Afrika und Ostasien hatten wir gedacht (S. 275); chronische Eiweißmangel-Schäden scheinen für die Histogenese primärer Leberepithelkrebse von hervorragender Bedeutung. Die Zusammenhänge sind sehr gut dargestellt durch ROULET et al. „Cancer primitif du foie et des voies biliaires", Paris: Masson

et Cie 1958. K. KÜHN hat alle Fälle von Lebercirrhose (innerhalb einer bestimmten Berichtszeit) der pathologischen Institute Berlin-Spandau und Berlin-Westend auf das Vorkommen selbst kleiner und kleinster Carcinome durchmustert. Er hat auf eine Differenzierung zwischen Leberepithel- und Gallengangs-Carcinomen verzichtet, weil eine solche Unterscheidung in praxi oft nicht möglich ist. KÜHN unterscheidet vielmehr
1. *Hepatomähnliche* (d. h. hepatocelluläre) Krebse;
2. *indifferentzellige* Leberkrebse, welche kleinzellig, großzellig, grotesk-zellig oder hypernephroid sein können; sowie
3. *Leberkrebse mit fibrösem Stroma.* Die Carcinome (unseres Beobachtungsgutes) wurden nur in 16 % aller Fälle klinisch diagnostiziert. In 12 % aller Lebercirrhosen wurden Carcinome festgestellt. Die Frage bleibt offen, wie lange die Entwicklungsdauer derartiger Carcinome währt. Denn es könnte durchaus sein, daß primär multiple kleine, also okkulte Carcinome lange Zeit existieren, histologisch durchaus als Carcinome imponieren, biologisch jedoch nicht oder wenig aggressiv sind. Der Begriff des okkulten Mikrocarcinomes ist schwierig zu definieren; daß derartige Neoplasien vorkommen, ist jedoch unzweifelhaft. Die Ergebnisse von KÜHN wurden durch W. SCHMIDT (Beitr. path. Anat. 120:13, *1959*) bestätigt. Die Studie von K. KÜHN kann als Schlüsselliteratur gelten: „Der primäre Leberkrebs", Berlin-Göttingen-Heidelberg: Springer 1955.

Sogenannte primäre Leberkrebse setzen Metastasen natürlich einmal in die Leber selbst, zum anderen in die Hiluslymphknoten; über kurz oder lang entstehen jedoch multiple Metastasen vor allem in den Lungen. Nicht selten ist ein Carcinomeinbruch in die Pfortader.

In der Leber wird gelegentlich ein primäres (ektopisches) *Hypernephrom* beobachtet. Es ist im rechten Lappen lokalisiert und verrät eine topische Beziehung mit metanephrogenen Gewebestrang. Nicht ganz selten werden in der Leber auch *ektopische Chorionepitheliome* gefunden. Es handelt sich um schnell wachsende, markig weiche, auf der Schnittfläche bunt gesprenkelte, von ausgedehnten hämorrhagischen Nekrosen durchsetzte, histologisch durch Symplasmen reichlich ausgestattete Geschwülste. Wird ein „Chorionepitheliom" beim Manne gefunden, ist es klar, daß die Diagnose sensu stricto nicht stimmen kann. Sogenannte ektopische Chorionepitheliome sind in Wahrheit nichts anderes als Haemangioendotheliome!

Für die Leber gilt die alte *Virchowsche Regel,* daß diejenigen Organe, welche relativ selten primäre Krebse entstehen ließen, ungemein häufig das Ziel einer metastatischen Carcinose würden. *Sekundäre Carcinome* entstehen auf dem Blut-, Lymphweg und in der Kontinuität. Es handelt sich vorwiegend um eine knotige Durchsetzung der Leber; die Krebsmetastasen liegen unter der Glissonschen Kapsel und sind zentral eingedellt (Krebsnabel). Die Tumormetastasen in der Leber sind vielfach von speckigen Nekrosen durchsetzt und Blutungen zerstört. Stärkere Bindegewebswucherung kann den Eindruck einer Cirrhose hervorrufen. Tumornekrosen können auch das Ziel einer dystrophischen Verkalkung werden. Primäre Leberkrebse können mit hypoglykämischen Remissionen einhergehen (KRECKE, LINKE und W. MÜLLER: Deutsches Archiv klinische Medizin 206 : 102, *1959*).

c) Geschwulstähnliche Veränderungen

≃ *(vor allem) Leber bei Erkrankungen des haematopoetischen Apparates*

aa) Lymphatische Leukämie

Bei jeder ausgeprägten Form einer chronischen lymphatischen Leukämie findet sich eine sehr dichte zellulare Infiltration der Glissonschen Felder. Die Infiltrate bestehen aus Lymphoblasten und unreifen Lymphocyten. Die Zellen liegen dicht bei dicht und haben das Gefüge der Läppchen gesprengt. Die epithelialen Läppchengrundplatten sind im allgemeinen leidlich erhalten. Das Innere der Leberläppchen ist so gut wie gänzlich frei von leukämischen Infiltraten. Gleichartige Veränderungen sind bei aleukämischer Lymphadenose zu sehen.

bb) Myeloische Leukämie

Bei chronisch-myeloischer Leukämie ist eine intensive Infiltration der Leberläppchen gegeben. Die Infiltrate machen nicht an den jeweils äußeren Grenzen der Läppchen Halt, sondern dringen in das Innere der Läppchen ein. Lymphatisch-leukämische Infiltrate liegen in*ter*lobulär, Infiltrate bei leukämischer Myelose liegen in*tra*lobulär. Es scheint, daß die embryonal vorhanden gewesenen haematocytopoetischen Eigenschaften des aktiven hepatischen Mesenchymes wieder erwacht sind. Während bei lymphatischer Leukose die Infiltrate als „Metastase", gleichsam als „Kolonie", gelten können, müssen die intralobulären Infiltrate bei chronisch-myeloischer Leukämie als autochthon entstanden aufgefaßt werden.

Unreifzellige, akute bis subakute Leukämien halten sich bei ihrem Infiltratmuster durchaus nicht an die Läppchengrenzen. Bei akuten Leukosen liegen stets auch intralobuläre Infiltrate vor. *Monocytenleukämie* und *Mastzellenleukämie* gehorchen dem Infiltratmuster der leukämischen Myelose.

cc) Osteomyelofibrose

Bei allen Prozessen im Sinne des myeloproliferativen Syndromes von DAMESHEK entsteht in Milz, Lymphknoten und Leber eine myeloische Metaplasie. Damit hängt es zusammen, daß man im Leberpunktat megakaryocytoide Elemente finden kann, die sich wahrscheinlich von den Sternzellen der Örtlichkeit herleiten. Auch sonst finden sich die Vorstufen der weißen Reihe, nämlich Myelocyten, Promyelocyten und einige Myeloblasten.

d) Parasitäre Erkrankungen der Leber

aa) Echinococcus

Der Echinococcus ist zwar nicht der häufigste, aber der wichtigste Leberparasit. Man kann drei Formen unterscheiden:

1. *Echinococcus hydatidosus cysticus unilocularis:* Die befruchteten Eier, welche Oncosphären tragen, gelangen in den Darm, von dort aus in Pfortader und Lymphwege, auf diese Weise in Lungen, Hirn, Rückenmark und Milz. Die Leber wird bevorzugt befallen. Aus der mitgebrachten Oncosphäre entsteht die Finne. Die Blasenfinne ist in zwei bis drei Monaten auf Walnußgröße heran-

gewachsen. Sie ist noch steril, also eine sogenannte *Acephaluscyste*. Sie besitzt eine äußere Schicht, die chitinöse Cuticula. Jene zeigt eine lamelläre Streifung. Der Blaseninhalt ist eine klare Flüssigkeit mit einem spezifischen Gewicht zwischen 1009 und 1015. Sie ist reich an NaCl, Bernsteinsäure, aber arm an Eiweiß. Der flüssige Finneninhalt gerinnt nicht durch Kochen oder Zugabe von Säuren. Die Cuticularmembran trägt auf der inneren Oberfläche eine körnige Parenchymschicht. Diese besteht in einer körnig-grieseligen Verdikkung, welche Fischlaich nicht unähnlich sieht. Die Körnchen stellen die Brutkapseln des Parasiten dar. Jeweils im Inneren der Brutkapseln entstehen die *Scolices*. Die Scolices bei Taenia echinococcus sind 0,3 mm lang; sie besitzen ein Rostellum (Hakenkranz). Jener besteht aus Häkchen von zweierlei Größe. Im Inneren der Scolices werden Kalkkörnchen nachweisbar. Die Scolices sind kontraktil und können die Köpfe ein- und ausgestülpt tragen. Scolices und Brutkapseln sind unter Umständen zystisch umgewandelt. Dadurch entstehen innere Tochterblasen. Bei diesen bilden sich durch Wiederholung des gleichen Mechanismus sogenannte Enkelblasen. Die Anzahl der Tochterblasen liegt bei jeweils 12 Stücken.
2. *Echinococcus granulosus (veterinarum, weil beim Schwein häufiger):* Die Tochterblasen werden jeweils nach außen zu, also in Richtung auf das umgebende Leberparenchym entwickelt.
3. *Echinococcus alveolaris multilocularis:* Vorkommen gern in Südwestdeutschland, Tirol und Rußland; hingegen wird der Echinococcus hydatidosus vorwiegend in Norddeutschland, Mecklenburg, Holstein und Niedersachsen gefunden. Die Leber ist deutlich vergrößert. Die makroanatomische Betrachtung offenbart eine gewisse Ähnlichkeit mit einem scirrhös gewachsenen, von Gallertproduktion untermischten Carcinom. Eine verrottete d. h. pyogen superinfizierte Zystenleber kann entsprechend aussehen. Die Blasenmembran ist charakteristisch gestreift. Ein eigentlicher flüssiger Inhalt fehlt. Scolices sind in den kleinen Alveolen reichlich vorhanden. Das Problem besteht darin, wie der Ausbreitungsmechanismus bei den kleinen Blasen des Echinococcus alveolaris zu denken ist. Zwischen den vielfach gallertig umgewandelten Echinococcus-Alveolen geht regelmäßig eine starke makrophagocytäre Entzündung, untermischt mit Fremdkörperriesenzellen, an. Die Stärke der entzündlichen Granulationen kann an eine Pseudotuberkulose erinnern. Der Echinococcus alveolaris wächst Schritt für Schritt. Er dringt in das Gewebe der Umgebung vor, induziert eine ausgedehnte Verwachsung des Zwerchfelles und kann auch zur Entwicklung einer hepatobronchialen Fistel beitragen. Nicht ganz selten findet sich eine haematogene Echinococcose. Die Finnen treten in der Leber in die Vena hepatica revehens ein, gelangen von hier aus in die untere Hohlvene und in die rechte Herzkammer. — Der Echinococcus hydatidosus wird vorwiegend bei Schafen gefunden; menschliche Infektionen durch diese Taenie kommen mehr bei Kindern als Erwachsenen vor. Die Bluteosinophilie kann besonders stark sein. Dagegen ist der Echinococcus alveolaris vorwiegend an das Rind gebunden. Im Falle seines Vorkommens beim Menschen erkranken Erwachsene weit häufiger als Kinder. Die Eosinophilie fehlt! 50 % aller Fälle von menschlichem Echinococcus hydatidosus heilen spontan. Entsteht eine Perforation nach der Bauchhöhle, resultiert eine perakute peritoneale entzündliche Reaktion.

bb) Pentastoma denticulatum

Es handelt sich um die Ablagerung verkalkter Knötchen unter der Glissonschen Leberkapsel. Mikroskopisch werden sogenannte Zahnreihen sowie die metameral angeordneten Querringe des Parasiten deutlich.

cc) Amoebiasis

Die Entamoeba histolytica erzeugt nicht nur Leberabszesse, sondern auch Gallengangsentzündungen, gelegentlich auch eine diffus ausgebreitete entzündlich-entparenchymisierende Hepatopathie.

dd) Coccidium oviforme
(Eimeria Stiedae; Bezeichnung nach dem Berliner Pathologen EIMER!)

Es liegt eigentlich eine Kaninchen-Coccidiose vor, deren Kenntnis für den experimentell Arbeitenden wichtig ist. Es gibt zahlreiche Eimerien. Die Eimeria Stiedae ist ein Epithelparasit. Das Coccidium bedarf eines Generationswechsels. Die Schizogonie findet im Inneren des Wirtes statt. Die Gamogonie führt zur Oocystenbildung, ähnlich den Vorgängen bei Malaria; die Oocysten müssen jedoch nach außen abgegeben werden. Im Inneren der Oocysten finden sich Sporoblasten und Sichelkeime; letztere nennt man Sporozoiten. Diese müssen erneut aufgenommen werden, um eine Coccidiose auszubilden. Histologisch bemerkenswert ist eine starke papilläre Gallengangswucherung. Im Falle der Infektion eines Menschen treten in der Leber hirsekorngroße, ja bis zu 15 cm im Durchmesser haltende Knoten auf. Die *Coccidioidiose* unterhält eine makrophagocytäre enorm-chronische Entzündung. Andere Eimerien induzieren einen ruhrartigen Darmkatarrh.

Zusammenfassende Literatur zur Pathologie der Leber: L. H. KETTLER „Die Leber", in E. KAUFMANN und M. STAEMMLER: Lehrbuch der speziellen pathologischen Anatomie, Bd. II, 11. und 12. Auflage, S. 913, Berlin: WALTER DE GRUYTER, 1957. Vgl. auch L. H. KETTLER „Lehrbuch der speziellen Pathologie, S. 299, Jena: GUSTAV FISCHER, 1965.

II. Gallengänge und Gallenblase

1. Orthische Prämissen

An der Gallenblase sind zu unterscheiden *Fundus, Corpus, Infundibulum* (= Trichter) und *Collum*; daran anschließend findet sich der Ductus cysticus; er besteht aus einer Pars valvularis (mit Heisterscher Spiralfalte) und Pars glabra mit Drüsen. Die Pars glabra ductus cystici ist der eigentliche Ausführungsgang der Gallenblase. Er vereinigt sich mit dem Ductus hepaticus communis zum Ductus choledochus. Dieser ist normalerweise nur 7 mm stark. Vor der Einmündung in das Duodenum findet sich eine Erweiterung zur Vaterschen Papille. Dort mündet bekanntlich auch der Ductus pancreaticus. Beide Gänge haben einen gemeinsamen Schließmuskel, den Musculus sphincter Oddi-Helly. Dieser wird aus eigenen Ringmuskelfasern der Duodenalwand gebildet und ist der physiologische Antagonist der Muskulatur der Gallenblasenwand.

Wandbau der Gallenblase. Die Schleimhaut trägt ein einschichtiges, gleichmäßig differenziertes Zylinderepithel; die Einzelepithelien führen teils baso-, teils eosinophile Granula im Protoplasma. Angeblich bestehen reelle Beziehungen zur Schleimbildung. Echte Schleimdrüsen kommen nur im Halsteil der Gallenblase vor. Die Gallenblasenwand trägt zahlreiche Schleimhautfalten. Ihr Stroma gehört zur Tunica propria. Zwischen den Zylinderepithelien sind Basalzellen eingestreut. Diese sind protoplasmaarm, ihre Kerne chromatinreich. Das System der Schleimhautfalten enthält sehr zahlreiche Lipidtröpfchen. Diese finden sich vorwiegend im Bereiche der Lymphgefäßendothelien. Wichtig sind die *Rokitansky-Luschkaschen Gänge.* Sie gehen von der Schleimhaut aus, durchsetzen die Tunica propria, können die Muskulatur durchdringen und enden — gewöhnlich — in der Subserosa. Die Rokitansky-Luschkaschen Gänge stammen angeblich ab von den Ductus hepatocystici. Die Muskulatur ist aus einer äußeren und inneren Schicht zusammengesetzt; sie besteht aus mehreren einander schräg-winkelig durchsetzenden Schraubenspiralen. Nach außen hin folgt eine Tunica fibrosa, eine Tunica subserosa (aus lockerem Bindegewebe) und die eigentliche Serosa. Die *Gallengänge* enthalten Muskulatur lediglich in der Gegend der Valvula spiralis Heisteri und am Spinkter Oddi. Die großen Gallenwege haben porenartige Schleimhauteinsenkungen und, vorwiegend seitlich angeordnete, drüsenförmige „Anhänge". Daneben finden sich sogenannte Thing-Elzesche Epithelzapfen. Hierbei liegt nichts anderes vor als ein Bourgeonnement von „mehr an der Basis als an der Lichtung" gelegenen Zellen; ihre Form erinnert an die der Flasche des Würzburger Boxbeutels! Die Muskulatur der Gallenblase betreibt deren Entleerung im Sinne eines kompliziert gebauten Expulsionsapparates. Die Entleerung der Gallenblase erfolgt gleichzeitig mit einer Öffnung des Sphinkter Oddi. Die Auslösung des Gallenblasenreflexes erfolgt durch Vagusreize, durch den Reiz von Peptonen, Lipoiden, Eigelb und Magnesiumsulfat. KARL WESTPHAL (frühere Klinik von GUSTAV V. BERGMANN, Frankfurt/Main) begründete die Lehre von den *Motilitätsstörungen* der Gallenblase: Durch diese könnten sogenannte *Stauungsgallenblasen* entstehen. Die „Stauungsgallenblase" wurde erstmals von dem Frankfurter Chirurgen V. SCHMIEDEN anläßlich der Operation einer Patientin mit Gallen-Koliken entdeckt; SCHMIEDEN fand keine organisch-mechanische Ursache für die Koliken, er fand insbesondere keine Steine! Bei der hypertonischen *Motilitätsneurose* findet sich eine „große aufgestaute Galle"; der Sphinkter Oddi ist enggestellt, die ableitenden Gallenwege sind durch ein geeignetes Kontrastmittel prall angefüllt. Daneben gibt es eine *hypotonische Stauungsgallenblase,* welche als Ausdruck einer hypotonischen *Motilitätsneurose* verstanden werden kann. Derartige Veränderungen werden bei starkem Sympathicusreiz beobachtet. Die Gallenblasenwand ist hypotonisch; die Lichtung der Gallenblase ist vermehrt gefüllt; die großen Gallengänge sind nicht nennenswert erweitert. — Die Gallenblase dickt den galligen Inhalt auf das 5- bis 8fache ein, ist jedoch keine eigentliche Vorratskammer, einfach weil sie nur 50 ml fassen kann. Der *Tagesbedarf* an (allerdings dünner Leber-)-Galle liegt bei 800—1000 ml. Die Lebergalle gelangt angeblich schubweise und zwar synchron mit den inspiratorischen Niveauschwankungen in die Gallenblase. Die Gallenblase bedeutet offenbar so etwas wie einen Druckregulator für die Gallengangsströmungsverhältnisse. Galle gelangt normalerweise nur in den Darm, wenn sich dort bereits Ingesta befinden. Sonst ist der Sphinkter Oddi geschlossen. Da auch bei absolutem Hunger Galle in den Darm gelangt und mithilft bei der „Zubereitung" des „Hungerkotes", darf man annehmen, daß der Sphinkter Oddi gleichwohl gelegentlich geöffnet wird. Vielleicht gibt es so etwas wie eine rhythmische Innervation und Öffnung. Umgekehrt gelangt Duodenalinhalt so gut wie niemals in den Choledochus. Eine unter Umständen etwa notwendig werdende chirurgisch-operative Einpflanzung des Ductus choledochus sollte in schräger Richtung erfolgen. Dadurch resultiere so etwas wie ein Ventilverschluß.

2. Mißbildungen der Gallenwege

Bei Pferd, Hirsch, Reh und Ratte fehlt die Gallenblase. Dabei soll der Ductus choledochus die Funktion der Gallenblase, vor allem die Fähigkeit etwaiger Rückresorption, übernehmen. Beim Menschen ist *totaler Mangel der Gallenblase* beobachtet. Als Ursache haben zu gelten: Entweder das Fehlen der primitiven Anlage des Ductus choledochus, so daß je zwei Lebergänge gesondert in den Darm einmünden; oder es handelt sich um eine Ausweitung der embryonalen Cysticus-Anlage und zwar im Bereiche jener Stellen, an denen eigentlich die Gallenblase hätte angelegt sein sollen.

Manchmal findet sich eine *Verdoppelung der Gallenblase*. Häufig dagegen ist die winkelige und zipfelige Abknickung des Gallenblasenfundus. Man spricht von einer Vesica fellea subsepta, und man meint eine Verunstaltung der Gallenblase selbst: Ihr Fundus kann in diesen und vergleichbaren Fällen nach Art einer Phrygischen Mütze d. h. winkelig abgebogen und ausgezogen sein. Eine Phrygische Mütze stimmt etwa mit dem überein, was man Jakobiner-Mütze heißt. Gelegentlich ist der Fundus der Gallenblase durch eine Parenchymbrücke der Leber bedeckt: Vesica fellea occulta. Manchmal hängt die Gallenblase frei am Ductus cysticus. Gelegentlich beobachtet man eine *Pendelgallenblase*, mit und ohne Stieldrehung, angeblich bis auf 270 Grad. Dadurch resultiert eine hämorrhagische Wand-Infarzierung, im übrigen eine ausgedehnte entzündliche Alteration.

3. Entzündliche Erkrankungen von Gallenwegen und Gallenblase

a) Einfache katarrhalische Entzündung

Am häufigsten erkrankt der Choledochus; er ist 7 cm lang und 7 mm stark; die Pars duodenalis ist 2,5 cm lang, mißt jedoch nur 2 mm im queren Durchmesser. In der Vaterschen Papille findet sich ein Schleimpfropf. Die „Rehabilitation" des Pfropfes durch eine chirurgische „Papillentoilette" ist problemgeschichtlich interessant. Im übrigen besteht eine mäßige Pericholangitis chronica fibrosa.

b) Pseudomembranöse, diphtherische, eitrig-exulcerative, nekrotisierend-brandige Entzündung

Im allgemeinen finden sich zahlreiche Gallenblasensteine; sodann wird häufig ein Gallenblasenempyem beobachtet. Die Wand einer in dieser Weise alterierten Gallenblase ist derb, breit, schuhsohlenähnlich. Durch Resorption des Eiters kann ein Hydrops der Gallenblase resultieren. Bei der sogenannten Porzellangallenblase handelt es sich nicht so sehr um eine höhergradige Ossifikation, sondern um eine konsekutive Verkalkung mit Verknöcherung.

Pathogenese:
aa) *Aufsteigende Infektion*, Ursache gewöhnlich Dysbakterie im Dünndarm;
bb) *Absteigende Infektion*, Ausscheidungsentzündung, RABL und SEELEMANN (Kiel, 1956): Meerschweinchen, experimentelle i. v. Applikation von Enterokokken, nach wenigen Minuten Auftreten bestimmter Streptokokken in der Galle: Bakteriocholie.
cc) *Tryptische Wandentzündung* bei Rückfluß des Bauchspeichels!
dd) *Bazillen-Dauerausscheidertum.*

c) Stippchengallenblase

Cholesteatosis, Erdbeergallenblase, Ausbildung sogenannter Cholesterin-Polypen, Dissektion lipiddurchtränkter zottiger Schleimhautfalten, Prinzip der Ausbildung „fremder Oberflächen".

d) Spezifische Entzündungen

Typhus! Bedeutung chronisch-entzündlich alterierter Steingallen für die Entwicklung sogenannter Rekonvaleszenzträger! — Tuberkulose, Lymphogranulomatose, Lues, Listeriose. — Periarteriitis nodosa im subserösen Gewebe der Gallenblase.

Von der Wertigkeit der Mißbildungen und entzündlichen Erkrankungen: Gallensteinkrankheit: Calculi biliares, häufigste pathologische Befunde des Gallensystemes. Jeder 10. Mensch hat angeblich Gallensteine, jeder 5. Steinträger hat Beschwerden. *Allgemeine Entstehungsbedingungen:* Vorkommen überwiegend bei Frauen; Gallestauung; Motilitätsstörung; Fällungsphänomene! Naunyns Cholangie-Lehre. Dagegen ASCHOFF und BACMEISTER: Konkremente durch Cholesterinanreicherung in der Galle.

Formen der Gallensteine:
1. Cholesterin-Einsiedlersteine; sogenannte reine Cholesterinsteine;
2. reine Pigmentsteine.
3. Cholesterinpigmentkalksteine: Weitaus am häufigsten; facettierte Steine.
4. Erdige Pigmentsteine: intrahepatisch, krümelig, kupferreich!
5. Sogenannte reine Kalksteine.

„Offene Fragen". Grenzflächenwirkungen; Bedeutung der Infektion; Suspensions- und Diffusionskolloide; Albuminocholie; Gravidität?! — Werden Kon-

kremente wieder aufgelöst? *Schicksal der Steine:* Abgang (Koliken!); Trypsis; Gallensteinileus! *Cave:* Eine infizierte Steingalle muß operativ entfernt werden (Praecancerose)! Lokale Effekte der Steine an den schleimhäutigen Flächen: Decubitalnekrosen; Förderung des entzündlichen Umbaues der Leber; Kalkmilchbreiartiges Material in der Gallenblase durch Empyemeiter von hohem Kalksalzgehalt! Fördernde Bedeutung des Allgemeinstoffwechsels (Diabetes, Hypercholesterinaemie)?

4. Geschwülste der Gallenblase und der großen Gallengänge

a) Papillome

Relativ häufig, mehr in der Gallenblase als in den Gallenwegen. Vorkommen meist in Einzahl, im Fundus; dendritisch, cholesterinig inkrustiert; bleiben auf Schleimhaut beschränkt; selten diffuse Papillomatose. *Differentialdiagnose:* Chronische hyperplastische Cholecystitis papillomatosa granularis.

b) Adenome, Fibroadenome

Ausgang von Luschkaschen Gängen; *Cystadenome; Adenomyome.*

c) Tuberöse Fibrome und diffuse Fibromatose

Selten: *Neurofibromatose.*

d) Carcinome

Besondere Bedeutung; vorwiegend bei älteren Frauen; Steinbeigabe in 86 %! Gern am Gallenblasenhals, seltener am Fundus. Flächenhafter Übergang auf Leberbasis bekannt. Mikroskopisch: Adenocarcinome; kleinzellige Carcinome, metaplastische Plattenepithelkrebse. Selten: Carcinoide! Gallengangscarcinome gerne an Vereinigungsstelle von Hepaticus und Cysticus; knotig, papillär, zirkulär, infiltrativ, strikturierend; globocellular.

e) Sarkome

Alle Formen, auch Mischgeschwülste; Melanosarkome.

Die Häufigkeit des Vorkommens bestimmt-charakterisierbarer Geschwülste am Gallenblasen-Gallenwegssystem kann man sich ganz gut anhand eines Schemas vorstellen (Abb. 30). Die eingetragenen Ziffern bedeuten die Häufigkeit der Provenienz von Geschwülsten.

Geschwülste der Gallenblase und der großen extrahepatischen Gallenwege

Geschwulstähnliche Veränderungen
  adenomyomatöse Hyperplasie
  sogenannte Cholesterinpolypen (im Rahmen einer Stippchengallenblase)
  Nebenpankreas
  Magenschleimhautinseln mit pseudoadenomatöser Entfaltung

Benigne epitheliale Geschwülste
  Adenom
  Cystadenom
  Cystadenofibrom

Bösartige epitheliale Geschwülste
  Adenocarcinome
    papilläre
    cystöse
    cystopapilläre
    solid-intramural-infiltrative
    gallertbildende
  Adenokankroide (= adenomat. Carcinom mit Plattenepithelinseln),
  Plattenepithelkrebse (selten; wenn überhaupt, dann in „verrotteten" Steingallen)

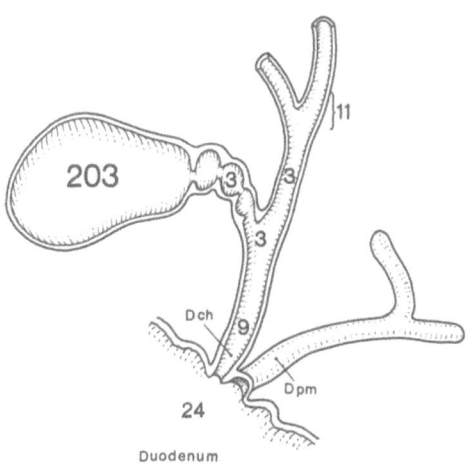

Abb. 30. Schematische Darstellung der Häufigkeit des Vorkommens maligner Neoplasien unter etwa 50 000 Leichenöffnungen (ohne Auswahl). Die eingetragenen Zahlenwerte beziehen sich auf die Häufigkeit des Nachweises maligner Tumoren in Gallenblase und Gallenwegen, bezogen auf eine „Kennziffer". Dch = D. choledochus; Dpm = D. pancreaticus major. Nach H. E. EDMONDSON, 1967, verändert

Benigne nicht-epitheliale Geschwülste
Fibrom
Fibromyom, Fibrolipoleiomyom
Leiomyom
Neurofibrom, Neurinom, Amputationsneurom, granuläres Neurom

Bösartige nicht-epitheliale Geschwülste
Spindelzellsarkom
Reticulumzellsarkom
leiomyoplastisches Sarkom
sogenanntes embryonales rhabdomyoplastisches Sarkom
Fibromyxochondrosarkom
malignes Teratoid
malignes Melanom

Schwer klassifizierbare Geschwülste
Carcinosarkom („blastomatöse Dysplasie")
hypernephroide Tumoren

Anhang
Carcinoid (vorwiegend der Gallenwege)
pseudotumorale „leukämieähnliche" Infiltrate (Lymphosarkome?)
Lymphogranulomatose
Mycosis fungoides

(In Anlehnung an HUGH E. EDMONDSON „Tumors of the gallbladder etc."
Atlas of Tumorpathology, Armed Forces Institute of Pathology, Washington:
1967; *verändert.*)

III. Bauchspeicheldrüse

1. Bemerkungen zur normalen Morphologie und Histophysiologie

Das Pankreas entwickelt sich aus einer *dorsalen* und einer *ventralen* Anlage. Die dorsale ist die Hauptanlage. Sie entsteht gegenüber der sogenannten Leberbucht. Die ventrale Anlage entsteht zeitlich später und kaudal von der Leberanlage. Die ventrale Pankreasanlage ist zunächst paarig. Beide Teile verschmelzen jedoch frühzeitig miteinander. Dorsale und ventrale Anlage vereinigen sich dann, wenn der Ductus choledochus länger wird. Die Vereinigung von dorsaler und ventraler Anlage erfolgt derart, daß das ventrale Pankreas einen Teil des Kopfes und des Processus uncinatus, das dorsale aber den Rest des Pankreaskopfes und des Processus uncinatus, darüber hinaus Corpus und Cauda bildet. In der 6. Embryonalwoche erreicht das Pankreas seine definitive Lage, etwa in Höhe des 1.—2. Lendensegmentes. Die ventrale Anlage liefert den darmnahen (proximalen) Teil des Ductus pancreaticus major. Der Ausführungsgang der dorsalen Anlage gelangt nur gelegentlich und ausnahmsweise zur Ausbildung. In diesem Falle wird wenig kranial von der Papilla duodeni major eine Papilla duodeni minor mitsamt einem Ductus pancreaticus minor gebildet. Letzterer wird in 5—8 % aller Fälle beim Menschen zum Hauptspeichelgang. — Daneben finden sich akzessorische, freilich mikroskopisch kleine Pankreasbildungen prinzipiell in der gesamten Dünndarmwand. Den Ductus pancreaticus major nennt man auch *Ductus Wirsungianus*, den Ductus pancreaticus minor heißt man *Ductus Santorini*. Das Pankreas ist 15—18 cm lang, 70—90 g schwer. Das Caput ist am breitesten, es liegt eingebettet in der Konkavität des Duodenum. Das Corpus liegt unmittelbar vor Aorta und Vena cava caudalis. Dort, wo das Corpus einen Buckel nach oben macht, liegt das Tuber omentale pancreatis. Die Cauda reicht bis zum Hilus der Milz. Das Pankreas liegt retroperitoneal. Es ist „gut versteckt". *Das Pankreas ist operativ erreichbar* 1. durch das Omentum minus, 2. durch das Omentum majus, 3. durch das Mesocolon transversum; hierbei ist auf die Arteria colica media zu achten. Der hintere untere Teil des Caput pancreatis ist hakenförmig nach links umgebogen: Processus uncinatus. Am unteren Rande der Bauchspeicheldrüse liegt die Incisura pancreatis für Arteria und Vena mesenterica cranialis (Abb. 31).

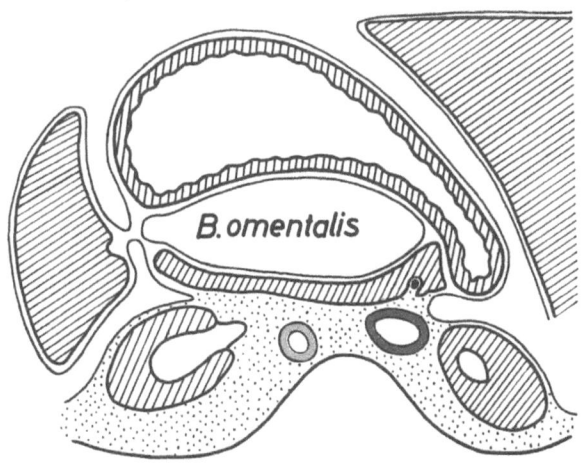

Abb. 31. Schema eines Horizontalschnittes durch die ganze Länge der Bauchspeicheldrüse. Die Incisur im Bilde unten entspricht dem vorderen Kontur der Wirbelsäule. Das Pankreas liegt an der hinteren Begrenzung der Bursa omentalis. Ventral der Bursa ist der Magen zur Darstellung gelangt, links die Milz, rechts die Leber. — Links und rechts der Verwölbung durch die Wirbelsäule je ein Anschnitt durch die Niere. Links vor der „Incisur" durch die Wirbelsäule ein Querschnitt durch die Bauchaorta, rechts ein solcher durch die Vena cava caudalis. Der schematischen Darstellung liegt der Gedanke zugrunde, aufzuzeigen, daß unter Umständen ein Therapeuticum, vielleicht ein Proteasen-Inhibitor, durch paravertebrale Injektion in die Lichtung der Bursa omentalis eingebracht werden könnte, — zum Zwecke der Zügelung der entfesselten Kräfte proteolytischer Fermente bei autodigestiv-tryptischer Pankreatitis. — Schema in Anlehnung an eine Darstellung von CL. COUINAUD „Anatomie de l'abdomen", Paris: G. Doin & Cie 1963

Vor der Vorderfläche des Pankreas liegt die mehr als 10 cm lange Insertionslinie *(dorsale Haftstelle)* des Mesocolon transversum. Auf dem Wege dieses transversalen „Bandes" liegen sehr zahlreiche Lymphbahnen, welche für die Ausbreitung etwaiger mikrobiell inszenierter Infekte vom Dickdarm her in Richtung Pankreas essentiell sein könnten (Abb. 32). Neben dem kompakten Pankreas finden sich häufig disseminierte kleinere Parenchymkörper: *Akzessorische Pankreaten* („Nebenpankreas", zuerst beschrieben von J. KLOB, 1859). Der Ductus pancreaticus major hat eine lichte Weite von etwa 2 mm. Er liegt mehr in der Nähe der Hinterfläche der Bauchspeicheldrüse. Er sammelt zahlreiche kleinere Zuflüsse. Die Organisation der Speichelgänge stellt ein besonderes Problem dar. Im Inneren des Pankreaskopfes laufen Ductus choledochus und Ductus pancreaticus major in einem spitzen Winkel gleichsam aufeinander zu. Beide werden in ihrem duodenalen Endstück von spiralig angeordneten Lagen glatter Muskulatur umgriffen. Es liegt ein vergleichsweise komplizierte Organisation vor. Die Pathophysiologie der Vaterschen Papille hat eine große Literatur induziert. Die Schleimhaut ist eben dort labyrinthär gefaltet. Die Störungsmöglichkeiten des neuromuskulären Tonusspieles sind außerordentliche. Die Muskeltouren an der Lefze der Papille nennt man den Sphincter Oddi-Helly.

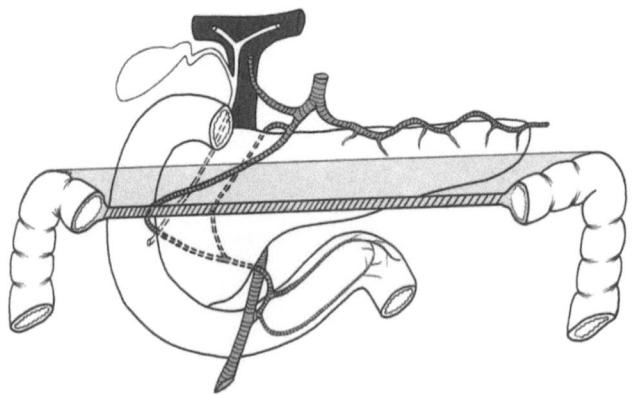

Abb. 32. Schema der Insertionslinie des dunkelfarben gezeichneten Mesocolon transversum vor der Vorderwand der ganzen Länge der Bauchspeicheldrüse! Das Colon transversum ist abgetragen, der Kontur des Pankreas in einfacher Strichmanier wiedergegeben. Die Duodenalschleife ist deutlich, die arterielle Ringbildung betont dargestellt. *Beachte:* Die Gallengänge liegen auf der ventralen Fläche der Pfortader. In Bildmitte der Tripus Halleri (A. coeliaca). — Zeichnung in Anlehnung an mehrere entsprechende Darstellungen von CL. COUINAUD (loco citato)

Die Wiedergabe des Bildes (Abb. 33) soll klar machen, daß Orthologie und Pathologie des *einen* Gangsystemes (Ductus pancreaticus) nicht von der des *anderen* (Ductus choledochus) getrennt werden kann. W. LÖFFLER hat diese Beziehungen meisterhaft durch Zitat und Interpretation folgender Horaz-Verse (Ep. I, p. 1884) charakterisiert: „... nam tua res agitur, paries cum proximus ardet ..." — „... et neglecta solent incendia sumere vires..."[1].

Abb. 33. Reproduktion einer Originalabbildung von C. HELLY. Querschnitt durch den Ductus Wirsungianus und den Ductus choledochus bei ihrem Eintritt in die muskuläre Duodenalwand. Beide zeigen ein labyrinthäres System leistenförmig erhabener Schleimhautfalten. Zwischen den Falten reichlich Schleimdrüsen. Das Schema soll deutlich machen, daß etwaige pathische Veränderungen des einen Ganges ohne Schwierigkeit transmural auf die Schleimhaut des benachbarten Ganges übergreifen können. Die im Bilde links gelegene Lichtung entspricht dem Ductus choledochus, die rechts gelegene dem Ductus pancreaticus major. — Lit.: Arch. mikr. Anat. 52, 773, *1898*; Arch. mikr. Anat. *54*; 614, 1899

Klinische Nutzanwendung. Man möge nicht glauben, daß es gelingt, das eine Kanalsystem zu sanieren, ohne daß man sich mit gleicher Umsicht um die „Toilette" des anderen bekümmert hat! (*Lit.:* W. LÖFFLER: Zur Klinik der Pankreaserkrankungen. Arch. Verdauungskrankheiten 63 : 249, 1938). Das „Papillenspiel" bedeutet das „Hin und Her" des bilateralen autofermentativen Systemes von Bauchspeichel und Galle, von Ductus Wirsungianus und Ductus choledochus. Damit hängt alles das zusammen, was man „commonchannel" nennt. — Drei Schemata zu je 4 Teildarstellungen mögen die häufigeren Organisationsformen veranschaulichen (Abb. 34, Abb. 35, Abb. 36).

Die muskuläre Verbindung zwischen den Wänden der Ductus pancreatici, dem Ductus choledochus einerseits und der Duodenalwand andererseits sind „lockere". Dadurch ist es bedingt, daß die Motorik des Duodenum an entscheidender Stelle still steht. Dies hat wiederum zur Folge, daß ebendort, durch muskuläre Lücken, herniöse Schleimhautprolapse in Szene gehen können (Abb. 37).

---
[1] „Während ‚deine Sache' verhandelt wird, brennt dir die nächste Hausmauer ab; und die vernachlässigten Brände konsumieren jegliche Widerstandskraft"!

Die Bauchspeicheldrüse besteht „aus körnigen Läppchen", die man mit freiem Auge eben erkennen kann. Diese entsprechen mikroskopisch einem Konglomerat kleiner *Acini*. Jene hängen mit einem initialen Speichelröhrchen zusammen. Die Epithelien der initialen Speichelgänge sind platt, niedrig, allenfalls kubisch, im allgemeinen eher endothelähnlich. Man nennt die initialen Speichelröhrchen auch „*Isthmen*". Liegen diese Gebilde im Inneren eines Acinus, spricht man von „centroacinärer" Zellbildung.

Im Bereiche der Speichelgangepithelien liegt das, was man nennen kann „Blutspeichelschranke". Die Acinusepithelien sind zu Funktionsgemeinschaften zusammengefaßt, sie arbeiten „auf Kommando" (HIRSCH, 1958). Die Acinusepithelien sind polar differenziert. Im basalen Bereich liegen die endoplasmatischen Kanäle (ergastoplasmatische Filamente). Ihre Gesamtheit nennt man „Ergastoplasma" (ZIMMERMANN, 1927). Die Filamente sind veränderlich. Sie bilden die endoplasmatischen Zisternen. Wenn die Schläuche (= Filamente) zerbrechen, entstehen eigenartige ringförmige Gebilde. Die den Schläuchen aufsitzenden, freilich auch im Inneren derselben gelegenen Gebilde sind die oben genannten Ribonukleoproteingranula. Die Cooperation zwischen Zellkern und Protoplasma steht im Dienste der Zelleiweiß-Synthese.

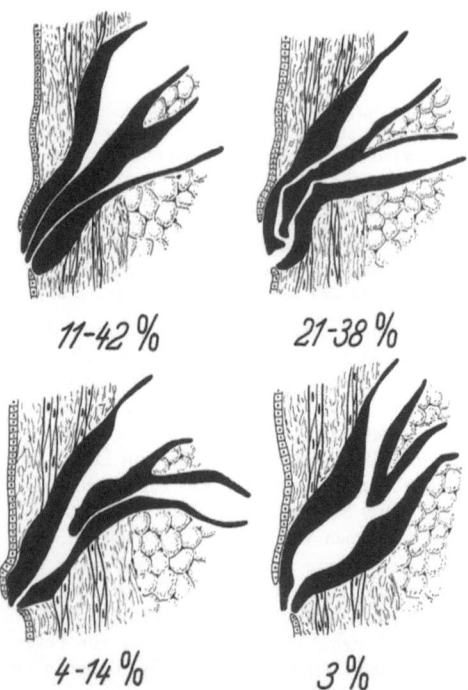

Abb. 34. Organisation der Mündungsverhältnisse des Ductus choledochus und des Ductus pancreaticus beim Menschen; unter Zugrundelegung durch Untersuchungen von STERLING (J. A. STERLING: Surg. Gynec. Obstetr. *98*, 420, 1954)

Nach der Acinuslichtung zu folgen Golgi-Apparat und Speichelkörnchen. Über etwaige Sekretkanälchen im Inneren der Zellen wissen wir nichts. HIRSCH spricht von einer *Fließbandarbeit* der Acinusepithelien. Die Bausteine der Enzymsynthese kommen auf dem Blutwege heran. Die Membranen sind keine „festen Mauern". Im basalen Zellabschnitt liegt ein Aminosäure-Depot. Die Pankreaszelle verwendet für Enzyme nur selbst hergestellte Eiweißkörper. Niedermolekulare Stoffe erscheinen, auf dem Blutwege in die Drüse geschickt, schon nach wenigen Minuten im Bauchspeichel. Die Speichelfermentbildung dagegen dauert 40 Minuten bis 2 Stunden! Die Mitochondrien gelten als energetisches Zentrum der Zelle. Sie tragen 25 Enzymsysteme. Die Tätigkeit der Golgi-Körper besteht in der Kondensierung der in den ergastoplasmatischen Schläuchen vorgebildeten Speichelenzyme. In den Enzymgranula werden die Verdauungsfermente gleichsam zu Paketen „verpackt". Das Studium der Histophysiologie des Pankreas ist „uralt": CLAUDE BERNARD hat in seinen

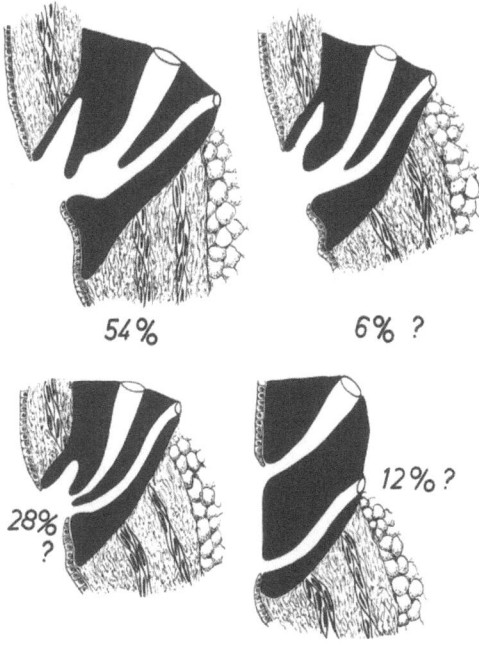

Abb. 35. Schematische Darstellung der Gangmündungs-Organisation nach CL. COUINAUD (loco citato, 1963). — Die Schemata STERLING und COUINAUD sollen miteinander verglichen werden, um deutlich zu machen, daß es offenbar sehr schwierig ist, zuverlässige Angaben betreffend der prozentuellen Häufigkeit zu erlangen. Teilbild 1 von COUINAUD würde etwa den Verhältnissen des Teilbildes 4 nach STERLING entsprechen. Wie es sein kann, daß COUINAUD *diese* Organisation in 54 % seiner Fälle, STERLING das gleiche in nur 3 % beobachtet hat, bleibt unklar. Die Teilbilder 3 und 4 von STERLING entsprechen dem, was man „common-channell" nennt

noch heute lesenswerten „Mémoire sur le pancréas" (Paris: *1856*) die ersten Anfänge einer experimentellen Histophysiologie begründet. Die Stoffaufnahme nennt man *„Ingestion"*, Stoffbereitung und Stoffaussonderung heißt man *„Extrusion"*. Auch im Hungerzustand befindet sich die Drüse nicht in absoluter Ruhe. Man spricht von Hemisynchronie, wenn man die Tatsache meint, daß trotz Ruhestellung einiger Drüsenläppchen einzelne Acini Sekretkörnchen abgeben (Abb. 38, 39).

Was leistet diese komplizierte Einrichtung der Acinusepithelien wirklich? Die mittlere Tagesmenge des Bauchspeichels beträgt ohne besondere funktionelle Belastung 600 ml. Der Bauchspeichel besteht aus Wasser, Salzen, Glucoproteiden und Fermenteiweiß. Der Sekretionsdruck beträgt 20—40 cm Wasser (maximal 825 mm Pankreassaft!). Er liegt etwas höher als der Galledruck im

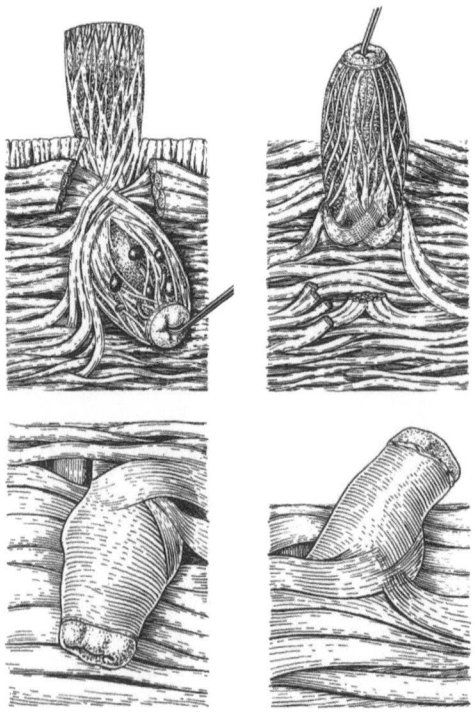

Abb. 36. Schematische Darstellung der „groben" Gestalt der menschlichen Papilla duodenalis major, in den beiden oberen Teilbildern nach SCHREIBER (Klin. Wschr. 22 : 511, *1943*; Langenbecks Arch. 206:211, *1944*), in den beiden unteren Teilbildern nach RETTORI (La presse médicale *1956* p. 1208). Die beiden oberen Bilder zeigen vorwiegend Längsmuskulatur; das linke obere Teilbild führt außerdem einige kugelförmige dunkelfarbene Knötchen. Bei diesen handelt es sich um Drüsenkonvolute. Der Vergleich beider Bildreihen soll zeigen, wie wenig sicheres Wissen über den Feinbau der menschlichen Papille, trotz aller Bemühungen, existiert

Choledochus. Nach Cholecystektomie freilich überwiegt der Choledochus-Galledruck! Bei Fett- und Eiweißverdauung enthält der Bauchspeichel (nur) 14 Fermente. Die Relation zwischen Bauchspeichelstickstoff und enzymatischer Aktivität ist (leider) nicht proportional. Ob die Fermente zur gleichen Zeit in gleicher Stärke gebildet werden, ist derzeit nicht sicher bekannt. Man nimmt an, daß Amylase und Trypsin im allgemeinen parallel produziert werden. Amylase könne aber bei pathologischer Belastung eher (zeitlich früher) verschwinden. Wer am Pankreas des Hundes experimentiert hat, weiß, daß die ruhende Drüse von fast weißer Farbe und körniger Konsistenz, daß die pharmakologisch, elektrisch oder durch Nahrungsaufnahme gereizte Drüse mächtig vergrößert, von livider Farbe, glasig-ödematös, wie erigiert aussieht. Wer dann den Pankreasgang freilegt und punktiert, ist von der Stärke und Schnelligkeit des Sekretstromes überrascht. Obwohl es naturgemäß einen konstanten Strom von Wasser, Salzen und niedermolekularen Stoffen aus den in der Umgebung der Drüsenendstücke etablierten Capillaren transepithelial in das Acinuslumen geben muß, — radioaktives Natriumphosphat soll schon nach 3 Minuten im Bauchspeichel erscheinen (!) —, ist es angesichts des komplizierten Baues der Parenchymzellen unwahrscheinlich, daß die wäßrige Komponente des Pankreassaftes vorwiegend auf diesem Wege beigesteuert wird. DOERR (1952) konnte durch einfache Untersuchungen mit dem Reduktions-

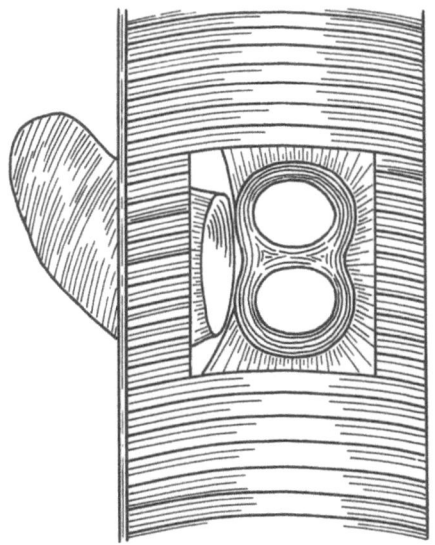

Abb. 37. Schematische Darstellung einer juxtapapillären Divertikelbildung. Es handelt sich um herniöse Schleimhautprolapse. Die Divertikel entstehen an präformierter „wandschwacher" Stelle des Duodenum. Juxtapapilläre Divertikel sind in besonderem Maße geeignet, eine auf die Papille übergehende chronische entparenchymisierende Entzündung zu unterhalten. — Schema in Anlehnung an eine Darstellung von CL. COUINAUD (loco citato)

indikator Triphenyltetrazoliumchlorid (TTC) wahrscheinlich machen, daß eine innige Beziehung zwischen Blutcapillaren und kleinsten Speichelröhrchen besteht. In seinen Untersuchungen über den Ort der diagnostisch bedeutsamen sogenannten *Fermententgleisung* (KATSCH) konnte die *Blutspeichelschranke* an die Kontaktflächen zwischen capillären Blutgefäßen und initialen Speichelgängen lokalisiert werden. Die Epithelien der Isthmen sind

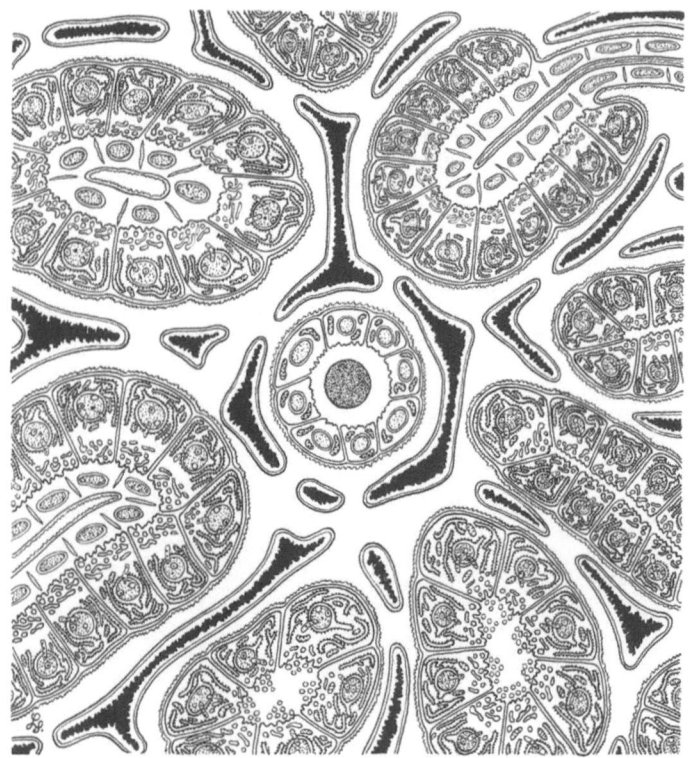

Abb. 38. Schema eines Acinus, idealisierte Darstellung der Acinusepithelien des exkretorischen Pankreas. Die Acinusepithelien sitzen einer gemeinsamen Basalmembran auf. Diese ist nach außen in Beziehung gebracht zu einer Capillare. In den basalen Epithelabschnitten finden sich gewundene ergastoplasmatische Filamente. Diese tragen jeweils einen Saum kleinster Körnchen, sogenannter Mikrosomen = Ribonukleoproteingranula. Zwischen den Basalfilamenten liegen auch Mitochondrien. Die Zellkerne zeigen die Durchtrittsbilder entsprechend einem sogenannten Schleusenmechanismus. Die dem Acinuslumen zugewandte Zelloberfläche ist höckrig, zipfelig gestaltet. Unmittelbar unter dieser mehr oder weniger dichte sogenannte Proenzymgranula. Zwischen Speichelgranula und Zellkern liegen die tennisschläger-, hantel- und keulenförmigen Elemente des Golgi-Apparates. Das in Anlehnung an G. C. HIRSCH (1958) gefertigte Schema ist bemüht, die Daten elektronenmikroskopisch erarbeiteter und konventioneller Histologie zu vereinigen (vgl. W. DOERR: Langenbecks Arch. *292*, 552, 1959 sowie Verhandl. Dt. Ges. Inn. Med. *70*, 718, 1964!)

schlecht anfärbbar, wasserklar, endothelähnlich und nach aller Erfahrung für eine Permeation von außen nach innen sowie von innen nach außen vorzüglich geeignet. Es ist bekannt, daß die Hormone der Dünndarmschleimhaut ganz unterschiedliche Qualitäten von Bauchspeichel locken können. Sekretin (BAYLISS und STARLING) induziert die Abgabe eines wäßrigen elektrolytreichen, Pancreocymin (HARPER und RAPER) eines fermentreichen, elektrolyt- und wasserarmen Speichels. Die Aufnahme von großen Mengen sauren Magensaftes in das Duodenum, die Sturzentleerung des Magens, erzeugt eine

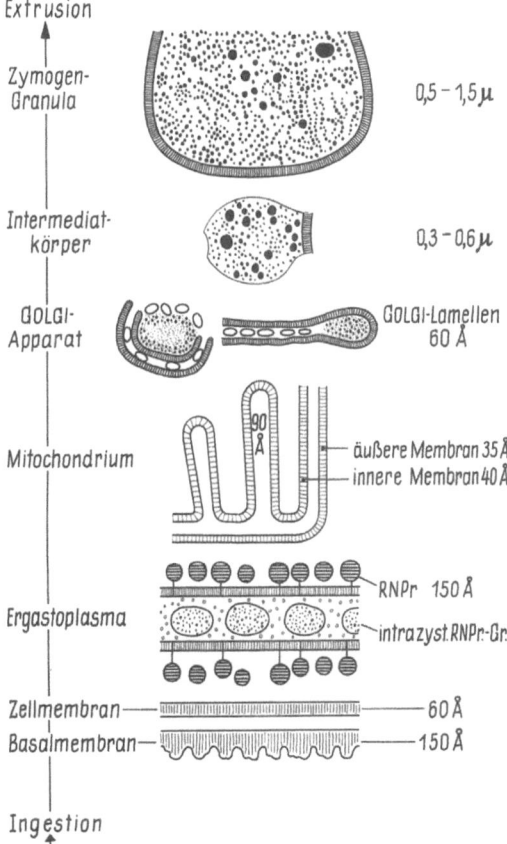

Abb. 39. Schematische Darstellung der Fließbandarbeit einer Acinusepithelzelle, gezeichnet nach den Angaben von G. C. HIRSCH (1960), mehrfach verändert. Im Bilde unten liegt die Acinusepithelbasis, im Bilde oben die lumenwärtige Seite der Zelle. Die Mitochondrien sind 3—8 μ lange und 0,5 μ dicke, bewegliche, typisch gebaute, ein System von „Kondensatorplatten" (Cristae) tragende Gebilde. Jedes der 25 genannten Fermentsysteme verfügt über je 20 verschiedene Fermente mit wahrscheinlich 20 differenten Proteinträgern

Sekretin-, die Medikation von Pilocarpin eine Pancreocyminwirkung. V. BECKER hat aus diesen und anderen Gründen (1957) eine *Hydro-* und eine *Proteochylie* unterschieden (Abb. 40).

Sekretin induziert also einen an Eiweiß armen, an Wasser und Salzen aber reichen Bauchspeichel. Lähmung der in den Epithelien der Speichelröhrchen und der Basalmembranen nachweisbaren Carboanhydratasen z. B. durch Diamox hemmt die Wasserausscheidung um 95 %, die Bicarbonatausscheidung um 97 %. Philocarpin dagegen hat eine dem Pancreocymin ähnliche Wirkung: Es induziert die Extrusion eines wasser- und salzarmen, jedoch eiweißreichen Speichels! Diamox entfaltet eine dem Sekretin quasi entgegengesetzte Wirkung. Die Sekretinwirkung aber verrät sich durch „Neigung zur Ödembildung"! Die abführenden Sekretkanälchen können das eingeschwemmte Blutwasser nicht fassen, laufen über oder zerreißen. Pilocarpin dagegen verändert den „Charakter des Gewebebildes", die Acinusepithelien sehen aus wie „ausgeleert"!

Das Pankreas ist reich an Lymphbahnen, vegetativ-nervalen Fäserchen, sowie eigenartigen „Endkörperformationen", welche man mit den Vater-Pacinischen Körperchen vergleichen muß. Die Gangbaumepithelien liegen im Bereiche der großen Röhren zweischichtig; im Grunde sind die Gangbaumepithelien „mehrzeilig" angeordnet. In den Bestand der Zylinderepithelien

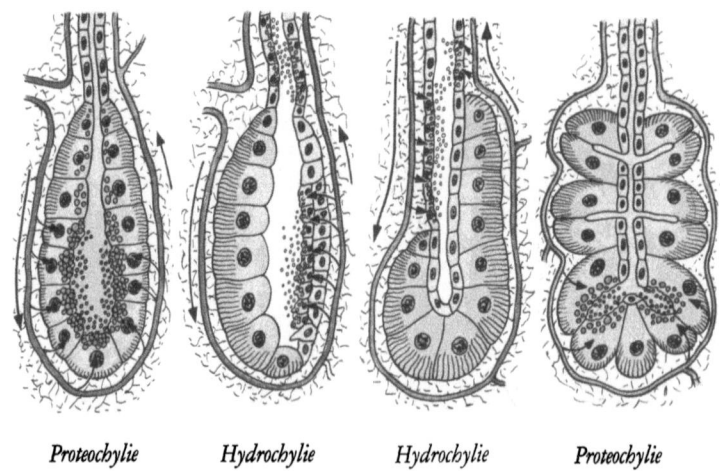

Proteochylie *Hydrochylie* *Hydrochylie* *Proteochylie*

Abb. 40. Schematische Darstellung der Organisation der Drüsenendstücke. Die Acini sind von Capillaren umsponnen. Die Sekretion wird getragen 1. von den Acinusepithelien (im engeren Sinne) und 2. von den Epithelien der initialen Speichelröhrchen. Vorwiegend Reizung der Acinusepithelien führt zur Abgabe eines eiweißreichen Speichels = *Proteochylie*! Dieser Bauchspeichel enthält wenig Wasser und viel Fermente. Vorwiegende Reizung der Gangepithelien führt zur Abgabe überwiegend von Wasser und Salzen = *Hydrochylie*. Die feineren morphologischen Vorgänge dieser „Sekretion" sind bis jetzt nicht genügend bekannt. Nach W. DOERR: Langenbecks Arch. *292*, 552, 1959 sind chromaffine Elemente eingestreut, die den Schmidtschen enterochromaffinen Zellen völlig entsprechen. Kennwort: „Diffuse endokrine epitheliale Organe im Sinne von F. FEYRTER". Dies bedeutet, daß derartige „enterochromaffine" Zellen „mehr an der Basis als an der Lichtung" der Gangbaumepithelgarnitur der großen Speichelgänge anzutreffen sind. Man kann diese Elemente als „inselpotent" ansprechen. Durch ein Bourgeonnement d. h. eine Abtropfung in die Tunica fibrosa der Umgebung resultieren kleine, solide gebaute Epithelknospen. Diese haben möglicherweise eine Beziehung für die Regeneration der Inselzellen.

Die *Langerhansschen Inseln* besitzen, beim Menschen, im allgemeinen keine allseitige Trennung von dem Gewebe der Umgebung. Die Inseln werden aufgebaut aus verästelten bandartigen Strängen von Epithelien mit hellem, schlecht anfärbbarem Protoplasma. Der differenten Zellulation der Langerhansschen Inseln wird auf S. 333 gedacht werden. Im fertig ausdifferenzierten Pankreas besitzen die Langerhansschen Inseln keine topischen Beziehungen (mehr) zu dem System der Ausführungsgänge. Größe und Anzahl der Inseln schwanken erheblich; die Inseln sind am größten in der Cauda pancreatis. Beim Erwachsenen ist mit rund 200 Inseln zu rechnen. — Die Blutversorgung des Pankreas erfolgt aus der Arteria pancreatico-duodenalis superior, entsprungen aus der Arteria gastroduodenalis, und der Arteria pancreatico-duodenalis inferior, entsprungen aus der Arteria mesenterica cranialis. — Außer diesen beiden sogenannten arteriellen Ringen existieren Rami pancreatici breves, hervorgegangen aus der Arteria lienalis. Wer als Obduzent der Pfortader „eilig sucht", möge den Kopf des Pankreas durchtrennen. Er findet unmittelbar hinter dem Caput pancreatis den Hauptstamm der Pfortader!

2. Leichenerscheinungen

Die Bauchspeicheldrüse ist ein „empfindliches" Organ; autolytische Veränderungen entstehen oft in Minutenschnelle! So zeigte das Pankreas gelegentlich bei Decapitati d. h. nach Guillotinierung eine autolytisch-hämorrhagisch-digestive Schädigung mit „schmutziger" Verfärbung.

3. Mißbildungen

Vollständiger Mangel des Pankreas findet sich nur in Vergesellschaftung mit anderweitigen schweren Mißbildungen, gewöhnlich Entwicklungsstörungen des Darmes. Dagegen ist ein *partieller Mangel* nicht selten: Es kann teils die dorsale, teils die ventrale Anlage ausgefallen oder der Processus uncinatus hypoplastisch entfaltet sein. *Mangelhafte Gewebereifung* ist die Folge der konnatalen Lues, von angeborenen Herzfehlern, sowie der Chondrodystrophia foetalis Kaufmann. Das *Pankreas divisum* ist die Folge der ausgebliebenen Vereinigung der einzelnen Pankreasanlagen. Dann bleibt der Gang der dorsalen Anlage der Hauptausführungsgang; er mündet auf dem Niveau der Papilla duodenalis minor. Das *Pankreas annulare* umgreift ringförmig das Duodenum. Es entsteht in der Folge einer ausbleibenden Wanderung der beiden ventralen Bauchspeicheldrüsen-Anlagen. Manchmal findet sich eine *intraperitoneale Verlagerung* des Pankreas. Interessant ist die ringförmige Ausbreitung von Bauchspeicheldrüsengewebe in der Duodenalwand! Dadurch können submuköse Knoten im kranialen Duodenalabschnitt resultieren. Dadurch kann es zur Vortäuschung eines Carcinomes kommen. Die dystopischen Pankreasteile stehen, soweit dies „technisch" möglich ist, mit dem „Originalpankreas" in Verbindung. Das *Nebenpankreas* kommt häufig und zwar multipel im ganzen Bauchraum vor. Es wird als „Atavismus" gedeutet, weil eine solche Ausbreitung beim Menschen niemals in der Ontogenese gefunden wurde. Dagegen stellt das Pankreas beim Kaninchen ein traubiges, disseminiert im Mesenterium angesiedeltes Organ dar. Es fehlt also der kompakte d. h. in sich geschlossene Bau. Solche Vorgänge (atavistische Reminiszenzen) nennt man „*Progonome*". Es handelt sich um palingenetische Folgezustände. Palingenetische fehlerhafte Gewebekompositionen finden sich nicht selten in der Wand des Dünndarmes, des Meckelschen Divertikels und der Nabelregion. Das *Cystenpankreas* entsteht angeblich durch Abschnürung kleiner und kleinster Ausführungsgänge, vielleicht auch durch eine „Betriebsstörung", nämlich eine „*Dyschylie*", also durch fehlerhafte Zusammensetzung des Bauchspeichels und Retention. Nicht ganz selten entdeckt der Obduzent eine kirschgroße, in den Pankreasschwanz eingebaute *Nebenmilz*.

4. Allgemeine pathologische Anatomie des Pankreas

Es geht hierbei um *zwei Befundgruppen*, um die Grundzüge einer organeigentümlichen Pathibilität und um eine zugehörige Materialsammlung. Die „Verhaltenslehre" bemüht sich, ständig wiederkehrende Reaktionsformen herauszuschälen. Diese sind recht eigentlich organspezifisch. Denn den größten Eiweißumsatz aller Organe besitzt das Pankreas. Die „Materialsammlung" dagegen betrifft die Routine der Sektionssaaldiagnostik. Sie ist in 3 Tabellen erfaßt (S. 301 und 302) und spiegelt das, was im Panorama des Leichenöffnungsgutes gemeinhin vorkommt. Der hochgetriebene Leistungsstoffwechsel des tubulären Pankreas bewirkt, daß *zwei Formenkreise* pathischer Phänomene prävalieren: Kreislaufstörungen und metabolische Läsionen. Beide hängen miteinander zusammen. JAFFÉ und LÖWENBERG (1932) haben gezeigt, daß terminale Kreislaufstörungen unerwartet häufig *Blutungen* in das Interstitium auslösen. Jene sind gewöhnlich von autodigestiv-tryptischen Desintegrationsherdchen umgeben. Die chronische kardiale oder portale Blutstauung dagegen erzeugt zwei Veränderungen: Eine mächtige Organvergrößerung mit knorpelharter Konsistenz (nach Monaten), alsdann eine Schrumpfung mit kollagener Metaplasie (nach Jahr und Tag). *Ödeme* des Pankreas sind heterologer Natur. Sie entstehen entweder zirkulatorisch, also trans- oder ex-sudativ, d. h. aus dem Blutplasma, oder gänzlich anders, nämlich durch Abpressen des Bauchspeichels über die Wände der initialen Speichelröhrchen: *Speichelödem* (DOERR 1952) = Zoepffelsches Ödem der Chirurgen. Rezidivierte Ödeme erzeugen eine Organsklerose oder ein „tryptisches Mikrotrauma".

Die *hämorrhagische Pankreaszerstörung* ist identisch mit dem, was man *Pankreasapoplexie* nennt. Die „hämorrhagische Pankreatitis" gilt als Ursache der mors subita und ist mit dem Namen F. A. V. ZENKER verbunden. Er hat diese Necrobiosis acutissima mit allen Konsequenzen am 22. September 1874 auf der Naturforscherversammlung in Breslau inauguriert. Er hat das Phänomen *einmal* mit dem Effekt des Goltzschen Klopfversuches in einer fast modern anmutenden Weise, *zum anderen* mit dem noch heute aktuellen Problem des sogenannten plötzlichen Todes nach akutem Alkoholexzeß verknüpft.

Die Zusammenhänge sind folgende: Werden Menschen, jedes Lebensalters, wenige Stunden nach erfolgter Nahrungsaufnahme durch ein stumpfes Oberbauchtrauma getroffen, kann es zu einer sich in Minutenschnelle entwickelnden totalen „hämorrhagischen Infarzierung" kommen. Es scheint, daß der sekretorische Stimulus einerseits, das stumpfe Trauma andererseits die Komponenten eines Kräftespieles darstellen, dessen Resultante die blutige Durchtränkung und Mortifizierung des Organes abgibt. Die Blutung selbst ist nicht „direkt" traumatisch zu verstehen. Sie wird biotechnisch realisiert durch Zwischenschaltung vegetativ-nervaler Fehlsteuerungen. Man hat daran gedacht, daß der Plexus solaris die Rolle des „Vermittlers" abgäbe. Jedenfalls ist das Krankheitsbild dramatisch. Die Überlebenschance ist gering. Die Bezeichnung „hämorrhagische Pankreatitis" ist ein wenig problematisch, weil von „Entzündung" im konventionellen Sinne zunächst nicht, jedenfalls nicht ohne weiteres, gesprochen werden kann. Die neuere „Pankreatitisforschung" hat sich lange Zeit (müßig) mit *begrifflichen Schwierigkeiten* herumgeschlagen. Man hatte sich bemüht, „Pankreasnekrose", „Pankreasblutung" und „Pankreatitis" auseinanderzuhalten (O. HESS, 1909; GULEKE, 1912 und 1924; Lit. bei DOERR, Verh. Dt. Ges. Inn. Med. 70 : 718, *1964*). Dessen ungeachtet haben, besonders ausländische Chirurgen (R. H. FITZ, 1889!), in zunehmendem Maße von „Pankreatitis" gesprochen, ganz gleich, ob sie Pankreasnekrose, pankreatische Zirkulationsstörungen oder einen bakteriell erzeugten Prozeß meinten. Gegen eine absolute Scheidung der Begriffe ist tatsächlich einiges einzuwenden. Denn eine Differenzierung, die zu kunstvoll ist, ist nicht praktikabel, und eine Pointe, die zu fein geschliffen ist, sticht nicht. Es wird sich zeigen lassen, daß beinahe alle Formen sogenannter Pankreatitis mit einem „Ödem" beginnen. Es gibt Gründe, jenes als Äquivalent einer „serösen Entzündung" anzusprechen. Man braucht keine Bedenken zu haben, die Gesamtheit *aller* Vorgänge im Rahmen der „*Autodigestionskrankheit*" des Pankreas als „entzündlich" gelten zu lassen.

Bemerkungen über die generelle Häufigkeit pankreatischer Veränderungen

Untersucht man routinemäßig die Pankreaten, welche im Leichenöffnungsgut großer Pathologischer Institute zur Untersuchung gelangen, gewinnt man die Überzeugung, daß jenseits der Lebenswende so gut wie alle Pankreaten betroffen sind:

Histopathologische Pankreasausbeute
(Untersuchung von Caput, Corpus Cauda)

Heidelberg   1951/1952
   130 Fälle, mittl. Sterbealter   52,4 J.   10 Fälle   ohne path. Befund

Charlottenburg 1954
    50 Fälle, mittl. Sterbealter   62,4 J.   ⌀ Fälle   ohne path. Befund
Kiel   1958
    372 Fälle, mittl. Sterbealter 62,2 J.   16 „   „   „   „
Heidelberg   1963/1964
    105 Fälle, mittl. Sterbealter 58,7 J.   ⌀ „   „   „   „

Frägt man, worum es sich bei den pathologischen Veränderungen eigentlich handelt, so zeigt die Aufschlüsselung der in oben stehender Tabelle unter „Heidelberg 1951/1952" genannten 130 Fälle folgendes „patho-anatomische Panorama":

Häufigkeit histopathologischer Veränderungen bei 130 makroskopisch gut erhaltenen Pankreata

Acinusepithelentartung	4,6 %	
Acinusektasien	4,6 %	
chronisch venöse Blutstauung	8,4 %	
Pankreatitis		19,2 % !
klinisch unbemerkte Fettgewebsnekrosen	6,1 %	
klinisch unbemerkte Pankreasnekrosen	3,8 %	
Sklerose (Bindegewebsvermehrung)		37,6 % !
Pankreaszirrhose	5,3 %	
Veränderungen am Gangbaum	10,0 %	
Lipomatose		34,6 % !

(Untersuchung jeweils von Caput, Corpus, Cauda)

Diese Untersuchungen haben wir immer wieder einmal komplettiert. Wir sprechen von der „Materia pancreatica histopathologica". Eine letzte Zusammenstellung macht die Situation noch einmal deutlich:

Materia pancreatica histopathologica

    105 Fälle in Heidelberg 1963/64, Sterbealter 58,7 J.

Acinusepithelentartung	in 11 Fällen
Acinusektasie	in 15 Fällen
Pancreatitis	
chronische rezidiv. autodigest.	in 8 Fällen
chronisch-fibrosierende	in 7 Fällen
Occulte Fettgewebsnekrosen	in 33 Fällen
Ätiologisch vieldeutige Sklerofibrose	in 37 Fällen
Verkalkung	in 3 Fällen
Lipomatose	in 48 Fällen
Gangepithelmetaplasien	in 17 Fällen

Wer die mitgeteilten Daten in Ruhe und kritisch durchdenkt, gewinnt die Überzeugung, daß die Bauchspeicheldrüse ein Organ mit hoher Störanfälligkeit ist. *In höherem Lebensalter sind daher beinahe alle Pankreaten anatomisch irgendwie versehrt.* Die patho-anatomische Aufgabe in ärztlicher Sicht besteht darin, auszuloten, was die detailliert mitgeteilten Befunde bedeuten können. Soviel ist sicher: Die weit überwiegende Mehrzahl der anatomischen Veränderungen besitzt zunächst keinen Krankheitswert. Auf dem Boden dieser gleichsam heimlich, nämlich klinisch unbemerkt inszenierten Veränderungen, kann jedoch, etwa von der zweiten Hälfte des 6. Lebensjahrzehntes an, gleichsam täglich und aus irgendeiner Gelegenheitsursache eine „große Pathologie", d. h. eine pankreatische Affektion mit Todesfolge, entstehen.

In der „*Allgemeinen pathologischen Anatomie des Pankreas*" wurde erläutert, daß *zwei* pathische Formenkreise in Rede stünden: Kreislaufstörungen und metabolische Läsionen. Letztere wurden in den Tabellen auf Seiten 301 und 302 mehrfach „angesprochen", bedürfen jedoch einer gewissen Interpretation.

Zu den *Stoffwechselstörungen des Pankreas* gehören:
1. *Einfache Degenerationen.* Trübe Schwellung, hyaline Entartung, Zellhydrops kommen auch im pankreatischen Parenchym vor, sind dort indes weder eigenständig, noch haben sie eine bestimmte klinisch-relevante Bedeutung. Die Parenchymverfettung findet sich häufiger am inkretorischen als exkretorischen Parenchym. Dagegen ist die substitutive Verfettung des tubulären Pankreas wichtig: Dort, wo exkretorisches Parenchym zugrunde gegangen ist, findet sich ein volumenmäßiger Ersatz durch Einbau von Fettgewebe. Dabei bleibt die Form des Organes im ganzen erhalten.
2. *Zustände der Atrophie.* a) *Senile Involution.* Die pankreatischen Gewichte liegen bei 55—75 g. Das Pankreas ist schmal, grazil, von mäßig fester Konsistenz, mürbe, häufig etwas bräunlich koloriert.
b) *Numerische Atrophie* durch alimentäre Dystrophie, Kwashiorkor, Tumorkachexie, sonstige konsumierende Allgemeinerkrankungen. Bei diesen Vorgängen resultiert im allgemeinen eine „entdifferenzierende Atrophie" mit Abflachung der Acinusepithelien und eosinophiler Kondensation. Chronischer Alkoholismus kann, selbst bei jugendlichen Personen, sehr erhebliche Alterationen der Pankreaten induzieren.
c) *Dyschylische Veränderungen.* Dabei handelt es sich um Störungen der Sekretbereitung und -entleerung. Es liegt ein Pendant zu den auf S. 59 beschriebenen Veränderungen der Kopfspeicheldrüsen vor. Morphologisch finden sich Ektasien der kleinen Gänge, zystöse Erweiterungen der Acinuslumina, eigenartige Eindickungen des Gangspeichels, teilweise auch im Sinne der Ausbildung hyalin-scholliger Zylinder oder amorpher Fällungen. Dyschylische Veränderungen werden gefunden bei *chronischer (stiller) Urämie, Colitis chronica ulcerosa gravis, Malabsorptionssyndrom* (besonders bei Sprue und Morbus Whipple).

Man nimmt an, daß die Zerstörung der Darmschleimhaut zu einem Mangel an Sekretin führt. Dadurch käme es zur Ausbildung einer Entleerungsstörung des tubulären Pankreas. Das eingedickte Sekret werde zurückgestaut. Dadurch würden zystöse Gangumbauten resultieren. *Die klassische Dyschylie* findet ihre Darstellung im Kapitel „fibrozystische Pankreaserkrankung" (Mucoviscidose) auf Seite 318.

3. *Gangepithelmetaplasien.* Bei allen Zuständen höhergradiger Atrophie, besonders auch bei denen sogenannter dyschylischer Veränderungen resultieren auch Umbauten an den größeren Speichelgängen. Die Lumina sind erweitert, die Epithelien proliferiert, die zugehörige Tunica fibrosa ist im ganzen verdickt. Die Gänge sind von Fettgewebe eingescheidet. Es ist, als ob die Gänge für das im Zustande der Involution begriffene Organ zu groß, zu lang und zu kaliberstark, geworden wären. Es finden sich also Abfaltungen, Winkel-Knick-Bildungen mit imposanten, fast adenomatös zu nennenden Epithelwucherungen. Diese erfolgen *stets* endophytisch. Vereinzelt ist eine dendritische Verzweigung, in anderen Fällen eine Plattenepithelmetaplasie, nachweisbar. In wieder anderen Fällen werden auch solide Epithelwucherungen sichtbar, deren Einzelelemente so aussehen, als ob „Übergangsepithel" gebildet worden wäre. Es handelt sich um den Versuch der Regeneration des zugrunde gegangenen Parenchymes vom Gangbaum aus; dabei liegt stets eine „minderwertige" Gewebeleistung vor. Eine echte Regeneration kommt in *diesen Fällen* nicht oder nur ausnahmsweise zur Beobachtung. Gelegentlich besteht der Eindruck, daß „inselpotente" Zellen die Träger der Gangepithelsprossen darstellen („insuläres Gangorgan" FEYRTERs). Die Epithelproliferate des Speichelgangbaumes einerseits, etwaige Plattenepithelmetaplasien andererseits, können „Wegehindernisse" darstellen, so daß man nicht selten einem Aufstau von Gangspeichel „vor" dem „Stop" begegnet. G. B. GRUBER (1929) sprach davon, daß die eingedickten Speichelmassen „wie Treibeis" vor den Schleusen winterlicher Flüsse lägen (DOERR, 1952). Die Epithelveränderungen an den Speichelgängen stellen ein allgemein-pathologisch wichtiges Problem dar (Frage der Ausbildung einer „Geschwulstkeimanlage").

Lit.: V. BECKER „Sekretionsstudien am Pankreas", Stuttgart: G. Thieme 1957.

4. *Komplizierte degenerative Veränderungen.* a) *Amyloidose und Paramyloidose* sind im Pankreas häufig und gehen *auch* mit kristallinen Abscheidungen einher.

b) *Haemochromatose.* Bei Eisenspeicherungskrankheit ist das Pankreas stets mitbetroffen. Es ist klein, hart, von rostbrauner Farbe, mikroskopisch von Eisenpigment übersät und von großen Mengen fibrillären Bindegewebes durchsetzt. Das Acinusepithelgefüge ist gesprengt; die Silberimprägnation läßt eine imposante Vermehrung der argyrophilen Fäserchen auch in der unmittelbaren Umgebung der Einzelepithelien, also im Inneren der gesprengten Acini, erkennen. Diesen indurativen Umbauvorgängen fallen auch die Langerhansschen Inseln zum Opfer. Es resultiert der *Bronze-Diabetes.*

c) *Verkalkung.* Es handelt sich entweder um eine dystrophische Verkalkung, d. h. um die Kalksalzimprägnation zugrunde gegangener Parenchymbezirke; oder es liegt eine „metastatische" Verkalkung zugrunde: Dann handelt es sich gewöhnlich um einen Hyperparathyreoidismus. Epithelkörperchenfehlfunktion, Störung des Ferment-Inhibitor-Systemes, Entfesselung autodigestiv-tryptischer Kräfte d. h. Vorgänge der Pankreatitis gehören zusammen.

5. *Experimentelle Entparenchymisierung.* Durch Äthionin, Pilocarpin und Pancreocymin einerseits, durch Sekretin und Mecholyl andererseits gelingt es,

tiefgreifende pankreatische Parenchymumbauten zu erzwingen. Äthionin greift in die „Ferment-Synthese" der Acinusepithelien (unmittelbar) ein. Pilocarpin und Pancreocymin induzieren eine hochgradige Proteochylie. Alle diese Vorgänge zeitigen eine „Erschöpfung" der acinösen „Parenchymreserve". Es kommt zur echten Mortifizierung zahlreicher Parenchymbezirke. Hierdurch wird eine substitutive Bindegewebsvermehrung induziert. Es resultiert vielfach das Bild einer „Pankreatitis". Sekretin und Mecholyl rufen eine Hydrochylie hervor. Das Pankreas „ertrinkt" im eigenen wäßrigen „Speichelüberlauf". Dieses „Speichelödem" kann ebenfalls eine Entparenchymisierung und eine mehr diffus ausgebreitete Pankreasfibrose hervorrufen. — Man kann den „Überlauf" auch dadurch sichtbar machen, daß experimentell eine Klemme an der Vaterschen Papille angelegt, ein pharmakologischer Sekretionsreiz jedoch gleichzeitig gesetzt wird. Das Organ quillt auf, die Gefahr der Selbstverdauung ist sehr groß. Irgendein Akzidens, gleichsam ein „zündender Funke", genügt, um eine „Explosion", d. h. ein autodigestives Drama, hervorzurufen.

5. Entzündliche Erkrankungen des Pankreas

Welche Formen der Pankreatitis gibt es? Bekanntlich kann man entzündliche Organkrankheiten ganz unterschiedlich einteilen. Dieses Problem hatte uns bei den verschiedensten Gelegenheiten (Myokarditis, Enteritis etc.) bewegt. Die *Tabelle* bezeichnet die für die Pankreatitis bewährten Möglichkeiten:

Versuch der Benennung einer Pankreatitis

1. Nach dem Schweregrad: I, II, III (organgebunden, übergreifend usw.)
2. Nach dem Zeitfaktor:
    a) biorheutische Ordnung: fetale, neonatale, infantile, juvenile usw.
    b) nach dem Verlauf: akut, subakut, rezidivierend, chronisch.
3. Nach dem Exsudat: serös, fibrinös, eitrig usw., mit und ohne Verkalkung
4. Nach den Ursachen: physikochemisch, metabolisch, mikrobiell, nerval
5. Nach dem Weg:
    a) canaliculär: ascendierend
    b) lymphohämatogen: descendierend
    c) aus der Kontinuität: permigrativ
6. Nach der nosologischen Entität

Welche Pankreatitisformen laufen unter einem einigermaßen in sich geschlossenen Krankheitsbild ab? Man kann *drei Formenkreise* herausstellen: Metabolische Läsionen, Pankreatitis als Begleiterscheinung irgendeiner mikrobiellen Grundkrankheit und die autodigestiv-tryptische Pankreatitis. Die Verhältnisse werden durch eine weitere *Tabelle* verdeutlicht:

Pankreatitisformen nach der Entité morbide

A. Metabolische Läsionen mit entzündlichem Organumbau
    1. „Zu viel" oder „zu wenig" an funktionellen Reizen
    2. Stoffwechselblockaden, Hemmung der Enzymsynthese
    3. Erbliche Stoffwechselbesonderheiten

B. Infekt- oder Begleitpankreatitis:
1. Bei oder nach mikrobieller Allgemeinerkrankung
2. Mikrobiell bedingte Pankreatitis besonderer Prägung: Mumps, Mononucleose, Coxsackie-Virus-Befall, Cytomegalie

C. Autodigestiv-tryptische Pankreatitis
1. Akutes pankreatisches Drama
2. Chronische rezidivierende Pankreatitis

Als Beispiele zu A seien genannt die *Äthionin-Pankreatitis* und die *Pankreatitis bei stiller Urämie*. Erstere geht mit einer sehr starken Entparenchymisierung einher, letztere demonstriert eine kombinierte pathologische Situation: Mangelernährung, Sekretinverlust, Eiweißverluste (teils über die Niere, teils über die Darmschleimhaut). Die „metabolisch inszenierte" Pankreatitis bei stiller Uraemie kann als entparenchymisierende sklerosierende Organerkrankung verstanden werden. Die Äthionin-Pankreatitis ist theoretisch wichtig. Sie stellt ein Bindeglied zu einigen besonderen Formen der Infektpankreatitis dar. Das Äthylhomologe des Methionin greift nach dem Prinzip der kompetitiven Hemmung in den Bestand der Mikrosomen ein. Die Äthionin-Pankreatitis hat eine gewisse phänomenologische Ähnlichkeit mit der Pankreatitis durch das Coxsackie- und Pleurodynie-Virus.

Äthionin wird nach dem Prinzip kompetitiver Hemmung den Einbau von Methionin in die acinusepitheleigenen Eiweißkörper verhindern. Diese Veränderungen treten bereits nach wenigen Stunden (nach erstmaliger experimenteller Applikation von Äthionin in den Körper eines Versuchstieres) auf. Es findet sich eine Desintegration der Acinusepithelzellen derart, daß die basal gelegenen Zellgebiete, welche die ergastoplasmatischen Filamente mit den Mikrosomen enthalten, am meisten betroffen werden. Die pyroninophile Ribonukleinsäure-haltige Substanz verschwindet, es treten Vakuolen auf, endlich gehen die Zellen zugrunde. Die basalen Epithelabschnitte „schmelzen ab". Die Interstitien werden breiter. Es resultiert das Bild einer echten Entzündung mit serös-zelligem Exsudat. Es scheint, daß, indem Äthionin den Einbau von Methionin unmöglich macht, die Synthese der für den Aufbau der Ribonukleinsäure erforderlichen Pyridinbase nicht oder nur ungenügend gelingt. Diese Befunde ergänzen die eingangs gemachten Erörterungen über den ultramikroskopischen Aufbau der exkretorischen Parenchymzelle vorzüglich. Werden kleine Äthionindosen über Wochen und Monate appliziert, entsteht eine chronische Pankreatitis mit sekundärer Lipomatose, eine Leberfibrose mit Adenombildung und eine Verödung des Hodenparenchymes.

Als Beispiele zu B mögen gelten: *Pankreatitis bei Mumps*, bei *infektiöser Mononukleose*, bei *Speicheldrüsenvirusinfektion* (vgl. S. 64), bei Infektion durch *Coxsackie-B-Virus* sowie durch das *Pleurodynie-Virus*. Der Besonderheiten bei Zytomegalie wurde im Kapitel „Kopfspeicheldrüsen" gedacht.

In den letzten Jahren ist die Zytomegalie, wenn man so will, gleichsam wieder entdeckt worden. Vor allem die Gangbaumepithelien sind befallen. Es imponieren bis 40 μ große Zellen, welche Einschlußkörperchen tragen. Diese liegen teils im Inneren der Zellkerne, teils im Protoplasma. Die Körnchen führen Gemische von Ribonukleinsäuren und Kohlenhydraten. Obwohl diese Befunde vor mehr als 60 Jahren richtig gesehen worden sind, ist die Natur der Veränderungen erst jetzt erkannt worden (Lit. bei G. SEIFERT und J. OEHME: Pathologie und Klinik der Zytomegalie. Leipzig: Georg Thieme 1957). Die Zytomegalie ist in der Regel entweder eine intrauterine oder konnatale, oder aber frühkindlich erworbene Viruserkrankung, die wahrscheinlich selbst die Bedeutung einer Begleitinfektion, z. B. beim Neugeborenen bei sogenannter Pneumocystis-Pneumonie, besitzt. Ob die Zytomegalie auch beim Erwachsenen vorkommt, ist derzeit nicht mit letzter Sicherheit erwiesen.

Die übrigen Formen der Pankreatitis durch Virusbefall sind im wesentlichen durch Einlagerung lymphocytärer, monocytärer, gelegentlich auch plasmazellularer Infiltrate ausgezeichnet. Die Veränderungen können hochgradige sein. Die seltenen Fälle diffus ausgebreiteter hämorrhagischer Pankreatitis des Kindesalters haben möglicherweise etwas mit den Folgen einer Virusinfektion zu tun. Die Besonderheiten sogenannter kindlicher Pankreatitis sind durch G. SEIFERT ausführlich dargestellt (Die Pathologie des kindlichen Pankreas. Leipzig: Georg Thieme 1956). Die Begleitpankreatitis ist ungemein häufig; sie findet sich bei jeder Endocarditis lenta, bei kavernisierter Lungentuberkulose, bei Salmonelleninfekten, bei pyogener Allgemeininfektion, bei und nach allen exanthematischen Erkrankungen, insbesondere auch bei Hepatitis epidemica. Sie tritt als Ausscheidungsentzündung, als mikrobiellmetastatische Entzündung oder als infekt-allergisches Phänomen in Erscheinung. Das Exsudat ist unterschiedlich zusammengesetzt. Es handelt sich im allgemeinen um eine diffus ausgebreitete interstitielle seröse Entzündung. Hämorrhagisch-nekrotisierende Verlaufsformen sind bekannt, jedoch selten. Pyogene Metastasen sind (naturgemäß) am Gangbaum lokalisiert, mikroabszedierend, selten phlegmonös. Kleinste mykotische, anämisch-hämorrhagische Infarkte rufen ein buntes Bild hervor.

Seit KATSCH (1949, 1952) gilt die Regel, daß in allen Fällen fieberhafter Allgemeinerkrankung eine pankreatitische Mitreaktion gegeben ist. Die sogenannte Fieberdiät habe die entzündlich verursachte Funktionsbehinderung der Bauchspeicheldrüse in Rechnung zu stellen!

Die *autodigestiv-tryptische Pankreatitis* stellt *die* organeigentümliche entzündliche Zerstörung dar. Sie kann akut, als sogenanntes pankreatisches (besser: pankreatitisches) Drama, aber auch chronisch verlaufen. Beide Verlaufsformen sind folgenschwer. Akute und chronische tryptische Pankreatitis entstehen nach einem sehr ähnlichen biotechnischen Muster. Der autodigestivtryptischen Pankreatitis eignet das Phänomen der „Selbstzerstörung". Es resultieren also Parenchymnekrosen, Fettgewebsnekrosen, Kreislaufstörungen, infarktähnliche Bilder, pseudozystische Zerfallsprozesse, leuko-lymphocytäre Infiltrate, schließlich auch chronische entparenchymisierende Umbauten, deren Spätstadien auf die Entwicklung einer Pankreaszirrhose (-Induration) hinauslaufen. *Die Kenntnis der autodigestiven Pankreatitis reicht weit zurück.* Sie besitzt 4 problemgeschichtliche Wurzeln:

a) Die eigentliche *klassisch zu nennende Form* mit Parenchym- *und* Fettgewebsnekrosen, mit und ohne Sequesterbildung, mit und ohne Blutung, mit und ohne Verkalkung. Das Phänomen wurde bereits von TH. BONETUS (1664), G. B. MORGAGNI (1771), PORTAL (1811) sowie E. KLEBS (1876) richtig erfaßt.

b) Die *hämorrhagische Pankreaszerstörung* hatten wir als Pankreasapoplexie kennengelernt. Sie ist mit dem Namen von F. A. V. ZENKER (1874) verbunden.

c) Der praktische Arzt in Sonneberg in Thüringen Dr. W. BALSER hat 1882 kleinherdige opake Fettgewebsnekrosen am und im Pankreas richtig beschrieben. BALSER hatte darauf aufmerksam gemacht, daß aus „kleinen Anfängen"

und zwar durch Blutung und Parenchymzerstörung Schlimmeres entstehen könne. HANNS CHIARI sprach (1895) von „Autodigestionsnekrose".
d) Im Jahre 1856 berichtete CL. BERNARD über die erste *experimentelle Pankreatitis* nach Injektion von Olivenöl in den Ductus pancreaticus. Von jetzt an ist eine große Reihe experimenteller Bemühungen in Gang gekommen. Wichtig ist die Schlüsselarbeit von ROBERT LANGERHANS (dem Bruder des Entdeckers der Langerhansschen Inseln, PAUL LANGERHANS). ROBERT L. hatte (1890, 1891) wahrscheinlich machen können, daß bei der experimentellen Pankreatitis des Kaninchens der „mortifizierende Effekt" im *Inneren* der Zellen selbst ausgelöst werde. Die Zellen des Pankreas, aber auch des Fettgewebes, stürben nicht deshalb, weil in ihrer Umgebung entzündliche Extravasate lägen, sondern darum, weil in ihrem Protoplasma bestimmte Veränderungen vor sich gingen. Man kann R. LANGERHANS als den Begründer der „Fermenttheorie" der Pankreatitis bezeichnen.

Die Bemühungen zur Aufklärung der Pathogenese der autodigestivtryptischen Pankreatitis fußen auf folgende Erfahrungen
a) Auf der Lehre von der Bedeutung des eingeklemmten *Papillensteines.* OPIE und HALSTEAD hatten unabhängig voneinander im Jahre 1901 auf die angeblich große ursächliche Bedeutung eines in der Vaterschen Papille inkarzerierten Gallensteines aufmerksam gemacht. Die Klinik ist geneigt, in etwa 2/3 aller Fälle auf die sogenannte Opie-Halstead-Regel Rekurs zu nehmen; die patho-anatomische Erfahrung lehrt, daß nur in 5 % aller tödlich ausgegangener Fälle eingeklemmte Papillensteine (wahrscheinlich) wichtig gewesen sind.
b) Der frühere Frankfurt Chirurg VIKTOR SCHMIEDEN hat (1927) anhand einer großen Statistik (überzeugend) dargelegt, daß in fast 70 % aller Pankreatitisfälle *Gallenwegserkrankungen* vorhanden waren. Damit ist die Praeponderanz der Gallenwegsaffektionen im Kreise aller übrigen und möglichen Faktoren klar betont. Die modernen Untersuchungen der Mayo-Klinik (EVANS, GROSS und BAGGENSTOSS, 1958) haben die alten Schmiedenschen Ergebnisse bestätigt.
c) G. V. BERGMANN (1927) und sein Schüler G. KATSCH (1924, 1938, 1952; KATSCH und GÜLZOW, 1953) haben einer konditionalistischen Betrachtungsweise das Wort geredet: *„Canaliculär in den Sekretgängen bereitet sich aszendierend das Unglück vor"* (V. BERGMANN). Die fermentative Autodigestion sei der „wesentliche Zentralvorgang". Es existiere eine fließende Reihe vom leichtesten Mitreagieren des Pankreas ohne Schmerzen und ohne nennenswerte Ausfallserscheinungen bis zu den schwersten Schäden. Noch niemals sei ein völlig gesundes Pankreas in eine Nekrose übergegangen. Beides, Fettsucht wie Pankreasattacke, seien auf die „Freßsucht zurückzuführen", und ein anderer „Kausalnexus" bestehe im letzten Grunde überhaupt nicht!
d) Die modernen experimentellen Arbeiten beruhen auf einer reichen Kasuistik. Deren Dokumente sprechen
aa) für die Bedeutung des juxtapapillären Duodenaldivertikels (S. 295), der Papillitis stenosans vateriana und der Gastroduodenitis;
bb) für die Bedeutung pathergisch-hyperergischer Mechanismen, welche vom Gangbaum her, vorbereitet und durch eine Gelegenheitsinfektion mit passagerer Bakteriämie, etwa nach dem Prinzip des Shwartzman-Phänomens, ausgelöst werden;

cc) für die katastrophale Bedeutung des zwar sehr seltenen, immer aber spektakulären Krankheitsbildes, welches dann entsteht, wenn ein Ascaris lumbricoides ausnahmsweise seinen Weg in den Ductus pancreaticus findet.
dd) Hierher gehören auch alle Beobachtungen, die sich von den chirurgischen und röntgenologischen Bemühungen um die Papillen-, Ampullen-, Common-Channel-Verhältnisse, der Sphincterotomie und Pankreasgangtoilette herleiten!
ee) Endlich sei die zwar seltenere, praktisch aber nicht unwichtige nervös induzierte Pankreatitis nach operativen Eingriffen im Halsbereich des Vagus oder nach überschießender Vaguswirkung durch Lähmung der Cholinesterase infolge E 605-Vergiftung genannt (BLEYL, 1963, 1966).

Die Klärung der Pathogenese der menschlichen autodigestiv-tryptischen Pankreatitis kann nur in der Konvergenz der klinischen, pathologisch-anatomischen Beobachtungen und der experimentellen Erfahrungen gefördert werden. Die skizzierten Ausgangspunkte für die Orientierung experimenteller Arbeiten scheinen in ihrer Vielfalt verwirrend. Tatsächlich ist das Problem der sogenannten Pankreatitis komplex. Man gewinnt nur dann ein Urteil, wenn man sich mit einer Reihe von Tatsachen vertraut macht. Es seien einige genannt: In der *Tierreihe* ist die autodigestiv-tryptische Pankreatitis weit verbreitet. Mehr oder weniger ausgedehnte Selbstzerstörungen der Bauchspeicheldrüse sind von Hund, Katze, Pferd, Rind, Schwein und Ziege bekannt. Die Organisation der großen Speichelgänge ist bei den genannten Species gänzlich verschieden. Auch bei Vögeln, selbst bei Fischen, sind spontane pankreatische Fettgewebsnekrosen beobachtet. In der Sicht sogenannter vergleichender Pathologie kann die Organisation der Speichelgänge und Duodenalpapillen unmöglich grundsätzlich wichtig sein! Dies hat natürlich nichts damit zu tun, daß im Einzelfalle menschlicher Erkrankung die Opie-Halstead-Regel dennoch ihre Bestätigung findet. Das Urteil im Kollektiv besagt nichts über die Realisation pathogenetischer Mechanismen bei irgendeinem gut beobachteten menschlichen Einzelfalle! — Das Pankreas liegt auf „Tuchfühlung" mit den Organen der Nachbarschaft (vgl. Abb. 31, S. 289); wichtig ist die breite Kommunikation des ventralen paries pancreaticus mit der Insertionslinie des Mesocolon transversum (vgl. Abb. 32, S. 290); chronische Lymphbahninfekte müssen geradezu auf diesem Wege an das Pankreas herangetragen werden können. Im Fortgang des Lebens resultiert ein Umbau im Faltenbild der Vaterschen Papille. *Jenseits der Lebenswende ist keine menschliche Duodenalpapille „in Ordnung".* Es kann zur Ausbildung eigenartiger Adenomyombildungen mit labyrinthären Drüsengängen und Epithelmetaplasien kommen (W. DOERR, 1959). Es ist dann „vom strömungstechnischen Standpunkt aus" eine Fehlkonstruktion ersten Ranges entstanden. Auf das Hin und Her schwelender entzündlicher Affektionen zwischen den Gängen (Ductus choledochus einerseits, Ductus pancreaticus andererseits) war hingewiesen worden (vgl. S. 290, 291). Hierin liegt die stete Gefahr für die Entfesselung der Kräfte einer brüsken Mortifizierung begründet. Schließlich scheint die *enorme Variabilität der arteriellen Blutversorgung des Pankreas* über den Tripus Halleri pathogenetisch nicht unwichtig; COUINAUD unterscheidet *10 arterielle Versorgungstypen!* Selbstverständlich werden arteriosklerotische Stenosen, arterielle Parietalthrombosen und deren Folgezustände eine Vitalitätsminderung pankreatischer Bezirke verursachen müssen.

Wegen des temperamentvollen Ablaufes der akuten Formen sogenannter Pankreatitis (drame pancréatique Dieulafoy) hat man seit langem geargwöhnt, daß die allergische Pathogenese eine Schlüsselstellung einnähme. Tatsächlich beobachtete man beim experimentellen Serum-, Histamin-Pepton-Schock eine „seröse Pankreatitis". Es gelingt auch, die experimentelle Erzeugung eines Arthus-Phänomens am Pankreas: Ein Versuchstier wird sensibilisiert, die Erfolgsinjektion des Allergenes findet in den Pankreasgang oder eine Pankreasvene statt. Es entsteht eine hämorrhagisch-nekrotisierende Entzündung.

Besonders eindrucksvoll ist die Erzeugung eines Shwartzman-Phänomens am Pankreas: K. J. KORN hat (Frankfurter Z. Path. 73 : 203, 1963) 25 γ Pyrogen-Wander, das Lipopolysaccharid aus Escherichia coli und Salmonella abortus equi, in den Ductus pancreaticus des Kaninchens „vorbereitend", nach 24 Stunden 100 γ/kg Körpergewicht (des gleichen Stoffes) in die Ohrvene als Erfolgsinjektion appliziert. Nach weiteren 24 Stunden fand sich nahezu regelmäßig eine nekrotisierende Entzündung mit Fibrinmonomeren in den Gefäßen der terminalen Strombahn, eine ganz frische Autodigestion, vielfach eine hämorrhagische Pankreasinfarzierung! Wie oft derartige Katastrophen beim Menschen vorkommen, wissen wir nicht. Das beschriebene Experiment (KORN) hat den Wert eines heuristisch interessanten Modelles!

H. POPPER (Chicago; 1932, 1933, 1940, 1952) hat eine Reihe interessanter Standardformen experimenteller Pankreatitis erarbeitet. Die *Grundanordnung der Popperschen Versuche* ist so: Senkung der Vitalität der Acinusepithelien durch temporäre Drosselung der Blutzufuhr, Schaffung eines Abflußhindernisses für den Bauchspeichel durch künstlichen Verschluß der Papille und Setzung eines Sekretionsreizes (etwa durch Pilocarpin). Dabei entsteht ein betont starkes Speichelödem. Es ist identisch mit dem Zoepffelschen Ödem der Kliniker (H. ZOEPFFEL, Dt. Z. Chir. 175 : 301, 1922). Das Zoepffelsche Ödem wird in den Frühstadien akuter autodigestiv-tryptischer Pankreatitis des Menschen regelmäßig beobachtet. „Das Ödem bedient die Mechanik, das Ferment aber steuert die Ursache" der Pankreatitis (DOERR, 1959).

Es scheint also, daß die Ödembildung, sei es im Formenkreis allergisch-hyperergischer Vorgänge, im Zusammenhang mit dem Shwartzman-Phänomen, aber auch als Speichelödem, entstanden infolge einer Sekretion gegen einen Widerstand, eine zentrale Stellung in der Pathogenese besitzt.

Die autodigestiv-tryptische Pankreatitis kann getrost als „-itis" gelten: Das Kennzeichen einer „serösen Entzündung" ist das „seröse Exsudat". Hierbei handelt es sich um ein „entzündliches Ödem". Die Diagnose „Entzündung" wird aus der pathologischen Leistung des Ergusses erschlossen. Wenn der „Erguß" (= das Ödem) reich an Fermenten ist, wirkt er „gewebefeindlich". Das pankreatische Ödem, insbesondere das Speichelödem, ist, naturgemäß abhängig von den Reizqualitäten, reich (im allgemeinen sehr reich) an autodigestiven Fermenten. Es bedarf lediglich einer Hemmung der Inhibitor-Systeme, um die Entfesselung der autodigestiven Kräfte in Gang zu bringen. Die zerstörenden Kräfte haben um so leichteres Spiel, je mehr die Vitalität der Acinusepithelien gesenkt ist. Unter dem Eindruck der pathologischen Leistung insbesondere des Speichelödemes, hatten DOERR (1953) und V. BECKER (1954) von „tryptischer" Pankreatitis gesprochen. Später ist Kritik an der Bezeichnung „tryptisch" laut geworden. Hier liegt ein Mißverständnis vor: Die Klinik möchte kausal d. h. ätiologisch denken, was plausibel ist. Die Pathoanatomie orientiert ihre Sprache nicht nach den Ursachen, sondern den Vorgängen. Die pathologische Anatomie denkt zunächst nicht ätiologisch, sondern phänomenologisch. Die Stärke der pathologischen Anatomie liegt in der Erfassung der Vorgänge, also der formalen Pathogenese. Ätiologie und Pathogenese sind ja nicht dasselbe. Nach W. KRANZ gehen die Termini „Pepsis" und „Sepsis" auf EMPEDOKLES zurück und sind daher mehr als 2 000 Jahre alt. Sie bedeuten soviel wie „Kochung" und „Fäulnis". Ob „Thrypsis" auch in der Antike bekannt war, sei dahingestellt. Jedenfalls hat F. v. RECKLINGHAUSEN expressis verbis von „Thrypsis" gesprochen, — er schrieb es mit dem Spiritus asper —, und seine Etymologie von „tryptein" (= einschmelzen, zerbröckeln, zerstückeln, auffasern, erweichen) abgeleitet. Die Recklinghausensche Thrypsis ist ein Begriff aus der Knochenpathologie. Sie bezeichnet besondere Erweichungsvorgänge bei Rachitis und Osteomalazie. Sie ist dem erfahrenen Pathologen geläufig. Im Jahre 1837 gab TH. SCHWANN den Namen „Pepsin" für das eiweißspaltende Ferment des Magensaftes. Natürlich wurde Pepsin, das Ferment, nach Pepsis, dem Vorgang, benannt. Leider hat W. KÜHNE nie verraten, ob er, als er dem Trypsin den Namen gab (1867; er sprach zunächst von „Pankreatin"; 1877), an „Trypsis", das Phänomen, gedacht hatte. Die Pathologen KLEBS und v. RECKLINGHAUSEN kannten ohne Zweifel beide Worte und Begriffe. Wenn wir von „tryptischer Pankreatitis" sprechen, so ausschließlich, um deutlich zu machen, daß in Parallele zu den „peptischen Läsionen" der Aschoffschen Schule (F. BÜCHNER) „tryptische Läsionen" im Mittelpunkt des Geschehens stünden. Andererseits besteht eine echte Schwierigkeit darin, daß der histochemische Nachweis der Ferménttätigkeit im autodigestiv-tryptischen Feld auf große technische Schwierigkeiten stößt. Jedoch: Die Gesamtheit der geweblichen Veränderungen ist so ungemein charakteristisch, daß man nicht daran zu zweifeln braucht, daß alles zerstörenden Kräfte der im Pankreas gebildeten Fermente die eigentliche Causa peccans bei autodigestiv-tryptischer Pankreatitis darstellen. *Welche* Fermente im einzelnen wirksam werden, ist für den Pathologen zunächst von untergeordneter Bedeutung.

Im Rahmen der Bestrebungen, auf experimentellem Wege eine Pankreatitis zu erzeugen, welche den Zerstörungsprozessen in der menschlichen Bauchspeicheldrüse vergleichbar wären, ist alles gemacht. Es ist auf jede nur denkbare Weise das Pankreas zu alterieren versucht worden; man hat rauchende Mineralsäuren ebensowohl, wie Gemische von Olivenöl mit Galle, wie kunstvoll zusammengesetzte chemische Stoff-Kongregate in die Gänge, in die Äste der Arteria pancreatico-duodenalis superior, in Pankreasvenen und Lymphbahnen appliziert, die Gänge durch Klemmen und Plomben verlegt, gelegentlich auch chirurgisch um- und abgeleitet, das Organ unter die verschiedensten pharmacodynamischen Reize („Sekretionspeitsche") gestellt, das ganze mit und ohne Inhibitor-Applikation reproduziert, die nervale Komponente auszuschalten versucht, schließlich auch den „gestaltenden Einfluß" von Nebennieren und Hypophyse bedacht. M. WANKE hat das Wesentliche in übersichtlicher Form herausgearbeitet („Experimentelle Pankreatitis", Stuttgart: Georg Thieme 1968). WANKE gelang es, zu zeigen, daß ein großer Teil der Mißverständnisse zwischen Klinik und Pathoanatomie daher rührte, weil vielfach von „Pankreatitis" (schlechthin) gesprochen wurde, während tatsächlich „die" Pankreatitis pathogenetisch und formal nicht einheitlich ist. Es gelang ihm, zu zeigen, daß man unterscheiden kann
a) eine lipolytische Pankreatitis von einer
b) haemorrhagisch-nekrotisierenden Gallepankreatitis und beide von einer
c) lipolytisch-proteolytischen Pankreatitis.

Wird eine 4 %ige Lösung von *Natrium-Taurocholat* in den Ductus pancreaticus eines Hundes appliziert, entsteht in kurzer Zeit eine erhebliche nekrotisierende Entzündung. Nach WANKE wirkt Natrium-Taurocholat als

Grenzflächen-aktive Substanz und ruft ein vaskuläres Ödem hervor. Infolge dieser Kreislaufstörungen entstünde eine Hypoxie, damit eine Vitalitätsminderung des Parenchymes, dadurch werde gleichsam eine Bresche gelegt. Die experimentelle Natrium-Taurocholat-Pankreatitis sei zunächst nicht enzymatisch gesteuert. Die Vorgänge seien dyszirkulatorische und hätten Beziehungen zur Pankreasapoplexie. Damit hinge es zusammen, daß eine Inhibitor-Medikation (z. B. Trasylol) zunächst keinen Erfolg haben könne.

Wurde eine 2 %ige *Milchsäurelösung* intrakanalikulär injiziert, kam es zur Ausbildung einer „milden Form" einer autodigestiven Pankreatitis. Es entstand so etwas wie eine proteolytische Pankreopathie.

Wurde aber eine *Lipase-Lösung* eingespritzt, entstand in kurzer Zeit ein monströses Zoepffelsches Ödem mit starker leukocytärer Begleitreaktion. WANKE nimmt nun an, daß die Leukocytenproteasen das eigentliche Zerstörungswerk leisteten. Genau genommen könne man dann nicht von „Autodigestion" (sic.!) reden. Daneben spiele natürlich die direkte Lipasewirkung eine eigene Rolle. Man könnte von lipolytischer Pankreatitis sprechen.

Nach Injektion von *Olivenöl* in den Ductus pancreaticus entsteht eine Mischform zwischen proteolytischer und lipolytischer Pankreatitis. Auch die Injektion von Lipofundin als 10 %ige Fettemulsion zeitigt eine der Olivenöl-Pankreatitis ähnliche Organerkrankung. Die leukocytäre Komponente ist sehr deutlich.

Die experimentelle Pankreatitisforschung ist derzeit damit beschäftigt, die Kongruenz aller Befunde und Erfahrungen mit den Vorgängen am menschlichen Pankreas herzustellen. Dabei geht es im wesentlichen um Fragen der Therapie: Ist es möglich, durch Hemmung der Reaktionskinetik der Fermente die höchsten Grade pankreatitischer Zerstörung zu verhüten? Einige elektronenmikroskopische Präparate machen deutlich, daß nach Injektion z. B. von Olivenöl in den Ductus pancreaticus im Inneren der Acinusepithelien blasenförmige Degenerate entstehen. Diese liegen im Bereiche der Ribonucleoproteingranula, scheinen also etwas mit den Vorgängen der Fermentproduktion zu tun zu haben. Die „tryptische" Pankreatitis geht mit dem Phänomen der *Fermententgleisung* einher: Die in den Acinusepithelien gebildeten Fermente werden in „falscher" Richtung abgegeben. Sie permeieren durch die Basalmembranen in die interacinären Bindegewebslagen und werden durch den Strom der Lymphbahnen abtransportiert. In anderen Fällen wird, besonders bei starker sekretorischer Stimulation, der Bauchspeichel über die niedrigen Isthmusepithelien abgepreßt („Speichelödem"). Die Fermente gelangen dann auf diesem Wege in die Interstitien, in Blut- und Lymphbahnen. Ist das entzündliche Zerstörungswerk fortgeschritten, kann eine Erhöhung der Serum-Fermentwerte nicht mehr konstatiert werden. Das Organ ist erschöpft, die Drüse gleichsam ausgebrannt.

Im Mittelpunkt der Pathogenese menschlicher Pankreatitis stehen kanalikuläre Prozesse. Dabei scheint dem Reflux aus Duodenum und Gallenwegssystem eine besondere Bedeutung zuzukommen. Die Reflux-Lipase liefere den „Funken", das Speichelödem die „Zündschnur", die Proteasen aber bildeten das „Dynamit" sogenannter pankreatitischer Explosion (M. WANKE). Alles, was geeignet ist, eine Acinusepithelläsion zu realisieren, fördert das Angehen einer Pankreatitis (Abb. 41).

In praxi ist damit zu rechnen, daß das sogenannte pankreatische Drama diejenigen Menschen trifft, welche eine alte „Oberbauchanamnese", d. h. einen Zustand nach rezidivierter Cholecystitis, ein Gallen-Steinleiden, einen Zustand nach Ulcus pepticum ventriculi oder duodeni, ein kleines Duodenaldivertikel etc. etc. haben und der „akzidentellen" Inkorporation einer voluminösen, fett- und eiweißreichen Mahlzeit, gewöhnlich unterstützt durch beträchtlichen Alkoholkonsum, nicht widerstehen konnten. Die Summe der Vorerkrankungen hat die „Vitalität" der Bauchspeicheldrüse „gedrosselt". *Diese Pankreaten waren also durch die Spuren des Lebens bereits „gezeichnet", als die „Sekretionspeitsche" der Nahrungsaufnahme zuschlug. Die Opfer der Pankreatitis rekrutieren sich aus den Reihen der „gros mangeurs et des grands buveurs"!*

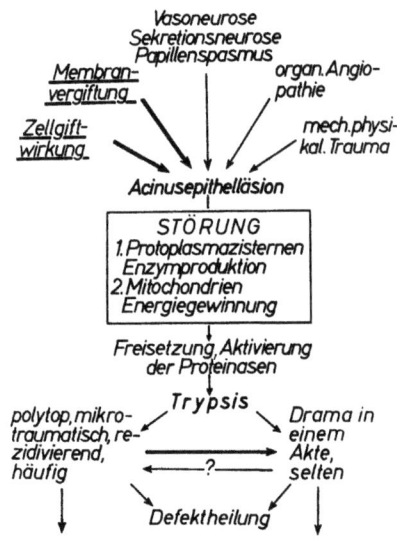

Abb. 41. Reaktionskette der Entstehungsvorgänge der autodigestiv-tryptischen Pankreatitis (nach W. DOERR, 1964)

Dies ist selbstverständlich nicht alles: Die Klinik kennt eine *„terminale" Pankreatitis*, eine *Pankreatitis nach ACTH-, Cortison-Medikation*, nach stattgehabter *Entbindung* (also eine postpartale Pankreatitis), eine Pankreatitis *bei Hyperparathyreoidismus* und *Lipämie*. Das Gebiet ist unerschöpflich. Die Pathogenese *dieser* Formen sogenannter autodigestiv-tryptischer Pankreatopathie hängt mit der komplizierten Störanfälligkeit des Proenzym-Inhibitor-Systems zusammen. K. H. GRÖZINGER (1969) hat die Probleme der Hemmkörpertherapie der autodigestiv-tryptischen Pankreatitis gesichtet und gelangte zu dem Ergebnis, daß es gelingt, durch eine freilich möglichst frühzeitig zur Anwendung gebrachte *Trasylol-Medikation,* insbe-

sondere bei den akuten hämorrhagischen Pankreatitisformen, folgendes zu erreichen:
Senkung der Sterblichkeit,
wesentliche Besserung des Krankheitsverlaufes,
Verhütung der Entstehung ausgedehnter Fettgewebenekrosen,
territoriale Abgrenzung eigentlicher Pankreasparenchymschäden,
Verhütung tryptischer Läsionen anderer Organe,
Stabilisierung der Blutgerinnungsvorgänge,
Schockbekämpfung.

Die Vorgänge bei der Aktivierung proteolytischer Fermente sind wohl derzeit nicht in allen Einzelheiten bekannt. Bei der Aktivierung von Trypsinogen wird eine Aminosäuresequenz (Valin, Asparagin, Asparagin, Asparagin, Asparagin, Lysin) abgespalten; dadurch wird das „aktive Zentrum" in eine „wirkungsoptimale" Position gebracht. Der Trypsin-Inhibitor vereitelt diesen Vorgang. Der Trypsin-Hemmkörper ist ein aus 58 Aminosäuren zusammengesetztes Polypeptid. Danach ist es also so, daß die Aminosäuresequenz des Trypsin-Inhibitors die Abspaltung der Aminosäuresequenz aus dem Trypsinogen vereitelt. Der Trypsin-Hemmkörper hat folgendes Aussehen:

Arg-Pro-Asp-Phe-$\overset{5}{\text{Cys}}$-Leu-Glu-Pro-Pro-Tyr-Thr-Gly-

Pro-Cys-$\overset{15}{\text{Lys}}$-Ala-Arg-Ileu-Ileu-Arg-Arg-Tyr-Phe-

Tyr-Asn-Ala-Lys-Ala-Gly-Leu-Cys-Thr-Glu-Phe-$\overset{35}{\text{Val}}$-

Tyr-Gly-Gly-Cys-Arg-Ala-Lys-Asn-Asn-$\overset{45}{\text{Phe}}$-Lys-Ser-

Ala-Glu-Asp-Cys-Met-Arg-Thr-$\overset{55}{\text{Cys}}$-Gly-Gly-Ala

(Schematische Wiedergabe der Aminosäure-Sequenz des Trypsin-Hemmkörpers nach CHAUVET et al., 1964, zitiert nach K. H. GROZINGER, 1969).

Die akute autodigestiv-tryptische Pankreatitis findet sich nur in 0,3 bis 0,6 % aller Sektionen! Sie ist also selten. Dagegen kommt die *chronische Pankreatitis* um eine Dezimale häufiger zur Beobachtung (6—8 %). Auch diese ist ihrer Natur nach nicht einheitlich. Folgende Gliederung sei empfohlen:

Grobe Einteilung der chronischen Pankreatitis

I. Chronische entleimende Entzündung mit Organumbau
II. Chronische rezidivierende Pankreatitis
   1. infektiös-kanalikuläre, mit und ohne Gallenwegsaffektion
   2. tryptisch-mikrotraumatische Pankreatitis
III. Sonstige: Chronische Pankreatitis nicht näher bestimmbarer Genese

Zur Fallgruppe I gehören die *Spätzustände nach Begleitpankreatitis*, z. B. nach alter Virushepatitis, nach kavernisierter Lungentuberkulose, nach chronisch-rezidivierender bakterieller Endokarditis etc. Hierbei entstehen hochgradige Pankreasumbauten. Die Azini werden abgeschmolzen, die Isthmen bleiben erhalten und treten als Gangsprossen so in Erscheinung, wie man dies in Fällen von Leberzirrhose etwa bei den Gallengangsproliferaten zu sehen gewohnt ist. Dabei ist der Kontrast zwischen dem Verlust des exkretorischen Parenchymes und der „kompensatorischen" Entfaltung der Langerhansschen Inseln histopathologisch durchaus charakteristisch. KATSCH sprach von *„Pancreatitis adenomatosa insularis"*. Diese *kann* (aber sie muß es nicht!) mit inkretorischen Störungen (Hypoglykämie) einhergehen. Vielleicht verbirgt sich ein Teil der Fälle von Zollinger-Ellison-Syndrom hinter dieser Pankreatitis.

Zur Fallgruppe II gehört die *rezidivierende* Pankreatitis. Sie tritt nach Phasen der Ruhe in immer neuen Schüben auf. Diese Pankreatitis geht mit erheblichen klinischen Funktionsausfällen und subjektiven Beschwerden der Kranken einher: Schmerzen im linken Oberbauch (Ausstrahlung nach der linken unteren Thoraxzirkumferenz hinten). Es resultiert eine pankreatische Steatorrhoe; damit im Zusammenhang eine erhebliche Abmagerung mit pellagroiden Veränderungen der Körperdecke. Es resultieren remittierende Temperaturen. Im Röntgenbild sieht man kalkdichte Schatten („Pankreassteine"). Patho-physiologisch bemerkenswert ist, daß Einzelfunktionen der Fermentproduktion isoliert geschädigt sein können. Hier besteht ein Ungleichgewicht des Zellbinnenhaushaltes, eine Dissoziation der Fermentproduktion.

Die Schmerzattacken können derart sein, daß eine chirurgische Intervention unumgänglich wird. Mit zunehmender Verödung des Organes freilich nimmt die Notwendigkeit, operativ einzugreifen, ab. Die „ausgebrannte" Drüse zeitigt keine weiteren Sensationen. Ihre Residuen können nach Jahr und Tag, mehr zufällig, auf dem Sektionstisch gefunden werden. Sie bestehen unter anderem in einer *Ranula pancreatica*, einer Vielzahl von Zerfalls-Pseudozysten (mit nachträglicher Vernarbung und Epithelisation) oder dem „magma organico-calculaire", d. h. einer mehr oder weniger ausgedehnten Verkalkung sowie kanalikulärer Konkrementbildung.

Die *chronisch-rezidivierende Pankreatitis* (= *chronic relapsing pancreatitis* im Sinne von COMFORT, GAMBILL und BAGGENSTOSS, 1946, 1948; V. BECKER, 1964, spricht von chronisch-rückfälliger Pankreatitis) kommt in *zwei Hauptformen* zur Beobachtung:
a) mit schwelendem Infekt an der Papille und im Kanalsystem,
b) mit tryptischem Mikrotrauma.

Im einen Falle steht die Infektion am Anfang: Man spricht daher von *Cholecysto-Pankreatitis* oder *Cholangiopankreatitis*. Es finden sich 6mal mehr Gallensteine beim Menschen mit chronisch-rezidivierender Pankreatitis, vor allem Kopfpankreatitis, als bei solchen ohne Pankreatitis. Gallensteine und Gallenwegsinfektionen gehören zusammen. Man kann auch weitergehen und sagen: Wer eine infizierte Steingalle hat, besitzt so gut wie immer auch eine chronisch-rezidivierende (Kopf-)Pankreatitis. Die Zusammenhänge dürfen nicht (nur) mechanisch gesehen werden. Wahrscheinlich ist die funktionelle Störung des Papillenspieles wichtig (Dyskinesie K. WESTPHAL, 1936; BLOCK, 1956). Diese Pankreatitis kann als „zweite Krankheit" verstanden werden.

Im anderen Falle beginnt der Prozeß im Inneren des Pankreas. Das tryptische Mikrotrauma hat eine topische Bindung an das Kanalsystem. Die meisten Veränderungen werden in der Nähe der Gabel zwischen Ductus pancreaticus major und Ductus pancreaticus minor, und zwar pankreaskopfwärts, gefunden. Es ist, als ob ein automatisierter Prozeß angestoßen sei. Die lipolytische Komponente geht voraus. Daher finden sich stets in den mortifizierten Arealen leukocytäre Infiltrate. Die proteolytische Komponente folgt nach. Es werden immer nur einige Acini erfaßt. Deren Untergang ruft die für die neue „Zündung" (Fermentaktivierung) am meisten geeignete aktuelle Wasserstoffionenkonzentration hervor. Damit ist der Fortgang angestoßen, und das „Schwelen" und „Zünden" schreitet („mottet") weiter. *Diese* Form der Pankreatitis greift nachträglich auf das Gallenwegssystem, selbst auf Gallenblase und Leber, über (ambivalent-bilateral-synergisches Funktions-System). Die *aperforative gallige Peritonitis* (vgl. S. 207) findet so ihre Erklärung.

Die Frage, die die Pankreatologen bewegt, ist die, ob eine akute autodigestiv-tryptische Pankreatitis in eine chronisch-rezidivierende übergehen kann. Man muß antworten: Ja und nein! *Früher* war die Sterblichkeit der akuten Pankreatitis sehr hoch (etwa bei 50 %). Wer überlebte, trug oft eine große (zuweilen mannskopfgroße) Zerfalls-Pseudozyste davon. Es lag eine Defektheilung vor. *Heute* ist die „Intensivpflege" sehr erfolgreich, vor allem die Schockbehandlung sehr gut durchgearbeitet. Diese, im Verein mit der Inhibitor-Therapie, beides unter dem Schutze von Antibiotika, erreicht entweder eine echte Heilung oder eine noduläre Form einer Defektheilung. Es resultiert eine *„segmentale Narbenpankreatitis"*, die einer granulären Leberzirrhose ähnlich sieht. Sie kommt aber klinisch kaum wirklich zur Ruhe. Es bleibt nämlich genügend fermentbildendes Parenchym erhalten, die „Zündung" führt über kurz oder lang zur Exazerbation, und das Spiel beginnt erneut.

Dann entstehen weit ausladende Fistelbildungen, vorwiegend eingebettet in peritoneale und Netzverwachsungen, vielfach retroperitoneal nach dorsokaudal, seltener durch das Zwerchfell und (nach Obliteration der basalen Pleurehöhle) nach dem Bronchialbaum zu (Kennwort: pankreobronchiale Fistelung!). Die Prognose ist ernst.

Hier kann nur, wenn überhaupt, mehrzeitige und sehr geduldige operative Ausräumung der Sequester, Gänge und Pseudozysten lebensrettend wirken.

Die moderne Therapie der schweren akuten Pankreatitis ist eine konservative. Konnte sie keine Heilung erreichen, muß zu einem geeigneten späteren Zeitpunkt („Intervall") operiert werden. Bringt diese Intervention nicht den Dauererfolg, resultiert der skizzierte Leidensweg (Fistelung).

Früher ist die chronisch-rezidivierende Pankreatitis so gut wie niemals aus einer akuten autodigestiv-tryptischen Pankreatitis hervorgegangen. Sie war, wie dies NIKOLAUS FRIEDREICH bereits 1878 ausdrückte, „primärchronisch". Heute, unter dem gestaltenden Einfluß der Therapie, gibt es öfter einen Übergang. Man muß dann von „sekundär-chronischer" Pankreatitis sprechen.

Zur Fallgruppe III der chronischen Pankreatitis müssen alle diejenigen Formen gerechnet werden, die in den Kreis sogenannter *Autoaggressionskrankheiten* gehören. Derartige Pankreatitis-Formen sind klinisch bis jetzt nicht genügend genau bekannt. Im Ablauf des Erythematodes disseminatus subacutus resultieren chronische mäßig-aggressive Pankreatitiden. Die „lupoide" Hepatitis (vgl. S. 247) ist ein Äquivalent der Pankreatitis mit „piece-meal-Nekrosen". Die „segmentale Narbenpankreatitis" kann als Pendant der granulären Leberzirrhose im Sinne LAENNECs gelten. Die Pankreatitis der Fallgruppe III darf als Pendant der hypertrophischen Leberzirrhose vom Typus Todd-Hanot angesprochen werden. Die Bindegewebseinlagerung ist viel höhergradig als bei allen anderen Pankreatitisformen. Das Organ ist groß, steif, knorpelhart.

Im Formenkreis der chronischen Pankreatitis beanspruchen die infektiöskanalikuläre und die tryptisch-mikrotraumatische besondere Beachtung. Beide sind sehr häufig, beide sind klinisch wichtig. Narbenzustände nach jeder dieser beiden Formen haben den Wert einer Praecancerose.

Lit. zum Thema Pankreatitis: W. DOERR: Akute und chronische interstitielle und parenchymatöse Pankreatopathien. Verhandlungen Dt. Ges. Verdauungs- und Stoffwechselkrankheiten 16 : 130, 1952/1953; sowie Pankreatitis, Langenbecks Archiv 292 : 552, 1959; sowie Pathogenese der akuten und chronischen Pankreatitis, Verhandl. Dt. Ges. für Inn. Med. 70 : 718, 1964; G. KÖHLER: Beitrag zur Kenntnis der Ranula pancreatica. Inaugural-Dissertation Heidelberg 1969; K.-H. GROZINGER: Experimentelle Untersuchungen zur Hemmkörpertherapie der akuten Pankreatitis. Erg. Chir. 52 : 1, *1969.*

Anhang zum Kapitel „Pankreatitis". Gelegentlich ist die Meinung ausgesprochen worden, bei akuter Pankreatitis läge ein *„Pankreasinfarkt"* vor. Echte Pankreas-Infarkte sind sehr selten, weil die arterielle Ringbildung (die Kommunikation zwischen Arteria pancreatico-duodenalis superior und inferior) eine sehr engmaschige ist. Viscerale Formen der Periarteriitis nodosa, der v. Winiwarter-Buergerschen Krankheit, bestimmte Formen stenosierender Skleratheromatose mit obturativer Thrombose können gleichwohl gelegentlich einen anaemischen Pankreasinfarkt mit hämorrhagischer Randzone hervorrufen. Dabei entsteht *nie* das klinische Bild der Pankreatitis, es entsteht so gut wie niemals eine höhergradige Zerstörung des Organes mit Fermententgleisung und Absiedelung autodigestiver Fettgewebsnekrosen im Cavum peritoneale, im mediastinalen und mammären Fettgewebe. Andererseits: *Kreislaufstörungen* haben die Bedeutung eines *Schrittmachers* für das Angehen einer echten autodigestiv-tryptischen Pankreatitis. Eine angioarchitektonische Landkarte für das Pankreas ist bis jetzt nicht erarbeitet. — Die Pankreaten chronischer Trinker neigen im besonderen Maße zur Kalksalzimprägnation. Es handelt sich vorwiegend um die Ablagerung von Calciumkarbonat. Es liegt eine toxische Pankreatopathie mit Entdifferenzierung, Dyschylie, Speicheleindickung und nachträglicher Verkalkung vor. Die Veränderungen scheinen in Südfrankreich besonders häufig zu sein. — Die *Kalkpankreatitis bei Hyperparathyreoidismus* beansprucht eine eigene „theoretische" Stellung. CREUTZFELDT und SCHMIDT (1965) haben durch Sammelstatistik europäischer Kliniken und Pathologischer Institute festgestellt, daß unter 370 Fällen von primären Hyperparathyreoidismus in 6,2 % eine akute oder chronische, auf jeden Fall schwere Pankreatitis bestand. 26 % dieser Pankreatitisfälle verliefen calcifizierend! Dagegen war die experimentelle Calciphylaxie-Pankreatitis (Ratte) keine „echte" d. h. autodigestiv-tryptische, sondern ausschließlich eine interstitielle, sklerosierende und calcifizierende Pankreatitis. Die Pankreatitis bei Hyperparathyreoidismus des Menschen ist also offenbar etwas anderes als die calciphylaktische Pankreatitis beim Versuchstier. G. SEIFERT, der sich besonders erfolgreich mit der Selyeschen *Calciphylaxie-Lehre* beschäftigt hat, bestätigt, daß die experimentelle calciphylaktische Pankreatitis vorwiegend eine interstitielle sklerosierende darstellt. Sie ist jedenfalls nicht ohne weiteres mit der tryptischen Pankreatitis in eine Linie zu bringen. *Klinisch* wird erwogen, ob nicht eine hyperparathyreotische Krise ein durch chronisch-rezidivierte Pankreatitis „vorgeschädigtes" Organ im Sinne der „akuten Trypsis" treffen könnte.

(*Lit.:* CREUTZFELDT, W. und H. SCHMIDT, Verh. Dt. Ges. Inn. Med. 71 : 522, *1965*; G. SEIFERT, Virchows Archiv path. Anat. 338 : 319, 1956; FROSCH, B., M. WANKE, P. BARTH und K. WEGENER: Dt. Med. Wschr. 90 : 1039, *1965*).

Frägt man, gleichsam abschließend, wodurch *die* Pankreatitis (also die autodigestiv-tryptische Pankreaszerstörung) eigentlich entsteht, müssen folgende Daten und zwar in der Reihe ihres Gewichtes und ihrer Häufigkeit genannt werden: Völlerei, Gallenblasen-, Gallenwegs-Infektion, Gallensteine, Papillitis stenosans Vateriana, biliopankreatischer Reflux, gastroduodenopankreatischer Reflux, ACTH-, Cortison-Medikation, Bauchtrauma (vorwiegend im Sinne stattgehabter operativer Intervention, auch aus gänzlich anderer Indikation), hyperparathyreotische Krise, essentielle familiäre Hyperlipidämie. Dies ist selbstverständlich nicht alles. Aber es mag im gegebenen Zusammenhang die Feststellung genügen, daß *die* Pankreatitis in der Konvergenz zahlreicher Bedingungen entsteht. Sie trifft niemals ein anatomisch unversehrtes Organ, — ausgenommen das seltene Paradigma der Pankreatitis nach Immissio ascaris in ductum pancreaticum!

Selbstverständlich gibt es auch *spezifische Entzündungen* am Pankreas: Die *Lues connata* ruft eine chronisch-interstitielle Pankreatitis hervor, die histologisch eine entfernte Ähnlichkeit mit den Veränderungen bei Feuersteinleber besitzt. Die Lues acquisita trifft das Pankreas als Lues II. Es resultiert eine passagere interstitielle Pankreatitis mit mäßig starker Fermententgleisung. Das syphilitische Gummi wird nur höchst ausnahmsweise in der regio pancreatica gefunden. Auch die *Tuberkulose* des Pankreas ist sehr selten. Die *Aktinomykose* kann in der Kontinuität der geweblichen Verbindungen das Pankreas erreichen und zerstören. Die *Lymphogranulomatose* ist dagegen häufig. Sie nimmt ihren Ausgang von den parapankreatischen Lymphknoten, das Granulationsgewebe sprengt das Gefüge der Drüse. Auch die *Mycosis fungoides* wird gelegentlich im Retroperitonealraum, also auch im Bereiche des Pankreas, gefunden.

6. Fibrozystische Pankreaserkrankung

Vorbemerkungen und Problemgeschichte. Die Entdeckungsgeschichte der fibrozystischen Pankreaserkrankung wurde durch MARTIN BODIAN (Fibrocystic disease of the pancreas. London: W. HEINEMANN 1952) dargestellt. Die wichtigsten Daten seien genannt:
EVERARD HOME (1813): Annahme, daß eine Steatorrhoe Folge pankreatischer Insuffizienz sei.

BYROM BRAMWELL (1902, 1904): Beschreibung von Fällen von sogenanntem pankreatischem Infantilismus.
K. LANDSTEINER: Darmverschluß durch eingedicktes Mekonium: Pankreatitis. Zbl. Path. 16 : 903, 1905.
H. WURM: Ulcus duodeni mit Pankreasentwicklungsstörung bei einem 7 Wochen alten Säugling. Zschr. Kinderhk. 43 : 286 (1927); WURM beschrieb die kleinzystische Entartung des Pankreas überzeugend genau! Er fand in den Zysten einen zäh-viskösen Inhalt. Retention des Acinusinhaltes. Inselzellhyperplasie, Auftreten von Rieseninseln! Die peptische Läsion der Duodenalwand sei auf dem Boden von Retentionszysten der Brunnerschen Drüsen entstanden!
FANCONI, G., E. UEHLINGER und C. KNAUER: Das Coeliakie-Syndrom bei angeborener zystischer Pankreasfibromatose und Bronchiektasien. Wiener med. Wschr. 86 : 753, 1936. FANCONI hatte zuvor (1934) auf die familär gebundene Besonderheit der Koinzidenz von pankreatischen und bronchopulmonalen Störungen aufmerksam gemacht. UEHLINGER hat zystös umgewandelte Speichelgänge *neben* sackförmigen Bronchiektasen, eine diffuse Fibrose des Pankreas *neben* einer chronischen Bronchopneumonie gefunden. Auffällig war, daß man bis dato bei Coeliakie keine geeigneten patho-anatomischen Äquivalente entdeckt hatte; *jetzt* (so schien es) war eine „neue Form" der „Coeliakie" entdeckt!
H. DOROTHY ANDERSEN: Cystic fibrosis of the pancreas and its relation to the celiac disease; a clinical and pathologic study, Amer. J. Dis. Childr. 56 : 344 (1938). — ANDERSEN berichtet über 49 Fälle und unterscheidet 3 (!) nosologische Entitäten: *Gruppe 1:* Fetale und perinatale Schäden; *Gruppe 2:* Kinder der ersten 6 Lebensmonate; *Gruppe 3:* Kinder zwischen dem vollendeten 6. Lebensmonat und dem 15. Lebensjahr. ANDERSEN hat ihre Erfahrungen noch einmal zusammenfassend dargestellt: The present diagnosis and therapy of cystic fibrosis of the pancreas. Proc. Roy. Soc. Med. 42 : 25 (1949).
S. FARBER: The relation of pancreas achylia to the meconiumileus. J. Pediatr. 24 : 387 (1943/1944). FARBER stellt fest, daß es gelingt, den Mekoniumpfropf des Darmes durch Pankreassaft zur Verflüssigung zu bringen! Auf FARBER geht der Begriff *Mucoviscidosis* zurück. FARBER hat später (Arch. Path. 37 : 238, 1944) das „Wesen" des Pankreasumbaues zu klären versucht: a) Es läge eine Mißbildung der Pankreasgänge vor; b) der pankreatische Umbau sei die Folge eines Vitamin-A-Defizits; c) die Veränderungen der Bauchspeicheldrüse seien die Folge einer mikrobiell inszenierten chronischen Entzündung! d) Der „Fehler" liege in der pathologischen Zusammensetzung des pankreatischen Sekretes. Die Ursache hierfür sei möglicherweise in einer parasympathischen Innervationsstörung zu suchen.
E. GLANZMANN: Dysporia entero-broncho-pancreatica congenita familiaris. Zystische Pankreasfibrose. Syndrom von LANDSTEINER-FANCONI-ANDERSEN. Annales paediatrici 166 : 289 (1946). — Die „Dysporie" bedeute eine Unwegsamkeit der Speichelgänge, des Magendarmkanales, des Bronchialbaumes. Der Mekonium-Ileus sei die Folge der fibrozystischen Pankreaserkrankung!
P. A. di SANT AGNESE, R. C. DARLING, A. PERERA und E. SHEA: Abnormal electrolytic compositions of sweat in cystic fibrosis of the pancreas. Pediatrics 12 : 549 (1953): Die Träger einer fibrozystischen Pankreaserkran-

kung zeigen eine abnorme Kochsalzausscheidung über die Schweißdrüsen. Auf dieser Beobachtung gründet der diagnostisch bewährte sogenannte Schweißtest. Die vermehrte Kochsalzausscheidung erfolgt *auch* über die Tränenflüssigkeit und den Mundspeichel.

H. BOHN, E. KOCH, F. KOCH, W. RICK und R. RAU: Die Erwachsenen-Mucoviscidose als eine überaus häufige dominante erbliche Krankheit. Die Medizinische 1959: 1139—1149. — Vorwiegend anhand des Leitsymptomes des gestörten Schweiß-Elektrolyt-Stoffwechsels wurde eine Vielzahl von disparaten Krankheitsbildern beim Erwachsenen als zur Mucoviscidose gehörig zur Diskussion gestellt. BOHN et al. sind der Auffassung, daß die pathologischen Schweiß-Elektrolytwerte vielfach koinzidieren mit einer Schleimeindikkung in allen Drüsen des Verdauungskanales. Damit hinge die Störanfälligkeit für den Erwerb peptischer Magen-Duodenal-Läsionen, für die Entwicklung einer chronisch-katarrhalischen Bronchitis, eines Asthma bronchiale, für die Ausbildung von Bronchiektasen zusammen. Aber auch bestimmte Formen des Diabetes mellitus, sowie Störungen der enchondralen Ossifikation hätten etwas mit dem Formenkreis sogenannter Mucoviscidose zu tun. Die an sich interessante Konzeption ist nicht unwidersprochen, denn die Vorgänge bei der Schweiß-Elektrolytbereitung müssen nicht notwendigerweise mit denen der Schleimdrüsenproduktion gekoppelt sein. Vermehrte Kochsalzausscheidung über den Schweiß ist etwas anderes als eine „Mucoviscidose" (Mucus = Schleim, Viscus = Vogelleim).

V. BECKER (Schweiz. med. Wschr. 94 : 114, 1964) betont, daß es einer reinlichen Scheidung der Symptomenbilder besser diene, wenn das Phänomen „Mucoviscidose" unter dem Aspekte pankreatischer Pathologie, so wie ursprünglich durch FARBER intendiert, gesehen, wissenschaftlich verfolgt und therapeutisch angegangen würde.

Pathologische Anatomie der fibrozystischen Pankreaserkrankung. Das Neugeborenenpankreas ist stets reich an Bindegewebe. Erst mit dem Ingangkommen der enteralen Verdauung wird das exkretorische Pankreas „in Betrieb" d. h. unter Funktion gestellt. Damit sei angedeutet, daß es nicht richtig ist, lediglich aufgrund der bei einer Säuglings-Obduktion festgestellten „vermehrten" Konsistenz des Pankreas die Diagnose einer Fibrozystose zu stellen. Vielmehr bedarf jeder Fall einer sorgfältigen histo-pathologischen Durchmusterung. Dabei zeigt sich allerdings, daß die Bauchspeicheldrüse erheblich verunstaltet ist: Die Lumina der Acini sind erweitert, die Acinusepithelien niedrig, abgeflacht, eosinophil getönt, vermehrt anfärbbar. Die initialen Speichelgängchen sind ausgereckt, vielfach kleinzystisch umgestaltet. Die größeren Speichelgänge sind zu guirlandenartig gewundenen, ineinander geschachtelten Gebilden umgestaltet. Das Epithel kann kleinstherdige papilläre Proliferate, umschriebene Schichtungen, indessen auch Sprossungen in das interstitielle Bindegewebe produzieren. Es scheint, daß das insuläre Gangorgan in besonderem Maße proliferativ entfaltet ist. Damit hängt es zusammen, daß neben dem verödeten tubulären Pankreas pseudoadenomatöse Wucherungen der Langerhansschen Inseln nachweisbar werden. Tatsächlich kann — ausnahmsweise — die Klinik der Fibrocystose durch hypoglykämische Remissionen kompliziert werden. Das vermehrt eingelagerte interstitielle Bindegewebe ist fein-fibrillär; die argyrophilen Fäserchen sind exzessiv vermehrt; an vielen Stellen ist eine kollagene Metaplasie deutlich. Die Lumina der erweiterten Gängchen enthalten eingedickten Speichel. Dieser liegt in amorph-schulligen Massen, aber auch in kristallinen Strukturen vor. Wir fanden häufig morgensternähnliche Figuren. Die Schleimfärbungen sind positiv, die Feyrtersche Thionin-Weinsteinsäure-Einschlußfärberei offenbart eine leuchtende Rhodiochromie. Einige Gänge sind atretisch. Dort, wo Parenchym zugrunde gegangen ist, liegen im Bindegewebe Makrophagen. Durch die interstitielle großzellige Infiltration kann das Bild einer chronischen Entzündung vorgetäuscht werden. Ob es therapeutisch möglich ist, die Gesamtheit der Veränderungen zu beseitigen, sei dahingestellt. Das Ergebnis der Therapie ist abhängig von dem Zeitpunkt, zu dem die richtige Diagnose gestellt und eine Substitutiv-Therapie eingeleitet wird. Erschöpfende Darstellung der Patho-Anatomie durch A. WERTHEMANN, E. GROGG und W. FREY, Virchows Arch. 321 : 411, 1952.

Einteilung der fibrozystischen Pankreaserkrankung nach den verschiedenen nosologischen Entitäten:

Man kann 4 verschiedene pathologisch-anatomische Formenkreise auseinanderhalten, denen auch bestimmt-charakterisierbare klinische Äquivalente entsprechen:

a) *Fetales und perinatales Krankheitsbild:* Mekonium-Ileus, Mekonium-Peritonitis,

Stenosen und Atresien von Gallengängen, Duodenum Ileocoecal-Anorectal-Region etc.,

anderweitige Mißbildungen z. B. Bronchusstenosen, Zystenlunge, angeborene Herzfehler.

Im Mittelpunkt steht der Mekonium-Ileus. Der Darm ist durch eine zähe, harzige Mekoniummasse ausgestopft, teigig, steif, schwer, ähnlich einer prall gefüllten Wurst. Die Serosa ist getrübt. An vielen Stellen finden sich im Mesenterium, im Netz, gelegentlich im parietalen Peritoneum, auf jeden Fall in der Serosadecke der Dünndarmschlingen kleine und kleinste gelbliche spritzerartige Einlagerungen, teilweise von kalkharter Konsistenz. Mikroskopisch handelt es sich um die Folgen des Durchtrittes des verharzten Mekonium durch Dehiszenzen der Darmwand in die Umgebung. Seitens des Peritoneum ist eine makrophagocytäre resorptiv-entzündliche Reaktion in Szene gegangen. Die am meisten alterierten Darmschlingen können durch Resektion beseitigt werden. Die Prognose ist ernst.

b) *Krankheitsbild der ersten 6 Lebensmonate:* Steatorrhoe (Coeliakie-ähnliches Bild).

Resorptionsstörungen mit Fettleber (diffus ausgebreitete grobtropfige Leberverfettung mit Induration) und Vitamin-A-Mangelerscheinungen (Epithelschäden an der Cornea etc.).

Bronchopulmonale Affektionen (therapieresistente Bronchitis, Ausbildung von Bronchiektasen, Bronchopneumonie mit Neigung zur Chronifizierung, Pleuritis etc.).

Schweißtest!

Bei Gangart a zeigt das Pankreas histologisch eine ausgesprochene Fibrose; bei Gangart b findet sich das histopathologische Vollbild der fibrozystischen Pankreasumwandlung!

c) *Krankheitsbild im Spielalter:* Pankreatisches Siechtum (Steatorrhoe, trophische Störungen, Minderwuchs).
Leber-Induration, Granuläre Leberzirrhose,
Milztumor-Anämie,
Chronische Bronchitis (Neigung zu rezidivierten Bronchopneumonien).
Anfälligkeit für Kokkeninfektionen (auch für eine Tuberkulose, heutzutage nicht eben aufdringlich).
Schweißtest.

Die pathologische Anatomie der fibrozystischen Pankreaserkrankung ist hierbei komplett. Interessant sind die Epithelmetaplasien am Bronchialbaum. Sie werden als Ausdruck der gestörten Vitamin-A-Resorption verstanden. Der Umbau des Leberparenchymes wird regelmäßig gefunden. Infolge der pankreatischen Insuffizienz kommt es nicht zur Aufschließung des Muskeleiweißes der Nahrung; Methylgruppen-Donatoren stehen nicht in ausreichender Menge zur Verfügung; die in den Parenchymen, besonders den Leberepithelzellen, abgelagerten Fette werden dann nicht in die Transportform gebracht. Daher resultiert das Bild der grobtropfigen, diffus ausgebreiteten Leberverfettung, welche nach dem Modus der Speicherungszirrhose granulär (insulär) umgebaut wird. Infolge der Leberzirrhose entsteht ein Milztumor, jener wirkt nach dem Prinzip der depressorischen Hypersplenie und ist (wahrscheinlich) für die Entstehung einer mehr oder weniger deutlichen aregeneratorischen Anämie verantwortlich zu machen.

d) *Mukoviszidose des Erwachsenenalters:* aa) *Im engeren Sinne:* Es handelt sich um diejenigen Fälle „echter" Mucoviscidosis, entstanden auf dem Boden der fibrozystischen Pankreaserkrankung, deren Symptomenbild in den Jahren des Kindesalters nicht vollständig zur Entwicklung gelangt war. Von diesen formes frustes retten sich stets einige wenige Fälle in die Periode des jugendlichen Erwachsenenalters. Die klinische Phänomenologie und die Summe der patho-anatomischen Befunde unterscheidet sich dann nicht von den Gegebenheiten der Mucoviscidose des Spielalters.

„Reine" Fälle sind selten. J. MOHLIS hat aus dem Heidelberger Pathologischen Institut den „klassischen" Fall einer Mucoviscidosis bei einem 18 Jahre alten Jungen beschrieben (Inaugural-Dissertation Heidelberg 1967).

bb) *Im Sinne von* BOHN *und* KOCH: Mineralstörung (Schweißtest; Blutelektrolytverschiebung); dissoziierte Pankreasfermentschwäche (Oberbauchschmerzen, „verdorbener Magen", Kalkseifenverluste über den Darm, Tetanie, Cataractbildung, Hypoproteinämie, Osteomalacie (?), Pellagra); chronisch-rezidivierende Bronchitis, asthmoide Bronchitis (chronisch-substantielles Lungenemphysem, Bronchiektasen, Cor pulmonale, Trommelschlegelfinger); Ulcus pepticum ventriculi und duodeni.

Die pathologische Anatomie der Gruppe d (bb) ist naturgemäß uneinheitlich. Es erscheint überhaupt fraglich, ob es richtig ist, unter „Mucoviscidose" Krankheitsbilder völlig disparater Charaktere nur deshalb zu subsummieren, weil in 30—50 % der Fälle der sogenannte Schweißtest positiv ist. Weiter: Die chronisch-rezidivierende Pankreatitis (vgl. S. 314), welche selbst ganz anderer Ätiologie sein *kann*, ist imstande, eine Vielzahl der in Gruppe d (bb) genannten Symptome zu erklären. BOHN und KOCH haben auch bestimmte Formen des Diabetes mellitus dem Formenkreis der Mucoviscidose des Erwachsenenalters zugewiesen. Wir können hier nicht folgen. Ob bei der sogenannten Erwachsenen-Mucoviscidose ein Symptom, ein Syndrom oder eine Krankheitseinheit (wirklich) vorliegt, bedarf der Klärung. Gerade der Schweißtest ist „störanfällig" und kann durch eine Reihe von Faktoren beeinflußt werden: Die Kochsalzkonzentration im Schweiß erfährt mit zunehmendem Lebensalter ein Ansteigen; in der kalten Jahreszeit werden regelmäßig bedeutend höhere Werte gefunden als im Sommer; der Kochsalzgehalt der Nahrung beeinflußt die Schweiß-Elektrolyt-Konzentration; die von zahlreichen Faktoren abhängige Nebennierenrinden-Funktion greift ganz wesentlich, und zwar in Abhängigkeit von sogenannten Tagesereignissen, in den Schweiß-Elektrolytgehalt ein; schließlich ist die Schweißbereitung auch psychisch d. h. neurovegetativ determiniert. Die Zahl der Fehlerquellen bei der Beurteilung einer Dyskrinie ist groß.

Pathogenese. Man muß sich klar machen, daß, was fibrozystische Pankreaserkrankung genannt wird, *dem Wesen nach nicht einheitlich* ist. Die seltenen reinen Verlaufsformen bei jugendlichen Erwachsenen sind wahrscheinlich der Ausdruck eines *dominanten Erbganges*. Hier darf angenommen werden, daß eine erblich bedingte Ferment-Defekt-Krankheit vorliegt. Alle übrigen Formen (also diejenigen unserer Gangarten a, b und c) entstehen durch *rezessiven Erbgang* und zwar durch Vermittlung eines pleiotropen Gen-Wirkungs-Musters. Damit hängt es zusammen, daß die genealogischen Untersuchungen oft mühsam und enttäuschend sind. Schließlich sei betont, daß es ganz sicher auch symptomatische Fibrozystosen und zwar bei konsumierender Allgemeinerkrankung, chronischer Sepsis, bei Sekretinmangel, Malabsorptionssyndrom etc. gibt. Man kann das „Wesen" der fibrozystischen Pankreaserkrankung nicht pathologisch-anatomisch klären. Denn, „was der Form nach gleich ist, kann dem Wesen nach verschieden sein"! — Wie häufig ist die fibrozystische Pankreaserkrankung? Läßt man die Fälle sogenannter Erwachsenen-Mucoviscidosis außer acht, ist die allgemeine Häufigkeit ähnlich der der Rh-Inkompatibilität! Wird die Diagnose rechtzeitig gestellt, kann gerade in der kritischen Lebensperiode entscheidende Hilfe gebracht werden. Es scheint, daß eine spätere bescheidene gewebliche Nachreifung des Pankreas möglich ist. — Die klinische Diagnose ist nicht schwierig, wird nur rechtzeitig an die Möglichkeit des Vorliegens der Fibrozystose gedacht. DOROTHY ANDERSEN macht darauf aufmerksam, daß das Coeliakie-ähnliche Bild, das aufgetriebene Abdomen, die Beschaffenheit der voluminösen Stühle alarmierend seien. Die *Stühle* besäßen einen charakteristischen *Geruch*, wie „*stale marigolds*" (marigold: Sternblume, Samtblume, Ringelblume; stale = Stiel, Pflanzenstiel etc.). Die Stühle riechen also „blumig". Sodann sollten die Stühle mikroskopisch untersucht werden. Der Mangel an Pankreaslipase bewirkt, daß Fette, auch bei einfacher Vollmilch-Nahrung, aufscheinen (Triglyceride). Fettsäurenadeln sind nicht zu erwarten, denn die Fette sind nicht verseift. Sodann wird ein Röntgenfilm mit der Gelatineschicht in eine Petrischale nach oben gelegt. Es wird etwa 1 g des zu untersuchenden Stuhles, mit Wasser im Verhältnis 1 : 5 oder 1 : 10 verdünnt, tropfenweise aufgebracht. Die Gelatineschicht (des Röntgenfilmes) wird für etwa 1 Std bei 37° „gegen" die aufgesetzte Stuhlprobe inkubiert. Erfahrungsgemäß zeigen die Stuhlproben von Kindern, welche keine fibrozystische Pankreaserkrankung haben, eine deutliche lokale Aggressivität; die

Gelatineschicht ist abgebaut. Im Falle des Vorliegens einer Fibrozystose dagegen bleibt die Gelatineschicht erhalten. Kontrollreaktionen sind erforderlich. Gesunde Kinder haben in einer Stuhlprobe 200, marantische Kinder 40, Kinder mit Fibrozystose des Pankreas jedoch weniger als 10 sogenannte viscosymmetrische Trypsineinheiten. Diese einfache Reaktion eignet sich auch zur Vornahme in der Allgemeinpraxis. Sie bedarf der späteren Kontrolle und Vervollständigung durch differenzierte Duodenalsaftuntersuchung. Man unterscheidet eine einläufige Einhorn-Sonde, eine zweiläufige Lagerlöf-Sonde und eine dreiläufige Doppelballon-Sonde; vgl. H. BARTELHEIMER, Langenbecks Arch. 316 : 276, *1966*.

7. Pankreassteine

Lithiasis pancreatica, Pancreolithiasis, Sialolithiasis pancreatica, Calculi pancreatici.

Man muß *mehrere Möglichkeiten* auseinanderhalten:
1. eigentliche Steine; sie liegen in den Speichelgängen, vorwiegend im Caput.
2. Umschriebene Kalksalzabscheidungen im pankreatischen Parenchym.
3. Kombinationsformen. Dabei handelt es sich um die Koinzidenz eigentlicher Gang-Steine mit mehr oder weniger ausgedehnter Parenchymverkalkung.

Die „echten" Steine treten im allgemeinen multipel, ausnahmsweise solitär, auf; sie besitzen Sandkorn- bis Walnußgröße; ihre Farbe ist grauweiß, gelbweiß, schmutzig-braungelb; sie besitzen eine körnige, rundliche, verzweigte, eine Walzen- oder Maulbeerform. Die Pankreassteine im eigentlichen Sinne treten im allgemeinen in Verbindung mit einer Ranula pancreatica, also im Inneren ektatischer oder zystös umgewandelter Gänge, auf. Damit sind die genetischen Beziehungen zu einer Pankreatitis angesprochen. Die durch eine chronisch-rezidivierende Pankreatitis „ausgebrannte" Drüse ist stets im Besitze erweiterter Gänge. Im Inneren der ektatischen Lumina finden sich, sucht man genügend genau, so gut wie immer steinige Konkremente. Man spricht von *lithogener Pankreatitis*.

Die Angaben über die Häufigkeit echter Pankreassteine gehen ein wenig auseinander. LUDIN und SCHEIDEGGER (1941) haben in 8—9 % der Pankreaten des nicht ausgewählten Obduktionsgutes im Pathologischen Institut Basel Pankreassteine (röntgen-anatomisch) nachweisen können. Die Literatur ist in ihren Angaben „weit streuend". Die Ergebnisse hängen vielfach davon ab, was als „Stein" anerkannt wird. Selbstverständlich kann es müßig sein, zwischen herdförmiger Parenchymverkalkung und „Stein" zu differenzieren. Pankreassteine sollen sich vorwiegend in *den* Fällen nachweisen lassen, in denen auch Gallensteine vorhanden sind.

Frauen sollen häufiger an Pankreassteinen leiden als Männer. Die klinische Symptomatologie ist ganz unterschiedlich, deckt sich aber bis zu einem gewissen Grade mit der der chronisch-rezidivierenden Pankreatitis. Das Pankreas-Steinleiden ist also schmerzhaft! Die klinische Diagnose kann nur röntgenologisch gestellt werden. Die Steine bestehen überwiegend aus Calcium-Karbonat, sodann aus Calcium-Phosphat. Ihre Zusammensetzung ist nicht einheitlich; denn die Steinbildung ist zu verschiedenen Zeiten in Szene gegangen. Vielfach findet sich ein „organischer Kern". Die Fällung hat sich also an ein „Kristallisationszentrum", nämlich desquamierte Epithelien, eingedickte Speichelschollen, Leukocyten und Detritus angelehnt.

Vielfach sind Bakterien eingeschlossen. Durch Gasbildung kommt es zur Lithotrypsis. Wir sahen Steinbildung gelegentlich in Koinzidenz mit sogenannter Phenacetin-Schrumpfniere! In Ostasien scheinen Beziehungen zwischen Steinbildung und Trematodenbefall (Clonorchis sinensis) zu bestehen. Im früheren Ostpreußen spielte die Opisthorchiasis (Befall durch Opisthorchis felineus) eine gewisse (quantitativ unergiebig, wissenschaftlich interessante) Rolle. Auch hierbei fand sich eine chronische Kopfpankreatitis, eine Entzündung vor allem der großen Speichelgänge mit Konkrementbildung.

8. Geschwülste des exkretorischen Pankreas

a) Nicht-epitheliale Geschwülste

aa) Gutartige Tumoren

Gutartige mesenchymale Geschwülste des Pankreas besitzen Seltenheitswert. Es handelt sich um *Fibrome, Myxome, Chondrome, Fibromyome, Haemangiome* und *Lymphangiome*. Die histologische Diagnose der Lymphangiome kann Schwierigkeiten machen. Man muß sie abtrennen von *zystös entarteten Vater Pacinischen Körperchen*. Zu den nicht epithelialen Geschwülsten gehören auch die *Neurinome*. Diese finden sich, vorwiegend im Zusammenhang mit der viszeralen Form der Neurofibromatosis Recklinghausen in der regio pancreatica. Die Neurinome (Neurofibrome) können gefäßreich, ödematös durchtränkt, pseudozystisch umgewandelt und von Blutungen durchsetzt sein. Über das *vaskuläre Neurom Feyrter-Reubi* hatten wir auf S. 132 berichtet.

bb) Bösartige Tumoren

Es handelt sich um *Sarkome,* aller Formen und Typen. Polymorphkernige Sarkome und *Carcinosarkome* werden gerade am Pankreas beobachtet. *Haemoblastosen* greifen von den parapankreatischen Lymphknoten her auf die Bauchspeicheldrüse über. Im Formenkreis der Sarkome nehmen die angioplastischen Neubildungen einen wichtigen Platz ein. Hierher gehören die malignen Endotheliome und Perietheliome. Alle diese Neubildungen breiten sich schrankenlos vorwiegend im retroperitonealen Bindegewebe aus. Sie drängen die Baucheingeweide nach ventro-kaudal, erzeugen eine Auftreibung des Abdomen und durch Okkupation der Mesenterialplatte eine Lymphbahnblockade. Es resultiert das Bild des Malabsorptions-Syndromes. Die klinische Diagnose ist schwierig; die Fälle werden im allgemeinen erst bioptisch, wenn es zu spät ist, geklärt.

b) Epitheliale Geschwülste

aa) Gutartige Tumoren

Adenome, Zystadenome. Die Adenome sind tubulär, trabekulär oder acinär (follikuloid) differenziert. Bei chronisch-rezidivierender Pankreatitis werden immer wieder Mikroadenome gefunden. Sie stellen den Ausdruck soge-

nannter kompensatorischer Regeneration dar. Zystadenome sind gewöhnlich multilokulär gebaut; sie finden sich vorwiegend im Pankreasschwanz. Adenome und Zystadenome hängen im allgemeinen mit dem Gangbaumepithel zusammen. Adenome und Zystadenome finden sich häufiger bei Frauen als bei Männer. Erfahrungsgemäß gilt die Relation männlich: weiblich wie 1 : 8 (7).
— Selten wird ein tubulär gebautes, also solide strukturiertes metastasierendes „Adenom" gefunden. Die Zellen sind groß, polygonal, dichtgefügt, im Besitze eines granulierten, diskret-eosinophil getönten Protoplasma. Diese Adenome kann man als Onkozytome bezeichnen. Die Tatsache, daß diese Neubildungen metastasieren können, spricht dafür, daß ein Tumor vorliegt, der in den großen Formenkreis sogenannter Carcinoide gehört. Eine inkretorische Leistung ist mit der simplen Form des metastasierenden tubulären Adenomes (des exkretorischen Pankreas) nicht verbunden.

bb) Bösartige Tumoren

Es handelt sich um das *Carcinom*. Die echte absolute Häufigkeit, mit der Pankreascarcinome vorkommen, ist schwierig zu ermitteln. Aufgrund umfangreicher Obduktions-Statistiken wird geschätzt, daß das Pankreas-Carcinom etwa 2—3 % aller Krebse (schlechthin) ausmacht. *70 % der Pankreaskrebse werden im Caput,* 20 % *im Corpus gefunden.* In 81,6 % handelt es sich um Gangbaumcarcinome, in 13,4 % um Acinusepithelkrebse, in 5 % läßt sich der exakte Ausgang nicht bestimmen. Bezüglich der Geschlechtsverteilung gilt die Regel, daß *Pankreaskrebse bei Männern 3mal so häufig* vorkommen wie bei Frauen. Der Häufigkeitsgipfel fällt in das 7. Lebensjahrzehnt. Die histologische Differentialdiagnose eines Pankreaskopfcarcinomes gegen ein Carcinom des distalen Ductus choledochus kann schwierig, wenn nicht unmöglich sein. Pankreaskrebse sind im allgemeinen etwa walnußgroß, selten größer; ihre Farbe ist grauweiß bis graugelb; sie sind (eigenartigerweise) lange Zeit leidlich gut abgegrenzt. Erst in der terminalen Phase wachsen sie schrankenlos, diffus infiltrierend. Die Neigung zur Metastasierung ist erwiesenermaßen (sehr) groß. Auch kleine und okkulte Pankreaskrebse können hunderte von Metastasen setzen.
Bezüglich der histologischen Klassifikation besteht keine Einigkeit.
A. V. ALBERTINI (1955) unterscheidet:
Gangcarcinome:
    cylindrocellulares Adenocarcinom,
    schleimbildendes Adenocarcinom,
    Adenokankroid,
    Plattenepithelcarcinom,
    anaplastische Formen.
Parenchymcarcinome

VIRGINIA KNEELAND FRANTZ *(1959)* unterscheidet:
Adenocarcinome:
    ausgehend von den kleinen Speichelgängen:
    scirrhöses Carcinom,
    wenig differenziertes Carcinom,
    schleim(kolloid)bildendes Carcinom.

ausgehend von den großen Speichelgängen:
papilläres Adenocarcinom,
mucoepidermoidales Carcinom,
Plattenepithelcarcinom,
Cystadenocarcinom.
Acinusepithelkrebse
Pleomorphe Carcinome

Vom Standpunkt phänomenologischer Betrachtung kann man einteilen.
Gangepithelkrebse:
papilläres Carcinom,
cystopapilläres Carcinom,
solide gebautes Carcinom,
(hierher Übergangsepithel- sowie Plattenepithelcarcinom),
kleinzellig-scirrhöses Carcinom.
Drüsenepithelkrebse:
Acinusepithelkrebs,
(acinär, tubulär, trabeculär gebautes Carcinom).
Schwer klassifizierbare Krebse:
groteskzelliges Carcinom, Carcinosarkom.

Nur die im Pankreaskopf gelegenen Carcinome haben die Chance, rechtzeitig erkannt zu werden: Die Striktur des D. choledochus ruft einen alarmierenden Ikterus hervor. Es muß dann versucht werden, das Pankreas total auszuschalten (Operation nach WHIPPLE).

Cave: Der Chirurg ALLEN O. WHIPPLE, nach dem diese Operation genannt ist, sollte nicht mit dem Pathologen GEORGE H. WHIPPLE (Whipple's disease, vgl. S. 192) verwechselt werden!

Häufig erwartet der Chirurg die schnelldiagnostische Bestätigung des Vorliegens eines Pankreaskopfcarcinomes intra operationem. Die Situation kann extrem schwierig sein, finden sich doch Epithelproliferate und Speichelgangsprossen bei allen Fällen chronisch-rezidivierender Kopfpankreatitis. Als differentialdiagnostisches Indiz für das Vorliegen eines Carcinomes gilt das sogenannte *Stobbe-Phänomen.* Hierunter wird die Tatsache verstanden, daß Krebswucherungen die Territorien Langerhansscher Inseln aussparen. Der Krebs okkupiert nicht, mindestens zunächst nicht, das Feld der autochthonen Langerhansschen Inseln (H. STOBBE, Zschr. Ges. Inn. Med. 9 : 917, *1954*). KLINTRUP hat sich der Mühe unterzogen, die Häufigkeit der klinischen Symptome bei Pankreascarcinomen herauszuarbeiten. Danach werden *Schmerzen* in 65 % geklagt, ein *Ikterus* wird in 67 % beobachtet, *Gewichtsabnahme* findet sich in 73 %, eine *typische Kachexie* wird in 56 % beobachtet, eine *Vergrößerung der Leber* findet sich in 52 %, eine sogenannte *tastbare Gallenblase* in 28 % und ein *tastbarer Pankreastumor* nur in 22 % aller Fälle (H. E. KLINTRUP, Acta chirurgica Scand. 362 : 5, *1966*)!

Beim okkulten Pankreascarcinom soll die *Fernthrombose* als paraneoplastisches Syndrom gelten. Man spricht von *Phlebitis saltans coerulea non dolens.* Wir haben uns bis jetzt nicht davon überzeugen können, daß echte Zusammenhänge bestehen. Gerade auch beim Pankreaskrebs soll sich die „*Tumor-Endokarditis*" (= marantische Endokarditis) gehäuft finden (J. B. U. SCHLICK,

1969). Kranke mit Pankreascarcinom sollen mehr als sonstige Carcinomträger an psychischen Veränderungen („Carcinomdepression") leiden. Seit MARBLE wird angegeben, daß Menschen mit *Diabetes mellitus mehr als andere* an einem *Pankreascarcinom* erkrankten (New Engl. J. Med. 211 : 339, *1934*). MARBLE fand unter 10 000 Diabetikern 256 Fälle von Carcinom; in 33 Fällen handelte es sich um ein Pankreascarcinom. Dieses findet sich also bei Diabetikern in 12,9 %. Diese Zahl liegt deutlich höher als bei anderen (nicht-Pankreas-) Carcinomträgern oder aber bei Pankreaskrebskranken, welche keinen Diabetes haben! Nach neueren Zusammenstellungen erkranken Diabetiker etwa doppelt so häufig an einem Pankreascarcinom wie Nicht-Diabetiker.

(*Lit.:* bei J. B. U. SCHLICK „Über das Pankreascarcinom", Inaugural, Dissertation Heidelberg, 1969).

c) Anhang: Cysten

aa) *Dysgenetische systematisiert auftretende Zysten*

Auftreten im Rahmen sogenannter generalisierter Zystose: Dysenkephalia splanchnocystica (Lungen-, Leber-, Nieren-, Ovarial-, Nebenhodenkopf-Zysten, gegebenenfalles kombiniert mit cerebralen Entwicklungsstörungen: Lindau-Tumoren).

bb) *Fibrocystische Pankreaserkrankung*

1. Eigenständig d. h. genisch determiniert
2. symptomatisch

pathogenetischer Generalnenner: Dyschylie, Umbau durch Aufstau des pathologisch zusammengesetzten Speichels

cc) *Ranula pancreatica (R. VIRCHOW, 1863)*

Retentionszysten, rosenkranzförmig bis faustgroß, mit und ohne Konkremente, mit und ohne rezidivierende Pankreatitis.

dd) *Blastomatöse Zysten*

1. Cystadenoma multiloculare; mit und ohne Schleim; serös; sanguinolent; fermentaktiv.
2. Tetratoide Zysten: Dermoidzysten.
3. Lymphangiomatöse (und lymphangiektatische) Zysten.

ee) *Pseudozysten*

1. posttraumatische; Hämatomzysten;
2. Teratoide Zysten: Dermoidzysten.
3. cystöse Umwandlung der Vater-Pacini-Körperchen;
4. parasitäre Zysten: Echinococcus, Cysticercus cellulosae.

d) Sekundäre Geschwülste des Pankreas

Das Pankreas ist häufig das Ziel metastatischer Geschwulstabsiedelung. Bei der üppigen Versorgung des Pankreas durch Blut- und Lymphbahnen ist es selbstverständlich, daß vorwiegend die Geschwülste des Cavum abdominale des Pankreas treffen, okkupieren und weitgehend ausschalten können. Auch die Carcinome des Bronchialbaumes, von Schilddrüse, Speiseröhre und Cervix uteri zielen gern nach dem Pankreas. Bei malignem Melanom finden sich häufig sehr zahlreiche kleine und kleinste tintenschwarze Sarkommetastasen.

9. Pathologische Anatomie des Inselapparates

a) Entdeckungsgeschichte der Langerhansschen Inseln und des Insulinmangeldiabetes

JOHANN CONRAD BRUNNER (1653—1727), Kurfürstlich-pfälzischer Leibarzt und Professor der Anatomie zu Heidelberg; wissenschaftliches Wanderleben; mit Unterbrechungen von 1678 bis 1727 in Heidelberg und Mannheim. *Hauptveröffentlichungen:*
a) Experimenta nova circa pancreas, 1683
b) *De glandulis in intestino duodeno hominis detectis*, 1687.

BRUNNER stammte aus Dießenhofen bei Schaffhausen. Er gehörte der Schaffhauser Ärzte-(Anatomen-)Schule an. Die wesentlichen Vertreter des Schaffhauser Kreises waren:
JOHANN JACOB WEPFER, 1620—1695;
JOHANN CONRAD BRUNNER (*unser* BRUNNER), Schwiegersohn des WEPFER seit 1678;
JOHANN CONRAD PEYER, 1653—1712 (Peyersche Platten!);
CHRISTOPF HARDER, 1625—1689;
JOHANNES WEPFER, 1635—1670;
JOHANN CONRAD WEPFER, 1657—1711; die „Dynastie Wepfer" hat die erste pathoanatomische Bestätigung der Apoplexia sanguinea gebracht!

J. C. BRUNNER hat in seinen Pariser Lehrjahren (vor 1678) mehrere totale Pankreatektomien am Hunde vorgenommen. BRUNNER wollte beweisen, daß der Pankreassaft nicht lebensnotwendig sei. Eines seiner Versuchstiere überlebte für eine längere Zeit. BRUNNER beobachtete eine Polyurie und Polydipsie. BRUNNER hatte notiert, daß der Hund nach der Operation „eine beträchtliche Erdfläche bewässert" habe. Daß der Harn abgeschmeckt wurde, ist nicht überliefert. Die Entdeckung, daß der Harn von diabetischen Individuen „wunderbar süß schmecke, als ob ihm reichlich Honig oder Zucker zugesetzt sei", geht auf THOMAS WILLIS in England (1621 bis 1675) zurück. Es wäre nicht undenkbar, daß BRUNNER von den Erfahrungen WILLIS' Kenntnis gehabt hatte. Es ist dies aber nicht erwiesen. J. C. BRUNNER dürfte also tatsächlich einen pankreatopriven Diabetes erzeugt haben, freilich ohne es zu wissen. *Lit.:* A. MAGNUS-LEVY, Wiener med. Wschr. 103 : 420 (1953).

H. F. STANNIUS, *1846*, entdeckt die Brockmannschen Körperchen, die nachmals so bezeichneten „principal islets" bei Fischen.

R. VIRCHOW, *1852*, äußerte den Verdacht, daß das Pankreas etwas mit der Pathogenese des Diabetes mellitus zu tun haben könnte; es werde oft sehr atrophisch gefunden.

PAUL LANGERHANS, *1869*, „Beiträge zur mikroskopischen Anatomie der Bauchspeicheldrüse", Inaugural-Dissertation, Berlin, 18. Februar 1869. Doktorvater: R. VIRCHOW. „... Ich gestehe offen, daß mir jede Möglichkeit einer Erklärung fehlt" — mit bezug auf die Bedeutung der Langerhansschen Inseln des von ihm untersuchten Kaninchenpankreas.

KÜHNE *und* LEA, *1882*, Entdeckung der Langerhansschen Inseln beim Menschen (Physiologisches Institut Heidelberg).

VON MERING und MINKOWSKI, *1889*, totale Pankreatektomie beim Hunde, Medizinische Universitätsklinik Straßburg (B. NAUNYN), Entdeckung des pankreatopriven Diabetes.

Von MERING arbeitete über „leicht resorbierbare" Fette. Es galt, nachzuweisen, daß diese Fette auch ohne Mitwirkung des Pankreas resorbiert werden könnten. OSKAR MINKOWSKI, der ein außerordentliches manuell-operatives Geschick hatte, erklärte sich bereit, seinem Kollegen V. MERING bei der Durchführung einer Pankreatektomie zu helfen. Die Operation gelang. MINKOWSKI beobachtete, daß das operierte Tier große Harnmengen entleerte und das Laboratorium ständig verunreinigte. MINKOWSKI hatte die glückhafte Gedanken-Assoziation, daß sich der operierte Hund möglicherweise im Zustande eines schweren Diabetes befände. Die sofort angestellte Zuckerprobe ergab, „daß der Harn die ungeheure Menge von 12 % Zucker enthielt". MINKOWSKI operierte daraufhin 3 weitere Hunde und stellte bei allen das gleiche Ergebnis fest.

NAUNYN (1839—1925) ist der Begründer der experimentellen Pathologie im klinischen Bereich (experimentell untermauerte Innere Medizin). Naunyn-Schmiedebergs Archiv für experimentelle Pathologie etc.

LÉMOINE und LANNOIS, *1891*, „points lymphatiques".

Zwar war durch MINKOWSKI gezeigt worden, daß durch Exstirpation des Pankreas ein Diabetes entsteht; es war jedoch nicht geklärt, welcher Teil der Bauchspeicheldrüse verantwortlich sei. LÉMOINE und LANNOIS haben „points lymphatiques", das sind die Langerhansschen Inseln, welche sie als kleine Lymphknoten fehldeuteten, als bei Fällen von Diabetes mellitus „degeneriert" beobachtet!

DOGIEL, *1893*. Die Langerhansschen Inseln besitzen keine Verbindung mit den Speichelgängen und stellen „tote Punkte" dar.

LAGUESSE, *1893, und* DIAMARE, *1899*. Die Langerhansschen Inseln haben eine Beziehung zu den Vorgängen bei „innerer Sekretion"! DIAMARE: Die Stanniusschen Körperchen bestehen aus Inselgewebe!

SCHAEFFER, *1894, und* SAUERBECK, *1904*. Die Langerhansschen Inseln haben nicht nur eine Beziehung zu den Vorgängen der „inneren Sekretion", sondern zur Pathogenese des Diabetes mellitus!

SSOBOLEW, *1901/1902 (nochmals 1904)*. Unterbindung des Ductus pancreaticus major ruft Degeneration des exkretorischen Pankreasparenchymes hervor; die Langerhansschen Inseln bleiben erhalten! SSOBOLEW weist hin auf die Bedeutung dieser Methode zur Erforschung der biologischen Leistung der Langerhansschen Inseln. Er vermutet (richtig!), daß die Inseln den „Schlüssel" zum Verständnis der Pathogenese des Diabetes mellitus besäßen.

GLEY, *1905*. Nach der Entdeckung Bantings bittet GLEY, einen von ihm im Februar 1905 an das Archiv der Société de Biologie in Paris gerichteten, versiegelten Brief zu öffnen und zu verlesen: GLEY hatte (1904/1905) nach der Methode von SSOBOLEW Pankreaten verödet; aus den erhalten gebliebenen Inseln hatte er einen Extrakt hergestellt; mit Hilfe dieses Extraktes konnte GLEY die Zuckerausscheidung diabetisch gemachter Hunde verringern oder heilen! Wegen anderweitiger Probleme, die GLEY seinerzeit vorrangig schienen, hatte er die Prüfung der biologischen Leistung der Insel-Extrakte zur Seite gelegt und offenbar lange Jahre vergessen.

ZÜLZER, *1909*. Herstellung von alkoholischen Extrakten von Langerhansschen Inseln aus Rinderpankreaten; Entdeckung der Blutzucker senkenden Wirkung dieser Extrakte, Erzeugung hypoglykämischer Krämpfe.

BENSLEY, *1911*. Einführung verschiedener Färbemethoden zur Differenzierung der Zellulation der Langerhansschen Inseln.

BANTING und BEST, *27. 7. 1921*. Entdeckung des Insulines!

Am 30.10.1920 bereitet BANTING, ein junger in Toronto (Canada) niedergelassener Chirurg, in Ermangelung einer „besseren" Tätigkeit ein physiologisches Praktikum (Institut von MACLEOD) vor. BANTING arbeitete als Hilfs-Demonstrator in seiner nicht-chirurgisch ausgefüllten Zeit. Dabei Studium eines Review-Artikels in „Surgery, Gynecology and Obstetrics". Dort waren die Experimente von SSOBOLEW exakt wiedergegeben. Am 1.11.1920 faßte er den Entschluß, die Ssobolewschen Versuche nachzuarbeiten und das pankreatische Restgewebe, welches die erhaltenen Inseln beherbergen mußte, zu extrahieren. MACLEOD ermöglichte die Experimente und koordinierte BEST, damals Student im 1. Semester, um BANTING zu helfen. Am 27.7. 1921 wurde das Pankreas eines Hundes, dessen Gänge mehrere Wochen zuvor unterbunden worden waren, in eiskalter Salzlösung zerrieben und extrahiert. Dieses Extractum hatte die Fähigkeit, nach Injektion bei einem Hunde mit pankreatoprivem Diabetes den Blutzucker erheblich zu senken und den Zustand des Tieres zu bessern (Lit.: E. FRANK „Pathologie des Kohlehydratstoffwechsels", Basel: BENNO SCHWABE 1949, S. 18/19).

MACLEOD, *1923*. Darstellung von Fischinsulin aus den Brockmannschen Körperchen!

ABEL, *1926 und 1928*. Insulin ist eine kristallinisch darstellbare Albumose.

FREUDENBERG *und Mitarbeiter*. Insulin ist ein großes Eiweißmolekül mit peptidartig gebundenen Aminosäuren; die Wirksamkeit des Insulines ist an die Gegenwart freier Hydroxyl- und Iminogruppen gebunden.

E. J. KRAUS, *1929*. Die Langerhansschen Inseln haben eine morphologische und funktionelle Sonderstellung im Pankreas. Die Unterbindung des Pankreasganges erzeugt eine Atrophie des tubulären Parenchymes, jedoch eine Hypertrophie des endokrinen Apparates. Dieser garantiert, daß nach exogener Zukker-Zufuhr sehr schnell ein Zuckergleichgewicht hergestellt wird. Ein echter Diabetes mellitus kann bei „intaktem Inselapparat" nicht zustande kommen.

ARON, *1931*. In der Ontogenese des Menschen tritt Glykogen in der Leber erst dann auf, sobald die Ausbildung der Langerhansschen Inseln deutlich wird. Genau genommen: Das Leberglykogen tritt ein klein wenig zeitlich früher auf; es findet sich nämlich zur Zeit des Auftretens der „primären Elemente" (LAGUESSE) der Vorläufer der Inseln.

HEIBERG, *1933, 1934*. Bei dem neugeborenen Kinde einer Diabetikerin findet sich eine kompensatorische Vermehrung des Volumens der Langerhansschen Inseln!

TERBRUGGEN, *1931 und 1947*. Inselzelladenome sind die Ursachen sogenannter Spontanhypoglykämien. In den Inselzelladenomen muß also in stark vermehrter Menge Insulin gebildet werden.

Heute: Molekulargewicht, Aminosäuresequenz, makromolekulare Struktur des Insulines sind geklärt; es kann fluoreszenzmikroskopisch subvital in bestimmten Zellen sichtbar gemacht werden (SCHIEBLER); die Vorgänge der *Inkretbereitung* zerfallen in 4 Phasen (H. F. KERN); die Produktion des Insulines ist an die Ribonukleoproteingranula der endoplasmatischen Reticula, die zugehörigen Zisternen und den Golgi-Apparat gebunden; die Inkretabgabe erfolgt in Richtung auf interzellulare Sekretkanälchen. Die Produktion des 2. Hormones der Inseln, des Glukagones, erfolgt in analoger Weise.

Bei gewöhnlicher histologischer Technik erscheinen die Langerhansschen Inseln als „hellere Bezirke" auf dunkelfarbenem Grund. Die Inseln werden durch längliche, rundliche oder ovale Gebilde dargestellt; sie besitzen eine maulbeerförmige Oberfläche. *Im Caput des menschlichen Pankreas* kann man bei 10 µ dicken (geeichten) Schnittpräparaten *je 36,6 Inseln auf 1 cm², im Corpus pancreatis 36 und in der Cauda pancreatis 68 Inseln* (stets bezogen auf je 1 cm²) nachweisen. Die Cauda ist der entwicklungsgeschichtlich älteste Pankreasteil. Von hier aus mußte der Stoffwechsel zunächst reguliert werden. Langerhanssche Inseln lassen sich auch in Nebenpankreaten nachweisen. Die Inselparenchymmasse macht zusammen weniger als 1/100 des gesamten Drüsenparenchymes (sensu stricto; ohne Bindegewebe etc.) aus. *Die Inselmasse des gesunden erwachsenen Menschen wiegt etwa 1 g.* Das normale Erwachsenen-Pankreas enthält mindestens *140—200 E Insulin.* Die Zählmethoden zur quantitativen Erfassung der Langerhansschen Inseln sind praktisch bewährt, wenn auch theoretisch anfechtbar. Es wird nicht immer genügend in Rechnung gestellt, daß Inselanzahl und -gewicht von der „Arbeit" des Organes d. h. von funktioneller Belastung, nämlich Art und Menge des aufgenommenen Nahrung, abhängen. Überfunktion des Hypophysenvorderlappens kann eine insuläre Hypertrophie hervorrufen. Die Vitamin-A-Avitaminose erzeugt eine Hypertrophie des Inselorganes um bis 40 %. Langerhanssche Inseln lassen sich bei menschlichen Embryonen von 39 bis 50 mm Länge (bereits) nachweisen.

Die Inseln entstehen:

a) angeblich durch umgestaltete Drüsenacini. Sie wären dann nur vorübergehend inkretorisch tätig, um sich später zu exokrinem Gewebe gleichsam zurückzuverwandeln. LAGUESSE begründete diese Theorie des „Balancement".

b) Die Langerhansschen Inseln haben ein inniges „Kontinuitätsverhältnis" mit den Wänden des Speichelgangsystemes. Sie leiten sich her vom *„insulären Gangorgan"* FEYRTER. Die Zellen des „insulären Gangorganes" verhalten sich färberisch vorwiegend wie A-Zellen. Sie liegen weit disseminiert, vielfach singular, gelegentlich zu Gruppen zusammengetreten und offenbaren das Phänomen des Bourgeonnement. Ob im insulären Gangorgan Insulin gebildet wird, ist ungewiß, ja unwahrscheinlich. Daß in den Zellen des insulären Gangorganes Glukagon produziert wird, gilt als sicher.

c) Die Langerhansschen Inseln sollen nicht nur in Abhängigkeit vom exkretorischen Parenchym entstehen, sondern geradezu Brennpunkte (Proliferationszentren) des spätfetalen und perinatalen „Pankreaslebens" darstellen.

d) Die Langerhansschen Inseln sind Bildungen „sui generis" und haben mit dem Pankreas „im Grunde" nichts zu tun. Es gibt Autoren, die dafür eintreten, daß die Symbiose zwischen exkretorischem und inkretorischem Pankreas nurmehr eine „zufällige" räumliche Korrespondenz darstelle.

Langerhanssche Inseln werden bis zum 4. Lebensjahr stets und ständig neu gebildet. Ganz selten findet eine Insel-Neubildung auch beim Erwachsenen statt. LANE und BENSLEY (Chicago) haben die *spezielle Insel-Histologie* durch Anwendung bestimmter Färbungen nach vorausgegangener definierter Fixierung begründet. Man arbeitete zunächst vorwiegend mit Gentiana-Violett-Orange G.-W. BARGMANN und H. FERNER haben die Insel-Cytologie weiter gefördert. Bekanntlich werden unterschieden A-, B-, C-, D- etc.

Zellen. A- und B-Zellen lassen sich verhältnismäßig leicht voneinander trennen. Im Frischpräparat kann man die Granula durch Neutralrot und Brownsche Molekularbewegung gut sichtbar machen. Größe, Form, Abgrenzung der Inselzellen, die quantitativen Relationen, die Cytotopochemie sowie Intensität und Extensität der Blutversorgung variieren von Species zu Species und sind auch im Fortgang des Lebensalters unterschiedlich. Wer quantitative Aussagen treffen will, muß über ein ausgezeichnet ausgestattetes Laboratorium und eine große persönliche Erfahrung verfügen. Es ist das historische Verdienst von H. FERNER, mit Hilfe einer „definierten" Silbertechnik die Möglichkeit der Differenzierung zwischen A- und B-Zellen erleichtert und für die Tages-Diagnostik zugänglich gemacht zu haben. Die pathologischen Laboratorien arbeiten im übrigen gern mit der von GOMORI angegebenen Chromhämatoxylinphloxin-Methode. Nach unseren eigenen Erfahrungen kann man mit letzterer bei Obduktionsfällen bis zu einer Zeit von 14 Stunden nach Todeseintritt leidlich gute d. h. für eine Zelldifferenzierung eben ausreichende Resultate gewinnen.

Bemerkungen zur Technik der Chrom-Hämatoxylin-Phloxinfärbung nach GOMORI (Z. Zellforschg. 35 : 153, 1950): a) Fixierung dünner Gewebestückchen in Boin; Dauer: 6—9 Std. — b) Paraffineinbettung, möglichst dünne Schnitte, gute Entparaffinierung. — c) Behandlung der Schnitte mit Boinscher Lösung bei 37 Grad, in der auf 100 ml 3—4 g Chromalaun enthalten sind. Dauer: 12 Std. Gutes Abspülen, Pikrinsäure muß vollständig beseitigt sein. — d) Oxydation der Schnitte auf die Dauer von 2 Min. in folgender Lösung: Kaliumpermanganat 2,5 %ig 1 Teil, Schwefelsäure 5 %ig 1 Teil, Aqua dest. 8 Teile! — e) Bleichen in 3 %iger Lösung von Natriumbisulfit. f) Chrom-Hämatoxylinlösung so lange, bis alle B-Zellen dunkelblau getönt sind (etwa 10 min!). — g) Differenzierung in Salzsäure-Alkohol, 1/2 min. — h) Gegenfärbung mit 0,5 %iger wäßriger Phloxinlösung, 2—3 min, spülen. — i) Eintauchen der Schnitte in eine 5 %ige Phosphorwolframsäurelösung, ganz kurz; spülen. — j) Spülen in fließendem Wasser, etwa 5 min lang. Der Schnitt soll seine rötliche Färbung wiedergewinnen. — k) Differenzierung in 90 %igem Alkohol, bis die A-Zellen tiefrot hervortreten. l) Aufsteigende Alkoholreihe, Xylol, Balsam, eindecken.
Ergebnis: A-Zellen rot, B-Zellen dunkelblau!

A-B-Zell-Relationen (Mittelwerte, nach den Ergebnissen eigener älterer Untersuchungen)

Färbemethode	Frühgeburten	Säuglinge	Kinder	Erwachsene
Chromhämatoxylin-Phloxin-Methode (GOMORI)	1 : 1	1 : 1,5	1 : 1,2	1 : 4
Versilberung (H. FERNER)	1 : 1,5	1 : 2	1 : 2,5	1 : 3 (4)

b) Pathologie des Diabetes mellitus

Die patho-anatomischen Äquivalente im Pankreas bei Diabetes mellitus sind nicht einheitlich. In der Regel werden folgende Befunde erhoben:
aa) *Atrophie:* Verringerung der Anzahl der Langerhansschen Inseln, Verkleinerung des sogenannten Insel-Volumens.

bb) *Hydropisch-vakuoläre Degeneration der B-Zellen der Inseln:* Die Befunde sind alt und in den Jahren vor dem Ersten Weltkrieg durch die Wiener Schule erarbeitet (WEICHSELBAUM). Gelegentlich finden sich typische Inselzell-Nekrosen. Es ist jedoch auffällig, daß eine hyalin-fibröse Substitution der verloren gegangenen parenchymalen Elemente statthat.

cc) *Entzündliche Polynesiopathie:* Selten, vor allem in Fällen des kindlichen Diabetes, finden sich entzündliche Alterationen der Langerhansschen Inseln. Es liegt ein inveteriertes Ödem mit Einstreuung kleinzelliger Infiltrate vor. Hierdurch kommt es zur Entparenchymisierung. Es ist möglich, daß es sich um das morphische Symptom einer Auto-Aggressionskrankheit handelt.

dd) Bei Diabetes mellitus findet sich nicht selten eine schwere Arterio-Arteriolosklerose des Pankreas, eine lipoproteidige Imprägnation der Arteriolenwände, eine Abscheidung hyaliner und kongophiler Schollen in den Territorien der Inseln.

ee) Die *chronisch-interstitielle Pankreatitis* kann — nach Jahr und Tag einen Diabète maigre hervorrufen.

G. SEIFERT hat die gängigen Befunde der „pathologischen Cytologie" des Inselapparates bei Diabetes mellitus zusammengestellt (Fortschritte der Diabetes-Forschung 1 : 126, *1963*):

Cytopathologie der B-Zellen

Cytologisches Merkmal	Histochemische Veränderungen
Hyperchromasie	Zinkschwund
Riesenkerne	Einlagerung von Glykogen, Fett oder Hämosiderin
Degranulierung	
Vacuolisierung	Abnahme Insulingehalt (Fluoresceierende Antikörper)
Ballonierende Degeneration	
Kernschwellung	Fermentänderungen:
	Glukose-6-Phosphatase
	Saure Phosphatase
	ATPase
	Succinodehydrogenase
	TPN-Diaphorase
	Glukose-6-phosphatdehydrogenase
	Milchsäure-dehydrogenase

Elektronenmikroskopische Veränderungen der B-Zellen

Vermehrung des endoplasmatischen Retikulum
Endoplasmatische Nebenkerne
Erweiterung der Cisternen
Vermehrung der Ribosomen
Vergrößerung der Mitochondrien
Vergrößerung des Golgi-Apparates
Kernschwellung
Margination der B-Zellgranula
Glykogeneinlagerung
Erweiterung der Intercellularräume

Inselveränderung und Diabetestyp

Inselveränderung	Juveniler Diabetes	Alters-Diabetes
Hypoplasie, Atrophie	+ + +	+
B-Zellschwund	+ + +	+
B-Zell-Riesenkerne	+	−
B-Zell-Degranulierung	+ + +	+
B-Zell-Vacuolisierung	+ +	(+)
Ballonierende Degeneration der B-Zellen	+	−
entzündliche Polynesiopathie	+	−
Inselhyalinose	(+)	+ +
Fetteinlagerung	(+)	+ +

Wiedergabe dreier Tabellen (leicht verändert) von G. SEIFERT (loco citato, 1963). Es handelt sich um die derzeit sorgfältigste Zusammenstellung der morphologischen Befunde.

Bezüglich der „*Hauptformen des menschlichen Diabetes*" sowie der „*Hauptformen des experimentellen Diabetes mellitus*" sei auf unsere „Allgemeine Pathologie", S. 68, verwiesen!

Die *allgemeine pathologische Anatomie des Diabetes mellitus* des Menschen wird durch die Angiopathia diabetica beherrscht. Diese tritt in bestimmten, gleichsam organ-spezifischen Formen (Augenhintergrund; Niere) auf. Die *diabetische Niere* ist ausgezeichnet durch 1. das Auftreten sogenannter Armanni-Ebsteinscher Zellen, 2. die diabetische Glomerulosklerose Kimmelstiel-Wilson und 3. die diabetische Papillenspitzen-Nekrose. Die *diabetische Leber* führt glykogengeblähte Epithelkerne, im übrigen eine diffus ausgebreitete Verfettung mit kollagener Metaplasie (indurierte diabetische Fettleber).

Situationskritik. Kann man die Diagnose des Diabetes mellitus ohne Kenntnis der Vorgeschichte oder klinischer Befunde am Obduktionstisch stellen? Ist die Vielzahl der skizzierten patho-anatomischen Befunde gegeben, bereitet die Diagnose keine Schwierigkeiten. Die Blutfarbe bei diabetischer Hyperlipidämie ist im übrigen auffallend. Aus der Leberschnittfläche läuft eine milchkakaofarbene Brühe ab. War ein Diabetes anbehandelt, lange Zeit gut eingestellt, sollte der Patient plötzlich durch die Ereignisse eines diabetischen Coma zu Tode gekommen sein, kann die Leichendiagnose schwierig, wenn nicht unmöglich sein. Die Bemühungen, den charakteristischen Blutchemismus aus dem Leichenblut zu erfassen, sind schwierig, ihre Ergebnisse unbefriedigend!

Auf die besondere Bedeutung der Ergebnisse der experimentellen Erfahrungen von F. D. W. LUKENS (vgl. „Allgemeine Pathologie", S. 68 und 69) sei angelegentlich hingewiesen: Danach ist es stets bedenklich, eine auch nur mäßige Dauerhyperglykämie beim Diabeteskranken (Menschen) zu gestatten. Die Hyperglykämie stellt den adäquaten Reiz für die inkretorische Aktivität der möglicherweise noch erhaltenen B-Zellen dar. Eine Dauerhyperglykämie führt zur Erschöpfung der B-Zellen und zu deren hydropisch-vakuolärer Degeneration! Liegt beim Diabetes mellitus ohnehin eine quantitative Reduktion der

Insulinbildner vor, ist es doppelt bedenklich, den Rest der verbliebenen B-Zellen der Konsumption durch den Dauerreiz der Hyperglykämie preiszugeben!

Lit. z. path. Anat. des Pankreas bei Diabetes mellitus (sog. klass. Schrifttum): ERIK J. KRAUS u. A. WEICHSELBAUM in Hb. spez. path. Anat. von F. HENKE und O. LUBARSCH Bd. V, 2, Berlin: J. Springer *1929*, S. 622; SHIELDS WARREN and PH. M. LE COMPTE: The Pathology of Diabetes mellitus, Philadelphia: Lea and Febiger *1952*; N. S. PAPASPYROS: The History of Diabetes mellitus, London: R. STOCKWELL *1952*; H. FERNER: Das Inselsystem des Pankreas, Stuttgart: G. Thieme *1952*; G. SEIFERT: Pathologische Morphologie der Langerhansschen Inseln etc., Verh. Dt. Ges. Path. 42 : 50, *1958/1959*; *Zum Glukagonproblem:* M. BÜRGER und E. KLOTZBÜCHER, Zschr. ges. Inn. Med. 2 : 43, *1947*; K. GAEDE, H. FERNER und H. KASTRUP: Klin. Wschr. 28 : 388 *(1950)*. *Zum experimentellen Diabetes:* W. DOERR: S. ber. Heidelberger Akad. Wissenschaften, math. nat. Klasse, Abh. 7, Heidelberg: Springer *1949*. *Zum insulären Gangorgan:* F. FEYRTER: Über die peripheren endokrinen (parakrinen) Drüsen des Menschen: Wien und Düsseldorf: Maudrich *1953*. — *Neuere zusammenfassende Lit.:* G. R. CONSTAM, CHR. HEDINGER u. G. TÖNDURY in A. LABHART: Klinik der Inneren Sekretion, Berlin-Göttingen-Heidelberg: Springer *1957*, S. 681.

c) Geschwülste der Langerhansschen Inseln

Synonyme: Nesidioblastome; blastomatöse (Poly)Nesi(di)opathie; Insulome, Insulinome (falls Insulin produzierend).

aa) Adenome

Ein Mensch von 70 kg Körpergewicht besitzt ein Pankreas, das in gesunden Tagen etwa 90 g schwer ist; die Masse des Gewebes der Gesamtheit seiner Langerhansschen Inseln schwankt zwischen 1—3 g! Ein solches Pankreas besitzt 80—200 E Insulin. Geschwülste des Inselapparates können ein Vielfaches an Insulin produzieren! Wie häufig sind Inselzelltumoren? G. SEIFERT gibt an, daß er unter 500 besonders sorgfältig untersuchten Pankreaten, entnommen ohne Auslese aus dem Leichenöffnungsgut, 3 Geschwülstchen der Inseln (Adenome) gefunden habe. Angeblich finden sich Inselzellgeschwülste in 0,1—1,0 % aller Sektionen. In 85 % handelt es sich um Einzeltumoren, in 15 % um multiple Inselzellgeschwülste (2—11 Stücke!). *In über 50 % aller Fälle sind die Inselzelltumoren 1—3 cm im Durchmesser stark und wiegen je 2—4 g.* 50 % der Inselzellgeschwülste liegen in der Cauda, 30 % im Corpus, 20 % im Caput pancreatis. Die überwiegende Mehrzahl der Inselzellgeschwülste findet sich im 5. Lebensjahrzehnt. Nur in 75 % der Fälle handelt es sich um „einfache" Inselzelladenome; in 15 % aller Fälle soll es sich um Inselzellcarcinome, in den restlichen 10 % aber um disseminierte adenomatöse (oder pseudoadenomatöse) Hyperplasien handeln. Der Nachweis von Insulin im Geschwulstgewebe gelingt durchaus nicht regelmäßig. Andererseits: Es gibt auch extrapankreatische Geschwülste, welche Insulin produzieren können, z. B. Fibrosarkome, Myxosarkome und Mesotheliome, vor allem der Brusthöhle, insbesondere des Mediastinum! — 75 % aller Inselzellgeschwülste, also offenbar ganz überwiegend die Inselzelladenome, enthalten oder bestehen aus B-Zellen. Diese B-Zellen sind alloxan-resistent. 85 % der B-Zell-Tumoren sind hormonaktiv und rufen einen Hyperinsulinismus hervor. Unter den restlichen 15 % finden sich auch solche Inselzellgeschwülste, welche mit Adenomen anderer Inkretdrüsen kombiniert auftreten. Dadurch kann der etwaige autochthone Hormoneffekt überlagert, verändert oder umgesteuert werden. Das Vorkommen von A-Zell-Tumoren gilt als gesichert. Wie oft diese vorkommen, weiß man nicht. A-Zell-Adenome stehen den Carcinoiden nahe. Sie könnten auch vom insulären Gangorgan ausgegangen sein. A-Zelltumoren treten erfahrungsgemäß in (noch) höherem Lebensalter (7., 8. Lebensjahrzehnt) auf. Sollte bei einer operativen Intervention ein Adenom nicht gefunden werden, wird sich eine Teilpankreatektomie oder eine subtotale Entfernung der Bauchspeicheldrüse aus vitaler Indikation (perniciöser Hyperinsulinismus) nicht vermeiden lassen. Wird das exstirpierte Pankreas sorgfältig untersucht, findet sich nicht selten eine diffus ausgebreitete Hyperplasie der inselpotenten Zellen des sogenannten insulären Gangorganes! W. SCHMITZ hat 544 Inselzelltumoren zusammengestellt. In 439 Fällen handelte es sich um Inselzelladenome. In 238 dieser Fälle wurden die Tumoren operativ entfernt. In 148 Fällen konnte hierdurch der Kranke geheilt werden. SCHMITZ hat sodann 114 Fälle von Hyperinsulinismus ohne Tumoren (literarisch) gesichtet. Dabei handelt es sich entweder um eine diffuse Hyperplasie inselpotenter Zellen oder um bestimmte Formen sogenannter chronischer Pankreatitis (vgl. S. 315; es sei erinnert an die Pankreatitis adenomatosa insularis Katsch).

Der erste Fall von primärem Hyperinsulinismus d. h. von Auftreten einer spontanen Hypoglykämie aufgrund eines insulinproduzierenden Tumors der Langerhansschen Inseln wurde 1927 von WILDER, ALLEN, POWER und ROBERTSON beschrieben. 1929 hat R. GRAHAM zum ersten Mal einen Fall von Hyperinsulinismus durch Exstirpation eines Inselzelladenomes geheilt (mitgeteilt bei HOWLAND, CAMPBELL, MALTBY und ROBINSON). K. W. WARREN arbeitete drei Kriterien für die pathologisch-anatomische Diagnose eines Inselzelladenomes aus: 1. The morphology and the management of the cells must be resemble those of the islets; 2. there must be a definite capsule; 3. there should be evidence of compression of the adjacent tissue.

Phänomenologisch kann man folgende Formen von Inselzelladenomen auseinanderhalten:

1. *Einfache* d. h. solide gebaute Adenome, die weitgehend dem Bautypus der Langerhansschen Inseln gleichen. Es handelt sich im Grunde einfach um „vergrößerte" Inseln.
2. *Trabekuläre* Adenome. Sie verfügen über vielfach gewundene, guirlandenförmig gebänderte Epithelstränge; die Tumoren sind gut capillarisiert, die Epithelien polygonal, feinstgranuliert, protoplasmareich, prismatisch gestaltet.
3. *Tubuläre* Adenome. Es imponieren schlauchförmige Hohlräume, deren Querschnitte ein zylindromähnliches Bild bieten. Mäßige Neigung zur Hyalinose.
4. *Kombinationsformen,* nämlich Adenome mit cystadenomatösem Einschlag. Leidlich gute Kapselbildung, Neigung zur Hyalinose. Inselzelladenome gehen gelegentlich mit bestimmt-charakterisierbaren Symptomenbildern einher. Unter dem *Zollinger-Ellison-Syndrom* (seit 1955) versteht man die Koinzidenz einer nicht-insulinproduzierenden Inselzellgeschwulst mit Hypersekretion eines hyperaciden Magensaftes mit einem peptischen Geschwür. — Diese Inselzellgeschwülste sind in 50 % aller Fälle bösartig; es handelt sich also um leidlich gut ausgereifte Inselzellcarcinome. Das peptische Ulcus liegt mehr im Duodenum

oder im Jejunum, nur ausnahmsweise im Magen. Charakteristisch ist, daß in einschlägigen Fällen die jeweilige Anamnese von einer „Kette von therapeutischen Mißerfolgen" zu berichten weiß. Der Träger eines Zollinger-Ellison-Syndromes, — es handelt sich ganz überwiegend um ältere Frauen —, mußte sich mehrfach einer Magenresektion (mit Nachresektion etc.) unterwerfen, ohne daß es gelungen wäre, das rezidivfreudige Geschwürsleiden zu beseitigen. Es gilt der Grundsatz: Bei Zollinger-Ellison-Syndrom bringen operative Interventionen an Magen und Duodenum solange keinen Vorteil, als das korrespondierende Pankreasadenom nicht gefunden und ausgerottet ist! Leider treten diese Adenome häufig multipel auf (V. BECKER: „Dutzendweise"!). Die Adenome bei Zollinger-Ellison-Syndrom produzieren weder Insulin noch Glukagon; sie bilden allenfalls und ausnahmsweise Serotonin, jedoch mit großer Regelmäßigkeit Gastrin!

Das *Wermer-Syndrom* (seit 1954) ist dem Zollinger-Ellison-Syndrom wesensverwandt: In 21 % der Inselzelladenome, welche ein Zollinger-Ellison-Syndrom hervorgerufen hatten, werden auch anderweitige Adenome, nämlich solche der Epithelkörperchen, der Schilddrüse, des Hypophysenvorderlappens, der Nebennierenrinden gefunden. Unter dem Wermer-Syndrom versteht man eine *Polyadenomatose*, welche sich bei den Mitgliedern einer Familie, jedoch in unterschiedlicher Befallsdichte und auch an verschiedenen Drüsen (mit innerer Sekretion) manifestiert! Es scheint, daß das „Endokrinium als Ganzes" (V. BECKER, 1968) erkrankt ist. Das Wermer-Syndrom gilt als selten. Die Zusammenhänge sind von JAKOB ERDHEIM bereits vor langer Zeit richtig gesehen worden; er hatte auf den gleichzeitigen blastomatösen Befall multipler Blutdrüsen aufmerksam gemacht (Beiträge path. Anat. 33 : 158, *1903*).

Ein dritter Formenkreis sei kurz angesprochen: das *Verner-Morrison-Syndrom* (seit 1958) besteht in der *Koinzidenz* „ungehemmter" Diarrhoen, einer Hypokaliämie *mit* a) entweder einer *endokrinen Polyadenomatose oder* b) einem *Pankreasadenom*. Wenn es nicht gelingt, die Adenome zu beseitigen, bleiben die Durchfälle bestehen. Charakteristisch und differentialdiagnostisch wichtig ist, daß peptische Ulcera niemals auftreten und daß eine Heredität nicht besteht.

Bezüglich der Zellulation der Adenome bei Zollinger-Ellison-Syndrom, Wermer-Syndrom sowie Verner-Morrison-Syndrom wird erwogen, ob nicht D-Zellen als eigentliche Bausteine in Frage kommen. Bei Zollinger-Ellison-Adenom soll es sich nicht um einen „echten" Inselzelltumor d. h. nicht um eine Geschwulst handeln, welche von den Langerhansschen Inseln sensu stricto ausgeht, sondern um die adenomatöse Entfaltung des Feyrterschen insulären Gangorganes. Hier bestehen zweifellos Beziehungen zu den Feyrterschen Carcinoiden des Pankreas.

Lit.: V. BECKER, Wien. klin. Wschr. 79 : 577 *(1967)*; F. MEYTHALER und A. MÜLLER, Ärztl. Forschg. 20 : 337, 467, 518 *(1966)*; W. SCHMITZ, Inaugural-Dissertation Berlin-West *1954*; J. W. VERNER und A. B. MORRISON, Am. J. Med. 25 : 374 *(1958)*; P. WERMER, Am. J. Med. 16 : 363, *(1954)*; R. M. ZOLLINGER und E. H. ELLISON, Ann. Surg. 142 : 709 *(1955)*.

bb) Carcinome

Die histologische Diagnose eines Inselzellcarcinomes ist schwierig. Die Probleme sind die gleichen wie die im Zusammenhang mit der diagnostischen Abgrenzung sogenannter metastasierender Schilddrüsenadenome. Die Krebse der Langerhansschen Inseln sind also „relativ ausgereift", organotypisch gebaut, zunächst und vorwiegend lokal destruierend, im allgemeinen langsam wachsend. Die Neigung zur Hyalinose ist beträchtlich. Prima facie ist man geneigt, an ein Carcinoid zu denken. Freilich gibt es auch Fälle mit stürmischer geweblicher Aggression und frühzeitiger Absiedelung von Metastasen. Die Geschwülste sind vorwiegend tubulär und trabekulär strukturiert, gelegentlich im Besitze von Riesenzellen mit Protoplasmavakuolen. In welchem Prozentsatz Inselzellcarcinome Insulin produzieren, ist nicht bekannt. Tatsache ist, daß auch die Carcinommetastasen Insulin bilden können. Wegen der oft „verzweifelten" Situation ist gerade beim Inselzellcarcinom der konservativen Therapie das Wort geredet worden. Applikation von ACTH und Glucocorticoiden wirkt günstig; es kommt zu klinischer Besserung der schweren hypoglykämischen Krisen. Auch die Medikation von STH hat eine gewisse Erfolgsaussicht. Vor allen Versuchen, Inselzellcarcinome durch Alloxan wie durch ein Cytostaticum zu treffen, sei ausdrücklich gewarnt: Die therapeutische Dosisbreite ist viel zu schmal, die toxischen Nebenwirkungen des Alloxanes sind außerordentliche. Inselzellcarcinome schütten ohne Rücksicht auf das niedrige Niveau des Blutzuckerspiegels weiterhin Insulin aus. Dadurch kommt es zu schweren zentralnervösen Schäden. Die Metastasen betreffen die regionären Lymphknoten, Leber, Lungen, Herzmuskel, Nebennieren, Nieren und Wirbelsäule. Die Metastasen sind oft besonders zellreich, dichtgefügt, solide gebaut und sehen den Langerhansschen Inseln durchaus ähnlich.

Schlußbemerkungen

„Ich behaupte, daß kein Arzt ordnungsgemäß über einen krankhaften Vorgang zu denken vermag, wenn er nicht imstande ist, ihm einen Ort im Körper anzuweisen". Diese Worte R. VIRCHOWs (1856) haben auch heute — mit Einschränkung — Gültigkeit. Die Frage *ubi est locus* ist immanent mit der *quid est ens morbi* verknüpft. Jahre später räumte VIRCHOW selbst ein, „aus der Einseitigkeit der Beobachtung erfolgt die Exklusivität des Urtheils" (Archiv 50 : 1, 1870). Eben dort findet sich das entscheidende Wort zur *Situationskritik des eigenen Faches:* „Die pathologische Anatomie und die Klinik, obwohl wir ihre Berechtigung und Selbständigkeit vollkommen anerkennen, gelten uns doch vorzugsweise als die Quellen für neue Fragen, deren Beantwortung der pathologischen Physiologie zufällt." Die wahre *theoria morbi* ist die pathologische Physiologie.

Die *heutige Pathologie* ist keine Zellularpathologie mehr. Sie ist es nicht deshalb nicht, weil die zellular-pathologische Doktrin falsch oder überwunden sei, vielmehr weil die Pathologie nicht aus *einem* Prinzip abgeleitet werden kann (W. HUECK Münchn. med. Wschr. 69 : 1325, 1922). Naturwissenschaftliches und spekulatives Denken ringen bis zur Stunde auch in der modernen Krankheitslehre (H. SIEGMUND Verh. Dtsch. Ges. Path. 32 : 300, 1948/1950). „Der Hang zur Spekulation, deren zu stark geschwellter Luftball leicht im Steigen platzt" (E. DU BOIS-REYMOND 1883), macht uns leider immer wieder arg zu schaffen.

Bei dieser Sachlage kann es nichts anderes geben, als innerlich distanziert, einer vorwiegend phänomenologisch orientierten Haltung verpflichtet, Befund und Grund, Tatsache und Wertung um und um zu kehren und gegeneinander zu wägen. Wer einer *conditionalistischen Betrachtungsweise* zugewandt ist, möge sich des *Epirrhema* J. W. Goethes (Jubiläumsausgabe Bd. 2, Teil II, Stuttgart u. Berlin: Cotta S. 249) bedienen:

> *„Müsset im Naturbetrachten*
> *immer eins wie alles achten:*
> *Nichts ist drinnen, nichts ist draußen;*
> *denn was innen, das ist außen.*
> *So ergreifet, ohne Säumnis,*
> *heilig öffentlich Geheimnis."*

Sachverzeichnis

Abrikossoff-Tumor 29
Acantho-Ameloblastom 54
Achalasia 98
Achalasie 98, 99
Acheilie 10
Achylia gastrica 94
Adam-Froboese, Jejunitis epithelialis necroticans 167
Adamantinom 53
Adamantome 51
Aëdes ägypti 249
Afterbucht 4
Agar-Stichkultur 169
Agastrie, konnatale 111
Agenesie 40, 91
Agnathie 10
Alkoholismus 59
Allo-Sialie 59
Altersenteropathie 193
Alveolarpyorrhoe 46
Aminosäure-Transportstörung 194
Amoebenruhr s. Darm 178
Amygdalitis 75
— lacunaris 75
— superficialis simplex 75
Amygdalolithen 75
Anadenia gastrica 111
Anämie, Eisenmangel- 94
—, perniciöse und Magen 112
Angina 75
— follicularis abscedens 80
— gangraenosa s. phagedaeica 81
— phagedaenica 81
— phlegmonosa 80
— Plaut-Vincent 78
— typhosa 83
— ulcero-membranacea fusospirochaetosa 78
Angiopathia diabetica 335
Ankylostoma duodenale 213
Anse diverticulaire 147

Antimonsaum 11
Antitoxinbildung 76
„Aphthen" 12
—, habituelle 15
Aphthoid Feyrter-Pospischill 15
Aplasie 40, 59
Appendicite neurogène 186
Appendicitis haematogenes 186
Appendicopathia oxyurica 185
Appendicopathie, chronische vernarbende 188
Appendix s. auch Processus vermiformis, Wurmfortsatz 202
—, Empyem 188
—, Hydrops 188
—, Mucocele 188
—, Myxoglobulose 188
—, Phlegmone 186
—, Primärinfekt 186
Appendizitis 185
—, destruktive 185
—, enterogene 185
—, gangräneszierende 186
— enterogene, geschwürige Form 186
—, haematogene 186
—, primär-chronische 186
—, Spontanheilung der 187
Aprosopie 10
Argyrie 11
Arsensaum 11
Arteria hepatica, Verschluß 229
Arthropoden 216
Arzneimittelhepatopathien vom Hepatitis-Typus 259
Ascaris lumbricoides 213
Ascites chylosus 206
Aszites s. auch Bauchwassersucht 205
Ataxie der Kristallite 49
Äthionin 304
Äthionin-Pankreatitis 306
Atresien 92, 143, 156

Atresia ani complicata cum communicationibus 145
—, — — cum fistula perineali 145
—, — — scrotali 145
—, — — suburethrali 145
—, — — vestibulari 145
—, — — prostatica 145
—, — — et recti 145
—, — — s. recti 143
—, — s. recti mit äußeren Fistelbildungen 145
—, — — simplex 143
—, — — vaginalis 145
—, — — vesicalis 145
—, Atresia recti simplex 145
Autodigestionskrankheit 301
Autodigestionsnekrose 308

Bacillus enterotoxicus 182
Bacterium typhi hominis 170
Bakterienruhr 175
Balantidium coli 212
Balantidium-Ruhr 212
Banti-Syndrom 273
Bauchfell, Dermoidzysten 210
—, Enterokystom 210
—, Epiploitis plastica 210
—, Ganglioneurome 211
—, geschwulstähnliche Bildungen 210
—, Geschwülste 210
—, Haematomzysten 210
—, Lymphzysten 210
—, Mesenterialzysten 210
—, Mesothelkrebs 211
—, Ölzysten 210
—, Paragangliome 211
—, Pseudomyxoma peritonei 211
—, Sympathicoblastome 211
—, Sympathicogoniome 211
Bauchspeicheldrüse 288
Bauchwandabszesse, Formen der 187
Bauchwassersucht 205
— bei Bauchraumerkrankung 205
— durch Blutstauung 205
Bauhinite oedémateuse aiguë 184
Baumgartenscher Restkanal 257

Begleitbacterium 174
Behçetsche Krankheit 15
Beläge, fuliginöse 23
benign lymphoepithelial lesions 65
Bestrahlungsnekrosen 160
Bezoare 136
Biß, offener 42
Bißanomalien 41
Bißfehler in frontaler Richtung 42
— in sagittaler Richtung 41
— in vertikaler Richtung 42
Blasto-nose 3
Blastopathie 3
Bleisaum 11
Blutspeichelschranke 296
Bochdaleksche Schläuche 28
Bourneville-Pringle-Syndrom 12
Branchiogene Einrichtungen, Schicksal der 72
Brauner Tumor 55
Brinton's disease 117
Bronchien, Epithelmetaplasien bei fibrozystischer Pankreaserkrankung 322
Bürstenschädel 211
Buyo, Gemisch aus Betelnuß 33

Calculi pancreatici 324
Calopus 249
Cancer aquaticus 19
Candidiasis granulomatosa 21
Carcinom, s. auch bei den einzelnen Organen
—, polypogenes 197
Cardiospasmus 99
Catarrhus verucosus 115
Cercomonas intestinalis 212
Cestodes (Taenien) 215
Cheilognathopalatoschisis 9
Chemose 94
Chilomastix 212
— mesnili 212
Chloranhydrie, achylische 94
Cholangie Naunyn 259
Cholangiopankreatitis 315
Cholaskos 207
Cholecysto-Pankreatitis 315

Cholera asiatica s. auch Darm 168
—, Stadium algidum 168
—, Stadium asphycticum 168
—, Typhoid-Stadium 169
Cholera-Rotprobe 169
Cholera-Vibrionen 169
Ciliaten 212
Cirrhose calculeuse 271
Cirrhose cardiaque 226
Coccidium oviforme 282
Coecum 202
— mobile 147
—, pathologische Anatomie 202
Coeliakie 191, 192
Coeliakie-Syndrom 319
Colica mucosa 163
Colitis chronica ulcerosa gravis 180
— —, Ätiopathogenese 181
— —, Lysozymthese 181
— —, Psychogenie 181
— —, Schleimhautschutzstoff 181
— fibrinosa 180
Condylome 189
Corpora arenarea 208
Corynebacterium 76
Councilman bodies 246, 250
— bei Gelbfieber 250
— bei Virushepatitis 246
Coxsackie-B-Virusinfektion 65, 306
Crohn's disease 183, 193, 194
Croup 76
Cuticula dentis Nasmyth 36
Cyaneochromie 138
Cynanche contagiosa 76
Cystenleber 277
Cystenpankreas 300
Cystinurie 194

Darm 137
—, Adenome 196
—, —, reine 196
—, Aktinomykose 167
—, Altersatrophie 158
—, Altersenteropathie 193
—, Amoebenruhr 178
—, —, Nekrosen, keilförmige 179
—, Atresien 156

—, —, Atresia ani complicata cum communicationibus 145
—, —, — ani cum fistula perineali 145
—, —, — ani cum fistula scrotali 145
—, —, — ani cum fistula suburethrali 145
—, —, — ani cum fistula vestibulari 145
—, —, — ani prostatica 145
—, —, — ani et recti 145
—, —, — ani s. recti 143
—, —, — ani s. recti mit äußeren Fistelbildungen 145
—, —, — ani simplex 143
—, —, — ani vaginalis 145
—, —, — ani vesicalis 145
—, —, — recti simplex 145
—, Bakterienruhr 175
—, Bestrahlungsnekrosen 160
—, Blutungen 160, 195
—, Blutungen bei Carcinomen 199
—, — bei Tuberkulose 166
—, — bei Typhus 172
—, Carcinoide 198
—, Carcinom, 5 Hauptformen 198
—, — polypogenes 197
—, Cholera asiatica 168
—, Crohn's disease 183, 193, 194
—, Diarrhoen, prämonitorische bei Cholera asiatica 168
—, Dickdarm, Polypen, Reifegrade der 197
—, Diphtherie sterkorale 155
—, Diverticulitis 188
—, Dolichocolon 142
—, Dolichosigma 142
—, entzündliche Erkrankungen 161
—, Entzündung, eitrige 165
—, —, fibrinös-pseudomembranöse 164
—, —, hämorrhagisch-nekrotisierende 165
—, Epithelioma solidum benigum intestini 198
—, E-Ruhr 177
—, Fibrome 195
—, Fistelbildungen als prämonitorisches Symptom 184
—, Ganglioneurome 195

Darm, Geschwülste 195
—, Grasersche Divertikel 157, 188
—, Hibernom 195
—, Hirschsprungsche Krankheit 142
—, Hirschsprung, symptomatischer 142
—, Hyperämie, aktiv-kongestive 158
—, —, passive 158
—, Intussuszeption 153
—, Invaginat 153
—, Invaginatio ileocoecalis 154
—, Invagination 153
—, Katarrh, akuter 162
—, —, chronischer 162
—, katarrhalische Entzündung 162
—, Kompressionen 156
—, Kreislaufstörungen 158
—, Längenverhältnisse 141
—, Leiomyome 195
—, Leukämie, pseudotumorale 196
—, Lipodystrophia intestinalis Whipple 192, 193, 194
—, Lipom, braunes 195
—, Lipome 195
—, Listeriose 167
—, Lymphangiome 195
—, Lymphblockade, intramurale 192
—, Lymphogranulomatose 167
—, Lymphosarkom 196
—, Malabsorptionssyndrom 193
—, Meckelsches Divertikel 146
—, — —, Magenschleimhautinseln 146
—, — —, Nebenpankreas 146
—, Melanom, malignes 200
—, Motilitätsstörungen bei Ruhr 176
—, Neoplasien, epitheliale 196
—, Neurinome 195
—, Neurofibromatosis, Recklinghausen 195
—, Neurofibrome 195
—, Neurome, vaskuläre 195
—, Obturationen 156
—, Paratyphus 170, 173
—, Perforation bei Carcinomen 199
—, — bei Tuberkulose 166
—, — bei Typhus 172
—, Peutz-Jeghers-Syndrom 197
—, Pneumatosis cystoides intestini 163

—, Polyposis coli, familiäre 197
—, — — generalisata mit ektodermalen Melaninflecken 197
—, Polypus, Begriff 196
—, Prolapsus 153
—, — ani 155
—, — recti totius 155
—, Peudomelanin 161
—, Pseudopolyposis dysenterica 176
—, Resektions-Enteropathie 194
—, Resorption aus der Darmlichtung, Mechanismus der 140
—, Resorptionsdefekte 194
—, Reticulumzellsarkom 196
—, Rhinosklerom 167
—, Ruhr 176
—, —, Schleimhautbeläge, kleieförmige 175
—, —, Veränderungen des vegetativen Nervensystemes 175
—, Ruhrveränderungen, initiale 177
—, Sarkome, primäre 196
—, Sklerom 167
—, spastisch-atonische Attacken bei Ruhr 176
—, Sprue 190, 193
—, —, einheimische 191
—, — durch Enzymdefekt 191
—, —, Gliadin 191
—, —, Gliadin-Überempfindlichkeit 19
—, —, tropische 190
—, Stauungshyperämie 158
—, Steatorrhoe, idiopathische 193
—, Stenosen 156
—, Stenosen bei Carcinomen 199
—, Strikturen 156
—, Submucosa-Block 192
—, Syphilis 166
—, —, angeborene 166
—, —, erworbene 166
—, Tuberkulose 165
—, —, Blutung 166
—, —, Perforation 166
—, —, Vernarbung 166
—, Typhus abdominalis 170
—, —, Blutungen 172
—, —, Intumescentia medullaris 170
—, —, Komplikationen 172

Darm, Typhus, markige
 Schwellung 170
—, —, Perforation 172
—, Typhusknötchen 170
—, Typhuszellen 170
—, Verdoppelung 147
—, Vergiftung, Schwermetallsalz- 164
—, Volvulus 155
—, Whipplesche Krankheit 192
—, Zottenatrophie 191
—, Zottenmelanose 161
Darmabschnitte, pathologische Anatomie 201
Darmbrand 182
Darmkrebse, Folgen 199
—, —, Blutungen 199
—, —, Perforation 199
—, —, Stenosen 199
Darmlähmung 158
Darmlumen, Erweiterungen 157
—, Veränderungen des 156
Darmrinne 4
Darmpforte 4
Darmrohr 4
Darmschleimhaut, Pigmentierungen 161
Darmverschluß, arteriomesenterialer 136
Darmwand, Ödem 159
Darmwandgefäße, Panarteriitis
 gummosa 167
Débris épithéliaux paradentaires
 Malassez 36, 50
Dentalexostosen 51
Dentalhyperostosen 51
Dentes confusi 41
— decidui 37
Dentikel 39, 51
Dentin, sekundäres 39
—, transparentes 39
Dentinkanälchen 38
Dentinliquor 38
Dentinogenesis imperfecta 41
Dentinröhrchen 38
Dentitio tertia 37
Diabète bronzé 268
Diabetes mellitus, Alters, 335
— —, Angiopathia diabetica 335
— —, juveniler 335
— —, Leber bei 335

— —, Niere bei 335
— —, pankreatopriver 330
— —, Pathologie 333, 335
— —, Polynesiopathie, entzündliche
 334
Diarrhoen, prämonitorische bei
 Cholera asiatica 168
Diathese, septische 48
Dibotryocephalus latus
 (Fischbandwurm) 215
Dickdarm, Divertikel 157
Dicke Backe 47
Dieudonné-Blutalkali-Agar 169
Diffuse endokrine epitheliale Organe
 299
Dioesophagie 93
Diphtherie s. auch Rachenorgane
—, Frühlähmung 78
—, maligne 77
—, Ödem-D. 77
—, Polyneuroradiculitis 78
—, Spätlähmung 78
—, sterkorale 155
Diphtherietoxin 76
Diphtheritis 76
Disaccharid-Fehlresorption 194
Disaccharidase-Mangel 193
Diverticulitis 188
Divertikel 87, 89, 99, 136, 146, 157,
 188, 201
Divertikelprolaps 146
Dolichocolon 142
Dolichosigma 142
Dottergangszyste 146
Douglas-Abszeß 187
drame pancréatique Dieulafoy 310
Drogenikterus 248
Ductus choledochus, Mündungsverhältnisse, Organisation der 292,
 293
— cysticus 218
— hepaticus 218
— pancreaticus, Mündungsverhältnisse,
 Organisation der 292, 293
dumping-Syndrom 130
Dünndarm, Divertikel 157
Duodenitis erosiva 131
Duodenum 201

Duodenum s. auch
  Zwölffingerdarm
—, Divertikel 157, 201
—, —, juxtapapilläre 295
Dyschylie 59, 60, 300, 303
—, Hydro-D. 60
Dysenterie 175
Dysmorphien I. Ordnung der Zähne 40
— II. Ordnung der Zähne 41
— III. Ordnung der Zähne 41
— IV. Ordnung der Zähne 41
Dysostosis cleidocranialis 41
Dyspepsie-Coli 168
Dysphagie 90
Dysphagia atonica 98
Dysphagia lusoria 90
Dysporia entero-broncho-pancreatica
  congenita familiaris 319
Dystopes Pankreas 133
Dystrophia hepatis 237

Echinococcose 257
Echinococcus 280
— alveolaris multilocularis 281
— granulosus 216
— — veterinarum 281
— multilocularis alveolaris 216
— unilocularis polymorphus 216
Eingeweideprolaps 147
Eklampsie 230
Ektopie 111, 147
Elephantiasis der Darmwand 184
Emailloide 51
Embryo-nose 3
Embryopathie 3
Emphysema cadaverosum ventriculi
  110
Enddarm 6
Endophlebitis hepatica obliterans 227
Endometrioide Heterotopie 133
Enzymdefekt 191
Entamöba coli, Differentialdiagnose
  180
Entamöba histolytica, Differential-
  diagnose 180
— tetragena histolytica Schaudinn
  179

Enteritis chronica atrophicans 162
— — hypertrophicans 162
— — polyposa 162
— cystica profunda 163
— — superficialis 163
— follicularis 163
— — apostematosa 163
— gravis 182
— — bei Bakterienbesiedlung,
  akzidenteller 182
— — bei Darmwandtrauma 182
— — bei Mangelernährung 182
— mucomembranacea 163
—, tuberkulöse 193
Enterocolitis, katarrhalische 163
—, urämische 164
Enterokystom 146, 210
Enteropathie, endokrin-nervöse 199
— Gluten-induzierte 191
—, iatrogene 193
Enulis 55
Epignathus parasiticus 84
Epinephrektomie 43
Epiploitis plastica 210
Epithelioma solidum benignum
  intestini 198
Epulis 29, 55
— angiomatosa 55
— chondromatosa 55
— fibromatosa 55
—, gealterte 55
— gigantocellularis sarcomatodes 54
— granulomatosa 55
— osteomatosa 55
— sarcomatosa 55
Erdbeergallenblase 285
Erdheim-Tumoren 54
Erethiker, Polypenträger des Mast-
  darms 196
Erregergemeinschaft 174
Ersatzdentin 51
Ersatzleiste 37
Erythroplasie Queyrat 26
Esthiomène 190
Etat mamelonné 115
Eulenaugenform 64
Exulceratio simplex ventriculi 113
Extraktion, Zähne 48

Faulecke 17
Febris uveo parotidea 66
Feldfieber 254
Feldflaschenmagen 134
Fermentdefekte, connatale 194
Fermententgleisung 296, 312
Feto-nose 3
Fetopathie 3
Fettgewebsnekrosen 307
Fettinfarkte 232
Feuersteinleber 262
Fibroadenie 273
Fibrose, annuläre 153
Fibrozystische Pankreaserkrankung 304, 318
— —, Einteilung 321
— —, Erbgänge 323
— —, Erbgang, dominanter 323
— —, —, rezessiver 323
— —, Formenkreise 321
— —, —, Mekonium-Ileus 321
— —, —, Mekonium-Peritonitis 321
— —, —, Mucoviszidose der Erwachsenen 322
— —, —, pankreatisches Siechtum 322
— —, —, Steatorrhoe 321
— —, Gelatinefilmtest 323
— —, Stuhlgeruch, „stale marigolds" 323
Fièvre typhoide 170
Fissura ani bei Periproctitis 203
Fistelung pankreobronchiale 316
Fistula bimucosa 127
Flagellaten 212
Flexner-Bakterien 177
Fluorprophylaxe 49
Flush-Syndrom 199
Fokaltoxikose, Zahnkaries 48
Follikelzysten 52
Foramen apicale dentis 36
Fornixkuppel 94
Fusiformis fusiformis 79
Fusotreponematose 79

Galaktase- und Laktase-Mangel, 193
Gallenblase 282
—, Adenokankroide 287
—, Adenome 286
—, Adenomyome 286
—, Carcinome 286
—, Cystadenome 286
—, Fibroadenome 286
—, Geschwülste 286
—, Mangel, totaler 284
—, Motilitätsstörungen 283
—, Neurofibromatose 286
—, Papillome 286
—, phrygische Mütze 284
—, pseudomembranöse, diphtherische Entzündung 285
—, Rekonvaleszenzträger 285
—, Rokitansky-Luschkasche Gänge 283
—, Sarkome 286
—, Typhus 285
—, Verdoppelung 284
Gallenblasenempyem 285
Gallengänge 282
Gallensteine 285
—, Cholesterin-Einsiedlersteine 285
—, Cholesterinpigmentkalksteine 285
—, Kalksteine 285
—, Pigmentsteine 285
Gallensteinkrankheit 285
Gallenwege, entzündliche Erkrankungen 284
Gastrite parenchymateuse 116
— polypeuse 116
Gastritis, akute katarrhalische 115
— chronica polyposa hypertrophicans 116
— — ulcerosa Nauwerck 130
—, chronische katarrhalische 115
— cystica 116
— erosiva 131
Gastrocirrhosis simplex 117
Gastromalacia acida 110
Gastroptose 136
Gaumenkrebs 34
Gaumenmandeln, Histogenese 71
—, Lues 82
Gaumenplatten 6
Gaumenspalte 9
Gaumentonsillen, Lues 82
—, Tuberkulose 82

Gee-Heubner-Herterscher intestinaler Infantilismus 191
Gelbe-Zellen-Organ 137
Gelbfieber 249
Germinoblasten 74
Geschlechtsfalten 143
Geschlechtshöcker 143
Gesicht, Entwicklung 6
Gesichtsspalte, quere 10
—, schräge 9
Getzowasche Körperchen 73
Giardia intestinalis 212
Gingivapolyp 47
Gingivitis hyperplastica 12, 24, 47
Gliadin 191
Gliadin-Überempfindlichkeit 190
Glossitis, Möller-Huntersche G. 17
Glossocele 27
Glukose-Galaktose-Malabsorption 194
Glukose-Transport-Störung 194
Gnathoschisis 9
Granuloma gangraenescens 23
— pediculatum 27
— teleangiectaticum 27
Granulome, tuberkuloide bei Ileitis terminalis 184
Grasersche Divertikel 157, 188
Grenzdivertikel 87
Grubenmandel 74

Haemaskos 206
Haematocele retrouterina 206
Hämatopathien, „Hepatitis" bei 264
Haematoperitoneum 206
Haemochromatose 236, 304
Haemorrhoiden, äußere 204
—, innere 204
Hartnup-Krankheit 193
Hautschlauch, Plattenepithelkrebs 100
Heerfordt, Syndrom 66
Hepar lobatum 263
— mobile 225
Hepatitis, akute diffuse interstitielle 241
— mit cholestatischem Einschlag 245
—, chronisch-aggressive 246
—, chronisch-lupoide 247

—, chronisch-persistente 246
—, chronische 59
—, diffuse interstitielle syphilitische 262
—, eitrige 256
— epidemica 241
—, Feldfieber 254
—, Gelbfieber 249
—, gummöse 263
— bei Hämatopathien 264
—, Icterus infectiosus Weil 251
— durch Leptospiren-Infekte 251
—, maligne 247
— als Mitreaktion 258
—, Mononukleose, infektiöse 251
—, Reisfeldfieber 254
—, Riesenzell-Hepatitis 247
—, Rohrzuckerfieber 254
—, Schweinehüterkrankheit 254
—, spezifische 259
Hepaton 220
Herbstlaubleber 226
Hernien 147
—, Bruchinhalt 148
—, Bruchpforte 148
—, Bruchsack 148
—, —Hals 148
—, Bruchwasser 148
—, Bruchzufälle 148
—, Darmwandbruch 148
—, Femoralhernien 150
—, Gleitbruch 148
—, Hernia abdominalis 151
—, — bursae omentalis 152
—, — — omentalis mesocolica 152
—, — cruralis 150
—, — diaphragmatica 151
—, — — falsa 151
—, — — vera 151
—, — duodenojejunalis 152
—, — encystica 150
—, — femoralis 150
—, — funiculi umbilicalis 150
—, — ileocolica 152
—, — inguinalis directa 149
—, — — indirecta 148
—, — — interparietalis 150
—, — interstitialis 150

Hernien, Hernia ischiadica 150
—, — lineae semilunaris Sphighelii 151
—, — lumbalis 151
—, — obturatoria 150
—, — parainguinalis 150
—, — perinealis 150
—, — properitonealis 150
—, — sigmoidea 152
—, — umbilicalis 150
—, innere 151
—, irreponible 148
—, Leistenbruch 148
—, —, äußerer 148
—, —, innerer 149
—, Littrésche Hernie 148
—, Peritonealhernien, Grundformen der 148
—, Pseudohernien 151
—, reponible 148
—, Réposition en bloc 153
—, retroperitoneale 151
—, Transhaesio intestini 152
—, Treitzsche Hernie 152
Herpes simplex recidivans 15
Heterotopie, endometrioide 133
Hiatodontie 42
Hiatushernie 93
—, gleitende 93
—, —, paraoesophageale 93
Hibernom 195
Himbeerzunge 12
Hirschsprung, symptomatischer 142
Hirschsprungsche Krankheit 142
Hisscher Winkel 93
Hutchinson-Zähne 41
Hydrochylie 298
Hyoidbogen 72
Hyperparathyreoidismus 42
Hypersialie 59
Hypodontosis 40
Hypopharynxdivertikel 87
Hyposialie 59
Hypotrichosis 40
Hypoxie-Lienin 222

Ichthyosis mucosae 25
Icterus catarrhalis 241, 242
— epidemicus 241, 242
— infectiosus Weil 251
Ikterus 241
Ileitis terminalis 183
— —, Verlaufsformen der 183
Ileus 153
—, paralytischer 158
Implantation von Zähnen 50
Infarkt, hämorrhagischer 130
Infarkte, rote atrophische 228
Infusorien 212
Innenappendizitis 185
Inseln s. Langerhanssche Inseln 329
Inselzellcarcinom 339
Insuläres Gangorgan 332
Insulin, Entdeckung 331
Insulinmangeldiabetes, Entdeckung 329
Interglobularräume 38
Intumescentia medullaris 170
Intussusceptum 153
Intussuszeption 153
Invaginat 153
—, le boudin 154
Invaginatio ileocoecalis 154
Invagination 153
Invarasche Lücke 56

Jejunitis epithelialis necroticans Adam-Froboese 167
— necroticans 182
Jodprobe, Schillersche 26

Kahmhaut 169
Kahn-Bauch 168
Kalium-Verlust-Syndrom 204
Kalkpankreatitis bei Hyperparathyreoidismus 317
Karies 43
—, Dentinkanälchen 44
—, Entkalkung durch Buttersäure 44
—, Entkalkung durch Essigsäure 44
—, Entkalkung durch Milchsäure 44
—, experimentelle 45
—, perforierende 45

Karies, Prädilektionsstellen 45
—, Proteolyten 46
—, Streptokokken, entkalkende 44
—, Zahnhals- 45
Karieskristalle 49
Kariesprophylaxe 49
Kartoffelleber 238
Kastration 42
Katulis 47, 55
Kedani-Krankheit 254
Kehlkopfrachen 73
Keratosis 25
Kerneinschlußkörper 64
Kieferspalte 9
Kiemendarm 6
Kiemengangszysten 28
kissing ulcers 125, 201
Klapp-Leber 224
Kleeblattanämie 232
Kleinhirnrinde, Körnerzellnekrosen 173
Kloake 6
Kloakenmembran 5, 143
Kopliksche Flecke 17
Koprolithen 185
Kotfistel 153
Kotstauung 189
Kotsteinbildung 157
Kotsteine, reine 185
—, zusammengesetzte 185
Kraniopharyngeom 54
Kraurosis vulvae 190
Krehlsches Erbe 1
Kreuzbiß 42
Krukenberg-Carcinome 134
Kruse-Sonne-Bakterien 177
Küttner-Tumoren 62
Kwashiorkor 59
Kyema 3
—, Pathie 4
—, Pathologie 3
Kyematogenese 3
Kyematopathie 3, 4
Kyematopathologie 4

Labidodontie 41
Lackrachen 20

Lamblia intestinalis 212
Landrysche Paralyse 78
Langerhanssche Inseln 329
— —, Adenome 336
— —, Cytopathologie 334
— —, Entdeckung 329
— —, Geschwülste 336
— —, Histogenese 332
— —, histologische Darstellung 333
— —, Inselzellcarcinom 339
— —, Insulingehalt 332
— —, Maße, Gewichte 332
— —, Nesidioblastome 336
— —, Verner-Morrison-Syndrom 338
— —, Verteilung, Dichte 332
— —, Wermer-Syndrom 338
— —, Zollinger-Ellison-Syndrom 337
Leber 218
— s. auch Hepar 218
—, Adenome 276
—, Aktinomykose 263
—, Amoebiasis 282
—, Amyloidose 234
—, Anämie, Kleeblattanämie 232
—, anämische Flecke 232
—, — Fleckung 232
—, Arbeitsrhythmus 223
—, Arzneimittelhepatopathien vom Hepatitis-Typus 259
—, Atrophie, einfache 236
—, blasige Entartung 240
—, Blutungen 230
—, Brucellosen 262
—, Cancer avec cirrhose Hanot 278
—, — massif Hanot 278
—, — nodulaire Hanot 278
—, Carcinome 277
—, Cirrhose calculeuse 271
—, — cardiaque 226
—, Chorionepitheliome, ektopische 279
—, Coccidiodiose 282
— bei Diabetes mellitus 335
—, Dystrophia hepatis 237
—, Eiweißdegenerationen 233
— bei Eklampsie 230
—, Endophlebitis hepatica obliterans 227

Leber, eosinophile Degenerate 240
—, epitheliale Grenzlamelle 220
—, epitheliale Grundplatte von Elias 220
—, fettige Transformation 234
—, Fettinfarkte 232
—, Fettinfiltration 234
—, —, degenerative 234
—, Fettmast 234
—, Gallengangsadenome 276
—, Gallengangskrebs 278
—, Geschwülste 275
—, Glykogenablagerungen 235
—, Haemangiom 275
—, Haemochromatose 236
— nach akutem Höhentod 234
—, hydropisch-vakuoläreDegeneration 234
—, Hypernephrom 279
—, Hypoplasie 224
—, —, grobknotige kompensatorische adenomatöse bei Leberdystrophie 238
—, Induration, zyanotische 226
—, Infarkte, rote atrophische 228
—, Kalksalzablagerungen 236
—, Kollapsstraßen 227
—, Kupfer 236
—, Lappung, abnorme 224
—, Leukämie, lymphatische 280
—, —, myeloische 280
—, Lipofuszin 236
—, Listeriose 261
—, Lues 262
—, Lues acquisita 263
—, — connata 262
—, —, Hepatitis, diffuse interstitielle syphilitische 262
—, —, —, gummöse 263
—, —, miliare Syphilome 262
—, —, Pericholangitis gummosa 263
—, —, Peripylephlebitis gummosa 263
—, Lymphogranulomatose 263
—, Mononukleose, infektiöse 251
—, Morbus Besnier-Boeck-Schaumann 261
—, Mycosis fungoides 263

—, Netznekrosen 240
—, Ödem 232
—, Osteomyelofibrose 280
—, parasitäre Erkrankungen 280
—, Pasteurellose 261
—, Peliosis hepatis 275
—, Pigmentierungen 236
—, Polycirrhose polypigmentaire 268
—, Pseudoleberzirrhose, perikarditische 226
—, Retentionszysten, einfache 276
—, Rex-Cantlie-Linie 223
—, Salmonellosen 261
—, Sarkome 277
—, Sauerstoffmangelschäden 239
—, Stauungshyperämie 225
—, Tuberkulose 259
—, vakuoläre Degeneration 240
—, Verfettung 234
—, Wilsonsche progressive Linsenkernsklerose 236
—, Zahnsche Schnürfurchen 224
—, Zysten 276
—, —, dysontogenetische 277
Leberabszeßbildung, lymphogene 257
Leberabszesse 256
— bei Amoebenruhr 179, 256
—, portal entstandene 256
Leberatrophie, akute (subakute) gelbe (bunte) 237, 246
—, — — gelbe (bunte), gelbe Inseln auf rotem Grund 238
—, — — gelbe (bunte), rote Inseln auf gelbem Grund 237
—, akute gelbe oder rote 237, 246
Leberbucht 218
Lebercirrhose 264
—, Banti-Syndrom 273
—, besondere Formen 265
—, biliäre 271
—, Carcinom 275
—, cholestatische 265
— bei fibrozystischer Pankreaserkrankung 322
—, glatte 265
—, granuläre 265
—, Pigmentcirrhose 268
—, Speicherungszirrhose 235

351

Lebercirrhosen, Atrophie der Hoden 274
—, Bauchglatze 275
—, Dollar-Papierzeichnung 274
—, Einteilung der japanischen Schule 266
—, — nach L. H. Kettler 266
—, —, klassische 265
—, — der nordamerikanischen Pathologen 266
—, — nach Zollinger 266
—, Falscheiweiße 274
—, Gynäkomastie 274
—, Kratzeffekte 275
—, Leberglia 274
—, Myokardose 274
—, Palmarerythem 274
—, Sakral- und Knöchelödeme 275
—, Serumfermentwerte 274
—, Spider-nevi 274
Leberdystrophie, genuine im engeren Sinne 237
Leberepithelkrebs 277
—, Typus alveolärer 277
—, — tubulärer und trabekulärer 277
Leberfeld 218
Leberfibrose 273
Leberläppchen nach Kretz 220
— nach Malpighi 220
— nach Sabourin 220
Leberschädigung, Vergiftung 238
—, — durch Knollenblätterpilz 238
—, — — Pilze 239
—, — — Phosphor, gelben 238
Leberstauung, intermediäre 226
Lebervenen-Gallenblasen-Ebene 223
Leberzelladenome 276
Leberzirrhose s. Lebercirrhose
Leptomeningitis, Salmonellen- 173
Leptospira australis 254
— batavia 254
— canicola 254
— grippotyphosa 254
— icterohämorrhagiae 251, 254
— pomona 254
Leptospirosen 251

Leukokeratosis, eine besondere Akanthosis 34
— nicotinica palati 34
Leukoplakie 25
Leukoplakie I 25
Leukoplakie II 25
Leukoplakie III 25
Leukoplakie IV 25, 26
—, Gradeinteilung 25
—, Rauchen 26
—, Syphilis 26
Levatorwulst 73
Lienterie 127
Lingua geographica 18
— glabra 22
— plicata 18
— rhombica mediana Brocq-Pautrier 19
— villosa nigra 18
Linguatula rhinaria 216
Linitis plastica 117, 134
Lipodystrophia intestinalis Whipple 192, 193, 194
Lipofuszin 236
Lipoma herniosum 153
Lippenkrebs 32
Lippenleiste 34
Lippenspalte 8
Listeriose 167, 209, 261
Listeriosis 167
Lithiasis pancreatica 324
Lithotrypsis 325
Littrésche Hernie 148
Lochdefektbildungen, Gaumen 22
Lues, s. bei den einzelnen Organen
Lumbalabszeß 187
Lungenpassage der Nematoden 213
Lupuscarcinom 21
Lymphadenopathia Piringer-Kuchinka 83
Lymphangiosis neoplastica mesenterii 194
Lymphangitis mesenterialis 184
— — tuberculosa 193
Lymphoepitheliales Carcinom, Typus Regaud 86
— —, Typus Schmincke 86
— —, Schmincke, Regaud 85

Lymphoepithelring tonsillärer 71
Lymphogranuloma inguinale 190
Lymphogranulomatose, s. bei den einzelnen Organen
Lymphomatosis parotidea 65
Lymphopneumatose kystique Masson 163

Magen 101
—, Adenomyom 133
—, Agastrie, konnatale 111
—, Aktinomykose 119
—, Altersverteilung der peptischen Läsionen 129
—, Amyloidose 112
—, Anadenia gastrica 111
— und Anämie, perniciöse 112
—, Area gastrica 102
—, Ätzgifte 120
—, Ausgußsteine 136
—, Belegzellen 103
—, Brinton's disease 117
—, Carcinom in Japan 135
—, —, polypös-papilläres 133
—, —, schüsselförmig exulceriertes 133
—, Carcinoma globocellulare 134
—, — scirrhosum 134
—, — in ulcere 128, 135
— und Carcinomanwärter 116
—, Catarrhus verrucosus 115
—, Divertikel 136
—, dumping-Syndrom 130
—, Ektopie 111
—, Endotheliome 131
—, Erosion als Ätzschorf 128
—, — als Folge gestörter Zirkulation 128
—, Erosionen, hämorrhagische 112, 122
—, Etat mamelonné 115
—, Extrinsic-factor 108
—, Exulceratio simplex ventriculi 113
—, Faserkrebs 134
—, Felderung, warzige 115
—, Flachrelief 109
—, Fremdkörper 136
—, Gallertcarcinom 134

—, Geschwülste 131
—, Glandulae cardiacae 102
—, Hauptzellen 103
—, Hochrelief 109
—, Intrinsic-factor 108
—, Isthmus 102
—, Kalkmetastasen 112
—, Kavernom 131
—, Kombinationstumoren 135
—, Komplikationstumoren 135
—, Leistenspitzenödem 123
—, Leukämie 119
—, Linitis plastica 117, 134
—, luische Pseudotumoren 119
—, Lymphangiome 131
—, Lymphogranulomatose 119
—, Mikrogastrie, konnatale 111
—, Milzbrand 119
—, Neurinome 132
—, Neurofibrome 132
—, Neurome, vaskuläre 132
—, Perforation bei Ulcus 126
—, —, freie, bei Ulcus 126
—, —, gedeckte, bei Ulcus 126
—, Polypen, adenomatöse 132
—, Pseudomelanose 112
—, Pseudopolypen 132
—, Pseudotumoren, luische 119
—, Pylorushypertrophie, muskuläre 135
—, Pylorusstenose, muskuläre 111
—, Resonanzboden 130
—, Saccus digestorius 101
—, — egestorius 101
—, Sarkome 132
—, —, angioplastische 132
—, —, leiomyoplastische 132
—, Schellacksteine 136
—, Schlinge, stehende 113
—, Schwannome 132
—, Selbstverdauung 109
—, Sklerostenose 117
—, Spindelzellsarkom 132
—, Stauungskatarrh 112
—, Syphilis 119
—, Tuberkulose 118
—, Verätzungen 118
—, Vergiftung, Cyankalium- 121

Magen, Vergiftung, Schwefelsäure- 121
—, —, Sublimat- 121
—, —, chronische durch Phosphor 112
—, Volvulus 136
Magendrehung 136
Magengeschwür s. Ulcus
Magenlähmung 136
Magenruptur 136
Magenschleimhaut, Blutungen 112
—, Infarkt, hämorrhagischer 130
Magentasche, epiphrenale 93
Magenwand, saure Erweichung 109
—, Stoffwechselstörungen 111
Magenzirrhose 117
Makrocheilie 10, 27
Makroglossie 10, 24, 27
Makrulie 12, 24
—, Bourneville-Pringle-Syndrom 12
—, Diphenylhydantoin 12
—, Neurofibromatose 12
Malabsorption 193
Malabsorptionssyndrom 193
— bei Altersenteropathie 193
— bei Crohn's disease 193
— bei Disaccharidase-Mangel 193
— bei Enteritis, tuberkulöser 193
— bei Enteropathie, iatrogener 193
— bei Galaktase und Laktase-Mangel 193
— bei Hartnup-Krankheit 193
— bei Lipodystrophia intestinalis Whipple 193
— bei Lymphangitis mesenterialis tuberculosa 193
— bei Sprue 193
Mastdarm 203
—, Adenom, villöses 204
—, Carcinom 203
—, Fistelbildungen bei Periproctitis 203
—, pathologische Anatomie 203
Mastdarmgonorrhoe 189
Materia pancreatica histopathologica 302
Maul- und Klauenseuche 14
Meckelsches Divertikel 146
— —, Magenschleimhautinseln 146
— —, Nebenpankreas 146

Megacolon 98
—, aganglionäres 142
—, erworbenes 142
—, idiopathisches 142
—, seniles 168
Megaoesophagus 93, 98
— durch Chagas-Krankheit 99
—, symptomatischer 94
Meigs-Syndrom 205
Mekonium-Ileus 321
Mekonium-Peritonitis 321
Melaena falsa 114
— idiopathica 113
— neonatorum 813
— spuria 114
— symptomatica 114
— vera 113, 114
Melano-Ameloblastom 54
Melkersson-Rosenthal-Syndrom 17
Meloschisis 9
Membrana buccopharyngica 70
— eboris 36
— pharyngobasilaris 73
— phrenico-oesophagea 93
Membranae obturantes branchiales 6
Ménétrier-Syndrom 116, 162
Mesenterialarterien, Embolie 159
—, Thrombose 159
Mesenterialvenenthrombose 159
—, radikuläre 159
—, trunkuläre 159
Mesenterium commune 147, 155
Mesocoeliakaler Abszeß 188
Metaplasie, enterale 116
Metazoen 213
Mikrobische Proteinwirkung 177
Mikrogastrie, konnatale 111
Mikrognathie 10
Mikulicz-Syndrom 66
Milz, Fibroadenie 273
—, kavernomähnliche Defekte 126
Miserere 153
Mitteldarm 6
Möller-Huntersche Glossitis 17
Mononukleose, infektiöse 65, 251
Morbus Addison 24
— Besnier-Boeck-Schaumann 261
— haemorrhagicus neonatorum 113

Motilitätsneurose, hypertonische 283
—, hypotonische 283
Mottenfraßnekrosen 246
Moynihan, kissing ulcers 125, 201
Mucodyschylie 59
Mucoviscidose 60, 304, 318
— des Erwachsenenalters 322
—, Schweiß-Elektrolytwerte 320
Mucoviscidosis 319
Mumps 63
—, Hodenatrophie 63
Mundbodenkrebs 33
Mundbodenphlegmone 48
Mundbucht 4
Mundfäule, idiopathische 19
Mundgeruch 24
Mundhöhle 3
—, Abrikossoff-Tumor 29
—, Aktinomykose 22
—, Amyloidtumoren 11
—, Änderung der Mundflora 24
—, Antimonsaum 11
—, „Aphthen" 12
—, —, habituelle 15
—, Aphthoid Feyrter-Pospischill 15
—, Argyrie 11
—, Arsensaum 11
—, Basaliome 31
—, Behçetsche Krankheit 15
—, Bindesubstanzgeschwülste 29
—, Bleisaum 11
—, Cancer aquaticus 19
—, Carcinome 32
—, Cylindrome 31
—, bei Darmpolyposis, Peutz-Jeghers-Syndrom 24
—, Dermoidzysten 28
—, Drüsen, gemischte 8
—, Drüsen, rein seröse 8
—, —, Schleimdrüsen, reine 8
—, —, Spüldrüsen 49
—, —, Talgdrüsen, freie 8
—, Dyschylie 59, 60
—, Entwicklungsgeschichte 3
—, entzündliche Erkrankungen 12
—, Epidermiszysten 28
— bei Epilepsie (Hydantoin) 24
—, Erythroplasie Queyrat 26

—, Gaumenkrebs 34
—, Geschwülste 25
—, —, epitheliale 30
—, Granuloma gangraenescens 23
—, — pediculatum 27
—, — teleangiectaticum 27
—, Hyperpigmentation 24
—, Jodprobe Schillersche 26
— und körperlicher Allgemeinzustand 23
—, Leichenerscheinungen 8
—, Lepra 22
—, Leukokeratosis, eine besondere Akanthosis 34
—, — nicotinica palati 34
—, Leukoplakie 25
—, Lupuscarcinom 21
—, Lymphogranulomatose 22
—, Makroglossie 10, 24, 27
—, Makrulie („Gingivitis" hyperplastica) 12, 24
— bei Mal-adsorption 24
—, Masern 17
—, melanotische Pigmentation 24
—, Melkersson-Rosenthal-Syndrom 17
—, Mißbildungen 8
—, bei Morbus Addison 24
—, Mundbodenkrebs 33
—, Myxom 29
—, Neurom, granuläres 29
—, Noma 19
—, —, Fusospirochaetose 19
—, Papillome 30
—, Paramyloidose 11
—, Pigmentierungen 10
—, Plaques muqueuses bei Syphilis 21
—, —, opalines bei Syphilis 21
—, Praecancerose 26
—, primäre 5
—, Prolapsus linguae 27
—, Prothesencarcinom 34
—, Prothesenrandtumor 34
—, Quecksilbersaum 11
—, Ranula 28
—, Reizeinwirkungen, Backentaschen 33
—, Sarkome 29
—, Schleimhautlupus 21

Mundhöhle bei Schwangerschaft 24
—, senile Atrophie 10
—, Sklerom 23
—, Skorbut 19
—, Stoffwechselstörungen 10
—, Stomakace 19
—, Syphilis 21
—, Tuberkulome 21
—, Tuberkulose 21
— bei Urämie 24
—, Vergiftung, Schwermetall- 20
—, Wangenschleimhaut, Krebs 33
—, Wasserkrebs 19
—, Wismutsaum 11
—, Zahnfleisch, Krebs 33
—, Zungenkrebs 33
—, Zysten 28
Mundrachen 73
Mundschleimhaut, Geschwürsbildung 19
Mundspalt, primärer 5
Mundspeicheldrüsen 56
—, Adenocarcinome 67
—, Adenom, eosinophiles 67
—, Adenome 68
—, —, pleomorphe 68
—, akzessorische 59
—, Alkoholismus 59
—, Anatomie 56
—, Angiome 67
—, Aplasie 59
—, benign lymphoepithelial lesions 65
—, Bindesubstanztumoren 67
—, Carcinome 69
—, —, mukoepidermoide 67
—, Chondrome 67
—, Cylindrome 69
—, Cystadenolymphome 67, 68
—, Dyschylie 60
—, entzündliche Erkrankungen 61
—, Epithelien, polare Differenzierung 57
—, Fibrome 68
—, Geschwülste 57
—, Heerfordt-Syndrom 66
—, Hepatitis, chronische 59
—, Histologie 56

—, Histophysiologie 56
—, Küttner-Tumoren 62
—, Kwashiorkor 59
—, Lues 66
—, Lymphomatosis parotidea 65
—, Masern 65
—, Mikulicz-Syndrom 66
—, Mischtumoren 68
—, Mißbildungen 59
—, Mononukleose, infektiöse 65
—, Mucoepidermoidtumoren 69
—, Mucoviscidose 60
—, Neurofibrome 68
—, Plattenepithelkrebse 67
—, Proteodyschylie 59
—, protozoenartige Zellen 64
—, Reticulumzellsarkom 68
—, Rundzellsarkom 68
—, Sarkome 68
—, Sekretionsanomalien· 59
—, Sekretionsmechanismen der 57
—, Sjögren-Syndrom 65
—, Spindelzellsarkom 68
—, Spüldrüsen 56
—, Strahlenschädigung 59
—, Tuberkulose 66
—, Tumoren, epitheliale 68
—, Warthin-Tumor 68
—, Zellinseln, myoepitheliale 65
—, Zytomegalie 64
Muskatnußleber 226
Myeloplaxen 55
Myocardie endocrinienne 268
Myokarditis bei Diphtherie 77
Myxoglobulose 188
Myxoneurosis intestinalis 163

Nabeladenom 146
Nabelgranulom 146
Nabelschleife 6
Narbenpankreatitis, segmentale 316
Nasenfurche 6
Nasenrachen 73
Nasenrachenfibrom, juveniles 83
Nebenleber 224
Nebenpankreas 133, 290, 300
Nekrosen, Akren 173

Nephritis mit nephrotischem Einschlag bei Leptospirosen 255
Nephroparatyphus 174
Neumannsche Scheide 38
Neurofibromatosis Recklinghausen 195
Niere bei Diabetes mellitus 335
Nigrities linguae 18
Nitroso-Indol-Reaktion 169
Nodularhyperplasie 115
Noma 19
—, Fusospirochaetose 19
Nüchternschmerz 128

Ödemdiphtherie 77
Odontoblasten 36
Odontom 53
Odontoma adamantinum 53
— adamantinosum 53
— dentinosum 53
Odonton 40
—, Geschwülste 51
Oesophagitis, chronisch katarrhalische 95
— exfoliativa 95
— follicularis 95
— retentiva 95
Oesophago-Oesophagealfisteln 91
— -Trachealfisteln 91
Oesophagus s. auch Speiseröhre 89
Oesophagusatresie mit Oesophago-Trachealfistelbildung 92
Oesophagusatresien nach VOGT 92
Oesophaguskrebs, primärer 97
Oesophaguslabdrüsen, obere 89
Oesophagusmalazie 91
Oesophagusmund 73
Oesophagusobliteration nach Laugenverätzung 100
Oesophagusphlegmonen 96
Oesophagusschleimhaut, Chemose 94
Oesophagusvenen, Ektasie, variköse 95
Onkocyten 60
Opisthognathie 41
Opisthostase 41
Osteogenesis imperfecta 43

—, —, systematisierter Mesenchymschaden 43
Osteoklasten 55
Osteoklastom, benignes 55
Osteomyelitis 48
Osteopsathyrosis 43
Ostitis, eitrig-nekrotisierende 48
— fibrosa localisata 55
—, ossifizierende 48
Ovarium, Adeno-Psammo-Carcinom 208
Oxyuris vermicularis 214

Palatoschisis 9
Panarteriitis gummosa 167
Pancreatitis adenomatosa insularis 315
Pancreocymin 297
Pankreas, s. auch Bauchspeicheldrüse 288
—, Acinusepithelzelle, Fließbandarbeit 297
—, Adenom, metastasierendes 326
—, Amyloidose 304
— annulare 299
Pankreasapoplexie 300, 307
—, Autodigestionskrankheit 301
—, Autodigestionsnekrose 308
—, Blutspeichelschranke 296
—, Blutung 301
—, Carcinoide 326
— divisum 299
—, Dyschylie 300
—, dyschylische Veränderungen 303
—, entzündliche Erkrankungen 305
—, Fibrozystische Pankreaserkrankung 304, 318
—, — —, Einteilung 321
—, — —, Erbgang, dominanter 323
—, — —, Erbgang, rezessiver 323
—, — —, Erbgänge 323
—, — —, Formenkreise 321
—, — —, Formenkreise, Mekonium-Ileus 321
—, — —, Formenkreise, Mekonium-Peritonitis 321
—, — —, Formenkreise, Mucoviszidose der Erwachsenen 322

Pankreasapoplexie, Fibrozystische Pankreaserkrankung, Formenkreise, pankreatisches Siechtum 322
—, — —, Formenkreise, Steatorrhoe 321
—, — —, Gelatinefilmtest 323
—, — —, Stuhlgeruch „stale marigolds" 323
—, Gangepithelmetaplasien 304
—, Geschwülste 325
—, —, bösartige 325
—, —, gutartige 325
—, Haemochromatose 304
—, Hydrochylie 298
—, Leichenerscheinungen 299
—, Lues 318
—, Lymphogranulomatose 318
—, Mangel, partieller 299
—, —, vollständiger 299
—, Materia pancreatica histopathologica 302
—, Mißbildungen 299
—, Mucoviscidose 304, 318
—, —, Schweiß-Elektrolytwerte 320
—, Mycosis fungoides 318
—, Paramyloidose 304
—, Proteochylie 298
—, Pseudozysten 328
—, Ranula pancreatica 315, 328
—, Speichelödem 310
—, Stoffwechselstörungen 303
—, Tuberkulose 318
—, Verkalkung 304
—, Zoepffelsches Ödem 300, 310
—, Zystadenome 326
—, Zysten 328
Pankreascarcinom, Diabetes mellitus bei 328
—, klinische Symptome 327
—, Phlebitis saltans 327
—, Psychosyndrom 328
—, Stobbe-Phänomen 327
—, Tumor-Endocarditis 327
Pankreascarcinome 326
—, Formen 326
—, Häufigkeit 326
—, Verteilung 326
Pankreasfibromatose, zystische 319

Pankreasinfarkt 317
Pankreasnekrose 301
Pankreassteine 324
Pankreaszerstörung, hämorrhagische 300
Pankreaten, akzessorische 290
Pankreatitis 301, 305
— nach ACTH-Medikation 313
—, Äthionin- 306
—, autodigestiv-tryptische 307, 316
—, chronische 314
—, chronisch-rezidivierende 315
— nach Cortison-Medikation 313
— bei Coxsackie-B-Virus-Infektion 306
—, experimentelle 308
—, Formen der 305
—, — nach der Entité morbide 305
— und Gallenwegserkrankungen 308
— bei Hyperparathyreoidismus 313
— bei Lipämie 313
—, lipolytische 311
—, lithogene 324
— bei Mumps 306
— bei Pleurodynie-Virus-Infektion 306
—, postpartale 313
—, proteolytische 311
—, seröse 310
— als Shwartzman-Phänomen 310
— bei Speicheldrüsenvirusinfektion 306
Papillitis stenosans vateriana 308
Paradentitis 45
Paradentium 39
Paradentose 39
Parakrinie 60
Paramaecium 212
Paratyphlitische Abszesse 187
Paratyphus s. Darm 170, 173
Parenterale Infektion 168
Parotitis epidemica 63
Pars hepatica 218
Parulis 47, 55
Pasteurella tularensis 167
Pathomorphose 76
Peliosis hepatis 275
Pellagra 65

Pelveoperitonitis 187
Pendelgallenblase 284
Pentastoma denticulatum 216, 282
Pepsis 311
Periappendizitis, plastische 187
Pericholangitis gummosa 263
Periodontitis 45
— apicalis 45
— marginalis 45
Periodontium 39
Periosteum alveolare 39
Periostitis alveolaris 45
Periproctitis 203
— chronica ulcerosa 190
—, Fissura ani 203
—, Fistelbildungen 203
Peripylephlebitis gummosa 263
Perisigmoiditis infiltrativa 157
Peritonealerkrankungen 209
Peritoneum s. auch Bauchfell 204
—, Aktinomykose 209
—, deziduale Knötchen 210
—, Listeriose 209
—, Pseudotuberkulose 209
—, Tuberculosis peritonealis 209
—, Tuberkulose 229
—, Typhus abdominalis 209
Peritonitis 207
—, aperforative gallige 207, 316
— arenosa 208
—, Fremdkörper- 209
—, haematogen-metastatische 208
—, Spät- 207
— tuberculosa 209
Perityphlitische Abszesse 187
Perleche 17
Peutz-Jeghers-Syndrom 24, 197
Pfeifferscher Versuch 169
Pfortader, Thrombose 227
—, —, radikuläre 228
—, —, trunkuläre 228
Pfortaderblutstrom, Zweiteilung des 222
Pfortaderverschluß 228
—, Folgen 228
Pharyngitis 75
— granulosa 82
— hyperplastica 81

Pharyngo-oesophageales Divertikel 87
Pharynxdivertikel 87
—, laterale 89
Pharynxschleimhaut, Decubital-
  geschwüre 87
Philtrum 6
Phlebitis umbilicalis 257
Phosphornekrose 48
piece-meal-Nekrosen 246
Piringer-Kuchinka,
  Lymphadenopathia 83
Plaques muqueuses bei Syphilis 21, 82
Plaques opalines bei Syphilis 21
Plattenmandel 74
Plaut-Vincent-Angina 78
Pleurodynie-Virus-Infektion 306
Plica cardiaca 94
Plummer-Vinson-Syndrom 94
Pneumatosis cystoides intestini 163
Pökelzunge 12, 170
Polyadenomatose 338
Polyadénome villeux 116
Polyarthritis 65
Polycirrhose polypigmentaire 268
Polykystome en miniature 52
Polynesiopathie, entzündliche 334
Polypen, s. auch bei den einzelnen
  Organen
Polyposis coli, familiäre 197
— — generalisata mit ektodermalen
  Melaninflecken 197
Polypus, Begriff 196
Praedentin 38
Processus vermiformis 202
— — s. auch Appendix, Wurmfort-
  satz
— —, pathologische Anatomie 202
Proctodaeum 189
Prognathie 10
—, alveolare 41
—, dentale 41
Progonome 300
Proktitis 189
—, akute 189
—, chronische 189
—, — bei Aktinomykose 190
—, — bei Gonorrhoe 189
—, — bei Kotstauung 189

Proktitis, chronische bei Lues 189
—, — bei Lymphogranuloma inguinale 190
—, — nach Trauma 189
—, — bei Tuberkulose 190
—, geschwürige 190
Prolapsus 153
— ani 155
— linguae 27
— recti totius 155
Prosoposchisis 9
Prostase 41
proteinloosing gastroenteropathy 116
Proteochylie 298
Proteodyschylie 59
Proteolyten 46
Prothesencarcinom 34
Prothesenrandtumor 34
Protozoen 212
Protozoenartige Zellen 64
Psalidodontie 42
Pseudoleberzirrhose, perikarditische 226
Pseudomelanin 161
Pseudomelanose 112
Pseudomembranöse Entzündung 75, 96
Pseudomyxoma peritonei 146, 211
— — e processu vermiformi 188
Pseudopolyposis dysenterica 176
Pseudosanduhrmagen 111
Pseudotumoren, luische 119
Pseudozysten 328
Psilosis 191
Ptyalismus mercurialis 20
Pulpagranulom 47
Pulpapolyp 47
Pulsionsdivertikel 87, 99
Pyelophlebosklerose 227
Pylorushypertrophie, muskuläre 135
Pylorusstenose, muskuläre 111

Quecksilbersaum 11

Rachen 3
—, Entwicklungsgeschichte 3
Rachenbräune 76
Rachendiphtherie 76
Rachenorgane 70
—, Adenome 84
—, Aktinomykose 83
—, Anatomie 70
—, Angiome 83
—, Chondrome 83
—, Croup 76
—, Diphtherie, maligne 77
—, Divertikel, pharyngo-oesophageales 87
—, Endotheliome 84
—, Entwicklungsgeschichte 70
—, Grenzbereich, pharyngo-oesophagealer 87
—, Grenzdivertikel 87
—, Haemangioendotheliom 84
—, Hypopharynxdivertikel 87
—, Kreislaufstörungen 74
—, Lepra 83
—, Leukämie 87
—, Lipome 83
—, Lues 82
—, Lymphadenopathia Piringer-Kuchinka 83
—, Lymphangioendotheliom 84
—, Lymphoepitheliales Carcinom, Typus Regaud 86
—, — —, Typus Schmincke 86
—, — —, Schmincke-Regaud 85
—, — Gewebe 70
—, Lymphogranulomatose 83
—, Lymphome 84
—, Lymphosarkom 87
—, Mischgeschwülste 84
—, Mycosis fungoides 83
—, Ödembildung 74
—, Ödemdiphtherie 77
—, Papillome 83
—, Peritheliom 84
—, Pflasterzellcarcinome, anepidermoidale 85
—, Pharynxdivertikel 87
—, —, laterale 89
—, Plaques muqueuses bei Syphilis 82

Rachenorgane, Plattenepithelkrebse 84
—, pseudomembranöse Entzündung 75
—, Pulsionsdivertikel 87
—, Reticuloendotheliome 84
—, Reticulome 84
—, Reticulumzellsarkom 85
—, Sarkome 84
—, Scharlachdiphtherie 80
—, Schneideriantumours 85
—, Toxoplasmose 83
—, transitional celled carcinomata 85
—, Tuberkulose 82
—, Tularämie 82
—, Übergangsepithelcarcinome 85
—, undifferentiated celled carcinoma 85
—, Zenkersche Divertikel 87
Rachitis 42
Ranula 28, 315, 328
— pancreatica 315, 328
Rathke-Tasche 5
Rauchermagen 115
Refluxoesophagitis, peptische 94
Reisfeldfieber 254
Reitersches Syndrom 176
Rektum s. Mastdarm 203
Relaxatio diaphragmatis 151
Réposition en bloc 153
Resektions-Enteropathie 194
Resorptionsdefekte 194
— bei Crohn's disease 194
— bei Fermentdefekten, connatalen 194
— bei Lipodystrophia intestinalis Whipple 194
— bei Lymphangiosis neoplastica mesenterii 194
— bei Resektions-Enteropathie 194
Resorptionsstörungen 194
— bei Aminosäure-Transport-Störung 194
— bei Cystinurie 194
— bei Disaccharid-Fehlresorption 194
— bei Glukose-Galaktose-Malabsorption 194
— bei Glukose-Transport-Störung 194

Retropharyngealabszeß 81
Rhizopoden 212
Rhodiochromie 138
Rictus lupinus 9
Riechgrube 6
Rivalta-Probe 206
Rohrzuckerfieber 254
Roseolen 171
Rotfleckenkrankheit 26
Ruhr s. auch Darm 175
—, Ausscheidung von Toxin 178
—, bakterielle, Pathogenese der 177
—, zweiter Faktor 178
Ruhrbakterien, giftarme 176
—, giftige 176
Russendärme 141

Saccus digestorius 101
— egestorius 101
Salmonella enteritidis Breslau 174
— — Gärtner 174
Sanduhrmagen 111
Sarkom, s. bei den einzelnen Organen
Scharlachdiphtherie 80
Schellacksteine 136
Scheuthauer-Marie-Sainton-Syndrom 41
Schleimdiapedese 59
Schleimgranulom 59
Schleimhaut, cutane 7
Schluckmetastasen 200
Schlundrinne K. H. Bauer 125
Schlundtaschen 6
Schmelzepithelschicht 35
Schmelzerosionen 43
Schmelzkeim, sekundärer 37
Schmelzknospen 35
Schmelzoberhäutchen 36
Schmelzorgane 35
Schmelzperlen 41
Schmelzprismen 36
Schmelzpulpa 36
Schmelzscherbe 36
Schmelztropfen 51
Schmincke, Regaud, Lymphoepitheliales Carcinom 85
Schmitz-Bakterien 177

Schneideriantumours 85
Schneidersche Membran 85
Schockäquivalent 114
Schutzdentin 39
Schwarze Haarzunge 18
Schweinehüterkrankheit 254
Schweißtest 321
Seessel-Tasche 5
Sekretin 297
Sekretionspeitsche 313
Sekundärdentin 39
Sepsis 311
—, odontogene 48
Serotonin-Produktion 198
Sexualdimorphismus 43
Shiga-Kruse-Bakterien 176
Shigella ambigua 177
— paradysenteriae 177
— Sonne I 177
Shwartzman-Phänomen 310
Sialadenitis als Begleitentzündung 62
—, bestimmt-charakterisierbare Formen 61
—, postoperative 61
Sialadenosen 60
Sialocelen 67
Sialolithen 60
Sialolithiasis pancreatica 324
sickle forms particle containing-Zellen 192
Sigmoiditis infiltrativa 188
Situs inversus 147
Sjögren-Syndrom 65
Sklerostenose 117
Skorbut 19
Skrophulose 45
SPC-Zellen 192
Speichel, Reiz-Speichel 58
—, Ruhe-Speichel 58
Speicheldrüsenmischtumoren 84
Speicheldrüsenviruskrankheit 64
Speichelgranulom 30
Speichelkörperchen 58
Speichelmucine als Virus-Hemmkörper 58
Speichelödem 310
Speichelsteine 66
Speiseröhre 89

—, Agenesie 91
—, Aktinomykose 96
—, Aortenenge 90
—, Basaliome, plexiforme 97
—, Carcinosarkome 97
—, Dioesophagie 93
—, Divertikelbildungen 99
—, Dysphagia atonica 98
—, Enge, mittlere 90
—, —, obere 90
—, —, untere 90
—, Entwicklungsgeschichte 89
—, Fibrome 96
—, Fremdkörper 100
—, Leichenerscheinungen 91
—, Leiomyome 96
—, Lipome 96
—, luische Infiltrate, tertiäre 96
—, Lymphogranulomatose 96
—, Magenschleimhautinseln 89
—, Myomatose, diffuse 97
—, Neurofibrome 96
—, Plummer-Vinson-Syndrom 94
—, Polypen 97
—, pseudomembranöse Entzündungen 96
—, Pulsionsdivertikel 99
—, Retentionszysten 96
—, Sarkome 97
—, Stenosen 98
—, Traktionsdivertikel 99
—, Tuberkulose 96
—, Vormagen 90
—, Zenkersche Divertikel 99
Speiseröhrenerweiterung, cardiotonische 98
Sphincter Oddi-Helly 290
Spider-nevi 274
Sporozoen 212
Sprue s. Darm 190
Steatorrhoe 190, 321
—, idiopathische 192
Stegomyia fasciata 249
Stigmata ventriculi 113
Stippchengallenblase 285
Stobbe-Phänomen 327
Stomakace 19
Stomatitis aphthosa 13, 191

Stomatitis aphthosa epizootica 14
— mercurialis 20
— oidiomycotica 20
— phlegmonosa 20
Strahlenschädigung 59
Streptokokken, entkalkende 44
Struma baseos linguae 31
Stumme Feiung 64
Stuttgarter Hundeseuche 254, 255
Submucosa-Block 192
Subphrenischer Abszeß 188
Substantia eburnea 36
Syndrom des empfindlichen Magens 117
Syndrome endocrino-hépato-cardiaque 268
Synotie 10
Syphilis, s. bei den einzelnen Organen

Taches laiteuses 205
Taenia echinococcus 215
— saginata (Rinderbandwurm) 215
— solium (Schweinebandwurm) 215
Talkum-Granulom 209
Tartarus dentium 49
Telobranchiale Körperchen 73
Tetanie 42
Theoria morbi 340
Thrombophlebitis, Sinus cavernosus 48
—, Vena meningoophthalmica 48
Thrypsis 311
Tierparatyphosen 174
Tomessche Körnerschicht 38
Tonnenzähne 41
Tonsillarbucht 72
Tonsillen, Histogenese 71
—, Tuberkulose, primäre 82
Tonsillensteine 75
Tonsillitis 75
—, gangränöse 83
Torpide, Carcinomträger 197
Totenlade 48
Toxine, mehrere 76
Toxoplasmose 83
Traktionsdivertikel 99

Transhaesio intestini 152
transitional-celled carcinomata 85
Treitzsche Hernie 152
Trichiuris trichiuris 214
Trichocephalus dispar 214
Trichomonas elongata 212
— tenax 212
— vaginalis 212
Trypsin-Inhibitor 314
Tsutsugamushi-Fieber 254
Tubenwulst 73
Tuberculosis peritonealis 209
Tuberkulose, s. auch bei den einzelnen Organen
Tuberkulome 21
Tularämie 82
Typhlatonie 185
Typhlitis 185
— stercoralis 185
Typhoid, biliöses 251
typhoid fever 170
Typhus s. auch Darm 170
—, Gliastrauchwerkbildung 173
—, Kleinhirnrinde, Körnerzellnekrosen 173
—, Nachkrankheiten 173
—, Rezidive 172
—, Stadium amphibolicum 171
—, — der Continua 171
—, — incrementi 170
—, wachsartige Degeneration des Musculus rectus abdominis 173
— als zyklische Infektionskrankheit 170

Ulcera ex digestione, Speiseröhre 94
—, Dünndarm, bei Sprue 192
— duodeni, kissing ulcers 201
—, Magenstraße 135
— ventriculi Ascendens-Typus 127
— —, Descendens-Typus 127
— —, kissing ulcers 125
— —, symmetrische 125
Ulcère plate, Magen 127
Ulcères térébrantes, Magen 127
Ulcerosis ventriculi 128, 130

Ulcus chronicum elephantiasticum
vulvae et ani 190
— duodeni 201
— ventriculi, Altersulcus 129
— —, Blutung 126
— — callosum 121
— — in carcinomate 135
— — chronicum simplex 121
— —, Cortison-Ulcus 129
— — ex digestione Quincke 121
— — und Infarkt, hämorrhagischer 122
— —, Komplikationen 126
— —, Pathogenese 122
— — penetrans 121
— —, Penetration 126
— — perforans Rokitansky 121
— —, Perforation 126
— —, —, freie 126
— —, —, gedeckte 126
— — rotundum Cruveilhier 121
— — und Schleimhautschutz-
minderwertiger 123
— —, Stress-Ulcus 129
— — terebrans 121
— —, Theorie, Gastritis-
Theorie 124
— —, —, Gefäßtheorie 122
— —, —, peptische 123
— —, —, spasmogene 123
— —, zonale Schichtung des
Geschwürsgrundes 124
— —, als zweite Krankheit 121
Ultimobranchiale Körperchen 73
Umbaugastritis 116
undifferentiated-celled carcinom 85
"upper respiratory tract infection" 75
Urachus 6
Uvula, Ödem 74
Uvulitis 75

Varices lymphatiques Letulle 139
VDM-Mechanismus 222
Verbrauchskoagulopathie 114
Verdauungskanal, Parasiten 212
Vermes (Würmer) 213

Verner-Morrison-Syndrom 338
Vesica fellea subsepta 284
Virchowsche Drüse 135
Virushepatitis 241
Virushepatitis A 243
Virushepatitis B 243
—, Gruppenmerkmale 245
—, Haemosiderin 245
—, Mottenfraß-Nekrosen 246
—, piece-meal-Nekrosen 246
—, Retothelknötchen 246
—, Sternzellproliferation 245
—, Transaminasenaktivität 245
Virus-Sialadenitiden 65
Virus-Sialadenitis bei Coxsakie-B-
Infektion 65
Vitamin-C-Mangelzustände 43
Volvulus 136, 155
Vomito negro 250
Vorhofleiste 34
Vorleber 218
Vormagen 90
Vox cholerina 168, 169

Wangenschleimhaut, Krebs 33
Warthin-Tumor 68
Waschfrauenhände 168
Wasserkrebs 19
Weilsche Krankheit 251
Weißblutung 113
Wermer-Syndrom 338
Westenhöfersche Trias 156
Whipplesche Krankheit 192
Whitlockite 49
Wilsonsche progressive Linsenkern-
sklerose 236
Wismutsaum 11
Wochentölpel 63
Wolffscher Gang 6
Wolfsrachen 9
Wurmfortsatz, Ursprung, trichter-
förmiger 20
Wurzelgranulome 47
Wurzelhaut 39, 40
Wurzelhautgranulome 52
—, epithelhaltige 52
—, epithellose 52

Wurzelhautgranulome, zystisch-
umgewandelte 52
Wurzelhautpolyp 47
Wurzelscheide, epitheliale 36
Wurzelzysten 52

Xerostoma 65
Xerostomie 59

Zahnbeinlöser 44
Zahnsche Schnürfurchen 224
Zahnentwicklung, Induktionsvor-
gänge 40
Zahnfäule 43
Zahnfleisch, Krebs 33
Zahnfurche 34
Zahngeschwür 47
Zahnkaries 43
Zahnknospen 35
Zahnleiste 35
Zahnpapille 35
Zahnpulpa 36
Zahnreihe, Verdoppelung 41
Zahnsäckchen 35, 36
Zahnscherbe 36
Zahnschmelz bei Rachitis 42
Zahnstein 46, 49
Zahnzement 36
Zähne, Agenesie 40
—, Aplasie 40
—, Degeneration der Odontoblasten 42
—, Dentes confusi 41
—, — decidui 37
—, Dysmorphien I. Ordnung 40
—, — II. Ordnung 41
—, — III. Ordnung 41
—, — IV. Ordnung 41
— bei Epinephrektomie 43
—, Extraktion 48
—, Follikelzysten 52
—, Hypodontosis 40
—, Implantation 50
— bei Kastration 42
—, Milchzähne, Durchbruch 37

—, Mißbildungen 40
— bei Osteogenesis imperfecta 43
—, Regeneration 50
—, Scheuthauer-Marie-Sainton-
Syndrom 41
— bei Sexualdimorphismus 43
— bei Vitamin-C-Mangelzu-
ständen 43
—, Wurzelzysten 52
— und Zahnhalteapparat 34
— —, Anatomie 34
— —, Ernährungsstörungen 42
— —, Histologie 34
— — bei Hyperparathyreoidismus 42
— — Lamina dura 42
— —, normale Entwicklung 34
— — bei Rachitis 42
— — bei Störungen der inneren
Sekretion 42
— — bei Tetanie 42
Zapfenzähne 41
Zementikel 51
Zementom 53
Zenkersche Divertikel 87, 99
Ziegenpeter 63
Zoepffelsches Ödem 300, 310
Zollinger-Ellison-Syndrom 108, 337
Zunge, aktinomykotische Verän-
derungen 23
—, fuliginöse Beläge 23
—, gefirniste 191
—, Neurofibromatose 27
Zungenbrennen 65
Zungengrund, Zysten 28
Zungenkrebs 33
Zungenpapillen, zystöse Degene-
ration 27
Zwischenkiefer 6
Zwölffingerdarm 201
— s. auch Duodenum 201
—, pathologische Anatomie 201
—, Blutungen, profuse 201
—, Schleimpfropf 202
Zysten, s. bei den einzelnen Organen
Zytomegalie 64

Heidelberger Taschenbücher

Medizin – Biologie

3 W. Weidel: Virus und Molekularbiologie. 2. Auflage. DM 5,80
4 L. S. Penrose: Einführung in die Humangenetik. DM 8,80
5 H. Zähner: Biologie der Antibiotica. DM 8,80
18 F. Lembeck/K.-F. Sewing: Pharmakologie-Fibel. DM 5,80
24 M. Körner: Der plötzliche Herzstillstand. DM 8,80
25 W. Reinhard: Massage und physikalische Behandlungsmethoden. DM 8,80
29 P. D. Samman: Nagelerkrankungen. DM 14,80
32 F. W. Ahnefeld: Sekunden entscheiden – Lebensrettende Sofortmaßnahmen. DM 6,80
41 G. Martz: Die hormonale Therapie maligner Tumoren. DM 8,80
42 W. Fuhrmann/F. Vogel: Genetische Familienberatung. DM 8,80
45 G. H. Valentine: Die Chromosomenstörungen. DM 14,80
46 R. D. Eastham: Klinische Hämatologie. DM 8,80
47 C. N. Barnard/V. Schrire: Die Chirurgie der häufigen angeborenen Herzmißbildungen. DM 12,80
48 R. Gross: Medizinische Diagnostik – Grundlagen und Praxis. DM 9,80
52 H. M. Rauen: Chemie für Mediziner - Übungsfragen. DM 7,80
53 H. M. Rauen: Biochemie – Übungsfragen. DM 9,80
54 G. Fuchs: Mathematik für Mediziner und Biologen. DM 12,80
55 H. N. Christensen: Elektrolytstoffwechsel. DM 12,80
57/58 H. Dertinger/H. Jung: Molekulare Strahlenbiologie. DM 16,80
59/60 C. Streffer: Strahlen-Biochemie. DM 14,80
61 Herzinfarkt. Hrsg. von W. Hort. DM 9,80
68 W. Doerr/G. Quadbeck: Allgemeine Pathologie. DM 5,80
69 W. Doerr: Spezielle pathologische Anatomie I. DM 6,80
70b W. Doerr/G. Ule: Spezielle pathologische Anatomie III. DM 6,80
76 H.-G. Boenninghaus: Hals-Nasen-Ohrenheilkunde für Medizinstudenten. DM 12,80
77 F. D. Moore: Transplantation. DM 12,80
79 E. A. Kabat: Einführung in die Immunchemie und Immunologie.

Aus den übrigen Fachgebieten

1 M. Born: Die Relativitätstheorie Einsteins. 5. Auflage. DM 10,80
2 K. H. Hellwege: Einführung in die Physik der Atome. 3. Auflage. DM 8,80
6 S. Flügge: Rechenmethoden der Quantentheorie. 3. Auflage. DM 10,80
7/8 G. Falk: Theoretische Physik I und Ia auf der Grundlage einer allgemeinen Dynamik.
Band 7: Elementare Punktmechanik (I). DM 8,80
Band 8: Aufgaben und Ergänzungen zur Punktmechanik (Ia). DM 8,80
9 K. W. Ford: Die Welt der Elementarteilchen. DM 10,80
10 R. Becker: Theorie der Wärme. DM 10,80
11 P. Stoll: Experimentelle Methoden der Kernphysik. DM 10,80
12 B. L. van der Waerden: Algebra I. 7. Auflage der Modernen Algebra. DM 10,80
13 H. S. Green: Quantenmechanik in algebraischer Darstellung. DM 8,80
14 A. Stobbe: Volkswirtschaftliches Rechnungswesen. 2. Auflage. DM 12,80

15	L. Collatz/W. Wetterling: Optimierungsaufgaben. DM 10,80
16/17	A. Unsöld: Der neue Kosmos. DM 18,–
19	A. Sommerfeld/H. Bethe: Elektronentheorie der Metalle. DM 10,80
20	K. Marguerre: Technische Mechanik. I. Teil: Statik. DM 10,80
21	K. Marguerre: Technische Mechanik. II. Teil: Elastostatik. DM 10,80
22	K. Marguerre: Technische Mechanik. III. Teil: Kinetik. DM 12,80
23	B. L. van der Waerden: Algebra. 4. Auflage der Modernen Algebra II. DM 14,80
26	H. Grauert/I. Lieb: Differential- und Integralrechnung I. 2. Auflage. DM 12,80
27/28	G. Falk: Theoretische Physik II und IIa. Band 27: Allgemeine Dynamik. Thermodynamik (II). DM 14,80 Band 28: Aufgaben und Ergänzungen zur Allgemeinen Dynamik und Thermodynamik (IIa). DM 12,80
30	R. Courant/D. Hilbert: Methoden der mathematischen Physik I. DM 16,80
31	R. Courant/D. Hilbert: Methoden der mathematischen Physik II. DM 16,80
33	K. H. Hellwege: Einführung in die Festkörperphysik I. DM 9,80
34	K. H. Hellwege: Einführung in die Festkörperphysik II. DM 12,80
36	H. Grauert/W. Fischer: Differential- und Integralrechnung II. DM 12,80
37	V. Aschoff: Einführung in die Nachrichtenübertragungstechnik. DM 11,80
38	R. Henn/H. P. Künzi: Einführung in die Unternehmensforschung I. DM 10,80
39	R. Henn/H. P. Künzi: Einführung in die Unternehmensforschung II. DM 12,80
40	M. Neumann: Kapitalbildung, Wettbewerb und ökonomisches Wachstum. DM 9,80
43	H. Grauert/I. Lieb: Differential- und Integralrechnung III. DM 12,80
44	J. H. Wilkinson: Rundungsfehler. DM 14,80
49	Selecta Mathematica I. Hrsg. von K. Jacobs. DM 10,80
50	H. Rademacher/O. Toeplitz: Von Zahlen und Figuren. DM 8,80
51	E. B. Dynkin/A. A. Juschkewitsch: Sätze und Aufgaben über Markoffsche Prozesse. DM 14,80
56	M.J. Beckmann/H. P. Künzi: Mathematik für Ökonomen I. DM 12,80
62	K. W. Rothschild: Wirtschaftsprognose. Methoden und Probleme. DM 12,80
63	Z. G. Szabó: Anorganische Chemie. DM 14,80
64	F. Rehbock: Darstellende Geometrie. 3. Auflage. DM 12,80
65	H. Schubert: Kategorien I. DM 12,80
66	H. Schubert: Kategoien II. DM 10,80
67	Selecta Mathematica II. Hrsg. von K. Jacobs. DM 12,80
71	O. Madelung: Einführung in die Halbleiterphysik. DM 12,80
72	M. Becke-Goehring/H. Hoffmann: Vorlesungen über Anorganische Chemie: Komplexchemie. DM 18,80
73	G. Pólya/G. Szegö: Aufgaben und Lehrsätze aus der Analysis I. DM 12,80
74	G. Pólya/G. Szegö: Aufgaben und Lehrsätze aus der Analysis II.
75	Technologie der Zukunft. Hrsg. von R. Jungk. DM 15,80
80	M. Gross, A. Lentin: Mathematische Linguistik.
81	K. Steinbuch: Automat und Mensch.
82	R. Süss/V. Kinzel/J. O. Scribner: Krebs.

MIX
Papier aus verantwortungsvollen Quellen
Paper from responsible sources
FSC® C105338

If you have any concerns about our products,
you can contact us on
ProductSafety@springernature.com

In case Publisher is established outside the EU,
the EU authorized representative is:
**Springer Nature Customer Service Center GmbH
Europaplatz 3, 69115 Heidelberg, Germany**

Printed by Libri Plureos GmbH
in Hamburg, Germany